高等职业教育·新形态教材

金属工艺学

权国辉 白 玲 张海英◎主编

西北工业大学出版社

西 安

【内容简介】 本书是高等职业教育理工类教学用书,是在参考高职高专教学实践和经验基础上编写而成的。本书由 11 章组成,内容主要包括金属材料的性能、金属的晶体结构与结晶、铁碳合金相图、钢的热处理、金属材料及选用、铸造成形、锻压成形、焊接成形、切削加工、精密与特种加工、机械加工质量及其检测与控制等。本书还增加了新工艺、新技术内容,以适应现代科学技术的发展,拓宽学生视野,在每章后附有课后思考与练习题,供学生选做,巩固所学到的知识。

本书可以作为高等职业院校教学优选教材和材料加工员工培训教材使用,也可作为金属工艺人员和操作员工的自学参考资料。

图书在版编目(CIP)数据

金属工艺学 / 权国辉,白玲,张海英主编. — 西安 :西北工业大学出版社,2024. 11. — ISBN 978 - 7 - 5612 - 9539 - 7

Ⅰ. TG

中国国家版本馆 CIP 数据核字第 2024T24M54 号

JINSHU GONGYIXUE

金 属 工 艺 学

权国辉　白玲　张海英　主编

责任编辑:付高明		策划编辑:孙显章	
责任校对:卢颖慧		装帧设计:高永斌　董晓伟	

出版发行:西北工业大学出版社
通信地址:西安市友谊西路 127 号　　　邮编:710072
电　　话:(029)88493844,88491757
网　　址:www.nwpup.com
印 刷 者:西安五星印刷有限公司
开　　本:787 mm×1 092 mm　　　1/16
印　　张:27
字　　数:674 千字
版　　次:2024 年 11 月第 1 版　　　2024 年 11 月第 1 次印刷
书　　号:ISBN 978 - 7 - 5612 - 9539 - 7
定　　价:96.00 元

如有印装问题请与出版社联系调换

前 言 PREFACE

　　本书是高等职业教育理工类教学用书,是我们在结合高职高专教学实践和经验的基础上编写而成的。

　　金属工艺学是材料工程技术、智能焊接技术、模具设计与制造、材料成型与控制技术等材料及材料加工类专业基础课,具有很强的综合性和实践性,对培养学生理论与实践相结合的学习理念、学习兴趣与创新意识,以及对后续专业课程的学习都具有重要意义,也为学生的就业打下坚实基础。

　　我们根据高职高专学生的基础理论知识适度、技术应用能力强、知识面较宽、素质高等特点,编写时注意了教学原则和教学实践方面的要求,同时力求突出高职高专教育的特点,在基础理论部分以"必需、够用"为度,降低理论深度、难度,在专业知识部分加强针对性和实用性。本书内容主要包括金属材料的性能、铁碳合金相图、钢的热处理、常用金属材料、铸造、锻压、焊接、切削加工及机械零件的选材等。本书还增加了新工艺、新技术内容,以适应现代科学技术的发展,拓宽学生视野,在每章后附有课后思考与练习题,供学生选做,以巩固所学到的知识。

　　参加本书编写的人员有:郑州职业技术学院白玲(绪论、第3章、第4章)、郑州职业技术学院张海英(第1章、第6章)、郑州职业技术学院曹伟(第2章)、郑州职业技术学院薛春霞(第5章、第8章)、郑州职业技术学院权国辉(第7章、第9章)、郑州职业技术学院丁紫阳(第10章、第11章),郑州磨料磨具磨削研究所有限公司孙兆达负责校企合作内容的编写。全书由郑州职业技术学院权国辉、白玲、张海英统稿。

　　在编写本书过程中,笔者得到了有关院校领导的大力支持和帮助,在此一并表示衷心感谢。

　　在编写本书过程中,笔者参阅了大量文献与资料,在此向这些作者表示感谢。

本书配套有河南省精品在线开放课程，打开网址 https://icve-mooc.icve.com.cn/cms/courseDetails/index.htm？classId＝b3c939d47a28c84998ba9940b49a48f5，加入学习即可访问视频和动画资源。另也可扫描书中二维码访问在线资源。

限于水平，书中难免有不足和欠妥之处，恳请广大读者批评指正。

编　者

2024 年 6 月

目　录 CONTENTS

第二篇　金属加工工艺

绪　　论

在国家推进"中国制造 2025"的实施,调整产业结构、推动制造业转型升级的关键时期,新一代信息技术、航空航天装备、海洋工程、新能源及汽车等领域的高质量发展,为金属材料产业提供了广阔的市场空间,也对金属材料及其工艺性能等提出了更高的要求。农业现代

课程概述

化、工业现代化、国防和科学技术现代化都离不开金属的支持,小到农具、机械零件、日常用品,大到飞机、导弹、火箭、卫星、核潜艇等尖端武器以及原子能、电视、通信、雷达、电子计算机等尖端技术所需的构件或部件大多是由金属制成的。现在世界上许多国家,尤其是工业发达国家,竞相发展黑色金属、有色金属工业,增加金属的战略储备。因此,金属材料是国民经济、人民日常生活及国防工业、科学技术发展必不可少的基础材料和重要战略物资。

一、金属材料概述

金属材料是指具有光泽、延展性、容易导电、传热等性质的材料,一般分为黑色金属和有色金属两种。黑色金属包括铁、铬、锰及其合金等。其中钢铁是最常用的黑色金属材料,称为"工业的骨骼"。随着科学技术的进步,各种新型化学材料和新型非金属材料广泛应用,钢铁的代用品不断增多,对钢铁的需求量相对下降。但迄今为止,钢铁在工业原材料构成中的主导地位还是难以取代的。

在工业生产中,通常把除铁、铬、锰之外的其它金属材料称为有色金属。与钢铁等黑色金属材料相比,有色金属及其合金具有许多优良的特性,如特殊的电、磁、热性能,耐蚀性能及高的比强度(强度与密度之比)等,是现代工业中不可缺少的金属材料,在国民经济中占有十分重要的地位。例如:铝、镁、钛等金属及其合金具有相对密度小、比强度高的特点,因而广泛应用于航空航天、汽车、船舶等行业;银、铜、铝等具有优良导电性和导热性的金属材料广泛应用于电器工业和仪表工业;钨、钼、镭、钍、铍等是原子能工业所必需的材料等。

根据应用场景和所起的作用分类,金属可以分为金属结构材料和金属功能材料。金属结构材料主要是用于支撑、传递和承载负载,在应用场景中侧重于发挥其力学性

能；而金属功能材料更侧重于发挥在实际应用场景中所需要的独特性质和功能，比如导电、导热、磁性等。

1.金属结构材料

我国国民经济处于高速发展阶段，超大型海上油气平台、西气东输工程、超大型桥梁、高铁列车与轮轨、国产新一代核电站等一大批重大装备与重大战略工程设施相继建设和投入运行。大量装备和工程设施的主结构以及关键核心结构、传动部件基本上都是金属材料，不难看出，尺寸大型化、结构复杂化、服役环境极端化、失效形式多样化几乎成为各行业必须面对的严峻挑战。在很多工业领域，我国走的是"引进—消化—吸收—再创新"的发展路径，核心关键材料和部件的制造技术往往依靠国外进口。随着我国制造业发展的自主可控要求不断明确以及很多超级工程的启动建造，核心材料和设计数据越来越难以通过国际合作获得，而且很多工况环境与载荷要求，国外也没有先例，必须由我国企业来自主解决制约我国先进材料开发和高端装备核心部件制造的瓶颈问题。聚焦核心零部件制造开发环节，我国的材料设计和加工制造技术往往还是以传统实验室小尺寸标准试样在单一或简单实验环境中获取的服役性能数据为设计依据。由于金属材料的各向异性，真实的结构性能存在显著的尺寸效应，尤其是实际服役工况是一个复杂的力学、化学等多因素耦合环境，大尺寸材料或全尺寸构件、装备在实际服役工况多因素耦合作用环境下，将呈现出与传统实验室标准材料试样不同的失效行为规律。在实际工程中，金属结构材料或构件往往结构形式复杂多样，很多重型装备核心关键部件都需要将不同尺寸、不同性质的工程材料或构件连接在一起，构成更大的或者整体性的结构。因此工程材料的种类、尺寸，构件的几何形式，构件的连接方法等对工程材料的服役性能、使用寿命都将产生重要的影响。工业产品从设计开发到工业规模化生产，整个链条存在着很多影响因素，致使出现设计寿命与实际寿命严重不符的情况，这将导致金属部件因存在安全风险而缺乏真实的服役性能数据，无法顺利投入使用。

2.金属功能材料

过去金属功能材料是金属材料的一个小分支，但是近年来，随着全球功能材料研究的飞速发展，金属功能材料也有了重要进展，已经成为一类不可忽视的功能材料。它们包含金属磁性材料、金属能源材料、金属催化材料、形状记忆合金和机敏金属材料、金属电子材料等。聚焦应用环节，金属功能材料往往需要面向全新应用场景和需求，开展新型功能的研发与产品化，虽然相对于结构材料而言，其结构承载能力不作为其主要性能,但如果功能材料在实际服役过程中出现结构性失效,无法正常实现其设计功能,将给整个部件甚至装备设施带来巨大的风险和事故隐患。随着先进功能材料和先进制备技术的发展,金属功能材料也逐步呈现出材料-结构-功能一体化的开发制备趋势,材料构件的构型、内应力分布、材料成分的均匀性以及杂质的分布等也将对工程材料的服役性能、使用寿命以及实际强度产生重要影响。尽管常规标准材料试样的服役性能数据有一定的科学技术价值,但大量事实表明它不足以作为评价工程材料或构件的性能依据。

金属功能材料的服役过程受到应力应变场、温度场、化学环境场、电场、磁场等多场耦合作用,实验室单一环境或简单环境与实际服役工况环境存在一定的差别,简单环境和复杂多因素耦合环境下功能材料服役性能的时变特性表现不一,随时间的变化规律不尽相同。依据简化条件和基于简单环境试验所建立的失效理论往往难以描述多场耦合作用下的失效规律和失效机理。

目前金属材料的发展已从纯金属、纯合金向更复杂的加工及材料体系发展。随着材料设计、工艺技术及使用性能试验的进步,传统的金属材料得到快速发展,新的高性能金属材料开始被市场认可,如快速冷凝非晶和微晶材料、高比强度和高比模量的铝锂合金、有序金属间化合物及机械合金化合金、氧化物弥散强化合金、定向凝固柱晶和单晶合金等高温结构材料、金属基复合材料以及形状记忆合金、钕铁硼永磁合金、贮氢合金等新型功能金属材料,已分别在航空航天、能源、机电等多个领域获得了应用,并产生了可观的经济效益。

金属材料在机械加工领域运用的机械部件比较多,它们都需要在常温、常压以及不易腐化侵蚀的载体的条件下使用,并且,在使用期间所需承受的负荷是不同的。当负荷作用在金属上的时候,金属材料需具备相对强的抵御损坏的能力,也就是金属材料的机械功能,同时也是金属材料制作时的主要根据;在详细的制作过程中和选取材料的过程中,要根据外加负荷特质选择合适的金属材料机械性能。

二、金属加工工艺的发展历史与现状

金属加工简称金工,指人类对由金属元素或以金属元素为主构成的具有金属特性的材料进行加工的生产活动。金工是一种把金属物料加工成为物品、零件、组件的工艺技术,其中包括桥梁、轮船等的大型零件,乃至引擎、珠宝、腕表等细微组件。它被广泛应用在科学、工业、艺术品、手工艺等不同的领域。不同的机械零件应采用不同的加工方法。金属机械零件的成形工艺方法一般有:铸造、锻压、焊接、切削加工和特种加工等。

人类社会的进步与金属材料的加工与运用关系十分密切:在六千多年前冶炼出黄铜,在四千多年前能够制造简单的青铜工具,在三千多年前开始用陨铁制造兵器。中国在二千五百多年前的春秋时期已会冶炼生铁,比欧洲要早一千八百多年。18世纪,钢铁工业的发展,成为工业革命的重要内容和物质基础。

我国古代在金属加工工艺方面的成就极其辉煌。在公元前16—11世纪的商朝已是青铜器的全盛时期,河南安阳出土的司母戊大方鼎,是商朝的大型铸件。在公元前5世纪的春秋时期,制剑术已相当高明,越王勾践的宝剑,说明当时已掌握了锻造和热处理技术。秦始皇陵出土的大型彩绘铜车马,结构精致,形态逼真,由三千多个零部件组成,综合了铸造、焊接、研磨、抛光及各种连接工艺。明朝宋应星编著的《天工开物》,论述了冶铁、铸钟、炼钢、锻造、焊接、淬火等金属成形的工艺方法,是世界上最早的有关金属工艺的科学著作之一。从公元前5世纪到公元1世纪,随着铁器制造技术的出现,金属加工技术有了很大的进步。随着钢铁时代的到来,金属加工技术也来到了一个新的阶段。机械化的生产方式、化学分析技术、模具制造技术等新技术的出现,使得金属加工技术逐渐朝着现代化的方向发展。

金属加工技术是一门十分复杂的技术,从生产过程来看,一般可以分为下面几类。

(1)切割:包括常规的锯片切割和激光切割技术,广泛应用于金属板、管子、带钢等材料的制作过程中。

(2)拉伸:利用成型模具将金属坯料拉伸到所需形状,包括深冲、拉伸、折弯等工艺。

(3)铸造:将熔化的金属液体注入到模具中,冷却后成型的加工技术。

(4)焊接。将金属材料通过加热、加压等方式形成固体结构的加工技术。

(5)锻造:在冷加工或者高温作业的条件下用捶打和挤压的方式给金属造型,是最简单、最古老的金属造型工艺之一。

(6)冲压:利用冲压设备和冲模使金属或非金属板料产生分离或变形的加工方法。

(7)轧制:高温金属坯段经过若干连续的圆柱型辊子,辊子将金属轧入型模中以获得预设的造型。

(8)挤压:一种成本低廉的用于连续加工的,获得具有相同横截面形状的,实心或者空心金属造型的工艺,既可以高温作业又可以进行冷加工。

(9)其他:如金属加热、加工等技术,包括粉末冶金、热喷涂表面处理等技术。

19世纪的工业高涨促进了冶金和制造技术的迅速发展,金属与金属材料产量越来越多,而且可加工成可以利用的器件。这时,虽然已能利用最现代化的科学知识和仪器仪表,但这种发展还不能认为是已进入真正科学研究的阶段。只是在20世纪,材料科学才迅速发展,在金属和金属材料中有许多重要发现。截至20世纪末,在高度工业化的国家,大约已生产和加工了500种用量较大的金属材料,此时,金属已成为国民经济中头等重要的材料和工业材料的"主力"。

当前,全球金属加工技术的发展正处于一个高峰期。数控机床、加工中心、激光切割机等高精度设备的出现,使得金属加工技术的加工精度和生产效率得到了极大的提高。这些设备的广泛应用,改变了传统机械加工方式的落后局面,提高了产品的质量和制造效率,也极大地降低了人工成本,并为精密制造奠定了坚实的技术基础。

此外,随着3D打印技术的发展,开辟了新的金属加工技术前景。在传统金属加工过程中,高成本、烦琐的工艺流程和模具制造等问题,都限制了生产效率和制造水平的提高。而3D打印技术基于数字化加工技术,使得金属材料可任意复杂地组合、得到所需形状,可以大大节省金属加工成本和时间,提高了制造工艺的柔性和可调性。

三、本课程的性质、目的与要求

金属工艺学是是材料工程技术、智能焊接技术、模具设计与制造、材料成型与控制技术等材料及材料加工类专业基础课,具有很强的综合性和实践性,在材料及材料加工类专业人才培养的整个环节中起到承上启下的作用。通过本课程的学习,学生应达到以下目标:

1. 知识目标

(1)理解强度、硬度、塑性、冲击韧性等的原理、意义。

(2)掌握金属和合金的内部结构和结晶规律。

(3)了解铁碳合金相图上的点、线的含义及各区域对应的组织,掌握共晶转变和共析装备,熟练掌握珠光体、马氏体、莱氏体的组织及性能。

(4)掌握钢的退火、正火、淬火、回火等热处理方法,理解各种热处理方法对钢的组织和性能的影响。

(5)理解常用工程材料的种类、性能及其改性方法,初步掌握其应用范围和选择原则。

(6)理解材料对各种加工工艺的适应能力,主要包括铸造性能、锻压性能、焊接性能、切削加工性能和热处理性能。

(7)掌握机械制造生产过程、生产类型及其特点,各种主要加工方法的实质、工艺特点、基本原理和设备;了解零件的加工工艺过程。

(8)了解有关的新工艺、新技术及其发展趋势。

(9)了解课程蕴含的工匠精神、敬业精神等。

2.技能目标

(1)掌握金属材料强度、硬度、塑性等性能的测定方法。

(2)具备通过金属材料的成分、组织和结晶过程分析其内部组织和性能的能力。

(3)具备根据铁碳合金的成分分析典型合金冷却过程的能力。

(4)具备合理制定热处理工艺参数的能力。

(5)具备根据实际需要合理选用工程材料类型、表面改性技术的能力。

(6)具备合理制定铸造、锻压、焊接等热加工工艺参数的能力。

(7)具备选择零件加工方法并制订简单的制造工艺规程的能力。

(8)具备研发新工艺、新技术的能力。

(9)将专业知识能力与思想教育有机融合,培养学生的家国情怀和工匠精神。

3.素质目标

(1)具备良好的学习习惯,促进主动学习,提升学习能力。

(2)具备从知识技能的学习延伸到思维方法的学习。

(3)具备严谨细致、一丝不苟、实事求是的科学态度和探索精神。

(4)具备探索未知、追求真理、勇攀科学高峰的责任感和使命感。

(5)具备精益求精的大国工匠精神,激发科技报国的家国情怀和使命担当。

本课程与金工实习、机械制图、数控加工、模具制造工艺学、冲压成型工艺等课程的相关知识联系紧密。学习时,除了要理解本书中的基本概念、基本理论外,还要开动脑筋,注意综合运用相关课程的相关知识;要密切联系实际,充分利用学校实习实训资源,提高实践能力,还可充分利用网上的资源,加强自学能力;主动参考有关资料及各种实例图册,注意不断学习,积累实际经验。通过上述多方面的学习,才能使自己具备一个金属加工工艺人员的基本专业素质。

第一篇 金属材料导论

第1章 金属材料的性能

现代社会中,金属材料在工业、农业、交通运输、国防等领域均起着举足轻重的作用。金属材料不同,性能亦不相同,金属材料的性能决定着材料的适用范围及应用的合理性。选用金属材料时,要考虑材料的使用性能和工艺性能,还要兼顾材料的经济性。

金属材料的使用性能是指材料在使用过程中所表现的性能,包括力学性能、物理性能和化学性能。

1.1 金属材料的力学性能

通常任何金属材料零部件在使用过程中都会受到各种形式外力的作用。如起重机上的钢索,受到悬吊物拉力的作用;柴油机上的连杆,在传递动力时,不仅受到拉力的作用,而且还受到冲击力的作用;轴类零件要受到弯矩、扭矩的作用;等等。这就要求金属材料必须具有承受外力而不超过许可变形或不被破坏的能力,这种能力就是金属材料的力学性能。金属材料的力学性能主要包括强度、塑性、硬度、韧性、疲劳强度等。

1.1.1 强度和塑性

1.拉伸曲线

《金属材料 室温拉伸试验方法》(GB/T 228—2002)规定了拉伸试验的方法和拉伸试验试样的制作标准。在试验时,将金属材料制作成具有一

金属材料的强度、塑性

定尺寸和形状的试样,如图1-1所示,图中,d_0为试样的原始直径,L_0为试样的原始标距长度,试样原始横截面积 $S_0 = \dfrac{\pi d_0^2}{4}$。试样原始标距与原始横截面积有 $L_0 = k\sqrt{S_0}$ 关系者称为比例试样。国际上使用的比例系数 k 的值为 5.65(标准试样)。原始标距应不小于15 mm。当试样横截面积太小,以致采用比例系数 k 为5.65的值不能符合这一最小标距要求时,可以采用较高的值(优先采用11.3的值)或采用非比例试样。下面以标准试样为例。

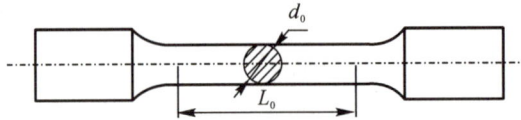

图1-1 圆形拉伸试样示意图

将拉伸试样装夹在拉伸试验机上,对试样施加拉力,在拉力不断增加的过程中观察试样的变化,直至把试样拉断。根据拉伸过程中载荷(F)与试样的伸长量(ΔL)之间的关系,拉伸试验机可以自动绘制出金属材料的拉伸曲线。图1-2所示为低碳钢的拉伸曲线。拉伸过程可分为弹性阶段、屈服阶段、强化阶段和缩颈断裂阶段等。

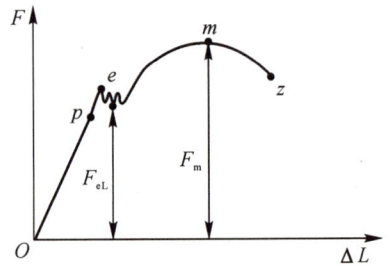

图1-2 低碳钢试样的拉伸曲线

(1)弹性阶段(Op 段):试样的伸长量与载荷呈直线关系,试样处于弹性变形阶段。

(2)屈服阶段[pe 段(拉伸曲线中的平台部分或锯齿部分)]:外力不增加或变化不大,试样仍继续伸长,但出现明显的塑性变形(试样被卸载后仍有部分保留下来的变形),这种金属材料丧失了抵抗变形的能力的现象称为屈服。

(3)强化阶段(em 段):在这个阶段,随着载荷增加,整个试样均匀伸长。同时,随着塑性变形不断增加,试样的变形抗力也逐渐增加,这个阶段是材料的强化阶段。

(4)缩颈断裂阶段(mz 段):m 点载荷达到最大,试样局部横截面积减小,伸长量增加,形成"缩颈"。

随着缩颈处截面不断减小(非均匀塑性变形阶段),承载能力不断下降,到 z 点时试样发生断裂。图1-3中,L_u为试样拉断后的标距长度,S_u为试样断口处的横截面积。

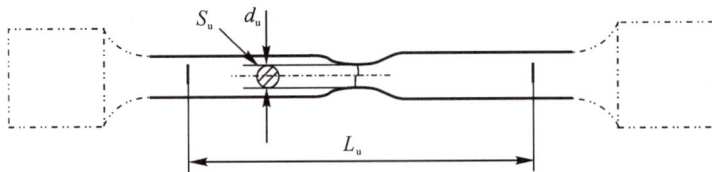

图1-3 拉伸试样"缩颈"后断裂

2. 强度

试验测得的强度大小用应力来表示。应力是试验期间任一时刻的力除以试样原始横截面积(S_0)之商。

(1)屈服强度:金属材料抵抗塑性变形的能力。当金属材料出现屈服现象时,在试验期间发生塑性变形而力不增加的应力点,用 R_e 表示。屈服强度分为上屈服强度 R_{eH} 和下屈服强度 R_{eL}。一般用下屈服强度 R_{eL} 作为衡量指标,即

$$R_{eL} = \frac{F_{eL}}{S_0}$$

式中:F_{eL} 为试样屈服时的最小载荷,N。

对于铸铁、高碳淬火钢等材料,在拉伸试验中没有明显的屈服现象,如图 1-4 所示。

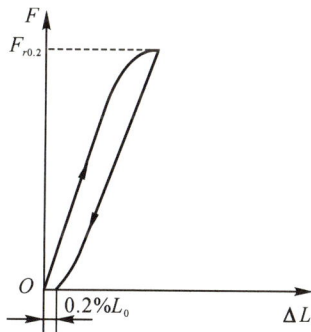

图 1-4　铸铁试样的拉伸曲线

规定产生 0.2% 残余伸长时的应力为屈服强度指标,替代 R_{eL},此强度指标称为规定残余延伸强度,记作 $R_{r0.2}$,即

$$R_{r0.2} = \frac{F_{r0.2}}{S_0}$$

式中:$F_{r0.2}$ 为残余伸长率为 0.2% 时的载荷,N。

(2)抗拉强度:材料在断裂前所能承受的最大的应力,用 R_m 表示,即

$$R_m = \frac{F_m}{S_0}$$

式中:F_m 为试样在屈服阶段后所能抵抗的最大力(无明显屈服的材料,为试验期间的最大力),N。

强度越高,表明材料在工作时越可以承受较高的载荷。当载荷一定时,选用高强度的材料,可以减小构件或零件的尺寸,从而减小其自重。对于大多数机械零件,工作时不允许产生塑性变形,因此屈服强度是零件强度设计的依据。对于因断裂而失效的零件,用抗拉强度做为其强度设计的依据。

3. 塑性

断裂前金属材料产生塑性变形的能力称为塑性。塑性也是由拉伸试验测得的,常用断后伸长率 A 和断面收缩率 Z 表示。A 和 Z 数值越大,表示材料的塑性越好。

(1)断后伸长率:试样拉断后,标距的伸长量与原始标距之比的百分率,即

$$A = \frac{L_u - L_0}{L_0} \times 100\%$$

（2）断面收缩率：试样拉断后，试样原始横截面面积与断口处横截面面积比值的百分率，即

$$Z = \frac{S_0 - S_u}{S_0} \times 100\%$$

材料的塑性是判断材料能否进行塑性加工的依据，同时塑性也是材料使用过程中是否安全可靠的依据。塑性高的材料在断裂前有较大的变形，这种变形容易被发现，可以及时采取措施预防灾难性事故出现。但是，也必须注意到，对于形状尺寸要求严格的零件，使用过程的塑性变形将成为其失效形式之一。因此，选材时，对材料塑性的要求要合理，并不都是塑性越高越好。

1.1.2 硬度

硬度是衡量金属材料软硬的指标。材料抵抗局部变形，特别是塑性变形、压痕或划痕的能力称为硬度。生产中测量硬度常用的方法是压入法，它是将一定形状的压头，在一定的载荷下，压入被测的金属材料表面，根据压入程度来测定其硬度值。在同样的试验条件下（压头相同、载荷相同），压入的程度越大，则材料的硬度越低，反之越高。生产中应用广泛的硬度测试方法有布氏硬度、洛氏硬度和维氏硬度等。

金属材料的硬度、冲击韧性

1. 布氏硬度

布氏硬度试验法是在一定的载荷 F 作用下，将一定直径 D 的淬火钢球或硬质合金球压入被测材料的表面，保持一定的时间 t 后将载荷卸掉，测量被测材料表面留下压痕的直径 d，对应《金属材料 布氏硬度试验 第4部分：硬度值表》（GB/T 231.4—2009）中的金属布氏硬度数值表查出该材料的布氏硬度值，如图 1-5 所示。

布氏硬度值的单位为 N/mm^2，习惯上布氏硬度是不标单位的，只写明硬度数值。进行布氏硬度试验时，当用淬火钢球作为压头时，用 HBS 表示，适用于布氏硬度值低于 450 的材料；当用硬质合金球作为压头时，用 HBW 表示，适用于布氏硬度值为 450～650 的材料。

布氏硬度的表示方法为：硬度值＋硬度符号（HBS、HBW）＋球的直径（mm）/试验力（kgf）/试验力作用时间（s，10～15 s 不标注）。例如，210HBS10/1000/30 表示用 10 mm 直径的淬火钢球作为压头，在 1 000 kgf（1 kgf＝9.8 N）作用下，保持时间为 30 s，测得的布氏硬度值为 210；500HBW5/750 表示用 5 mm 直径的硬质合金球作为压头，在 750 kgf 作用下，保持10～15 s，测得的布氏硬度值为 500。

布氏硬度应用于测定灰铸铁、有色金属及各种软钢等硬度不是很高的材料。其优点是能准确反映出金属材料的平均性能；缺点是操作时间长，压痕测量较费时。

2. 洛氏硬度

洛氏硬度试验法是直接用压痕深度来确定硬度值的。试验时，用顶角为 120° 的金刚石圆锥体或者用直径为 1.588 mm 的淬火钢球作为压头，先加初载荷为 98.07 N（10 kgf），再加规定的主载荷，将压头压入金属材料的表面，卸去主载荷后，根据压头压入的深度，最终确定其硬度值。

洛氏硬度试验原理示意图如图 1-6 所示，图中 0-0 为压头没有与试样接触时的位置，

先加初载荷,使压头与试样表面之间有良好的接触,到达位置 1-1,并以此作为测量的基准,再施加主载荷,试样压到最深处 2-2;卸去主载荷后,被测试样的弹性变形恢复,压头略微抬高至 3-3,测得的深度就是基准与压头顶点最后位置之间的距离 h。h 越大,被测金属的硬度越低。

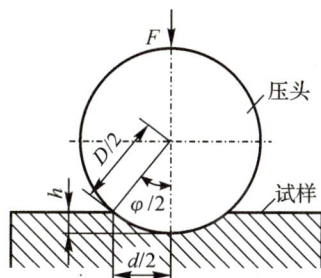

图 1-5　布氏硬度试验原理示意图

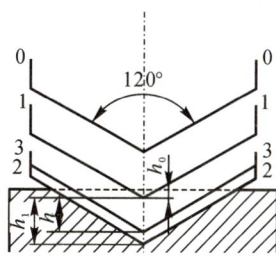

图 1-6　洛氏硬度试验原理示意图

洛氏硬度最常用的有 A、B、C 三种标尺,分别记作 HRA、HRB 和 HRC。例如,60HRC 表示用 C 标尺测得的洛氏硬度值为 60。常用的三种洛氏硬度的试验条件及应用范围见表 1-1。洛氏硬度试验的优点是测量迅速、简便,能直接从刻度盘上读出硬度值,压痕较小,可用于测量成品及较薄零件;缺点是压痕较小,测得的硬度值不够准确,并且各硬度标尺之间没有联系,不同标尺硬度值之间不能直接比较大小。其中,洛氏硬度 C 标尺应用最广泛。

表 1-1　常用三种洛氏硬度的试验条件及应用范围

硬度符号	压头类型	总试验力 F/kN	硬度值有效范围	应用范围
HRA	120°金刚石圆锥体	0.588 4	70~85 HRA	硬质合金、表面硬化层和淬火工具钢等
HRB	ϕ1.588 mm 钢球	0.980 7	25~100 HRB	低碳钢、铜、铝合金和可锻铸铁等
HRC	120°金刚石圆锥体	1.471 1	20~67 HRC	淬火钢、调质钢和高硬度铸铁等

3.维氏硬度

维氏硬度试验法原理与布氏硬度试验法基本相同,如图 1-7 所示。用锥面夹角为 136° 的金刚石正四棱锥体压头,在规定载荷的作用下压入被测金属的表面,保持一定时间 t 后卸除载荷,用压痕单位面积上承受的载荷(F/S)来表示硬度值,维氏硬度的符号为 HV。

维氏硬度主要用于科学试验。维氏硬度的优点是试验载荷小、压痕较浅,适合测定零件表面淬硬层及化学热处理的表面层等;可以测量极软到极硬的材料。其缺点是试样表面要

13

求高,硬度值的测定过程较烦琐,工作效率不如洛氏硬度高。

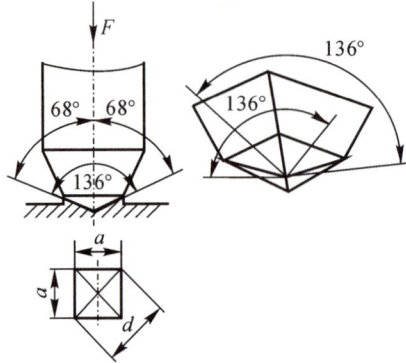

图1-7 维氏硬度试验原理示意图

硬度是材料的重要力学性能指标。一般地,材料的硬度越高,其耐磨性越好。材料的强度越高,塑性变形抗力越大,硬度值也越高。

1.1.3 韧性

机械零部件在工作过程中不仅受到静载荷和变动载荷作用,而且还会受到不同程度的冲击载荷作用,如冲床、铆钉等。工程上,将金属材料在断裂前吸收塑性变形和断裂能量(合称冲击吸收能量)的能力,称为金属材料的韧性。韧性的好坏由摆锤冲击试验[参见《金属材料　夏比摆锤冲击试验方法》(GB/T 229—2007)]测得。试验时,将规定几何形状(V型和U型)的缺口试样置于试验机两支座之间,缺口背向打击面放置,把质量为 m 的摆锤抬升到一定高度 H_1,然后释放摆锤,冲断试样,摆锤依靠惯性运动到高度 H_2,如图1-8所示。用摆锤一次打击试样,测定试样的冲击吸收能量。吸收能量由指针或其他指示装置可直接读出。冲击吸收能量用 KV 或 KU 加下标数字 2 或 8 表示,字母 V 和 U 表示缺口几何形状,下标数字 2 或 8 表示摆锤刀刃半径,例如 KV_2 表 V 型缺口试样在 2 mm 摆锤刀刃下的冲击吸收能量。冲击吸收能量越大,金属材料的韧性越大。

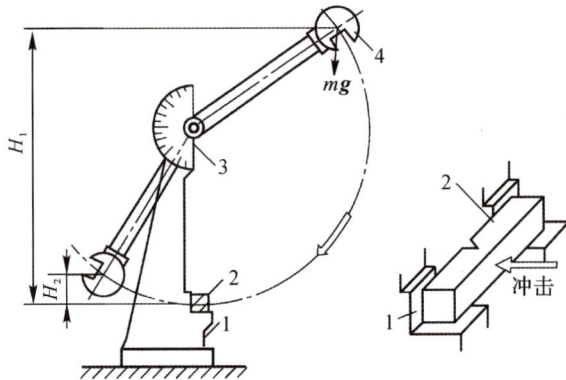

图1-8 夏比摆锤冲击试验

1—机架;2—试样;3—刻度盘;4—摆锤

由于大多数材料冲击值随温度变化,所以试验应在规定温度下进行。当不在室温下试验时,试样必须在规定条件下加热或冷却,以保持规定的温度。

工程中的某些金属材料当温度降低到某一程度时,会出现冲击吸收能量明显下降的现象,这种现象称为冷脆现象。许多船舶、桥梁等大型结构脆断的事故都是由低温冷脆造成的。通过测定材料在不同温度下的冲击吸收能量,就可测出某种材料冲击吸收能量与温度的关系曲线。如图 1-9 所示,冲击吸收能量随温度降低而减小,在某个温度区间,冲击吸收能量发生急剧下降,试样断口由韧性断口过渡为脆性断口,这个温度区间就称为韧脆转变温度范围。

冲击吸收能量是一个由强度和塑性共同决定的综合性力学性能指标,由于冲击吸收能量对材料内部组织十分敏感,所以在生产、科研中被广泛应用。通过测定冲击吸收能量和对试样断口进行分析,能很好地了解材料的内部缺陷,如气泡、夹渣、偏析等冶金缺陷和过热、回火脆性等热加工缺陷,这些缺陷使材料的冲击吸收功明显下降。

1.1.4　疲劳强度

许多零件如齿轮、曲轴、弹簧和滚动轴承等承受载荷的大小和方向会随时间作周期性变化,往往在远小于抗拉强度,甚至小于屈服强度时,金属材料在交变应力或应变作用下即产生裂纹或失效,这种现象称为疲劳。产生疲劳的原因往往是在零件应力高度集中的部位或材料本身强度较低的部位,在交变应力作用下产生了疲劳裂纹,并随着应力循环周次的增加,裂纹不断扩展,使零件有效承载面积不断减小,最后突然断裂。零件疲劳失效的过程可分为疲劳裂纹产生、疲劳裂纹扩展和瞬时断裂三个阶段。疲劳断口一般可明显地分成三个区域,即疲劳源、疲劳裂纹扩展区和瞬时断裂区,如图 1-10 所示。疲劳断裂具有突然性,因此危害很大。

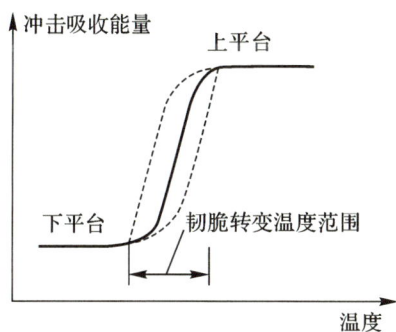

图 1-9　冲击吸收能量-温度曲线

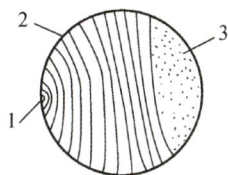

图 1-10　疲劳断口示意图

1—疲劳源;2—疲劳裂纹扩展区;3—瞬时断裂区

《金属材料　疲劳试验　旋转弯曲方法》(GB 4337—2008)规定,最普遍的疲劳试验数据的图形表达形式是 $S-N$ 曲线,如图 1-11 所示。以横坐标表示疲劳寿命 N_f,以纵坐标表示最大应力,应力范围或应力幅,一般使用线性尺度,也可用对数尺度。用直线或曲线拟合各数据点,即得 $S-N$ 曲线图。$S-N$ 曲线图上至少应包括材料牌号、材料的级别及拉伸性能、试样的表面状态、缺口试样的应力集中系数(如有要求)、疲劳试验的类型、试验频率、环境和试验温度等。

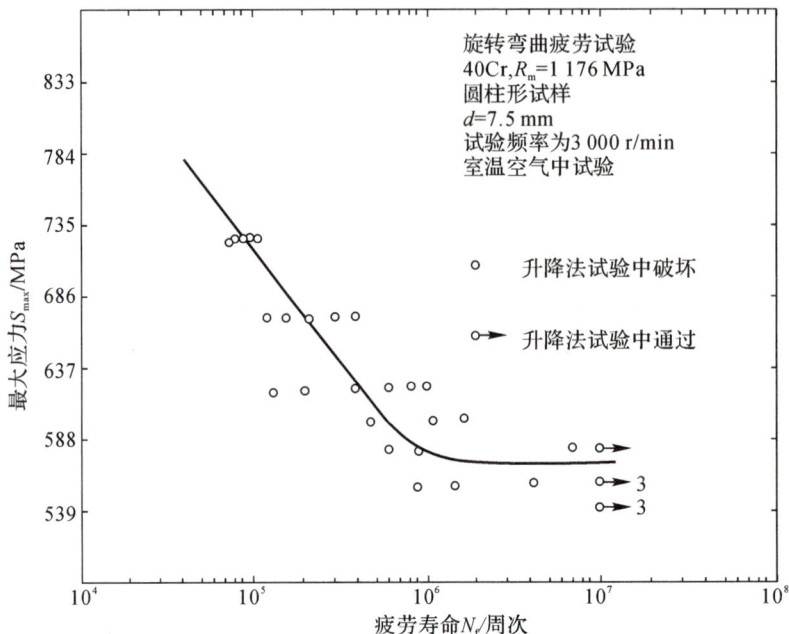

图 1-11 S-N 曲线图

一个试验不连续的预定循环数通常总是依赖于被测材料。对于某些材料的 S-N 曲线在给定的循环数呈现明显的斜率变化,例如曲线的后半段平行于水平轴线。也有一些材料 S-N 曲线呈现连续的曲线,最终趋近于水平轴。材料经无数次应力循环而不发生疲劳断裂的最高应力值,称为疲劳强度。一般钢铁材料疲劳寿命取 10^7 周次时能承受的最大循环应力为疲劳强度,非铁金属循环疲劳寿命取 10^8 周次。

金属材料的疲劳强度受到很多因素的影响,如材料本质、材料的表面质量、工作条件,零件的形状、尺寸及表面残余压应力等。提高金属材料疲劳强度的途径主要有:

(1)合理地选择材料。实践证明,金属材料在其他条件相同的情况下,疲劳强度随抗拉强度的增加而增加。因此,那些能提高金属材料抗拉强度的因素,一般也能提高疲劳强度,通常结构钢中含碳量越高,抗拉强度越高。结构钢中合金元素主要通过提高淬透性和改善组织来提高疲劳强度;细化晶粒、获得下贝氏体及回火马氏体等也可以提高疲劳强度。

(2)合理设计零件的结构、尺寸。尽量避免尖角、缺口和截面突变,这些地方容易引起应力集中从而导致疲劳裂纹。

(3)降低零件表面粗糙度,提高表面加工质量。因为疲劳源多数位于零件的表面,所以应尽量减少零件表面缺陷(如氧化、脱碳、裂纹和夹杂等)和表面加工损伤(如刀痕、磨痕和擦伤等)。

(4)采用表面强化处理措施。如渗碳、渗氮、表面淬火、喷丸和滚压等都可以有效地提高疲劳强度。

◆ 1.2　金属材料的物理、化学性能

1.2.1　物理性能

金属材料的物理性能表示材料固有的一些属性,如密度、熔点、导热性、导电性、热膨胀性与磁性等。

1.密度

密度是指单位体积内物体的质量。不同金属的密度不同,其中,密度小于 5 g/cm³ 的金属称为轻金属,密度大于 5 g/cm³ 的金属称为重金属。材料的密度直接关系到产品质量和效能,如发动机的活塞,常采用密度小的铝合金制造。

2.熔点

熔点是指金属或合金从固态向液态转变的温度。纯金属有固定的熔点,合金的熔点取决于化学成分。熔点对于金属材料的冶炼、铸造和焊接等是一个重要的工艺参数。耐高温材料(使用于航空、航天)、防火安全阀、熔断器(保险丝)等都需考虑材料的熔点。

3.导热性

导热性是指金属材料传导热量的性能,通常用热导率来衡量。金属的导热能力以银最好,铜、铝次之。导热性是金属材料的重要性能之一,导热性好的金属,可以用来做传热设备的零部件。制定加热工艺时,要考虑金属的导热性,否则会因为导热性差,导致开裂。

4.导电性

导电性是指金属材料传导电流的性能,通常用电阻率来衡量。导电材料的导电能力从大到小依次为银、铜、铝等。涉及材料导电性的使用领域有电火花加工、电解加工、电子束加工及制造电线、电缆和玻璃拉丝模等。

5.热膨胀性

热膨胀性是指金属材料随温度的变化而膨胀或收缩的性能,通常用体膨胀系数来表示。对精密仪器而言,热膨胀性是一个重要的指标。此外,在电线的形态、桥梁的架设、钢轨的铺设、精密的测量工具等领域,线膨胀系数也是一个重要的工艺参数。

6.磁性

磁性是指金属材料在磁场中受到磁化的性能。根据磁化程度不同,金属材料可分为铁磁性材料、顺磁性材料和抗磁性材料三类,如铁、镍、钴等。涉及材料磁性的使用领域有手表的加工、磨床的磨削加工等。

1.2.2　化学性能

金属材料在机械制造过程中,对化学性能也有一定的要求,尤其是对要求耐高温、耐腐

蚀的零件而言。金属的化学性能有耐腐蚀性、抗氧化性和化学稳定性等。

1.耐腐蚀性

耐腐蚀性是指金属材料在常温下抵抗氧、水蒸气和其他化学介质腐蚀破坏的性能。例如,钢铁生铁锈和铜生铜绿等。在食品、饮料、医药和化工等行业,选择金属材料制造相关设备时,应特别考虑材料的耐腐蚀性。

2.抗氧化性

抗氧化性指金属材料在加热时抵抗氧化作用的能力。在锻造、电焊和热处理等热加工作业时,氧化比较严重,必须采取措施避免金属的氧化。

3.化学稳定性

化学稳定性是金属材料耐腐蚀性和抗氧化性的总称。金属材料在高温下的化学稳定性称为热稳定性。加工耐热设备、高温锅炉时,热稳定性是一个必须考虑的重要参数。

◆ 1.3 金属材料的工艺性能

金属材料的工艺性能是指材料在加工过程中所表现的性能,包括铸造性能、锻压性能、焊接性能、切削加工性能和热处理性能。本部分内容在后面的章节中会专门进行讲解。

◆ 实验 1.1 金属材料的拉伸实验

一、实验目的

(1)测量金属材料的强度指标(屈服强度及抗拉强度)和塑性指标(断后伸长率及断面收缩率)。

(2)观察低碳钢、铸铁试样在拉伸过程中的各种现象,加深对塑性、脆性材料拉伸曲线的理解。

(3)了解万能试验机的主要结构和使用方法。

二、实验设备及材料

(1)万能试验机,如图 1-12 所示。

(2)千分尺和游标卡尺。

(3)低碳钢及铸铁拉伸试样。

三、实验步骤

(1)检验万能试验机工作是否正常。

(2)检查低碳钢试样、铸铁试样表面有无机械加工缺陷和肉眼可见的冶金缺陷。然后在标距中央和两端分别沿互相垂直的两个方向各量一次直径,并分别计算出三处直径的平均值,取其中最小者作为试样的原始直径 d_0,同时测量标距尺寸 L_0,并打上标记。

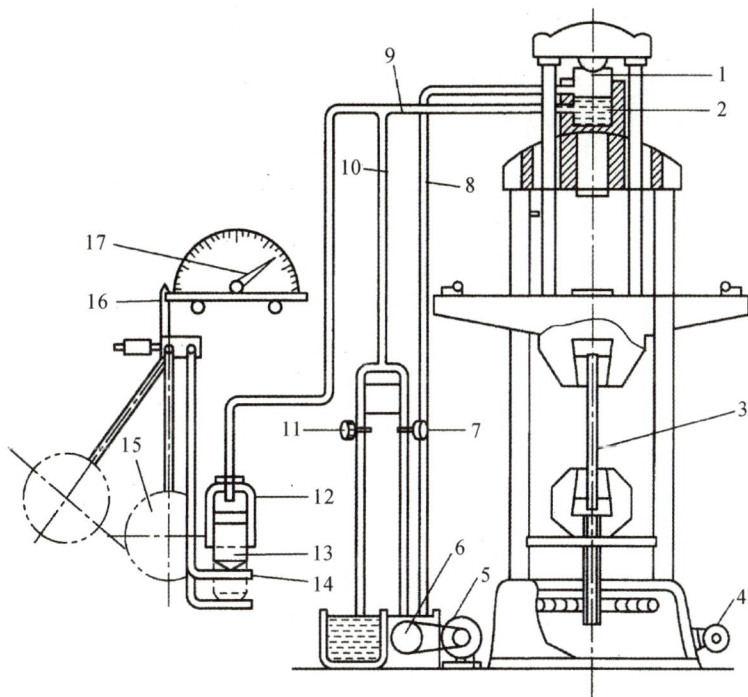

图 1-12　万能试验机简图

1—大活塞；2—工作油缸；3—试样；4—下夹头电动机；5—油泵电动机；6—油泵；7—送油阀；

8—渗油回油管；9—测力油管；10—送油管；11—回油管；12—测力油缸；13—测力活塞；

14—测力拉杆；15—摆锤；16—推杆；17—测力盘指针

(3)估计拉伸试样所需的最大力 F_m（F_m 在测力盘 40%～85% 范围内较适宜）。将试样装在上下钳口内。将测力盘的指针调零，并检查自动描图装置，安装坐标纸。

(4)开动机器使之缓慢均匀加载，此时试样被拉长，指针开始顺时针转动，直至拉断试样。同时自动描图装置绘出负荷与伸长的关系曲线，即拉伸曲线图。在试验过程中要注意观察试样变形、拉伸图各阶段的变化和测力指针的走动情况，并及时记录有关数据。对于低碳钢，测力指针停止转动或倒退说明材料开始屈服，测力指针倒退到最低位置所对应的载荷为屈服时的最小载荷 F_{eL}。试样拉断后由随动指针指出的载荷为最大载荷 F_m。

(5)试样拉断后立即停机，取下试样。将断裂的试样对齐并尽量靠紧，用游标卡尺测量断口最小截面处，沿互相垂直的两个方向各测量一次直径，取平均值作为 d_u。用游标卡尺测出断后标距 L_u。将试验结果分别填入实验记录表内。

〔注意事项〕

(1)加载时一定要缓慢均匀。

(2)机器出现故障应立即停机，交由指导教师处理。

四、实验记录及结果

将实验结果填入表 1-2 中。

表1-2 实验记录及结果

序号	材料名称	试样标距长度/mm		试样截面积直径/mm		拉伸试验力/N		下屈服强度 R_{eL}/MPa	抗拉强度 R_m/MPa	断后伸长率 A/(%)	断面收缩率 Z/(%)
		L_0	L_u	d_0	d_u	F_{eL}	F_m				

五、实验结果处理

(1)根据试验所测数据和试样已知数据,按公式计算出试样材料的 R_{eL}、R_m、A 和 Z(铸铁只算出 R_m 即可)。

(2)如出现下列情况之一时,试验结果无效。

1)在标距标记处或标距外断裂。

2)试样出现两个或两个以上缩颈。

3)试验记录有误或设备发生故障影响试验结果。

4)试样断口处有冶金缺陷。

◆ 实验1.2 布氏硬度测定

一、实验目的

(1)了解布氏硬度计的测定原理、应用范围及硬度计的结构。

(2)掌握布氏硬度计试验操作的方法和步骤。

(3)学会正确使用读数显微镜测量压痕直径。

二、实验设备及试样

(1)布氏硬度计,如图1-13所示。

(2)读数显微镜,如图1-14所示。

(3)退火钢、铸铁、非铁金属试样。

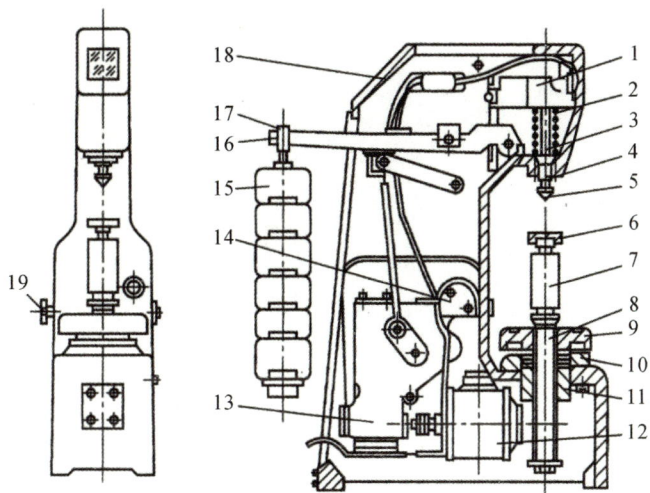

图 1-13　HB-3000 型布氏硬度计简图

1—小杠杆;2—弹簧;3—压轴;4—主轴衬套;5—压头;6—可更换工作台;7—工作台立柱;
8—螺杆;9—升降手轮;10—螺母;11—套筒;12—电动机;13—减速器;14—换向开关;15—法码;
16—大杠杆;17—吊环;18—机体;19—电源开关

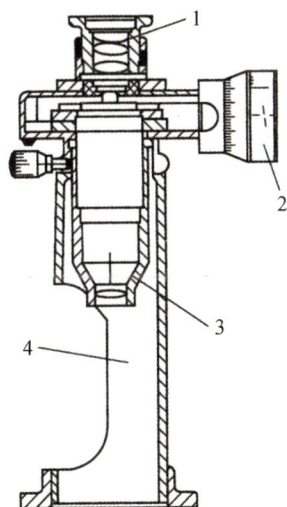

图 1-14　JC10 型读数显微镜

1—目镜;2—读数指示套;3—物镜;4—镜筒

三、读数显微镜的使用

如图 1-15 所示,将读数显微镜放置在被测试样上,使物镜正对压痕。试样被测部分用自然光或灯光照明,使压痕清晰呈现。移动读数显微镜使固定板上的零线与压痕的一边相切。转动读数指示套带动活动滑板上的刻度线移动,使之与压痕的另一边相切。固定板上共有六格,每格为 1 mm。读数指示套上共有 100 个小格,每一格为 0.01 mm。将两种读出数值相加即得该压痕的直径（为保证准确测量出压痕直径,在压痕互相垂直的方向各测一次,取平均值）。

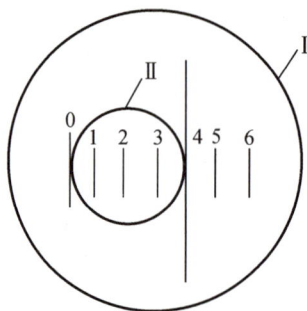

图 1-15　测量示例

Ⅰ—镜筒；Ⅱ—压痕

四、实验步骤

(1)检查布氏硬度计是否正常。

(2)根据国家标准《金属材料 布氏硬度试验 第 4 部分:硬度值表》(GB/T 231.4—2009)中的规范选择布氏硬度试验中的试验力 F、压头类型、试验力保持时间,并装上压头、砝码。部分规范见表 1-3。

表 1-3　布氏硬度试验规范

材料种类	布氏硬度使用范围	球直径 D/mm	F/D^2 (0.102 F/D^2)	试验力 F/kgf(N)	试验力保持时间/s	其他
钢	≥140	10	30	3 000(29 420)	10～5	1. 压痕中心距试样边缘 ＞ 2.5d。 2. 试样厚度不小于压痕深度的 10 倍。 3. 压痕中心距＞4d
		5		750(7 355)		
铸铁	<140	2.5		187.5(1 839)	10～15	
		10	10	1 000(9 807)		
		5		250(2 452)		
		2.5		62.5(612.9)		
铜及	≥130	10	30	3 000(29 420)	30	
		5		750(7 355)		
		2.5		187.5(1 839)		
铜合金	35≥130	10	10	1 000(9 807)	30	
		5		250(2 452)		
		2.5		62.5(612.9)		
软金属及其合金	<35	10	2.5	250(2452)	60	
		5		62.5(612.9)		
		2.5		15.625(153.2)		

（3）将试样平稳地安放在工作台上，顺时针方向转动手轮，直至试样与压头球体紧密接触，手轮空转至打滑为止，此时加预载荷 10 kgf。

（4）拨动时间定位器至所需载荷保持时间位置。压紧螺钉处于放松状态。

（5）打开电源开关，待电源指示灯亮后（绿灯亮）再启动电机按钮开关，开始施加载荷。待载荷全部加上时（红灯亮），迅速拧紧时间定位器压紧螺钉，时间定位器开始转动。达到载荷保持时间后电机反转，试验力自行卸除。若为半自动布氏试验计，应首先在操作屏上选定载荷保持时间，启动电机按钮开关后由硬度计自身控制机构完成加载、保持载荷、卸载的功能。

（6）关闭电源，逆时针转动手轮，使工作台下降，取下试样。用读数显微镜测量试样表面压痕直径 d（两个垂直方向各测一次取平均值）。

根据所测得的压痕直径 d 和试验规范，从金属布氏硬度数值表中查出该材料的布氏硬度值。

（7）检查数据符合要求后，取下法码、吊环，以免影响硬度计的计量精度。

〔注意事项〕

（1）试样表面应是光滑的平面，无氧化层和污物。

（2）操作中若机器出现故障则应立即关掉电源，交由老师进行处理。

五、试验记录及结果

将实验结果填入表 1-4 中。

表 1-4　实验记录及结果

试样编号	试样材料	热处理状态	压头 D/mm	材料	试验力 $/N(kgf)$	保持时间 $/s$	压痕直径/mm			HBS 或 HBW
							d_1	d_2	d（平均）	

六、实试验结果处理

（1）测出的布氏硬度值大于 100 时，修约至整数；硬度值大于 10 且小于 100 时，修约至一位小数；硬度值小于 10 时，修约至两位小数。

（2）布氏硬度计压出的压痕直径应在 $(0.24 \sim 0.6)D$ 之间，否则实验结果无效。

实验 1.3　洛氏硬度测定

一、实验目的

（1）了解洛氏硬度计的测定原理、应用范围及洛氏硬度计的结构。

（2）掌握洛氏硬度计的试验方法和步骤。

二、实验设备及试样

（1）洛氏硬度计，如图 1-16 所示。

(2)淬火钢、退火钢、非铁金属试样。

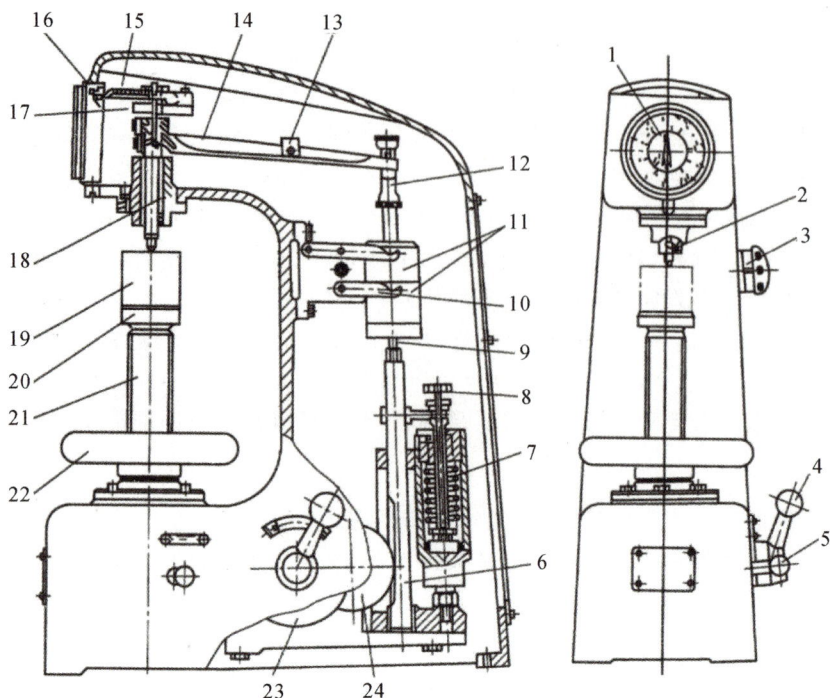

图 1-16　HR-150A 型洛氏硬度计简图

1—指示器;2—紧固螺钉;3—砝码交换手柄;4—卸荷手柄;5—加荷手柄;6—齿条;7—缓冲器;8—油针;
9—顶杆;10—砝码交换架;11—砝码;12—吊杆;13—调整块;14—加荷杠杆;15—小杠杆;16—接杆;
17—顶杆;18—主轴;19—试样;20—工作台;21—工作台螺旋立柱;22—手轮;23—凸轮;24—大齿轮

三、实验步骤

(1)检查洛氏硬度计是否正常。

(2)根据试样材料及洛氏硬度测试规范选择标尺、压头、总试验力。

(3)将试样平稳地放在工作台上,顺时针缓慢转动手轮,工作台上升使试样与压头接触,继续转动手轮施加初试验力 F_1(10 kgf)。此时小指针正对表盘中的红点(或红线)。调整指示器,使长指针对准零位(即 HRA、HRC 对准"C"点,HRB 对准"B"点)。

(4)向前拨动加荷手柄,通过缓冲器慢慢施加主试验力 F_2,压头继续压入试样,此时长指针逆时针方向转动(主试验力全部加上的时间为 4~8 s)。

(5)长指针基本停稳后,将卸荷手柄慢慢向后推回原位,卸除主试验力;从指示器的刻度盘中读出洛氏硬度值,并做好记录。

(6)逆时针转动手轮,工作台降下,移动试样。

(7)根据洛氏硬度试验要求重复以上步骤,做到每个试样上的测试点数不少于三点,其测定的平均值作为该材料的洛氏硬度值。

〔注意事项〕

(1)试样要平整光滑,无明显的加工痕迹和氧化层。工作台和压头表面应清洁无油污。

（2）在任何情况下都不允许压头与试验台面接触。试样的最小厚度应不小于压痕深度的 10 倍。

（3）在实验过程中,洛氏硬度计不应受到冲击和震动。

（4）试样各测试点中心间的距离和压痕中心至试样边缘的距离不得小于 3 mm。

四、实验记录及结果

将实验结果填入表 1 - 5 中。

表 1 - 5　实验记录及结果

编号	试样材料	热处理状态	硬度标尺	硬度符号	压头类型	试验力/kgf(N)			硬度值			
						F_1	F_2	F	一次	二次	三次	平均

五、实验结果处理

（1）实验记录中填写的洛氏硬度值应精确至 0.5 个洛氏硬度单位。

（2）当洛氏硬度值必须换算成其他硬度值时,应按国家标准《黑色金属硬度及强度换算表》(GB/ T1172—1999)进行换算。

◆ 实 验 1.4　韧 性 测 定

一、实验目的

（1）了解摆锤冲击试验机的结构及试验原理。

（2）了解金属材料在常温下冲击实验的方法和步骤。

二、实验设备及试样

（1）摆锤冲击试验机和 V 型标准冲击试样。

（2）游标卡尺。

三、实验步骤

（1）检查冲击试验机是否正常:摆锤空打时被动指针是否指零位,其偏离不应超过最小刻度的四分之一。用游标卡尺检查试样尺寸是否符合国家标准。检查试样表面有无明显可见的质量问题。

（2）打开电源开关,手拿操作屏站在设备正前方 1 m 远处。打开操作屏开关,按下"摆臂下降"按钮,摆臂下降,回升时把摆锤带至 135°夹角的高度。将被动指针拨至刻度盘最大刻度值。

（3）用标准安放样板将试样紧贴支座放置,使试样缺口背面正对摆锤刃口。

（4）按下"冲击"按钮,摆锤自由落下,冲断试样,并继续摆动一个高度。同时被动指针向零位方向旋转一个角度。

(5)试样冲断后,立即按下"摆锤夹紧"按钮,待摆锤停止摆动后,从刻度盘上读出指针指示数值。此数值即是该试样的冲击吸收功,用 A_k 表示。

〔注意事项〕

(1)冲击试验机只许一人操作,摆锤左面、右面不允许站人,以免试样碎块飞出伤人。

(2)室温冲击实验应在 10～35℃ 进行。

四、实验记录及结果

将实验结果填入表 1-6 中。

表 1-6   实验记录及结果

序号	试样材料	试样外形尺寸/mm	试验温度/℃	冲击吸收能量 KV/J

五、实验结果处理

(1)冲击吸收功至少应保留小数点后一位有效数字。数值应在摆锤最大刻度的 10％～90％ 范围内适宜。

(2)打击能量不足使试样未完全折断时,应在试验数据前加">"。其他情况应注明"未折断"。

(3)试样断口处如有肉眼可见裂纹或其他缺陷,且试验数据明显偏低时,此试验无效。

◆ 本 章 小 结

所有零部件在运行过程中以及产品在使用过程中,都在某种程度上承受着力或能量、温度以及接触介质等的作用,选用材料的主要依据是它的使用性能、工艺性能和经济性,其中使用性能是首先需要满足的。在机械行业中,一般以力学性能指标作为选材和设计的依据。力学性能指标主要包括强度、塑性、硬度、韧性和疲劳强度。强度指标有屈服强度、规定残余延伸强度和抗拉强度;塑性指标有断后伸长率和断面收缩率。硬度测试方法有布氏硬度、洛氏硬度和维氏硬度等;韧性通常用金属材料的冲击吸收能量来表征;疲劳强度是在规定循环次数下材料所能承受的最大循环应力。人们能有效地使用材料,必须要了解材料的力学性能以及影响力学性能的各种因素,因此,材料力学性能的测定是所有测试项目中最重要和最主要的内容之一。

金属材料的物理性能有密度、熔点、导热性、导电性、热膨胀性和磁性等。金属的化学性能有耐腐蚀性、抗氧化性和化学稳定性等。金属的工艺性能包括铸造性能、焊接性能、锻造性能、切削加工性能以及热处理性能等。

课后思考与练习一

1.常用的金属力学性能有哪些？

2.将钟表发条拉直是弹性变形还是塑性变形？怎样判别它的变形性质？

3.画出低碳钢拉伸曲线，并指出拉伸过程的几个阶段。

4.缩颈现象发生在拉伸曲线上哪一点？如果没有出现缩颈现象，是否表示该试样没有发生塑性变形？

5.由拉伸试验可以得到哪些性能指标？在工程上这些指标是如何定义的？

6.强度、塑性指标在工程上有哪些实际意义？

7.测定某种钢的力学性能时，已知试样的直径是 10 mm，其标距长度是直径的 5 倍，$F_m=33.81$ kN，$F_{eL}=20.68$ kN，拉断后的标距长度是 65 mm。试求此钢 R_{eL}，R_m 及 A。

8.将 6 500 N 的力施加于直径为 10 mm、屈服强度为 520 MPa 的钢棒上，试计算并说明钢棒是否会产生塑性变形。

9.在表 1-7 中填写下列材料常用的硬度测量法及硬度值符号。

表 1-7　练习题 9 用表

材　料	硬度测量法	硬度值符号
铝合金半成品		
一般淬火钢		
高硬度铸铁		
表面氮化层		

10.试分析自行车的中轴和链盒所用材料，哪种需要较高的硬度和强度，哪种需要较好的塑性和韧性，为什么？

11.什么叫疲劳，提高疲劳强度的途径有哪些？

12.齿轮和车床导轨比较，哪个容易发生疲劳破坏？为什么？

13.观察你周围的工具、器皿和机械设备等，分析其所用材料的性能与使用要求的关系。

【拓展阅读】

【科技前沿·"问天"逐梦苍穹】

2022 年 7 月 24 日，我国"问天"实验舱发射任务取得圆满成功。中国空间站"问天"实验舱和其名字一样特别，是世界上现役最长、发射质量最重的单体载人航天器。由中国科学院金属研究所马宗义团队研制的新型铝基复合材料成功应用在"问天"实验舱太阳翼柔性展开机构关键部件和多个实验机柜转接件中。

"问天"实验舱配备了目前国内最大的柔性太阳翼,双翼全部展开后可达 55 m(见图 1-17)。太阳翼可以双自由度跟踪太阳,每天平均发电量超过 430 kW·h,将为空间站运行提供充足的能源。太阳翼所使用的柔性展开机构某关键部件要求材料兼具轻质、高强、耐磨损、耐疲劳、高尺寸稳定性的特点,并且批量大、批次稳定性要求高。马宗义团队针对这一特殊需求,开发出各向同性碳化硅颗粒增强铝基复合材料中厚板可控塑性变形加工技术,产品批次间性能差异小于 5%,解决了太阳翼展开机构关键部件无材可用的困境。

"问天"实验舱实验机柜与实验舱内壁结构采用六点式机械连接,发射过程中连接件在剧烈震动、摩擦工况下服役,承受巨大载荷,是实验机柜载荷结构设计中受力最苛刻的零部件。该团队针对该工况研发出高性能碳化硅颗粒增强铝基复合材料锻件,其密度低、强韧性高、耐磨高,具有良好阻尼性能及耐疲劳等,采用该材料替代传统铝、钛等合金,实现优异的轻量化加工制造,承受住了发射过程中的震动疲劳及磨损等,并使零件减重 20% 以上。

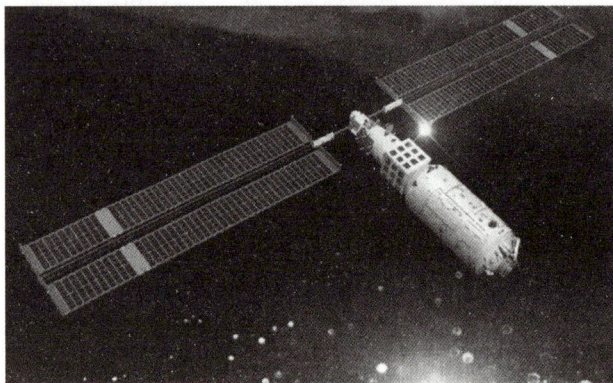

图 1-17 "问天"实验舱配备的柔性太阳翼

第2章 金属的晶体结构与结晶

▶ **知识目标**

(1)认识晶体与非晶体及其特性。

(2)掌握纯金属晶体结构及晶体缺陷。

(3)理解合金、组元、相与组织的概念。

(4)掌握合金的晶体结构与结晶过程,了解二元合金相图的测定方法。

▶ **能力目标**

(1)能根据纯金属晶体的缺陷,解决工程应用实际问题。

(2)能够分析二元合金相图,利用二元合金相图解决实际问题。

▶ **素质目标**

(1)通过晶体的理论结晶过程和实际结晶过程的对比,培养科学辩证思维。

(2)培养勤于动手、勇于实践的品质。

金属材料是以金属元素或以金属元素为主构成的具有金属特性的材料的统称。金属材料的种类有很多,性能各不相同。金属材料的性能与其化学成分和内部组织、结构密切相关。因此,研究金属材料的内部结构及其变化规律,是了解金属材料性能,进而正确选用金属材料、确定金属材料加工工艺的基础。

◆ 2.1 金属的晶体结构

2.1.1 晶体的特性

固态物质按其内部原子或分子聚集状态不同可分为晶体与非晶体两类。

晶体是指其组成微粒(原子、离子或分子)在三维空间呈规则、周期性排列的物质。晶体具有固定的熔点和凝固点,在一定条件下具有规则的几何外形,在不同方向上具有不同的性能(如导电性、导热性、热膨胀系数、强度等),即各向异性。金刚石、石墨及固态金属材料等均是晶体。

金属的晶体
结构及结晶

非晶体是指其组成微粒无规则地堆积在一起的物质,如玻璃、沥青、石蜡、松香等。非晶体没有固定的熔点,而且具有各向同性的特征。

晶体和非晶体的本质区别在于组成微粒的排列方式不同,同样成分的物质可以有晶体和非晶体两种状态,它们之间可以转化。

2.1.2　晶体结构

为了清楚地表明原子在空间排列的规律性,将构成晶体的原子抽象为纯粹的几何点,称为阵点或结点。几何点可以是原子的中心,也可以是彼此等同的原子群的中心,各个阵点的周围环境都相同。把这些点用假想的直线连接起来,构成一个三维的空间格子,如图 2-1 所示。这种用以描述晶体中原子的排列规律的空间格子,简称点阵或晶格。

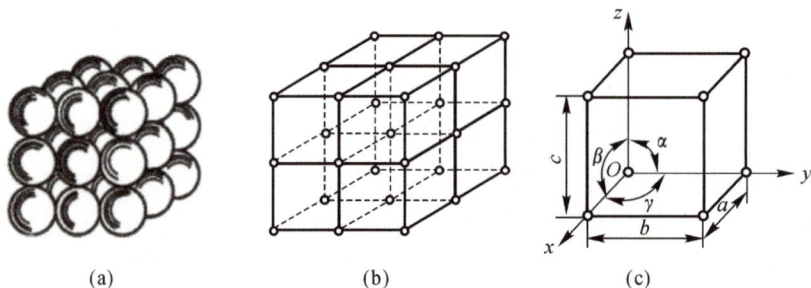

图 2-1　原子排列和晶格、晶胞示意图
(a)原子排列模型;(b)晶格;(c)晶胞及晶胞参数

由于各阵点的周围环境相同,空间点阵具有周期性、重复性。在点阵中取出一个能够完整地反映晶格特征的具有代表性的最小基本单元(通常是平行六面体),称为晶胞。将晶胞作三维的重复堆砌就构成了空间点阵。晶胞三个方向上的边长 a、b、c 称为晶格常数,晶胞的棱间夹角 α、β、γ 称为晶间夹角。根据三个晶格常数和三个晶间夹角可以将空间格子归属为 7 个晶系。

2.1.3　晶向指数和晶面指数

在晶体中,由一系列原子所组成的平面称为晶面,任意两个原子之间连线所指的方向称为晶向。不同的晶面和晶向具有不同的原子排列和不同的取向。金属的许多性质和行为都和晶面、晶向密切相关。在同一晶格的不同晶面和晶向上,原子排列的疏密程度不同,因此原子的结合力也就不同,从而在不同的晶面和晶向上显示出不同的性能,这就是晶体具有各向异性的原因。国际上常用米勒指数来统一标定晶面指数和晶向指数。

2.1.4　金属中常见的晶体结构

常用的金属材料中,金属的晶格类型有很多种,但约 90% 的金属晶体都属于如下三种晶格形式。

1.体心立方晶格

如图 2-2 所示,体心立方晶格的晶胞是一个立方体,立方体的 8 个顶角和晶胞各有一个原子。其单位晶胞原子数为 2 个;晶格常数为 $a=b=c$;致密度是 0.68,即体心立方晶格中有 68% 的体积被原子所占有,其余为空隙。属于体心立方晶格类型的常见金属有 Cr、W、Mo、V、α-Fe 等。

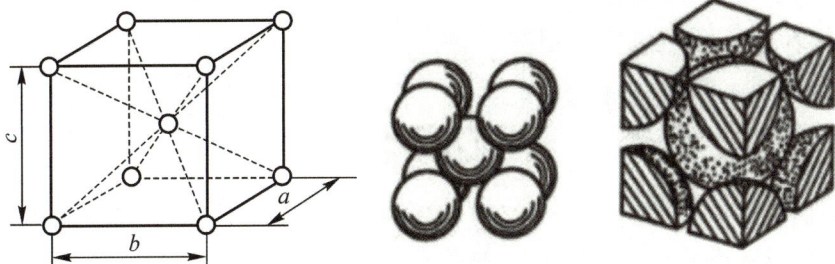

图 2-2　体心立方晶格示意图

2.面心立方晶格

如图 2-3 所示,面心立方晶格的晶胞也是一个立方体,原子位于立方体的 8 个顶角和立方体的 6 个面中心。故面心立方晶格的单位晶胞原子数为 4 个;晶格常数为 $a=b=c$;致密度是 0.74,表明面心立方晶格中原子排列较紧密。属于该晶格类型的常见金属有 Al、Cu、Pb、Au、γ-Fe 等。

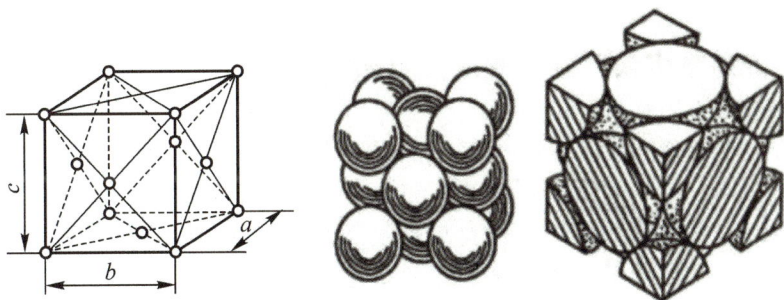

图 2-3　面心立方晶格示意图

3.密排六方晶格

如图 2-4 所示,密排六方晶格的晶胞是一个正六方柱体,原子排列在柱体的每个顶角和上、下底面的中心,另外三个原子排列在柱体内。其单位晶胞原子数为 6 个,晶格常数为 $a=b\neq c$,致密度也是 0.74,它与面心立方晶格原子排列密集程度相同,只是原子堆垛方式不同。属于密排六方晶格类型的常见金属有 Mg、Zn、Be、Cd、α-i 等。

图 2-4　密排六方晶格示意图

晶体结构会影响到金属材料的力学性能,比如,一般来说面心立方晶格的金属塑性最好,体心立方晶格次之,密排六方晶格的金属塑性较差。

2.1.5 金属实际的晶体结构

1. 单晶体与多晶体

按照构成金属的内部晶粒位向和数目,可以将金属分为单晶体和多晶体。当整块金属晶粒呈相同的位向或只有一个晶粒时,称为单晶体。单晶体的性能是"各向异性"的。单晶体内部没有晶界,有时有一些亚晶界,其在金属的研究中有重要作用。

除非采用专门的方法制作,在实际生产中,单晶体的材料几乎是不存在的。实际中的金属多由位向不同的许许多多的小晶粒所组成,称为多晶体(见图2-5),晶粒之间为晶界。因多晶体内各晶粒的晶格位向互不一致,它们自身的"各向异性"彼此抵消,故显示出"各向同性"。

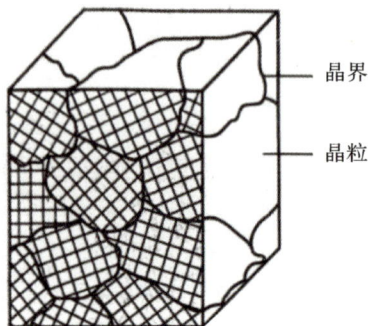

晶界

晶粒

图2-5 多晶体示意图

2. 晶体缺陷

晶体点阵中的完整性只是一个理论上的概念,自然界存在的晶体总是不完整的。在实际晶体中,由于原子的热运动、晶体的形成条件、冷热加工过程以及杂质等因素的影响,晶体点阵中的原子的排列不可能这样规则和完整,而是或多或少地存在着偏离完整结构的区域,出现不完整性,通常把这种偏离完整性的区域称为晶体缺陷。对于晶体结构而言,规则的完整排列是主要的,而非完整性是次要的,但对于晶体的许多性能特别是力学性能而言,起主要作用的却是晶体的非完整性,晶体的完整性只占次要的地位。

根据晶体缺陷的几何特征,可以将它们分为点缺陷(零维缺陷)、线缺陷(一维缺陷)和面缺陷(二维缺陷)三类。

(1)点缺陷。点缺陷是指在三维空间中,长、宽、高三个方向上尺寸都很小的缺陷,如空位、置换原子、间隙原子等。晶格空位是在正常的晶格结点上出现空位,如图2-6(a)所示;置换原子是指结点上的原子被异类原子所置换,如图2-6(b)所示;间隙原子是在晶格的间隙中存在多余原子,如图2-6(c)所示。

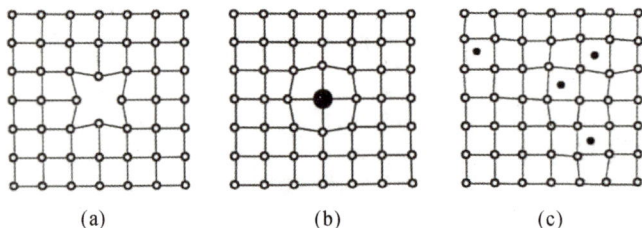

(a)   (b)   (c)

图2-6 点缺陷示意图

(a)晶格空位;(b)置换原子;(c)间隙原子

　　晶格缺陷的出现,可促使周围的原子发生靠拢或撑开的现象,从而造成晶格畸变,使晶体的内能升高、热力学稳定性降低。晶格畸变使材料的电阻率增加、密度减小,提高了金属材料的强度和硬度。点缺陷的不断无规则运动和空位或间隙原子的不断产生和复合是扩散、相变、蠕变等过程的基础。

　　(2)线缺陷。线缺陷的特征是在空间两个方向上尺寸都很小,另外一个方向上的尺寸相对很长,故也称为一维缺陷,主要是指各种类型的位错。位错是在晶体中某处有一列或若干列原子发生有规律的错排现象,使长度达几百至几万个原子间距,宽约几个原子间距范围内的原子离开其平衡位置,发生了有规律的错动,如图 2-7 所示。常见的位错有刃型位错和螺型位错。

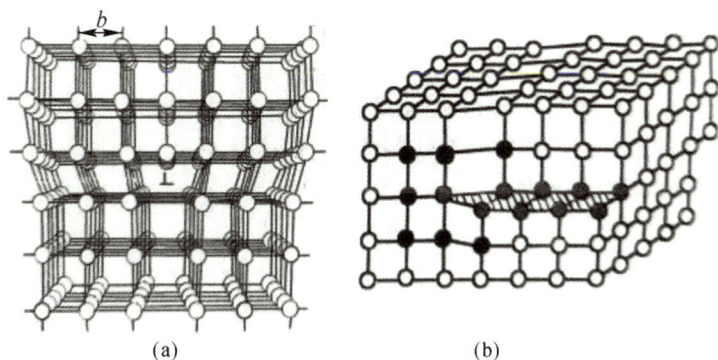

图 2-7　位错示意图

(a)刃型位错;(b)螺型位错

　　位错是一种极为重要的晶体缺陷,它对于金属的机械性能、扩散和相变等过程有重要的影响。不含位错的晶体的抗拉强度是含有位错的工业退火纯铁的抗拉强度的 40 倍,且不易发生塑性变形。如果采用冷塑性变形方法使金属中的位错大大提高,则金属的强度也随之提高。金属强度与位错之间的关系如图 2-8 所示,图中位错密度为 ρ_m 处,晶体的抗拉强度最小,相当于退火状态下的晶体强度。经过变形加工后,位错密度增加,由于位错之间的相互作用和制约,晶体的强度又上升。

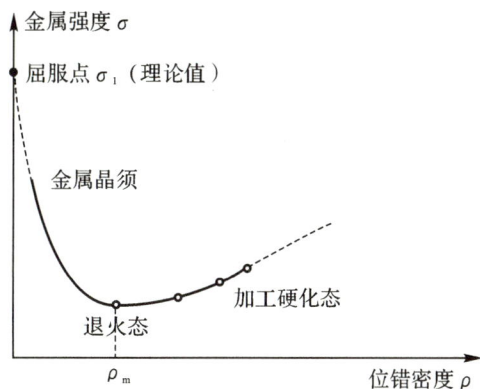

图 2-8　金属强度与位错之间的关系

（3）面缺陷。面缺陷是指晶体内部呈面状分布的缺陷，通常是指晶界和亚晶界。多晶体内晶体结构相同但位向不同的晶粒之间的界面称为晶粒间界，简称晶界。而晶粒内部的原子排列有时也并不十分整齐，存在着位向差极小的亚结构，亚结构之间的交界即亚晶界，是由垂直排列的一系列刃型位错（位错墙）构成的，如图 2-9 所示。在晶界处由于原子呈不规则排列，晶格处于畸变状态，它在常温下对金属的塑性变形起阻碍作用，从而使金属材料的强度和硬度有所提高。

在实际晶体中，晶体的缺陷并不是静止不变的，而是随着条件（如温度、加工工艺等）的改变而不断变化的。晶体中的缺陷既可以产生、发展、运动和交叉，又可以合并或消失。

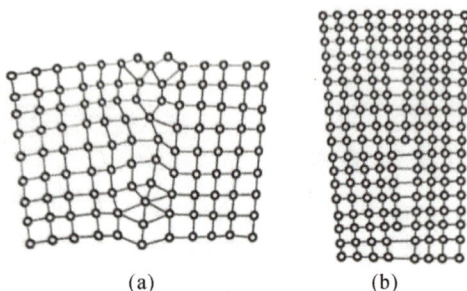

图 2-9　晶界、亚晶界结构示意图
（a）晶界；（b）亚晶界

2.1.6　金属的同素异构转变

有些金属（如 Fe、Mn、Co、Sn、Zr、Pn 等）固态下在不同温度或不同压力范围内具有不同的晶体结构，即有多晶型性。例如，在一个标准大气压下，铁在 912 ℃以下为体心立方结构，称为 α-Fe；在 912～1394 ℃之间为面心立方晶格结构，称为 γ-Fe；而在 1 394～1 538 ℃（熔点）之间又是体心立方晶格结构，称为 δ-Fe。这种同一元素在固态下随温度或压力变化所发生的晶体结构的转变被称为多晶型转变或同素异构转变。

同素异构转变

金属的同素异构转变过程也是一个形核和晶核长大的过程，但固态相变又具有本身的特点。例如：①转变需要较大的过冷度；②晶格的变化伴随着金属体积的变化，转变时会产生较大的内应力；③新晶格的晶核是在晶界处形成的。控制冷却速度，可以改变同素异构转变后的晶粒大小，从而改变金属的性能。

◆ 2.2　合金的晶体结构

2.2.1　合金的基本概念

由于纯金属强度一般都很低，如铁的抗拉强度约为 200 MPa，而铝还不到 100 MPa，不适合做结构材料。所以，目前应用的金属材料绝大多数是合金。

合金是以一种金属元素为基体加上一种或一种以上的金属或非金属

合金的晶体结构及结晶

元素熔合在一起所得到的具有金属特性的物质。

组成合金最基本的、独立的物质称为组元。组元可以是金属元素或非金属元素,也可以是稳定的化合物。根据合金组元数目的多少,合金可分为二元合金、三元合金和多元合金。如铁碳合金就是由铁和碳(Fe_3C)二组元组成的二元合金。

2.2.2　合金的相和组织

合金中成分、性能、结构相同并以界面互相分开的均匀的组成部分称为相。如碳钢在平衡状态下由铁素体和渗碳体两个相所组成。根据碳钢的含碳量和加工、处理状态的不同,这两相的数量、状态、大小和分布情况也不会相同,从而构成了碳钢的不同组织,表现出不同的性能。

合金的结构按其组元在结晶时彼此作用的不同,可以分为固溶体、金属间化合物、机械混合物三种类型。

1. 固溶体

合金元素组元之间以不同比例相互混合之后形成的固相,其晶体结构与组成合金的某一组元相同,这种相就称为固溶体,这种组元称为溶剂,其他的组元即为溶质。工业上所使用的金属材料,绝大多数以固溶体为基体,甚至完全由固溶体所组成。例如,广泛应用的碳钢和合金钢,均以 α 固溶体(铁素体)为基体相,其含量占合金的绝大部分。

根据固溶体的不同特点,可以将其进行分类。

(1)按溶质原子在晶格中所占位置分类,固溶体可分成置换固溶体与间隙固溶体。

1)置换固溶体:指溶质原子位于溶剂晶格的某些结点位置所形成的固溶体,犹如这些结点上的溶剂原子被溶质原子所置换一样,因此称为置换固溶体。

2)间隙固溶体:指溶质原子不是占居晶格的正常结点位置,而是填入溶剂原子间的一些间隙中的固溶体。

(2)按固溶度分类,固溶体可分为有限固溶体和无限固溶体。

1)有限固溶体:指在一定条件下,溶质组元在固体中的浓度有一定的限度,超过这个限度就不再溶解了。这一限度称为溶解度或固溶度,这种固溶体就称为有限固溶体,大部分固溶体属于这一类。

2)无限固溶体:指溶质能以任意比例溶入溶剂,固溶体的溶解度可达 100%,这种固溶体就称为无限固溶体。此时很难区分溶剂与溶质,二者可以互换,通常以含量大于 50% 的组元为溶剂,含量小于 50% 的组元为溶质。能形成无限固溶体的合金系不是很多,Cu-Ni,Ag-Au 等合金系可形成无限固溶体。

(3)按溶质原子与溶剂原子的相对分布分类,固溶体可分为无序固溶体和有序固溶体。

1)无序固溶体:指溶质原子统计地或随机地分布于溶剂的晶格中,无论它是占居与溶剂原子等同的一些位置,还是在溶剂原子的间隙中,均看不出有什么次序性或规律性的一类固溶体。

2)有序固溶体:指溶质原子按适当比例并按一定顺序和一定方向,围绕着溶剂原子分布的固溶体,它既可以是置换式的有序,也可以是间隙式的有序。

除上述分类方法外,还有一些分类方法,如以纯金属为基的固溶体称为一次固溶体,以化合物为基的固溶体称为二次固溶体,等等。

2.金属间化合物

合金组元间相互作用,除可形成固溶体外,当超过固溶体的溶解度极限时,还可形成金属化合物。金属间化合物的晶格类型和性能均不同于任一组元,一般可以用分子式大致表示其组成。大多数金属间化合物中,除了离子键、共价键外,金属键也参与作用,因而具有一定的金属性质,因此称为金属间化合物。碳钢中的 Fe_3C、黄铜中的 $CuZn$ 都是金属间化合物。

金属间化合物有很多种,最主要的有三种,即正常价化合物、电子化合物、间隙相和间隙化合物。

(1)正常价化合物通常是由金属元素与元素周期表中的第Ⅳ、Ⅴ、Ⅵ族元素所组成的。正常价化合物的成分符合原子价规律,具有严格的化合比,成分固定不变,可用化学式表示,如 MgS、Mg_2Si 等。

(2)电子化合物是由第Ⅰ族或过渡族金属元素与第Ⅱ～Ⅳ族金属元素形成的金属间化合物,它不遵守原子价规律,而是按照一定电子浓度的比值形成的化合物,电子浓度不同,所形成金属化合物的晶体结构也不同。电子化合物可以用化学式表示,但其成分可以在一定的范围内变化。可以把这类材料看作是以化合物为基的固溶体。电子化合物具有很高的熔点的硬度,但脆性很大。

(3)间隙相和间隙化合物是指过渡族金属与原子很小的非金属元素氢、氮、碳、硼形成的化合物,它们具有金属的性质、很高的熔点和极高的硬度。根据非金属元素(以 X 表示)与金属元素(以 M 表示)原子半径的比值,可将其分为两类:当 $R_X/R_M<0.59$ 时,形成具有简单晶体结构的化合物,称为间隙相;当 $R_X/R_M>0.59$ 时,形成具有复杂结构的化合物,称为间隙化合物。由于氢和氮的原子半径较小,所以过渡族金属的氢化物和氮化物都是间隙相。由于硼的原子半径较大,所以过渡族金属的硼化物都是间隙化合物。由于碳的原子半径比氢、氮大,但比硼小,所以碳化物一部分是间隙相,另一部分是间隙化合物。

间隙相具有极高的熔点和硬度,但很脆弱。许多间隙相具有明显的金属特性,如金属的光泽、高的导电性、正的电阻温度系数等。这些特性表明,间隙相的结合既具有共价键性质,又带金属键性质。

3.机械混合物

在实际生产中使用的合金,除了一部分具有单相固溶体组织外,大多数由两相或多相构成。它们在固态下既不相互溶解,也不能彼此反应生成化合物时,就成了机械混合物,比如由两种固溶体组成的混合物、由固溶体和金属化合物组成的混合物。机械混合物中的各个相保持各自的晶格和性能,而整个机械混合物的性能则取决于各相的性能以及各相的数量、形状、大小及分布状态等。

◆ 2.3 纯金属的结晶

一般的金属制品都要经过熔炼和浇注后经压力加工成形,或者经铸造后直接使用,但都要经历由液态到固态的凝固过程。通常把金属由液态转

纯金属结晶过程

变为固态的过程称为一次结晶,简称结晶,而把金属从一种固体晶态转变为另一种更为稳定的固体晶态的过程称为二次结晶或重结晶。金属结晶后所形成的晶粒的形状、大小和分布等,将极大地影响到金属的加工性能和使用性能。研究和控制金属的结晶过程,是改善金属材料力学性能和工艺性能的一个重要手段。

2.3.1　金属结晶的现象

金属的结晶过程是一个十分复杂的过程,这里先从结晶的宏观现象入手,揭示金属结晶的基本规律。

金属溶液不透明,它的凝固过程不能直接观察,通常是用一定的试验方法来间接了解,热分析法是其中常用的方法之一。先将纯金属熔化成液体,然后让液态金属缓慢冷却下来,在冷却过程中,每隔一定时间测量一次温度,将记录下来的数据绘制在温度–时间坐标中,获得图 2–10 所示的纯金属冷却曲线,又称之为热分析曲线。从热分析曲线可以看出结晶过程的两个十分重要的宏观特征。

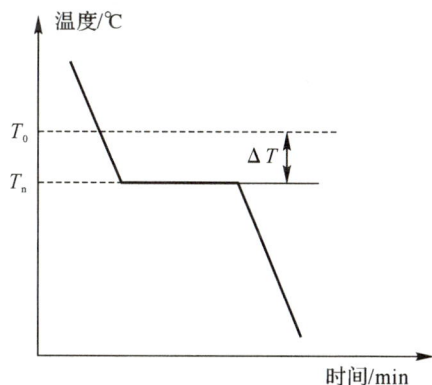

图 2–10　纯金属的冷却曲线

1. 过冷现象

由纯金属的冷却曲线可见,液态金属随着冷却时间的增加,由于热量向外散失,温度不断下降。当冷却到理论结晶温度(点)T_0 时,并未开始结晶,而是需要冷却到 T_0 之下某一温度 T_n 时,液态金属才开始结晶,金属的实际结晶温度 T_n 低于理论结晶温度 T_0 的现象,称为过冷现象。理论结晶温度与实际结晶温度的差称为过冷度,用 ΔT 表示,过冷度 $\Delta T = T_0 - T_n$。

过冷度随金属的本身性质、纯度以及冷却速度的差异而不同。金属不同,过冷度的大小不同;金属纯度越高,过冷度越大;冷却速度越大,过冷度越大,实际结晶温度越低。金属总是在一定的过冷度下结晶的。过冷是结晶的必要条件。对于一定的金属来说,过冷度有一最小值,若过冷度小于此值,结晶过程就不能进行。

2. 结晶潜热

金属结晶时从液相转变为固相要放出热量,称为结晶潜热。由于结晶潜热的释放,补偿了散失到周围环境的热量,使温度并不随冷却时间的延长而下降,所以在冷却曲线上出现了平台。结晶结束,没有结晶潜热补偿散失的热量,温度又重新下降。

3.金属结晶的微观现象

液态金属结晶的微观过程是形核与长大的过程,这一过程可用图 2-11 来示意。

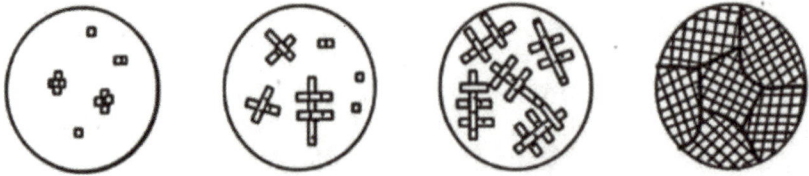

图 2-11　纯金属结晶过程示意图

首先,在液体中形成具有临界尺寸的晶核,然后以它们为核心不断积聚原子长大。当液态金属过冷至理论结晶温度 T_0 以下的实际结晶温度 T_n 时,晶核并未立即形成,而是经过了一定时间后才开始形成第一批晶核,结晶开始前的这段时间称为孕育期。随着时间的推移,已形成的晶核不断长大,与此同时,液态金属中又产生第二批晶核,原有的晶核不断长大,新批次的晶核不断产生。就这样,液态金属中不断形核、不断长大,液态金属越来越少,直到各个晶体相互接触,液态金属消失,结晶过程结束。由一个晶核长成的小晶体,就是一个晶粒,由于各个晶核是随机形成的,其位向各不相同,所以各晶粒的位向也不相同,这样就形成了一块多晶体金属。如果在结晶过程中只有一个晶核形成并长大,那么就形成了一块单晶体金属。

2.3.2　金属结晶的热力学条件

液态金属在理论结晶温度不能结晶,必须在一定的过冷条件下才能进行,这是由热力学条件决定的。热力学定律指出,在等温等压条件下,物质系统总是自发地从自由能较高的状态向自由能较低的状态转变。这说明,有引起体系自由能降低的过程才能自发进行。对于结晶过程而言,结晶能否发生,要看液相和固相自由能的高低。如果固相的自由能比液相的自由能低,那么液相将自发地转化为固相,使系统的自由能降低,处于更为稳定的物态,即金属发生结晶;反之,如果液相的自由能比固相低,金属将熔化,液相金属和固相金属的自由能之差就是相间转变的驱动力。在一般情况下,液态金属和固态金属的自由能都随温度的升高而降低。由于液态金属中原子排列的混乱程度比固态金属中的大,所以液态金属和固态金属的自由能随温度升高而变化的情况不相同,液态金属的自由能随温度升高而降低得更快些,因此,液态金属的自由能随温度变化的曲线的斜率比固态金属的大。纯金属液、固两相的自由能随温度而变化的情况如图 2-12 所示。液、固两相的自由能随温度变化的曲线斜率不同,两线在某一温度相交,此时液相和固相的自由能相等,意味着两相可以共存,既不熔化也不结晶,处于动平衡状态,交点对应的温度就是理论结晶温度 T_0。从图 2-12 可以看出,高于 T_0 温度时,液态金属比固态金属的自由能低,金属处于液态才是稳定的;低于 T_0 温度时,金属处于固态才稳定。因此,液态金属要结晶,就必须处于 T_0 温度以下,金属必须过冷,使液态和固态之间存在一个自由能差,这个自由能差就是促进液体结晶的驱动力。液、固两相自由能的差值越大,则相变驱动力越大,结晶速度也越快。

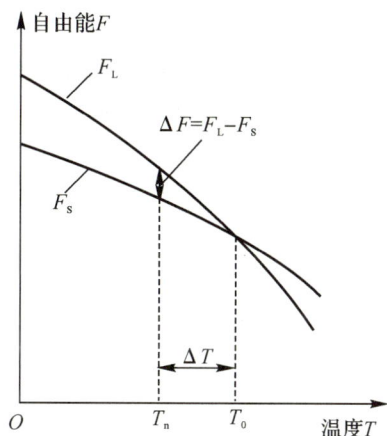

图 2 - 12　液态与晶态金属在不同温度下的自由能变化

2.3.3　金属结晶的结构条件

金属的结晶是晶核的形成和长大的过程,晶核的形成是有条件的。

在固态金属晶体中,大范围内的原子是呈有序排列的,称为远程有序。在液态金属中,原子做不规则运动,在大范围内原子是无序分布的,但是在小范围内,存在着许多类似于晶体中原子有规则排列的小原子集团,称为短程有序。在理论结晶温度以上,这些短程有序的原子集团是不稳定的,瞬时出现,瞬时消失,此起彼伏,这种不断变化着的短程有序原子集团称为结构起伏,或称为相起伏。只有在过冷液体中出现的尺寸较大的相起伏才有可能在结晶时转变为晶核,因此这些尺寸较大的相起伏称为晶胚。

在一定的过冷度条件下,固相的自由能低于液相的自由能,原子由液态转变为固态将使系统的自由能降低,这是结晶的驱动力。另外,由于形成晶胚,其表面所带来的表面能使系统的能量升高,它是结晶的阻力。因此,只有当液体的过冷度达到一定的大小,使结晶的驱动力大于结晶的阻力时,结晶过程才能进行。

2.3.4　金属的结晶过程

液态金属结晶的过程是形核与长大的过程。

1. 形核

在过冷液体中形成固态晶核时,可能有两种形核方式:一种是均匀形核,又称为自发形核;另一种是非均匀形核,又称为非自发形核。若液相中各个区域出现新相晶核的概率都是相同的,则这种形核方式就是均匀形核;反之新相优先出现在液相中的某些区域,则称为非均匀形核。均匀形核时晶核由液相的原子集团直接形成,不受杂质或外来表面的影响,是液体金属自发长出晶核的过程。非均匀形核是液相中原子依附于杂质或外来表面形核。实际金属往往是不纯净的,内部总含有杂质。杂质的存在能够促进晶核依附在其表面上形成,减少表面能有效降低形核阻力。可见,在实际金属的结晶过程中,均匀形核和非均匀形核是同时存在的,但主要按非均匀形核的方式进行。

2. 晶核的长大

一旦晶核形成后,就形成了晶-液界面,晶体在界面上就要进行生长,即组成晶体的原子、离子要按照晶体结构的排列方式堆积起来形成晶体。

液态金属中出现第一批略大于临界晶核半径的晶核后,液体的结晶过程就开始了。结晶过程的进行,依赖于新晶核连续不断地产生,以及已有晶核的进一步长大。晶体的长大,从宏观上来看,是晶体的界面向液相逐步推移的过程;从微观上看,则是依靠原子逐个由液相中扩散到晶体表面上,并按晶体点阵规律的要求,逐个占据适当的位置而与晶体稳定牢靠地结合起来的过程。由此可见,晶体长大的条件是:第一,要求液相不断地向晶体扩散供应原子,这就要求液相有足够高的温度,以使液态金属原子具有足够的扩散能力;第二,要求晶体表面能够不断而牢靠地接纳这些原子,始终保持能量最低的固液界面能。

晶体生长时,液态原子以什么样的方式添加到固相上去,就是晶体的生长机制。目前关于晶体的生长机制的研究比较多,有很多种理论模型,比较主流的有层生长理论模型和螺旋生长理论模型等。

2.3.5　晶粒细化

一个晶核长大就形成一个晶粒,实际金属的晶粒在显微镜下呈颗粒状,金属结晶后,获得由大量晶粒组成的多晶体,晶粒的大小对金属的力学性能有很大影响。在常温下,金属的晶粒越细小,金属的强度和硬度越高,同时塑性和韧性也越好。细化晶粒对于提高金属材料的常温力学性能作用很大,这种通过细化晶粒来提高材料强度的方法称为细晶强化。但是,对于高温下工作的金属材料,晶粒过于细小反而不好。

晶粒的大小取决于形核率 N 和长大速度 G 的相对大小,形核率即为在单位时间、单位体积液体内形成晶核的数目。形核率越大,则单位体积中晶核数目越多,每个晶核长大的空间越小,长成的晶粒越细小。长大速度即为液固界面向前移动的速度,长大速度越快,则晶粒越粗大。晶粒的大小取决于形核率 N 和长大速度 G 之比,比值越大,晶粒越细小。形核率和长大速度与过冷度密切相关,随着过冷度增大,形核率和长大速度都会增大,但两者的增大速率不同,形核率的增长率大于长大速度的增长率,如图 2-13 所示。因此,在一般的过冷度范围内,过冷度越大,N/G 比值越大,晶粒越细小。但是,过冷度增大到一定值后,形核率和长大速度都会下降。凡能促进形核、抑制长大的因素,都能细化晶粒。在工业生产中,可采用以下方法细化晶粒。

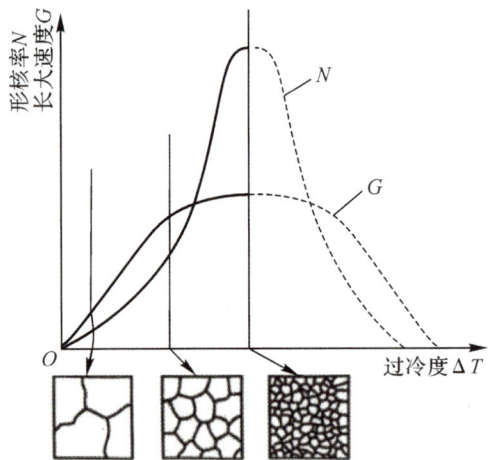

图 2-13　形核率、长大速度与过冷度的关系

1. 增大金属的过冷度

增加过冷度的方法主要是提高液态金属的冷却速度。在生产中,可以采用金属型或石墨型代替砂型,增加金属型的厚度,降低金属型的温度,采用蓄热多、散热快的金属型,局部加冷铁等。增加过冷度的另一种方法是采用低的浇注温度、减慢铸型温度的升高,或者进行慢浇注。这样做一方面可使铸型温度不致升高太快,另一方面由于延长了凝固时间,晶核形成的数目增多,结果即可获得较细小的晶粒。

超高速($10^5 \sim 10^{11}$ K/s)急冷技术的发展,可获得超细化晶粒的金属、亚稳态结构的金属和非晶态结构的金属,具有非常高的强度和韧性。

2. 变质处理

用增加过冷度的方法细化晶粒只对小型或薄壁的铸件有效,对于较大的厚壁铸件、形状复杂的铸件,往往不允许过多地提高冷却速度。生产上为了得到细晶粒铸件,多采用变质处理的方法。

变质处理是在浇注前向液态金属中加入变质剂,用以增加晶核的数量或阻碍晶核的长大。一类变质剂是通过促进非均匀形核来细化晶粒。例如在钢水中加入钛、钒、铝等,在铝合金中加入钛、锆、钒等。另一类变质剂虽不能提供结晶核心,但能阻止晶粒长大。例如在铝硅合金中加入钠盐,钠能富集于硅的表面,降低硅的长大速度,使合金细化。

3. 振动、搅拌

对即将凝固的金属进行振动或搅动,破碎正在生长中的树枝状晶体,可以形成更多的晶核,从而达到细化晶粒的目的。进行振动或搅动的方法很多。例如:用机械的方法使铸型振动或变速转动;使液态金属流经振动的浇注槽;进行超声波处理;将金属置于交变的电磁场中,利用电磁感应现象使液态金属翻滚;等等。

2.4 合金的结晶

合金的结晶过程和纯金属一样也是形核长大的过程,但合金结晶的产物是包含两种或多种元素的小晶粒。这些小晶粒的化学成分和晶体结构可能是完全均匀一致的,也可能是不一致的。在金属或合金中,凡化学成分相同、晶体结构相同并有界面与其他部分分开的均匀组成部分叫做相,相分固溶体和金属间化合物两大类。如果合金是由化学成分、晶体结构都相同的同一种晶粒组成,即由同一种相构成的,则称为单相合金;如果合金是由化学成分、晶体结构不相同的几种晶粒组成,即合金由这几种相构成,则称为多相合金。

2.4.1 二元合金相图的建立

合金存在的状态通常由合金的成分、温度和压力三个因素确定,一般合金的熔炼和加工都是在常压下进行,因此,常压下合金的状态取决于温度和成分。相图是表示合金系中合金的状态与温度、成分之间关系的图解,相图能够表示合金系中每一种合金在任何温度下所存在的相或状态,因此,相图又称为状态图。由于相图是在极缓慢的冷却条件下测定的,系统中各相长时间共存而不互相转化,合金系的状态稳定,不随时间而改变,处于平衡状态,有时也把相图称为平衡图。

合金的状态由合金的成分和温度决定,对于二元合金,以铜镍合金为例,通常用横坐标表示成分,纵坐标表示温度,如图 2-14 所示。在成分-温度坐标平面上的任一点的坐标值表示一个合金的成分和温度,A 点合金的成分为 $w_{Ni}=40\%$、$w_{Cu}=60\%$,B 点表示成分为 $w_{Ni}=60\%$、$w_{Cu}=40\%$ 的合金在 1 000℃时为单相 α 固溶体,C 点表示含 $w_{Ni}=30\%$、$w_{Cu}=70\%$ 的合金在 1 200℃时处于液相和固相两相共存状态。

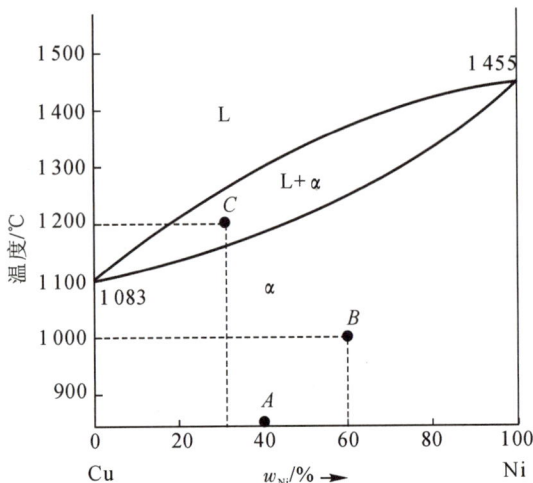

图 2-14 二元相图的表示方法

相图大部分是根据试验方法测定的,测定方法也很多,现以 Cu-Ni 合金为例,说明用热分析法测定二元合金相图的过程。

(1)首先配制一系列不同成分的 Cu-Ni 合金,合金的数目越多,测得的相图就越精确。如图 2-15 所示,选取纯铜、镍含量 w_{Ni} 为 30%、50%、70% 的 Cu-Ni 合金及纯镍。

Cu-Ni 合金的冷却曲线及相图

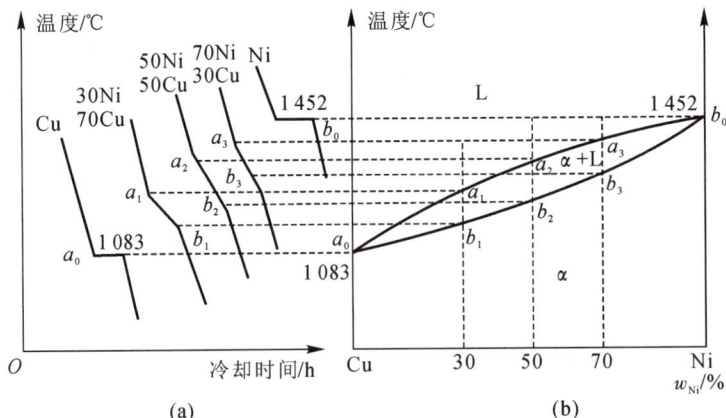

(a)
(b)

图 2-15 由热分析法测得的 Cu-Ni 合金相图
(a)冷却曲线;(b)Cu-Ni 合金相图

(2)用热分析法分别测出各合金从液态到室温的冷却曲线。

(3)找出各合金冷却曲线上的相变点。在纯铜和纯镍的结晶过程中,由于放出的结晶潜热能使结晶保持在恒温下进行,冷却曲线上有一个平台,只有一个相变点。其他合金的冷却曲线都有两个转折点(相变点),一个是结晶开始点,另一个是结晶终了点,表明合金是在一个温度范围内结晶的。

(4)将各个合金的相变点分别标注在横坐标为成分、纵坐标为温度的平面图中相应的合金线上。

(5)将所有的结晶开始点连线,称为液相线,再将所有结晶终了点连线,称为固相线,这样就获得了 Cu‐Ni 合金相图。液相线以上所有合金都处于液态;固相线以下,所有合金都结晶完毕,处于固相状态;在液相线和固相线之间,表示合金在结晶过程中,处于液相 L 和固相 α 两相共存状态。

2.4.2　二元合金相图的分析

二元合金相图的类型有很多,比较典型的有匀晶相图、共晶相图、包晶相图、共析相图等,下面来分别分析这几种相图。

1. 二元匀晶相图

两组元不但在液态无限互溶,而且在固态也无限互溶的二元合金系所形成的相图,称为二元匀晶相图。具有这类相图的二元合金主要有 Cu‐Ni、Fe‐Cr、Ag‐Au 等。这类合金结晶时都是从液相结晶出单相固溶体,这种结晶过程称为匀晶转变,几乎所有的二元合金相图都包含匀晶转变部分。

以 Cu‐Ni 合金为例,分析二元匀晶相图。如图 2‐16(a)所示,相图只有两条线,上面一条是液相线,下面一条是固相线。液相线以上是液相区 L,固相线以下是固相区 α ,液、固相线之间是液、固两相共存区 L+α 。

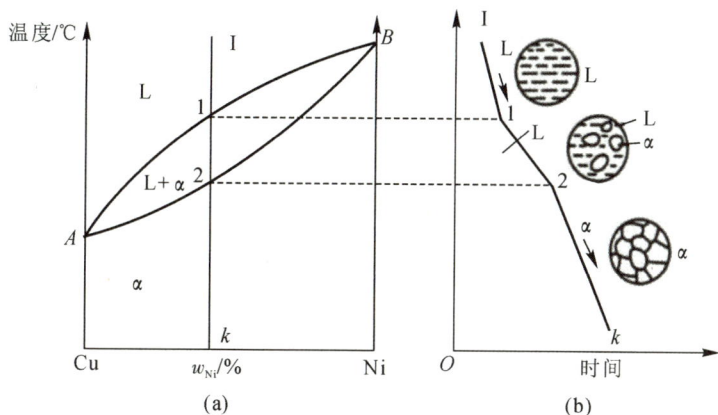

图 2‐16　二元匀晶相图(Cu‐Ni 合金)
(a)相图;(b)冷却曲线及结晶组织示意图

以 I 合金为例,分析其平衡结晶过程,如图 2‐16(a)所示。t_1 点温度以上都是液相 L,缓慢

冷却至 t_1 点,从液相中开始结晶出 α 固溶体,此时液相、固相成分分别为 L_1 点和 α_1 点在成分坐标上的投影,此时刚开始结晶,因此基本上全部是液相。继续缓慢冷却到 t_2 温度,原子经过充分扩散,液相、固相成分分别为 L_2 点和 α_2 点在成分坐标上的投影,固相的质量增加,液相的质量减少。到达 t_3 点,全部结晶完成。获得与原合金成分相同的单相 α 固溶体。由上面的分析可见,结晶过程中液相成分沿液相线变化,固相成分沿固相线变化,液相的相对质量逐渐减少,固相的相对质量逐渐增加。二元匀晶合金平衡结晶过程可以用组织示意图来表示,如图 2-16(b)所示。

2.二元共晶相图

二元合金系中的两组元在液态时无限互溶,在固态时有限互溶,并发生共晶转变的相图,称为二元共晶相图。具有这类相图的二元合金系主要有 Pb-Sn、Pb-Sb、Ag-Cu、Al-Si 等。下面以 Pb-Sn 相图为例,分析共晶相图。

图 2-17 为 Pb-Sn 合金相图,图中 AEB 为液相线,$AMENB$ 为固相线。

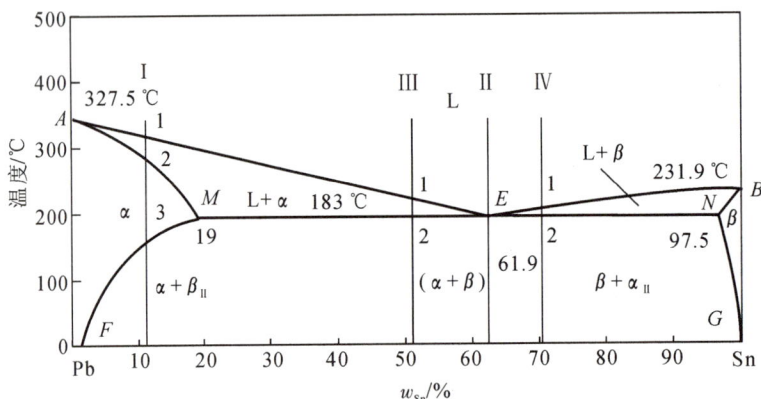

图 2-17 Pb-Sn 合金共晶相图

成分在 MN 之间的合金,在三相共存水平线对应的温度下将发生一种转变,即 E 点成分的液相 L_E 同时结晶出 M 点成分的 α_M 相和 N 点成分的 β_N 相,转变的反应式为

$$L_E \longleftrightarrow (\alpha_M + \beta_N)$$

这种由一种液相在恒温下同时结晶出两种固相的反应叫做共晶反应,所生成的两相混合物叫共晶体(或共晶组织),E 点是共晶点。

相图中有两条重要的曲线,MF 线为 α 相的固溶度(即锡 Sn 在铅 Pb 中的溶解度)曲线,NG 线为 β 相的固溶度(即铅 Pb 在锡 Sn 中的溶解度)曲线。随着温度下降,固溶体的固溶度降低,α 相中的锡 Sn 以 β 相的形式析出,为了区别于从液相中结晶出的 β 相,称为二次 β 相,写作 β_{II}。同样,β 相中的铅 Pb 以 α 相的形式析出,称为二次 α 相,写作 α_{II}。

共晶相图中合金的结晶过程如下:

(1)合金 I (FM 间的合金)的平衡结晶过程。这类合金的结晶过程可利用 Pb-Sn 相图(见图 2-17)和图 2-18 来加以说明。液态合金冷却到 1 点时,发生匀晶转变,从液相中开始结晶出 α 相,随着温度下降,液相成分沿液相线变化,固相成分沿固相线变化,结晶出的 α 相逐渐增多,液相逐渐减少,到 2 点全部结晶成 α 相。2—3 温度范围内,α 相不发生变化。

从 3 点开始,Sn 在 α 相中的溶解度达到饱和,随着温度下降,α 相的溶解度沿 MF 线逐渐减小,Sn 以 β_{II} 的形式从 α 相中析出,到室温时组织为 $α+\beta_{II}$。

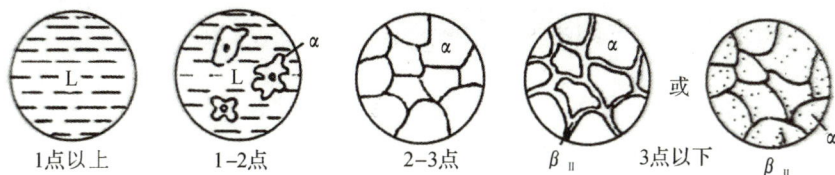

图 2-18　合金 I 的平衡结晶过程示意图

(2)合金 II(共晶合金)的平衡结晶过程。这类合金的结晶过程可利用 Pb-Sn 相图(见图 2-17)和图 2-19 来加以说明。液态合金冷却到 1 点(共晶温度),在恒温下发生共晶转变,$L \rightarrow (\alpha_M + \beta_N)$,生成共晶体。共晶转变完成后,随着温度下降,$\alpha_M$ 和 β_N 固溶度逐渐减小,从 α 中析出 β_{II},从 β 中析出 α_{II},但析出的 α_{II} 和 β_{II} 量不多,而且和从液相中析出的 α、β 混在一起,在显微镜下难以分辨,一般不予考虑,因此室温组织为 $(α+β)$ 共晶组织。

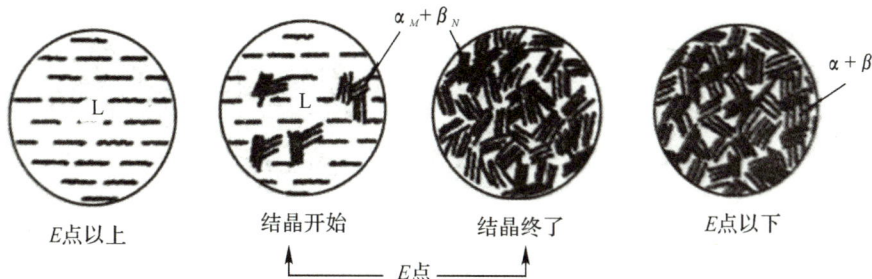

图 2-19　合金 II(共晶合金)的平衡结晶过程示意图

(3)合金 III(ME 之间的合金)的平衡结晶过程。合金 III 称为亚共晶合金,这类合金的结晶过程可利用 Pb-Sn 相图(见图 2-17)和图 2-20 来加以说明。液态合金冷却到 1 点时,发生匀晶转变,从液相中开始结晶出 α 固溶体,把这种从液相中直接析出的 α 固溶体称为初晶 α。当温度降至接近 2 点时,组织为液相 L 与初晶 α 混合物。当温度降至 2 点时,液相 L 将发生共晶转变,$L_B \rightarrow (\alpha_M + \beta_N)$,初晶 α 保持不变。温度继续下降,初晶 α 固溶体的溶解度逐渐减小,从初晶 α 中析出 β_{II},同时从共晶体 $(\alpha_M + \beta_N)$ 中析出少量的 α_{II} 和 β_{II},可不予考虑,因此室温组织为初晶 $α+\beta_{II}+(\alpha_M + \beta_N)$。

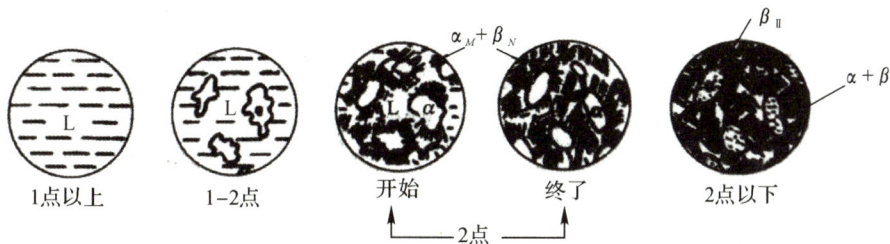

图 2-20　合金 III 的平衡结晶过程示意图

成分在 EN 之间的合金称为过共晶合金,其平衡结晶过程与亚共晶合金类似,室温组织为 $\beta+\alpha_{II}+(\alpha_M+\beta_N)$。

成分位于 NG 之间的合金,其结晶过程与 FM 间的合金类似,室温组织为 $\beta+\alpha_{II}$。

3.二元包晶相图

二元合金系中的两组元在液态时无限互溶,在固态时有限互溶,并发生包晶转变的相图,称为二元包晶相图。有这类相图的二元合金系主要有 Pt - Ag、Sn - Sb 等。下面以 Pt - Ag 相图为例,简要分析包晶相图。

图 2 - 21 为 Pt - Ag 合金相图,图中 ABC 为液相线,$ADEC$ 为固相线。

相图中有三个基本相:α、β 和液相 L,α 是银(Ag)溶于铂(Pt)中的固溶体,β 是铂(Pt)溶于银(Ag)的固溶体,液相 L 是 Pt 与 Ag 形成的液溶体。三个基本相对应相图上三个单相区,单相区之间有三个两相区,即 $L+\alpha$、$L+\beta$ 和 $\alpha+\beta$。一条水平线 DEB 对应 L、α、β 三相共存区。

成分在 DEB 之间的合金,在三相共存水平线对应的温度下(t_E)将发生转变,即 B 点成分的液相 L_B 和 D 点成分的 α_D 相反应生成 E 点成分的 β_E 相,转变的反应式为

$$L_B+\alpha_D \leftrightarrow \beta_E$$

这种由一种液相与一种固相在恒温下反应生成另一种固相的反应叫做包晶反应,E 点是包晶点。

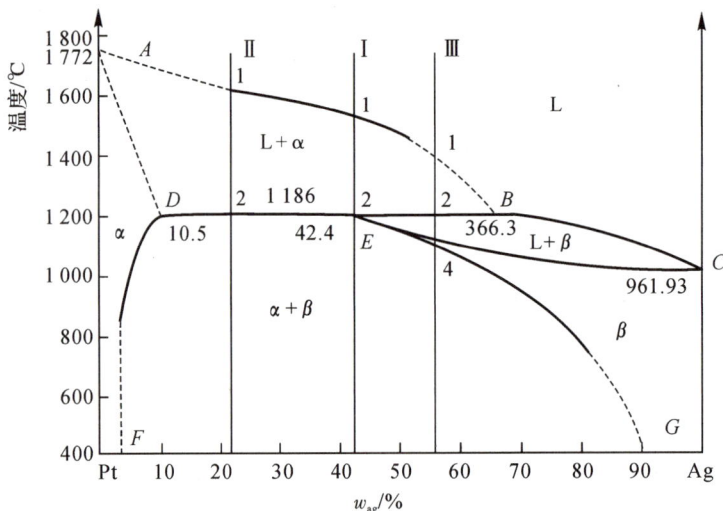

图 2 - 21 Pt - Ag 合金包晶相图

包晶相图中合金的结晶过程如下:

(1)合金 I(包晶点合金)的平衡结晶过程。这类合金的结晶过程可利用 Pt - Ag 合金相图(见图 2 - 21)和图 2 - 22 来加以说明。液态合金冷却到 1 点时,发生匀晶转变,从液相中开始结晶出 α 相;随着温度下降,液相成分沿液相线变化,固相成分沿固相线变化,结晶出的 α 相逐渐增多,液相逐渐减少;当温度降至接近 2 点(包晶点)时,合金由 L 相和 α 相组成;在 2 点温度,合金在恒温(t_E)下发生包晶转变,$L_B+\alpha_D \rightarrow \beta_E$,得到 β 相。温度继续下降,β 相

的固溶度沿 EG 线减小,从 β 相中析出 α_{II}。因此,合金 I 的室温组织为 $\beta+\alpha_{II}$。

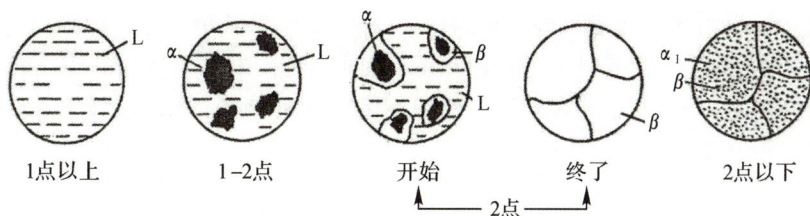

1点以上　　　　1—2点　　　　开始　　　　终了　　　　2点以下

图 2-22　合金 I 的平衡结晶过程示意图

（2）合金 II（DE 之间的合金）的平衡结晶过程。这类合金的结晶过程可利用 Pt-Ag 合金相图（见图 2-21）和图 2-23 来加以说明。液态合金冷却到 1 点时,从液相中开始结晶出初晶 α 相;随着温度下降,结晶出的 α 相逐渐增多,液相逐渐减少;温度接近 2 点时,合金由 L_B 和 α_D 两相组成,与合金 I 相比,α 相的相对量较多,液相的相对量较少。当温度冷却到 2 点时,则合金发生包晶转变,$L_B+\alpha_D \rightarrow \beta_E$,由于液相的相对量较少,包晶转变完成后 α 相有剩余,包晶转变完成后的组织为 β_E+初晶 α。温度继续下降,β 相的固溶度沿 EG 线减小,从 β 相中析出 α_{II};α 相的固溶度沿 DF 线降低,从 α 相中析出 β_{II}。因此,合金 II 的室温组织为 $\beta+\alpha_{II}+\alpha+\beta_{II}$。

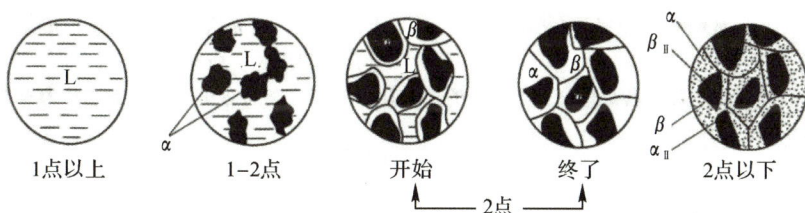

1点以上　　　　1—2点　　　　开始　　　　终了　　　　2点以下

图 2-23　合金 II（共晶合金）的平衡结晶过程示意图

（3）合金 III（EB 之间的合金）的平衡结晶过程。这类合金的结晶结程可利用 Pt-Ag 合金相图（见图 2-21）和图 2-24 加以说明。液态合金冷却到 1 点时,从液相中开始结晶出初晶 α 相;随着温度下降,结晶出的 α 相逐渐增多,液相逐渐减少;当温度冷却至接近 2 点时,合金由 L_B 相和 α_D 相组成,与合金 I 相比,L 相的相对量较多,α 相的相对量较少。当温度降至 2 点时,合金发生包晶转变,$L_B+\alpha_D \rightarrow \beta_E$,由于 α 相的相对量较少,液相有剩余,因此,包晶转变完成时合金的组织为 β_E+L。温度降至 2—3 点之间,合金进行匀晶转变,从 L 相中析出 β 相。温度降至 3 点,液相全部转化为 β 相,此时合金全部由 β 相组成。温度降至 3—4 之间,β 相不变化。当温度降至 4 点时 β 相的固溶度将随着温度下降而沿着 EG 线逐渐减小,从 β 相中不断析出 α_{II}。因此,合金 III 的室温组织为 $\beta+\alpha_{II}$。

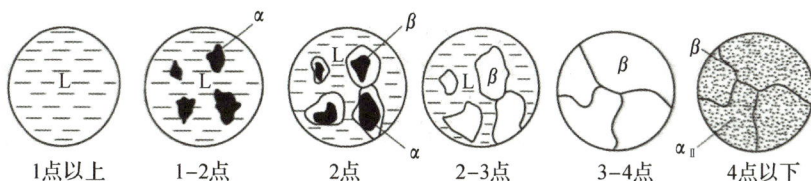

1点以上　　　1—2点　　　2点　　　2—3点　　　3—4点　　　4点以下

图 2-24　合金 III 的平衡结晶过程示意图

4.二元共析相图

一种固相在恒温下转变成另外两种固相,这种转变叫做共析转变。如图 2-25 所示,下半部分是共析相图,它与共晶转变的相图相似,不同之处在于共晶转变的反应相是液相,共析转变的反应相是固相,共析组织比共晶组织细密。这种相图的结晶过程在第 3 章的铁碳合金相图中详细介绍。

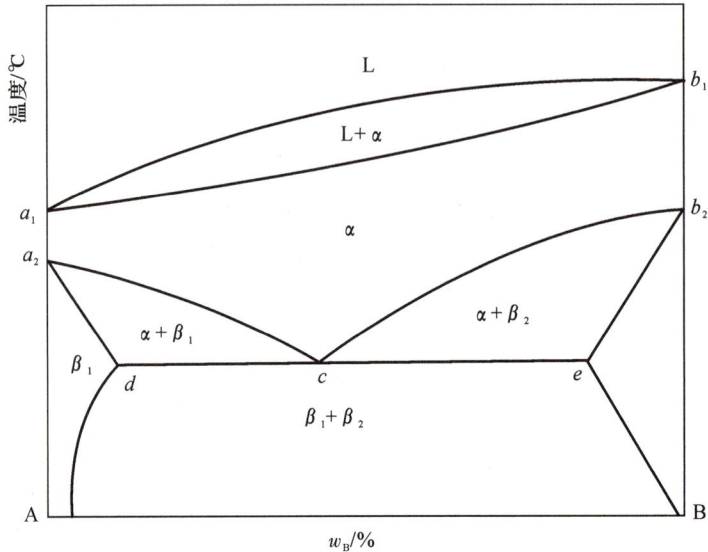

图 2-25　二元共析相图

2.4.3　应用相图时要注意的问题

相图是全面反映合金的组织随成分、温度变化规律的图解,是研究与选用合金的重要理论工具。利用合金相图,不仅可以了解不同成分的合金在不同温度下的相的成分及其相对含量、组织状态,还能了解合金的组织在加热和冷却过程中发生的转变。因此,相图在合金的选用、金相分析、指定热加工工艺等方面都有广泛的应用。但是,在应用合金相图时需要注意以下几点:

(1)合金相图反映的是在平衡条件下(在极缓慢的加热或冷却条件下)的合金中相的状态,而不能说明较快速加热或冷却时组织的变化规律,也看不出相变过程所经历的时间以及涉及的动力学因素。

(2)相图反映的是相的概念,而不是组织的概念,从相图上看不出组织的形状、大小及分布。

(3)二元合金相图只能反映二元合金中相的平衡状态,当加入其他元素时,相图将发生变化,此时必须借助三元或多元合金相图。

2.4.4　根据相图判断合金的性能

合金的成分决定了组织,而合金的组织又决定了合金的性能。因此,合金的性能与相图具有一定的关系。

1. 相图与合金使用性能的关系

相图与合金在平衡状态下的使用性能之间有一定的联系。图 2-26 表示具有匀晶、共晶、包晶相图的合金,其使用性能随成分变化的一般规律。对于单相固溶体合金,强度、硬度随溶质溶入量的增加而提高;塑性随溶质溶入量的增加而降低。这是固溶体中溶质原子的溶入造成晶格畸变,阻碍位错运动,产生固溶强化的结果。固溶强化是金属强化的主要途径之一。对于两相混合物组成的合金,当两相的大小、分布都比较均匀时,合金的力学性能和物理性能与成分的关系呈直线变化,合金的某些性能可以用两个组成相的性能的算术平均值估算。

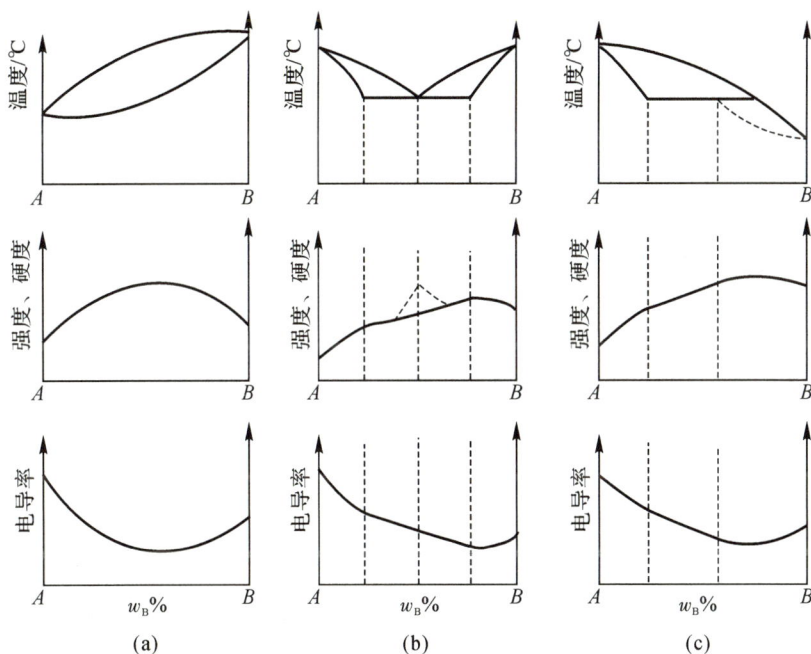

图 2-26　合金的使用性能与相图的关系

(a)匀晶系合金;(b)共晶系合金;(c)包晶系合金

强度对组织比较敏感,与组成相的形态有很大关系。组织越细密,强度、硬度将越偏离直线关系而出现峰值,如图 2-26(b)中的虚线所示。

2. 相图与合金铸造性能的关系

合金的铸造性能与相图的关系如图 2-27 所示。合金的铸造性能与合金的流动性、缩孔、热裂倾向等因素有关,这些因素取决于成分间隔与温度间隔,即相图上液相线与固相线之间的水平距离与垂直距离,距离越小,合金的铸造性能越好,因此,铸造合金常选共晶点附近成分的合金。

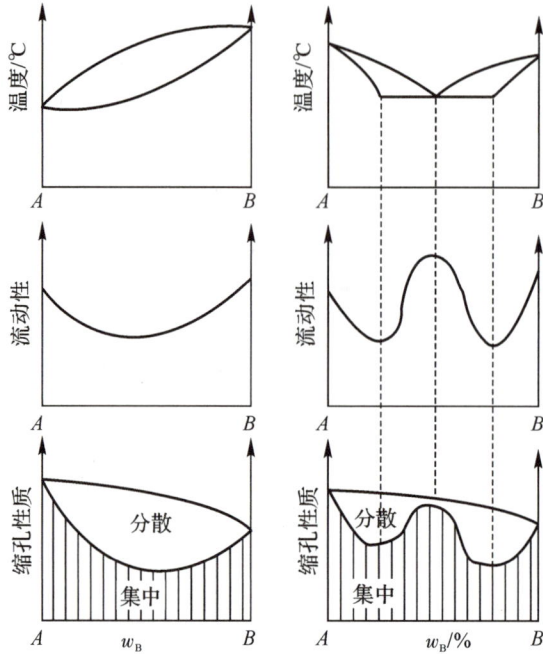

图 2-27　合金的铸造性能与相图的关系

3.根据相图判断合金的热处理性能

相图是制定热处理工艺的重要依据,根据相图可以初步判断合金可能承受的热处理方式。对于固溶体类合金,由于不发生固态转变,可以进行高温扩散退火以改善固溶体的枝晶偏析;对于有脱溶转变的合金,由于有溶解度变化,可以进行固溶处理及时效处理,提高合金的强度,这是铝合金及耐热合金的主要热处理方式;对于有共析转变的合金,一般加热到固溶体单相区,然后快速冷却,抑制共析转变的发生,获得不同的亚稳组织如马氏体、贝氏体等以满足不同零件力学性能的要求。这些抑制共析转变的热处理方式是零件进行热处理的基础。

2.4.5　枝晶偏析

固溶体合金的平衡结晶是在一定温度范围内进行的,随着温度缓慢下降,原子充分扩散,才能得到和原始合金成分相同的 α 固溶体。如果冷却速度较快,原子扩散不能充分进行,则会形成成分不均匀的固溶体。先结晶出来的固相含高熔点的组元(如 Cu－Ni 合金中的 Ni)较多,后结晶出的的固相含低熔点的组元(如 Cu－Ni 合金中的 Cu)较多,造成一个晶粒内部化学成分不均匀的现象,称为枝晶偏析。枝晶偏析会降低合金的力学性能和工艺性能,生产上常采用扩散退火来消除其影响,即把合金加热到高温(低于固相线 100 ℃ 左右),进行长时间保温,使原子充分扩散,从而获得成分均匀的固溶体。

◆ 实验 2.1　金相显微镜的原理、构造及使用

一、实验目的

(1)认识金相显微镜的基本原理、基本结构和使用方法。

(2)认真阅读显微镜使用说明书并掌握进行正确操作的方法。

二、实验原理

显微镜的基本放大作用是由焦距很短的物镜和焦距较大的目镜来达成的,物体位于物镜的前焦点外但很靠近焦点的地方,物体经过物镜形成倒立的放大实像,这个像位于目镜的物方焦距内但很靠近焦点的地方,作为目镜的物体,目镜将物镜放大的实像再放大成虚像,位于察看者的明视距离(距人眼 25 cm 左右)处,供眼睛察看。

为了减少球面像差、色像差和像域曲折等像差,金相显微镜的物镜和目镜都是由透镜组构成的复杂光学系统。显微镜的成像质量在很大程度上取决于物镜的质量,因此物镜的结构尤其复杂。依据对各样像差的校正程度不同,物镜可分为消色差物镜、复消色差物镜和平视场物镜等三大类。

由于金相显微镜所察看的显微组织,几何尺寸通常很小,与光波波长接近,此时不可以再近似地把光线当作直线传播,而要考虑衍射的影响。此外,由于显微镜中的光线总是部分相干的,所以显微镜的成像过程是个比较复杂的衍射相干过程。因受到衍射等要素的影响,显微镜的分辨能力和放大能力都有一定限制,当前金相显微镜可察看的最小尺寸一般是 $0.2~\mu m$ 左右,有效放大倍数最大为 1 500～1 600 倍。

金相显微镜总的放大倍数为物镜与目镜放大倍数的乘积。放大倍数用符号"×"表示,比如若物镜放大倍数为 20×,目镜放大倍数为 10×,则显微镜的放大倍数为 200×。通常物镜、目镜的放大倍数都刻在镜体上,在使用显微镜察看试样时,应依据其组织的粗细状况,选择适合的放大倍数,以细节部分能察看得清楚为准。

金相显微镜最常用的有正置、倒置和卧式三大类。本实验使用的是倒置金相显微镜,结构如图 2-28 所示。

三、实验器材

MDS300T 型倒置金相显微镜、样品标本。

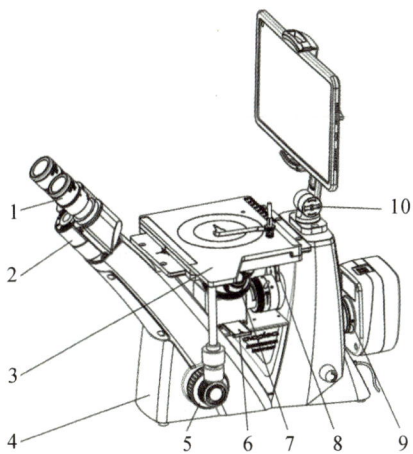

图 2-28　MDS300T 型倒置金相
显微镜结构图

1—目镜;2—观察筒组;3—机械平台;4—镜体;

5—粗微动手轮;6— 检偏插件;

7—物镜转换台;8—起偏插件;

9—外置数码接口;10—平板电脑支架组

四、实验内容与步骤

实验室供给 MDS300T 型倒置金相显微镜的使用说明书,认真阅读说明书,并比较显微镜实物,学习怎样使用显微镜。

(1)察看显微镜的结构,认识各零件的作用,并画出显微镜的几何光学原理图。

(2)装好显微镜的物镜、目镜,调好光阑,对样品进行察看、测量。

(3)换上不一样放大倍数的物镜,重复察看、测量,并作比较。

(4)若配有 CCD 和电脑,翻开 CCD 软件,从头调焦清楚后,达成样品显微组织图的收集,并记录有关数据。换上不一样放大倍数的物镜,重复显微组织图的收集和数据记录。

五、实验要求

(1)画出显微镜的几何光学原理表示图;

(2)简要写出金相显微镜的主要操作步骤;

(3)按指导教师要求达成样品显微组织图的收集,并记录有关数据。

六、注意事项

(1)操作时必须特别谨慎,不能有任何剧烈的动作。不允许自行拆卸光学系统。

(2)严禁用手指直接接触显微镜镜头的玻璃部分和试样磨面。如镜头上落有灰尘,应先用洗耳球吹去灰尘,再用镜头纸或毛刷轻轻擦拭,以免划花镜头玻璃,影响使用效果。

(3)切勿将显微镜的灯泡插头直接插在 220 V 的电源插座上,而应当插在变压器上。观察结束后应及时关闭电源。

(4)在旋转粗调(或微调)手轮时动作要慢,碰到某种阻碍时应立即停止操作,报告指导教师查找原因,不得用力强行转动,以免损坏机件。

◆ 实验 2.2 金属材料金相显微试样的制备

一、实验目的

(1)了解金相试样的制备过程。
(2)掌握金相试样制备的基本方法。

二、实验概述

为了在金相显微镜下确切、清楚地观察到金属内部的显微组织,金属试样必须进行精心的制备。试样制备过程包括取样、镶嵌、磨制、抛光、侵蚀等工序。

三、实验器材

金相砂纸、抛光机、抛光辅料、砂轮切割机、镶嵌机、电解槽及其辅料、45 钢、铸铁等。

四、金相试样的制备

1. 取样

取样部位及磨面的选择,必须考虑被分析材料或零件失效的特点、加工工艺性质以及研究目的等因素。

研究铸造合金时,由于它的组织不均匀,应从铸件表面至中心等典型区域分别切取试样,全面地进行金相观察;在研究零件的失效原因时,应在失效的部位取样,并在其临近的部位取样,以便做比较性的分析;在研究轧材表层的缺陷和非金属夹杂物的分布时,应在垂直轧制方向上切取横向试样;研究夹杂物的类型、形状,材料的变形程度,晶粒被拉长的程度,带状组织等时,应在平行于轧制方向上切取纵向试样;在研究热处理后的零件时,因为其组织较均匀,所以可自由选取断面试样。对于表面热处理后的零件,要注意观察表面情况,如氧化层、脱碳层、渗碳层等。

取样时,要注意取样方式,应保证试样被观察面的金相组织不发生变化。对于软材料可用锯、车等方法;硬材料可用水冷砂轮切片机切取或电火花线切割机切割;硬而脆的材料(如白口铸铁)可用锤击;大件可用氧气切割;等等。

一般地,试样尺寸以高度为 10～15 mm 较为合适,观察面的边长或直径为 15～25 mm 的方形或圆柱形较为合适。

2. 镶嵌

若试样尺寸过于细小,如细丝、薄片、细管或形状不规则以及有特殊要求(例如要求观察表层组织)的试样,制备时比较困难,则必须进行镶嵌。

镶嵌方法很多,有低熔点合金的镶嵌、电木粉镶嵌、环氧树脂镶嵌、夹具夹持镶嵌等。目前一般多用电木粉镶嵌,采用专门的镶嵌机。用电木粉镶嵌时要具备一定的温度和压力,这样可使马氏体回火和软金属产生塑性变形。在这种情况下,可改用夹具夹持。

3. 磨制

(1)粗磨。软材料(有色金属)可用锉刀锉平。一般钢铁材料通常在砂轮机上磨平,磨样时应利用砂轮侧面,以保证试样磨平。在打磨过程中,试样要不断用水冷却,以防温度升高引起试样组织变化。另外,试样边缘的棱角如果没有保存的必要,可最后磨圆(倒角),以免在细磨及抛光时划伤砂纸或抛光布。

(2)细磨。细磨有手工磨和机械磨两种。手工磨是用手拿持试样,在金相砂纸上磨平。我国金相砂纸按粗细分为 01 号、02 号、03 号、04 号、05 号、06 号等。细磨时,依次从 01 号磨至 06 号。必须注意,每更换一道砂纸时,应将试样的磨制方向调转 90°,即与上一磨痕方向垂直,以便观察上一道磨痕是否被磨去。另外,在磨制软材料时,可在砂纸上涂一层润滑剂,如机油、汽油、甘油、肥皂水等,以免砂粒嵌入试样磨面。

为了加快磨制速度、减轻劳动强度,可采用在转盘上贴水砂纸的预磨机进行机械磨光。水砂纸按粗细有 200 号、300 号、400 号、500 号、600 号、700 号、800 号、900 号等。用水砂纸磨制时,要不断加水冷却,由 200 号逐次磨到 900 号砂纸,每换一道砂纸,将试样用水冲洗干净,并调换 90°方向。

4. 抛光

细磨后的试样还需进行抛光,目的是去除细磨时遗留下的磨痕,以获得光亮而无磨痕的镜面。试样的抛光有机械抛光、电解抛光和化学抛光等方法。

(1)机械抛光。机械抛光是在专用抛光机上进行的。抛光机主要由一个电动机和被带动的一个或两个抛光盘组成,转速为 $200\sim600$ r/min,抛光盘上旋转不同材质的抛光布。粗抛时常用帆布或粗呢,精抛时常用绒布、细呢或丝绸。抛光时在抛光盘上要不断地滴注抛光液,抛光液一般采用 Al_2O_3、MgO 或 Cr_2O_3 等粉末(粒度约为 $0.3\sim1$ μm)在水中的悬浮液(每升水中加入 Al_2O_3 粉末 $5\sim10$ g),或在抛光盘上涂以由极细金刚石制成的膏状抛光剂。抛光时应将试样磨面均匀、平正地压在旋转的抛光盘上。压力不宜过大,并沿盘的边缘到中心不断地做径向往复移动。抛光时间不宜过长,试样表面磨痕全部消除而呈光亮的镜面后,抛光即可停止。试样用水冲洗干净,然后进行侵蚀,或直接在显微镜下观察。

(2)电解抛光。电解抛光时把磨光的试样浸入电解液中,接通试样(阳极)与阴极之间的电源(直流电源)。阴极为不锈钢板或铅板,并与试样抛光面保持一定的距离。当电流密度足够大时,试样磨面即产生选择性的溶解,靠近阳极的电解液在试样表面上形成一层厚度不均匀的薄膜。由于薄膜本身具有较大的电阻,并与其厚度成正比,如果试样表面高低不平,则凸出部分薄膜的厚度要比凹陷部分的薄膜厚度薄,因此凸出部分的薄膜电流密度较大,溶解较快,于是,试样最后形成平坦光滑的表面。

(3)化学抛光。化学抛光的实质与电解抛光类似,也是一个表层溶解过程,但它完全是靠化学药剂对试样表面不均匀溶解而得到光亮的抛光面,凸起部分溶解速度快,而凹陷部分溶解速度慢。具体操作是:用竹筷夹住浸有抛光剂的棉球均匀地擦拭磨面,待磨痕基本去掉后立即用水冲洗。化学抛光兼有化学侵蚀的作用,能显示出金相组织。因此,试样经化学抛光后可直接在显微镜下观察。

5.侵蚀

除观察试样中某些非金属夹杂物或铸铁中的石墨等情况外,金相试样磨面经抛光后,还需进行侵蚀。常用化学侵蚀来显示金属的显微组织。对不同的材料,显示不同的组织,可选用不同的侵蚀剂。钢铁材料常用 $3\%\sim4\%$ 的硝酸酒精溶液侵蚀。侵蚀时可将试样磨面浸入侵蚀剂中,也可用棉花蘸侵蚀剂擦拭表面。侵蚀的深浅根据组织的特点和观察时的放大倍数来确定。高倍观察时,侵蚀要浅一些,低倍观察时,侵蚀略深一些。单相组织侵蚀重一些,双相组织侵蚀轻一些。一般侵蚀到试样磨面稍发暗时即可。侵蚀后用水冲洗,接着把试样倾斜 $45°$用酒精擦拭,最后,用吹风机冷风吹干试样,置于显微镜下观察。

五、实验报告要求

(1)说明实验中金相试样制备的基本过程,详细说明操作的关键步骤。
(2)说明此次实验所用材料的处理状态、观察时的放大倍数和对应的组织。

六、注意事项

(1)试样打磨、抛光时应拿紧,并力求与磨面接触平稳。不得两人同时在一个旋转盘上操作。

（2）侵蚀、电解金相试样的化学药品试剂应按其性质分类储存和保管,配制、使用时应遵守有关规定。进行电解时,应严格控制电解液的温度及电流密度。

（3）金相侵蚀、电解的操作室应通风良好,并设有自来水和急救酸、碱伤害时中和用的溶液。

（4）金相实验用过的废液应经必要的处理后方可排放,不得将未经处理的废料倒入下水道。

（5）现场进行金相实验时应有防止试剂、溶液泼洒滴落的措施。作业完毕后应将杂物、废液清理干净。

实验 2.3　金属材料扫描电子显微镜观察及分析

一、实验目的

（1）了解扫描电子显微镜的基本工作原理。
（2）了解扫描电子显微镜的基本操作。
（3）对扫描电子显微镜照片能作基本分析。

二、实验原理

扫描电子显微镜是用聚焦电子束在试样外表逐点扫描成像。试样为块状或粉末颗粒,成像信号可以是二次电子、背散射电子或吸收电子。其中二次电子是最主要的成像信号。由电子枪发射的能量为 5～35 keV 的电子,以其穿插斑作为电子源,经二级聚光镜及物镜的缩小形成具有一定能量、一定束流强度和束斑直径的微细电子束,在扫描线圈驱动下,于试样外表按一定时间、空间顺序作栅网式扫描。聚焦电子束与试样相互作用,产生二次电子发射（以及其他物理信号）,二次电子发射量随试样外表形貌而变化。二次电子信号被探测器收集转换成电信号,经视频放大后输入到显像管栅极,调制与入射电子束同步扫描的显像管亮度,得到反映试样外表形貌的二次电子像。利用扫描电子显微镜可对材料进展形貌观察、能量散射 X 射线分析和二元合金组成的背散射电子图像分析,还可进行计量分析、立体观察、图像分析与处理、半导体结晶学和缺陷探测等。扫描电子显微镜的工作原理如图 2-29 所示。

三、扫描电子显微镜的组成

扫描电子显微镜主要由电子光学系统和信号检测和放大系统组成。

1.电子光学系统

根据电子的波粒二象性,把电子当作一种波来处理,把发射的电子流作为一种光源,利用运动电子会在电磁场发生偏转的原理,制成电磁透镜来控制光路,把电子束会聚或发散,制成扫描电子显微镜。

电子光学系统的基本组成有电子枪、电磁聚光镜、物镜、样品台、真空系统。

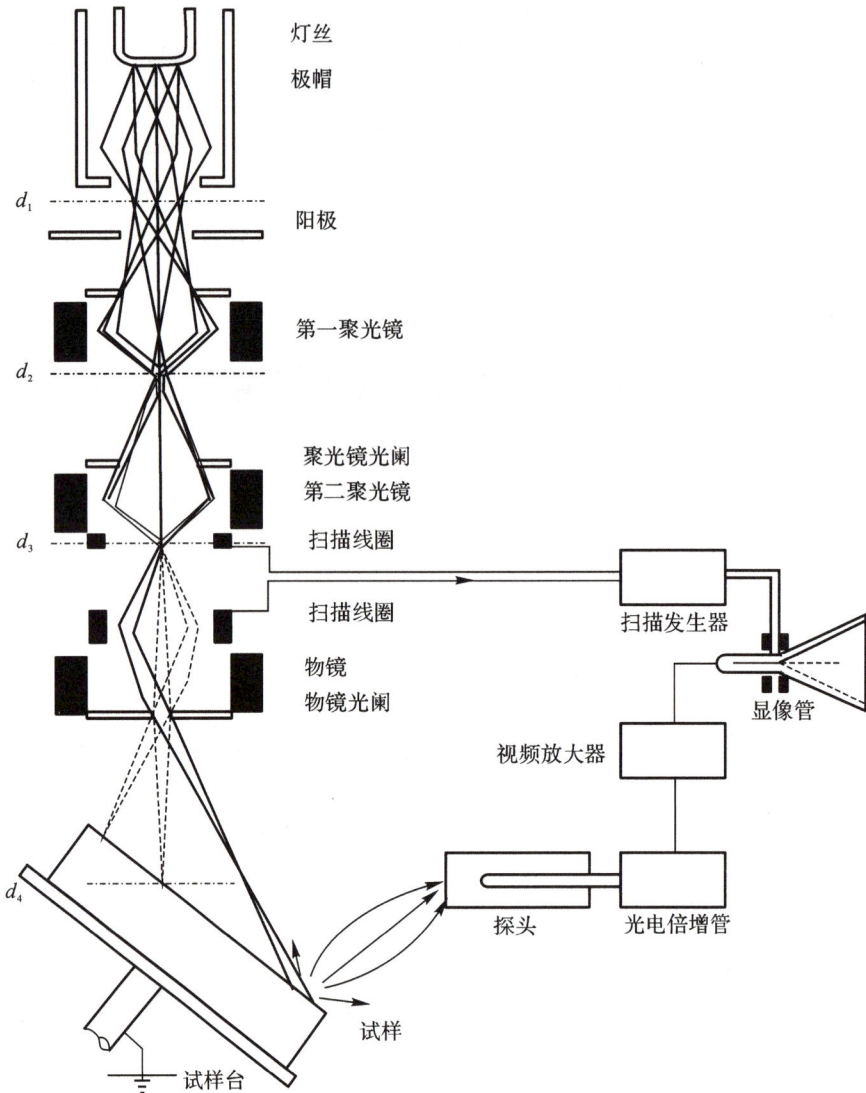

图 2-29 扫描电子显微镜的工作原理

(1)电子枪。电子枪是发射电子的电子源,通常是钨灯丝或六硼化镧灯丝。在高温加热时,其表层电子活泼,很容易被外加的强电场拉走,飞逸出灯丝外表而形成电子束流。

(2)聚光镜。电子枪发射的电子流是发散的,必须把它们收集会聚才能作为一束光来使用。一般电子显微镜至少有一级聚光镜。电磁透镜实质上是一组线圈,绕在软铁芯上。通电后产生环形磁场,控制电子的偏转运动,使之会聚或发散。软铁芯的中心轴孔部分称作极靴,其加工精度将直接影响透镜的球差和像散,是电子显微镜中最精细的部分。偏移系统的作用是使电子束产生横向偏移,包括用于形成光栅状扫描的扫描系统,以及使样品上的电子束连续性消隐或截断的偏转系统。偏转系统可以采用横向静电场,也可采用横向磁场。

(3)物镜。物镜是最靠近样品的透镜,它把电子束会聚成一个非常尖的电子探针,其针尖约2 nm,在偏转线圈的推动下,此针尖在样品上逐点扫描,从而把样品上的信息反映出来。

(4)样品台。样品台是放置样品的一个机械工作台,可以作 x、y、z 三个方向的移动,也可作旋转和倾斜运动。

(5)真空系统。电子必须在高真空条件下才能做线性运动,因此电子显微镜配备有高真空系统,一般由机械泵和扩散泵二级组成。如真空度不够,一方面电子束在运动中会碰撞空气分子而产生电离辉光,无法形成光路;另一方面,灯丝在空气中会很快被氧化烧坏。

2.信号检测放大系统

高能电子轰击在样品上,把原子中各层轨道上的电子轰出轨道,从而激发出各种信息;配上适当的探头,便可把这些信息检测出来;经过系统的放大和处理,便可形成图像和曲线。通常扫描电子显微镜用得最多的是二次电子探头和X射线能量谱探头。

(1)二次电子探头。二次电子探头功能是完成电—光—电转换,主要由栅网、荧光玻璃和光电倍增管组成。栅网上加有300 V的正电压,以收集从样品上飞出的二次电子,二次电子穿过栅网后打在荧光玻璃上,便激发出荧光,此亮度被光电倍增管接收转换成电信号,输入到前置放大器,再进入系统处理放大,形成计算机显示器上的亮度信号。

(2)X射线能量谱探头。X射线能量谱探头的功能是完成光—电转换。它的主要元件是一块硅渗铿半导体,平时保持中性,不带电荷;当样品上被轰出的X射线光子打在半导体上时,便激发产生电子-空穴对,此电子-空穴对的数量与入射的X射线光子的能量成正比,大约每4 eV的能量产生一对电子-空穴对;在半导体的两端分别接有正负电压,收集这些电子-空穴对的正负电荷,经前置放大器的放大,形成电脉冲,再经过系统的放大处理,便形成X射线光子的能量谱图。

3.扫描电子显微镜图像反差原理

样品外表凹凸的影响:样品外表的凹凸对探头吸收二次电子有阻挡效应。因此,样品上面凸的地方激发的二次电子能被探头全部接收,信号就强,图像就亮;面凹的地方激发的二次电子被四周阻挡,探头得到的信号弱,反映在图像上就暗。可见,扫描电子显微镜主要用于外表形貌观察。

不同元素的影响:不同元素外层电子稳定度不一,金属元素外层电子容易被激发,信号就强,图像就亮;非金属元素原子外层电子不易被激发,信号就弱,图像就暗。利用此特性,可判别样品中的夹杂物。

四、实验步骤

1.开机步骤

(1)打开电源(循环水电源、主机电源ON、计算机电源);

(2)双击SEM图标进入程序,进入sample窗口,单击VENT放气;

(3)将准备好的样品用导电胶粘贴在样品台上,打开样品仓安放样品,然后关闭仓门;

(4)在 sample 窗口中单击 EVAC 抽真空,进 stage 窗口,将样品台移动到适宜位置(工作距离为 10～20);

(5)打开高压(通常选择 20 kV,导电性差的可适当调低),选择视场,调焦,适当调节放大倍数和亮度比照度,开始观察;

(6)如需打能谱,那么需打开能谱仪电源,进入 INCA 程序。

2. 关机步骤

(1)关高压,进入 sample 窗口,然后单击 VENT 放气,将样品台移动到安全位置;

(2)取出样品,再进入 sample 窗口中,单击 EVAC 抽真空;

(3)关闭 SEM 程序,关闭计算机,将主机开关旋至 off;

(4)关循环水电源。

五、实验内容

(1)根据扫描电子显微镜原理,了解各部分的功能用途;
(2)根据操作步骤,了解每步操作的目的和控制的部位;
(3)在教师的指导下进行扫描电子显微镜的基本操作;
(4)对扫描电子显微镜的照片作基本分析。

六、注意事项

(1)扫描电子显微镜既是昂贵的大型精细仪器,又是高压电器,必须注意人身和设备安全,实验室中严禁乱动、乱摸设备。

(2)了解每步操作的目的和控制的部位,再按顺序操作。

(3)操作时要求动作细致准确。

◆ 本 章 小 结

金属材料的化学成分和内部组织、结构与材料的性能密切相关。因此,为了了解金属材料性能,选用合适的金属材料、制定合理的加工工艺的基础,必须研究金属材料的内部结构及其变化规律,包括金属的晶格结构、金属的结晶过程等。金属最常见的晶格结构主要有面心立方晶格、体心立方晶格、密排六方晶格三种。而实际金属往往是由很多取向不同、尺寸不一的晶粒构成的多晶体,晶粒的大小也会影响到金属材料的性能。

合金与纯金属的结晶过程都是形核与晶核长大的过程,但合金由于有两个以上的组元构成,所以结晶过程更加复杂,需要借助相图来研究合金的结晶过程、合金中各组织的形成和变化规律。合金相图是通过实验的方法建立起来的,用以表明在平衡条件下,合金的组成相与温度、成分之间关系的简明图解。

金属的微观组织尺寸很小,必须借助金相显微镜、扫描电子显微镜等现代研究方法去观察,同时,为了更确切、清楚地观察到金属内部的显微组织,必须精心制备合格的金属试样。

◆ 课后思考与练习二

1. 解释以下概念:晶体、合金、组元、相图、固溶体、金属化合物、过冷度、二元匀晶相图、二元共晶相图、同素异构转变、固溶强化。

2. 常见的金属晶格类型有哪几种?各自的代表金属有哪些?

3. 实际金属中有哪些类型的缺陷?这些缺陷对金属力学性能有何影响?

4. 晶粒大小对金属的力学性能有何影响?如何细化晶粒?

5. 共晶转变、共析转变和包晶转变有哪些相同点和不同点?

【拓展阅读】

◆ 【工匠精神·榜样的力量】

陆学善(1905—1981),浙江湖州人,著名物理学家。陆学善周岁时父亲病逝,生活全靠母亲做工维持。贫困的生活使他从小便懂得衣食来之不易,深知求学机会的难得而更加勤学苦读。

1924 年陆学善考入东南大学物理系,1928 年毕业于东南大学,1933 年于清华大学研究生院毕业,1936 年获英国曼彻斯特维多利亚大学理学博士学位。陆学善主要从事晶体物理学和 X 射线晶体学的研究,是中国晶体物理学研究的主要创始人之一和 X 射线晶体学研究队伍的主要创建人之一。他早年首创的利用晶体点阵常数测定相图中固溶度线的方法,至今仍被广泛采用。1955 年陆学善被选聘为中国科学院学部委员。

1930 年清华大学研究院开始招收物理系研究生,陆学善成为著名物理学家吴有训唯一的研究生。吴有训上课特别善于循循诱导,他给每一届新生总要讲一个故事:当年他在美国芝加哥大学研究生院学习时,班上有一名叫劳伦斯的美国同学,学习成绩一般,老师和同学们都不重视他。但劳伦斯有一个很大优点,就是勤于动手,他后来凭着扎实的动手能力,发明了回旋加速器,对原子核物理和高能物理的研究起了划时代作用,并因此获得了诺贝尔奖。吴有训的启发,使陆学善培养起自己动手的能力并取得显著成绩:他关于拉曼效应中强度关系的系统研究,以及关于多原子气体的 X 射线研究,连续获得 1930 年和 1931 年度中华教育文化基金董事会乙种科学研究补助金。1933 年底,他从研究院毕业,并被选派出国深造。1934 年夏,陆学善赴英国曼彻斯特维多利亚大学,在世界闻名的 X 射线晶体学研究中心攻读博士学位,从此,走上了他毕生致力的晶体学研究之路。他懂得做人要敢于拼搏,要为国家民族做一番事业的道理，以此为动力，只用两年多时间就出色地完成了对 Cr－Al 二元合金系的全面深入研究。

陆学善并没有陶醉在成功的鲜花丛中，他怀着创立和发展我国晶体物理研究的满腔热忱，于 1936 年底回国，任北平研究院镭学研究所研究员。抗日战争爆发后，北平、上海相继沦陷，在国家危机、民族危难的苦难岁月里，他认定了科学救国的真理，于是不顾个人安危，想方设法保存贵重的科研物资。抗日战争胜利之后，情况并未好转，在经费匮乏的条件下，陆学善仍尽可能进行一些研究工作。1948 年 10 月，北平研究院镭学研究所关闭，其中一部分改组为在上海的结晶学研究室，仍由陆学善负责。这时经济恐慌，经费停发，生活和工作极端困难。他谢绝了友人出国工作的邀请，坚决留在国内。他将个人安危置之度外，抵制北平研究院要镭学研究所将物资启运到台湾的命令。他还与侯德榜、张孟闻、吴觉农等几位在沪科学家一起，冒着生命危险保护科研资料和设备。

新中国成立后，原北平研究院上海结晶学研究室迁京。陆学善先后任应用物理研究所副所长、代所长。他是中国物理学会最早的会员之一，他始终以学会宗旨"谋物理学之进步及其普及"为己任。20 世纪三四十年代，他和在上海的一些科学家满怀爱国激情，共同翻译了 12 种数理化书籍。50 年代初，他撰写了我国最早介绍半导体知识的文章。为了帮助青年科学工作者的学习和工作，陆学善和夫人合译了《物理实验室应用技术》一书，他们在前言中强调：要通过学习来提高物理实验室的基本技术，通过学习资本主义国家的实验技术来创造我们自己的技术。60 年代，他不顾体弱多病，用两年多时间编写了《激光基质钇铝石榴石的发展》，为研究激光晶体材料提供了很大的便利。陆学善很重视物理学名词的审订工作。从 50 年代初直至去世，他参加了中国物理学会物理学名词审查委员会组织的关于物理学名词的审查和增订等方面的大量工作，对《物理学名词》《物理学名词补编》以及《英汉物理学词汇》和它后来的增订，都有很大贡献。

有人问陆学善成功靠什么，他说："做事业要慢慢来，好比马拉松，要坚持不懈，成功应该是一个漫长的循序渐进的过程。不要期望神仙相助，要慢慢积累，脚踏实地。总之，成功主要靠人的热情、爱、执著。"他从不自满，70 多岁时还学习计算机算法语言，真正做到了"活到老，学到老，工作到老"。

第 3 章　铁碳合金相图

▶知识目标

(1)了解铁碳合金成分,能分析及应用铁碳合金相图。

(2)熟悉铁碳合金的相及组织类型、符号及其特点。

(3)掌握铁碳合金相图上的点、线的含义以及各区域对应的组织。

(4)掌握共晶转变和共析转变,熟练掌握珠光体、贝氏体、马氏体、莱氏体的组织及性能。

(5)绘制铁碳合金相图,并应用合金相图进行材料选择。

(6)会利用铁碳合金相图对一些典型的铁碳合金进行分析。

▶能力目标

(1)具备根据铁碳合金的成分分析典型合金冷却过程的能力。

(2)具备通过金属材料的成分,分析其室温下的组织及力学性能的能力。

(3)一定的逻辑思维能力和推理能力。

▶素质目标

(1)增强学习的兴趣和信心,培养严谨细致、一丝不苟、实事求是的科学态度和探索精神。

(2)增强运用所学知识解决实际问题的能力,培养精益求精的大国工匠精神。

钢铁是工业中应用最广泛的金属材料,主要由铁和碳两种元素组成,为铁碳合金。铁碳合金相图是研究铁碳合金的工具,是研究碳钢和铸铁成分、温度、组织和性能之间关系的理论基础,也是制定各种热加工工艺的依据。

3.1　铁碳合金的分类

根据含碳量和室温组织的不同,铁碳合金分为工业纯铁、钢、白口铸铁。

1. 工业纯铁

工业纯铁的化学成分主要是铁($w_C \leqslant 0.021\,8\%$),其他元素愈少愈好。因为它实际上还不是真正的纯铁,所以称这种接近于纯铁的钢为工业纯铁。一般工业纯铁质地特别软,韧性特别好,电磁性能也很好。有的工业纯铁还含铜(0.25%~0.30%),以增加耐蚀性。

2. 钢

含碳量为 $0.021\,8\% < w_C \leqslant 2.11\%$之间的铁碳合金称为钢。根据其含碳量及室温组织

的不同，又将钢分为：

(1)亚共析钢：$0.0218\% < w_C < 0.77\%$，室温组织为铁素体和珠光体；

(2)共析钢：$w_C = 0.77\%$，室温组织为珠光体；

(3)过共析钢：$0.77\% < w_C \leqslant 2.11\%$，室温组织为珠光体和二次渗碳体。

3. 白口铸铁

含碳量在 $2.11\% < w_C \leqslant 6.69\%$ 的铁碳合金称为白口铸铁。根据其含碳量及室温组织的不同，又将白口铸铁分为：

(1)亚共晶白口铸铁：$2.11\% < w_C < 4.3\%$，室温组织为珠光体、低温莱氏体和二次渗碳体；

(2)共晶白口铸铁：$w_C = 4.3\%$，室温组织为低温莱氏体；

(3)过共晶白口铸铁：$4.3\% < w_C \leqslant 6.69\%$，室温组织为渗碳体和低温莱氏体。

3.2 铁碳合金的基本组织

在铁碳合金系中，可配制多种成分不同的铁碳合金，它们在不同温度下的平衡组织是各不相同的。碳与铁相互作用可形成铁素体、奥氏体、渗碳体、珠光体和莱氏体。其中铁素体、奥氏体和渗碳体为铁碳合金的基本相，珠光体和莱氏体为机械混合物，其力学性能见表3-1。

铁碳合金的基本组织

表3-1 铁碳合金基本组织的力学性能

组织名称	符号	力学性能		
		R_m/MPa	A/%	HBW
铁素体	F	180~280	30~50	50~80
奥氏体	A	—	40~60	120~220
渗碳体	Fe_3C	30	0	~800
珠光体	P	800	20~35	180
莱氏体	L_d		0	>700

1. 铁素体

铁素体是碳溶于 α-Fe 中形成的间隙固溶体，用符号 F 表示。铁素体仍然保持 α-Fe 的体心立方晶格。铁素体的显微组织呈明亮的多边形晶粒，晶界曲折，如图3-1所示。

体心立方晶格的间隙很小，溶碳能力很低，在600℃时溶碳量仅为 $w_C = 0.006\%$。随着温度升高，溶碳量逐渐增加，在727℃时，溶碳量 $w_C = 0.0218\%$。因此，铁素体室温时的性能与纯铁相似，强度、硬度低，塑性和韧性好。

2. 奥氏体

奥氏体是碳溶于 γ-Fe 中形成的间隙固溶体，用符号 A 表示。奥氏体仍保持 γ-Fe 的面心立方晶格。奥氏体的显微组织与铁素体的显微组织相似,呈多边形,但晶界较铁素体平直,如图 3-2 所示。

由于面心立方晶格的间隙较大,所以溶碳能力也较大,在 727 ℃时溶碳量 $w_C=0.77\%$。随着温度的升高,溶碳量逐渐增多,到 1 148 ℃时,溶碳量可达 $w_C=2.11\%$。奥氏体塑性、韧性好,强度和硬度较低,因此,生产中常将工件加热到奥氏体状态进行锻造。

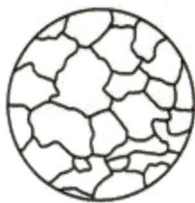

图 3-1　铁素体的显微组织示意图　　图 3-2　奥氏体的显微组织示意图

3. 渗碳体

渗碳体是铁和碳相互作用,形成的具有复杂晶格的金属化合物,用分子式 Fe_3C 表示。渗碳体的 $w_C=6.69\%$,熔点为 1 227 ℃,硬度很高(约 1 000 HV),塑性、韧性几乎为零,极脆。

渗碳体在铁碳合金中常以片状、球状、网状等形式与其他相共存。渗碳体是钢中的主要强化相,其形态、大小、数量和分布对钢的性能有很大的影响。另外,在一定条件下它会发生分解,形成石墨状的自由碳。

4. 珠光体

珠光体是奥氏体发生共析反应形成的铁素体和渗碳体所组成的机械混合物,其形态为铁素体薄层和渗碳体薄层交替重叠的层状复相物,也称片状珠光体。用符号 P 表示,含碳量为 $w_C=0.77\%$。在珠光体中铁素体占88%,渗碳体占12%,由于铁素体的数量大大多于渗碳体,所以铁素体层片要比渗碳体厚得多。

珠光体的性能介于铁素体和渗碳体之间,强度较高,硬度适中,塑性和韧性较好。

5. 莱氏体

莱氏体是液态铁碳合金发生共晶反应形成的奥氏体和渗碳体所组成的机械混合物,其含碳量为 $w_C=4.3\%$。在温度高于 727 ℃时,莱氏体由奥氏体和渗碳体组成,又叫高温莱氏体,用符号 L_d 表示;在低于 727℃时,莱氏体由珠光体和渗碳体组成,又叫低温莱氏体,用符号 L_d' 表示,也叫变态莱氏体。

莱氏体的基体是硬而脆的渗碳体,因此硬度高,塑性很差。

◆ 3.3　铁碳合金相图分析

铁碳合金相图是指在极其缓慢的冷却条件下,不同成分的铁碳合金,在不同温度时所具有的状态或组织的图形。在实际生产中,由于碳的质量

铁碳合金相图

分数超过5%的铁碳合金,脆性很大,没有实际使用价值,所以在铁碳合金相图中,仅研究 Fe $-Fe_3C$ 部分。如图 3-3 所示,为便于分析和研究,图中左上角部分已简化。

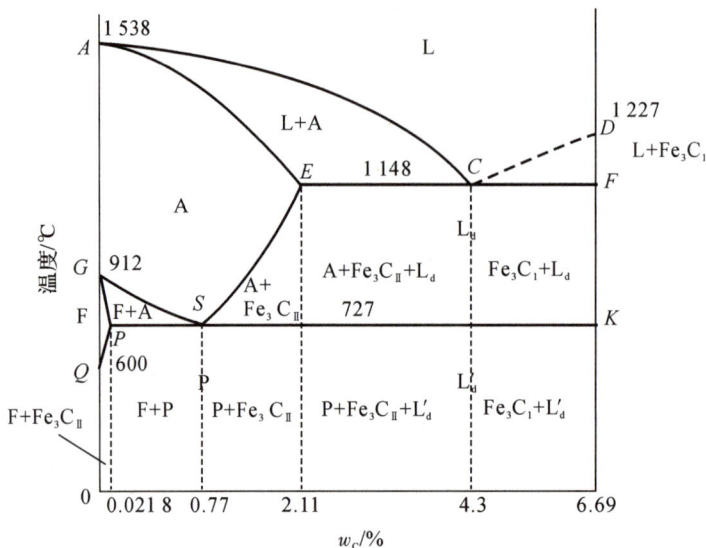

图 3-3 简化 $Fe-Fe_3C$ 相图

3.3.1 相图中的点、线、相区及其意义

1.铁碳合金相图中的特性点

$Fe-Fe_3C$ 相图中几个主要特性点的温度、碳的质量分数及其物理含义见表 3-2。各特性点的成分、温度数据是随着被测材料的纯度提高和测试技术的进步而不断趋于精确的。

表 3-2 铁碳合金相图中的特性点

特性点	$t/℃$	$w_C/\%$	含 义
A	1 538	0	纯铁的熔点
C	1 148	4.3	共晶点,$L_C \Longleftrightarrow (A+Fe_3C)$
D	1 227	6.69	渗碳体的熔点
E	1 148	2.11	碳在 $\gamma-Fe$ 中的最大溶解度
G	912	0	纯铁的同素异晶转变点 $\alpha-Fe \Longleftrightarrow \gamma-Fe$
P	727	0.021 8	碳在 $\alpha-Fe$ 中的最大溶解度
S	727	0.77	共析点,$A_S \Longleftrightarrow (Fe_3C+F)P$
Q	600	0.006	碳在 $\alpha-Fe$ 中的溶解度

2.铁碳合金相图中的特性线

在 $Fe-Fe_3C$ 相图上,有若干合金状态的分界线,它们是不同成分合金具有相同含义的临界点的连线,见表 3-3。几条主要特性线的物理含义如下:

表 3 - 3　铁碳合金相图中的特性线

特征线	含　义
$ABCD$	铁碳合金的液相线
$AECF$	铁碳合金的固相线
HJB	$L+\delta+\gamma$
ECF	$L\rightarrow\gamma+Fe_3C$ 共晶转变线
GS	奥氏体转变为铁素体的开始线
ES	碳在奥氏体中的溶解度线
PSK	$\gamma\rightarrow\alpha+Fe_3C$ 共析转变线
PQ	碳在铁素体中的溶解度线

（1）$ABCD$——液相线。此线以上区域全部为液相，用 L 来表示。金属液冷却到此线开始结晶，在 AC 线以下从液相中结晶出奥氏体，在 CD 线以下结晶出渗碳体，称为一次渗碳体（Fe_3C_{I}）。

（2）$AECF$——固相线。金属液冷却到此线全部结晶为固相，此线以下为固相区。

液相线与固相线之间为金属液的结晶区域。这个区域内液相与固相并存，AEC 区域内为液相与奥氏体，CDF 区域内为液相与渗碳体。

（3）GS——碳的质量分数小于 0.77% 的铁碳合金冷却时从奥氏体中析出铁素体的开始线（或加热时铁素体转变成奥氏体的终止线），常用符号 A_3 表示。奥氏体向铁素体的转变是铁发生同素异晶转变的结果。

（4）ES——碳在奥氏体中的溶解度线，常用符号 A_{cm} 表示。在 1 148 ℃时，碳在奥氏体中的溶解度为 2.11%（E 点碳的质量分数），在 727 ℃时降到 0.77%（S 点碳的质量分数）。在从 1 148 ℃缓慢冷却到 727 ℃的过程中，由于碳在奥氏体中的溶解度减小，多余的碳将以渗碳体的形式从奥氏体中析出，称为二次渗碳体（Fe_3C_{II}）。

（5）ECF——共晶线。当金属液冷却到此线（1 148 ℃）时，将发生共晶转变，从液相中同时结晶出奥氏体和渗碳体的机械混合物，即莱氏体。共晶转变式为

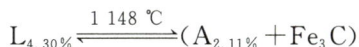

$$L_{4.30\%} \xrightleftharpoons{\text{1 148 ℃}} (A_{2.11\%}+Fe_3C)$$

共晶转变在碳的质量分数超过 2.11% 的铁碳合金冷却过程中均会发生。

（6）PSK——共析线，常用符号 A_1 表示。当合金冷却到此线时（727 ℃），将发生共析转变，从奥氏体中同时析出铁素体和渗碳体的混合物，即珠光体。共析转变式为

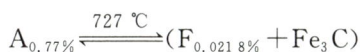

$$A_{0.77\%} \xrightleftharpoons{\text{727 ℃}} (F_{0.021\,8\%}+Fe_3C)$$

3.铁碳合金相图中的相区

依据特性点和线的分析，简化 $Fe-Fe_3C$ 相图主要有四个单相区，即 L、A、F、Fe_3C；五个双相区：$L+A$、$A+F$、$L+Fe_3C$、$A+Fe_3C$、$F+Fe_3C$。单相区和双相区具体区域如图 3 - 3 所示。

3.3.2　共晶转变（水平线 *ECF*）

共晶转变是指在一定温度下，一定成分的液相同时转变成两种成分和晶体结构完全不同的新固相的过程。在铁碳相图中，当温度下降到 1 148 ℃，含碳量为 4.3% 时，将发生共晶转变，具有一定成分的液相同时完全转变成奥氏体 γ 相和渗碳体 Fe_3C 相，其生成物统称为莱氏体，用 L_d 表示。继续降温到 727 ℃ 以下，莱氏体变成低温莱氏体（或称为变态莱氏体），由珠光体、二次渗碳体和共晶渗碳体组成，用 L_d' 表示。同时，当含碳量在 2.11%～6.69% 范围内，温度下降到 1 148 ℃ 时，也会发生共晶反应。其中，含碳量在 2.11%～4.3% 范围内，共晶反应终了时，除了形成莱氏体之外，生成物中还存在部分 γ 相；含碳量在 4.3%～6.69% 范围内，共晶反应终了时，除了形成莱氏体之外，生成物中还存在部分渗碳体。由于低温莱氏体中含有大量的渗碳体，所以低温莱氏体的力学性能和渗碳体相似，其硬度很高，塑性、韧性很低。

3.3.3　共析转变（水平线 *PSK*）

共析转变是指在一定温度下，一定成分的固相同时转变成两种成分和晶体结构完全不同的新固相的过程。在铁碳相图中，当温度下降到 727 ℃，含碳量为 0.77% 时，将发生共析转变，具有一定成分的 γ 相同时完全转变成铁素体 α 相和渗碳体 Fe_3C 相，其生成物统称为珠光体，用 P 表示，珠光体是一种双相组织，一般情况下，两相呈片层状分布，强度较高，硬度适中，有一定塑性。同时，当含碳量在 0.021 8%～6.69% 范围内，温度下降到 727 ℃ 时，也会发生共析反应。其中，含碳量在 0.021 8%～0.77% 范围内，共析反应终了时，除了形成珠光体之外，生成物中还存在部分铁素体；含碳量在 0.77%～6.69% 范围内，共析反应终了时，除了形成珠光体之外，生成物中还存在部分渗碳体。

3.3.4　包晶转变（水平线 *HJB*）

包晶转变是指已结晶的固相与剩余液相反应，形成另一固相的恒温转变。在铁碳相图中，当温度下降到 1 495 ℃，含碳量为 0.17% 时，将发生包晶转变，剩余的液相与已结晶的高温铁素体 δ 相发生反应，完全形成单相奥氏体 γ 相。同时，当含碳量在 0.09%～0.53% 范围内，温度下降到 1 495 ℃ 时，也会发生包晶反应。其中，含碳量在 0.09%～0.17% 范围内，在包晶反应终了时，除了形成奥氏体 γ 相之外，生成物中还存在部分 δ 相，其随后通过同素异构转变为奥氏体。含碳量在 0.17%～0.53% 范围内，在包晶反应终了时，除了形成奥氏体 γ 相之外，生成物中还存在部分液相，随后的冷却过程中通过匀晶过程成为奥氏体。

3.3.5　三条重要的特性曲线

ES：碳在奥氏体中的溶解度线。

PQ：碳在铁素体中的溶解度线。

GS：奥氏体转变为铁素体的开始线。

图 3-3 中的 *ES* 线是碳在奥氏体中的溶解度线。含碳量大于 0.77% 的合金，从 1 148 ℃ 冷却到 727 ℃ 的过程中，将从奥氏体中析出渗碳体，这种渗碳体称为二次渗碳体

(Fe_3C_{II})。PQ 线是碳在铁素体中的溶解度线，铁碳合金由 727 ℃冷却到室温的过程中铁素体中会有渗碳体析出，这种渗碳体称为三次渗碳体(Fe_3C_{III})。GS 线是冷却过程中奥氏体向铁素体转变的开始线，或者说是加热过程中，铁素体向奥氏体转变的终了线（具有同素异构转变的纯金属，其固溶体也具有同素异构转变，但其转变温度有变化）。

3.4　铁碳合金结晶过程分析

3.4.1　共析钢

图 3-4 中Ⅰ表示共析钢($w_C=0.77\%$)，合金在 1 点以上为液相(L)，当缓冷至稍低于 1 点温度时，开始从液相中结晶出奥氏体(A)，其数量随温度的下降而增多。

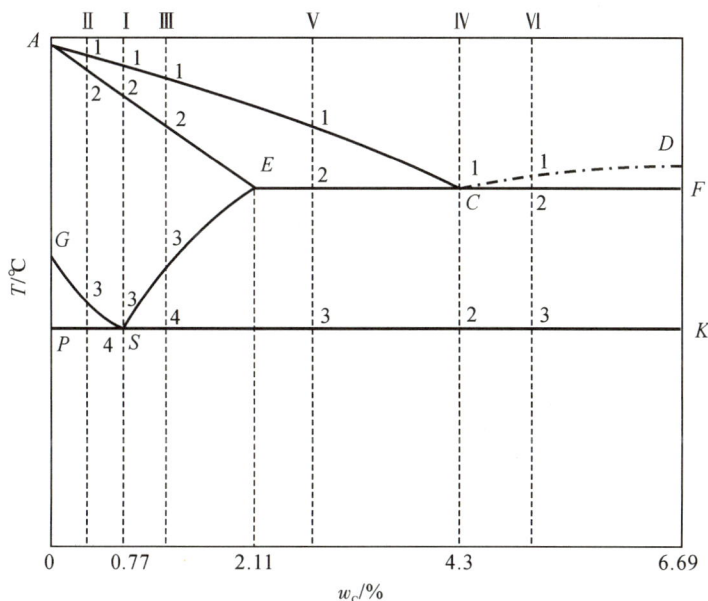

铁碳合金结晶
过程分析

图 3-4　典型铁碳合金在 Fe-Fe₃C 相图中的位置

温度降到 2 点时，液相全部结晶为奥氏体。2—3 点之间，合金是单一奥氏体相。继续缓冷至 S 点时，奥氏体发生共析转变，转变成珠光体(P)。727 ℃以下，珠光体基本上不发生变化。因此，室温下共析钢的组织为珠光体，如图 3-5 所示。

3.4.2　亚共析钢

合金Ⅱ表示某一成分的亚共析钢($0.0218\%<w_C<0.77\%$)。合金在 1 点以上为液相，缓冷至 1 点时，开始从液相中结晶出奥氏体，冷却到 2 点结晶终了。在 2—3 点区间，合金为单一的奥氏体组织，当冷却到与 GS 线相交的 3 点时，铁素体开始从奥氏体中析出，此

时就会将多余的碳原子转移到奥氏体中,引起未转变的奥氏体的含碳量增加。沿着 GS 线变化,当温度降至 4 点(727 ℃)时,剩余奥氏体含碳量增加到了 $w_c = 0.77\%$,具备了共析转变的条件,转变为珠光体。原铁素体不变,保留在基体中。4 点以下不再发生组织变化。因此,亚共析钢的室温组织为铁素体+珠光体,如图 3-6 所示。

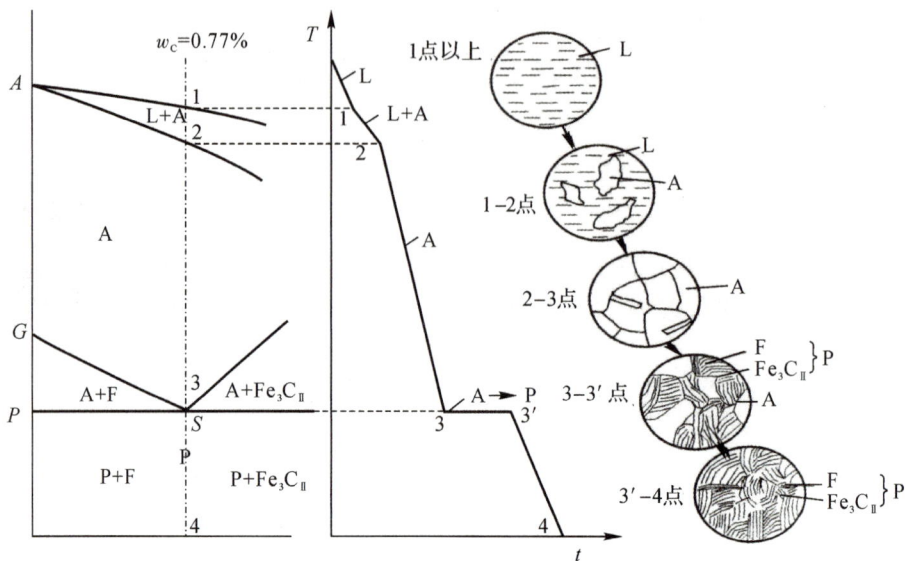

图 3-5　共析钢的结晶过程

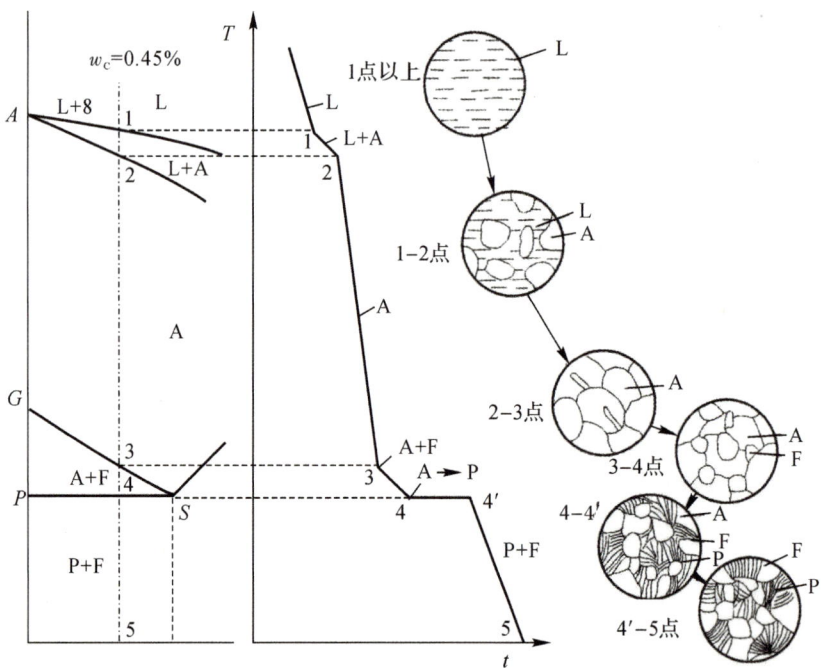

图 3-6　亚共析钢的结晶过程

3.4.3　过共析钢

合金Ⅲ表示某一成分的过共析钢（0.77%＜w_C≤2.11%）。合金在 1 点以上为液相,当缓冷至稍低于 1 点后,开始从液相中结晶出奥氏体,直至 2 点结晶终了。在 2—3 点之间是含碳时为单相奥氏组织。缓冷至 3 点时,奥氏体中开始沿晶界析出渗碳体（即二次渗碳体）。随着温度不断降低,由奥氏体中析出的二次渗碳愈来愈多,而奥氏体中的含碳量不断减少,并沿着 ES 线变化。3—4 点之间的组织为奥氏体＋二次渗碳体。降至 4 点（727 ℃）时,奥氏体的成分达到了共析成分,于是这部分奥氏体发生共析反应,转变为珠光体。在 4 点以下,合金的组织不再发生变化。故室温组织为珠光体＋二次渗碳体,如图 3-7 所示。

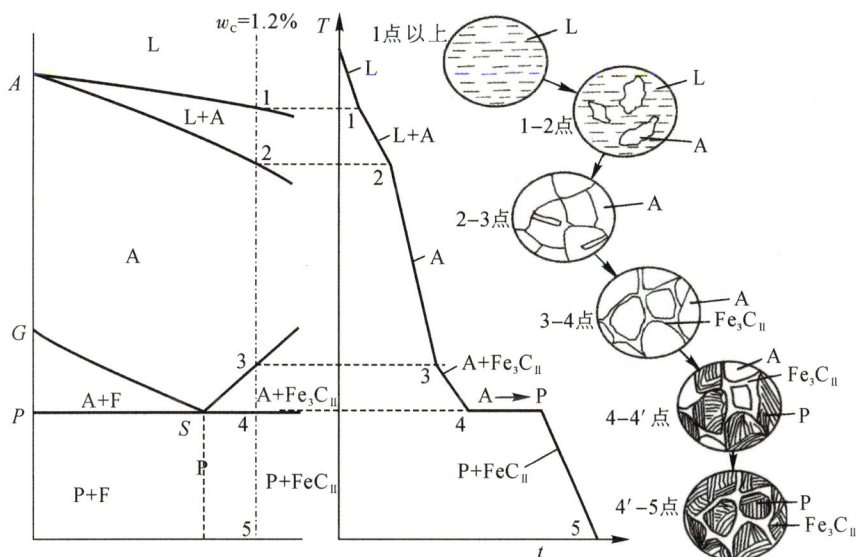

图 3-7　过共析钢的结晶过程

3.4.4　共晶白口铸铁

合金Ⅳ表示共晶白口铸铁（w_C=4.3%）。合金在 C 点温度以上为液相,当降至 C 点时,液相将发生共晶转变,结晶出奥氏体与渗碳体的机械混合物,即高温莱氏体。转变在恒温下进行,其中奥氏体的成分是 E 点的成分。温度继续下降时,莱氏体中的奥氏体将不断析出二次渗碳体,剩余奥氏体的含碳量不断减少,并沿着 ES 线变化。1—2 点之间的组织为高温莱氏体。当温度降至 2 点（727 ℃）时,莱氏体中的奥氏体的含碳量降到了 w_C=0.77%,发生共析转变,生成珠光体,即高温莱氏体（L_d）转变为低温莱氏体（L'_d）,如图 3-8 所示。

3.4.5　亚共晶白口铸铁

合金Ⅴ表示亚共晶白口铸铁（2.11%＜w_C＜4.3%）。合金在 1 点温度以上为液相,缓冷至稍低于 1 点温度,开始从液相中结晶出奥氏体。1—2 点温度之间组织为液相和奥氏体。继续缓冷,结晶出的奥氏体量不断增多,而液相量不断减少,奥氏体的含碳量不断沿 AE 变化。温度缓冷至 2 点(1 148 ℃)时,奥氏体的含碳量为 E 点的成分,液相的含碳量为 4.3%,于是这部分液相发生共晶转变。在 2—3 点温度区间,随着温度的不断下降,奥氏体的含碳量沿 ES 线变化,并不断析出二次渗碳体。因此 2—3 点温度区间内的组织为奥氏体、二次渗碳体和高温莱氏体。缓冷至 3 点(727 ℃)时,$w_C=0.77\%$ 的奥氏体发生共析转变,转变为珠光体。最后室温组织为珠光体、二次渗碳体和低温莱氏体,如图 3-9 所示。

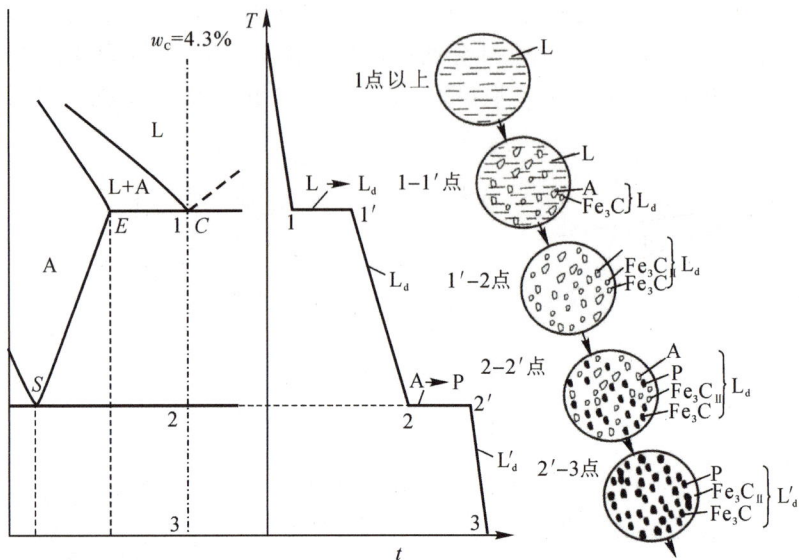

图 3-8 共晶白口铸铁结晶过程

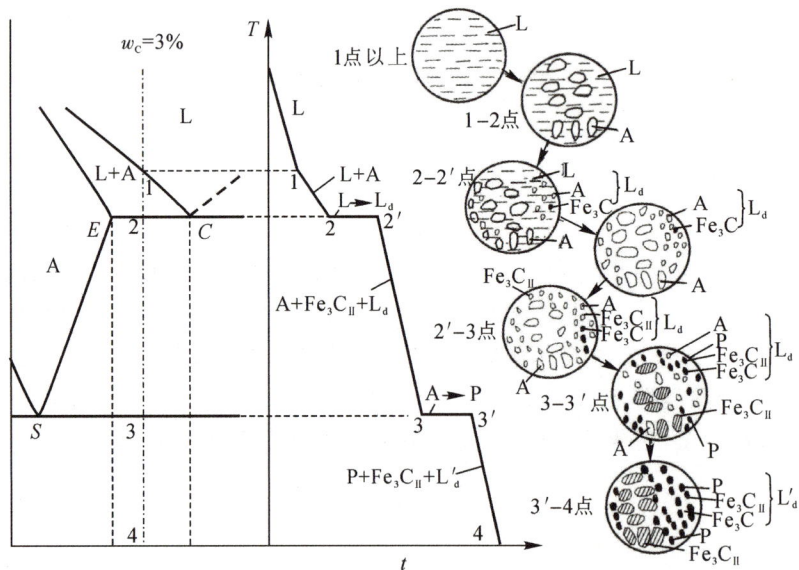

图 3-9 亚共晶白口铸铁结晶过程

3.4.6　过共晶白口铸铁

合金Ⅵ表示过共晶白口铸铁（4.3％＜w_c≤6.69％）。合金在 1 点温度以上为液相。当温度缓冷至稍低于 1 点时，从液相中开始结晶出一次渗碳体。温度不断下降，结晶出的一次渗碳体不断增多，剩余液相量相对减少。同时，液相的含碳量沿着 CD 不断变化，至 2 点时，剩余液相 w_c＝4.3％，于是发生共晶转变，形成高温莱氏体。此时的组织为一次渗碳体＋高温莱氏体。随后继续冷却时的转变情况与共晶白口铸铁相同，最终组织为一次渗碳体＋低温莱氏体，如图 3−10 所示。

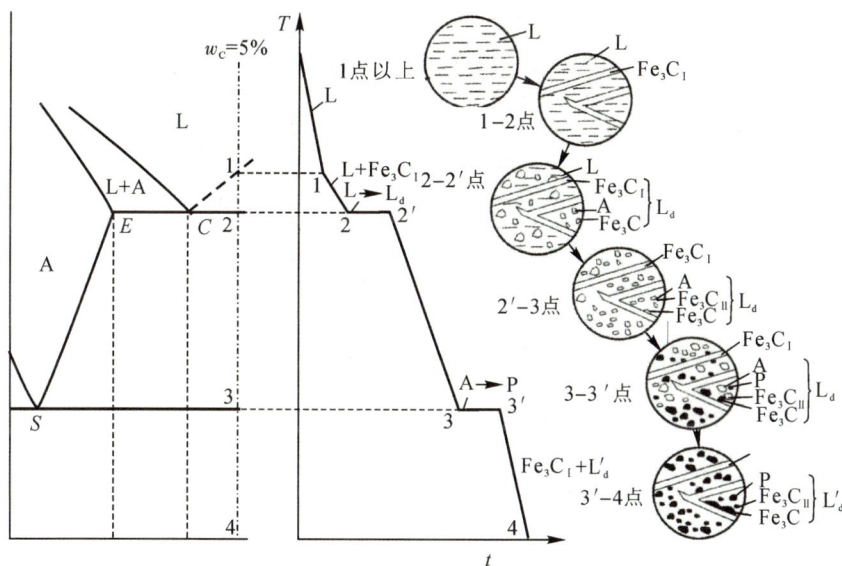

图 3−10　过共晶白口铸铁结晶过程

3.5　铁碳合金成分、组织和性能的变化规律

随着含碳量的增加，铁碳合金的成分、室温组织都将随之变化，力学性能也相应发生变化。

根据铁碳合金相图的分析，任何成分的铁碳合金在室温下的组织都是由铁素体和渗碳体两相组成的。随着含碳量的增加，铁素体的量逐渐减少，而渗碳体的量相应增加。合金的组织将按下列顺序发生变化：

$$F→F+P→P→P+Fe_3C_{\text{II}}→P+\ Fe_3C_{\text{II}}+L'_d→L'_d→L'_d+Fe_3C_{\text{I}}→Fe_3C$$

由于铁素体软而韧，硬度极低，渗碳体硬而脆，所以，含碳量增加，硬度增加，塑性、韧性降低。如图 3−11 所示，随含碳量增加，强度先增后降（0.9％最高）；当碳含量小于 0.9％时，渗碳体含量越多，分布越均匀，铁碳合金强度越高，而塑性和韧性不断下降。当碳含量大

于 0.9% 时，渗碳体在钢的组织中呈网状分布在晶界，而在白口铸铁的组织中作为基体存在，使强度降低，但硬度仍在增高，塑性和韧性继续降低。

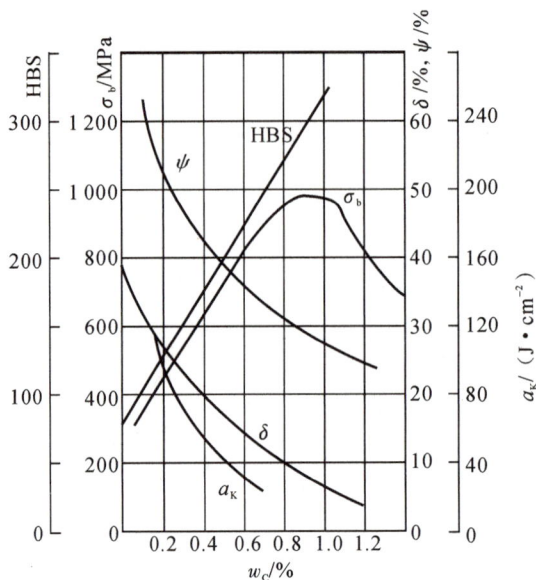

图 3-11 铁碳合金含碳量对力学性能影响的示意图

为保证钢有足够的强度和一定的塑性及韧性，机械工程中使用的钢其碳质量分数一般不大于 1.4%。$w_C > 2.11\%$ 的白口铸铁，由于组织中渗碳体量多，硬度高而脆性大，难于切削加工，在实际中很少直接应用。

◆ 3.6 铁碳合金相图的应用

铁碳合金相图从客观上反映了钢铁材料的组织随成分和温度变化的规律，因此在工程上为选材及铸、锻、焊、热处理等热加工工艺及切削加工提供了重要的理论依据。

（1）在选材方面的应用。由铁碳合金相图可见，铁碳合金中随着含碳量的不同，其平衡组织各不相同，从而导致其力学性能不同。因此，可以根据零件的不同性能要求来合理地选择材料。例如，制造要求塑性、韧性好，而强度不太高的构件，则应选用碳的质量分数较低的钢；承受冲击载荷，要求强度、塑性和韧性等综合性能较好的构件，应选用碳的质量分数适中的钢；各种工具要求硬度高及耐磨性好，则应选用碳的质量分数较高的钢；形状复杂、不受冲击、要求耐磨的铸件，应选用白口铸铁。

（2）在铸造方面的应用。根据铁碳合金相图可以找出不同成分的铁碳合金的熔点，从而确定合适的熔化、浇注温度，浇注温度一般在液相线以上 50～100 ℃。由相图可知，共晶成分的合金熔点最低，结晶温度范围最小，流动性好，缩孔、偏析少，因而铸造性能最好。因此，在铸造生产中，共晶成分附近的铸铁得到了广泛的应用。常用铸钢的含碳量定 w_C 在

铁碳合金相图
的应用

0.15％～0.6％之间,在此范围的钢,其结晶温度范围较小,铸造性能较好。结晶温度区间越大,越容易形成缩孔和偏析,铸造工艺性能越差。

(3)在锻压方面的应用。低碳钢的可锻性比高碳钢好。钢在室温时的组织为两相机械混合物,塑性较差,变形困难,只有将其加热到单相奥氏体状态,才具有较低的强度,较好的塑性和较小的变形抗力,易于成形。因此,钢材轧制或锻造的温度范围多选择在单一奥氏体组织范围内。含碳量越低,其锻造性能越好。而白口铸铁无论是在低温还是高温,组织中均有大量硬而脆的渗碳体,故不能锻压。

(4)在焊接方面的应用。一般地,含碳量越低,钢的焊接性能越好,因此低碳钢比高碳钢更容易焊接。焊接时从焊缝到母材各区域的加热温度是不同的,由相图可知,受不同加热温度的各区域在随后的冷却中可能会出现不同的组织与性能,这就需要在焊接后采用热处理方法加以改善。

(5)在热处理方面的应用。从铁碳合金相图可知,铁碳合金在固态加热或冷却过程中均有相的变化,因此钢和铸铁可以进行有相变的退火、正火、淬火和回火等热处理(详见第 4 章钢的热处理)。

(6)在切削加工方面的应用。一般认为中碳钢的硬度比较适中,硬度在 200HB 左右,切削加工性能最好。含碳量过高或过低,都会降低其切削加工性能。

◆ 实验 3.1　高速钢的组织观察与检验

高速钢是一种具有高硬度、高耐磨性和高耐热性的工具钢,又称高速工具钢或锋钢,以能进行高速切削而得名。在高速切削时,车刀温度能达到 500～600 ℃,而碳素工具钢、合金工具钢刀具在 250～300 ℃ 时硬度将显著降低,失去切削能力。因此,要求高速钢具有较高的硬度、耐磨性和红硬性;在高速切削时,刃部受热至 600 ℃ 左右,硬度仍未明显降低;制成的刀具在 600 ℃ 加热 4 h 后冷却到室温,硬度仍能大于 62HRC。随着切削加工的切削速度和走刀量不断提高,以及高硬度、高强度新材料的应用愈来愈多,对刃具的要求不断提高,出现了超硬高速钢(68～70HRC)。

一、实验目的及要求

(1)掌握高速钢的金相检验方法。

(2)正确使用金相标准,对金相组织进行评级。

二、实验原理

1.高速钢的分类

高速钢的主要成分特点是含有 C、W、Cr、V、Mo、Co、Al 等合金元素,可以提高热处理时的高淬透性和红硬性。

常用牌号及分类如下所述。

（1）W 系高速钢（如 W18Cr4V）。该种钢含 W 元素的质量分数在 12%～18% 之间。W 元素是提高高速钢红硬性的主要元素，能强烈地形成碳化物，有强烈的细化晶粒的作用。该种钢淬火温度范围较广，不易过热，回火过程中析出的钨碳化物弥散分布于马氏体基体上，与钒的碳化物一起造成钢的二次硬化效应。W 系高速钢是使用最早且较广的钢种。但是该种钢的碳化物不均匀度较为严重，热塑性较差，不易热塑成形，同时钨含量较高，不经济。取而代之的是 W-Mo 系高速钢。

（2）W-Mo 系高速钢（如 W6Mo5Cr4V2）。Mo 元素在钢中的作用同 W 相似，能够提高钢的淬透性和红硬性，提高钢的强度，造成二次硬化，按照质量分数计算，1% 的 Mo 可代替 2% 的 W。Mo 能降低钢结晶时的包晶反应温度，锻造后碳化物不均匀度较好。但是，钢的晶粒易于长大，过热敏感性高，故淬火加热温度范围较窄。含 Mo 的高速钢退火时脱碳倾向较大，而且由于含有较多的 V，钢的磨削性能较差。

（3）高碳高钒高速钢（如 W6MoCr4V3）。Co 元素是造成高速钢红硬性的主要元素之一，也是强碳化物形成元素。在提高 V 含量的同时，必须相应提高 C 含量，以形成 V 的碳化物。由于 VC 具有较高的硬度和耐磨性，所以钢的可切削性能差，只用于制造形状简单的刀具。

（4）Co 高速钢（如 W2Mo9Cr4VCo8）。Co 元素是非碳化物形成元素，能够提高钢的合金度及红硬性。该钢的硬度可达 68～70HRC，被称为超硬高速钢；切削能力及红硬性大大提高；适合于制造加工硬材料，高强度、高韧性材料和在冷却条件不良情况下加工的切削刀具。

（5）Al 高速钢（如 W10Mo4Cr4V3A1）。Al 元素的加入改善了钢的脆性，并使刀具切削时不产生粘刀现象。该钢的缺点是脱碳倾向大，磨削性能差。

2. 高速钢的显微组织

（1）铸态组织。W18Cr4V 钢铸态组织（500×）如图 3-12 所示。

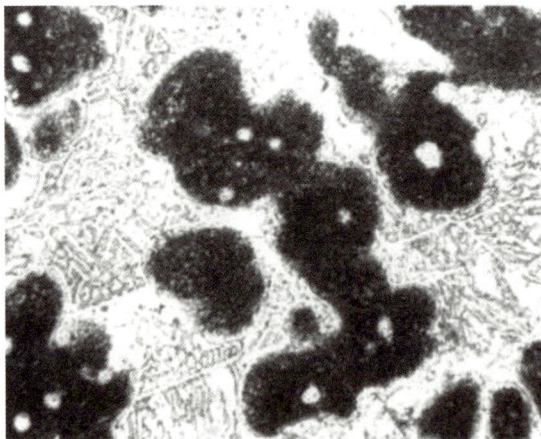

图 3-12　W18Cr4V 钢铸态组织（500×）

(2)退火组织。W18Cr4V 钢热轧后退火脱碳层组织(500×)如图 3-13 所示。

图 3-13　W18Cr4V 钢热轧后退火脱碳层组织(500×)

(3)淬火组织。W18Cr4V 钢淬火后的组织(500×)如图 3-14 所示。

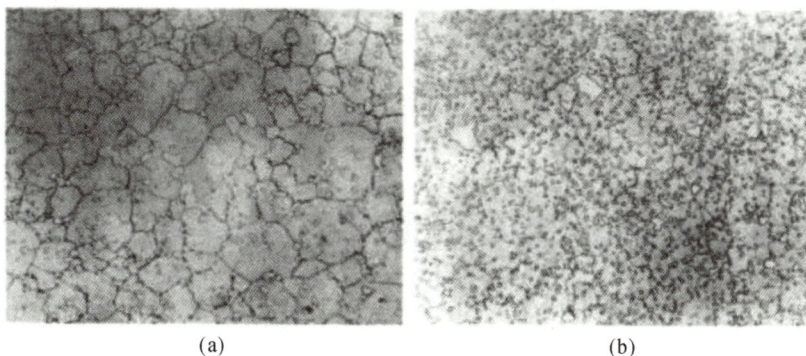

(a)　　　　　　　　　　　　　　　　(b)

图 3-14　W18Cr4V 钢淬火后的组织(500×)

(a)淬火正常组织,晶粒度 8 级;(b)淬火欠热组织,晶粒度 10.5 级

(4)回火组织。W18Cr4V 钢淬火后 560℃ 回火三次后的正常组织(500×)如图 3-15 所示。

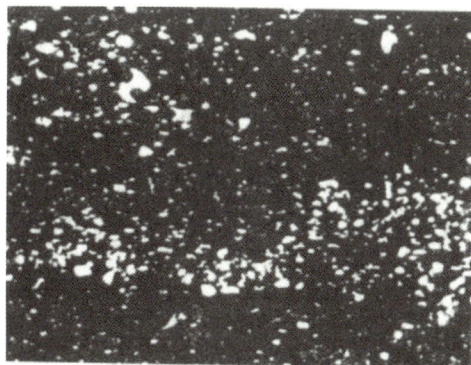

图 3-15　W18Cr4V 钢淬火后 560℃ 回火三次后的正常组织(500×)

三、实验仪器及材料

1. 实验仪器

数码金相显微镜,金相摄影软件。

2. 实验材料

W18Cr4V 钢和 W6Mo5Cr4V2 钢铸态、退火态、火态和回火态试样若干。

四、实验内容及步骤

(1)观察高速钢各种状态的显微组织。

(2)根据每个试样的实验内容画出组织图。

(3)根据相应检验标准评定级别,标明放大倍数。

五、实验报告及要求

(1)写出实验目的。

(2)写出高速钢的分类、主要牌号及金相检验内容与相关组织。

(3)画出高速钢原始状态的组织、球化退火组织、脱碳层组织、淬火后的组织和回火后的组织,并标明其中的组织。

(4)评定级别的试样须注明评定项目与级别,学会使用国家标准判断各种组织的级别并作出相应判断。

◆ 实验 3.2　用扫描电子显微镜对材料组织进行分析

一、实验目的

(1)了解扫描电子显微镜结构原理,以及其在金相分析中的应用。

(2)掌握马氏体、贝氏体、回火马氏体、回火托氏体、回火索氏体在扫描电子显微镜下的形貌。

二、实验原理

1. 扫描电子显微镜的结构

扫描电子显微镜(简称扫描电镜)可粗略分为镜体、电源电路系统及冷却系统。如图 3-16 所示,镜体由电子光学系统、样品室、检测器以及真空抽气系统组成。其中,电子光学系统包括电子枪、电磁透镜、扫描线圈等。真空抽气系统由用于低真空抽气的旋转机械泵和高真空抽气的油扩散泵或离子泵构成。电源电路系统由控制镜体部分的各种电源、信号处理、图像显示和记录系统以及用于全部电气部分的操作面板构成。

2. 扫描电子显微镜的工作原理

图 3-17 是扫描电子显微镜的工作原理图。由电子枪发射出来的电子束,经栅格聚焦后,在加速电压作用下,经过二至三个电磁透镜所组成的电子光学系统,会聚成一个细的电子束,聚焦在样品表面。在末级透镜上装有扫描线圈,在它的作用下电子束在样品表面扫

描。由于高能电子束与样品物质的交互作用,所以产生了各种信息,如二次电子、背散射电子、吸收电子、X 射线、俄歇电子、阴极荧光和透射电子等。这些信号被相应的接收器接收,经放大后送到显像管的栅极上,调制显像管的亮度。经过扫描线圈上的电流与显像管相应的亮度一一对应,也就是说,电子束打到样品上一点时,在显像管荧光屏上就出现了一个亮点。就这样扫描电镜采用逐点成像的方法,把样品表面不同的特征按顺序、成比例地转换为视频信号,完成一帧图像,从而使我们在荧光屏上观察到样品表面的各种特征图像。

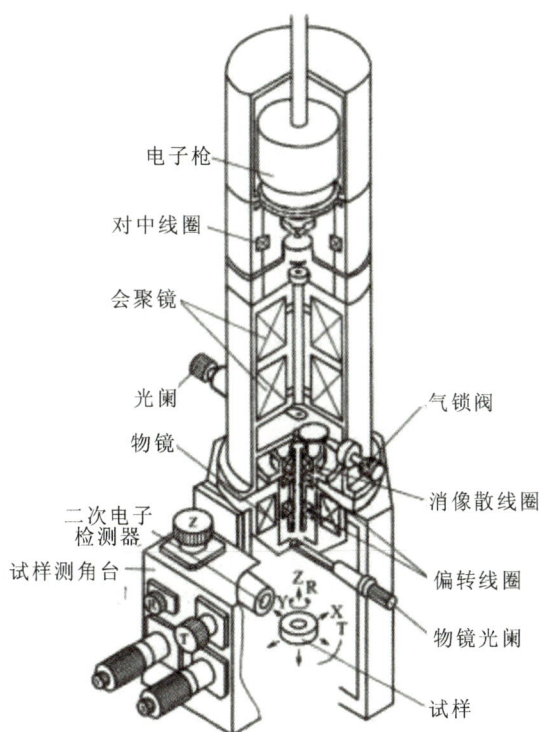

图 3 - 16　扫描电子显微镜的结构图

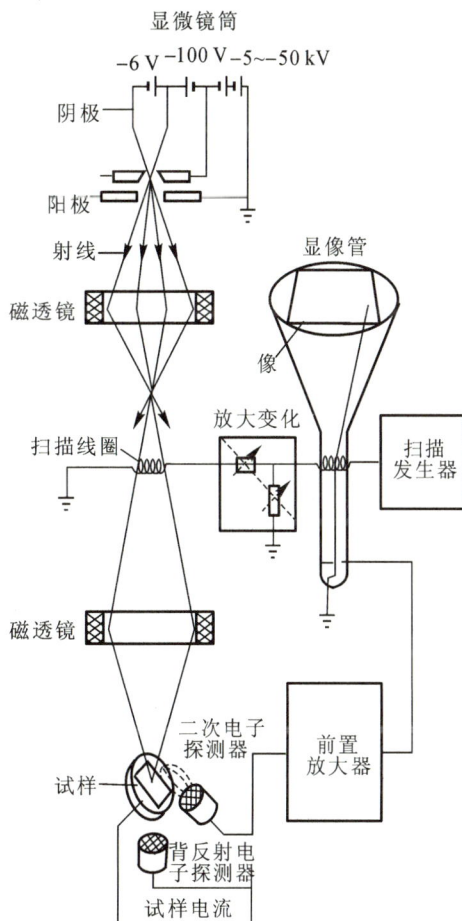

图 3 - 17　扫描电子显微镜的工作原理图

三、实验仪器及材料

1. 实验仪器

JSM - 6380LA 型扫描电子显微镜,4XC 型金相显微镜。

2. 实验材料

马氏体、贝氏体、回火马氏体、回火托氏体、回火索氏体试样若干,典型脆性、韧性、疲劳断口试样若干。

四、实验步骤

（1）制备马氏体、贝氏体、回火马氏体、回火托氏体、回火索氏体组织金相试样，注意侵蚀试样时较金相显微镜观察时深一些。

（2）制备典型脆性、韧性、疲劳断口试样，注意保护好试样断口。

（3）分别在金相显微镜下和扫描电子显微镜下观察马氏体、贝氏体、回火马氏体、回火托氏体、回火索氏体金相试样的组织形貌，并获取扫描电子显微镜数字照片。

（4）对获得的扫描电镜组织照片进行分析：高速钢火后的组织，GCr15；钢等温后的组织；45 钢淬火加低温回火后的组织；45 钢淬火加中温回火后的组织；45 钢调质后的组织。

◆ 本 章 小 结

由于铁具有同素异晶转变的特性，铁与碳相互作用可形成铁素体、奥氏体、渗碳体、珠光体和莱氏体。

铁碳合金相图是指在极其缓慢的冷却条件下，不同成分的铁碳合金在不同温度时所具有的状态或组织的图形，在工程上为选材及铸、锻、焊、热处理等热加工工艺及切削加工提供了重要的理论依据。

根据含碳量和室温组织的不同，铁碳合金分为工业纯铁、钢、白口铸铁。随着含碳量的增加，铁碳合金中铁素体相对含量减少，渗碳体相对含量增加，其塑性、韧性降低，硬度增加，强度先增后降。

◆ 课后思考与练习三

1.何谓纯铁的同素异晶转变？说出纯铁同素异晶转变的温度及在不同温度范围内的晶体结构。

2.何谓铁素体、奥氏体、渗碳体、珠光体和莱氏体？它们各用什么符号表示？它们的性能特点是什么？

3.什么是铁碳合金相图？试绘制简化后的 $Fe-Fe_3C$ 相图，说明各主要特性点和特性线的含义。

4.何谓共析转变和共晶转变？二者有何异同？写出 $Fe-Fe_3C$ 相图中的共析转变式和共晶转变式。

5.何谓钢？根据含碳量和室温组织的不同，钢分为哪几类？试述它们的含碳量范围和室温组织。

6.白口铸铁分为哪几类？试述它们的含碳量范围和室温组织。

7.试分析含碳量为 0.45％ 的钢从液态冷却到室温的组织转变过程。

8.试比较共析钢、亚共析钢、过共析钢和共晶白口铸铁、亚共晶白口铸铁、过共晶白口铸铁的结晶过程和室温平衡组织。

9. 随着含碳量的增加,钢的组织和性能有什么变化?

10. 铁碳合金相图有哪几个方面的应用?

【拓展材料】

◆【工匠精神·榜样的力量】

潘从明,金川集团铜业有限公司贵金属冶炼高级技师、贵金属冶炼分厂提纯工序工序长。2020 年 1 月,潘从明获得了他人生中的至高荣誉——他所主创的"镍阳极泥中铂钯铑铱绿色高效提取技术"荣获国家科学技术进步二等奖。

作为航空航天、精密电子等国家战略高科技产业的关键基础材料,铂族贵金属被称为"工业维生素"。5 t 的镍矿废渣才能提取 1 g 99.99% 纯度的铂族贵金属。用化学试剂检测铂族贵金属的纯度一般需要三天,这期间,贵金属溶液极易污染变质影响纯度。因此,第一代贵金属人,尽可能多遍提取,这样又会造成微量贵金属流失。而潘从明练就的一双慧眼,仅凭肉眼观察溶液颜色的细微变化,就能够辨别出万分之一的杂质含量,从而精准把控贵金属精炼的遍数。图 3-18 所示为潘从明在做实验。

图 3-18　潘从明在做实验

为了练成洞察纤毫的眼力,潘从明下了整整五年的笨功夫,他一边检测溶液中杂质的种类和含量,一边制作成色卡记录下来,五年的时间他制作了上千张色卡,并将这些颜色变化烂熟于心,牢牢印在脑子里。潘从明将这套颜色判断法传授给徒弟们,运用该方法精准地确定了精炼遍数,实现了铂族贵金属产能的翻番。

随着国家战略性新兴产业的发展,对铂族贵金属中铂、钯、铑、铱的需求量越来越大,而这四种元素的高效分离提取,一直是挑战贵金属冶炼工艺的难题。潘从明十多年来进行了上万次的实验,突破了技术瓶颈,带领团队研发出一套全新工艺,将铂族贵金属年产量提升到了 8 000 kg 以上。

潘从明认为技术没有止境,创新应该永远在路上,热爱自己所做的事,要胜过做这些事给自己带来的回报,只要付出了,肯定会有收获。

第4章　钢的热处理

▶知识目标

(1)理解钢的热处理的实质和目的。

(2)掌握钢在等温冷却时的三类组织转变、连续冷却曲线及不同连续冷却速度下的组织产物,了解等温冷却曲线和连续冷却曲线的区别。

(3)掌握普通热处理"四把火"工艺方法及作用。

(4)掌握常用表面热处理方法,了解热处理新工艺。

▶能力目标

(1)能够对不同的热处理工艺进行准确的加热、保温、冷却操作。

(2)能够根据性能需要对不同零件制定不同的热处理工艺。

▶素质目标

(1)控制不同的加热温度、冷却速度得到不同的组织和性能,培养严谨认真、精益求精的工作态度。

(2)结合热处理实质和发展趋势,培养积极探索、自主创新的科学理念。

(3)了解古代热处理工艺,激发民族自豪感。

不同成分的金属材料具有不同的性能。即使具有相同成分的同一种材料,因加工工艺不同,性能也会有很大差异。为了最大限度地发挥材料的潜力,生产中常采用热处理措施来提高其性能,延长机器零件的寿命。热处理是对固态金属采用适当的方式进行加热、保温和冷却以获得所需要的组织结构与性能的工艺。

4.1　热处理技术基础

4.1.1　热处理的实质和目的

热处理工艺方法较多,但其过程都是由加热、保温和冷却三个阶段组成的。热处理工艺曲线示意图如图 4-1 所示。

热处理主要目的:①提高零件的使用性能。②充分发挥钢材的潜力。③延长零件的使用寿命。④改善工件的工

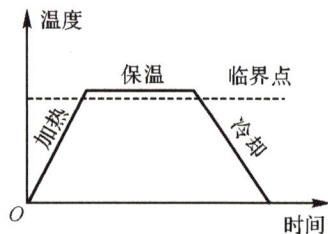

图 4-1　热处理工艺曲线示意图

艺性能,提高加工质量,减小刀具的磨损。

热处理是机械零件及工具制造过程中的重要工序。就目前机械工业生产状况而言,各类机床中要经过热处理的工件约占总量的 $60\%\sim70\%$,汽车、拖拉机中占 $70\%\sim80\%$,轴承、各种工模具和滚动轴承等几乎都需要热处理。因此,热处理在机械制造中占有十分重要的地位。

4.1.2 热处理的分类

根据热处理的目的、加热和冷却方法的不同,常用钢的热处理做如下分类:

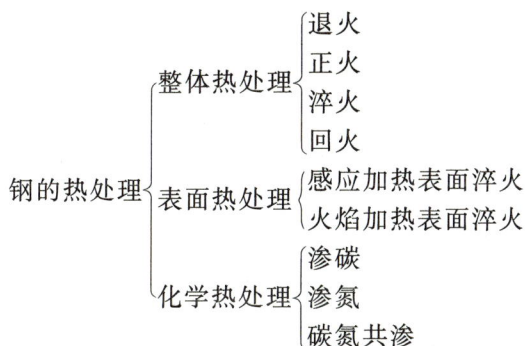

$$钢的热处理 \begin{cases} 整体热处理 \begin{cases} 退火 \\ 正火 \\ 淬火 \\ 回火 \end{cases} \\ 表面热处理 \begin{cases} 感应加热表面淬火 \\ 火焰加热表面淬火 \end{cases} \\ 化学热处理 \begin{cases} 渗碳 \\ 渗氮 \\ 碳氮共渗 \end{cases} \end{cases}$$

◆ 4.2 钢在加热时的组织转变

大多数零件的热处理都是先加热到临界点以上某一温度区间,使其全部或部分得到均匀的奥氏体组织,然后采用适当的冷却方法,获得所需要的组织结构。

金属或合金在加热或冷却过程中,发生相变的温度称为相变点或临界点。在 $Fe - Fe_3C$ 相图中,A_1、A_3、A_{cm} 是不同成分的钢在平衡条件下的临界点。$Fe - Fe_3C$ 相图中的临界点是在极其缓慢的加热或冷却条件下测得的,而实际生产中的加热和冷却并不是极其缓慢的,因此实际发生组织转变的温度与 $Fe - Fe_3C$ 相图所示的理论临界点 A_1、A_3、A_{cm} 之间有一定的偏离,如图 4 - 2 所示。

钢在加热和冷却时的组织转变

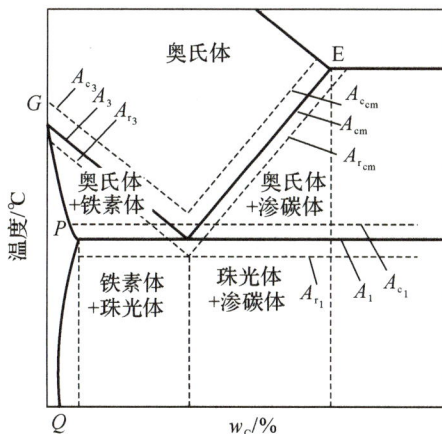

图 4 - 2 实际加热(和冷却)时,$Fe - Fe_3C$ 相图中各相变点的位置

随着加热和冷却速度的增大,相变点的偏离将逐渐增大。为了区别钢在实际加热和冷却时的相变点,加热时在"A"后加注下标"c",冷却时加注下标"r"。因此,实际加热时的临界点标为 A_{c_1}、A_{c_3}、$A_{c_{cm}}$,冷却时标为 A_{r_1}、A_{r_3}、$A_{r_{cm}}$。

4.2.1 钢的奥氏体化

共析钢的室温组织是珠光体,即铁素体和渗碳体两相组成的机械混合物。铁素体具有体心立方晶格,在 A_1 点时碳的质量分数为 0.021 8%;渗碳体具有复杂晶格,碳的质量分数为 6.69%。加热到临界点 A_1 以上,珠光体转变为具有面心立方晶格的奥氏体,碳的质量分数为 0.77%。可见,珠光体向奥氏体的转变,是由化学成分和晶格都不相同的两相转变为另一种化学成分和晶格的过程,因此,在转变过程中必须进行碳原子的扩散和铁原子的晶格重构,即发生相变。

共析钢奥氏体
形成过程

珠光体向奥氏体转变可以分为四个阶段,如图 4-3 所示。

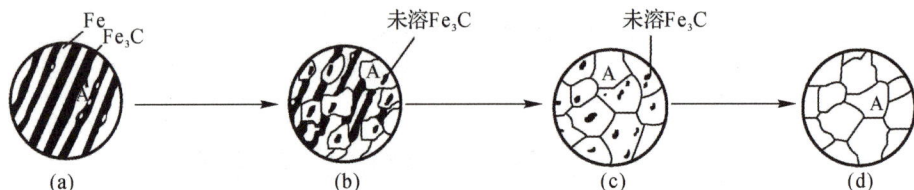

图 4-3 共析钢奥氏体形成过程示意图
(a)奥氏体形核;(b)奥氏体晶核长大;(c)残余渗碳体溶解;(d)奥氏体均匀化

1.奥氏体晶核的形成

珠光体是由铁素体和渗碳体两相片层交替组成的,在 Fe 和 Fe_3C 两相交界处,原子排列处于过渡状态,能量较高,碳浓度的差别也比较大,有利于在奥氏体形成时碳原子的扩散。此外,界面原子排列的不规则,也有利于铁原子的扩散,导致晶格不断的改组重建,这样,为奥氏体晶格的形成提供了能量、浓度和结构条件,因此,奥氏体优先在 Fe 和 Fe_3C 的界面处形核。

2.奥氏体晶核的长大和渗碳体的溶解

刚形成的奥氏体晶核内部的碳浓度是不均匀的,与渗碳体相接的界面上的碳浓度大于与铁素体相接的界面浓度。由于存在碳的浓度梯度,碳不断从 Fe_3C 界面通过奥氏体晶核向低浓度的铁素体界面扩散,这样就破坏了原来 Fe 和 Fe_3C 界面的碳浓度关系。为维持原界面的碳浓度关系,铁素体通过铁原子的扩散,晶格不断改组为奥氏体,而 Fe_3C 则通过碳的扩散,不断溶入奥氏体中,结果奥氏体晶粒不断向铁素体和渗碳体两边长大,直至铁素体全部转变为奥氏体为止。

3.残余渗碳体的溶解

由于 Fe_3C 的晶格结构和含碳量与奥氏体的差别远大于铁素体与奥氏体的差别,所以铁素体优先转变为奥氏体后,还有一部分渗碳体残留下来,被奥氏体包围,这部分残余的 Fe_3C 在保温过程中,通过碳的扩散继续溶于奥氏体,直至全部消失。

4.奥氏体成分均匀化

残余渗碳体全部溶解后,奥氏体的成分是不均匀的,原渗碳体处碳的质量分数较高,原铁素体处碳的质量分数较低,需经一段时间的保温,通过碳原子的扩散,奥氏体成分趋于均匀。

钢热处理时之所以需要一定的保温时间,不仅是为了把零件热透,而且是为获得化学成分均匀的奥氏体,以便在冷却时得到良好的组织和性能。

由 $Fe-Fe_3C$ 相图可以看出,亚共析钢需加热到 A_{c_3} 以上,并保温适当时间,才能得到化学成分均匀单一的奥氏体组织;过共析钢需加热到 $A_{c_{cm}}$ 以上,才能得到化学成分均匀单一的奥氏体组织。亚共析钢、共析钢和过共析钢热处理加热的目的都是得到奥氏体,这种加热转变过程称为钢的奥氏体化。

4.2.2　奥氏体晶粒度及其控制

钢中奥氏体晶粒的大小直接影响到钢冷却后的组织和性能。将钢加热到临界点以上时,钢形成的奥氏体晶粒都很细小,此时称为起始晶粒。如果继续升温或保温,便会引起奥氏体晶粒长大。奥氏体晶粒粗大,冷却后的组织也粗大,这样会降低钢的常温力学性能,尤其是塑性。因此,如何通过加热得到细而均匀的奥氏体晶粒是热处理的关键问题之一。

要使钢在加热时获得细小均匀的奥氏体晶粒,可在生产中采取以下措施来控制奥氏体晶粒的长大。

1.合理选择加热温度和保温时间

奥氏体形成后,随着加热温度的升高和保温时间的延长,奥氏体晶粒将会逐渐长大,特别是加热温度对其影响则更大。这是由于晶粒长大是通过原子扩散进行的,而扩散速度随加热温度的升高而急剧加快。

2.选择合适的加热速度

加热速度越快,过热度越大,形核率越高,晶粒越细。

3.选用含有合金元素的钢

随着奥氏体中碳含量的增加,奥氏体晶粒长大倾向变大,但如果碳以残余渗碳体的形式存在,则由于其阻碍晶界移动,反而使长大倾向减小。同样,在钢中加入碳化物形成元素(如钛、钒、铌、钽、锆、钨、钼和铬等)和氮化物、氧化物形成元素(如铝等),都能阻碍奥氏体晶粒长大。而锰、磷溶于奥氏体后,使铁原子扩散速度加快,会促进奥氏体晶粒长大。

4.采用原始组织

接近平衡状态的组织有利于获得细奥氏体晶粒。

◆ 4.3　钢在冷却时的组织转变

冷却是热处理中更重要的工序,因为钢的常温性能与其冷却后的组织直接相关。钢的冷却组织转变实质上是过冷奥氏体的冷却转变,由于冷却条件不同,其转变产物在组织和性能上有很大差异。

4.3.1 过冷奥氏体

由 Fe-Fe₃C 相图可知,当钢的温度高于临界点(A_1、A_3、A_{cm})以上时,其奥氏体是稳定的,当温度处于临界点以下时,奥氏体将发生分解和转变。然而在实际冷却条件下,奥氏体虽然已冷却到临界点以下,但并不立即发生转变,这种处于临界点以下不稳定的奥氏体称为过冷奥氏体,记作 A′。

过冷奥氏体发生分解和转变,其转变产物的组织和性能取决于冷却条件。冷却有两种方式,如图 4-4 所示。一种方式为等温转变,是指将奥氏体化的钢迅速冷却到 A_1 以下某一温度,恒温停留一段时间,在这段保温时间内发生组织转变,然后再冷却下来;另一种方式为连续冷却,是指使奥氏体化的钢,在不同冷却速度的连续冷却过程中发生组织转变。

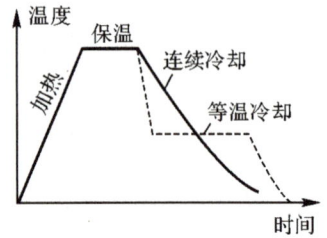

图 4-4 两种冷却
方式示意图

4.3.2 过冷奥氏体的等温转变

1.过冷奥氏体等温转变曲线

过冷奥氏体等温转变曲线是表示过冷奥氏体等温转变的温度、转变时间与转变产物及转变量(转变开始及终了)的关系曲线图,因曲线的形状与字母"C"相似,所以又称为 C 曲线,另外还称 TTT 图。共析钢过冷奥氏体等温转变曲线如图 4-5 所示。

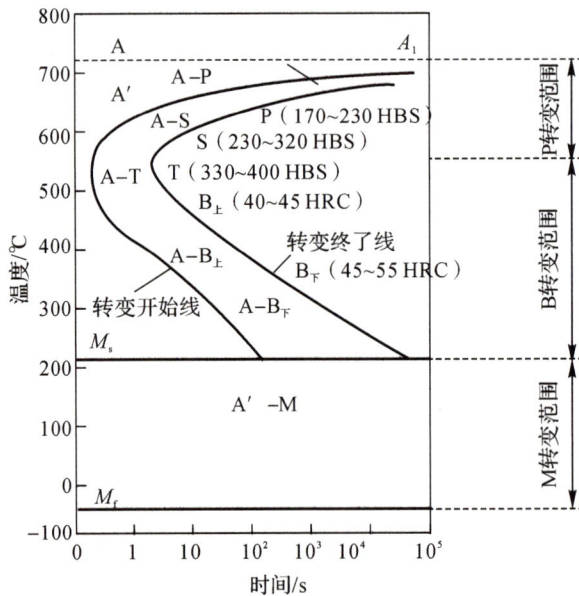

图 4-5 共析钢过冷奥氏体等温转变曲线

A_1 线表示奥氏体与珠光体的平衡临界点;左边的一条 C 形曲线为过冷奥氏体转变开始线;右边一条 C 形曲线为过冷奥氏体转变终了线;M_s 线和 M_f 线分别表示过冷奥氏体向马氏体转变的开始线和终了线。A_1 线上部为奥氏体稳定区;转变开始线左边是过冷奥氏体区;转变开始线和转变终了线之间为过冷奥氏体和转变产物的混合区;转变终了线右边为转变产物区。

由等温转变曲线可以看出,在不同的等温温度下,过冷奥氏体转变前保持的时间(即过冷奥氏体转变开始线到纵轴的距离)是不同的,通常用过冷奥氏体的稳定性(孕育期)来表示。在 C 曲线弯曲处(约 550 ℃,俗称鼻尖),过冷奥氏体最不稳定。

2.影响 C 曲线的因素

影响 C 曲线的因素很多,主要是碳的质量分数和合金元素。

(1)碳的质量分数的影响。亚共析钢随着碳的质量分数的增加,C 曲线向右移;过共析钢随着碳的质量分数的增加,C 曲线向左移。因此,在碳钢中以共析钢的过冷奥氏体最稳定。

(2)合金元素的影响。合金元素对过冷奥氏体稳定性的影响比碳更显著,合金元素(如铬、钼、钨等)不仅可以改变 C 曲线的位置,而且能明显改变 C 曲线的形状。除钴以外,所有的合金元素溶入奥氏体后,都能使 C 曲线右移,增加过冷奥氏体的稳定性。

3.过冷奥氏体等温转变产物

从前面的分析可知,当过冷奥氏体冷却转变时,转变的温度区间不同,转变方式也不同,转变产物的组织和性能亦不同。过冷奥氏体在不同的等温转变下会发生三种不同转变。

(1)高温转变(珠光体转变)。高温转变的温度范围在 $A_1 \sim 550$ ℃之间。由于转变温度较高,原子具有较强的扩散能力,其转变为扩散型转变,转变产物为铁素体片层与渗碳体片层交替重叠的层状组织,即珠光体组织。在此范围内,由于过冷度不同,所得到的珠光体的层片厚薄、性能也有所不同,为区别起见,分为以下三类。

1)在 $A_1 \sim 650$ ℃之间,过冷度小,形成的珠光体比较粗(层片间距约为 0.3 μm),这种组织称为粗片状珠光体,用符号 P 表示,硬度为 170~230 HBS。

2)在 650~600 ℃之间,过冷度稍大,生核较多,转变速度较快,形成层片较细(层片间距为 0.1~0.3 μm),这种组织称为细片状珠光体,也称索氏体,用符号 S 表示,硬度为 230~320 HBS。

3)在 600~550 ℃之间,过冷度更大,转变速度更快,所形成的组织更细(层片间距小于 0.1 μm),这种组织称为极细片状珠光体,也称托氏体,用符号 T 表示,硬度为 330~400 HBS。

温度越低,珠光体的层片越细,片间距也就越小,珠光体的强度和硬度就越高。同时,其塑性和韧性也有所增加。这是因为珠光体的基体相是铁素体,很软,易变形,而渗碳体片和铁素体的相界面阻碍铁素体变形,从而提高了强度和硬度。珠光体片间距越小,相界面积越大,强化作用越大,因而强度和硬度升高。同时,由于此时渗碳体片较薄,易随铁素体一起变形而不脆断,所以细片珠光体又具有较好的韧性和塑性。

(2)中温转变(贝氏体转变)。中温转变的温度范围在 550 ℃$\sim M_s$ 之间。由于转变温度较低,原子扩散能力逐渐减弱,转变产物为含碳过饱和的铁素体和弥散分布的渗碳体组成的混合物,称为贝氏体,用符号 B 表示。等温温度不同,贝氏体的形态也不同。

1)当温度范围在 550～350 ℃之间时,原子扩散能力弱,渗碳体微粒已很难集聚长大呈片状,其典型形态呈羽毛状。它是由许多互相平行的过饱和铁素体片和分布在片间的断续细小的渗碳体组成的混合物,称为上贝氏体,用 $B_上$ 表示,其塑性和韧性较差,在生产中应用较少。

2)当温度在 350 ℃～M_s 之间时,原子扩散更困难,其典型形态为黑色针状。它是由针叶状的过饱和铁素体和分布在其中的极细小的渗碳体粒子组成的混合物,称为下贝氏体,用 $B_下$ 表示,硬度为 45～55 HRC,其强度较高,塑性、韧性也较好,具有良好的综合力学性能。

(3)低温转变(马氏体转变)。低温转变的温度范围在 M_s～M_f 之间。由于转变温度低,形成速度快,碳原子已无法扩散,但铁的晶格仍在转变,由 γ-Fe 转变为 α-Fe,这种碳在 α-Fe 中的过饱和固溶体,称为马氏体,用符号 M 表示。

大量碳原子的过饱和会造成晶格的畸变,使塑性变形的抗力增加。另外,由于马氏体的比容比奥氏体大,当奥氏体转变成马氏体时会发生体积膨胀,产生较大的内应力,引起塑性变形和加工硬化。因此马氏体具有高的强度和硬度,为 62～65 HRC。

奥氏体转变后,所产生的马氏体的形态取决于奥氏体中的含碳量。含碳量小于 0.6% 的为板条状马氏体;含碳量在 0.6%～1.0% 之间的为板条状和针叶状混合的马氏体;含碳量大于 1.0% 的为针叶状马氏体。这两种不同形态的马氏体具有不同的机械性能,随着马氏体含碳量的增加,形态从板条状过渡到针叶状,硬度和强度也随之升高,而塑性和韧性也随之降低。

4.3.3　过冷奥氏体的连续冷却转变

在实际生产中,钢的热处理大多数是在连续冷却条件下进行组织转变的,如炉冷、空冷、油冷和水冷等。因此,分析过冷奥氏体连续冷却转变曲线具有重要的实用意义。

1.过冷奥氏体的连续冷却转变曲线

用来表示钢奥氏体化后,在不同冷却速度的连续冷却条件下,过冷奥氏体转变开始及转变终了的时间与转变温度之间的关系曲线,称为过冷奥氏体连续冷却转变曲线,简称 CCT 曲线。共析钢的连续冷却转变曲线如图 4-6 所示。

P_s 线和 P_f 线分别表示过冷奥氏体向珠光体转变的开始线和终了线;P_k 线表示过冷奥氏体向珠光体的转变终止线。与连续冷却转变曲线相切的冷却速度线 V_K 称为上临界冷却速度(马氏体临界冷却速度),它是获得全部马氏体组织的最小冷却速度;V'_K 称为下临界冷却速度,它是获得全部珠光体的最大冷却速度。

与等温转变曲线相比,连续冷却转变曲线稍靠右下一些,并且只有等温转变曲线的上半部分,即共析钢在连续冷却时,只发生珠光体和马氏体转变,不发生贝氏体转变。这是因为共析钢贝氏体转变的孕育期很长,当过冷奥氏体连续冷却通过贝氏体转变区内尚未发生转变时就已过冷到 M_s 点而发生马氏体转变,所以不出现贝氏体转变。

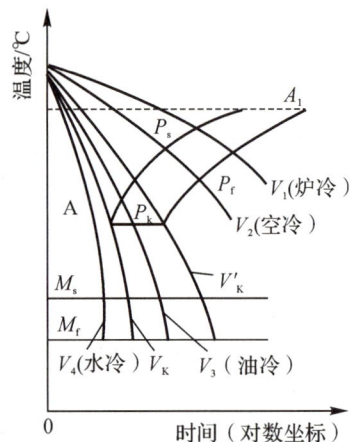

图 4-6　共析钢的连续冷却转变曲线

2. 过冷奥氏体连续冷却转变产物

由于奥氏体的连续冷却转变曲线测定比较困难,所以在生产实际中,常利用同种钢的等温转变曲线来定性地分析过冷奥氏体连续冷却转变过程。其方法是将连续冷却速度线画在钢的 C 曲线上,根据冷却速度线与 C 曲线相交的位置大致估计钢在某种冷却速度下实际转变所获得的组织和力学性能。

连续冷却转变由于不是在一个温度而是在一个温度范围内进行的,组织往往不是单一的,所以根据冷却速度的变化,有可能是珠光体+索氏体、索氏体+托氏体或托氏体+马氏体等。在图 4-6 中,V_1 相当于炉冷(退火),转变产物为珠光体;V_2 相当于空冷(正火),转变产物为索氏体;V_3 相当于油冷(淬火),转变产物为托氏体和马氏体;V_4 相当于水冷(淬火),转变产物为马氏体和残余奥氏体。

4.4 钢的普通热处理

常用的普通热处理方法包括"四把火",即退火、正火、淬火和回火。

4.4.1 退火

钢的退火是将工件加热到临界点以上或在临界点以下某一温度保温一定时间后,以缓慢的冷却速度(一般随炉冷却)进行冷却的热处理工艺。其目的是消除钢的内应力、降低硬度、提高塑性、细化组织及均匀化学成分,以利于后续加工,并为最终热处理做好组织准备。

钢的退火和正火　　退火和正火

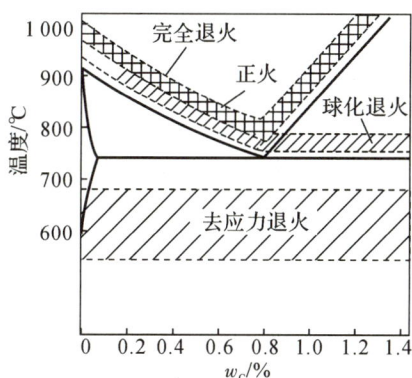

根据钢的成分、组织状态和退火目的不同,退火常分为完全退火、球化退火、去应力退火、均匀化退火和再结晶退火等。各种退火与正火加热温度范围如图 4-7 所示,部分退火与正火的工艺曲线如图 4-8 所示。

图 4-7 各种退火、正火加热温度范围

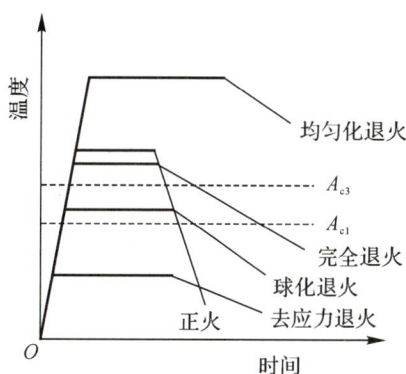

图 4-8 部分退火、正火的工艺曲线

1. 完全退火

完全退火是将工件完全奥氏体化后缓慢冷却,获得接近平衡组织的退火。通常是将工

件加热至 A_{c_3} 以上 30～50 ℃,保温一定时间后,缓慢冷却(炉冷或埋入砂、石灰中冷却)至 500 ℃以下,出炉空冷至室温。完全退火时,由于加热时钢的组织完全奥氏体化,所以在以后的缓冷过程中,奥氏体全部转变为细小而均匀的平衡组织,所得室温组织为铁素体＋珠光体,从而降低钢的硬度,细化晶粒,充分消除内应力,改善切削加工性能。

完全退火主要用于亚共析钢的铸件、锻件和焊接件等。过共析钢不宜采用完全退火,因为其被加热到 $A_{c_{cm}}$ 线以上退火后,二次渗碳体以网状形式沿奥氏体晶界析出,使钢的强度和韧性显著降低,这也为以后的热处理留下了隐患(如淬火时容易产生淬火裂纹)。

2. 球化退火

球化退火是使工件中碳化物(渗碳体)球状化而进行的退火。通常将共析钢或过共析钢加热到 A_{c_1} 以上 20～30 ℃,保温一定时间后,随炉缓慢冷却至 600 ℃以下,再出炉空冷,所得到的室温组织为铁素体基体上均匀分布的球状(颗粒)渗碳体,即球状珠光体组织。在保温阶段,没有溶解的渗碳体会自发地趋于球状(球体表面积最小),在随后的缓冷过程中,球状渗碳体会逐渐长大,最终形成球状珠光体组织。

球化退火的目的是降低硬度,改善切削加工性能,并为淬火作组织准备,减小工件淬火冷却时的变形和开裂。球化退火主要用于共析钢和过共析钢制造的刃具、量具和模具等零件。

3. 去应力退火

去应力退火是为了去除工件由于塑性变形加工、切削加工或焊接造成的内应力及铸件内存在的残余应力而进行的退火。通常将工件缓慢(100～150 ℃/h)加热到 500～650 ℃,保温后,随炉缓冷(50～100 ℃/h)至 200～300 ℃,再出炉空冷。由于加热温度低于 A_1,所以钢不发生相变。

去应力退火主要用于消除钢件在切削加工、铸造、锻造、热处理和焊接等过程中产生的残余应力并稳定其尺寸,铸件在去应力退火的加热及冷却过程中无相变发生。

4.4.2　正火

正火是将钢件加热到 A_{c_3} 或 $A_{c_{cm}}$ 以上 30～50 ℃,保温适当的时间后,从炉中取出,在空气中冷却的热处理工艺。正火的目的是细化晶粒,消除网状渗碳体,并为淬火、切削加工等后续工序作组织准备。

正火与退火所得的室温组织同属珠光体,但正火的奥氏体化温度高,冷却速度快,过冷度较大,因此正火后所得到的组织比较细,钢件的强度、硬度比退火高一些。同时,正火与退火相比,具有操作简便、生产周期短、生产率高和成本低等特点。正火在生产中主要应用于以下四种场合。

(1)改善切削性能。低碳钢和低碳合金钢退火后铁素体所占比例较大,硬度偏低,切削加工时都有"粘刀"现象,而且表面粗糙度参数值都较大,正火能适当提高硬度,改善切削加工性。因此,低碳钢、低碳合金钢都选择正火作为预备热处理,而 $w_C > 0.5\%$ 的中高碳钢、合金钢都选择退火作为预备热处理。

(2)消除网状碳化物,为球化退火作组织准备。对于过共析钢,正火加热到 $A_{c_{cm}}$ 以上可以使网状碳化物充分溶解到奥氏体中,在空气冷却时碳化物来不及充分析出,因而消除了网状碳化物组织,同时细化了晶粒。

（3）用于普通结构零件或某些大型非合金钢工件的最终热处理,代替调质处理,如铁道车辆的主轴。

（4）用于淬火返修件,消除应力,细化组织,防止重新淬火时产生变形与开裂。

4.4.3 淬火

钢的淬火是指将工件加热到 A_{c_3} 或 A_{c_1} 以上 30～50 ℃,保温一定的时间,然后以大于临界冷却速度冷却,获得马氏体或贝氏体组织的热处理工艺。

钢的淬火和回火

1. 淬火的目的

淬火的目的主要是使钢件得到马氏体（或贝氏体）组织,提高钢的硬度和强度,与适当的回火相配合,可以更好地发挥钢材的性能潜力。因此,重要的结构件,特别是承受动载荷和剧烈摩擦作用的零件,以及各种类型的工具等都需要进行淬火。

2. 淬火工艺

淬火是一种复杂的热处理工艺,又是决定产品质量的关键工序之一,淬火后要得到细小的马氏体组织而又不至于产生严重的变形和开裂,就必须根据钢的成分、零件的大小和形状,结合 C 曲线合理地确定淬火加热和冷却方法。

（1）淬火加热温度的确定。为了使淬火后得到细而均匀的马氏体,要先在淬火加热时得到细而均匀的奥氏体。因此,加热温度不宜选得过高,一般只允许比临界点高 30～50 ℃。碳钢的淬火加热温度范围如图 4-9 所示。

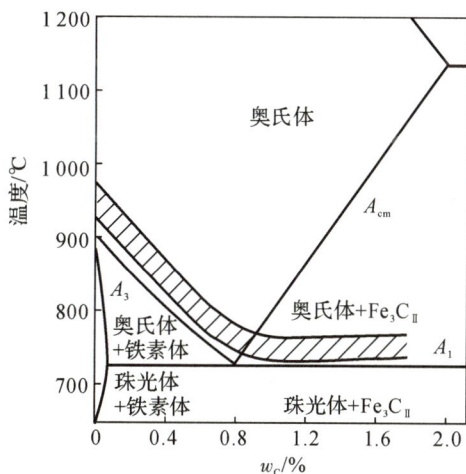

图 4-9 碳钢的淬火加热温度范围

亚共析钢淬火加热温度为 A_{c_3} 以上 30～50 ℃,因为在此温度范围内,可获得全部细小的奥氏体晶粒,淬火后得到均匀细小的马氏体。若加热温度过高,则引起奥氏体晶粒粗大,使钢淬火后的性能变坏;若加热温度过低,则淬火组织中尚有未溶铁素体,使钢淬火后的硬度不足。

共析钢和过共析钢淬火加热温度为 A_{c_1} 以上 30～50 ℃,此时的组织为奥氏体加渗碳体颗粒,淬火后获得细小马氏体和球状渗碳体,能保证钢淬火后得到高的硬度和耐磨性。如果加热温度超过 $A_{c_{cm}}$,将导致渗碳体消失,奥氏体晶粒粗大,淬火后得到粗大针状马氏体,残余奥氏体量增多,硬度和耐磨性降低,脆性增大;如果淬火温度过低,可能得到非马氏体组织,则钢的硬度达不到要求。

(2)淬火冷却介质。淬火冷却速度是决定淬火质量的关键,工件在快速冷却过程中,由于内外温差而引起较大的热应力,往往使钢件在淬火冷却时产生变形或开裂。为了保证工件获得马氏体组织,又要减小变形,防止开裂,获得良好的淬火效果,应采用合理的冷却速度进行冷却。因此,应合理选用冷却介质。最常用的冷却介质是水和油。

水是冷却能力较强的冷却介质,来源广、价格低、成分稳定、不易变质。水在 550～650 ℃范围内具有很快的冷却速度,可防止珠光体的转变,但在 200～300 ℃时冷却速度仍然很快,这时正发生马氏体转变,必然会引起淬火钢的变形和开裂。若在水中加入 10％的盐(NaCl)或碱,则可将 500～650 ℃范围内的冷却速度提高,但在 200～300 ℃范围内冷却速度基本不变,因此水及盐水或碱水常被用作碳钢的淬火冷却介质,但都易引起材料变形和开裂,有很大的局限性。

油(一般采用矿物油,如机油、变压器油和柴油等)在 200～300 ℃范围内的冷却速度较慢,可减少钢在淬火时的变形和开裂倾向,但在 550～650 ℃范围内的冷却速度不够大,不易使碳钢淬火成马氏体,即不易淬硬,不适用于厚度超过 8 mm 的碳钢工件,多用于合金钢的淬火。其缺点是价格较高、容易燃烧且淬火件不易清洗。

在使用水、油淬火时,水温宜低一些,油温宜高一些,以降低黏度,增加流动性,提高冷却能力。所谓"冷水热油",就是这个道理。当然油温也不宜太高,以免引起油面燃烧。

(3)淬火方法。最常用的淬火方法有以下四种:

1)单介质淬火法。其指将已奥氏体化的钢件在一种冷却介质中冷却的方法,如图 4-10 曲线 1 所示。单介质淬火操作简单,易实现机械化和自动化,但水淬容易产生变形与开裂,油淬容易产生硬度不足或硬度不均匀现象。其主要适用于截面尺寸无突变,形状简单的工件。一般非合金钢采用水作冷却介质,合金钢采用油作冷却介质。

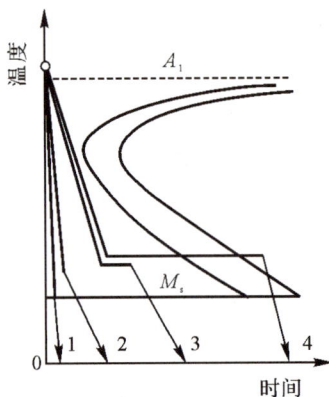

图 4-10　各种淬火方法示意图

1—单介质淬火法;2—双介质淬火法;3—马氏体分级淬火法;4—贝氏体等温淬火法

2）双介质淬火法。其指将已奥氏体化的钢件先浸入冷却能力较强的介质中，在组织即将发生马氏体转变时转入冷却能力弱的介质中冷却的方法，如图 4-10 曲线 2 所示。如先在水中冷却后再在油中冷却的双介质淬火。由于马氏体是在缓冷条件下转变的，可以有效降低内应力、防止开裂的倾向。它主要适用于中等复杂形状的高碳钢工件和较大尺寸的合金钢工件。

双介质淬火既能保证得到高硬度又能防止变形和开裂的倾向是它的优点，关键是如何控制在水中的停留时间。如果在水中停留时间过长，相当于单介质淬火，仍易变形开裂；时间过短，难以抑制向珠光体的转变而淬不硬。

3）马氏体分级淬火法。其指将奥氏体化的钢件浸入温度稍高或稍低于 M_s 点的盐浴或碱浴中，保持适当时间，在工件整体都达到冷却介质温度后取出空冷以获得马氏体组织的淬火方法，如图 4-10 曲线 3 所示。马氏体分级淬火能够减小工件中的热应力，并缓和相变产生的组织应力，减少了淬火变形，适用于尺寸比较小且形状复杂的工件的淬火。

4）贝氏体等温淬火法。其指将已奥氏体化的钢件快冷到贝氏体转变温度区间等温保持，使奥氏体转变为贝氏体的淬火方法，如图 4-10 曲线 4 所示。

贝氏体等温淬火的优点是淬火后淬火应力小，能有效地防止变形和开裂，工件具有较高的强度、韧性、塑性和耐磨性；缺点是生产周期较长，又要一定的设备，可用来处理各种中、高碳钢和合金钢制造的小型复杂工件。

（4）冷处理。冷处理是指工件淬火冷却到室温后，继续在一般制冷设备或低温介质中冷却的工艺。冷处理的目的主要是消除和减少残余奥氏体，稳定工件尺寸，获得更多的马氏体。如量具、精密轴承、精密丝杠和精密刀具等，均应在淬火之后进行冷处理，以消除残余奥氏体。

3.钢的淬透性与淬硬性

（1）淬透性与淬硬性的概念。钢的淬透性是评定钢淬火质量的一个重要参数，是钢的一种属性，它对于钢材选择、编制热处理工艺都具有重要意义。淬透性是指在规定条件下钢试样淬硬深度和硬度分布表征的材料特性。所谓淬硬深度，一般采用从淬火表面向里到半马氏体区（由 50% 马氏体和 50% 非马氏体组成）的垂直距离。换句话说，淬透性是指钢淬火时获得马氏体的能力。

钢淬火后可以获得较高的硬度，不同化学成分的钢淬火后所得马氏体组织的硬度值是不同的。以钢在理想条件下淬火所能达到的最高硬度来表征的材料特性，称为淬硬性。钢能否淬得硬首先得看淬硬性，淬硬性主要与钢中碳的质量分数有关，更确切地说，它取决于淬火加热时固溶于奥氏体中的碳的质量分数。奥氏体中碳的质量分数越高，钢的淬硬性越好，淬火后硬度值也越高，而钢中合金元素对其淬硬性的影响不大。

由于淬硬性与淬透性是两个意义不同的概念，因此必须注意：淬火后硬度高的钢，其淬透性并不一定好；而淬火后硬度低的钢，其淬透性不一定差。

（2）影响淬透性的因素。影响淬透性的因素很多。钢的淬透性主要取决于钢的马氏体临界冷却速度，实质是取决于过冷奥氏体的稳定性，即 C 曲线的位置。钢的 C 曲线越靠右，其淬透性越好。除钴外，大多数合金元素溶于奥氏体后，使 C 曲线右移，降低临界冷却速度，提高钢的淬透性。

（3）淬透性的应用。淬透性对钢经热处理后的力学性能有很大的影响。完全淬透的工件，经回火后整个截面上的力学性能均匀一致；未淬透的工件，经回火后未淬透部分的屈服点和冲击韧性均较低。因此，机械制造中截面较大或形状复杂的重要零件，以及应力状态较复杂的螺栓、连杆等零件，要求截面机械性能均匀，应选用淬透性较好的钢材。受弯曲和扭转力的轴类零件，应力在截面上的分布是不均匀的，其外层受力较大，心部受力较小，可考虑选用淬透性较差的、淬硬层较浅的钢材。焊接件不能选用淬透性高的钢件，否则容易在焊缝热影响区内出现淬火组织，造成焊缝变形和开裂。

综上所述，淬透性是机械零件设计时选择材料和制订热处理工艺规程时的重要依据。

4. 淬火缺陷

工件在淬火加热和冷却过程中，由于加热温度高，冷却速度快，很容易产生某些缺陷。在热处理过程中设法减轻各种缺陷的影响，对提高产品质量有实际意义。

（1）过热与过烧。工件在淬火加热时，由于加热温度过高或保温时间过长，奥氏体晶粒过度长大，导致力学性能显著降低的现象称为过热。工件过热后形成粗大的奥氏体晶粒，需要通过正火或退火来消除。过热工件淬火后脆性显著增加。

工件加热温度过高，致使奥氏体晶界氧化和部分熔化的现象称为过烧。过烧工件淬火后强度低，脆性大，并且无法补救，只能报废。

过热和过烧主要都是由加热温度过高引起的，因此，合理确定加热规范，严格控制加热温度和保温时间可以防止过热和过烧。

（2）氧化与脱碳。工件在加热时，介质中的氧、二氧化碳和水蒸气等与之反应生成氧化物的过程称为氧化。工件在加热时介质与其表层的碳发生反应，使表层碳的质量分数降低的现象称为脱碳。

氧化使工件表面烧损，增大表面粗糙度参数值，减小工件尺寸，甚至使工件报废。脱碳使工件表面碳的质量分数降低，使力学性能下降，引起工件早期失效。为防止氧化和脱碳，可采取以下措施：隔绝被加热的工件，不与炉气接触；在工件表面敷涂防氧化涂料；在真空中无氧化加热等。

（3）硬度不足和软点。钢件淬火后表面硬度低于应有的硬度，达不到技术要求，称为硬度不足。加热温度过低或保温时间过短；淬火介质冷却能力不够或冷却不均匀，工件表面不清洁及工件表面氧化脱碳等，均容易使工件淬火后达不到要求的硬度值。钢件淬火硬化后，其表面存在硬度偏低的局部小区域，这种小区域称为软点。

工件产生硬度不足和大量的软点时，可在退火或正火后，重新进行正确的淬火处理予以补救，即可消除硬度不足和大量软点。

（4）变形和开裂。变形是淬火时工件产生形状和尺寸偏差的现象。开裂是淬火时工件产生裂纹的现象。工件产生变形与开裂的主要原因都是热处理过程中工件内部存在着较大的内应力。

淬火时应力的产生是不可避免的，工件引起的变形一般可矫正过来，但若产生裂纹，则只能报废。为了减少工件淬火时产生变形和开裂的现象，可采取淬火时正确编制加热温度、保温时间和冷却方式，淬火后及时进行回火处理等措施。

4.4.4　回火

回火是指工件淬硬后,重新加热到 A_{c_1} 以下的某一温度,保温一段时间,然后冷却到室温的热处理工艺。淬火钢的组织主要由马氏体和少量残余奥氏体组成,这些组织很不稳定(有自发向珠光体型组织转化的趋势,如马氏体中过饱和的碳要析出、残余奥氏体要分解等),且马氏体硬度高、脆性大、韧性低,还具有不可避免的很大内应力,极易发生变形、开裂,因此很少直接使用,一般必须及时回火。

回火是紧接淬火之后进行的,通常也都是零件进行热处理的最后一道工序。其目的是消除和减小内应力、稳定组织、调整性能,以获得强度和韧性之间较好的配合。

1. 钢在回火时组织和性能的变化

回火是由一个非平衡组织向平衡组织转变的过程,这个过程是依靠原子的迁移和扩散进行的。回火温度越高,扩散速度越快,反之,扩散速度就越慢。随着回火温度的升高,淬火组织将发生一系列的变化。根据组织转变情况,回火一般分为以下四个阶段:

(1)回火第一阶段($\leqslant 200$ ℃)——马氏体分解。在 80 ℃ 以下温度回火时,淬火钢没有明显的组织转变,此时只发生马氏体中碳的偏聚,而没有开始分解。在 $80 \sim 200$ ℃ 回火时,马氏体开始分解,析出极细微的碳化物,使马氏体中碳的质量分数降低。

在这一阶段中,由于回火温度较低,马氏体中仅析出了一部分过饱和的碳原子,所以它仍是碳在 α - Fe 中的过饱和固溶体。析出的极细微碳化物,均匀分布在马氏体基体上。这种过饱和度较低的马氏体和极细微碳化物的混合组织称为回火马氏体。这一阶段内应力逐渐减小。

(2)回火第二阶段($200 \sim 300$ ℃)——残余奥氏体分解。当温度升至 $200 \sim 300$ ℃ 时,马氏体分解继续进行,但占主导地位的转变已是残余奥氏体的分解过程了。残余奥氏体分解是通过碳原子的扩散先形成偏聚区,进而分解 α 相和碳化物的混合组织,即形成下贝氏体。此阶段钢的硬度没有明显降低,内应力进一步减小。

(3)回火第三阶段($250 \sim 400$ ℃)——碳化物转变。在此温度范围,由于温度过高,碳原子的扩散能力较强,铁原子也恢复了扩散能力,马氏体分解和残余奥氏体分解析出的过渡碳化物将转变为较稳定的渗碳体。随着碳化物的析出和转变,马氏体中碳的质量分数不断降低,马氏体的晶格畸变消失,马氏体转变为铁素体,得到的铁素体基体内分布着细小的粒状(或片状)渗碳体组织,该组织称为回火托氏体。此阶段淬火应力基本消除,硬度有所下降,塑性、韧性得到提高。

(4)回火第四阶段(>400 ℃)——渗碳体的聚集长大和铁素体的再结晶。由于回火温度已经很高,碳原子和铁原子均具有较强的扩散能力,第三阶段形成的渗碳体薄片将不断球化并长大。在 500 ℃ 以上时,α 相逐渐发生再结晶,使铁素体形态失去原来的板条状或片状,而形成多边形晶粒。此时,组织为铁素体上分布着粒状碳化物,该组织称为回火索氏体。回火索氏体具有良好的综合力学性能。此阶段内应力和晶格畸变完全消除。

由上可知,随回火温度的升高,性能随组织变化而变化,强度、硬度降低,而塑性与韧性提高。

2. 回火方法及其应用

按回火温度范围可将回火分为低温回火、中温回火和高温回火三种。

(1)低温回火。低温回火温度范围是150～250℃。经低温回火后组织为回火马氏体，保持了淬火组织的高硬度和耐磨性，降低了淬火应力，减小了钢的脆性。低温回火后硬度一般为58～62HRC。低温回火主要用于高碳钢、合金工具钢制造的刃具、量具、冷作模具、滚动轴承、渗碳件及表面淬火件等。

为了提高精密零件与量具的尺寸稳定性，可在100～150℃（水中、油中）长时间（可达数十小时）低温回火，这种回火叫时效处理或尺寸稳定处理。

(2)中温回火。中温回火温度范围是250～500℃。淬火钢经中温回火后组织为回火托氏体，大大降低了淬火应力，使工件获得了高的弹性极限和屈服强度，并具有一定的韧性。中温回火后硬度为35～50 HRC。中温回火主要用于处理弹性元件，如各种卷簧、板簧和弹簧钢丝等。有些受小能量多次冲击载荷的结构件，为了提高强度增加小能量多次冲抗力，也采用中温回火。

(3)高温回火。高温回火温度范围是500～650℃。淬火钢经高温回火后组织为回火索氏体，淬火应力可完全消除，强度较高，有良好的塑性和韧性，具有良好的综合力学性能。高温回火后硬度为24～38 HRC。高温回火主要用于处理轴类、连杆、螺栓和齿轮等工件。

工件淬火加高温回火的复合热处理工艺称为调质处理，调质处理可作为最终热处理。由于调质处理后钢的硬度不高，便于切削加工，并能得到较好的表面质量，故也作为表面淬火和化学热处理的预备热处理。

3.回火脆性

淬火钢回火时，随着回火温度的升高，通常其硬度、强度降低，而塑性、韧性提高，但是在250～350℃及500～600℃范围内回火时，钢的韧性反而显著降低，这种脆化现象称为回火脆性。

(1)低温回火脆性。淬火钢在250～350℃回火时所产生的回火脆性称为低温回火脆性，也称为第一类回火脆性。几乎所有淬火后形成马氏体的钢在此温度回火，都不同程度地产生这种脆性。这与在这一温度范围沿马氏体的晶界析出碳化物的薄片有关，第一类回火脆性一旦产生就无法消除，故又称为不可逆回火脆性。目前尚无有效办法完全消除这类回火脆性，因此一般不在250～350℃温度范围回火。

(2)高温回火脆性。淬火钢在500～650℃范围内回火后出现的脆性称为高温回火脆性，又称为第二类回火脆性。这类回火脆性主要发生在含铬、镍、硅和锰等合金钢，在500～650℃长时间保温或以缓慢速度冷却时，便发生明显脆化现象，但回火后快速冷却，脆化现象便消失或受到抑制，因此这类回火脆性也叫可逆回火脆性。高温回火脆性产生的原因，一般认为与锑、锡、磷等杂质元素在原奥氏体晶界上偏聚有关。

◆ 4.5 钢的表面热处理

在生产中，有些零件如齿轮、凸轮、曲轴、花键轴和活塞销等，要求表面具有高硬度和耐磨性，而心部仍然具有一定的强度和足够的韧性。在这种情况下，要达到上述要求，如果只从材料方面去解决是很困难的。如选用高碳素钢，淬火后硬度虽然很高，但心部韧性不足；如选用低碳钢，虽然心

钢的表面热处理

部韧性好,但表面硬度低、耐磨性差。这时就需要对零件进行表面热处理,以满足上述要求。

4.5.1　表面淬火

表面淬火是指仅对工件表层进行淬火的工艺,其目的是使工件表面获得高硬度和耐磨性,而心部保持较好的塑性和韧性。它不改变工件表面化学成分,而是采用快速加热方式,使工件表层迅速奥氏体化,使心部仍处于临界点以下,并随之淬火,使表层硬化。依加热方法的不同,表面淬火方法主要有感应加热表面淬火、火焰加热表面淬火、电接触加热表面淬火及电解液加热表面淬火等。目前生产中应用最多的是感应加热表面淬火和火焰加热表面淬火。

1.感应加热表面淬火

利用感应电流通过工件所产生的热效应,使工件表层、局部或表面加热并进行快速冷却的淬火工艺,称为感应加热表面淬火。

(1)感应加热的基本原理。一个线圈通以交流电,就会在线圈内部和周围产生交变磁场。将工件置于此交变磁场中,工件中将产生交变感应电流,其频率与线圈中电流频率相同,在工件中形成一闭合回路,称为涡流。涡流在工件内的分布是不均匀的,表面密度大,心部密度小。通入线圈的电流频率越高,涡流就越集中于工件的表层,这种现象称为集肤效应。

依靠感应电流的热效应,使工件表层在几秒钟内快速加热到淬火温度,然后迅速喷水冷却,使工件表面层淬硬,这就是感应加热表面淬火的基本原理,如图 4-11 所示。

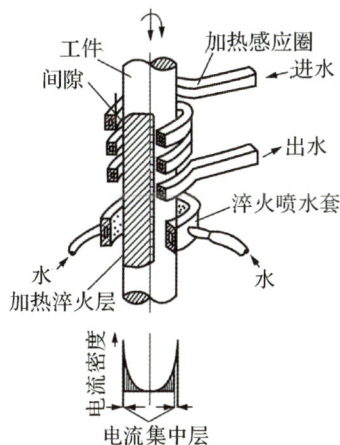

图 4-11　感应加热表面淬火示意图

(2)感应加热表面淬火的特点。

1)加热时间短,工件基本无氧化、脱碳,淬硬层深,易控制,变形小,产品质量好。奥氏体晶粒细小,淬火后获得细小马氏体组织,使表面比一般淬火硬度高 2~3 HRC,且脆性较低。表面淬火后,在淬硬的表面层中存在较大的残余压应力,提高了工件的疲劳强度。

2)加热速度快,热效率高,生产率高,易实现机械化、自动化生产,适于大批量生产。

3)感应加热设备复杂昂贵,投资大,维修、调试比较困难,形状复杂的感应圈不易制造,不适于单件生产。

（3）感应加热表面淬火的应用。感应加热表面淬火主要用于中碳钢和中碳低合金钢制造的中小型工件的成批量生产。

淬火时工件表面加热深度主要取决于电流频率。生产上通过选择不同的电流频率来达到不同要求的淬硬层深度。根据电流频率不同，感应加热表面淬火分为三类，高频加热、中频加热和工频加热。感应加热表面淬火的应用见表 4-1。

表 4-1　感应加热表面淬火的应用

分类	频率范围/kHz	淬火深度/mm	适用范围
高频加热	50~300	0.3~2.5	中小型轴、销、套等圆柱形零件，小模数齿轮
中频加热	1~10	3~10	尺寸较大的轴类，大模数齿轮
工频加热	0.05	10~20	大型($\varphi>300$)零件表面淬火或棒料穿透加热

感应加热表面淬火后，需要进行低温回火，但回火温度比普通低温回火温度稍低，其目的是为了降低淬火应力。生产中有时采用自回火法，即当工件淬火冷至 200 ℃左右时，停止喷水，利用工件中的余热达到回火的目的。

2. 火焰加热表面淬火

火焰加热表面淬火是利用氧-乙炔或其他可燃性气体燃烧的火焰喷射至工件表面上，使工件快速加热，当达到淬火温度时立即喷水快速冷却，从而获得预期的硬度和淬硬层深度的一种表面淬火工艺，如图 4-12 所示。火焰加热表面淬火的淬硬层深度一般为 2~6 mm，淬硬层过深，往往使工件表面严重过热，产生变形与裂纹。

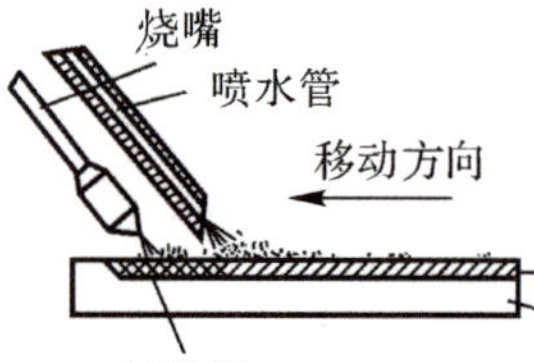

图 4-12　火焰加热表面淬火示意图

火焰加热表面淬火工件的选材，常用中碳钢如 35、45 钢以及中碳合金结构钢如 40Cr、65Mn 等。若含碳量太低，则淬火后硬度较低；若碳和合金元素含量过高，则易淬裂。

火焰加热表面淬火操作简便，不需要特殊设备，成本低。但生产率低，工件表面容易过热，质量较难控制，工作条件差，因此，使用受到一定的限制。火焰加热表面淬火主要用于单件或小批量生产的各种齿轮、轴和轧辊等。

4.5.2　化学热处理

钢的化学热处理是将工件置于适当的活性介质中加热、保温，使一种或几种元素渗入它的表层，以改变其化学成分、组织和性能的热处理工艺。化学热处理由分解、吸收和扩散三个基本过程所组成。即：渗入介质在高温下通过化学反应进行分解，形成渗入元素的活性原子；渗入元素的活性原子被钢的表面吸附；被吸附的活性原子由钢的表层逐渐向内扩散。这种热处理与表面淬火相比，其特点是表层不仅有组织的变化，还有化学成分的变化。

化学热处理的主要目的除提高钢件的表面硬度、耐磨性以及疲劳极限外，也用于提高零件的抗腐蚀性、抗氧化性，以替代昂贵的合金钢。

化学热处理方法很多,通常以渗入元素来命名,如渗碳、渗氮、碳氮共渗、渗硼、渗硅及渗金属等。由于渗入元素的不同,工件表面处理后获得的性能也不相同。渗碳、渗氮及碳氮共渗是以提高工件表面硬度和耐磨性为主,渗金属的主要目的是提高耐腐蚀性和抗氧化性等。目前在机械制造业中,最常用的化学热处理是渗碳、渗氮和碳氮共渗。

1.渗碳

为提高工件表层碳的质量分数并在其中形成一定的碳含量梯度,将工件在渗碳介质中加热、保温,使碳原子渗入的化学热处理工艺称为渗碳。

渗碳所用的钢一般是碳的质量分数为 0.10%～0.25% 的低碳钢和低碳合金钢,如 15、20、20r、20CrMnTi、20SiMnVB 等钢,渗碳层深度一般都在 0.5～2.5 mm 之间,渗碳后表面层的含碳量可达到 0.8%～1.1%。

气体渗碳法

渗碳后的工件都要进行淬火和低温回火,使工件表面获得高的硬度(56～64 HRC)、耐磨性和疲劳强度,而心部仍保持一定的强度和良好的韧性。

渗碳被广泛应用于要求表面硬而心部软的工件上,如齿轮、凸轮轴和活塞销等。

根据渗碳时介质的物理状态不同,渗碳可分为气体渗碳、液体渗碳和固体渗碳,目前常用的就是气体渗碳。气体渗碳是工件在气体渗碳介质中进行的渗碳工艺,它是将工件放入密封的加热炉中(如图 4-13 所示的井式气体渗碳炉),通入气体渗碳剂进行的渗碳。

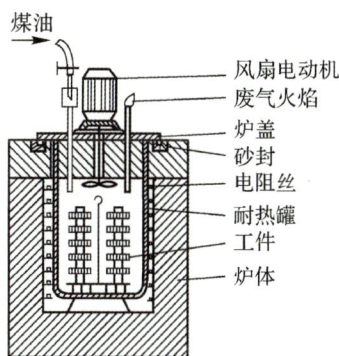

图 4-13　气体渗碳示意图

2.渗氮

在一定温度下于一定介质中,使氮原子渗入工件表层的化学热处理工艺,称为渗氮(又叫氮化)。渗氮层薄而脆,不能承受冲击和振动,而且渗氮处理生产周期长,生产成本较高。钢件渗氮后不需要淬火就可达到 68～72 HRC 的硬度。渗氮的目的是提高工件表层的硬度、耐磨性、热硬性、耐腐蚀性和疲劳强度。

渗氮广泛应用于各种高速运转的精密齿轮、高精度机床主轴、交变循环载荷作用下要求疲劳强度高的零件(如高速柴油机曲轴),以及要求变形小和具有一定耐热、抗腐蚀能力的耐磨零件(如阀门)等。

目前常用的渗氮方法为气体渗氮。气体渗氮是把工件放入密封箱式(或井式)炉内加热(温度 500～580 ℃),并通入氨气,使其分解,分解出的活性氮原子被工件表面吸收,得到一定深度的渗氮层。零件不需要渗氮的部分应镀锡或镀铜保护,也可留 1 mm 的余量,在渗氮后磨去。

3.碳氮共渗

在奥氏体状态下同时将碳、氮原子渗入工件表层,并以渗碳为主的化学热处理工艺,称为碳氮共渗。其目的主要是提高工件表层的硬度和耐磨性。

4.5.3 形变热处理

形变热处理是形变强化和相变强化相结合的一种综合强化工艺。它包括金属材料的塑性变形和固态相变两种过程,并将两者有机地结合起来,利用金属材料在形变过程中组织结构的改变,影响相变过程和相变产物,以得到所期望的组织与性能。

形变热处理将金属材料的成形与获得材料的最终性能结合在一起,简化了生产过程,节约能源消耗及设备投资。与普通热处理比较,形变热处理后金属材料能达到更好的强度与韧性相配合的机械性能。有些钢特别是微合金化钢,唯有采用形变热处理才能充分发挥钢中合金元素的作用,得到强度高、塑性好的性能。形变热处理已广泛应用于生产金属与合金的板材、带材、管材、丝材和各种零件,如板簧、连杆、叶片、工具、模具等。

形变热处理按形变的温度范围分为高温形变热处理、低温形变热处理和复合形变热处理。

1.高温形变热处理

高温形变热处理是将钢加热至稳定奥氏体区,保持一段时间,在该温度下变形,随后立即快冷至一定温度以获得所需组织的综合工艺。如果快冷至贝氏体转变区后空冷,最后获得贝氏体组织,则称为高温形变贝氏体化。如果快冷至珠光体转变区,获得铁素体-珠光体组织,这就是通常所说的控制轧制和控制冷却工艺。

2.低温形变热处理

低温形变热处理是将钢加热至奥氏体状态,保持一定时间,急速冷却至以下的某一中间温度(亚稳定奥氏体区)进行变形,然后快速冷却至室温的综合工艺。快冷后得到马氏体组织的低温形变热处理,称为低温形变淬火。采用该工艺的钢种必须具有比较大的亚稳定奥氏体区域,以便有充分时间进行变形。形变温度在 M_s 附近和在 M_s 之下的形变热处理工艺分别称为马氏体相变过程中的形变热处理和马氏体相变以后的形变热处理。

3.复合形变热处理

复合形变热处理是将两种或两种以上不同的形变热处理工艺方法联合使用的工艺,如将高温形变淬火与低温形变淬火相结合的复合形变淬火。

4.6 热处理新工艺

当今热处理技术发展的主要趋势,一方面是为了满足各类机械零部件日益提高性能的要求,需要相应发展获得各种优异性能的热处理工艺;另一方面是为了不断提高劳动生产率,需要发展各种节约能源和高效率的工艺方法。此外,为了防止工业污染,保护环境,需要发展推广无公害的工艺。

4.6.1 可控气氛热处理

钢在空气中加热,不可避免地要发生氧化和脱碳,不仅烧损钢材造成浪费,还严重影响工件质量,因此必须采取措施防止氧化和脱碳。

为达到无氧化、无脱碳或按要求增碳,工件在炉气成分可控的加热炉中进行的热处理,称为可控气氛热处理。它的主要目的是减少和防止工件加热时的氧化和脱碳,提高工件尺寸精度和表面质量,节约钢材,控制渗碳时渗层的碳浓度,而且可使脱碳工件重新复碳。

可控气氛热处理设备通常都由制备可控气氛的发生器和进行热处理的加热炉两部分组成。目前应用较多的是吸热式气氛、放热式气氛、放热-吸热式气氛及滴注式气氛。

4.6.2　真空热处理

真空热处理是真空技术与热处理技术相结合的新型热处理技术,真空热处理所处的真空环境指的是低于一个大气压的气氛环境,包括低真空、中等真空、高真空和超高真空,真空热处理实际也属于气氛控制热处理。

真空热处理可以实现几乎所有的常规热处理所能涉及的热处理工艺,如淬火、退火、回火、渗碳及氮化,在淬火工艺中可实现气淬、油淬、硝盐淬火和水淬等,还可以进行真空钎焊、烧结及表面处理等,热处理质量大大提高。

与常规热处理相比,真空热处理的同时,可实现无氧化、无脱碳和无渗碳,可去掉工件表面的磷屑,并有脱脂除气等作用,从而达到表面光亮净化的效果。真空热处理的特点有以下四点。

(1)热处理变形小。因真空加热缓慢而且均匀,内热温差较小,热应力小,故热处理变形小。

(2)可提高工件表面力学性能,延长工件使用寿命。

(3)工作环境好,操作安全,节省能源,没有污染和公害。

(4)真空热处理设备造价较高,目前多用于工模具、精密零件的热处理。

4.6.3　激光热处理

激光是一种具有极高能量密度、高亮度和强方向性的光源。激光热处理是以高能量激光作为能源,以极快速度加热工件并自冷强化的热处理工艺。

激光淬火具有工件处理质量高、表面光洁、变形极小、无工业污染和易实现自动化的特点,适用于各种小型复杂工件的表面淬火,还可以进行局部表面合金化等。但是,激光器价格昂贵,生产成本较高,故其应用受到一定限制。同时生产中不够安全,容易对人眼造成伤害,操作时要注意安全。

激光加热也可用于局部合金化处理,即对工件易磨损或需要耐热的部位先镀一层耐磨或耐热金属,或者涂覆一层含耐磨或耐热金属的涂料,然后用激光照射使其迅速熔化,形成耐磨或耐热合金层。在需要耐热的部位先镀上一层铬,然后用激光使之迅速熔化,形成硬的抗回火的含铬耐热表层,可以大大提高工件的使用寿命和耐热性。

4.6.4　电子束表面淬火

电子束表面淬火是以电子枪发射的电子束作为热源轰击工件表面,以极快速度加热工件并自冷,淬火后使工件表面强化的热处理工艺。

电子束的强度大大高于激光,而且其能量利用率可达 80%,高于激光热处理。电子束表面淬火质量高,淬火过程中工件基体性能几乎不受影响,是很有前途的热处理新技术。

电子束表面淬火早期应用于薄钢带、钢丝的连续退火,能量密度最高可达 108 W/cm²。电子束表面淬火除在真空中进行外,其他特点与激光热处理相同。当电子束轰击金属表面时,轰击点被迅速加热。电子束穿透材料的深度取决于加速电压和材料密度。例如,150 kW 的电子束在铁表面上的理论穿透深度大约为 0.076 mm,在铝表面上则可达 0.16 mm。电子束在很短时间内轰击表面,表面温度迅速升高,而基体仍保持冷态。当电子束停止轰击时,热量迅速向冷基体金属传导,从而使加热表面自行淬火。为了有效地进行"自冷淬火",整个工件的体积和淬火表层的体积之间至少要保持 5:1 的比例。

电子束热处理加热速度快,奥氏体化的时间仅零点几秒甚至更短,因而工件表面晶粒很细,硬度比一般热处理高,并具有良好的力学性能。

4.6.5 接触电阻加热表面淬火

接触电阻加热表面淬火是指通过电极将小于 5 V 的电压加到工件上,在电极与工件接触处经过很大的电流,利用触头和工件间的接触电阻而产生大量的电阻热,使工件表面加热到淬火温度,随后把电极移去,大部分热量就传入工件内部,工件表面因此迅速冷却,这样工件表面就达到淬火目的。当处理长工件时,电极不断向前移动,留在后面的部分就被不断淬硬。

接触电阻加热表面淬火设备简单,操作方便,易于实现自动化加工,工件产生畸变极小,也不需要后续回火处理,能显著提高工件的耐磨性和抗擦伤能力。其缺点是淬硬层较薄(一般是 0.15~0.35 mm),其显微组织和硬度不够均匀。一般机床的铸铁导轨多采用这种方法进行表面淬火。

◆ 实验 4.1 非合金钢淬火、回火工艺及硬度测量

一、实验目的

(1)掌握非合金钢热处理工艺的制定及简单热处理工艺的操作方法。

(2)分析含碳量、加热温度、冷却速度对淬火后性能的影响。

(3)分析回火温度对性能的影响。

二、实验设备及试样

(1)箱式电阻炉及温控仪表。

(2)试样:20 钢、45 钢、T10 钢及 65Mn 钢小弹簧。

(3)洛氏硬度计。

(4)冷却介质:水、油。

三、实验步骤

(1)根据试样的形状尺寸和加热设备,拟定试样淬火、回火工艺规范(如加热温度、保温

时间、冷却介质、回火温度等)。

(2)将试样打号,并测出试样热处理前的硬度。

(3)实验前应将炉温升至需要的温度。打开炉门将试样放入炉内进行加热保温,达到规定保温时间后,打开炉门,将试样取出迅速放入预定的冷却介质中,并搅动试样使其均匀冷却。

(4)热处理试样冷却后擦干,并用砂纸清除氧化层。用洛氏硬度计测出其硬度值。

(5)根据回火要求,将淬火后的试样放入预定温度的炉中进行回火加热,保温。达到要求后,取出试样在空气中冷却。回火后的试样待完全冷却后,清除氧化层,测定出硬度值。并做好记录。

(6)实验完成后关闭电源,关好炉门。

〔注意事项〕

(1)在整个实验中,注意用电和高温操作安全。

(2)试样装炉,尽量放置于炉子中部,以保证测温准确。

(3)开启炉门进行操作时必须先断电再取试样。炉门打开时间不宜过长,以免炉温急骤下降引起炉膛开裂。

4.实验记录及结果

将实验结果填入表 4 - 2 中。

表 4 - 2　实验记录及结果

编号	材料	原始硬度 (HRB)	淬火工艺			淬火后	回火工艺			回火后
			加热温度 /℃	保温时间 /min	冷却 介质	硬度 HRB/HRC	加热 温度/℃	保温时间 /min	冷却 介质	硬度 HRB/HRC

五、实验结果处理

(1)试样热处理后若出现测得的硬度值偏低,需分析其原因:淬火加热温度是否偏低,冷却介质温度是否偏高;硬度计自身误差是否过大(用标准硬度试样进行校验);回火温度偏高;等等。

(2)淬火后试样若出现"软点"现象,应从材料成分偏析、局部氧化脱碳、加热时相邻试样靠得太近、冷循环不良、操作不正确等方面进行分析,查找原因。

◆ 本 章 小 结

热处理是将固态金属采用适当的方式进行加热、保温和冷却以获得所需组织与性能的工艺。热处理的目的是提高钢的力学性能和改善钢的工艺性能。

钢的加热是钢的奥氏体化的过程，钢的冷却是过冷奥氏体向其他组织转变的过程。过冷奥氏体等温转变曲线和连续冷却转变曲线揭示了在不同的冷却条件下，过冷奥氏体向其他组织转变的规律，为钢的热处理奠定了理论基础。

钢的普通热处理常用方法有退火、正火、淬火和回火。其中，退火和正火一般为预备热处理，而淬火和回火为最终热处理。

表面热处理是为改变工件表面的组织和性能，仅对其表面进行热处理的工艺。表面淬火是指仅对工件表层进行淬火的工艺，其目的是使工件表面获得高硬度和耐磨性，而心部保持较好的塑性和韧性，常用方法有感应加热表面淬火和火焰加热表面淬火两种。钢的化学热处理是将工件置于适当的活性介质中加热、保温，使一种或几种元素渗入它的表层，以改变其化学成分、组织和性能的热处理工艺，常用方法有渗碳、渗氮、碳氮共渗等。形变热处理是形变强化和相变强化相结合的一种综合强化工艺，按形变的温度范围分为高温形变热处理、低温形变热处理和复合形变热处理。

◆ 课后思考与练习四

1. 热处理的目的是什么？热处理有哪些类型？

2. 确定下列钢件的退火方法，并指出退火的目的及退火的组织。

(1)经冷轧后的 15 钢钢板，要求降低硬度；

(2)ZG35 的铸造齿轮；

(3)铸造过热的 60 钢锻坯；

(4)改善 T12 钢的切削加工性能。

3. 钳工师傅在刃磨麻花钻时为什么要经常在水槽里进行冷却？

4. 正火和退火的主要区别是什么？生产中应用如何选择正火和退火？

5. 什么叫淬火？淬火的目的是什么？

6. 简述各种淬火方法及其适用范围。

7. 什么是回火？回火的主要目的是什么？

8. 什么是钢的调质处理？调质处理的目的是什么？

9. 指出下列工件淬火及回火温度，并说明回火后获得的组织：

(1)45 钢小轴(要求综合力学性能好)；(2)60 钢弹簧；(3)T12 钢锉刀。

10. 对一批 45 钢零件进行热处理，不慎将淬火件与调质件弄混，如何用最简便的方法将它们区分开？为什么？

11. 渗碳的目的是什么？为什么渗碳后要进行淬火和低温回火？

12.材料库中存有 40Cr、GCr15、T12、60Si2Mn、W6Mo5Cr4V2。现要制作挫刀、齿轮、弹簧,试选用材料,并说明应采用何种热处理方法。

13.有一根 Φ30 mm 的轴,受中等的交变载荷作用,要求零件表面耐磨,心部具有较高的强度和韧性,供选择的材料有 16Mn、20Cr、45 钢、T8 钢和 Crl2 钢。要求:(1)选择合适的材料;(2)编制简明的热处理工艺路线。

◆【古法工艺 · 擦渗技术】

明代唐顺之撰写的《武编》一书中记载了一种热处理工艺。他写道:"……或以生铁与熟铁并铸,待其极熟,生铁欲流,则以生铁于熟铁上,擦而入之。"这种热处理工艺就是擦渗。

擦渗是我国流传千百年的一项金属表面强化工艺,在手工作坊中广泛应用。简单地说,就是在熟铁或低碳钢锻坯上,擦上或淋上一薄层生铁,经过多次冷锻,成形后再加热淬火,使工件一面渗碳,并有生铁熔覆层,使表面强化,因而工件既耐磨又锋利。它是将锻造、铸造与热处理三者结合的形变热处理复合工艺,在当今的入土农机具中仍有应用。由于擦渗只是在工件的一个面上进行,另一面仍为低碳的熟铁,所以,工作时一面磨损快,另一面较慢,因而能够经常保持刃口的锋利,技术上叫做"自动磨锐",也称自锐性强,这就是擦渗的奇特功效。

擦渗技术起源很早,公元 4 世纪南北朝时期,能工巧匠们发明了一种半液态钢,所谓的"杂炼生柔"。"生"指的是生铁液,"柔"指的是熟铁,将生铁液和熟铁混在一起锻炼,增碳排渣,即成为制造镰刀、锄头的材料。到了公元 10 世纪的北宋时期,发展了这种炼钢技术。把工艺改进到将液态生铁浇淋到熟铁片的间隙内,经过多次加热与锤锻,使之成为中碳钢或高碳钢,叫做"团钢"或"灌钢"。擦渗工艺就是在这种工艺上创造出来的。

擦渗技艺流传至今,演变成各种不同的操作工艺。如华北一带的"擦生"、东北地区的"铺生"、江西的"浇淋"等。

103

第5章 金属材料及选用

▶**知识目标**

(1)了解钢中杂质元素对钢性能的影响以及合金元素在钢中的作用。

(2)了解钢、铸铁及有色金属的分类以及牌号表示方法。

(3)掌握非合金钢和合金钢的成分特点、性能要求、热处理特点、用途及常用牌号。

(4)掌握常用铸铁的成分、组织、性能、热处理及应用。

(5)掌握常用非铁金属的分类、成分、性能及应用。

(6)了解常用硬质合金的成分、性能特点及应用。

(7)了解零件的失效形式及失效原因,掌握零件选材的原则。

▶**能力目标**

(1)能根据牌号识别钢的种类,并说明其中主要合金元素的作用。

(2)能根据牌号识别铸铁的种类,理解铸铁组织与性能之间的关系。

(3)能在生活或工程实践中正确辨识非铁金属及其应用。

(4)能够根据工件服役条件及性能要求,合理选择各种金属材料并制定热处理工艺。

▶**素质目标**

(1)通过学习各种金属材料及其应用,激发学生的爱国热情和社会责任感。

(2)通过辨识材料、选择材料,培养学生树立崇尚科学、务实求真、严谨细致的科学态度。

(3)提高学生的实践应用能力,培养学生理论联系实际以及分析解决问题的能力。

　　金属材料是最重要的机械工程材料,其来源丰富,具有优良的力学性能、物理化学性能和工艺性能,而且金属材料的性能可以通过调整化学成分、热处理工艺等在较大范围内变化,能满足加工和使用的各项要求。因此,金属材料在现代工业生产中应用最广泛,在人们的生活中无处不在。

　　金属材料可分为两大类,即黑色金属和有色金属,如图 5-1 所示。黑色金属包括钢和铸铁,其性能优越,价格便宜,被誉为现代工业的筋骨,是应用最广泛的金属材料。有色金属是除黑色金属以外的所有金属及其合金。其中铝、镁、钛等轻金属的密度小于 4.5 g/cm^3,比强度高,是目前国家大力发展的轻

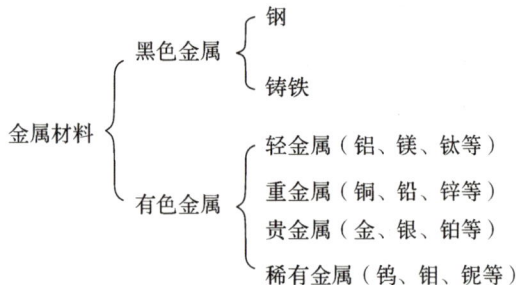

金属材料
　黑色金属 — 钢 / 铸铁
　有色金属 — 轻金属(铝、镁、钛等) / 重金属(铜、铅、锌等) / 贵金属(金、银、铂等) / 稀有金属(钨、钼、铌等)

图 5-1　金属材料的分类

量化材料,对推进节能减排、碳中和、实现绿色发展具有重要作用,广泛应用于汽车、航空航天、建筑工程等领域。

5.1　非合金钢

根据国家标准《钢分类》《GB/T 13304—2008》,钢按化学成分可分为非合金钢、低合金钢和合金钢三类。非合金钢是以铁为基本成分,含有少量碳($w_C \leqslant 1.4\%$)的铁碳合金。除了铁、碳外,非合金钢中还含有少量的锰、硅、硫、磷、氮、氢、氧等非特意加入的杂质元素,它们是由炼钢原料带入及炼钢过程中产生并残留下来的,对钢材的性能和质量影响很大,必须严格控制在规定的范围内。

工业用钢

5.1.1　杂质元素对碳钢性能的影响

1. 锰(Mn)

锰来源于炼钢原料生铁和脱氧剂锰铁,是钢中的有益元素。锰具有良好的脱氧能力,能减少钢中的 FeO,还能与硫化合生成 MnS,消除硫的有害作用。锰在室温下大部分能溶于铁素体中,起到固溶强化的作用。锰在钢中作为杂质存在时,其质量分数一般小于 0.8%。

2. 硅(Si)

硅来源于炼钢原料生铁和脱氧剂硅铁,也是钢中的有益元素。硅的脱氧能力比锰强,可以消除 FeO 夹杂对钢的有害作用。硅在室温下大部分溶入铁素体,使铁素体强化。硅在钢中作为杂质存在时,其质量分数一般小于 0.4%。

3. 硫(S)

硫是由生铁和燃料带入钢中的杂质,是钢中的有害元素。硫在钢中常以 FeS 的形式存在,FeS 与 Fe 可形成低熔点(985 ℃)的共晶体,分布在奥氏体的晶界上。当钢加热到 1 000 ~1 200 ℃进行热加工时,晶界上的共晶体已经熔化,晶粒间结合被破坏,导致钢的强度降低,塑性、韧性下降,出现沿晶界处的开裂,这种现象称为热脆。锰是常用的脱硫剂,与 FeS 发生置换反应,生成的 MnS 进入熔渣,从而消除硫的有害作用。此外,硫对钢的焊接性有不利影响,容易导致焊缝产生热裂纹、气孔和疏松。因此,钢中要严格限制硫的含量,通常要求硫的质量分数小于 0.050%。

4. 磷(P)

磷也是由生铁带入的有害元素。磷能全部溶于铁素体,有强烈的固溶强化作用,使钢的强度、硬度增加,但塑性、韧性显著降低,这种脆化现象在低温时更为严重,称为冷脆。因此,在钢中也要严格控制磷的含量,通常要求磷的质量分数小于 0.045%。

硫、磷在钢中除了有害作用外,也有有益的一面。在易切削钢中适当提高硫或磷的质量分数,可以改善钢的切削加工性。此外,钢中加入适当的磷还可以提高钢材的耐大气腐蚀性能。

5. 氮、氢、氧（N、H、O）

钢在冶炼时还会吸收和溶解一部分气体，如氮、氢、氧等，它们对钢的质量都会产生不良影响。在室温下氮在铁素体中的溶解度很低，钢中的过饱和氮元素在常温放置过程中会以 Fe_2N、Fe_4N 的形式析出而使钢变脆，称为时效脆化。在钢中加入 Ti、V、Al 等元素，与氮形成稳定的氮化物，从而消除时效脆化倾向。氧在钢中主要以氧化物夹杂的形式存在，其与基体结合力弱，不易变形，易成为疲劳裂纹源。氢对钢的危害性更大，它可使钢产生氢脆，也可使钢中产生微裂纹，即白点。

5.1.2 非合金钢的分类

1. 按碳的质量分数分类

按钢中碳的质量分数高低分类，非合金钢可分为低碳钢（$w_c < 0.25\%$）、中碳钢（$w_c = 0.25\% \sim 0.60\%$）和高碳钢（$w_c > 0.60\%$）。

2. 按主要质量等级分类

按主要质量等级分类，非合金钢可分为普通质量非合金钢、优质非合金钢和特殊质量非合金钢。

普通质量非合金钢是指生产过程中不规定需要特别控制质量要求的钢。

优质非合金钢是指在生产过程中需要特别控制质量（例如控制晶粒度，降低硫、磷含量，改善表面质量或增加工艺控制等），以达到比普通质量非合金钢特殊的质量要求（例如良好的抗脆断性能、良好的冷成形性等），但这种钢的生产控制不如特殊质量非合金钢严格。

特殊质量非合金钢是指在生产过程中需要特别严格控制质量和性能（例如控制淬透性和纯洁度）的非合金钢。

3. 按用途分类

按用途分类，非合金钢可分为碳素结构钢和碳素工具钢。

（1）碳素结构钢。碳素结构钢中碳的质量分数一般都小于 0.70%，主要用于制造齿轮、轴、螺母、弹簧等机械零件和桥梁、船舶、建筑等工程结构件。

（2）碳素工具钢。碳素工具钢中碳的质量分数一般都大于 0.70%，主要用于制造刃具、模具、量具等工具。

5.1.3 碳素结构钢

碳素结构钢包括普通质量碳素结构钢和优质碳素结构钢。

1. 普通碳素结构钢

普通碳素结构钢的牌号是由屈服强度字母、屈服强度数值、质量等级符号、脱氧方法等四部分按顺序组成，表示方法如下：

$$Q \times_1 \times_2 \times_3$$

其中：Q——屈服强度中"屈"的汉语拼音首字母；

　　　$\times_1$——屈服强度数值；

×₂——质量等级,分 A、B、C、D 四级,从左至右质量依次提高;

×₃——脱氧方法,用 F、Z、TZ 分别表示沸腾钢、镇静钢、特殊镇静钢,其中 Z 和 TZ 可以省略。

例如,Q235AF,表示屈服强度不小于 235MPa、质量等级为 A 级的碳素结构钢,此钢为沸腾钢。

碳素结构钢的牌号及化学成分见表 5-1。

表 5-1　碳素结构钢的牌号及化学成分(摘自 GB/T 700-2006)

牌号	等级	厚度(或直径)/mm	脱氧方法	化学成分(质量分数)/%,不大于				
				C	Si	Mn	P	S
Q195	—	—	F、Z	0.12	0.30	0.50	0.035	0.040
Q215	A							
	B							0.045
Q235	A	—	F、Z	0.22	0.35	1.40	0.045	0.050
	B			0.20				0.045
	C		Z	0.17			0.040	0.040
	D		TZ				0.035	0.035
Q275	A		F、Z	0.24	0.35	1.50	0.045	0.050
	B	≤40	Z	0.21			0.045	0.045
		>40		0.22				
	C		Z	0.20			0.040	0.040
	D		TZ				0.035	0.035

碳素结构钢冶炼简便,价格低廉,钢中碳的质量分数较低,塑性、韧性好,焊接性能好,通常热轧成板材、线材及各种型材,在热轧空冷状态下使用,一般不再进行热处理。但对某些零件,也可进行正火、调质、渗碳等处理,以提高其使用性能。碳素结构钢能满足一般工程结构和普通机械零件的要求,因此用量很大,约占钢材总量的 70%。

Q195 钢和 Q215 钢塑性、韧性好,焊接性能好,压力加工性能优良,但强度较低,常用于制作薄板、焊管、铆钉、铁丝、地脚螺栓、屋板、烟囱以及轻载荷的冲压零件和焊接结构等。

Q235 钢是最为常用的一种钢,强度稍高,可用于制作螺栓、螺母、销、轴、法兰盘、吊钩和不太重要的机械零件以及建筑结构中的螺纹钢、型钢、钢筋等。Q235C 钢、Q235D 钢的质量较好,可制作重要的焊接结构。

Q275 钢强度较高,质量好,常用于制作强度要求较高的零件,如齿轮、螺栓、螺母、键、轴以及建筑、桥梁等工程上质量要求较高的焊接结构。

2. 优质碳素结构钢

优质碳素结构钢的的牌号用两位阿拉伯数字表示,这两位数字表示该钢的平均碳的质量分数的万分之几(以 0.01% 为单位)。例如,45 钢,表示平均碳的质量分数为 0.45% 的优质碳素结构钢;08 钢,表示平均碳的质量分数为 0.08% 的优质碳素结构钢。

优质碳素结构钢按含锰量不同,分为普通含锰量($w_{Mn}=0.25\%\sim0.8\%$)和较高含锰量($w_{Mn}=0.7\%\sim1.2\%$)。如果钢中含锰量较高,在其牌号数字后加"Mn"字,如 65Mn 钢。

与普通碳素结构钢相比,优质碳素结构钢所含夹杂物较少,质量较好,应用广泛,主要用于制造机械零件,一般都要经过热处理提高力学性能后使用。优质碳素结构钢的牌号、主要性能及用途见表 5-2。

表 5-2 优质碳素结构钢的牌号及用途

牌号	主要性能	热处理	应用举例
08 10	塑性、韧性好,强度低,具有优良的冷成形性能和焊接性能	—	广泛用来制造冷冲压零件,如汽车车身、仪表外壳、深冲器皿、管子、垫圈、机器罩等
15 20	强度较低,塑性、韧性较高,冷冲压性能和焊接性能好	渗碳+淬火	常用来制造受力不大、韧性要求较高的中小结构件或零件,如容器、螺钉、杆件、轴套、冷冲压件等
30 35 40 45 50 55	综合力学性能良好	淬火+高温回火	这类钢在机械制造中应用广泛,特别是40钢和45钢。主要用于制作要求强度、塑性、韧性都较高的零件,如齿轮、连杆、套筒、轴类零件等
60 65 70 60Mn 65Mn	屈服强度和弹性极限高,屈强比高,韧性和耐磨性好	淬火+中温回火	用于制造尺寸较小的弹簧、弹性零件及耐磨零件等。如机车车辆及汽车上的螺旋弹簧、板弹簧,弹簧垫圈、重钢轨、轧辊、钢丝绳等。其中,65Mn 钢在热成形弹簧中应用最广

5.1.4 碳素工具钢

碳素工具钢是用于制造刀具、模具和量具的钢,因大多数工具都要求高硬度和高耐磨性,故碳素工具钢中碳的质量分数都在 0.7% 以上,而且此类钢都是优质钢或高级优质钢,有害杂质元素(S、P)含量较少,质量较高。

碳素工具钢的牌号是以"碳"的汉语拼音首字母"T"后面附加数字表示,数字表示平均碳的质量分数的千分数。例如,T8 表示平均碳的质量分数为 0.80% 的碳素工具钢。如果含锰量较高,则在牌号后加"Mn",如 T8Mn 等;如果是高级优质碳素工具钢,则在钢的牌号后面标以字母"A",如 T8A、T12A 等。

碳素工具钢的可加工性好,价格低廉,热处理后的硬度可达 60HRC 以上,有较好的耐磨性。但由于热硬性差(刃部温度达到 250℃ 以上时,硬度及耐磨性迅速降低),淬透性低,淬火时容易变形开裂,所以多用于制造手工用工具以及低速、小切削用量的机用工具等。

碳素工具钢的牌号、成分、性能及用途见表 5-3。

表 5-3　牌号、成分、性能及用途

牌号	w_c/%	试样淬火（水冷）		主要性能	应用举例
		淬火温度/℃	HRC		
T7	0.66～0.74	800～820	≥62	硬度适中，强度较高，韧性较好	用于制造能承受冲击的工具，如扁铲、冲头、大锤、木工工具等
T8	0.76～0.84	700～800		硬度与耐磨性较高，韧性较好	用于制造能承受冲击的工具，如冲头、木工工具、剪刀、锯条等
T8Mn	0.80～0.90				
T9	0.86～0.94	760～780		硬度与耐磨性高，韧性适中	用于制造不受剧烈冲击的工具，如车刀、刨刀、钻头、丝锥、锯条、冲头等
T10	0.96～1.04				
T11	1.06～1.14				
T12	1.16～1.24				
T13	1.26～1.35			硬度与耐磨性高，韧性较低	用于制造不受冲击的工具，如锉刀、刮刀、量规等

5.1.5　铸造碳钢

在生产中有许多形状复杂的零件，很难用锻压方法成形，而铸铁又难以满足其力学性能要求时，通常用铸造碳钢制造。

一般工程用铸造碳钢的牌号使用"铸钢"两字汉语拼音首字母"ZG"后加两组数字表示，第一组数字表示屈服强度的最低值，第二组数字表示抗拉强度的最低值。例如，ZG200-400，表示屈服强度不小于 200 MPa，抗拉强度不小于 400 MPa 的铸钢。一般工程用铸造碳钢的牌号有 ZG200-400、ZG230-450、ZG270-500、ZG310-570 和 ZG340-640 等。

随着铸造技术的进步，铸钢件在组织、性能、精度和表面粗糙度等方面都已接近锻钢件，可在不经切削加工或只需少量切削加工后使用，能大量节约钢材和成本。因此，铸造碳钢获得了广泛应用，主要用于制造重型机械的结构件，如轧钢机机架、水压机横梁、机车车辆的车钩和联轴器等。

◆ 5.2　低合金钢和合金钢

非合金钢虽然价格低廉并且具有较好的力学性能和工艺性能，但强度级别低、淬透性低、回火抗力差、无特殊性能等，不能满足现代工业发展对材料更高的要求。为了改善钢的性能，在铁碳合金中特意加入合金元素所获得的钢称为合金钢。钢中常用的合金元素有锰（Mn）、硅（Si）、铬（Cr）、镍（Ni）、钼（Mo）、钨（W）、钒（V）、铌（Nb）、钛（Ti）、铝（Al）、铜（Cu）、锆（Zr）、钴（Co）、硼（B）、氮（N）、稀土元素（RE）等。

5.2.1 合金元素在钢中的作用

合金元素提高了钢的力学性能,改善了工艺性能,并赋予钢某些特殊性能,其根本原因是合金元素与钢的基本组元铁和碳发生了相互作用,改变了钢的组织结构,并影响钢热处理时加热、冷却过程中的相变过程。

1. 合金元素在钢中的存在形式及作用

合金元素在钢中主要以两种形式存在:一种是溶入铁素体中形成合金铁素体;另一种是与碳化合形成合金碳化物。

(1)合金铁素体。大多数合金元素都能不同程度地溶入铁素体中。溶入铁素体的合金元素,由于其原子大小及晶格类型都与铁不同,所以使铁素体晶格发生不同程度的畸变,产生固溶强化,使铁素体的强度和硬度提高,但塑性、韧性有所下降。

与铁素体晶格类型相同的合金元素(Cr、Mo、W、V、Nb 等)强化铁素体的作用较弱;而与铁素体晶格类型不同的合金元素(Si、Mn、Ni 等)强化铁素体的作用较强。

(2)合金碳化物。按与碳的亲和力大小不同,合金元素可分为碳化物形成元素和非碳化物形成元素两大类。非碳化物形成元素有 Si、Al、Ni 及 Co 等,几乎都溶解在铁素体、奥氏体或马氏体中,形成碳化物的合金元素。它们与碳结合的能力由强到弱依次为 Ti、Zr、Nb、V、W、Mo、Cr、Mn、Fe。强碳化物形成元素与碳结合形成的碳化物极稳定,如 TiC、NbC、VC 等,这类碳化物有高的熔点、硬度和耐磨性,弥散分布在钢的基体中,将显著提高钢的强度、硬度和耐磨性,且不降低韧性。

2. 合金元素对钢的热处理和力学性能的影响

(1)合金元素对钢加热转变的影响。合金元素对热处理加热转变的影响实际上是对奥氏体化过程的影响,主要体现在以下两方面:

1)减缓奥氏体化过程。大多数合金元素(除 Ni、Co 外)形成的碳化物不易分解,且合金元素的扩散速度较慢,使奥氏体过程大大减缓。因此,合金钢在热处理时应采取较高的加热温度和较长的保温时间,以获得均匀的奥氏体。

2)阻碍奥氏体晶粒长大。强碳化物形成元素形成的碳化物非常稳定,如 TiC、VC、NbC 等,这些碳化物以弥散质点的形式分布在奥氏体晶界上,阻碍奥氏体晶粒长大,起到细化晶粒的作用。因此,大多数合金钢在加热时不易过热,在热处理时可以适当提高加热温度以得到更均匀细小的奥氏体。

(2)合金元素对冷却转变的影响。

1)提高过冷奥氏体的稳定性。除 Co 以外,大多数合金元素都能提高过冷奥氏体的稳定性,使等温转变曲线右移,淬火临界冷却速度减小,钢的淬透性提高。因此,为了减小零件的变形和开裂倾向,合金钢可以采用冷却能力较低的淬火冷却介质,如油淬或空冷等。

2)使马氏体转变温度 M_s 和 M_f 下降。多数合金元素溶入奥氏体后,会使 M_s 和 M_f 下降,淬火后钢中残余奥氏体量增多,导致钢的硬度降低,疲劳抗力下降。

（3）合金元素对回火转变的影响。淬火钢在回火过程中抵抗硬度下降的能力，称为耐回火性（或回火稳定性）。合金元素在回火过程中推迟了马氏体的分解和残余奥氏体的转变，使碳化物难以聚集长大而保持较大的弥散度，回火的各个转变过程都将推迟到更高的温度。在相同的回火温度下，合金钢的硬度高于非合金钢，使其在较高温度下回火时仍能保持高硬度；在相同硬度下，合金钢的回火温度则要高于非合金钢的回火温度，更有利于消除淬火应力，提高韧性，获得更好的综合力学性能，如图 5-2 所示。

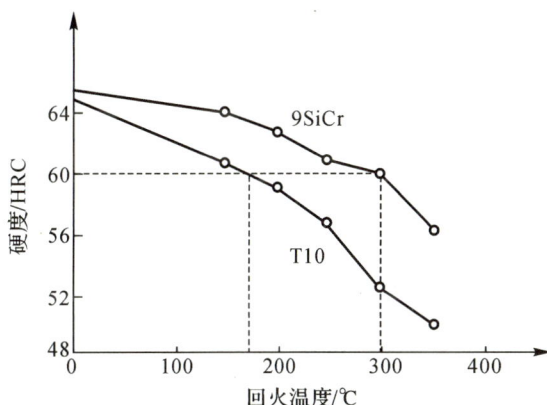

图 5-2　合金钢与非合金钢的硬度与回火温度的关系

（4）二次硬化。含有较多 W、Mo、V 等元素的合金钢，在 $500 \sim 600$ ℃ 高温回火时硬度不是下降而是有所回升的现象，称为二次硬化，如图 5-3 所示。这是因为在该温度范围内回火时，高硬度的合金碳化物（W_2C、Mo_2C、VC 等）以微小颗粒形式析出并弥散分布在马氏体基体中，使钢的硬度反而有所提高。另外，由于特殊碳化物的析出，残余奥氏体中的碳及合金元素浓度降低，M_s 温度升高，故在随后冷却时就会有部分残余奥氏体转变为马氏体，出现二次淬火，这也是钢在回火时产生二次硬化的原因。二次硬化现象对于提高高速工具钢和高铬钢的热硬性具有重要作用。

综上所述，合金钢的力学性能比非合金钢好，这主要是因为合金元素提高了钢的淬透性和耐回火性，以及细化奥氏体晶粒，使铁素体固溶强化效果增强所致。合金元素对钢的有利作用，大多要通过热处理才能发挥出来。因此，合金钢在使用前一般需要进行热处理。

5.2.2　低合金钢和合金钢的分类

（1）按主要质量等级分类：低合金钢可分为普通质量低合金钢、优质低合金钢和特殊质量低合金钢三类；合金钢可分为优质合金钢和特殊质量

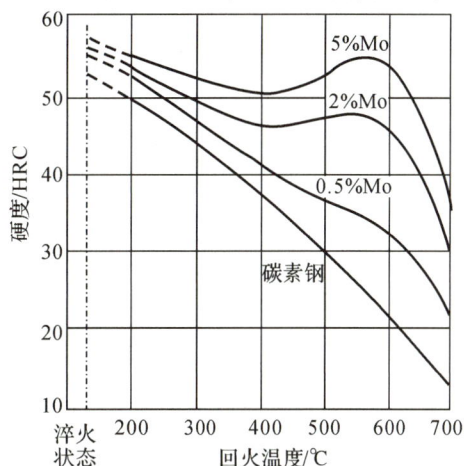

图 5-3　合金元素钼对钢回火后硬度的影响

合金钢两类。

(2)按用途分类:低合金钢和合金钢可分为合金结构钢、合金工具钢和特殊性能钢三类。

合金结构钢又分为工程结构用钢和机械结构用钢。工程结构用钢包括建筑用钢、桥梁用钢、船舶及海洋用钢和车辆用钢等。机械结构用钢包括调质钢、弹簧钢、滚动轴承钢、渗碳钢和渗氮钢等。

合金工具钢分为刃具钢、模具钢和量具钢。

特殊性能钢分为不锈钢、耐热钢和耐磨钢等。

(3)按金相组织分类:低合金钢和合金钢可分为珠光体钢、奥氏体钢、铁素体钢、马氏体钢和贝氏体钢等。

5.2.3　合金结构钢

1.低合金高强度结构钢

低合金高强度结构钢是在碳素结构钢的基础上加入少量合金元素而形成的工程结构用钢,碳的质量分数一般小于 0.20%,主加的合金元素有 Mn、Si、V、Nb、Ti 等,总量一般在3%以下。与非合金钢相比,低合金高强度结构钢具有较高的强度、较好的塑性和韧性,良好的焊接性、冷成形性及耐腐蚀性等,而且其价格与非合金钢接近。低合金高强度结构钢广泛用于制造桥梁、车辆、船舶、建筑、管道、锅炉、压力容器、钻井平台等。

低合金高强度结构钢的牌号是由屈服强度字母、最小上屈服强度数值、交货状态代号、质量等级代号等四部分组成,表示方法如下:

$$Q \times_1 \times_2 \times_3$$

其中:Q——屈服强度中"屈"的汉语拼音首字母。

$\times_1$——最小上屈服强度数值。

$\times_2$——交货状态。交货状态为热轧时,代号可省略;为正火或正火轧制时用 N 表示;为热机械轧制时用 M 表示。

$\times_3$——质量等级,用 B、C、D、E、F 表示,从左至右质量依次提高。

例如,Q355ND,表示 $R_{eH} \geqslant 355$ MPa、交货状态为正火或正火轧制、质量等级为 D 级的低合金结构钢。

GB/T 1591——2018 中规定的低合金高强度结构钢牌号主要有 Q355、Q390、Q420、Q460、Q500、Q550、Q620、Q690 等。其中,Q355(取代了旧标准中的 Q345)是目前我国用量最多、产量最大的一种低合金结构钢,强度比 Q235 钢高约50%,耐大气腐蚀性能高 20%~30%,塑性和焊接性良好,可用于−40 ℃以上寒冷地区的各种结构。国家游泳中心(水立方)工程所用钢材是 Q420C 钢,2008 年北京奥运会主体育场"鸟巢"所用钢材是 Q460E 钢。

2.机械结构用钢

机械结构用钢主要用于制造机械零件,如轴、连杆、齿轮、弹簧、轴承等,按其用途和热处理特点又分为渗碳钢、调质钢、弹簧钢、滚动轴承钢等。

(1)机械结构用钢的牌号。合金结构钢(包含机械结构用钢)的牌号编写方法是以"两位数字＋合金元素符号＋数字＋……"表示。其含义如下：

$$\underset{①}{\underline{两位数字}} + \underset{②}{\underline{合金元素符号}} + \underset{③}{\underline{数字}}$$

其中：① 表示平均碳的质量分数的万分之几。

② 合金元素符号用其化学元素符号表示。

③ 表示该元素的质量百分数。当合金元素平均含量小于 1.5％时,只标出元素符号,而不标明含量(如 20Cr)。当合金元素平均含量大于等于 1.5％、2.5％、3.5％、…时,在元素符号后面相应标出 2、3、4、…。这些代表合金元素含量的数字,应与元素符号平写(如 20Cr2Ni4)。

高级优质钢牌号后加 A；特级优质钢牌号后加 E。

钢中 V、Ti、Al、B、RE 等合金元素,虽然含量很低,但它们在钢中起相当重要的作用,仍应在牌号中标出。例如:20CrMnTi,表示平均碳的质量分数为 0.20％,合金元素 Cr、Mn、Ti 的质量分数均小于 1.5％的渗碳钢；60Si2Mn,表示平均碳的质量分数为 0.60％,合金元素 Si 的质量分数为 1.5％～2.5％,Mn 的质量分数小于 1.5％的弹簧钢。

滚动轴承钢的牌号比较特殊,其表示方法是 GCr＋数字。G 表示"滚"字的汉语拼音首字母；Cr 元素后面的数字表示铬的质量分数,以千分之几表示；其他元素的表示方法与前述合金结构钢牌号中的规定相同,仍按质量分数的百分之几表示。例如 GCr15SiMn,表示铬的质量分数为 1.5％,Si、Mn 的质量分数均小于 1.5％的滚动轴承钢。

(2)渗碳钢。汽车、拖拉机上的变速齿轮,内燃机上的凸轮轴、活塞销等机器零件在工作中受到强烈的摩擦磨损,同时又承受较大的冲击载荷和交变载荷,因此要求具备"面硬、心韧、耐磨"的性能特点。为满足这类零件的性能要求,常需选用渗碳钢。

合金渗碳钢的含碳量较低,一般为 0.1％～0.25％,以使零件心部具有足够的塑性和韧性。加入的合金元素有 Cr、Ni、Mn、B 等,主要作用是提高淬透性,使钢在淬火后心部能得到低碳马氏体组织,提高零件的强度和韧性。此外,还可加入少量的 Ti、V、W、Mo 等,形成稳定的合金碳化物,可以阻碍奥氏体晶粒长大,细化晶粒,同时还可提高渗碳层的耐磨性。

合金渗碳钢经渗碳＋淬火＋低温回火后,具有"外硬内韧"的性能,一般加工工艺流程是：下料→锻造→预备热处理(正火)→机械加工(粗加工)→渗碳→机械加工(半精加工)→淬火、回火→精加工(磨削)。预备热处理的目的是改善毛坯锻造后的不良组织,消除锻造内应力,并改善其切削加工性。

合金渗碳钢主要用于制造齿轮、轴、活塞销,汽车、拖拉机的各种变速齿轮、传动件等。常用的合金渗碳钢有 20Cr、20CrMnTi、20CrMnMo、20MnVB 等。

(3)调质钢。调质钢是经调质处理(淬火＋高温回火)后使用的钢,调质后得到回火索氏体组织,具有良好的综合力学性能；常用于制造载荷较大的重要零件,如传动轴、机床齿轮、连杆、螺栓等。

合金调质钢碳的质量分数为 0.3％～0.5％,属于中碳合金钢。主加合金元素有 Mn、Si、Cr、Ni、B 等,以提高淬透性,同时强化铁素体；还有少量的 Ti、V、W、Mo 等强碳化物形成元素,提高回火稳定性,其中 W、Mo 还可以防止第二类回火脆性。

对于表面要求高硬度、高耐磨性和高疲劳强度的零件,可采用渗氮钢 38CrMoAl,其热处理工艺是调质和渗氮处理,主要用于制作精密磨床主轴、精密镗床丝杠、精密齿轮、压缩机活塞杆等。

合金调质钢的一般加工工艺流程是:下料→锻造→预备热处理(退火)→机械加工(粗加工)→调质→机械加工(半精加工)→表面淬火或渗氮→精加工(磨削)。

常用的合金调质钢有 40Cr、40MnB、40CrNi、30CrMnSi、40CrNiMo 等。

(4)弹簧钢。弹簧钢主要用于制造各种弹簧和弹性元件。弹簧是机械和仪表中的重要零件,它主要利用其弹性变形时所储存的能量缓和机械设备的振动和冲击作用。因此,要求弹簧钢具有高的弹性极限,尤其是高的屈强比、疲劳强度及足够的塑性和韧性。此外,弹簧钢还要有良好的淬透性和表面质量。一些特殊弹簧钢还要求具有耐热性、耐蚀性等。

合金弹簧钢碳的质量分数一般为 0.45%～0.70%,常加入的元素是 Si、Mn,其主要作用是提高淬透性和屈强比。但是,Si 在加热时会促使钢材表面脱碳,Mn 则使钢易于过热。因此,重要用途的弹簧钢还需加入 Cr、V、W 等,以防止脱碳,提高屈强比、弹性极限和高温强度。

按加工成形方法分类,弹簧可分为冷成形弹簧和热成形弹簧。

1)冷成形弹簧。当弹簧直径或板簧厚度小于 10 mm 时,常采用冷拉弹簧丝成形。冷成形后只需在 250～300 ℃进行去应力退火,以消除冷成形时产生的内应力,稳定弹簧尺寸和形状。冷成形弹簧的一般加工工艺流程是:下料→冷拉(或冷轧)或者淬火＋中温回火→冷卷成形→去应力退火。

2)热成形弹簧。当弹簧直径或板簧厚度大于 10 mm 时,常采用热态下成形,即将弹簧钢加热至比正常淬火温度高 50～80 ℃进行热卷成形,然后利用余热淬火,再进行中温回火,获得回火屈氏体,其硬度为 40～48HRC,具有较高的弹性极限、疲劳强度和一定的塑性、韧性。热成形弹簧的一般加工工艺流程是:下料→加热→热卷成形→淬火＋中温回火→喷丸。

弹簧热处理后要进行喷丸处理,使表面产生残余压应力,从而提高弹簧的疲劳强度和使用寿命。常用的合金弹簧钢有 60Si2Mn、65Mn、50CrVA 等,主要用于制作阀门弹簧、活塞弹簧、安全阀弹簧、机车车辆的减振板簧和螺旋弹簧等。其中 60Si2Mn 是性价比高、最常用的合金弹簧钢;50CrVA 淬透性更高,主要用于大截面、承受重载荷以及工作温度较高的阀门弹簧。

(5)滚动轴承钢。滚动轴承钢主要用来制造滚动轴承的滚动体(滚珠、滚柱、滚针)和内、外圈等,也用于制作量具、模具、低合金刃具等。滚动轴承工作时承受很大的局部交变载荷,滚动体与内外圈接触应力大,易产生磨损和接触疲劳破坏。因此,要求滚动轴承钢具有高的硬度、耐磨性、弹性极限和接触疲劳强度,足够的韧性和耐蚀性。

滚动轴承钢是一种高碳低铬钢,其碳的质量分数一般为 0.95%～1.10%。主加合金元素为 Cr,其质量分数一般 0.40%～1.65%,目的在于增加钢的淬透性,并使钢热处理后形成细小、弥散分布的合金渗碳体(Fe,Cr)$_3$C,提高钢的耐磨性、强度、接触疲劳强度。加入 Si、Mn、V 等可进一步提高淬透性,便于制造大型轴承。

轴承钢主要有两大类:

1)铬轴承钢。最常用的是 GCr15,其使用量占轴承钢的绝大部分。由于 GCr15 的淬透性不是很高,多用于制造中小型轴承,也常用来制造冷冲模、量具和丝锥等。

2)添加 Mn、Si、Mo、V 的轴承钢。由于淬透性较高,主要用于制造大型轴承,如 GCr15SiMn。为了节约 Cr,加入 Mo、V 可得到无铬轴承钢,如 GSiMnMoV、GSiMnMoVRE 等,其性能和用途与 GCr15 相近。

滚动轴承钢的一般加工工艺路线是:下料→锻造→预备热处理(球化退火)→机械加工(粗加工)→淬火+低温回火→机械加工(半精加工)→低温回火→精加工(磨削)。

5.2.4 合金工具钢和高速工具钢

用于制造刃具、模具和量具的钢称为工具钢。依据国家标准《钢铁产品牌号表示方法》(GB/T 221—2008),工具钢可分为碳素工具钢、合金工具钢和高速工具钢三类。按用途分类,工具钢可分为刃具钢、模具钢和量具钢。

1.合金工具钢和高速工具钢的牌号

合金工具钢的牌号编写方法是以"一位数字(或没有数字)+合金元素符号+数字+……"表示,即

$$\underset{①}{\underline{\text{一位数字/没有数字}}}+\underset{②}{\underline{\text{合金元素符号}}}+\underset{③}{\underline{\text{数字}}}$$

其含义如下:① 表示平均碳含量。平均碳含量小于 1.00% 时,采用一位数字表示碳含量,以千分之几计。平均碳含量不小于 1.00% 时,不标明含碳量数字。

② 合金元素符号用其化学元素符号表示。

③ 合金元素含量,表示方法与合金结构钢相同;低铬(平均铬含量小于 1%)合金工具钢,在铬含量(以千分之几计)前加数字"0"。

例如,9SiCr,表示平均碳含量为 0.9%,Si、Cr 含量都小于 1.5%;Cr12MoV,表示平均含碳量为 1.45%~1.70%(因 w_C>1.00%,因此牌号前数字省略不标),Cr 含量约为 12%,Mo、V 含量都小于 1.5%;Cr06,表示平均含碳量为 1.30%~1.45%,平均 Cr 含量为 0.6% 的低铬工具钢。

高速工具钢牌号表示方法与合金结构钢相同,但在牌号前面一般不标明表示碳含量的数字。当合金成分相同,仅碳含量不同时,为了区别牌号,在碳含量较高的钢牌号前冠以"C"表示高碳高速工具钢。例如,W6Mo5Cr4V2,表示碳含量为 0.80%~0.90%;CW6Mo5Cr4V2,表示碳含量为 0.95%~1.05%。

2.刃具钢

刃具钢主要用于制造各种金属切削刀具,如钻头、车刀、铣刀等。刀具工作时,刀刃承受弯曲、扭转、剪切应力和冲击、振动载荷。同时,刀刃与毛坯、切屑间产生强烈摩擦,使刀刃磨损,温度升高。因此,刀具要求具有高的硬度(≥60HRC)、耐磨性、热硬性,足够的塑性和韧性。热硬性是指刃具在高温下保持高硬度的能力,与钢的回火稳定性有关。在高速切削时对刀具的热硬性有较高要求。

(1)低合金刃具钢。低合金刃具钢主要用于低速切削,工作温度一般不超过300 ℃,常用于制造截面较大、形状复杂、切削条件较差的刃具,如丝锥、板牙、搓丝板等。

低合金刃具钢的含碳量为0.75%～1.5%,以保证钢的高硬度和耐磨性。主要合金元素有Cr、Mn、Si、Mo、W、V等。Cr、Mn、Si、Mo能提高钢的淬透性,Si还能提高钢的回火稳定性;Cr、Mo、W、V可细化晶粒,提高钢的硬度、耐磨性和热硬性。

低合金刃具钢的热处理加工工艺是:球化退火→机加工→淬火+低温回火。对形状复杂或截面较大的刃具,淬火加热时应进行预热(600～650 ℃)。淬火温度应根据刃具的形状和尺寸等确定,并需严格控制淬火温度,一般可采用油淬、分级淬火或等温淬火。回火温度为160～200 ℃。热处理后的组织为回火马氏体、粒状合金碳化物及少量残余奥氏体。

常用的低合金刃具钢有9SiCr、9Mn2V、CrWMn、Cr06等。其中,9SiCr钢应用最广泛,它具有高的淬透性和回火稳定性,耐磨性高,不易崩刃,使用温度可达250～300 ℃,常用于制作形状复杂、要求变形小的低速刃具,如丝锥、板牙等,也常用作冷冲模等。

(2)高速工具钢。高速工具钢(简称高速钢)是一种用于制造高速切削刃具的高合金工具钢,工作温度可达500～600 ℃。高速工具钢的热硬性和耐磨性均优于碳素工具钢和低合金刃具钢,在现代工具材料中,高速工具钢占刃具材料总量的65%,应用广泛。

高速工具钢的含碳量较高,一般为0.70%～1.50%,以保证获得高碳马氏体和形成足够的合金碳化物,提高钢的硬度、耐磨性和热硬性。加入W、Mo可以提高热硬性;加入Cr能提高钢的淬透性;加入少量的V,可形成稳定的VC,其硬度极高且颗粒细小,分布均匀,能大大提高钢的硬度和耐磨性。

高速钢的热处理加工工艺是:锻造→等温退火→机加工→预热+淬火+多次回火。高速钢属于莱氏体钢,铸态组织中有粗大鱼骨状的合金碳化物[见图5-4(a)],通过反复锻造可以使其破碎、细化并均匀分布。高速钢锻造后一般进行等温退火,可以改善切削加工性,消除应力,并为淬火做好组织准备,如图5-4(b)所示。高速钢的导热性差,为防止变形和开裂,淬火时一般要经过800～850 ℃预热。淬火温度较高,一般为1 200～1 285 ℃,从而使合金碳化物更多地溶解到奥氏体中。淬火后在550～570 ℃进行多次回火(一般为三次),产生二次硬化,使钢的硬度提高,同时减少残余奥氏体量。W18Cr4V钢的热处理工艺曲线如图5-5所示。

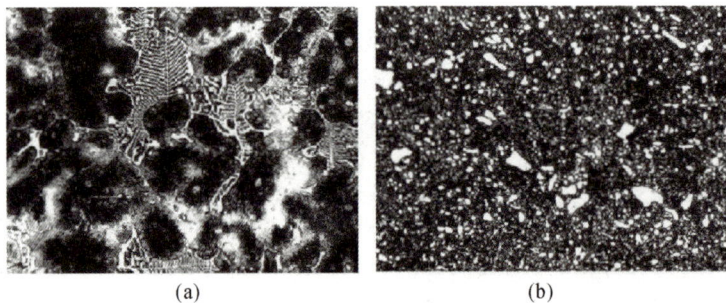

(a)   (b)

图5-4　高速钢(W18Cr4V)在不同状态下的组织
(a)铸态组织;(b)锻后退火的组织

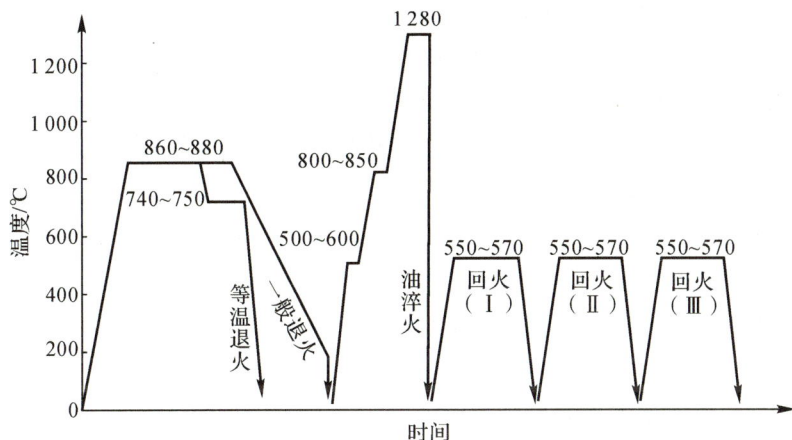

图 5-5　W18Cr4V 钢的热处理工艺曲线

高速钢中应用最多的钢种有两种：一种是钨系钢，典型牌号是 W18Cr4V（简称 18-4-1）；另一种是钨-钼系钢，典型牌号是 W6Mo5Cr4V2（简称 6-5-4-2）。

与碳素工具钢和低合金刃具钢相比，高速工具钢的切削速度可提高 2~4 倍，使用寿命提高 8~15 倍，广泛用于制造尺寸大、切削速度快、重载荷及工作温度高的各种机加工工具，如铣刀、刨刀、拉刀、钻头等，也可用于制造某些重载冷作模具和结构件。

3. 模具钢

模具钢主要用来制造各种模具。按使用条件不同，模具钢可分为冷作模具钢、热作模具钢、塑料模具钢等。

(1)冷作模具钢。冷作模具钢用于制造在常温状态下使金属成形的模具，如冷冲模、冷挤压模、冷镦模、拉丝模、落料模等，其工作温度不超过 200~300 ℃。冷作模具工作时承受很大的载荷和冲击、摩擦作用，主要失效形式有磨损、变形和开裂。因此，冷作模具钢应具有高的硬度和耐磨性，较高的强度和韧性，良好的工艺性能。

冷作模具钢的含碳量高，多在 1.0% 以上，个别甚至可达 2.0%，以保证高的硬度和耐磨性。加入 Cr、Mo、W、V 等合金元素，形成难熔碳化物，提高了耐磨性，尤其是 Cr 的作用更明显。目前最常用的冷作模具钢属于高碳高铬模具钢，即 Cr12 型冷作模具钢。这类钢的含碳量为 1.4%~2.3%，含铬量为 11%~12%，Cr 与 C 形成 Cr_7C_3 合金碳化物，极大地提高了钢的淬透性和耐磨性。典型牌号有 Cr12、Cr12MoV 等。

冷作模具钢最常用的热处理加工工艺是：球化退火→机加工→淬火＋低温回火。热处理后的钢的硬度可达到 61~64 HRC，且具有较好的耐磨性和韧性。大多数 Cr12 型钢制作的冷作模具均采用此工艺。

对于尺寸小、形状简单、工作载荷不大的冷作模具可用 9Mn2V、9SiCr、CrWMn 等制造。Cr12 型冷作模具钢由于淬透性好，淬火变形小，耐磨性好，广泛用于制造载荷大、尺寸大、形状复杂的模具。

117

(2)热作模具钢。热作模具钢用来制造使热态固体金属或液体金属在压力下成形的模具,如热锻模、热挤压模、压铸模等。热作模具工作时受到强烈摩擦,并承受较高温度(600℃以上)和比较高的冲击载荷,另外模腔受炽热金属和冷却介质的交替反复作用产生热应力,型腔表面因热疲劳而龟裂。因此,要求热作模具钢在高温下具有较高的综合力学性能、良好的耐热疲劳性、高的淬透性和导热性。

热作模具钢的碳含量一般为 0.3%~0.6%,主加合金元素有 Cr、Mn、Ni、Mo、W、V、Si 等,以保证钢材获得高的淬透性、高的耐回火性、高的抗热疲劳性能,并防止回火脆性。热作模具钢一般需要进行调质处理或淬火+中温回火后使用,而且热处理后变形小。常用的热作模具钢有 5CrNiMo、5CrMnMo、3Cr2W8V、8Cr3、4Cr5MoSiV、4Cr5W2VSi 等,其中 5CrNiMo、5CrMnMo 钢是最常用的热作模具钢,具有较高的强度、韧性和耐磨性,优良的淬透性及良好的抗热疲劳性,常用来制造各种热作模具。

(3)塑料模具钢。塑料模具钢是一种用于塑料制作的模具钢。塑料模具钢一般可分为时效硬化型塑料模具钢(含镜面模具钢)、耐蚀型塑料模具钢、渗碳型塑料模具钢、预硬型埋料模具钢(含易切削钢)、调质型塑料模具钢和淬硬型塑料模具钢六个大类。应用较多的是时效硬化型塑料模具钢、渗碳型塑料模具钢和预硬型塑料模具钢。

时效硬化型塑料模具钢碳含量较低,并含有 Ni、Al、Ti、Cu、Mo 等合金元素,适于制造形状复杂、高精度及透明塑料的模具。时效硬化钢有低镍时效钢和马氏体时效钢两类。我国现有的低镍时效硬化钢有 25CrNi3MoAl 钢、SM2 钢、PMS 钢和 06 钢等。常用的典型马氏体时效钢有 18Ni、20Ni、25Ni 钢等。

渗碳型塑料模具钢含碳量很低,主要用于挤压成型塑料模具。其冷塑性好,有高的挤压性能,成型后表面渗碳淬火提高表面硬度,使用寿命长。而芯部仍保持超低碳,韧性好,并可使淬火时变形量最小。我国的渗碳型塑料模具钢采用结构钢类的合金渗碳钢,主要有 20Cr、20CrMnTi、SMlCrNi3、20Cr2 Ni4A、2CrN13MoAlS、OCr4NiMoV 钢等。国外有美国的 P1、P2、P3、P4、P5、P6 等。

预硬型塑料模具钢是供应时已预先进行了热处理,并使之达到模具使用态硬度的钢,防止了模具在热处理时的变形,从而保证了模具的制造精度。常用的预硬型塑料模具钢有 3Cr2Mo(P20)系列钢、5CrNiMnMoVSCa 钢、8Cr2S 钢等。

5.2.5 特殊性能钢

特殊性能钢是指具有特殊物理、化学性能或机械性能的钢,通常在特定的环境或条件下使用,包括不锈钢、耐热钢和耐磨钢等。

1.不锈钢

不锈钢实际上是不锈钢和耐酸钢的总称。在空气、水等弱腐蚀介质中耐蚀的钢称为不锈钢;在酸、碱、盐等强腐蚀介质中耐蚀的钢称为耐酸钢。习惯上将这两种钢合称为不锈钢。不锈钢具有良好的耐蚀性、耐热性和较好的力学性能,适于制造耐腐蚀、抗氧化、耐高温和超低温的零部件和设备。

不锈钢按其金相组织可分为铁素体不锈钢、马氏体不锈钢、奥氏体不锈钢、奥氏体-铁素体不锈钢和沉淀硬化不锈钢等。

(1)不锈钢的牌号。《钢铁产品牌号表示方法》(GB/T 221—2008)规定了不锈钢牌号的表示方法,与旧牌号的最大区别是碳含量的表示方法发生了变化,而合金元素含量的表示方法没有变化,与合金结构钢相同。

牌号前面用两位或三位阿拉伯数字表示碳含量最佳控制值(以万分之几或十万分之几计)。

1)只规定碳含量上限者。当碳含量上限不大于0.10%时,以其上限的3/4表示碳含量;当碳含量上限大于0.10%时,以其上限的4/5表示碳含量。例如,碳含量上限为0.08%,碳含量以06表示;碳含量上限为0.15%,碳含量以12表示。

对超低碳不锈钢($w_C \leqslant 0.030\%$),用三位阿拉伯数字表示碳含量最佳控制值(以十万分之几计)。例如,碳含量上限为0.030%时,其牌号中的碳含量以022表示;碳含量上限为0.020%时,其牌号中的碳含量以015表示。

例如,06Cr19Ni10,表示碳含量不大于0.08%,平均Cr含量19%,平均Ni含量10%;022Cr17Ni7,表示碳含量不大于0.03%,平均Cr含量17%,平均Ni含量7%。

2)规定上、下限者,以平均碳含量×10 000表示。例如,碳含量为0.16%~0.25%时,其牌号中的碳含量以20表示。

例如,20Cr13,表示碳含量为0.16%~0.25%,平均Cr含量为13%。

中国与其他国家不锈钢牌号对照表见表5-4。

表5-4 中国与其他国家不锈钢牌号对照表

不锈钢类型	中国(GB/T20878—2007)			美国(ASTM)	日本(JIS)
	统一数字代号	新牌号	旧牌号		
奥氏体不锈钢	S35450	12Cr18Mn9Ni5N	1Cr18Mn8Ni5N	202	SUS202
	S30408	06Cr19Ni10	0Cr18Ni9	304	SUS304
	S30403	022Cr19Ni10	00Cr19Ni10	304L	SUS304L
	S31608	06Cr17Ni12Mo2	0Cr17Ni12Mo2	316	SUS316
	S31603	022Cr17Ni12Mo2	00Cr17Ni14Mo2	316L	SUS316L
铁素体不锈钢	S11710	10Cr17	1Cr17	430	SUS430
	S11790	10Cr17Mo	1Cr17Mo	434	SUS434
	S11972	019Cr19Mo2NbTi	0Cr18Mo2	434	SUS434
马氏体不锈钢	S41008	12Cr13	1Cr13	410	SUS410
	S42020	20Cr13	2Cr13	420	SUS420J1

(2)不锈钢的成分。不锈钢的碳含量较低,一般为 $0.03\% \sim 1.2\%$。碳含量越低,耐蚀性越好。对于制造工具、量具等少数不锈钢,其碳含量较高,以获得高的强度、硬度和耐磨性。

不锈钢的主要合金元素是 Cr,Cr 的质量分数一般大于 12%,是提高耐蚀性的主要元素。增加 Cr 含量可以使不锈钢表面形成稳定致密的 Cr_2O_3 氧化膜,提高基体电极电位,形成单相铁素体组织,从而使不锈钢具有优良的耐蚀性。加入 Ni,可获得单相奥氏体组织,显著提高耐蚀性。Cr 在非氧化性酸(如盐酸、稀硫酸和碱溶液等)中的钝化能力差,加入 Mo、Cu 等元素可以提高钢在非氧化性介质中的耐蚀能力。不锈钢中加入 Ti、Nb,能优先与碳结合形成稳定的碳化物,避免形成 $Cr_{23}C_6$ 造成晶间贫铬,提高耐晶间腐蚀能力。

(3)奥氏体不锈钢。奥氏体不锈钢的含碳量很低,为 $0.03\% \sim 0.15\%$,含铬量为 $15\% \sim 26\%$,含镍量为 $3.50\% \sim 22\%$,属于铬镍不锈钢,室温组织为奥氏体。奥氏体不锈钢具有良好的塑性、韧性和焊接性,不能利用热处理进行强化,而是通过冷加工硬化来提高强度和硬度。它通常没有磁性,但经过冷作加工产生变形,诱导马氏体形成,会具有较弱的磁性。

奥氏体不锈钢在氧化性、中性及弱还原性介质中具有良好的耐蚀性,是应用最广泛的不锈钢,其中以 18−8 型不锈钢最具有代表性。它具有较好的力学性能,便于机加工、冲压和焊接,在氧化性环境中具有优良的耐蚀性能和良好的耐热性能,但对溶液中含有氯离子(Cl^-)的介质特别敏感,易于发生应力腐蚀。

奥氏体不锈钢不仅耐蚀性好,而且冷、热加工性和焊接性也好,广泛应用于化学工业、食品工业、家庭用品、建筑装饰、车辆船舶等领域,用于制造在腐蚀性介质中工作的设备零件,如管道、容器、抗磁仪表、医疗器械等。

(4)铁素体不锈钢。铁素体不锈钢的含碳量低于 0.15%,含铬量为 $12\% \sim 30\%$,属于铬不锈钢,室温组织为铁素体,不能用热处理强化,通常在退火状态下使用。铁素体不锈钢耐酸腐蚀性好、抗应力腐蚀性能好,但强度低,有脆化倾向,主要用于制造硝酸化工设备的吸收塔、热交换器、储运硝酸用的槽罐,以及不承受冲击载荷的其他零部件和设备。

根据 C 和 N 的总含量,铁素体不锈钢分为普通纯度和超高纯度两个系列。普通纯度铁素体不锈钢碳的质量分数在 0.10% 左右,并含有少量的氮,典型牌号为 10Cr17、10Cr17Mo 等,材质较脆,焊接性较差;超高纯度铁素体不锈钢中 C 和 N 的总含量很低,为 $0.025\% \sim 0.035\%$,因此,这类钢的耐蚀性、韧性和焊接性都比较好,在家电、汽车等行业得到了广泛应用,如洗衣机的内筒、汽车排气系统零部件、建筑装饰件等的制造,典型牌号有 019Cr19Mo2NbTi、008Cr27Mo 等。

(5)马氏体不锈钢。马氏体不锈钢的含碳量为 $0.08\% \sim 1.2\%$,含铬量为 $12\% \sim 18\%$,属于铬不锈钢。典型钢种为 Cr13 型,主要牌号有 12Cr13、20Cr13、30Cr13 等。

12Cr13 和 20Cr13 钢的含碳量低,具有耐大气、蒸汽等介质腐蚀的能力,主要用于制造耐蚀结构零件,如汽轮机叶片、锅炉管附件等。30Cr13、40Cr13、68Cr17 等钢的含碳量高,强度和硬度高,但耐蚀性相对差一些,主要用于制造医疗器械、刃具等。

马氏体不锈钢的热处理与结构钢相同,用作高强度结构零件时,进行调质处理;用作弹簧元件时,进行淬火＋中温回火处理;用作医疗器械、量具时,进行淬火＋低温回火处理。

2. 耐热钢

耐热钢是指在高温下具有良好的化学稳定性或较高强度的钢材,广泛用于石油化工中的高温管线和加热炉、热电站的锅炉和汽轮机、汽车和船舶的内燃机、航空航天工业的喷气发动机等高温设备。耐热钢最基本的特性是要求具有高温化学稳定性和热强性。高温化学稳定性主要是抗氧化性,指金属在高温下抵抗氧化或腐蚀的性能;热强性是指金属在高温下具有足够的强度。

(1)耐热钢的成分。耐热钢的含碳量一般不高,主要合金元素有 Cr、Si、Al、Mo、W、Nb、V、Ti 等。耐热钢的抗氧化性主要取决于钢的化学成分,Cr、Si、Al 可在钢的表面形成致密的高熔点氧化膜 Cr_2O_3、SiO_2、Al_2O_3,保护钢材不受高温气体的腐蚀。Cr 是提高抗氧化性的主要元素,试验表明,在 650 ℃、850 ℃、950 ℃、1 100 ℃条件下满足抗氧化性要求,则钢中的铬含量必须分别达到 5%、12%、20%、28%。

钢中加入 Mo、W、Nb、V、Ti 等,不仅可以通过固溶强化提高原子间结合力,还可以形成稳定的第二相(WC、TiC、VC 等),起到弥散强化的作用。B、RE 等可以与晶界杂质形成高熔点化合物,减少晶界空位,细化晶粒,强化晶界。这些元素的加入大大提高了耐热钢的热强性。

(2)常用的耐热钢。根据服役条件不同,耐热钢可分为抗氧化钢和热强钢;根据组织不同,耐热钢可分为珠光体型、奥氏体型、铁素体型、马氏体型等。

1)珠光体耐热钢。珠光体耐热钢是以 Cr、Mo 为主要合金元素的钢,其室温组织以珠光体为主,Cr 的质量分数为 0.50%～12.5%,Mo 的质量分数为 0.50%～1%,合金元素总的质量分数小于 13%。这类钢不仅具有良好的抗氧化性和热强性,还具有一定的抗硫和氢腐蚀的能力,同时具有良好的冷、热加工性能,主要用于 600 ℃以下工作的动力、石油化工等工业设备。常用牌号有 15CrMo、12Cr1MoV、35CrMoV、25Cr2MoV 等。

2)奥氏体耐热钢。奥氏体耐热钢含有较多的 Cr 和 Ni,经固溶处理后组织为奥氏体。这类钢的热稳定性和热强性高,工作温度为 650～900 ℃,常用于制造一些比较重要的零件,如燃气轮机轮盘和叶片、排气阀、炉用零件等。一般需进行固溶处理和时效处理进一步稳定组织,提高强度。常用牌号有 06Cr18Ni11Ti、06Cr25Ni20、16Cr23Ni13 等。

3)铁素体耐热钢。铁素体耐热钢的主要合金元素是 Cr,通过退火可得到铁素体组织。这类钢抗高温氧化性好,但强度不高,可制作在 900 ℃以下工作的耐氧化零件,如油喷嘴、炉用部件、燃烧室等。常用牌号有 06Cr13Al、10Cr17、16Cr25N 等。

4)马氏体耐热钢。马氏体耐热钢的主要合金元素是 Cr,淬透性好,热稳定性及热强性均较高。经调质处理后组织为回火索氏体,可用于制造 600 ℃以下受力较大的零件,如汽轮机叶片、汽车阀门、内燃机进气阀、转子、轮盘及紧固件等。常用牌号有 12Cr13、20Cr13、42Cr9Si2、14Cr11MoV 等。

3. 耐磨钢

耐磨钢是指具有高耐磨性的钢,主要用于在工作过程中承受高压力、严重磨损和强烈冲击的零件,如坦克和车辆履带板、挖掘机铲斗、破碎机颚板、铁道道岔、防弹板等。最常用的耐磨钢为高锰钢。

高锰钢的成分特点是高碳、高锰。含碳量为 0.70%～1.40%,以保证钢的耐磨性和强度;含锰量为 6.0%～19.0%;此外还含有 Cr、Mo、Ni 等元素。锰是扩大奥氏体区的元素,锰和碳的质量分数比为 8～12,以保证完全获得奥氏体组织。

高锰钢的铸态组织是奥氏体和沿晶界析出的网状碳化物。碳化物会显著降低钢的强度、韧性和耐磨性,因此必须将钢加热至 1 050～1 100 ℃的单相奥氏体相区保温,使碳化物全部溶解,然后在水中快冷获得单相奥氏体组织,这种热处理工艺称为水韧处理。经水韧处理的高锰钢韧性很好,但硬度很低(约为 210 HBW)。当工件在工作中受到强烈冲击或严重摩擦而变形时,表面层产生强烈的加工硬化,并且还会发生马氏体转变,使硬度显著提高,心部则仍保持原来的高韧性状态。需要注意的是,高锰钢具有高耐磨性的重要条件是承受强烈冲击或严重摩擦,否则是不耐磨的。

高锰钢在使用状态下为单相奥氏体组织,极易加工硬化,很难进行切削加工,因此大多数高锰钢零件是采用铸造成形的。常用牌号有 ZG100Mn13、ZG120Mn13、ZG120Mn13Cr2 等。

◆ 5.3 铸 铁

铸铁是指碳的质量分数大于 2.11%的铁碳合金。工业上常用的铸铁碳的质量分数在 3.0%～4.5%之间,含有较多的 Si、Mn、S、P 等元素。为了提高铸铁的使用性能,可以在铸铁中加入合金元素形成合金铸铁。

铸铁

铸铁的抗拉强度较低,塑性和韧性较差,但它具有良好的铸造性、切削加工性、减振性和减摩性,且生产工艺简单、成本低廉,因此在工业生产中应用广泛,可以用来制造各种机器零部件,如机床的床身、床头箱,发动机的气缸体、缸套、活塞环、曲轴、凸轮轴等。铸铁的用量仅次于钢材,据统计,在汽车、农机和机床中,铸铁的用量占 50%～80%。随着科技的发展,新型铸铁不断出现,为铸铁的应用开辟了更广泛的前景。

5.3.1 铸铁的石墨化

在铁碳合金中,除了固溶于基体中的碳以外,碳以两种形式存在,即化合态的渗碳体(Fe_3C)和游离态的石墨(C)。渗碳体在高温下长时间加热便会分解为铁和石墨($Fe_3C \rightarrow Fe + C$)。可见,渗碳体为亚稳相,石墨才是稳定相。影响铸铁组织和性能的关键就是碳在铸铁中的形态以及石墨的数量、大小、形状和分布。因此,描述铁碳合金组织转变的相图实际上有两个,一个是 $Fe-Fe_3C$ 相图,另一个是 $Fe-C$ 相图。将上述两种相图叠加在一起,就形成了铁碳合金双重相图,如图 5-6 所示。图中实线表示 $Fe-Fe_3C$ 相图,虚线表示 $Fe-C$

相图。

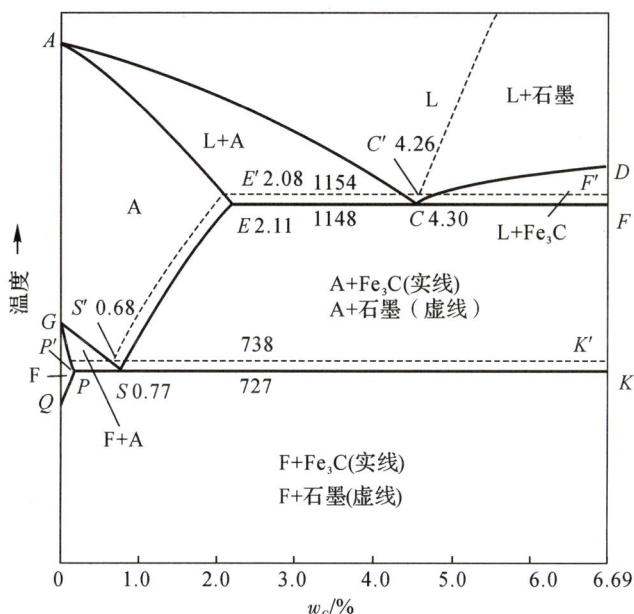

图 5-6　铁碳合金双重相图

1.石墨化过程

铸铁的石墨化就是铸铁中碳原子析出和形成石墨的过程。石墨既可以从液体中结晶出来,也可以从奥氏体中析出,还可以由渗碳体分解得到。根据 Fe-C 相图,过共晶铸铁的石墨化过程可以分为三个阶段。

第一阶段石墨化:铸铁直接从液体中析出一次石墨;在共晶温度 1 154 ℃时发生共晶反应形成共晶石墨。其反应式为

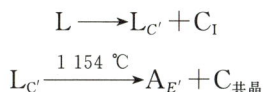

$$L \longrightarrow L_{C'} + C_I$$

$$L_{C'} \xrightarrow{\text{1 154 ℃}} A_{E'} + C_{共晶}$$

第二阶段石墨化:在 1 154～738 ℃范围内,奥氏体沿 $E'S'$ 线析出二次石墨。

第三阶段石墨化:在共析温度 738 ℃,通过共析反应析出石墨,反应式为

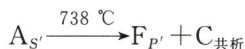

$$A_{S'} \xrightarrow{\text{738 ℃}} F_{P'} + C_{共析}$$

如果上述三个阶段的石墨化充分进行,则铸铁室温组织由铁素体与石墨两相组成。在实际生产中,由于化学成分、冷却速度等不同,各阶段石墨化过程进行的程度也不同,从而可获得不同的铸态组织,使铸铁得到不同的性能。

2.石墨化因素

影响石墨化的因素主要有化学成分和冷却速度。

(1)化学成分。按对石墨化的作用不同,铸铁中的元素可分为两类:促进石墨化元素(C、Si、Al、Cu、Ni、Co 等)和阻碍石墨化元素(Cr、W、Mo、V、Mn、S 等)。

C、Si 促进石墨化的作用最强烈。C 是铸铁中产生石墨的基础,随着含碳量的增加,液态铸铁中的石墨晶核数增多,因此碳能促进石墨化。Si 能降低碳在液相及固相的溶解度,因而能促进石墨化。在实际生产中,调整 C、Si 含量是控制铸铁组织和性能的基本措施之一。C、Si 含量越高,越易石墨化。

S 是强烈阻碍石墨化,促进白口化的元素;P 对石墨化影响不大,但其含量高时会形成共晶组织而降低力学性能。因此,铸铁中要限制 S、P 含量。

(2)冷却速度。铸铁冷却速度越缓慢,越有利于原子的扩散,石墨化进行得就越充分。当铸铁冷却速度较快时,碳原子很难扩散,更容易析出渗碳体,形成白口组织,不利于石墨化的进行。

5.3.2 铸铁的分类、组织与性能

1.铸铁的分类

(1)按碳的存在形式分类,铸铁可分为白口铸铁、灰口铸铁和麻口铸铁。

1)白口铸铁。白口铸铁中的碳完全以渗碳体的形式存在,断口呈亮白色。这种铸铁组织中渗碳体以共晶莱氏体的形式存在,硬度高、脆性大,很难切削加工,因此主要作炼钢原料使用。

2)灰口铸铁。灰口铸铁中的碳以石墨的形式存在,断口呈暗灰色,是应用最为广泛的铸铁。

3)麻口铸铁。麻口铸铁中碳以石墨和渗碳体的混合形式存在,断口呈黑白相间的麻点。这类铸铁硬而脆,切削加工困难,工业上很少应用。

(2)按石墨的形态分类,铸铁可分为以下四种:①灰铸铁,铸铁中的石墨形状呈片状,如图 5-7(a)所示。②球墨铸铁,铸铁中的石墨呈球状,如图 5-7(b)所示。③可锻铸铁,铸铁中的石墨呈不规则的团絮状,如图 5-7(c)所示。④蠕墨铸铁,铸铁中的石墨呈短小的蠕虫状,如图 5-7(d)所示。

(3)按化学成分分类,铸铁可分为普通铸铁和合金铸铁。普通铸铁就是含有常规元素的铸铁。合金铸铁属于特殊性能铸铁,是向普通铸铁中加入一定量的合金元素,如 Cr、Ni、Mo、Si、V 等,使其具有一些特殊性能的铸铁,如耐热铸铁、耐蚀铸铁、耐磨铸铁等。

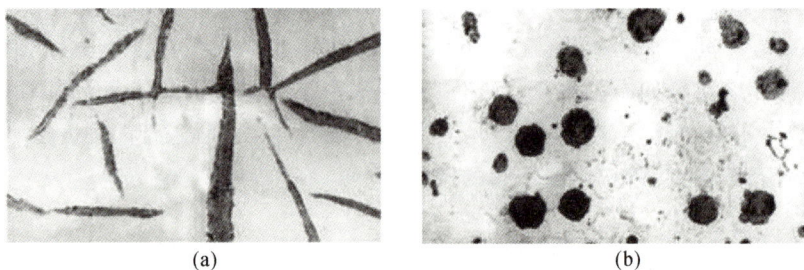

| (a) | (b) |

图 5-7 铸铁中的石墨形态

(a)灰铸铁;(b)球墨铸铁;

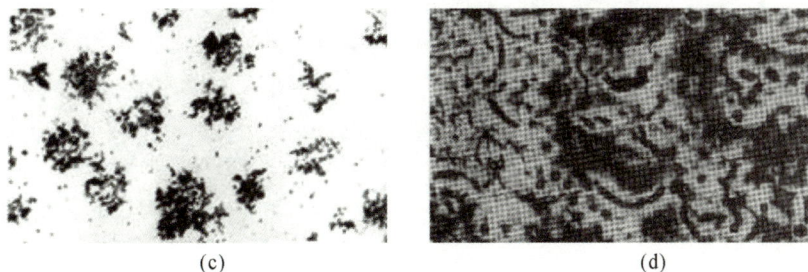

续图 5-7　铸铁中的石墨形态

(c)可锻铸铁；(d)蠕墨铸铁

2.铸铁的组织和性能

铸铁的基体组织主要有铁素体、铁素体＋珠光体、珠光体、下贝氏体、马氏体、索氏体等。铸铁的组织是在钢基体上分布着不同形态的石墨,因此,铸铁的力学性能主要取决于铸铁基体组织以及石墨的数量、形状、大小及分布特点。与基体组织相比,石墨的力学性能很低。石墨的硬度仅为 3～5HBW,抗拉强度约为 20 MPa,伸长率接近于零。石墨分布于基体上相当于孔洞或裂纹,割裂了基体的连续性,降低了有效承载面积,并引起应力集中。石墨数量越多,尺寸越大,分布越不均匀,对基体的割裂作用越严重,铸铁的力学性能越低。

虽然铸铁的力学性能不如钢,但由于石墨的存在,所以铸铁具备了许多比钢优越的特殊性能。石墨使切屑易断,使铸铁具有优异的切削加工性能和良好的铸造性能;石墨有良好的润滑作用,并能储存润滑油,使铸铁有很好的耐磨性能;石墨组织松软,对振动的传递起削弱作用,使铸铁有很好的减振性能;大量石墨的割裂作用,使铸铁的缺口敏感性低。

5.3.3　常用铸铁

1.灰铸铁

(1)灰铸铁的成分、组织和性能。灰铸铁是价格便宜、应用最广泛的铸铁材料。在铸铁总产量中,灰铸铁占 80％以上。

灰铸铁的化学成分大致是 $w_C＝2.5％～4.0％,w_{Si}＝1.0％～2.5％,w_{Mn}＝0.5％～1.4％,w_S≤0.15％,w_P≤0.3％$。

灰铸铁的显微组织是在钢基体上分布着片状石墨。灰铸铁的基体组织有铁素体、铁素体＋珠光体、珠光体三种,如图 5-8 所示。

由于片状石墨对基体的割裂作用大,基体的利用率仅为 30％～50％,而且在片状石墨的尖角处应力集中大,使得灰铸铁的抗拉强度、塑性和韧性远远低于碳钢。石墨片的数量越多、尺寸越粗大、分布越不均匀,对基体的割裂作用和应力集中现象越严重,铸铁的强度、塑性和韧性就越低。但灰铸铁的抗压强度主要取决于基体组织,与石墨的存在基本无关,其抗压强度是抗拉强度的 2.5～4 倍。因此,灰铸铁主要用于机床床身、底座等受压零部件。

(2)灰铸铁的孕育处理。为了提高灰铸铁的力学性能,生产中常采用孕育处理。所谓孕育处理,就是在浇注前向铁液中加入少量的孕育剂(如硅铁和硅钙合金等),使铁液内同时生成大量均匀分布的石墨晶核,改变铁液的结晶条件,使灰铸铁获得细晶粒的珠光体基体和细

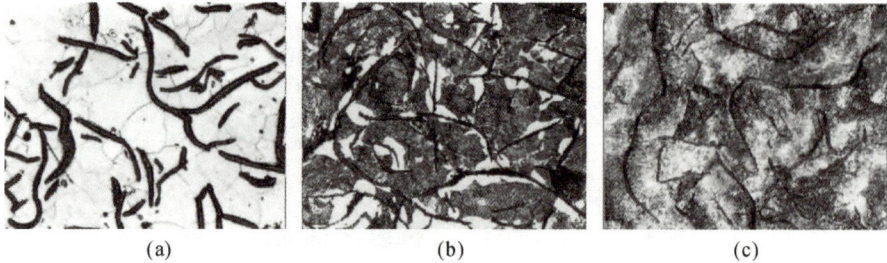

图 5-8 灰铸铁的显微组织

(a)铁素体灰铸铁;(b)铁素体+珠光体灰铸铁;(c)珠光体灰铸铁

片状石墨组织。经过孕育处理的灰铸铁称为孕育铸铁。孕育铸铁有较高的强度和硬度,并且塑性和韧性也有所提高。因此,孕育铸铁常用来制造力学性能要求较高、截面尺寸变化较大的大型铸件,如气缸、曲轴、凸轮、机床床身等。

(3)灰铸铁的牌号及用途。灰铸铁的牌号用"HT+数字"表示,其中,"HT"是"灰铁"两字汉语拼音首字母;后面的数字表示最低抗拉强度。例如,HT100,表示最低抗拉强度为100 MPa 的灰铸铁。

常用灰铸铁的牌号、组织、性能及用途见表 5-5。

表 5-5 灰铸铁的牌号、组织、性能及用途(摘自 GB/T 9439—2023)

牌号	力学性能		显微组织		应用举例
	抗拉强度 R_m/MPa ≥	硬度 HBW	基体	石墨	
HT100	100	170	F	粗片状	用于低载荷和不重要的零件,如盖、外罩、手轮、支架、重锤等
HT150	150	125～205	F+P	较粗片状	用于承受中等载荷的零件,如底座、支柱、齿轮箱、工作台、刀架、阀体、管路附件等
HT200	200	150～230	P	中等片状	用于承受较大载荷的重要零件,如气缸体、气缸盖、齿轮、机床床身、缸套、活塞、联轴器、轴承座等
HT225	225	170～240			
HT250	250	180～250			
HT275	275	190～260			
HT300	300	200～275			
HT350	350	220～290		较细片状	属于孕育铸铁,用于制造承受高载荷的零件,如重型机械等受力较大的床身、机座、主轴箱、齿轮等;大型发动机的曲轴、气缸体、缸套等;高压的油缸、泵体、阀体等

(4)灰铸铁的热处理。热处理只能改变灰铸铁的基体组织,而不能改变石墨的形状、大小和分布。因此,灰铸铁的热处理主要用来消除铸件的内应力和白口组织、改善切削加工性、稳定铸件尺寸和提高表面硬度及耐磨性等。灰铸铁的热处理主要有去应力退火(时效处理)、石墨化退火、正火及表面淬火等。例如,对于大型复杂的铸件或精度要求较高的铸件,如机床床身、柴油机气缸等,在粗加工后需安排去应力退火工艺;铸铁件的表面或某些薄壁处易出现白口组织,需利用石墨化退火来消除白口组织;对于机床导轨、缸体内壁等要求表面硬度高、耐磨性好的铸件,可进行表面淬火处理。

2.球墨铸铁

球墨铸铁是经过球化处理得到的。球化处理是在铁液出炉后、浇注前加入一定量的球化剂和孕育剂,使石墨球化的过程。我国普遍使用稀土镁合金作为球化剂,由于球化剂中的镁是强烈阻碍石墨化的元素,为了避免出现白口,并使石墨球细小、均匀分布,球化处理时还必须进行孕育处理。常用的孕育剂为75%的硅铁和硅钙合金等。

(1)球墨铸铁的成分、组织和性能。与灰铸铁相比,球墨铸铁的成分要求比较严格,一般为 $w_C = 3.6\% \sim 3.9\%$,$w_{Si} = 2.0\% \sim 2.8\%$,$w_{Mn} = 0.6\% \sim 0.8\%$,$w_S \leqslant 0.07\%$,$w_P \leqslant 0.1\%$。

球墨铸铁的显微组织由基体组织和球状石墨组成。球墨铸铁在铸态下的基体组织有铁素体、铁素体+珠光体、珠光体三种,如图5-9所示。通过合金化和热处理,还可获得下贝氏体、马氏体、索氏体等基体组织。

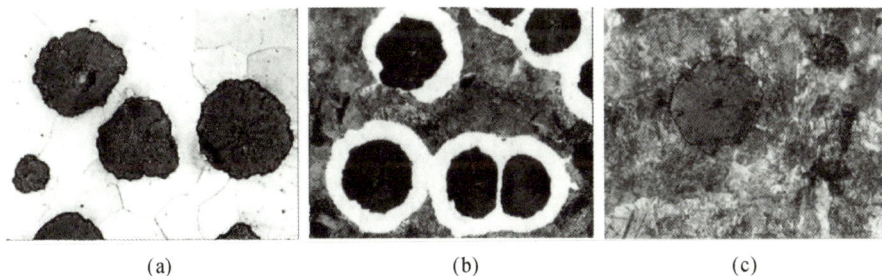

图5-9 球墨铸铁的显微组织
(a)铁素体球墨铸铁;(b)铁素体+珠光体球墨铸造;(c)珠光体球墨铸铁

由于球状石墨对基体的割裂作用和引起应力集中的程度大为减小,基体的作用得到了充分发挥,基体的有效承载面积从灰铸铁的 30%~50% 提高到了 70%~90%。所以,与灰铸铁相比,球墨铸铁的强度、塑性和韧性大大提高。球墨铸铁的综合力学性能接近于钢,屈强比比钢约高一倍,疲劳强度、抗拉强度接近中碳钢,耐磨性优于表面淬火钢,铸造性能优于铸钢,加工性能几乎可与灰铸铁媲美。因此,球墨铸铁在生产中得到了越来越广泛的应用,可代替铸钢、锻钢等制造一些受力复杂、性能要求较高的重要零件。所谓"以铁代钢,以铸代锻",主要指球墨铸铁。

(2)球墨铸铁的牌号及用途。球墨铸铁牌号用"QT+数字-数字"表示,其中,"QT"是"球铁"两字汉语拼音首字母,后面的两组数字分别表示最低抗拉强度和最低断后伸长率。例如,QT500-7,表示最低抗拉强度为500 MPa、最低断后伸长率为7%的球墨铸铁。球墨铸铁的牌号、组织、性能及用途见表5-6。

表 5-6　球墨铸铁的牌号、组织、性能及用途(摘自 GB/T 1348—2019)

牌号	R_m/MPa	$R_{p0.2}$/MPa	A/%	硬度 HBW	基体组织	应用举例
	≥					
QT400-18	400	250	18	120~175	F	汽车、拖拉机底盘零件;阀门的阀体、阀盖等
QT450-10	450	310	10	160~210	F	
QT500-7	500	320	7	170~230	F+P	机油泵齿轮、飞轮、电动机壳、齿轮箱等
QT600-3	600	370	3	190~270	P+F	内燃机、汽油机、柴油机曲轴;磨床、铣床、车床的主轴;气缸体、气缸套等
QT700-2	700	420	2	225~305	P	
QT800-2	800	480	2	245~335	P 或 S	
QT900-2	900	600	2	280~360	B 或 M	汽车后桥螺旋锥齿轮、传动齿轮,内燃机曲轴、凸轮轴等

(3)球墨铸铁的热处理。因球状石墨对基体的割裂作用较小,故球墨铸铁的力学性能主要取决于基体组织。球墨铸铁通过热处理改善性能的效果比较明显。凡是钢可以进行的热处理,一般都适合于球墨铸铁。球墨铸铁常用的热处理工艺有退火、正火、调质、等温淬火等。例如,通过调质处理可获得综合力学性能较高的球墨铸铁件,主要用于制造柴油机连杆、曲轴等零件。

3. 可锻铸铁

可锻铸铁是由白口铸铁经石墨化退火获得的有较高韧性的铸铁。由于具有一定的塑性和韧性,所以称为可锻铸铁。

(1)可锻铸铁的成分、组织和性能。可锻铸铁的成分一般为 $w_C = 2.2\% \sim 2.8\%$, $w_{Si} = 1.2\% \sim 2.0\%$, $w_{Mn} = 0.4\% \sim 1.2\%$, $w_S \leqslant 0.2\%$, $w_P \leqslant 0.1\%$。

可锻铸铁的基体组织有铁素体和珠光体两种,如图 5-10 所示。铁素体基体的可锻铸铁心部由于石墨析出而呈黑色,表面因退火时脱碳而呈白亮色,因此又称黑心可锻铸铁。

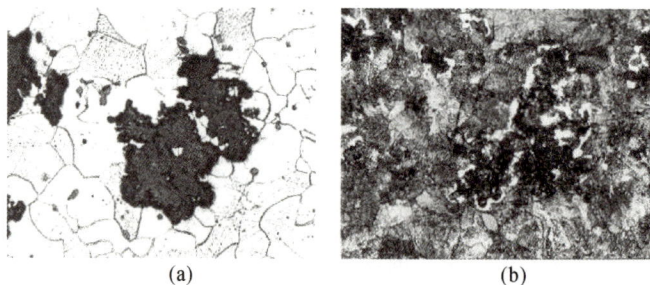

图 5-10　可锻铸铁的显微组织
(a)铁素体可锻铸铁;(b)珠光体可锻铸铁

可锻铸铁中的石墨呈团絮状,对钢基体的割裂作用较小,力学性能比灰铸铁高,但可锻铸铁并不能进行锻造。可锻铸铁主要用于制造形状复杂、要求有一定塑性和韧性、承受冲击和振动的薄壁零件,如汽车和拖拉机的前后轮壳、减速器外壳、低压阀门等。

（2）可锻铸铁的牌号及用途。可锻铸铁牌号用"KTH/KTZ＋数字–数字"表示。其中，"KT"是"可铁"两字汉语拼音首字母；"H"表示黑心可锻铸铁；"Z"表示珠光体可锻铸铁；后面的两组数字分别表示最低抗拉强度和最低断后伸长率。可锻铸铁的牌号、组织、性能及用途见表 5－7。

表 5－7　可锻铸铁的牌号、组织、性能及用途（摘自 GB/T 9440—2010）

类型	牌号	R_m/MPa	$R_{p0.2}$/MPa	A/%	硬度 HBW	应用举例
		≥				
黑心可锻铸铁	KTH300－06	300	—	6	≤150	制造管道配件，如弯头、三通、阀门等
	KTH330－08	330	—	8		制造各种扳手、车轮壳、农具等
	KTH350－10	350	200	10		
	KTH370－12	370	—	12		制造汽车、拖拉机前后轮壳、减速器壳、转向机构、制动器等
珠光体可锻铸铁	KTZ450－06	450	270	6	150～200	制造要求较高强度和耐磨性的零件，如曲轴、连杆、齿轮、摇臂等
	KTZ550－04	550	340	4	180～230	
	KTZ650－02	650	430	2	210～260	
	KTZ700－02	700	530	2	240～290	

4.蠕墨铸铁

蠕墨铸铁是在浇注前向铁液中加入蠕化剂经过蠕化处理而获得的铸铁。采用的蠕化剂主要有镁钛合金、稀土镁钛合金或稀土镁钙合金等。

（1）蠕墨铸铁的成分、组织和性能。蠕墨铸铁的成分一般为 $w_C＝3.5\%～3.9\%$，$w_{Si}＝2.1\%～2.8\%$，$w_{Mn}＝0.4\%～0.8\%$，$w_S≤0.07\%$，$w_P≤0.1\%$。

蠕墨铸铁的显微组织由基体组织和蠕虫状石墨组成，如图 5－11 所示。石墨的形态介于片状和球状之间，形状与片状石墨类似，但片短而厚，端部圆滑。基体组织有铁素体、铁素体＋珠光体、珠光体三种。

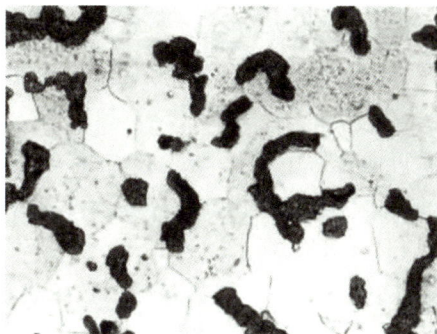

图 5－11　蠕墨铸铁的显微组织

由于蠕虫状石墨介于片状和球状石墨之间,所以蠕墨铸铁的性能介于灰铸铁和球墨铸铁之间。其力学性能优于灰铸铁,低于球墨铸铁;但耐热疲劳性、减振性、铸造性和切削加工性优于球墨铸铁,与灰铸铁相近。蠕墨铸铁主要用于制造承受热循环载荷的零件和结构复杂、强度要求高的零件,如钢锭模、柴油机缸盖、排气管、液压阀的阀体、耐压泵的泵体等。

(2)蠕墨铸铁的牌号及用途。蠕墨铸铁牌号用"RuT＋数字"表示,其中,"RuT"是"蠕铁"两字汉语拼音首字母,数字表示最低抗拉强度。蠕墨铸铁的牌号、组织、性能及用途见表5－8。

表5－8 蠕墨铸铁的牌号、组织、性能及用途(摘自 GB/T 26655—2022)

牌号	R_m/MPa	$R_{p0.2}$/MPa	A/%	硬度 HBW	基体 组织	应用举例
	≥					
RuT300	300	210	2.0	140～210	F	制造排气管、变速箱体、气缸盖、液压件、纺织机零件、钢锭模等
RuT350	350	245	1.5	160～220	F＋P	制造重型机床,大型变速器箱体、盖、座,飞轮,起重机卷筒等
RuT400	400	280	1.0	180～240	P＋F	制造活塞环、气缸套、制动盘、制动鼓、钢珠研磨盘、吸淤泵体等
RuT450	450	315	1.0	200～250	P	
RuT500	500	350	0.5	220～260	P	制造高载荷内燃机缸体、气缸套等

5.3.4 合金铸铁

随着铸铁在生产中的广泛应用,对铸铁也提出了各种各样的特殊性能要求,如耐热、耐磨、耐蚀及其他特殊性能。因此,就需要在普通铸铁中加入各种合金元素以满足特殊性能要求。

1. 耐热铸铁

耐热铸铁具有良好的耐热性,可以代替耐热钢制造加热炉底板、烟道挡板、坩埚、废气道、热交换器及压铸模等。铸铁的耐热性是指铸铁在高温下抗氧化和抗热生长的能力。热生长现象主要是氧化性气体沿石墨的边界和裂纹渗入铸铁内部所造成的内部氧化,形成密度小而体积大的氧化物,以及渗碳体分解为石墨所引起的体积膨胀。其结果会使铸件精度下降、产生显微裂纹。

为了提高铸铁的耐热性,可向铸铁中加入 Si、Al、Cr 等合金元素,使铸铁表面形成一层致密的 SiO_2、Al_2O_3、Cr_2O_3 氧化膜,阻止氧化性气体渗入铸铁内部产生内部氧化。

常用耐热铸铁牌号有 HTRCr、HTRCr2、HTRSi5、QTRSi4、QTRAl22 等。牌号中的"HTR"和"QTR"分别表示耐热灰铸铁和耐热球墨铸铁,数字表示合金元素的质量百分数。

2. 耐磨铸铁

耐磨铸铁按其工作条件可分为减摩铸铁和抗磨铸铁两类。

（1）减摩铸铁。减摩铸铁是在润滑条件下工作的铸铁,如机床导轨、发动机的气缸套、活塞环、轴承等。其组织应为在软基体上均匀分布着硬质点。工作时,在摩擦力的作用下,软基体磨损后形成沟槽,可以保持油膜,硬质点起耐磨作用。常用的减摩铸铁有珠光体灰铸铁和高磷铸铁等。

珠光体灰铸铁中,组成珠光体的铁素体为软基体,渗碳体为硬质点。同时石墨本身也是良好的润滑剂,可以储存润滑油。为进一步提高珠光体铸铁的耐磨性,可将其磷的质量分数提高到 0.4%～0.6%,形成高磷铸铁。高磷铸铁中的磷形成磷共晶,呈断续网状分布,形成坚硬的骨架,有利于提高铸铁的耐磨性。在此基础上,还可以加入 Cr、Mo、W、Ti、Nb 等合金元素,以改善组织,进一步提高基体的强度,从而使耐磨性大大改善。

常用减摩铸铁是耐磨灰铸铁,其牌号用字母"HTM"表示,如 HTMCu1CrMo。

（2）抗磨铸铁。抗磨铸铁是在尤润滑、十摩擦条件下工作的,如犁铧、轧辊、球磨机磨球、抛丸机叶片等。抗磨铸铁要求具有均匀的高硬度组织。常用的抗磨铸铁有冷硬铸铁（如HTLCr1Ni1Mo）、抗磨白口铸铁（如 BTMCr15Mo）和中锰球墨铸铁（如 QTMMn8-30）等。

普通白口铸铁脆性很大,不能承受冲击载荷,因此生产中可用激冷的方法获得冷硬铸铁,它具有外硬里韧的特点,可承受一定的冲击。抗磨白口铸铁是向白口铸铁中加入适量的Cr、Mo、W、Cu、V 等合金元素形成的,其硬度和耐磨性更高且具有一定的韧性。

中锰球墨铸铁具有较高的耐磨性、较好的强度和韧性,成本低,广泛用于制造在冲击载荷和磨损条件下工作的零件。

3. 耐蚀铸铁

在铸铁中加入 Si、Al、Cr、Ni、Mo、Cu 等合金元素,使铸铁表面生成一层致密稳定的氧化膜,并提高铸铁基体的电极电位,从而提高铸铁的耐腐蚀能力,即耐蚀铸铁。耐蚀铸铁主要用于化工部门,制作管道、阀门、反应锅及容器等。

耐蚀铸铁包括高硅、高硅铝、高铝、高铬等耐蚀铸铁,其中最常用的是高硅耐蚀铸铁。这种铸铁中 $w_C<0.8\%$,$w_{Si}=14\%～18\%$,它在含氧酸（如硝酸、硫酸等）中的耐蚀性不亚于 12Cr18Ni9 钢;但在碱性介质和盐酸、氢氟酸中,由于表面层的 SiO_2 保护膜受到破坏,所以耐蚀性下降。加入 6.5%～8.5%的铜,可以改善它在碱性介质中的耐蚀性。

常用高硅耐蚀铸铁的牌号有 HTSSi11Cu2CrR、HTSSi15R、HTSSi15Cr4MoR、HTS-Si15Cr4R 等。牌号中"HTS"表示耐蚀灰铸铁,"R"是稀土代号,数字表示合金元素的质量百分数。

◆ 5.4　非铁金属

非铁金属的种类很多,按其特点可分为轻金属（铝、镁、钛等）、重金属（铜、铅、锌等）、贵金属（金、银、铂等）和稀有金属（钨、钼、铌等）等。非铁金属的冶炼比较困难,成本比较高,因此其产量和使用量不如钢铁材料。但

非铁合金及
粉末冶金

是与钢铁材料相比,非铁金属具有特殊的电性能、磁性能、热性能,以及密度小、比强度大、耐蚀性高等优良的特性,因此已经成为现代工业中不可缺少的重要金属材料,广泛应用于航空、航天、航海、汽车、石化、电力、核能及计算机等行业。常用的非铁金属有铝及铝合金、铜及铜合金、钛及钛合金、轴承合金等。

5.4.1 铝及铝合金

铝及铝合金是非铁金属中应用最广的金属材料,其产量仅次于钢铁,居金属材料第二位,广泛用于电气、车辆、化工、航空等行业。

1. 纯铝

(1)纯铝的性能。铝是地壳中含量最丰富的金属元素。纯铝中铝的质量分数不低于99.00%,呈银白色,熔点为660 ℃,密度为2.7 g/cm³(约为铁的1/3),具有面心立方晶格,无同素异构转变,无铁磁性。纯铝具有良好的导电和导热性能,导电性仅次于银和铜。纯铝的化学性质活泼,与氧的亲和力强,容易在其表面形成致密的 Al_2O_3 薄膜,因此其在大气和淡水中具有良好的耐蚀性,但纯铝不耐酸、碱和盐等介质的腐蚀。纯铝的强度低($R_m=80\sim100$ MPa),但塑性很好($A=35\%\sim40\%$),不宜用来制造承受载荷的结构零件。纯铝不能用热处理进行强化,可以通过合金化和冷变形强化来提高强度。工业纯铝中通常会含有Fe、Si、Cu、Zn等杂质,随杂质含量增多,其强度提高,但导电性、导热性、耐蚀性及塑性会降低。

(2)纯铝的牌号。纯铝分为未加工纯铝(铸造纯铝)和压力加工纯铝(变形纯铝)两种。

根据《铸造有色金属及其合金牌号表示方法》(GB/T 8063—2017)的规定,铸造纯铝的牌号用"Z+Al+数字"表示。其中,元素符号 Al 后面的数字表示铝的名义含量。例如,ZAl99.5,表示 $w_{Al}=99.5\%$ 的铸造纯铝。

根据《变形铝及铝合金牌号表示方法》(GB/T 16474—2011)的规定,按化学成分已在国际牌号注册组织命名的变形铝及铝合金,可直接采用国际四位数字体系牌号;未在该组织命名的则按四位字符体系牌号命名。

变形纯铝四位字符体系牌号的表示方法如下:

$$1\times\times\times$$

其中,牌号的最后两位数字表示最低铝百分含量。当最低铝百分含量精确到0.01%时,牌号的最后两位数字就是最低铝百分含量中小数点后面的两位。牌号第二位的字母表示原始纯铝的改型情况。如果是字母 A,则表示为原始纯铝;如果字母是 B~Y,则表示为原始纯铝的改型,与原始纯铝相比,其元素含量略有改变。

例如,1A97,表示 $w_{Al}=99.97\%$ 的原始纯铝;1B30,表示 $w_{Al}=99.30\%$ 的改型纯铝。

(3)纯铝的用途。纯铝的塑性很好,可采用各种冷、热加工方法制成板、带、箔和挤压制品等。纯铝具有优良的物理、化学性能,用途非常广泛,主要用于制作电线、电缆、散热和换热器件,以及强度要求不高的耐蚀容器、用具等;制造铝箔和铝罐,用于食品和饮料的包装;用作熔炼铝合金的原料,作为铝合金型材表面的包覆层;等等。

2.铝合金的分类与热处理

纯铝的强度、硬度低,不适于制作结构零件。为了提高铝的力学性能,可以对纯铝进行合金化,在纯铝中加入合金元素 Si、Cu、Mg、Mn、Zn 等配制成铝合金。由于合金元素的强化作用,铝合金既具有较高的强度又保持了纯铝的优良特性。若再经冷变形强化或热处理,还可进一步提高强度。因此,铝合金可用于制造承受较大载荷的结构和机器零件,是工业生产中广泛使用的结构材料。

(1)铝合金的分类。以铝为基的二元合金一般具有共晶型相图,如图 5-12 所示。相图中的 DF 线是合金元素在 α 固溶体中的溶解度变化曲线,D 点是合金元素在 α 固溶体中的最大溶解度。根据铝合金相图,可将铝合金分为变形铝合金和铸造铝合金两类。

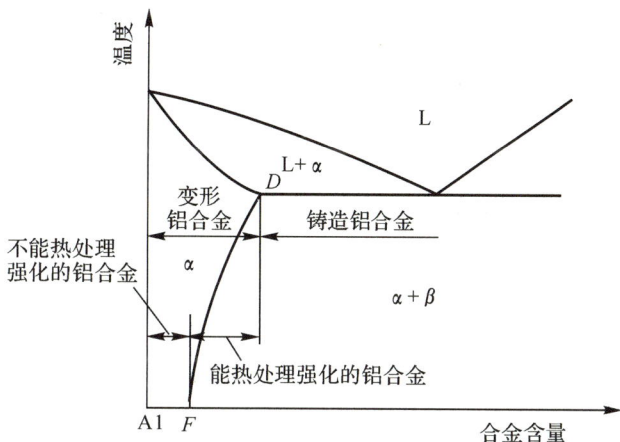

图 5-12　二元铝合金相图

成分在 D 点以左的合金,加热至一定温度时能形成单相 α 固溶体,塑性较高,适于压力加工,故称为变形铝合金。变形铝合金又可分为两类:一类是成分在 F 点以左的铝合金,在加热冷却过程中,α 固溶体中的成分不随温度而变化,不能进行热处理强化,称为不可热处理强化的铝合金;另一类是成分在 F 点和 D 点之间的铝合金,其固溶体成分随温度而发生变化,会析出第二相而使强度提高,称为可热处理强化的铝合金。

成分在 D 点以右的铝合金具有共晶组织,塑性差,不宜变形加工。其液态金属流动性好,适合于铸造加工,故称为铸造铝合金。

(2)铝合金的热处理。铝合金最常用的热处理工艺是固溶处理和时效强化。将铝合金加热到固溶线以上保温,获得单相 α 固溶体,然后快冷,使第二相来不及析出,得到过饱和、不稳定的 α 固溶体,这种热处理工艺称为固溶处理或淬火。固溶处理后铝合金的强度和硬度不高,具有很好的塑性。将固溶处理后的铝合金放置在室温下或加热到某一温度时,第二相从过饱和固溶体中析出,并与 α 固溶体保持共格关系,使强度、硬度明显提高,而塑性、韧性下降。这种固溶处理后随时间延长而发生硬化的现象称为时效或时效强化。淬火+时效处理是铝合金强化的重要手段。时效分为自然时效和人工时效两种。在室温下进行的时效称为自然时效,在加热条件下(一般为 100～200 ℃)进行的时效称为人工时效。

含 4%Cu 的铝合金时效曲线如图 5-13 所示,在自然时效的初始阶段,铝合金的强度、硬度变化不大,这段时间称为孕育期。在这段时间内,铝合金有很好的塑性,可以进行各种冷变形加工(如铆接、弯曲)等,这在铝合金生产中有实用意义。随着时效温度升高,孕育期缩短,时效速度加快,但是强化效果降低。低温可以抑制时效进行。例如冰箱铆钉(如 2A12 等)就是将其固溶处理后立即放入冰箱中保存,延缓其时效强化。使用时,从冰箱中取出铆钉,在一定时间内铆接。铆接后,铆钉在常温会发生自然时效而强化。

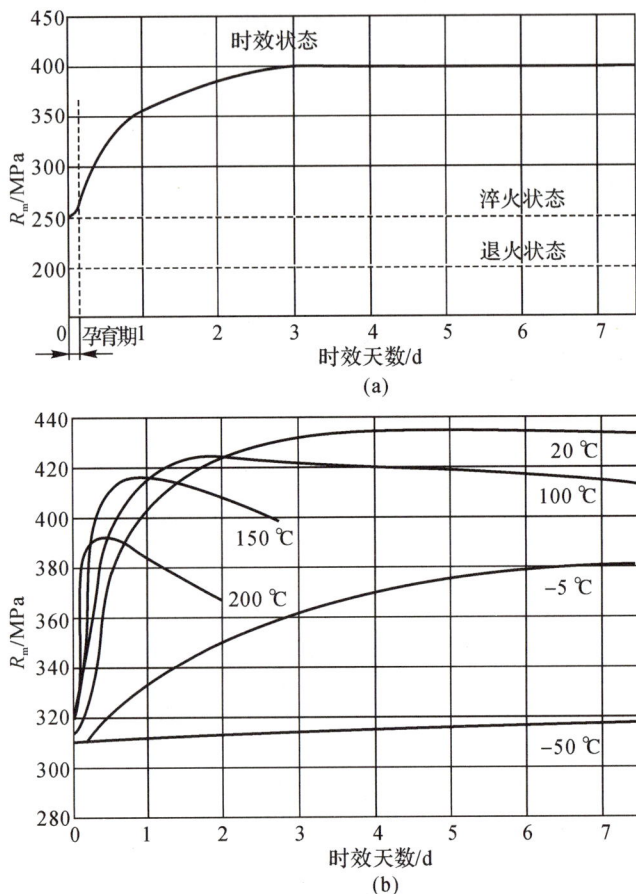

图 5-13 含 4%Cu 的 Al-Cu 合金时效曲线
(a)自然时效曲线;(b)人工时效曲线

3.变形铝合金

变形铝合金的牌号用 2×××～8××× 系列表示。牌号中的第一位数字表示铝合金的组别,见表 5-9。牌号中第二位的字母表示原始合金的改型情况,若为 A,则表示为原始合金;若为 B～Y,则表示为原始合金的改型合金。牌号的最后两位数字没有特殊意义,仅用来区分同一组中不同的铝合金。例如,2A50 表示铝铜合金;5A70 表示铝镁合金。

表 5-9　铝合金的组别

组别	牌号系列	组别	牌号系列
以 Cu 为主要合金元素	2×××	以 Mg 和 Si 为主要合金元素，并以 Mg_2Si 为强化相	6×××
以 Mn 为主要合金元素	3×××	以 Zn 为主要合金元素	7×××
以 Si 为主要合金元素	4×××	以其他元素为主要合金元素	8×××
以 Mg 为主要合金元素	5×××	备用合金组	9×××

按照变形铝合金的性能和用途不同,可将其分为防锈铝合金、硬铝合金、超硬铝合金和锻铝合金四种。

(1)防锈铝合金。防锈铝合金主要是 Al-Mn 系(3×××系)和 Al-Mg 系(5×××系)合金。Mn 和 Mg 的主要作用是提高铝合金的耐蚀性,并起到固溶强化作用。这类合金具有适中的强度、优良的塑性及良好的耐腐蚀性和焊接性能,属于不能热处理强化的铝合金,但可通过冷变形加工来提高其强度。防锈铝合金主要用于制造要求具有高耐腐蚀性的油罐、油箱、管道、铆钉、易拉罐、容器、防锈蒙皮等。常用的防锈铝合金有 3A21 和 5A05 等。

(2)硬铝合金。硬铝合金主要是 Al-Cu-Mg 系(2×××系)合金。Cu 和 Mg 可形成强化相,经过固溶处理和时效强化可获得相当高的强度,故称硬铝。硬铝的耐蚀性比纯铝差,尤其是耐海洋大气腐蚀的性能较低,因此,常在硬铝的板材包覆一层纯铝后使用。硬铝主要用于制作中等强度的构件和零件,如铆钉、螺栓等,航空工业中的一般受力结构件(如飞机翼肋、翼梁等)。常用的硬铝合金有 2A11、2A12 等。

(3)超硬铝合金。超硬铝合金主要是 Al-Cu-Mg-Zn 系(7×××系)合金。Zn、Mg、Cu 可形成多种复杂的强化相,时效强化效果最好,强度和硬度高于硬铝,故称为超硬铝合金,是目前强度最高的一类铝合金,但耐腐蚀性较差,一般在板材表面包铝。超硬铝合金主要用于制造受力大的重要构件及零件,如飞机大梁、桁架、翼肋、活塞、加强框、起落架、螺旋桨叶片等。常用牌号有 7A04、7A09 等。

(4)锻铝合金。锻铝合金有 Al-Cu-Mg-Si 系普通锻铝合金(6×××系)和 Al-Cu-Mg-Fe-Ni 系(2×××系)耐热锻铝合金两类,合金元素种类多,但用量少,具有良好的热塑性和可锻性,耐蚀性较好,适于采用压力加工(如锻压、冲压等),力学性能与硬铝相近。锻铝合金主要用于制造形状复杂、承受重载荷的航空及仪表锻件和模锻件,如压缩机叶轮、飞机上的框架、支架等,或者高温条件下(200 ℃以下)工作的零件,如内燃机活塞及气缸等。常用牌号有 6A02、2A70 等。

4.铸造铝合金

与变形铝合金相比,铸造铝合金一般含有较高的合金元素,具有良好的铸造性能,但塑性与韧性较低,不能进行压力加工。按其所加合金元素的不同,铸造铝合金主要有 Al-Si 系、Al-Cu 系、Al-Mg 系、Al-Zn 系合金等。

根据《铸造有色金属及其合金牌号表示方法》(GB/T 8063—2017)的规定,铸造铝合金的牌号用"Z＋Al＋主要合金元素符号＋数字"表示,其中,主要合金元素符号后面的数字表示该元素的名义含量。例如,ZAlSi7Mg,表示平均 Si 含量为 7％,Mg 含量小于 1％,其余为

Al 的铸造铝合金。

根据《铸造铝合金》(GB/T 1173—2013)的规定,铸造铝合金的代号用"ZL＋三位数字"表示。"ZL"表示"铸铝"的汉语拼音首字母;第一位数字表示合金类别:1 表示 Al－Si 系,2 表示 Al－Cu 系,3 表示 Al－Mg 系,4 表示 Al－Zn 系;第二、三位数字表示合金的顺序号。优质合金在其代号后附加"A"。例如,ZL102,表示铸造铝硅合金。

(1)Al－Si 系铸造铝合金。Al－Si 系铸造铝合金通常称为硅铝明,是铸铝中应用最广的一类铝合金。由 Al、Si 两种元素组成的铸造铝合金称为简单硅铝明。这类合金具有良好的铸造性、耐热性、耐蚀性和焊接性,但不能热处理强化,且强度较低,经变质处理后 R_m 最高也不超过 180 MPa。因此,其适合铸造形状复杂、薄壁及受力不大的零件,如发动机气缸及仪表外壳等。

除 Al、Si 外再加入其他元素的铸造铝合金称为特殊硅铝明。Cu、Mg 等元素的加入可使合金得到强化,并可通过热处理进一步提高其力学性能,R_m 可达 200～270 MPa。复杂硅铝明具有良好的耐热性和耐磨性,可用于制造低、中强度形状复杂的铸件,如电动机壳体、风机叶片、内燃机活塞、气缸体等。常用代号有 ZL101、ZL102、ZL104、ZL105 等。

(2)Al－Cu 系铸造铝合金。Al－Cu 系铸造铝合金强度较高,耐热性较好,但密度和脆性较大,铸造性能不好,有热裂和疏松倾向,耐蚀性差;主要用于制造要求较高强度或高温条件下工作的零件,如内燃机气缸、活塞、支臂等。常用代号有 ZL201、ZL202、ZL203 等。

(3)Al－Mg 系铸造铝合金。Al－Mg 系铸造铝合金的密度小,强度和韧性较高,耐蚀性好,可进行时效强化,但铸造性差,耐热性低;主要用于制造外形简单、承受冲击载荷、在腐蚀性介质中工作的零件,如船舶配件、氨用泵体等。常用代号有 ZL301、ZL303 等。

(4)Al－Zn 系铸造铝合金。Al－Zn 系铸造铝合金的铸造性好,价格便宜,经变质处理和时效强化后强度较高,但其密度大,耐蚀性较差,热裂倾向大;主要用于形状复杂、受力较小的汽车及飞机零件、医疗器械和仪器零件等。常用代号有 ZL401、ZL402 等。

5.4.2　铜及铜合金

铜是人类历史上使用最早的金属之一,与人类关系非常密切,被广泛地应用于电气、轻工、机械制造、建筑工业、国防工业等领域,其全世界产量仅次于铁和铝。

1.纯铜

纯铜是玫瑰红色的金属,表面形成氧化膜后呈紫色,故又称为紫铜。纯铜的熔点为 1 083 ℃,密度为 8.96 g/cm³,具有面心立方晶格,无同素异构转变,无磁性。纯铜的突出优点是具有优良的导电性和导热性,仅次于银而居第二位;在大气和淡水中有很好的耐蚀性,塑性、韧性及焊接性良好,适宜进行冷热压力加工;强度、硬度较低,不能进行热处理强化,只能通过冷变形强化。

工业纯铜中常含有质量分数为 0.1％～0.5％的杂质,如铅、铋、氧、硫、磷等。杂质含量越高,其导电性越差,并易产生热脆和冷脆。根据杂质的含量,工业纯铜可分为四种,其牌号分别为 T1、T2、T3、T4。"T"为铜的汉语拼音首字母,后面的序号越大,纯度越低。无氧铜中氧的质量分数低于 0.003％,牌号有 TU1、TU2 等,主要用于制作电真空器件及高导电性铜线。

工业纯铜强度低,不宜直接用作结构材料,主要用于制造电线、电缆、电子器件、导热器件以及作为冶炼铜合金的原料等。

2. 铜合金

在铜中加入适量的 Zn、Si、Al、Be、Mn、Ni、Fe 等合金元素,就得到了铜合金。铜合金具有较高的强度和硬度,同时还保持着纯铜的一些优良性能,常用于制造结构零件。按照化学成分不同,铜合金可分为黄铜、青铜和白铜。

(1)铜合金的牌号。加工铜及铜合金的牌号依据《铜及铜合金牌号和代号表示方法》(GB/T 29091—2012)的规定。铸造铜及铜合金的牌号依据《铸造有色金属及其合金牌号表示方法》(GB/T 8063—2017)的规定。铸造铜合金的牌号用"Z+Cu+合金元素符号+数字"表示,合金元素符号后面的数字表示该元素的名义含量。例如,ZCuZn38,表示锌的质量分数为 38%,余量为铜的铸造黄铜;ZCuSn10P1,表示锡的质量分数为 10%,磷的质量分数小于或等于 1.0%,余量为铜的铸造锡青铜。

(2)黄铜。黄铜是以锌为主要合金元素的铜合金,因呈金黄色,故称黄铜。按化学成分不同,黄铜可分为普通黄铜和特殊黄铜;按生产方法不同,又可分为压力加工黄铜和铸造黄铜。

1)普通黄铜。普通黄铜是铜锌二元合金,具有很好的耐蚀性和加工性能。其牌号用"H+数字"表示,数字表示铜的质量分数。例如,H68,表示含铜量为 68%,余量为锌的普通黄铜。

黄铜的力学性能与含锌量有关,如图 5-14 所示。当 $w_{Zn} \leqslant 30\%$ 时,组织为单相 α 固溶体,随着含锌量增加,黄铜的强度和塑性提高;当 $w_{Zn} > 32\%$ 时,因组织中出现第二相 β' 相(以 CuZn 为基体的固溶体),塑性开始下降;当 $w_{Zn} > 45\%$ 时,组织全部为 β' 相,强度与塑性急剧下降,脆性很大。因此,工业黄铜中锌的质量分数一般不超过 45%。

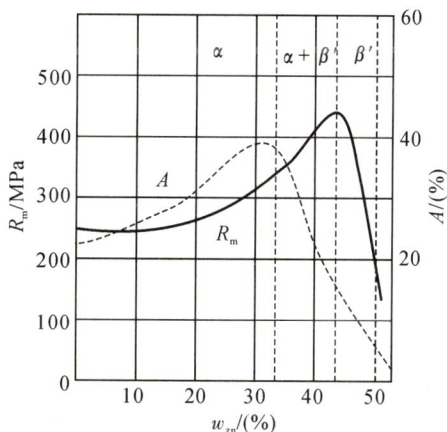

图 5-14　含锌量对黄铜力学性能的影响

普通黄铜分为单相黄铜和双相黄铜两种。单相黄铜的组织为单相 α 固溶体,其塑性很好,可进行冷热压力加工,适于制造冷轧板材、冷拉线材、管材及形状复杂的深冲零件,如弹壳、冷凝器等。常用牌号有 H68、H70,又称三七黄铜或弹壳黄铜。

双相黄铜的组织为 $\alpha+\beta'$，强度高，塑性较差，有一定耐蚀性，可进行热变形加工，工业上应用较多，广泛用于热轧、热压零件，如散热器、螺钉、螺母、垫圈、弹簧等。常用牌号有 H59、H62 等，又称四七黄铜或商业黄铜。

2)特殊黄铜。在普通黄铜的基础上加入 Pb、Al、Sn、Mn、Si、Ni、Fe 等元素形成的铜合金，称为特殊黄铜。特殊黄铜具有更好的力学性能、耐蚀性、耐磨性和工艺性能。加入锡形成锡黄铜，锡可显著提高黄铜在海洋大气和海水中的耐蚀性，也可使强度有所提高，因此，锡黄铜广泛用于制造海船零件，有"海军黄铜"之称，如 HSn62-1。加入 Al、Ni、Mn、Si 等元素能提高黄铜的强度和硬度，改善黄铜的耐蚀性、耐热性和铸造性能，如铝黄铜 HAl60-1-1、镍黄铜 HNi65-5、锰黄铜 HMn58-2、硅黄铜 HSi80-3 等。

特殊黄铜的牌号用"H+主加合金元素符号（Zn 除外）+铜及除 Zn 以外的各合金元素的名义质量分数"表示。例如，HPb59-1，表示铜的名义质量分数为 59%，铅的名义质量分数为 1%，余量为 Zn 的铅黄铜。

特殊黄铜常用于制作轴、轴套、齿轮、水管零件、耐磨零件、耐腐蚀零件等。

(3)青铜。青铜最早指的是铜锡合金，即锡青铜，因其外观呈青黑色，故称为青铜。现在把除黄铜和白铜以外的其他铜合金统称为青铜。含锡的青铜称为普通青铜；不含锡的青铜称为特殊青铜（无锡青铜）。无锡青铜主要有铝青铜、铍青铜、锰青铜、硅青铜等。按生产方法不同，青铜又可分为压力加工青铜和铸造青铜。

压力加工青铜的牌号用"Q+第一个主加元素符号+各添加元素含量（数字间以"-"隔开）"表示。例如，QSn4-3，表示锡的质量分数为 4%、锌的质量分数为 3% 的锡青铜。

1)锡青铜。锡青铜的力学性能与锡含量有关，工业用锡青铜的锡含量一般在 3%~14%之间。当锡含量小于 5% 时，锡青铜的塑性良好，适于冷加工；w_{Sn}=5%~7% 的锡青铜，强度增加而塑性降低，适于热加工；锡含量大于 10% 的锡青铜塑性差，只适合铸造。

锡青铜的耐磨性好，无磁性，无冷脆现象，在大气、海水、淡水及蒸汽中的耐蚀性比纯铜和黄铜好，但在盐酸、硫酸和氨水中的耐蚀性较差。锡青铜的铸造流动性差，易形成分散缩孔，使铸件的致密度降低。但其铸造收缩率小，适于铸造形状复杂、尺寸要求精确，但对致密度要求不高的零件。在锡青铜中加入 Pb、P、Zn 等，还可提高力学性能和耐磨性，改善加工性能。

锡青铜在造船、化工、机械、仪表等工业中应用广泛，主要用于制造轴承、轴套等耐磨零件，也可用于制造与酸、碱、蒸汽接触的耐蚀件。常用的锡青铜有 QSn4-3、QSn6.5-0.4、ZCuSn10Pb1 等。

2)无锡青铜。铝青铜中铝的质量分数为 5%~11%，是无锡青铜中应用最广泛的一种青铜，常用牌号有 QAl7、QAl9-4、ZCuAl10Fe3 等。铝青铜的耐蚀性优良，在大气、海水、碳酸及大多数有机酸中的耐蚀性均比黄铜和锡青铜高。铝青铜的强度和耐磨性也比黄铜和锡青铜好。铝青铜的流动性好，缩孔集中，易获得致密的铸件，但收缩率大。铝青铜可作为锡青铜的代用品，用于制造仪器中要求耐蚀的零件和弹性元件，也可用于制造要求较高强度和耐磨性的零件，如齿轮、轴承、摩擦片、涡轮、螺旋桨等。

铍青铜中铍的质量分数为 1.7%~2.5%。铍溶于铜中形成 α 固溶体，固溶度随温度变化很大,是唯一可以固溶时效强化的铜合金,常用牌号有 QBe2、QBe1.5、QBe1.7 等。铍青铜的突出优点是具有很高的弹性极限和疲劳强度,此外,还具有耐蚀性、导电性、导热性好,无磁性,耐寒,受冲击不产生火花等一系列优点。但铍青铜的生产工艺复杂,价格昂贵,且铍有毒性,使其应用受限。铍青铜主要用于制造仪器、仪表上的重要弹性元件和耐蚀、耐磨零件,如仪表齿轮、弹簧、电焊机电极、防爆工具、航海罗盘等。

(4)白铜。白铜是以镍为主要合金元素的铜合金,呈银白色,故称白铜。白铜分为普通白铜和特殊白铜。普通白铜是铜镍二元合金,铜与镍在固态下能无限互溶,形成单相 α 固溶体。普通白铜具有优良的塑性,很好的耐蚀性、耐热性,特殊的电性能和冷热加工性能,主要用于制造精密机械零件、仪表零件、冷凝器、蒸馏器、热交换器和电器元件等。普通白铜的牌号用“B+数字”表示,其中,“B”表示“白”的汉语拼音首字母,数字表示镍的质量分数。例如 B19,表示 Ni 的质量分数为 19%的普通白铜。

在普通白铜中加入 Zn、Al、Fe、Mn 等元素而形成的白铜称为特殊白铜(又称复杂白铜),包括锰白铜、铁白铜、锌白铜和铝白铜等。锰白铜具有较高的电阻率、热电势,较低的电阻温度系数,良好的耐热性和耐蚀性,常用来制造精密电工仪器、热电偶、变阻器、精密电阻、应变片及加热器等。特殊白铜的牌号用“B+主加元素符号+镍含量+各添加元素含量”表示,例如,BMn3-12,表示平均镍的质量分数为 3%,锰的质量分数为 12%的锰白铜。

5.4.3　钛及钛合金

钛是重要的结构金属之一,在地壳中储量丰富,位于铝、铁、镁之后居第四位。钛性能优异,具有较高的比强度、低密度、优异的生物相容性和耐腐蚀性,被誉为“战略金属”“第三金属”及“海洋金属”,是极具发展前景的结构材料,广泛应用于航空航天、海洋工程、汽车工艺、医疗设备等领域。

1. 纯钛

钛是银白色金属,熔点为 1 668 ℃,密度为 4.5 g/cm³,热膨胀系数小,导热性差。钛能发生同素异构转变,在 882.5 ℃以下为密排六方晶格的 α-Ti,在 882.5 ℃以上为体心立方晶格的 β-Ti。纯钛的塑性好,强度低,容易加工成形。

钛的突出优点是比强度高,耐热性好,耐蚀性能优良。钛在海水、水蒸气及酸、碱介质中的耐蚀性超过不锈钢和铝合金。钛的低温性能好,在 -253~-196 ℃的低温下能保持较好的塑性及韧性,是低温容器、储箱等设备的理想材料。

工业纯钛中含有少量的氧、氮、碳等杂质,使强度、硬度升高,但塑性、韧性降低,主要用于制造在 350 ℃以下工作的、强度要求不高的航空零件、化工设备、船舶用零件和化工用热交换器等。

工业纯钛的牌号用“TA+顺序号”表示,顺序数字越大,杂质含量越多。常用牌号有TA1、TA2、TA3。

2. 钛合金

为了提高钛的强度,可在钛中加入 Al、Mn、Cr、Mo、V、Sn 等合金元素形成钛合金。按室温组织不同,钛合金可分为 α 钛合金、β 钛合金、$(\alpha+\beta)$ 钛合金三类,其牌号分别以 TA、TB、TC 加顺序号表示。

α 钛合金的主要合金元素是 Al、Sn、B 等,组织为单相 α 固溶体,不能热处理强化,室温下其强度比 β 钛合金和 $(\alpha+\beta)$ 钛合金低,但高温$(500\sim600\ ℃)$下其强度高,组织稳定,抗氧化性、抗蠕变性及焊接性能好。α 钛合金使用温度不超过 500 ℃,主要用于制造导弹的燃料罐、超声速飞机的涡轮匣、航空发动机压气机叶片和管道、火箭和飞船的高压低温容器等。常用的 α 钛合金有 TA5、TA6、TA7 等。

β 钛合金的主要合金元素是 Mo、Cr、V 等,组织为稳定的单相 β 固溶体,可热处理强化,室温下有较高的强度,焊接和压力加工性能良好,但性能不够稳定。β 钛合金一般在 350 ℃以下使用,适于制造重载荷回转件,如飞机压气机叶片、轴、轮盘等。常用的 β 钛合金有 TB1、TB2 等。

$(\alpha+\beta)$ 钛合金的主要合金元素有 Al、V、Mn、Mo、Cr 等,在室温下可获得 $\alpha+\beta$ 双相组织。它具有 α 钛合金和 β 钛合金的优点,即良好的热强性、耐蚀性、低温韧性和塑性,易于锻压,可热处理强化,生产工艺简单,是目前应用最广泛的一种钛合金。$(\alpha+\beta)$ 钛合金一般用于制造使用温度在 500 ℃以下和低温下工作的结构零件,如各种容器、低温部件、舰艇耐压壳体、飞机发动机零件、火箭发动机外壳、火箭和导弹的液氢燃料箱部件等。TC4 是应用最多的$(\alpha+\beta)$钛合金。

5.4.4 轴承合金

滑动轴承由轴承体和轴瓦构成,制造滑动轴承的轴瓦及内衬的合金称为滑动轴承合金。与滚动轴承相比,由于滑动轴承具有承压面积大、承载能力强、工作平稳、无噪声、制造维修方便等优点,所以广泛应用于机床、汽车发动机、各类连杆、大型电机等动力设备上。

1. 滑动轴承合金的性能和组织要求

轴瓦直接支承转动轴,当轴旋转时,轴瓦和轴发生强烈的摩擦,并承受轴颈传来的周期性载荷。而轴是机器上的重要零件,其制造工艺复杂,成本高,更换困难,因此应尽量使轴的磨损最小,延长其使用寿命,让轴瓦成为被磨损件。为满足工作要求,滑动轴承合金应具有下列性能要求:

(1)具有足够的强度,以承受轴颈较大的压应力。

(2)具有足够的塑性和韧性,高的疲劳强度,能承受轴颈的周期性载荷,并抵抗冲击和振动。

(3)具有较低的硬度,以免轴的磨损量加大。

(4)具有较小的摩擦因数和良好的磨合性(指轴和轴瓦在运转时互相配合的性能),并能储存润滑油,以减轻磨损。

(5)具有良好的耐蚀性、导热性和较小的线膨胀系数,防止摩擦升温而与轴咬死(抱轴)。

(6)良好的工艺性,易于制造,成本低廉。

为满足上述性能要求,轴承合金的组织应软硬兼备,其组织有两类:软基体上分布着硬质点或者硬基体上分布着软质点。

若轴承合金的组织是软基体上分布着硬质点，如图 5-15 所示，工作时软的组织首先磨损下凹，可储存润滑油，形成连续分布的油膜；而硬质点则凸出于基体上，使轴和轴瓦的接触面积减小，从而减小轴和轴瓦的摩擦磨损。同时软基体能承受冲击和振动，嵌藏外来硬质点，避免轴颈被划伤，使轴和轴瓦能很好地磨合。但这类组织

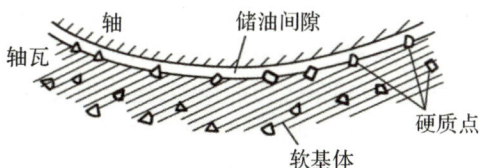

图 5-15 滑动轴承合金理想组织示意图

承受高载荷的能力差，属于这类组织的有锡基轴承合金和铅基轴承合金，又称为巴氏合金。

轴承合金的组织是硬基体（其硬度略低于轴颈硬度）上分布着软质点时，能承受较高的载荷，但磨合性较差，属于这类组织的有铝基轴承合金和铜基轴承合金。

2.常用滑动轴承合金

按化学成分分类，滑动轴承合金可分为锡基轴承合金、铅基轴承合金、铝基轴承合金、铜基轴承合金等。铸造轴承合金的牌号表示方法依据《铸造有色金属及其合金牌号表示方法》（GB/T 8063—2017）的规定，由"Z＋基体金属元素符号＋主要合金元素符号以及表明合金元素名义含量的数字"组成。例如，ZSnSb11Cu6，表示平均 Sb 的质量分数是 11%，Cu 的质量分数是 6%，其余为 Sn 的铸造锡基滑动轴承合金。

（1）锡基轴承合金（锡基巴氏合金）。锡基轴承合金是以锡为基础，加入少量 Sb、Cu、Pb 等元素组成的合金，是一种软基体硬质点类型的轴承合金，其组织为 α 固溶体基体上分布着 $SnSb$、Cu_6Sn_5 等硬质点。

锡基轴承合金有适中的硬度、较小的摩擦因数和线膨胀系数，较好的塑性和韧性，良好的导热性、耐蚀性，但疲劳强度低、耐热性较差，工作温度一般不超过 150 ℃，主要用于制造高速、重载条件下工作的轴承，如汽轮机、发动机、压缩机等高速轴承。由于锡是稀缺贵金属，成本较高，且强度较低，通常采用铸造的方法将其镶铸在 08 钢的轴瓦上，形成一层薄而均匀的内衬（这种工艺称为"挂衬"），制成双金属轴承使用。常用牌号有 ZSnSb11Cu6、ZSnSb4Cu4 等。

（2）铅基轴承合金（铅基巴氏合金）。铅基轴承合金是以铅为基础，加入少量 Sb、Sn、Cu 等元素组成的合金，也是一种软基体硬质点类型的轴承合金。其组织是在（$\alpha+\beta$）共晶基体上分布着 $SnSb$、Cu_3Sn 等硬质点。与锡基轴承合金相比，铅基轴承合金的强度、硬度较低，韧性、导热性和耐蚀性较差，摩擦因数较大，但价格便宜，耐压强度较高；可用于制造中、低载荷的轴瓦，如汽车、拖拉机曲轴轴承，铁路车辆轴承等。常用牌号有 ZPbSb16Sn16Cu2、ZPbSb15Sn10 等。

（3）铜基轴承合金。铜基轴承合金是以铜为基础，加入适量的 Sn、Pb、Zn 等元素组成的合金，如锡青铜、铅青铜等。锡青铜的组织是软基体 α 固溶体上分布着硬质点 β，能承受较大的载荷，广泛用于制造中等速度及较大载荷的轴承，如电动机、机床的轴承。常用牌号有 ZCuSn10P1、ZCuSn5Pb5Zn5 等。

由于 Cu 和 Pb 在固态时互不溶解，铅青铜的组织为 $Cu+Pb$，Cu 为硬基体，粒状 Pb 为软质点。与巴氏合金相比，铅青铜具有高的疲劳强度和承载能力，优良的耐磨性、导热性和低的摩擦因数，适于制造高速、重载下工作的轴承，如高速柴油机、航空发动机、大功率汽轮机的轴承。常用牌号有 ZCuPb30 等。

(4)铝基轴承合金。铝基轴承合金是以铝为基础,加入 Sb、Sn 等元素组成的合金。与巴氏合金相比,铝基轴承合金导热性和耐蚀性好,疲劳强度高,原料丰富,价格低廉,广泛用于高速、重载下工作的汽车、拖拉机及柴油机轴承等。但它的线膨胀系数大,运转时容易与轴咬合而使轴磨损,可以通过提高轴颈硬度、加大轴承间隙和降低轴承和轴颈的表面粗糙度等方法来解决。目前广泛使用的铝基轴承合金有铝锑镁轴承合金和高锡铝轴承合金,如ZAlSn6Cu1Ni1。

◆ 5.5 硬质合金

硬质合金是将一种或多种难熔金属碳化物和金属黏结剂通过粉末冶金工艺制成的合金材料。难熔金属碳化物主要以碳化钨(WC)、碳化钛(TiC)等粉末为主要成分,金属黏结剂主要以钴(Co)粉末为主,经混合均匀后,放入压模中压制成形,最后经高温(1 400～1 500℃)烧结后形成硬质合金材料。硬质合金具有很高的硬度、耐磨性和耐腐蚀性,被誉为"工业牙齿""合金之王",主要用于制造切削工具、耐磨零件和高温结构材料,广泛应用于军工、航空航天、机械加工、冶金、石油钻井、矿山工具、电子通信、建筑等领域。

1. 硬质合金的性能特点

硬质合金的硬度高,常温下可达 86～93HRA(相当于 69～81HRC);热硬性高,在 800～1 000 ℃时,硬度可保持 60HRC 以上,远高于高速钢(500～650 ℃),如图 5-16 所示;耐磨性好,比高速钢要高 15～20 倍。这些特点,使得硬质合金刀具的切削速度比高速钢高 4～10 倍,刀具寿命可提高 5～80 倍。硬质合金的耐蚀性(耐大气、酸、碱等)和抗氧化性好;线膨胀系数小,但导热性差;抗压强度高,但抗弯强度低(约为高速钢的 1/3～1/2),韧性差(约为淬火钢的 30%～50%)。

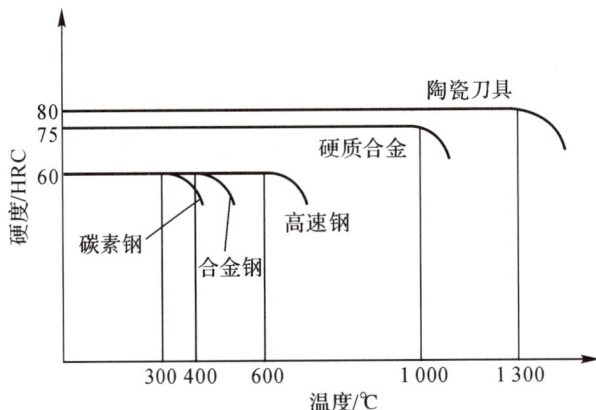

图 5-16　各种刀具材料的硬度和热硬性温度比较

硬质合金一般不能用切削加工进行加工,可采用特种加工(如电火花加工、线切割等)或专门的砂轮磨削。因此,硬质合金制品一般是采用钎焊、黏结或机械装夹等方法将其安装在刀体或模具体上使用。

2.常用硬质合金及其应用

按成分和性能特点不同,硬质合金可分为钨钴类、钨钛钴类和钨钛钽(铌)类。按用途范围不同,硬质合金可分为切削加工用硬质合金、地质和矿山工具用硬质合金、耐磨零件用硬质合金。

(1)钨钴类硬质合金。钨钴类硬质合金的主要组成是碳化钨(WC)和钴(Co),其牌号用"YG+数字"表示。其中,"YG"表示"硬""钴"两字的汉语拼音首字母,数字表示 Co 的名义百分含量。例如,YG6,表示 Co 的质量分数为 6%、余量为 WC 的钨钴类硬质合金。

(2)钨钛钴类硬质合金。钨钛钴类硬质合金的主要组成是碳化钨(WC)、碳化钛(TiC)和钴(Co),其牌号用"YT+数字"表示。其中"YT"表示"硬""钛"两字的汉语拼音首字母,数字表示 TiC 的名义百分含量。例如,YT15,表示 TiC 的质量分数为 15%,余量为 WC 和 Co 的钨钛钴类硬质合金。

(3)钨钛钽(铌)类硬质合金。钨钛钽(铌)类硬质合金又称为万能硬质合金或通用硬质合金,其主要组成是碳化钨(WC)、碳化钛(TiC)、碳化钽(TaC)或碳化铌(NbC)及钴(Co)。其牌号用"YW+数字"表示,其中,"YW"是"硬""万"两字的汉语拼音首字母,数字表示顺序号。例如,YW1,表示 1 号万能硬质合金。

在硬质合金中,碳化物是整个合金的"骨架",起耐磨作用,但性脆;钴起黏结作用,是硬质合金韧性的来源。碳化物含量越多,钴含量越少,合金的硬度、热硬性、耐磨性越高,但强度、韧性越低。含钴量相同时,YT 类合金的硬度、热硬性、耐磨性高于 YG 类合金,但其强度和韧性低于 YG 类合金。因此,钨钴类(YG 类)合金刀具主要用来切削加工产生断续切屑的脆性材料,如铸铁、非铁金属、胶木及其他非金属材料。钨钛钴类(YT 类)硬质合金主要用来切削加工韧性材料。同类合金中,含钴量高的适于粗加工,含钴量低的适于精加工。万能硬质合金既可切削脆性材料,又可切削韧性材料,特别对于不锈钢、耐热钢、高锰钢等难加工的钢材,切削加工效果更好。

硬质合金主要用于制造各种切削刀具(如车刀、铣刀、刨刀、钻头等)、冷作模具(如冷拉模、冷冲模、冷挤模和冷镦模等)、受冲击和振动小的耐磨件(如喷嘴、精轧辊、导轨、轮胎防滑钉等)以及结构零件(如密封环、压缩机活塞、车床夹头、磨床心轴、发动机叶片、涡轮盘等)等。

◆ 5.6　金属材料的选用

选材是工程设计和制造过程中非常重要的一步,它直接关系到产品的质量和经济效益。合理选材非常重要,既要考虑材料的性能要满足零件的工作条件,还要考虑材料的加工工艺性和经济性,以便提高生产率、降低成本、减少消耗等。因此,零件材料的选用是一个复杂而重要的工作,需全面综合考虑。

5.6.1　零件的失效

失效是指零件在使用过程中,由于尺寸、形状或材料的组织性能发生变化而失去正常工作所具有的效能。零件的失效有三种情况：

(1)零件完全破坏，不能继续工作。例如齿轮在工作过程中出现断齿。

(2)损伤不严重，但继续工作不安全。例如，弹簧因疲劳或受力过大失去弹性。

(3)虽然能工作，但不能保证工作精度或达不到预定的功效。例如，机床主轴因磨损而使加工精度降低，无法加工出合格产品。

达到预定寿命的失效称为正常失效，远低于预定寿命的不正常失效称为早期失效。正常失效是安全的，而早期失效尤其是无明显预兆的早期失效危害最大，甚至会造成严重的人身和设备安全事故。因此对零件失效进行分析，查出失效原因，提出预防措施是十分重要的。

1. 失效的形式

零件的失效主要有以下三种基本形式：

(1)过量变形失效。其指零件变形量超过允许范围而造成的失效，包括过量弹性变形、塑性变形和高温蠕变等失效形式。除了弹簧之类的零件之外，大多数零件必须限制过量弹性变形，要求有足够的刚度。如镗床的镗杆，弹性变形大就不能保证精度。过量的塑性变形是机械零件失效的重要形式，轻则使机器工作情况变坏，重则使它不能继续运行，甚至破坏。如齿轮的过量塑性变形会造成齿轮啮合不良、卡死甚至断齿，引起设备故障。

(2)断裂失效。其指零件完全断裂而无法工作的失效，包括塑性断裂、疲劳断裂、脆性断裂、蠕变断裂以及应力腐蚀断裂等。断裂是金属材料最严重的失效形式，特别是在没有明显塑性变形的情况下突然发生的脆性断裂，往往会造成灾难性事故。

(3)表面损伤失效。其指零件在工作中，因机械和化学作用，使其表面损伤而造成的失效形式，主要包括磨损失效、接触疲劳失效和腐蚀失效等。例如，齿轮齿面点蚀就是一种在轮齿表面上出现麻点状凹坑的齿面疲劳损伤，影响传动平稳性并产生振动、噪声加大，甚至导致传动破坏。

同一零件可以有几种失效形式，但零件在失效时一般总以一种失效形式起主导作用。因此，应结合实际情况具体分析。

2. 失效的原因

零件失效的原因很多，涉及结构设计、材料选择、加工工艺和安装使用等四个方面。

(1)结构设计。零件的结构设计与失效之间关系密切，如结构形状、尺寸等设计不合理，对零件工作条件(如受力性质和大小、温度及环境等)估计不足，安全系数选择过小等均可使零件的性能满足不了工作性能要求而失效。

(2)材料选择。合理选择材料是零件安全工作的基础，若所选材料质量差，如含有过量的夹杂物、杂质元素及成分不合格等，都容易使零件造成失效。

(3)加工工艺。零件在加工和成形过程中，若工艺方法、工艺参数不正确等，则会出现各种冷、热加工缺陷而导致零件早期失效。如各种裂纹缺陷、组织不均匀缺陷(粗大组织、带状组织等)、表面质量(划痕等)及残余应力等。

(4)安装使用。零件在装配和安装过程中，不符合技术要求，使用中不按工艺规程操作和维修、保养不善等，均可导致零件在使用中失效。

应该指出,零件失效的原因可能是单一的,也可能是多种因素共同作用的结果,但每一次失效事件均应有导致失效的主要原因,针对失效原因提出防止失效的主要措施。

5.6.2　零件材料的选择

零件选材是一项十分重要的工作,选材是否恰当,将直接影响到产品的使用性能、使用寿命及制造成本,严重的可能导致零件的完全失效,甚至造成严重的安全事故。选材的一般原则首先是在满足使用性能的前提下,综合考虑材料的工艺性能和经济性,根据国家资源、技术效果、经济效益及有关政策,合理选择所需要的材料。

1.使用性原则

材料的使用性能包括力学性能、物理性能和化学性能等。使用性原则是指所选用的材料制成零件后,在正常工作情况下所应具备的性能要求。使用性原则是保证零件的设计功能、安全耐用的必要条件,是选材的最主要原则。零件用途不同其对使用性能的要求也是不同的,对一般的机械零件和工程构件而言,主要是以力学性能主;对于一些特殊条件下工作的零件,则必须根据要求考虑材料的物理性能和化学性能。因此,要确定零件对使用性能的具体要求,必须全面分析零件的工作条件。

(1)材料的受力情况:包括材料所受载荷的性质(静载荷、动载荷、交变载荷等)、载荷形式(拉压、弯曲、扭转、剪切等)、分布情况(均匀分布、集中分布)以及大小和应力状态(残余应力)。

(2)材料的工作环境:包括工作温度(常温、高温、低温或交变温度等)和环境介质(有无腐蚀介质、润滑剂等)。

(3)其他要求:包括导热性、导电性、密度、热膨胀性与磁性等。

为了更准确地了解零件的使用性能,还必须分析零件的失效方式,从而找出对零件失效起主要作用的性能指标,见表5-9。

表 5-9　常用零件的工作条件、失效形式及所要求的主要力学性能

零件	工作条件			常见失效形式	主要性能要求
	应力种类	载荷性质	受载状态		
紧固螺栓	拉、切应力	静载	—	过量变形,断裂	强度,塑性
传动轴	弯曲应力、扭转应力	循环、冲击	轴颈摩擦振动	疲劳断裂,过量变形,轴颈磨损	综合力学性能
传动齿轮	压应力、弯曲应力	循环、冲击	摩擦振动	断齿,磨损,疲劳断裂,接触疲劳(麻点)	表面高硬度及疲劳极限,心部强度及韧性
弹簧	弯曲应力、扭转应力	交变、冲击	振动	弹性失稳,疲劳破坏	弹性极限,屈强比,疲劳极限
冷作模具	复杂应力	交变、冲击	强烈摩擦	磨损、脆断	硬度,足够的强度及韧性

在对零件的工作条件、失效形式进行全面分析，并根据零件的几何形状和尺寸、所受载荷及使用寿命等，通过力学计算确定出零件应具有的主要力学性能指标及其数值后，即可利用手册选材。

2. 工艺性原则

工艺性原则是指材料在加工过程中对不同加工方法的适应性。材料工艺性能的好坏，直接影响到零件加工的难易程度、零件质量、生产效率和加工成本。因此，材料的工艺性能也是选材的重要依据之一。

材料的加工工艺性能主要有铸造性能、锻压性能、焊接性能、切削加工性能和热处理性能等。

(1)铸造性能。铸造性能包括流动性、收缩性等。不同的材料，其铸造性能不同，一般熔点低、结晶温度范围小的合金才具有良好的铸造性能。铸造铝合金、铸造铜合金的铸造性能优于铸铁，铸铁优于铸钢。同种材料中，成分靠近共晶点的合金其铸造性能最好。

(2)锻压性能。锻压性能常用塑性和变形抗力来综合评定。塑性好、变形抗力小的金属锻压性能好。随着钢中碳及合金元素的含量增加，其锻压性能变差。碳钢比合金钢的锻压性能好，低碳钢比高碳钢的锻压性能好；变形铝合金和大多数铜合金具有较好的锻压性能。

(3)焊接性能。焊接性能常用碳当量 CE 来评定。CE<0.4% 的材料，焊接时不易产生裂纹、气孔等缺陷，且焊接工艺简单，焊缝质量好。低碳钢和低合金钢的焊接性能良好，随着钢中含碳量及合金元素含量增加，焊接性逐渐变差。

(4)切削加工性能。切削加工性能常用允许的最高切削速度、切削力大小、加工面表面粗糙度、断屑难易程度和刀具磨损量等综合评定。一般硬度在 170～230HBS 范围的金属材料具有较好的切削加工性能，而奥氏体不锈钢、高碳高合金钢的切削加工性能较差；铝、镁合金及部分铜合金具有优良的切削加工性能。

(5)热处理性能。热处理性能常用淬透性、淬硬性、变形开裂倾向、回火稳定性和氧化脱碳倾向来综合评定。碳钢的淬透性差，加热时易过热，淬火时易变形开裂，而合金钢的淬透性优于碳钢。

3. 经济性原则

经济性原则是指所选用材料加工成零件后应能做到价格便宜、成本低廉和最佳的技术经济效益。质优、价廉、寿命高，是保证产品具有竞争力的重要条件，这就要求选材时要正确处理产品的技术性与经济性两者间的关系。零件总成本包括材料的价格、加工费、研究与开发费、管理费及安装、维修费等。

通常情况下，材料成本占很大比例，占产品价格的 30%～70%。因此在选择材料时，应尽量选择价格较低的材料。碳钢、铸铁价格较低，在满足使用性能的前提下，应尽量选用。有色金属、不锈钢、高速工具钢价格高，应尽量少用。此外，材料的加工费用尽量低。在满足零件性能要求的前提下，以铸代锻，以焊代锻。例如，过去发动机曲轴主要是采用锻钢制造，但现在采用价格便宜、工艺简单的球墨铸铁代替钢制造曲轴，既能满足性能要求，又降低了成本。尽量减少所选材料的品种与规格，以便于采购、运输和管理，减少不必要的附加费用；尽量使用简单设备，减少加工工序数量，采用少切削或无切削加工等措施，以降低加工费用。

经济性原则不仅是指选择价格最便宜的材料或是生产成本最低的产品,而是指运用价值分析、成本分析等方法,综合考虑材料对产品功能和成本的影响,从而获得最优化的技术效果和经济效益。例如,对于某些重要、精密、加工过程复杂的零件,采用性能较好、价格较高的材料制造,从长远来看,因其使用寿命长、维修保养费用低,总成本反而降低。

4. 环境与资源原则

环境与资源原则要求在材料的生产、使用、废弃的全过程中,对资源和能源的消耗尽可能少,对生态环境的影响尽可能小,且材料在废弃后可以再生利用或可以降解。因此,应尽量选择绿色材料、可回收材料或再生材料;所选材料应尽量少而集中,便于采购和回收管理;选用不加任何涂镀的原材料和无毒无害材料,减少对环境的污染,保证加工使用安全。铜、铝、铅、锌、金、银等大部分有色金属均具有良好的可回收性,能够反复循环使用而不影响使用性能。充分发挥有色金属的这个优势,可以大大缓解社会和经济发展对矿产资源不断增长的需求,明显降低有色金属生产过程的能源消耗,减少环境污染,实现有色金属工业的可持续发展。

5.6.3　选材的方法与步骤

1. 选材的方法

大多数零件是在多种应力作用下工作的,而每个零件的受力情况,又因其工作条件的不同而不同。因此应根据零件的工作条件,找出其最主要的性能要求,以此作为选材的主要依据。

(1)以综合力学性能为主时的选材。承受冲击载荷或循环载荷的零件,如传动轴、连杆、锤杆等,其失效形式主要是过量变形与疲劳断裂。对这类零件的主要性能要求是综合力学性能要好,一般可选用中碳钢或中碳合金钢,经调质处理后使用。

(2)以疲劳强度为主时的选材。疲劳破坏是零件在交变应力作用下最常见的破坏形式,如发动机曲轴、齿轮、弹簧及滚动轴承等零件的失效,大多数是由疲劳破坏引起的。这类零件的选材,应主要考虑疲劳强度。

一般来说,材料强度越高,疲劳强度也越高;在强度相同时,调质后的组织比退火、正火后的组织具有更好的塑性和韧性,且对应力集中敏感性小,疲劳强度高。因此,受力较大的零件应选用淬透性较好的材料,以便进行调质处理。此外,改善零件的结构形状、降低零件表面粗糙度和采取表面强化处理等方法,都可以提高零件的疲劳强度。

(3)以磨损为主时的选材。对于受力较小、磨损较大的零件,如各种量具、刀具、钻套等,其主要失效形式是磨损,要求材料具有较高的耐磨性,可选用高碳钢或高碳合金钢,并进行淬火和低温回火处理,获得高硬度回火马氏体和碳化物。

对于同时受磨损和交变应力作用的零件,其主要失效形式是磨损、过量变形与疲劳断裂。为使零件耐磨并具有较高的疲劳强度,应选用中碳钢、中碳合金钢或渗碳钢并进行表面热处理以使零件外硬内韧,既耐磨又能承受冲击。例如,对于承受较小冲击载荷且要求耐磨性高的零件,如机床齿轮和主轴等,应选用中碳钢或中碳合金钢,经正火或调质后再进行表面淬火;对于承受较大冲击载荷且要求耐磨性高的零件,如汽车、拖拉机变速箱齿轮等,应选用渗碳钢,经渗碳后淬火＋低温回火处理获得外硬心韧的性能。要求硬度、耐磨性更高以及热处理变形小的精密零件,如高精度磨床主轴及镗床主轴等,常选用氮化用钢进行渗氮处理。

2.选材的步骤

(1)分析零件的工作条件及失效形式,确定零件的性能要求(使用性能和工艺性能),一般主要考虑力学性能,特殊情况还应考虑物理、化学性能。

(2)对同类零件的用材情况进行调查研究,从其使用性能、原材料供应和加工等各个方面进行分析,判断选材是否合理,以此作为选材时的参考。

(3)通过力学计算或试验等方法分析应力的分布及大小,再由工作应力、使用寿命、安全性与材料性能的关系,确定零件应具有的关键力学性能指标或理化性能指标。

(4)根据确定的关键性能指标数值,通过分析比较选择合适的材料。所选材料不仅应满足零件的使用性能和工艺性能,还要符合经济性,能适应先进生产工艺和现代化生产方式。

(5)确定热处理方法或其他强化方法。

(6)关键零件投产前应对所选材料进行试验,以验证所选材料与热处理方法能否达到各项性能指标要求,以及零件加工过程有无困难。试验结果基本满意后,可小批量投产。

上述选材只是一般过程,对于不重要的零件或某些单件、小批生产的非标准设备,以及维修中所用的材料,若对材料选用和热处理都有成熟资料和经验,则可不进行试验和试制。

本 章 小 结

(1)金属材料可分为黑色金属和有色金属。黑色金属包括钢和铸铁,是应用最广泛的金属材料。有色金属是除黑色金属以外的所有金属及其合金,是目前国家大力发展的轻量化材料。

(2)钢可分为非合金钢、低合金钢和合金钢。非合金钢是以铁为基本成分,含有少量碳($w_c \leqslant 1.4\%$)的铁碳合金。非合金钢有多种分类方法,按碳的质量分数可分为低碳钢、中碳钢和高碳钢;按主要质量等级可分为普通质量非合金钢、优质非合金钢和特殊质量非合金钢;按用途又可分为碳素结构钢和碳素工具钢。普通碳素结构钢的典型牌号是 Q235AF;优质碳素结构钢的典型牌号是 45Mn、65Mn 等;碳素工具钢的典型牌号是 T8;铸造碳钢的典型牌号是 ZG230－450。

(3)低合金钢和合金钢中的合金元素主要有 Mn、Si、Cr、Ni、Mo、W、V、Nb、Ti、Al、Cu、Zr、Co、B、N、RE 等;其分类方法有多种,按用途可分为合金结构钢、合金工具钢和特殊性能钢三类。合金结构钢又分为工程结构用钢和机械结构用钢。工程结构用钢最常用的是低合金高强度结构钢,典型牌号是 Q355;机械结构用钢包括渗碳钢(20CrMnTi)、调质钢(40Cr)、弹簧钢(60Si2Mn)、滚动轴承钢(GCr15)等。合金工具钢分为刃具钢(9SiCr、W18Cr4V)、模具钢(Cr12、5CrNiMo)和量具钢。特殊性能钢分为不锈钢(06Cr19Ni10、10Cr17、12Cr13)、耐热钢(12Cr1MoV)和耐磨钢(ZG120Mn13)等。奥氏体不锈钢具有良好的耐蚀性和冷热加工性能,是应用最广泛的不锈钢。

（4）铸铁是碳的质量分数大于 2.11% 的铁碳合金。碳在铸铁中的主要存在形式是石墨，影响石墨化的因素主要有化学成分和冷却速度。C、Si 促进石墨化的作用最强烈，因此铸铁中的 C、Si 含量比较高。铸铁按石墨形态不同可分为灰铸铁（HT200）、球墨铸铁（QT500 - 7）、可锻铸铁（KTH300 - 06、KTZ650 - 02）和蠕墨铸铁（RuT350）。铸铁的性能"来源于基体，受制于石墨"。灰铸铁的力学性能最低，但由于其铸造性能、减振性能、切削加工性能好，价格便宜，所以是应用最广泛的铸铁材料；球墨铸铁力学性能最高，可以以铁代钢，制造重要零件。

（5）铝及铝合金是应用最广的非铁金属材料。铝合金分为变形铝合金和铸造铝合金。时效强化是铝合金的主要强化方法。变形铝合金又分为防锈铝合金、硬铝合金、超硬铝合金和锻铝合金四种。防锈铝合金耐腐蚀性好，超硬铝合金强度最高，锻铝合金热塑性和可锻性好，适合压力加工。铜按成分和颜色不同，可分为紫铜（纯铜）、黄铜、青铜和白铜。钛具有较高的比强度、低密度、优异的生物相容性和耐腐蚀性，是极具发展前景的结构材料。轴承合金按化学成分可分为锡基、铅基、铝基、铜基轴承合金。

（6）硬质合金是一种粉末冶金材料，硬度和耐磨性高、热硬性好，主要用于制作刀具、模具及耐磨件等。

（7）零件的失效有过量变形失效、断裂失效和表面损伤失效三种基本形式。零件选材应遵循使用性原则、工艺性原则、经济性原则、环境与资源原则。其中，使用性原则是选材的最主要原则，选材依据就是在满足使用性能的前提下，以最低的成本、以对环境最小的影响，来获得最优化的技术效果和经济效益。

◆ 课后思考与练习五

1. 与非合金钢相比，合金钢有哪些优点？

2. 合金元素对淬火钢的回火转变有何影响？

3. 拖拉机的变速齿轮，材料为 20CrMnTi，要求齿面硬度 58～64HRC，分析说明采用什么热处理工艺才能达到这一要求？

4. 指出下列钢材牌号属于哪种钢？它们的含碳量是多少？主要用途是什么？

① Q355；② 20Cr；③ T10A；④ 40Cr；⑤ 60Si2Mn；⑥ GCr15；⑦ 9SiCr；⑧ Cr12MoV；⑨ W18Cr4V；⑩ 06Cr19Ni10。

5. 不锈钢的成分特点是什么？它为什么不锈？

6. 耐热钢的性能要求是什么？列举常用的耐热钢及用途。

7. 奥氏体锰钢为什么具有优良的耐磨性和良好的韧性？

8. 分析比较灰铸铁和球墨铸铁的组织和性能特点。

9. 识别下列铸铁牌号，并指出牌号中数字的含义：HT300，QT500 - 7，KTH300 - 06，KTZ650 - 02，RuT300。

10. 何谓时效强化？铝合金的淬火和钢的淬火有什么不同？

11. 轴承合金在性能上有何要求？其组织特点是什么？

12. 下列零件采用何种铝合金制造？

①易拉罐;②铆钉;③飞机大梁及起落架;④电动机壳体;⑤发动机活塞;⑥压缩机叶轮。

13.与工具钢相比,硬质合金有什么性能特点? 主要用途是什么?

14.识别下列非铁金属的牌号:3A21,5A05,2A12,7A09,6A02,H68,HSn62-1,QSn4-3,BMn3-12,TA1,TB1,TC4,ZSnSb11Cu6。

15.什么是零件的失效? 零件的常见失效形式有哪几种?

16.零件选材应遵循哪些原则?

17.某机床齿轮,要求齿面硬度 50～55HRC,整体要求具有良好的综合力学性能,硬度为 34～38HRC,供选材料有 Q355、45 钢、40Cr、T12。要求:①选择合适的材料;②编制简明工艺路线;③说明各热处理工序的主要作用。

【国之重器·西南铝造助力神州飞天】

2023 年 10 月 26 日 11 时 14 分,搭载神舟十七号载人飞船的长征二号 F 遥十七运载火箭在酒泉卫星发射中心呼啸升空,将 3 名航天员送入太空。飞船和火箭上的蒙皮、锻环等关键铝合金材料 60%以上来自"国之重器"的西南铝。

此次发射任务中,西南铝为飞船和火箭提供的铝合金材料涵盖了锻件、板材、型材、管材等多个大类 10 多个规格品种,用于飞船的连接框、中间框、端框、表面结构和火箭的过渡环、转接框、贮箱等关键部位,主要起支撑、连接功能和作蒙皮等,铝材占比超过 60%。图 5-17 为西南铝锻造生产线在锻压铝合金环件。

图 5-17　西南铝锻造生产线在锻压铝合金环件

锻环是火箭和飞船的关键结构件,为火箭和飞船壮筋骨、披铠甲,在发射中不容易受到损伤。西南铝于 1989 年研制出直径为 3.5 m 的整体铝合金锻环,被誉为"亚洲第一环",这次火箭和飞船上用的就是这一尺寸的锻环。继 2007 年研制出 5 m 级铝合金整体锻环后,西南铝于 2016 年研制出刷新世界纪录的 10 m 级超大型整体铝合金锻环,让我国深空探测装备硬件能力得到大幅提升。此次发射的火箭推进舱和飞船蒙皮分别用到了西南铝的铝合金板材,因减重需要,飞船蒙皮较火箭蒙皮密度更低,是极端制造的 2.4 m 超宽铝合金薄板。

为有效应对太空温差、阻力、摩擦等挑战,飞船和火箭用关键铝合金材料必须具备高冶金质量性能。近年来,西南铝有效解决了一系列"卡脖子"难题,取得了熔铸、热加工、热处理等系列科研成果,实现了航空航天用关键铝合金材料批量生产。

第二篇　金属加工工艺

第6章 铸造成形

▶知识目标

(1)了解铸造特点、成形工艺过程和常见缺陷。

(2)掌握影响合金铸造性能的因素。

(3)掌握砂型铸造造型方法和生产流程。

(4)掌握金属型铸造、各种特种铸造方法的特点及应用。

(5)掌握铸造工艺设计内容、浇注位置和分型面的选择原则。

▶能力目标

(1)根据不同铸造方法的特点,能够对不同零件选择合适的铸造方法。

(2)在砂型铸造中,根据铸造工艺设计要求,能够对不同零件设计不同的造型和造芯方法。

(3)能够绘制铸造工艺图。

▶素质目标

(1)回顾中国古代铸造史,激发民族自豪感。

(2)铸造劳动强度大,生产条件差,培养吃苦耐劳的职业品质。

(3)通过大国工匠案例,培养精益求精、守正创新的职业素养。

　　铸造是机械制造工业毛坯和零件的主要成形方法,在国民经济中占有极其重要的地位。铸造通常是指用熔融的合金材料制作产品的方法,属液态成形,即成形温度高于液相线温度。将液态合金注入预先制备好的铸型中使之冷却、凝固,而获得具有一定形状、尺寸和性能的毛坯或零件,这种制造过程称为铸造生产,简称铸造,所铸出的产品称为铸件。

◆ 6.1 铸造成形概述

　　大多数铸件作为毛坯,需要经过机械加工后才能成为各种机器零件;有的铸件当达到使用的尺寸精度和表面粗糙度要求时,也可作为成品或零件直接使用。

6.1.1 铸造成形的特点

　　在机械制造工业产品中,铸件所占的比例很大,如内燃机中铸件总量占 70%～90%,机床、拖拉机、液压泵、阀和通用机械中铸件总量占 65%～80%,农业机械中铸件总量占

40％～70％,矿冶、能源、海洋和航空航天等工业的重大装备中铸件都占很大的比重。铸件之所以被广泛应用,主要是因为具有下列优点:

(1)铸造适应范围广。铸造几乎不受铸件大小、厚薄和形状复杂程度的限制,铸造的壁厚可达 0.3～1 000 mm,长度从几毫米到十几米,质量从几克到 300 t 以上。铸造最适合生产形状复杂,特别是内腔复杂的零件,例如复杂的箱体、阀体、叶轮、发动机气缸体、螺旋桨等。

(2)铸造能采用的材料广。几乎凡能熔化成液态的合金材料均可用于铸造,如铸钢、铸铁、铁合金及各种铝合金、铜合金等。对于塑性较差的脆性材料(如普通铸铁等),铸造是唯一可行的成形工艺。在工业生产中以铸铁件应用最广,约占铸件总产量的 70％以上。

(3)铸件具有一定的尺寸精度。一般情况下,铸件比普通锻件、焊接件成形尺寸精确。

(4)铸件成本低廉,综合经济性能好,能源、材料消耗及成本低。铸件在一般机器中占总质量的 40％～80％,而制造的成本只占机器总成本的 25％～30％。成本低廉的原因是:①生产方式灵活,批量生产可组织机械化生产;②可大量利用废、旧金属材料和再生能源;③有一定的尺寸精度,加工余量小,节约加工工时和材料。

但是铸造生产劳动强度大,生产条件差,铸件的质量不稳定。目前广泛使用的砂型铸造,大多属于手工操作,工人的劳动强度大,生产条件差,铸造过程中会产生废气、粉尘和噪声,对环境造成的污染比其他机械制造工艺更为严重。铸造生产工序也较多,一些工艺过程较难控制,铸件中常有一些缺陷(如气孔、缩孔、冷隔、开裂等),而且内部组织粗大、不均匀,使得铸件质量不够稳定,废品率较高,其力学性能不如同类材料的锻件高。随着现代科学技术的不断发展,采用新工艺、新技术、新材料、新设备,实现了机械化及自动化生产,使铸造劳动条件大大改善,环境污染得到控制,铸件质量和经济效益亦在不断提高。

6.1.2 铸造方法分类及应用范围

铸造分类方法很多,最常用的是按造型方法分为砂型铸造、金属型铸造和特种铸造。以型砂为主要造型材料制备铸型的铸造工艺方法称砂型铸造,有手工造型和机械造型两种。除砂型铸造和金属型铸造外的其他铸造方法都称为特种铸造。另外,根据液态合金充填铸型条件的不同,铸造分为重力铸造(液态合金靠自身重力充填型腔)、低压铸造、挤压铸造、压力铸造(液态合金在一定的压力下充填型腔)等;根据铸型材料的不同,铸造分为一次型铸造(如砂型铸造、陶瓷型铸造、熔模铸造等)及永久型铸造(如金属型铸造等)。各种铸造方法的特点及应用见表 6-1。

表 6-1 各种铸造方法的特点及应用

比较项目	铸 造 方 法					
	砂型铸造	金属型铸造	压力铸造	低压铸造	离心铸造	熔模铸造
适用合金	无限制	无限制,但以有色合金为主	以有色合金为主	以有色合金为主	以铸铁、铸钢、铸造铜合金为主	无限制,但以铸钢、铸铁、铸造铜合金为主

续表

比较项目	铸 造 方 法					
	砂型铸造	金属型铸造	压力铸造	低压铸造	离心铸造	熔模铸造
铸态晶量范围	粗	细	特细	取决于铸型种类	细	粗
铸件质量范围	无限制	<100 kg	<10 kg	中、小件	无限制	<25 kg
铸件壁厚/mm	铝合金:>3 灰铸铁:>3 铸钢:>5	铝合金:>2~3 灰铸铁:>4 铸钢:>5	铝合金:≥3 铜合金:≥2~5 锌合金孔径:0.8	2~5	最小孔径:0.7	一般:≥0.2 最小:0.2~0.5 孔径:0.2~2.0
铸件加工余量	大	小	不加工	小	内孔加工余量大	小或不加工
铸件公差等级(CT)	单件小批:CT15~CT10; 成批大量生产手工造型:CT13~CT9; 机器造型:CT10~CT7	成批大量生产:CT9~CT6	成批大量生产:CT8~CT4	CT9~CT6 与铸型材料有关	CT9~CT7 与铸型材料有关,孔径精度低	成批、大量生产钢铁:CT7~CT5 铜合金、轻金属合金:CT6~CT4
铸件尺寸公差/mm	100±1.0	100±0.4	100±0.3	100±0.4	取决于铸型材料	100±0.4
表面粗糙度 Ra/μm	25~12.5	25~6.3	3.2~0.8	12.5~3.2	12.5~6.3	12.5~1.6
铸件形状	无限制	不宜复杂	不宜壁厚差异太大	不宜壁厚太大或壁厚差异太大	适宜中空转体结构	无限制
凸台	可以、成本低	可以	可以	可以	可能	有难度
侧凹	可以、成本低	可以成本较高	可以成本较高	可以	不可以	可以
镶嵌件	可以、成本低	可以、效率低	可以、效率低	可以	不可以	
毛坯利用率/%	60~70	75	95	80	70~90	90
生产率	低、中	中、高	最高	中、高	中、高	低、中

续表

比较项目	铸 造 方 法					
	砂型铸造	金属型铸造	压力铸造	低压铸造	离心铸造	熔模铸造
适应生产类型	无限制	大批大量	大批大量	大批大量	大批大量	无限制
应用举例	机床床身;支座;轴承盖;曲轴;汽缸盖;水轮机转子;大型壳体	铝活塞;水暖器材;水轮机叶片;缸体;缸盖;油泵;轴套	化油器;喇叭;缸体;仪器仪表壳体;支架	气缸体;缸盖;船用螺旋桨;纺织机械零件	铸铁管;套筒;滑动轴承;叶轮;环形件	刀具;刀杆;风动工具;汽轮机叶片;交通机械的小型零件;仪器仪表小型零件

6.1.3 铸造成形的发展趋势

1.铸造成形的历史

铸造是人类掌握比较早的一种金属热加工工艺,已有约 6 000 年的历史。中国在公元前 1700—前 1000 年之间已进入青铜铸件的全盛期,工艺上达到相当高的水平。中国商朝的重 875 kg 的司母戊方鼎,战国时期的曾侯乙尊盘,西汉的透光镜,都是古代铸造的代表产品。

进入 20 世纪,铸造的发展速度很快。其重要因素之一是产品技术的进步,要求铸件各种机械物理性能更好,同时仍具有良好的机械加工性能;另一个原因是机械工业本身和其他工业如化工、仪表等的发展,给铸造业创造了有利的物质条件。如检测手段的发展,保证了铸件质量的提高和稳定,并给铸造理论的发展提供了条件;电子显微镜等的发明,帮助人们深入到金属的微观世界,探查金属结晶的奥秘,研究金属凝固的理论,指导铸造生产。

2.铸造成形的发展趋势

随着科学技术的飞速发展,新能源、新技术、自动化技术、信息技术以及计算机技术等高新技术成果的应用,促进了铸造技术在许多方面的快速发展。

(1)提高铸件竞争能力。为了提高铸件相对于其他成形工艺制造的零部件的竞争能力,以铸造工艺代替其他工艺方法,需要发挥铸件的特长,进一步发挥铸造材料的高强度化和高机能化,同时还要开发创新的精密成形技术(净形、近净形技术),以提高铸件的内外在质量。

1)开发具有成本低、污染小、效率高、质量好、高度机械化、自动化的造型工艺。

2)特种铸造方法(熔模铸造、压铸、低压铸造等)的推广与应用。特种铸造作为一种实现少余量、无余量加工的精密成形技术,将向着精密化、薄壁化、轻量化、节能化方向发展。

3)为实现薄壁轻量化高强度铸件的铸造生产工艺。

4)半固态合金铸造技术制造高韧性的铸造轻合金铸件。

5)可满足多品种、单件小批生产的铸造生产工艺和可缩短生产周期的铸造浇注系统和铸造方案自动设计。

（2）铸造生产的信息化。开发计算机数值模拟技术、专家系统等为传授高级技术经验和技能及其有效应用这些技术技能的软件。例如：①建立铸造技术数据库及凝固过程数值模拟技术，如计算机辅助工程（CAE）。②铸造工艺计算机辅助设计（CAD）技术。③铸件试制到铸造工艺条件设定的综合系统。④铸件表面和内部缺陷自动检验系统。⑤快速成形制造技术。将 CAD 设计数据直接转化为实物的过程，集成计算机辅助设计/计算机辅助制造（CAD/CAM）技术、现代数控技术、激光技术和新型材料技术，无需图样、无需进行传统的模具设计和加工，极大提高铸造生产效率。

（3）绿色铸造。节能和环保是实施绿色铸造生产、实现可持续发展的关键，必须研究和推广适合我国国情的节能、环保新技术和新设备。

1）以熔化和加热系统为重点，全方位挖掘节能潜力，采用各项新技术，消除对环境的污染，提高熔炼质量，降低废品率。

2）节约材料资源，开发材料的再生技术，回收利用铸造废弃物，创造最高价值的回用，如采用旧砂回用新技术。

3）从材料、工艺和设备多方面入手，解决环境污染问题，开发无毒精炼、变质技术，无毒、无味黏结剂及白色铸造辅料，除尘技术、型砂再生技术、无粉尘铸造技术。

◆ 6.2　铸造成形工艺基础

6.2.1　铸造成形工艺过程

铸造成形过程包括金属熔体的熔炼、铸型和型芯的制备、浇注、冷却凝固、取件清理等主要环节，如图 6-1 所示。

合金的铸造性能

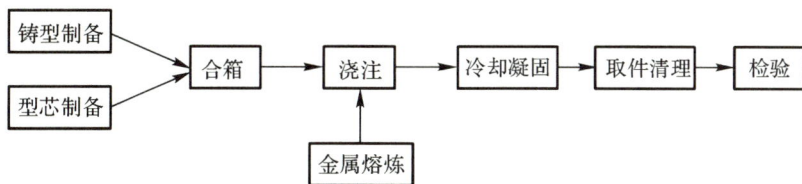

图 6-1　铸造成形工艺流程

1. 金属的熔炼

金属的熔炼就是制备可以浇注的金属熔体，它是铸造生产的第一步，也是决定铸件成分与性能的关键一步。只有得到成分、温度合格的金属熔体，才有可能得到合格的铸件。

不同材质的铸件需要不同的熔炼方法。铸铁件因其碳含量高、熔点较低，可以用冲天炉熔炼。对于一些合金含量高、成分要求准确的合金铸铁则采用工频感应电炉或中频感应电炉熔炼。铸钢件的碳含量低、熔点高，用冲天炉熔炼时会出现增碳，只能采用电炉熔炼。常见的铸钢熔炼设备是三相电弧炉,在一些中小型工厂近年来也采用工频感应电炉或中频感应电炉进行铸钢的熔炼。铜、铝等有色金属熔点低,容易氧化,因此,一般采用焦炭坩埚炉、电阻炉或中频感应电炉进行熔炼。铸造生产中常见的熔炼方法和设备见表 6-2。

表 6-2　常见的熔炼方法和设备

熔炼方法及所用设备示意图	特　点	适用范围
冲天炉熔炼	以焦炭燃烧热为热源,在炉料与高温炉气相对运动中使炉料熔化。最高熔炼温度 1 350 ℃左右,上部加料,下部出铁,可以连续生产	大批量铸铁件生产
电弧炉熔炼	以高温电弧为热源,最高温度可达 1 650 ℃,集中装料,集中出炉,批式生产。每炉熔体质量可达数吨	大批量生产铸钢件
坩埚炉	以焦炭燃烧热为热源,通过坩埚熔化炉料。集中加料,集中出炉,批式生产。每炉熔体质量取决于坩埚大小,一般在 500 kg 以下	主要用于铝合金、铜合金等有色金属的熔炼,生产中小铸件
感应电炉熔炼	以工件内的电磁涡流产生的焦耳热为热源,由工件自身发热熔化,最高温度可达 1 650 ℃。操作简便、灵活	中小批量生产铸钢件、有色铸件、球铁等

　　无论什么熔炼方法,其基本的工艺过程大致相似,都是如图 6-2 所示的工艺流程。其中配料就是确定各种原料的配比和数量,为得到合格的化学成分奠定基础。加料熔化是借助高温条件使固态金属料熔化成液态的环节。由于熔炼用原料经常是废旧金属,成分不够准确,加之熔炼过程会有烧损或增加,所以,出炉前还需要进行成分分析来确认,如果不合格就要进行调整。扒渣浇注是金属熔炼的最后一个环节。扒渣的作用是防止熔渣进入浇包进而浇入铸型形成夹渣缺陷,经过扒渣后的干净熔体转入浇包的过程称为出炉。出炉后的金属熔体就可以进入下道工序——浇注。

```
备料与配料 → 加料熔化 → 调整成分和温度 → 扒渣出炉
```

图 6-2　金属熔炼工艺流程

2. 铸型和型芯的制备

　　铸造过程是将不定形的金属熔体变成一定形状铸件的过程。为了形成铸件外形而特意制作的模子称为铸型。铸件的空腔一般是通过使用型芯占据其位置,浇注冷却后将型芯清除而形成。制造铸型和型芯的材料和方法很多,相应地也就有多种铸造方法。常见的铸型、分类制造方法及其特点见表 6-3。

表 6-3　常见铸型的材料、制备方法与特点

铸型类别	铸型材料	制造过程	特点	使用范围
砂型	以硅砂或石灰石砂为主料,添加黏结剂、溃散剂等辅助材料	填砂、紧实、取模、合箱	造型材料来源广、成本低,对铸件的复杂程度适应性强。但尺寸精度差,只能使用一次	主要用于铸铁件和铸钢件
金属型	用钢铁材料加工而成	锻造毛坯、切削加工、热处理	铸件尺寸精度高,内部质量好。但制造成本高,难以生产复杂形状的铸件	主要用于生产形状较为简单的有色金属铸件
陶瓷型	用陶瓷材料预成形后进行烧结而成	混料、预成形、干燥和烧结	铸件尺寸精度高,内部质量好。但制造成本高,难以生产复杂形状的铸件	主要用于生产形状较为简单的铸件

　　铸型是用金属或其他耐火材料制成的组合整体,是金属液凝固后形成铸件的地方。以两箱砂型铸造为例,典型的铸型结构如图 6-3 所示。它由上砂型、下砂型、浇注系统、型腔、型芯和通气孔组成。型砂被舂紧在上、下砂箱中,连同砂箱一起,称为上砂型(也称上箱)和下砂型(也称下箱)。取出模样后砂型中留下的空腔称为型腔。上、下砂型的分界面称为分型面,一般位于模样的最大截面上。

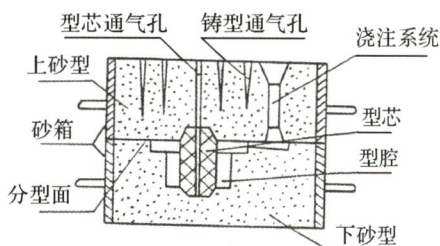

图 6-3　铸型的组成

型芯是为了形成铸件上的孔或局部外形,用芯砂制成。型芯上用来安放和固定型芯的部分称为型芯头,型芯头放在砂型的型芯座中。浇注系统是为了将熔融金属引入型腔而开设于铸型中的一系列通道。金属液从浇口盆浇入,经直浇道、横浇道、内浇道而流入型腔。因此,浇注系统包括浇口盆、直浇道、横浇道、内浇道。型腔最高处开通气孔,以观察金属液是否浇满,也可排除型腔中的气体。被高温金属包围后,型芯产生的气体则由型芯通气孔排出,而型砂自身的气体及部分型腔中的气体则由通气孔排出。有的铸件为了避免产生缩孔缺陷应在铸件厚大部分或最高部分加有冒口,以储存额外的金属液对铸件进行补缩。

无论什么类型的铸型,要求有一定的湿强度和干强度,以防被金属液冲垮;要求有一定的透气性,以便型腔内的气体排除;要求有一定的退让性,以防阻碍铸件冷却过程的收缩而导致开裂;还要求有一定的溃散性,在铸件凝固后能够失去强度,便于清理落砂。

3. 浇注

在获得合格的金属液并制备好型芯之后就可以进行浇注了。浇注是将熔炼合格的金属熔体浇满铸型型腔的过程。通常将熔融金属从浇包浇入铸型的过程称为浇注。在浇注过程中金属熔体会发生降温、卷气、氧化、裹入夹杂等现象,降低金属熔体质量。因此,浇注过程需要控制浇注温度、浇注量和浇注速度。

浇注温度过高不仅增加熔炼成本,而且容易加剧浇注过程的氧化吸气,因此生产中有个口头禅:高温出炉,低温浇注。浇注温度一般高于熔点 $30 \sim 80$ ℃为宜。

控制浇注速度的目的在于保护铸型和控制金属液的流动。浇注速度过快,会损坏铸型;浇注速度过慢,可能降温过大而导致浇不足。此外,浇注过程还需要采取措施挡渣、引气。为了挡渣,常用底注包或茶壶式浇包。

4. 冷却凝固

金属熔体浇入型腔后必须进行适当的冷却凝固才能形成固定的形状。因此,冷却凝固是铸造生产中的一个主要环节,它不仅是赋予金属熔体形状的过程,也是控制铸件内部组织和性能的重要环节。不同材料的铸型冷却能力不同,相应地得到的铸件性能也有一定差异。一般来说,铸型冷却能力越大,铸件组织越细密,性能也越好。此外,可以在铸型或型腔内安放金属块(称为冷铁),通过改变铸型不同部位的冷却能力来控制铸件不同部位的凝固速度和整体凝固顺序。安放在型腔外的冷铁称为外冷铁,外冷铁可以反复使用。安放在型腔内的冷铁称为内冷铁,它将成为铸件的一部分留在铸件中。

5. 取件、清理、检验

浇注后经过一段时间的冷却,将铸件从铸型中取出的过程称为取件,在砂型铸造中称为落砂。从铸件上清除表面粘砂和多余的金属(包括浇冒口、飞边、毛刺、氧化皮等)的过程称为清理。清理的任务包括浇冒口的去除和型芯的清除。对于铸铁等脆性材料可以用敲击法直接去除浇冒口;对于铝、铜铸件常采用锯割来切除浇冒口;对于铸钢件常采用氧气切割、电弧切割和等离子体切割等方法切除浇冒口。型芯的清除可采用手工清除,用风铲、钢凿等工具进行铲削,也可采用气动落芯机、水力清砂等方法清除。为了降低铸件表面粗糙度,还可采用风铲、滚筒、抛光机等进行清理。

对清理好的铸件要进行质量检验,检验内容主要包括:

(1)表面质量检验:表面形状、结构完整性、表面粗糙度、尺寸等的检验。

(2)化学成份检验:主要成分及其含量、成分的均匀性等检验。

(3)力学性能检验:如强度、塑性、韧性、硬度等的检验。

(4)内部质量检验:采用超声波、磁粉探伤、水压试验、气密性检验等检查是否有内部孔洞或裂纹等缺陷。

6.2.2　合金的铸造性能

合金的铸造性能,是合金在铸造生产中表现出来的工艺性能。它对是否易于获得合格铸件有很大影响。合金铸造性能是选择铸造合金,确定铸造工艺方案及进行铸件结构设计的重要依据。合金的铸造性能主要指合金的充型能力和收缩等。

1.合金的充型能力

合金的充型能力是指液态合金充满铸型型腔,获得形状完整、尺寸完整、轮廓清晰的铸件的能力。合金的充型能力直接关系到零件是否能完整成形以及所得产品表面粗糙度的高低,因此一直是材料成形领域关注的基本问题。

影响合金充型能力的因素主要有合金的流动性、浇注条件、铸型条件、铸件结构等。

(1)合金的流动性。合金的流动性是影响充型能力的最主要因素,流动性越好,合金的充型能力越好。合金的流动性是指液态合金的流动能力,即液态合金充满铸型的能力。流动性好的合金,易于充满薄而复杂的铸型型腔,便于浇注出轮廓清晰的铸件,减少浇注不足、冷隔等缺陷;有利于液态合金中气体和非金属夹杂物的上浮与排出,有利于对合金凝固过程中产生的收缩进行补缩,减少铸件中气孔、夹渣、缩孔、缩松等缺陷的产生。因此,合金的流动性直接影响到铸件的质量,良好的流动性是获得优质铸件的基本条件。

合金的流动性大小,通常以浇注的螺旋形流动性试样长度来衡量,螺旋形流动性试样如图 6-4 所示,螺旋上每隔 50 mm 有一个小凸点作测量计算用。在相同的浇注条件下浇注出的试样越长,表示合金的流动性越好。

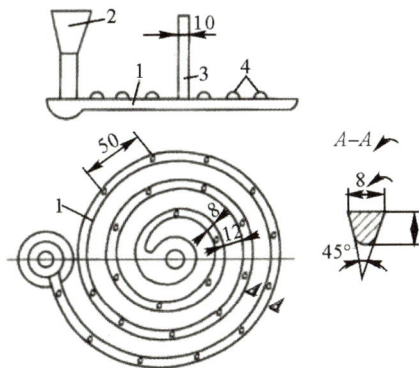

图 6-4　螺旋形流动性试样(单位:mm)

1—试样;2—浇口杯;3—冒口;4—试样凸点

影响合金的流动性因素主要有:①合金的种类:灰铸铁、铝硅合金、硅黄铜的流动性好,而铸钢的流动性差。②合金的成分:结晶温度范围宽的合金流动性较差,共晶成分的合金流动性好。③合金的物理性能:黏度越小、结晶潜热越大、热导率越小,合金的流动性越好。

(2)浇注条件。

1)浇注温度。在一定范围内,提高浇注温度,会使液态合金的黏度降低,流速加快,还能使铸型温度升高,散热速度变慢,从而可大大提高合金的充型能力。但是,如果浇注温度过高,容易产生粘砂、缩孔、气孔等缺陷。因此,在保证合金具有足够充型能力的前提下应尽量降低浇注温度,例如铸钢的浇注温度范围为 1 520~1 620 ℃,铸铁的浇注温度范围为 1 230~1 450 ℃,铝合金的浇注温度范围为 680~780 ℃。

2)充型压力和浇注速度。液态合金的充型压力越大、浇注速度越快,充型能力越好,如砂型铸造中增加直浇口的高度。也可以用人工加压方法增加充型压力,如压力铸造、低压铸造和离心铸造等。

3)浇注系统。结构越复杂,流动阻力越大,充型能力越差。

(3)铸型条件。

1)铸型的透气性。铸型的透气性差,会使得浇注后铸型中的气体压力增大,阻碍液态合金的流动,从而使得充型能力下降。

2)铸型的蓄热系数。蓄热系数指的是铸型从液态合金里吸取并存储在本身中热量的能力,蓄热系数愈大,铸型的激冷能力就愈强,液态合金在铸型中保持液态的时间就愈短,充型能力就愈下降。

3)铸型温度。铸型在浇注时的温度越高,液态合金与铸型的温差就越小,充型能力就越好。

(4)铸件结构。

1)铸件的折算厚度。折算厚度指的是铸件体积与表面积之比,折算厚度大,散热慢,充型能力好。

2)铸件结构复杂状况。结构复杂,流动阻力大,铸型充填困难,充型能力差。

2.合金的收缩

铸件在冷却凝固过程中,体积与尺寸逐渐减小的现象称为收缩。合金的收缩过程经历液态收缩、凝固收缩和固态收缩三个阶段。液态收缩是指从浇注温度到凝固开始温度(即液相线温度)间的收缩;凝固收缩是指从凝固开始温度到凝固终止温度(即固相线温度)间的收缩;固态收缩是指从凝固终止温度到室温间的收缩。

(1)影响收缩的因素。

1)化学成分。不同成分合金的收缩率不同。如碳素钢随含碳量的增加,凝固收缩率增大,而固态收缩率略减。灰铸铁中,碳、硅含量越高,硫含量越低,收缩率越小。常用合金中,铸钢的收缩率最大,有色金属次之,灰铸铁最小。

2)浇注温度。浇注温度主要影响液态收缩。浇注温度升高,使液态收缩率增大。为减小合金液态收缩及氧化吸气,并且兼顾流动性,浇注温度一般控制在高于液相线温度50~150 ℃。

3)铸件结构与铸型条件。铸件的收缩并非自由收缩,而是受阻收缩。其阻力来源于两个方面:一是铸件壁厚不均匀,各部分冷却速度不同,收缩先后不一致,而相互制约,产生阻力;二是铸型和型芯对收缩的机械阻力。铸件收缩时受阻越大,实际收缩率就越小。因此,在设计和制造模样时,应根据合金种类和铸件的尺寸、收缩及受阻情况,采用合适的收缩率。

(2)收缩对铸件质量的影响。液态收缩和凝固收缩引起的合金体积减小,称为体收缩;固态收缩引起的铸件尺寸减小,称为线收缩。体收缩是铸件产生缩孔、缩松的根本原因,线收缩是铸件产生应力、变形与开裂的根本原因。

1)缩孔和缩松。在冷却凝固过程中,液态合金的液态收缩和凝固收缩值大于固态收缩值,且得不到补偿。缩孔产生的部位在铸件最后凝固区域,此区域也称热节。图6-5为缩孔的形成过程示意图。

缩孔和缩松
形成动画

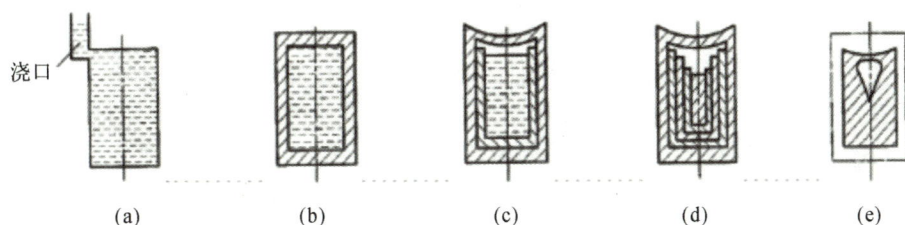

图 6-5　缩孔的形成过程

(a)液态合金充满型腔;(b)形成硬壳;(c)液面下降;(d)液面继续下降;(e)形成缩孔

缩松形成的基本原因虽然和形成缩孔的原因相同,但形成的条件却不同。缩松主要出现在结晶温度范围宽的合金中,或断面较大的铸件壁中,一般出现在铸件壁的轴线区域、热节处、冒口根部和内浇口附近,也常分布在集中缩孔的下方。图6-6为缩松的形成过程示意图。

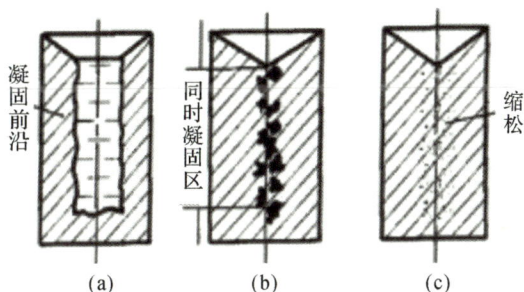

图 6-6　缩松的形成过程

不论是缩孔还是缩松,都会使铸件的力学性能、气密性和物理化学性能大大降低,以致成废品。为了防止铸件产生缩孔、缩松,在铸件结构设计时,应避免局部合金积聚。工艺上,应针对合金的凝固特点制定合理的铸造工艺,常采取顺序凝固的凝固原则。

顺序凝固就是在铸件可能出现缩孔或最后凝固的部位(多数在铸件厚壁或顶部),设置冒口(在铸型内,储存和供补缩铸件用熔融金属的空腔),使铸件按照远离冒口的部位先凝固,靠近冒口的部位后凝固,最后才是冒口凝固的顺序进行,如图6-7所示。这样,先凝固的收缩由后凝固部位的液态合金补缩,后凝固部位的收缩由冒口中的液态合金补缩,使铸件各部位的收缩均得到补缩，而缩孔则移至冒口，最后将冒口切除。

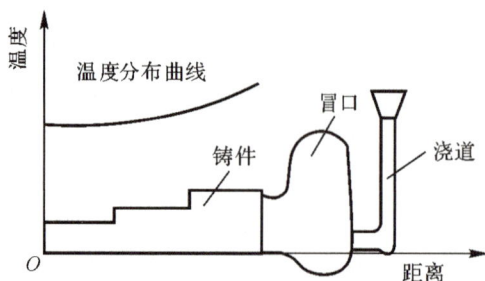

图 6-7　顺序凝固

2）变形和开裂。铸件凝固收缩时，铸件的体积和长度发生变化，如果收缩受阻，就会在铸件中产生应力。这种应力不是由外加载荷产生的，而是铸造本身的原因，故称为铸造应力，它主要包括热应力和机械应力。热应力是由于铸件壁厚不均匀，冷却不一致导致的应力，一般在厚壁处产生拉应力，薄壁处产生压应力。机械应力是当铸件收缩时，受到铸型、型芯和冒口等机械阻碍而产生的应力，机械应力一般为拉应力。

铸件中存在铸造应力，就会使其处于不稳定状态。若铸造应力值超过合金的屈服强度，铸件将发生塑性变形；当铸造应力值超过合金的抗拉强度时，铸件将产生开裂。

预防铸件变形和开裂的措施主要有：

a）合理设置浇注系统与冒口，使铸件各部分冷却温差减小；

b）砂型铸造中采用退让性好的型砂和芯砂；

c）采取合适的铸造工艺，使铸件的凝固过程符合顺序凝固原则；

d）在铸件结构上，尽量设计成壁厚均匀、壁与壁之间连接均匀、热节小而分散的结构；

e）铸造成形后，及时对铸件进行消除应力退火，以消除其铸造应力。

6.2.3　铸造常见缺陷及预防

由于原材料控制不严、工艺方案不合理、生产操作不当、管理制度不完善等原因，铸件会产生各种铸造缺陷。铸造缺陷是造成废品的主要原因，是对铸件质量的严重威胁。

在机械工程中，铸件多数是作为毛坯使用的，属于半成品。铸件质量的高低直接决定了最终产品的使用性能。因此，铸件的质量检验是铸造生产中不可缺少的一环。铸造工艺过程复杂，影响铸件质量的因素很多。

铸件质量通常是指外观质量和内部质量两大方面，外观质量主要是指尺寸精度、表面粗糙度、外观形状和结构的完整性，内部质量主要是指致密性、组织结构以及夹杂、成分的均匀性等方面。外观质量一般可以通过目测方法检验，而内部质量需要采用专业方法检验，主要是无损检测的方法，如超声波探伤、X射线探伤、磁粉探伤等。常见的铸件缺陷、特征、主要形成原因和防止途径见表6-4。由表可见，铸件的缺陷主要是如下几种。

（1）孔洞类缺陷：有气孔、缩孔、缩松等。

（2）裂纹类：冷裂、热裂、冷隔等。

（3）表面类：夹砂、粘砂等。

（4）残缺类：浇不足等。

气孔　金属工艺-浇不足与冷隔　冷裂与热裂　渣孔

(5)形状尺寸类:变形、错型等。

(6)夹杂类:夹渣、砂眼等。

(7)铸件成分及性能类:包括化学成分、金相组织、力学性能不合格等。

表 6－4　铸造常见缺陷名称、特征和主要形成原因及防止途径

缺陷类别	缺陷名称	特征和主要形成原因	防止途径	备注
孔洞类	气孔	多为圆形,内壁光滑	降低熔体中的含气量,提高铸型排气能力	外露的缩孔可以补焊
	缩孔	金属熔体发生体收缩而成。外形不规则,内壁可见毛刺,一般出现在最后凝固部位	保证顺序凝固,提高冒口补缩能力和补缩效果	
	缩松	金属熔体发生体收缩而成。小尺寸分散存在的缩孔	创造顺序凝固条件,提高补缩压力	
裂纹类	冷裂	裂纹平直,可见金属光泽	去除收缩受阻环节,及时进行去应力退火	
	热裂	裂纹弯曲,可见金属氧化色。一般发生在厚大部位	去除收缩受阻环节,尽量减小各部分温差	
	冷隔	金属液汇流处形成的隔层	提高浇注温度,控制金属液流向	
表观类	夹砂	金属通过砂型裂纹钻入形成金属与砂的夹层	提高液面上升速度,缩短金属液对铸型的烘烤时间	
	粘砂	铸件表面粘附的芯砂	使用涂料,提高铸型耐火度	
	残缺	铸件结构没有完整成形	提高浇注温度和流动性	
	变形	在铸造应力作用下铸件形状发生变化	合理设计浇冒口;使用工艺筋;及时开箱	
	错位	因未正确合箱,分型面处出现错位	严格合箱操作	
夹杂类	夹渣	熔体中的浮渣被卷入铸件内部形成	严格扒渣操作,浇注时采取静置和蔽渣措施	
	砂眼	型砂脱落后卷入铸件内部而成。分散或集中存在	提高铸型强度,减小金属液对铸型的冲击	
	夹杂	金属内部形成的非金属夹杂,一般为弥散分布,尺寸较小	对金属液进行精炼净化	
成分类	偏析	铸件不同部位的化学成分不一致	提高冷却速度	
	成分不合格	化学成分不符合要求	进行成分分析,并进行成分调整	

6.3 常用铸造方法

6.3.1 砂型铸造

用型砂、金属或其他耐火材料制成,包括形成铸件形状的空腔、型芯和浇冒口系统的组合整体称为铸型。用型砂制成的铸型称为砂型,砂型铸造就是指在砂型中生产铸件的铸造方法。虽然砂型铸造有工人劳动强度大、铸件质量不高等缺点,但由于砂型铸造原材料来源广,成本低,生产工艺简

砂型
铸造

砂型铸造的
造型方法

单,生产周期短,因而在目前的铸造生产中仍占主导地位,用砂型铸造生产的铸件,约占铸件总质量的 80%。

砂型铸造主要工序有制造模样和芯盒、配制型砂和芯砂、造型和造芯、合箱和浇注、落砂清理和检验等,其工艺过程如图 6-8 所示。造型和造芯是砂型铸造最基本的工序。

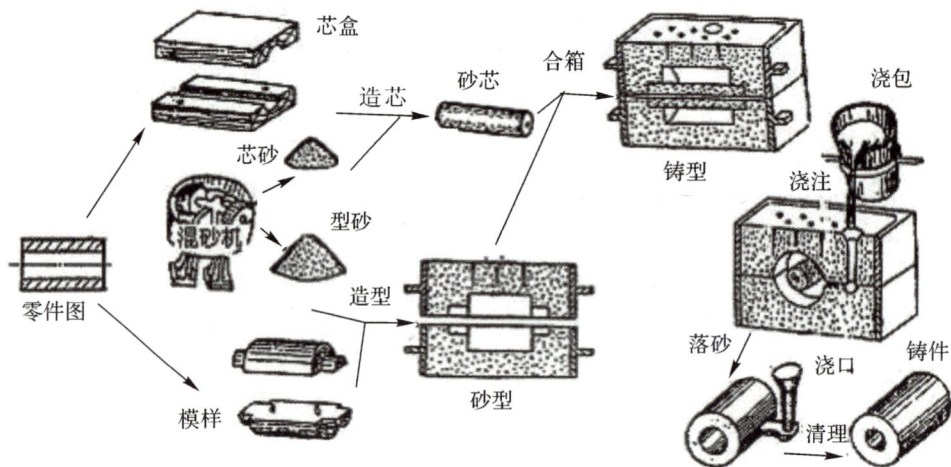

图 6-8 砂型铸造工艺过程

1.制造模样和芯盒

模样用来形成铸件的外部轮廓,芯盒用来制作砂芯,形成铸件的内部轮廓。造型时分别用模样和芯盒制作铸型和型芯。图 6-9 所示为零件、模样、芯盒和铸件的关系。制造模样和芯盒所选用的材料,与铸件大小、生产规模和造型方法有关。单件小批量生产、手工造型时常用木材制作模样和芯盒,大批量生产、机器造型时常用金属材料(如铝合金、铸铁)或硬塑料制作模样和芯盒。制造模样和芯盒时须考虑以下几个方面:

(1)机械加工余量。机械加工余量是指为保证铸件加工面尺寸和零件精度,在铸件工艺设计时预先增加而在机械加工时切去的金属层厚度。加工余量的大小根据铸件尺寸公差等级和加工余量等级来确定。一般小型铸件的加工余量为 2~6 mm。

（2）收缩余量。收缩余量是指为了补偿铸件收缩,模样比铸件图样尺寸增大的数值。收缩余量与铸件的线收缩率和模样尺寸有关。不同的铸造合金其线收缩率不同。一般灰铸铁 $\varepsilon=0.5\%\sim1\%$;球墨铸铁 $\varepsilon=1\%$;铸钢 $\varepsilon=1.6\%\sim2.0\%$;黄铜 $\varepsilon=1.8\%\sim2.0\%$;青铜 $\varepsilon=1.4\%$;铝合金 $\varepsilon=1.0\%\sim1.2\%$。

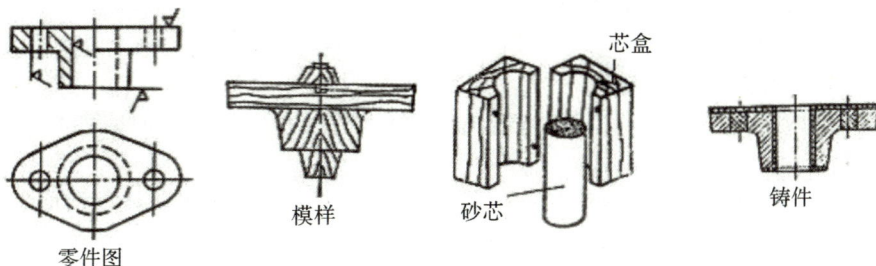

图 6-9　零件、模样、芯盒和铸件的关系

（3）起模斜度。起模斜度是指为使模样容易从铸型中取出或型芯自芯盒中脱出,平行于起模方向在模样或芯盒壁上的斜度,起模斜度一般为 $\alpha=0.5°\sim3°$。

（4）铸造圆角。制造模样时,凡相邻两表面的交角,都应做成圆角。铸造圆角在浇注时可防止铸型夹角被冲坏而引起铸件粘砂,并防止铸件因夹角处应力集中而产生开裂。

（5）型芯头。型芯头是指模样上的突出部分。对于型芯来说型芯头是型芯的外伸部分,不形成铸件轮廓,只是落入芯座(铸型中专为放置型芯头的空腔)内,用以定位和支承型芯。

（6）分型面。分型面是指铸型组元间的接合面。分型面应选择在铸件最大截面处,以便于起模。

2.配制型砂和芯砂

型砂(湿型砂)一般由新砂、旧砂、黏土、附加物及适量的水组成。铸铁件用的型砂配比(质量比)一般为旧砂 $50\%\sim80\%$、新砂 $5\%\sim20\%$、黏土 $6\%\sim10\%$、煤粉 $2\%\sim7\%$、重油 1%、水 $3\%\sim6\%$。各种材料通过混制工艺使成分混合均匀,黏土膜均匀包覆在砂粒周围,混砂时先将各种干料(新砂、旧砂、黏土和煤粉)一起加入混砂机进行干混,再加水湿混。型砂和芯砂混制处理好后,应进行性能检测,对各组元含量如黏土含量、有效煤粉含量、含水量等、砂性能(如紧实率、透气率、湿强度、韧性参数)做检测,以确定型(芯)砂是否达到相应的技术要求,也可用手捏的感觉对某些性能作出粗略的判断。合格的型(芯)砂用手测法检验的结果如图 6-10 所示。

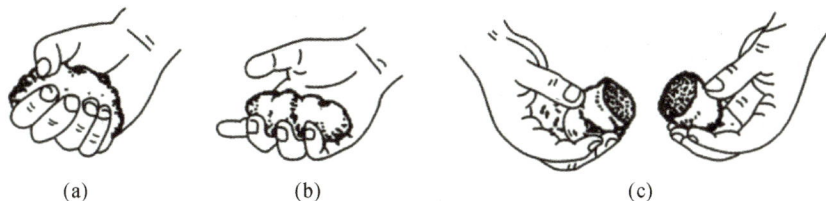

图 6-10　手测法检测型砂

(a)型砂湿度适当,强度等性能好时可用手捏成团;(b)手放开后可看出清晰的轮廓;
(c)折断时,断面无碎裂状,有足够的强度

配制好的型砂和芯砂应具备以下性能：

（1）一定的可塑性。可塑性好，易于成形，能获得型腔清晰的砂型，保证铸件具有精确的轮廓尺寸。

（2）足够的强度。在浇注时能承受熔融合金的冲击和压力而不致发生变形和毁坏（如冲砂、塌箱等），避免铸件产生夹砂、砂眼等缺陷。

（3）良好的透气性。浇注时，型腔内的空气及铸型产生的挥发气体要通过砂型逸出，透气性不好，铸件易产生气孔缺陷。

（4）较高的耐火性。耐火性差，铸件易产生粘砂缺陷，影响铸件的清理和后序的切削加工。

（5）较好的退让性。退让性指铸件冷却凝固收缩时，型砂或芯砂被压缩的能力。退让性差的型砂或芯砂将阻碍铸件收缩，会使铸件产生铸造应力，引起变形甚至产生开裂。

由于型芯的表面被高温合金液包围，长时间受到浮力作用和高温合金液的烘烤作用，铸件冷却凝固时，砂芯往往会阻碍铸件自由收缩，所以造芯用的芯砂要比型砂具有更高的强度、透气性、耐高温性和退让性。

3.造型和造芯

（1）造型。制造铸型的过程称为造型。按紧实型砂和起模方法不同，造型方法分为手工造型和机器造型两种。手工造型主要用于单件、小批量生产，特别是形状复杂或重型铸件的生产。机器造型可提高生产率，改善劳动条件，提高铸件精度和表面质量，但设备、工艺装备等投资较大，适用于大批量生产和流水线生产。

手工造型方法很多，应根据铸件的结构特点、生产批量和车间的具体条件确定最佳方案。对于形状简单，端部为平面且又是最大截面的铸件应采用整模造型。整模造型操作简便，造型时整个模样全部置于一个砂箱内，不会出现错箱缺陷。图 6－11 为整模造型过程示意图。

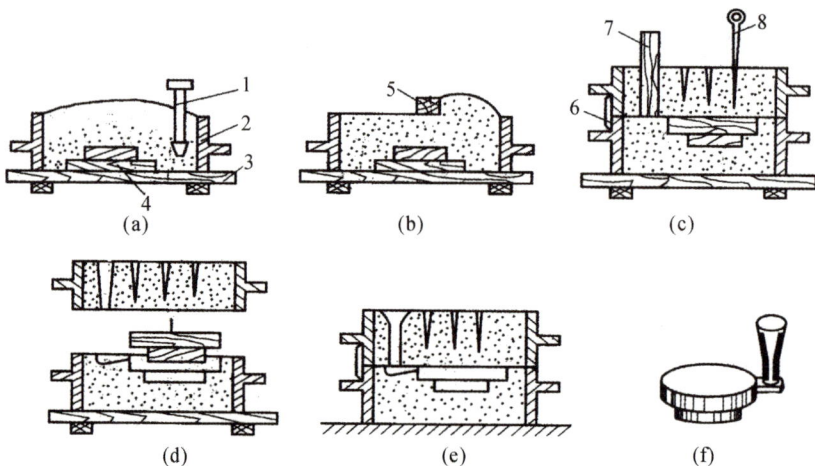

图 6－11 整模造型过程示意图

（a）造下型；（b）刮平；（c）造上型；（d）起模；（e）合型；（f）带有浇口铸件

1— 砂件；2—砂箱；3—模底板；4—模样；5—刮板；6—记号；7—浇口杯；8—气孔针

除整模造型外,常用的手工造型方法还有分模造型、挖砂造型、活块造型、刮板造型和三箱造型等。表 6 - 5 为常用手工造型方法、特点及应用。

表 6 - 5　常用手工造型方法、特点及应用

造型方法	简　图	主要特点	应　用
分模造型	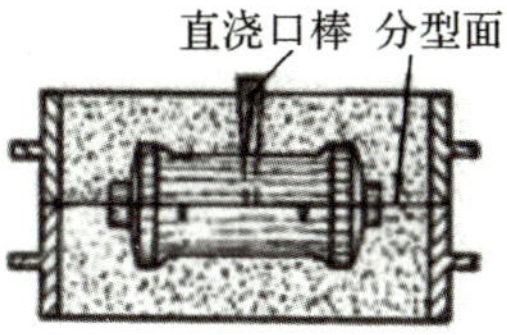 直浇口棒　分型面	模样在最大截面处分开,型腔位于上、下型中,操作较简单	最大截面在中部的铸件,常用于回转体类等铸件
挖砂造型	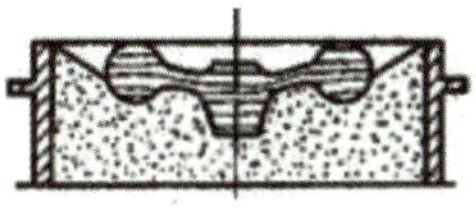	整体模样,分型面为一曲面,需挖去阻碍起模的型砂才能取出模样,对工人的操作技能要求高,生产率低	适宜中小型、分型面不平的铸件,单件、小批量生产
活块造型	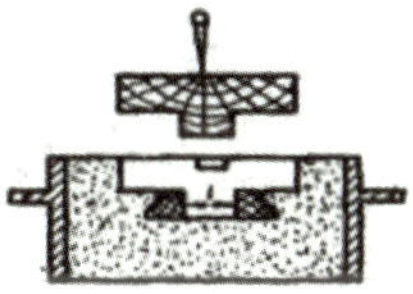	将妨碍起模的部分做成活动的活块,取出模样主体部分后,再小心将活块取出,造型费工时	用于单件小批生产,带有凸起部分的、难起模的铸件
刮板造型	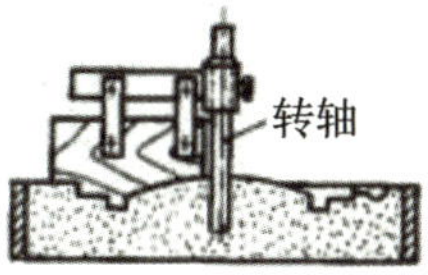 转轴	刮板形状和铸件截面相适应,代替实体模样,可省去制模的工序,操作要求高	单件、小批量生产,大中型轮类、管类铸件
三箱造型	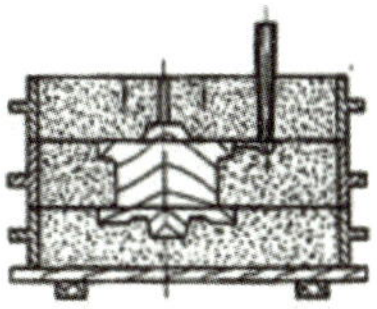	用上、中、下三个砂箱,有两个分型面,铸件的中间截面小,中箱高度有一定要求,操作复杂	单件、小批量生产,适合于中间截面小、两端截面大的铸件

机器造型按不同的紧砂方式分为压实造型、震击造型、抛砂造型和射砂造型四种基本方式。表6-6为机器造型方法及特点。

表6-6 机器造型方法及特点

造型方法	简 图	特 点
压实造型	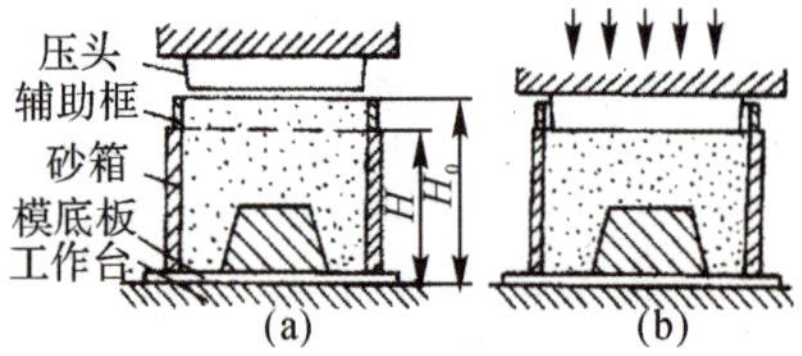	利用压头的压力将砂箱的型砂紧实。先把型砂填入砂箱的辅助框内,然后压头向下将型砂紧实,辅助框是用来补偿紧实过程中型砂被压缩的高度。压实造型生产率高,但型砂沿高度方向的紧实度不够均匀,一般越接近底板,紧实度越差。因此,适用于高度不大的砂箱
震击造型	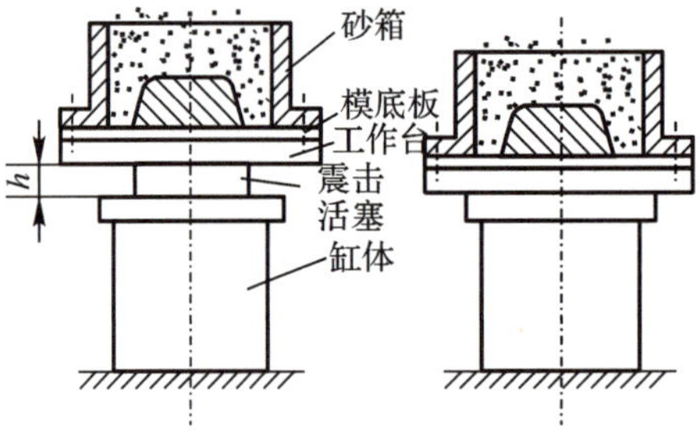	利用震动和撞击对型砂进行紧实。砂箱填砂后,震击活塞将工作台连同砂箱举起一定高度,然后下落,与缸体撞击,依靠型砂下落时的冲击力产生紧实作用。型砂紧实度分布规律与压实造型相反,越接近模底板型砂紧实度越高 震压试造型
抛砂造型	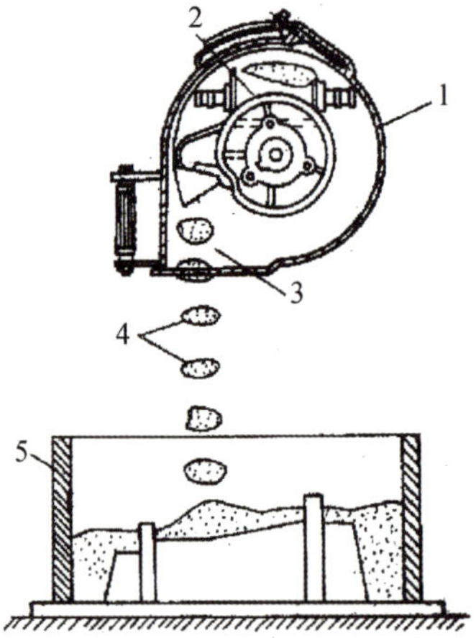 1—机头外壳;2—型砂入口;3—砂团出口4—被紧实的砂团;5—砂箱	抛砂造型 抛砂头转子上装有叶片,型砂由皮带输送机连续地送入,高速旋转的叶片接住型砂并分成一个个砂团。当砂团随叶片转到出口处时,由于离心力作用,以高速抛入砂箱,同时完成填砂和紧实

造型方法	简 图	特 点
射砂造型	1—射砂筒;2—射膛;3—射砂孔;4—排气孔; 5—砂斗;6—砂闸板;7—进气阀;8—储气筒; 9—射砂头;10—射砂板;11—模样;12—工作台	射砂造型 由储气筒中迅速进入到射膛的压缩空气,将型砂由射砂孔射入模样的空腔中,而压缩空气经射砂上的排气孔排出。射砂过程是在较短的时间内同时完成填砂和紧实,生产率极高。除用于造型外,多用于造芯

(2)造芯。制造型芯的过程称为造芯。造芯也分为手工造芯和机器造芯,手工造芯由于无需制芯设备,工艺装备简单,应用最为普遍。手工造芯主要用芯盒造芯,根据砂芯大小和复杂程度,手工造芯分为整体式芯盒造芯、对开式芯盒造芯和可拆式芯盒造芯。图 6-12 为芯盒造芯示意图。

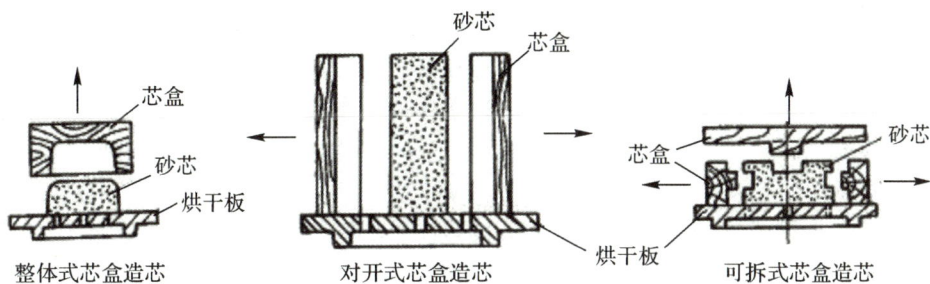

图 6-12　芯盒造芯示意图

为提高型芯的强度和透气性,型芯一般需要烘干,减少型芯的发气量;为增加型芯的强度,造芯时在型芯内放置芯骨(用以加强或支持型芯的金属构架);为增加型芯的透气性,除对型芯扎通气孔外,可在型芯中埋放通气蜡线,型芯烘干时焚化,成为排气通道;为提高型芯表层的耐火度、保温性、化学稳定性,使型芯表面光滑,并提高其抵抗高温熔融合金液的侵蚀能力,在型芯表面刷上涂料。

4.合箱和浇注

将铸型的各个组元如上型、下型、型芯等装配在一起的过程称为合箱(又称合型)。合箱前应对砂型和型芯的质量进行检查,若有损坏,需要进行修理,并要保证铸型型腔几何形状和尺寸的准确及型芯的稳固。合箱后,上、下型应夹紧或在铸型上放置压铁,以防浇注时上型被熔融合金液顶起,造成抬箱、错型或跑火等事故。

为使液态金属平稳地导入,填充型腔与冒口的通道称为浇注系统。浇注系统通常由浇口杯、直浇道、横浇道和内浇道组成,如图6－13所示。其作用是导入金属液、挡渣、补缩与调节铸件的冷却顺序等。

把液态金属从浇包注入铸型的操作过程称为浇注。浇注不当会引起浇不足、冷隔、气孔、缩孔和夹渣等铸造缺陷。浇注时应遵循高温出炉,低温浇注的原则。这是因为提高液态金属的出炉温度有利于夹杂物的彻底熔化、熔渣上浮,便于清渣和除气,减少铸件的夹渣和气孔缺陷;采用较低的浇注温度,则有利于降低金属液中的气体溶解度、液态收缩量和高温金属液对型腔表面的烘烤,避免产生气孔、粘砂和缩孔等缺陷。因此,在保证充满铸型型腔的前提下,尽量采用较低的浇注温度。另外,正确选择浇注速度。开始时应缓慢浇注,便于对准浇口,减少熔融金属液对砂型的冲击和利

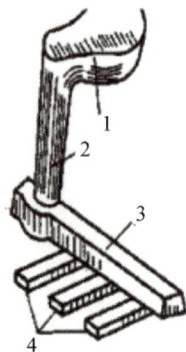

图6－13　浇注系统
1—浇口杯;2—直浇道;
3—横浇道;4—内浇道

于气体排出;随后快速浇注,以防止冷隔;快要浇满前又应缓慢浇注。即:遵循慢—快—慢的原则。

5.落砂、清理和检验

用手工或机械使铸件和型砂、砂箱分开的操作称为落砂。铸型浇注后,铸件在砂型内应有足够的冷却时间,冷却时间可根据铸件的形状、大小和壁厚确定。过早进行落砂,会因铸件冷却太快而使铸造应力增加,导致变形开裂。

清理是落砂后从铸件上清除表面粘砂、型砂、多余金属(包括浇注系统、冒口、飞翅和氧化皮)等过程的总称。对于铸件上的浇注系统和冒口的清除:铸铁件可用铁锤敲去,铸钢件可用气割切除,有色金属铸件则可用锯削除去。铸件上的粘砂、细小飞翅、氧化皮等可用喷砂或抛丸清砂、水力清砂、化学清砂等方法予以清理。大批量生产时多采用专用清理机械和设备进行清理。

经落砂、清理后的铸件应进行质量检验。铸件质量检验包括外观质量检验、内在质量检验和使用质量检验。铸件均须进行外观质量检验,铸件的外观质量项目包括铸件的表面粗糙度、表面缺陷、尺寸公差、形状偏差、质量偏差等。检验铸件的表面质量,一般通过直接观察或使用有关量具、仪器等进行。重要的铸件则须进行内在质量和使用质量检验。铸件的内在质量项目包括铸件的化学成分、物理和力学性能、金相组织以及存在于铸件内部的孔洞、裂纹、夹杂物等缺陷。铸件的使用质量是指铸件能满足使用要求的性能,如在强力、高速、磨耗、腐蚀、高热等不同条件下的工作性能、切削加工性能、焊接性能、运转性能以及工作寿命等。

6.3.2　金属型铸造

金属型铸造是指用重力浇注将熔融金属浇入金属铸型获得铸件的铸造方法。用金属材料制成的铸型称为金属型。金属型常用灰铸铁或铸钢制成。型芯可用砂芯或金属芯:砂芯

常用于高熔点合金铸件;金属芯常用于有色金属铸件。与砂型不同的是,金属型可以反复使用,在性能上二者有显著的区别。如砂型有透气性,而金属型则没有;砂型的导热性差,金属型的导热性很好;砂型有退让性,而金属型没有。

根据分型面位置的不同,金属型可分为垂直分型、水平分型和复合分型等类型,如图 6-14 所示。

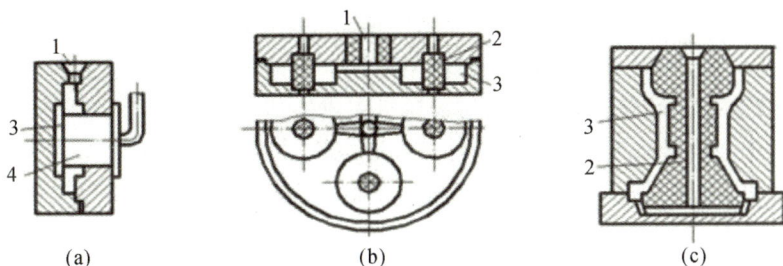

图 6-14　金属型类型
(a)垂直分型;(b)水平分型;(c)复合分型
1—浇口;2—砂型;3—型腔;4—金属芯

(1)金属型铸造工艺特点。

1)金属型的预热。未预热的金属型不能进行浇注,因为金属型导热性好,液态金属冷却快,流动性降低,容易使铸件出现冷隔、浇不足、气孔等缺陷。未预热的金属型在浇注时,铸型将受到强烈的热击,应力倍增,极易受到破坏。一般情况下,金属型的预热温度不低于150 ℃。

2)金属型的浇注。浇注温度一般比砂型铸造高。由于金属型的激冷和不透气,所以浇注速度应做到先慢,后快,再慢,浇注过程中应尽量保证液流平稳。

3)铸件的出型和抽芯时间。金属型芯在铸件中最适宜的停留时间,是当铸件冷却到塑性变形温度范围,并有足够的强度时,是抽芯最好的时机。金属型芯在铸件中停留的时间愈长,由于铸件收缩产生的抱紧型芯的力就愈大,所以需要的抽芯力也愈大。铸件在金属型中停留的时间过长,型壁温度升高,需要更多的冷却时间,也会降低金属型的生产率。

4)金属型工作温度的调节。要保证铸件的质量稳定,生产正常,就要使金属型在生产过程中温度变化恒定。每浇一次,就需要将金属型打开,停放一段时间,待冷至规定温度时再浇。常采取强制冷却的方法,如风冷和水冷。

(2)金属型铸造的特点及应用。与砂型铸造比较,金属型铸造有如下特点:

1)可以多次使用,浇注次数可达数万次而不损坏,可节省造型工时和大量的造型材料。

2)加工精确,型腔变形小,型壁光洁,因此铸件形状准确,尺寸精度高,表面粗糙度值小。

3)传热迅速,铸件冷却速度快,因而晶粒细,力学性能较好。

4)生产率高,无粉尘,劳动条件得到改善。

5)金属型的设计、制造、使用及维护要求高,制造成本高,生产准备时间较长。

金属型铸造主要适用于大批量生产、形状简单的有色金属铸件,如内燃机活塞、气缸体、轴瓦、衬套等。

6.3.3 特种铸造

随着现代铸造技术的发展,特种铸造在铸造生产中占有相当重要的地位。常用的特种铸造方法有压力铸造、离心铸造、熔模铸造等。

1. 压力铸造

压力铸造是指金属液在高压下高速充填铸模型腔,并在压力下凝固成形的铸造方法,简称压铸。铸型材料一般使用耐热合金钢。

(1)压力铸造工艺过程。压铸是通过压铸机完成的,图6-15为立式压铸机工作过程示意图。合型后把金属液浇入压室[见图6-15(a)],压射活塞向下推进,将金属液压入型腔[见图6-15(b)],保压冷凝后,压射活塞退回,下活塞上移顶出余料,动型移开,利用顶杆顶出铸件[见图6-15(c)]。

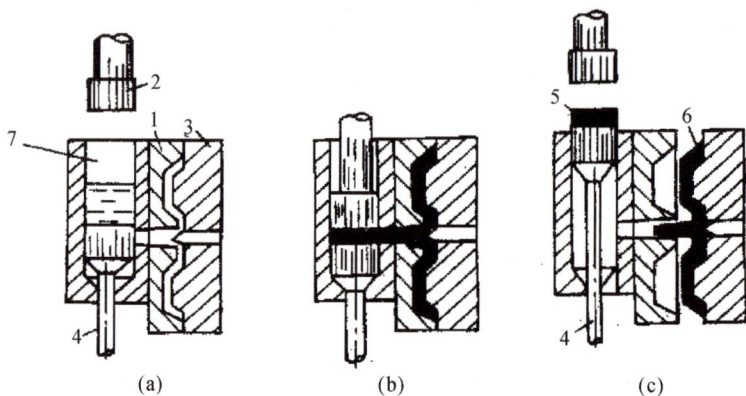

图6-15 立式压铸机工作过程示意图
1—定型;2—压射活塞;3—动型;4—下活塞;5—余料;6—压铸件;7—压室

(2)压力铸造的特点及应用。

1)压铸件尺寸精度高,表面质量好,一般不需机加工即可直接使用。

2)压力铸造在快速、高压下成形,可压铸出形状复杂、轮廓清晰的薄壁精密铸件,铝合金铸件最小壁厚可达0.5 mm,最小孔径为0.7 mm。但对内凹复杂的铸件,压铸较为困难。

3)铸件组织致密,力学性能好,其强度比砂型铸件提高25%~40%。

4)生产率高,劳动条件好。

5)设备投资大,铸型制造费用高,周期长。

压力铸造主要用于大批量生产、低熔点合金的中小型铸件,如铝、锌、镁等合金铸件,在汽车、拖拉机、航空、仪表、电器等部门获得广泛应用。对于压铸黑色金属铸件,如压铸铸铁件和铸钢件,压铸型寿命较低。

2. 离心铸造

离心铸造是指将金属液浇入旋转的铸型中,使之在离心力作用下充填铸型并凝固成形的铸造方法。

(1)离心铸造机。根据铸型旋转空间位置的不同,常用的离心铸造机有立式和卧式两

174

类,如图 6-16 所示。立式离心铸造机的铸型绕垂直轴旋转[见图 6-16(a)],离心力和液态金属本身重力的共同作用,使铸件的内表面为一回转抛物面,造成铸件上薄下厚,而且铸件越高,壁厚差越大,主要用于生产高度小于直径的圆环类铸件。卧式离心铸造机的铸型绕水平轴旋转[见图 6-16(b)],因铸件各部分冷却条件相近,故铸件壁厚均匀,适于生产长度较大的管、套类铸件。

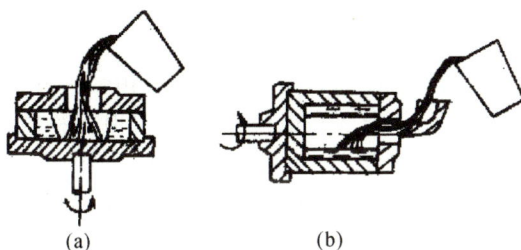

图 6-16　离心铸造
(a)立式;(b)卧式

(2)离心铸造的特点及应用。

1)金属液在离心力作用下充型和凝固,金属补缩效果好,铸件组织致密,机械性能好。

2)铸造空心铸件不需浇冒口,金属利用率可大大提高。

3)离心铸造内表面粗糙,尺寸不易控制,需要加大加工余量来保证铸件质量,且不适宜易偏析的合金。

离心铸造主要用于生产管、套类铸件,如铸铁管、铜套、气缸套、双金属轧辊、滚筒等。

3.熔模铸造

熔模铸造是指用易熔材料制成模样,在模样上包覆若干层耐火涂料制成形壳,熔出模样后经高温焙烧进行浇注而获得铸件的铸造方法。由于熔模广泛采用蜡质材料来制造,所以熔模铸造又称失蜡铸造。

(1)熔模铸造工艺过程。熔模铸造工艺过程主要包括制造压型、压制熔模、制造型壳、脱蜡和造型、焙烧和浇注、落砂和清理等,如图 6-17 所示。

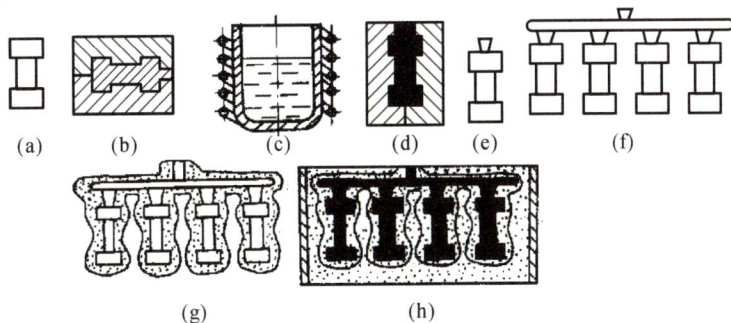

图 6-17　熔模铸造工艺过程
(a)母模;(b)压型;(c)熔蜡;(d)制造蜡模;(e)蜡模;(f)蜡模组;(g)结壳、脱蜡;(h)填砂、浇注

1)制造压型。压型是用来压制模样的模具。为保证熔模质量,压型应有较高的尺寸精

度和低的表面粗糙度,型腔的尺寸应考虑熔模的收缩率和铸件的收缩率。当铸件精度不高或生产批量不大时,可用易熔合金、环氧树脂、石膏直接向母模上浇注而成;当铸件精度高或大批量生产时,压型一般用钢、铜合金、铝合金经切削加工制成。

2)压制熔模。熔模相当于砂型铸造中的模样。常用蜡基模料(由 50% 石蜡加 50% 硬脂酸组成)或树脂基(松香)模料,先将模料加热至糊状,用压力压入压型,待其冷却、凝固后从压型内取出,经修整后,便获得单个熔模。为提高生产率,通常是将若干个熔模熔焊在浇口棒熔模上制成熔模组。

3)制造型壳。将熔模组浸到盛满涂料的容器中。让由耐火材料(石英粉)、黏接剂(如水玻璃、硅酸乙酯)组成的涂料均匀地覆盖在熔模表面,向浸有涂料的熔模组表面撒石英砂,然后将黏附了石英砂的熔模组放入硬化剂(多为氯化铵溶液)中,利用化学反应生成 SiO_2 胶体,将砂粒粘牢、硬化。此后,在空气中干燥 7～10 min 后重复以上过程 4～6 次,最后在熔模组表面制成 5～12 mm 厚的耐火型壳。

4)脱蜡和造型。将制好型壳的熔模组口朝上浸泡在 80～95 ℃ 的热水中,或口朝下地放在高压釜中通入高压蒸汽,让熔模熔化并从型壳中流出,再将脱蜡后的型壳置于砂箱中并向型壳外填砂,以加固型壳,防止浇注时型壳变形或破裂。

5)焙烧和浇注。为了清除型壳中杂质,提高型壳的高温强度,将造好型的型壳放入电炉中加热到 800～1 000 ℃ 焙烧 2 h 左右,焙烧后趁热进行浇注。

6)落砂和清理。合金冷却凝固后清理型壳,切去浇口,即可获得所需铸件。

(2)熔模铸造的特点及应用。

1)熔模铸造属于一次成形,又无分型面,因此铸件精度高,表面质量好。

2)可制造形状复杂的铸件,最小壁厚可达 0.7 mm,最小孔径可达 1.5 mm。

3)适应各种铸造合金,尤其适于生产高熔点和难以加工的合金铸件。

4)铸造工序复杂,生产周期长,铸件成本较高,铸件尺寸和质量受到限制,一般铸件质量不超过 25 kg。

熔模铸造主要用来生产那些形状复杂、熔点高、难以切削加工的小型零件,如汽轮机叶片、切削刀具和汽车、拖拉机、机床上的小型零件。

6.4 铸造工艺设计

铸造工艺设计是指根据铸件结构特点、技术要求、生产批量和生产条件等,确定铸造工艺方案(如造型方法、浇注位置、分型面和工艺参数的选择等),绘制铸造工艺图等。在选定铸造工艺方案时,须考虑铸造车间的具体条件(如铸造设备运转情况、生产能力),铸件的结构、尺寸及质量状况,技术要求以及生产数量等。

铸件的结构工艺

6.4.1 铸件结构工艺分析

对铸件结构进行工艺分析,在不影响铸件的使用性能前提下,对铸件结构做些改动,使铸件结构符合铸造工艺的基本要求,简化铸造工艺,提高铸件质量,提高劳动生产率和降低成本。

（1）铸件结构应力求简单。尽量减少分型面、型芯和活块数量，以简化造型工艺，减少错型、偏芯等缺陷。

图 6-18（a）端盖存在侧凹，需三箱造型，若改为图 6-18（b）结构，可采用简单的两箱造型。

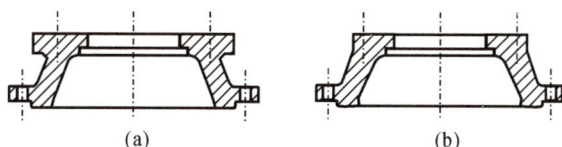

(a)　　　　　　　　(b)

图 6-18　端盖设计

图 6-19（a）凸台通常采用活块（或外型芯）才能起摸，若改为图 6-19（b）结构，可以避免活块或型芯。

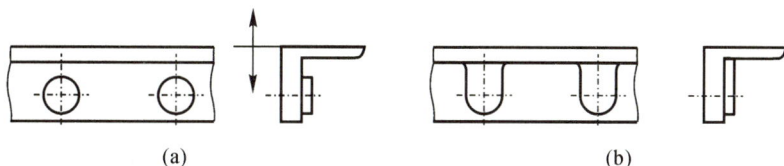

(a)　　　　　　　　(b)

图 6-19　凸台设计

图 6-20（a）支架需要两个型芯，其中大的型芯呈悬臂状态，需用芯撑支撑，若按图 6-20（b）改为整体芯，减少了型芯数目，而且稳定性大大提高，排气通畅，清砂方便。

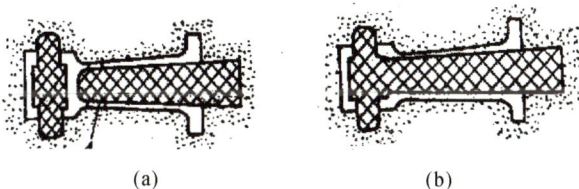

(a)　　　　　　　　(b)

图 6-20　支架设计

（2）铸件的壁厚应大于铸件允许的最小壁厚，以免产生浇不足等缺陷。铸件的尺寸越大，金属液充满铸型越困难，铸件允许的壁厚也应越大。在砂型铸造条件下，铸件允许的最小壁厚见表 6-7。

表 6-7　在砂型铸造条件下铸件的最小壁厚值　　　单位：mm

铸件尺寸	铸钢	灰铸铁	球墨铸铁	可锻铸铁	铝合金	铜合金
<200×200	6~8	5~6	6	5	3	3~5
200×200~500×500	10~12	6~10	12	8	4	6~8
>500×500	15	15	—	—	5~7	—

但是,若铸件壁厚过大,铸件的中心冷却较慢,会使晶粒粗大,还容易引起缩孔、缩松缺陷,使铸件强度随壁厚增加而显著下降,因此,不能单纯用增加壁厚的方法提高铸件强度。通常采用加强肋或合理的截面结构(丁字形、工字形、槽形)满足薄壁铸件的强度要求,如图6-21所示。

图 6-21 采用加强肋减小壁厚
(a)不合理;(b)合理

(3)铸件壁厚应尽可能地均匀。铸件薄厚不均,必然在壁厚交接处形成金属聚集的热节而产生缩孔、缩松,并且由于冷却速度不同而形成热应力和裂纹,如图6-22所示。

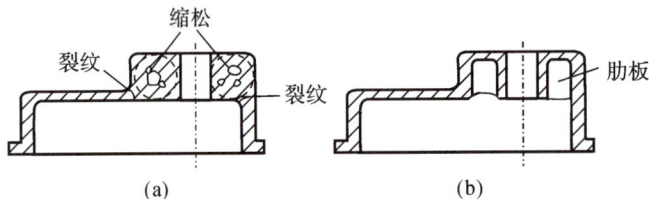

图 6-22 壁厚应尽量均匀
(a)不合理;(b)合理

(4)铸件应尽量避免有过大的水平面。大的水平面,最好设计成斜面,有利于金属液的充填,利于气体和熔渣等的排出,减少气孔和夹渣等缺陷,如图6-23所示。

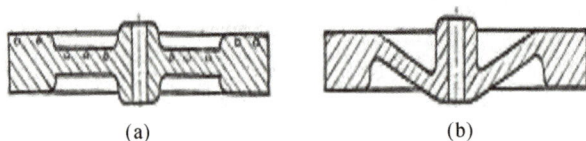

图 6-23 应避免过大水平面
(a)不合理;(b)合理

(5)铸件应有结构斜度。为了便于起模,垂直于分型面的非加工表面应设计结构斜度,如图6-24所示。

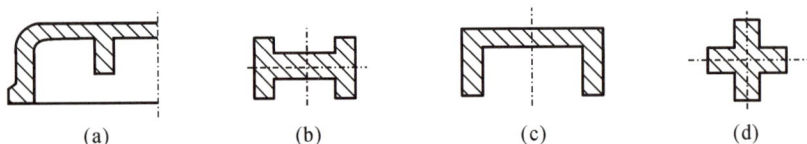

图 6-24 结构斜度
(a)(b)(c)(d)不合理

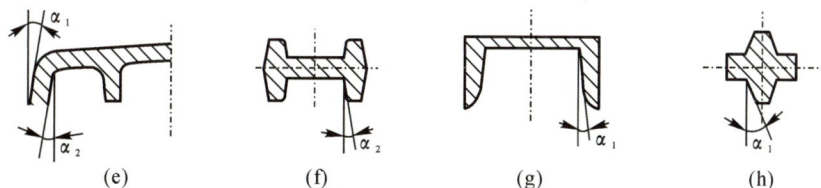

续图 6 - 24　结构斜度

(e)(f)(g)(h)合理

（6）铸件壁间连接应合理。为减少热节，防止缩孔，减少应力，防止裂纹，壁间连接应有铸造圆角，如图 6 - 25 所示。不同壁厚的连接应逐步过渡，以防接头处热量聚集和应力集中，如图 6 - 26 所示。

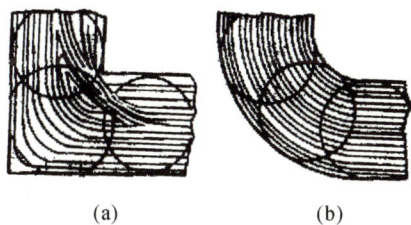

图 6 - 25　铸造圆角

（a）不合理；（b）合理

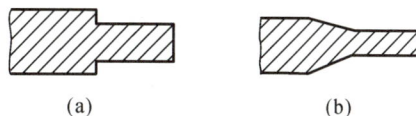

图 6 - 26　壁厚过渡形式

（a）不合理；（b）合理

（7）铸件的组合设计。对于大型或形状复杂的铸件，在不影响其精度、强度和刚度的要求下，为便于造型、浇注和切削加工，可将其分成几个小铸件进行分铸，经切削加工后，再用焊接、螺栓或铆钉将其组合成整体。

6.4.2　造型方法的选择

根据铸件的生产数量、结构大小、复杂程度、技术要求等因素，选择不同的造型方法。

6.4.3　浇注位置的选择

浇注位置是指浇注时铸件在铸型中所处的空间位置。选定浇注位置应以保证铸件质量为主。一般原则如下：

（1）铸件上的重要加工面、受力面等质量要求高的部分朝下或处于侧面。这是因为气孔、夹渣等缺陷多出现在铸件上表面，而底部或侧面组织致密，缺陷少，质量好。如图 6 - 27 所示车床床身的导轨面是重要受力面和加工面，浇注时需朝下。

（2）铸件的宽大平面应朝下。防止型腔上表面因长时间被烘烤而产生的夹砂缺陷，也可以减少大平面上的砂眼、气孔、夹渣等缺陷，如图 6 - 28 所示。

(3)铸件厚大部分应放在型腔的上部或侧面,以便补缩。容易形成缩孔的铸件,厚大部分朝上,便于安置冒口,使铸件自下而上顺序凝固,防止缩孔,如图6-29所示。

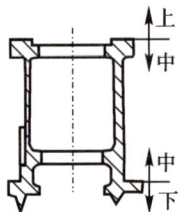

图6-27 车床床身的浇注位置　　　　图6-28 平板的浇注位置

(4)铸件大而薄的平面应放在型腔的下部、侧面或倾斜的位置,以利于金属液充填铸型,防止产生浇不足、冷隔等缺陷,如图6-30所示。

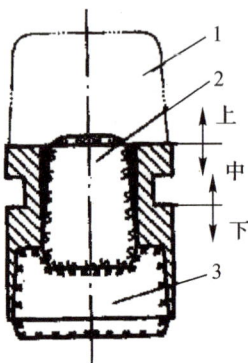

图6-29 铸钢链轮的浇注位置
1—冒口;2—型芯;3—型芯

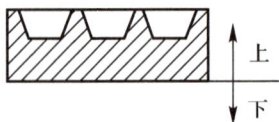

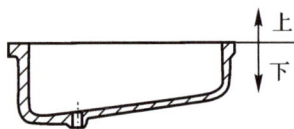

图6-30 平板的浇注位置

6.4.4 分型面的选择

分型面的选择应在保证铸件质量的前提下,尽量简化工艺过程,降低生产成本。一般原则如下:

(1)分型面应尽可能平直,以便简化造型、减少错箱等缺陷,如图6-31所示。

(2)尽可能将铸件的重要加工面或大部分加工面及加工基准面置于同一砂箱中,以保证其精度,如图6-32所示。

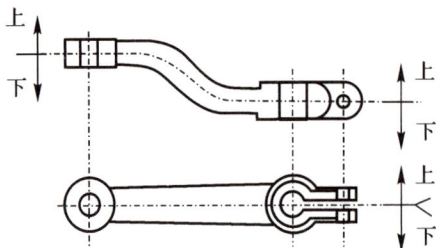

图6-31 起重臂的分型面　　　　图6-32 螺栓塞头的分型面

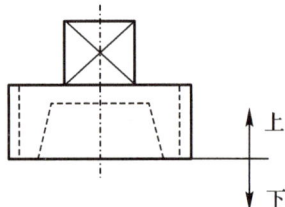

（3）尽可能减少分型面、活块的数目，必要时采用型芯来避免活块和减少分型面，如图 6-33 所示。

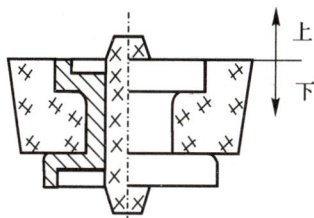

图 6-33　绳轮的分型面

（4）应有利于下芯、合箱，使型芯安放稳固，便于检查型腔尺寸，如图 6-34 所示。

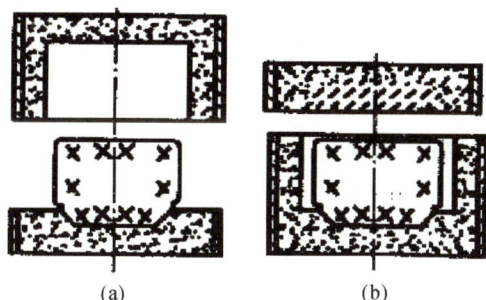

（a）　　　　　　　　　　（b）

图 6-34　型腔和型芯位置分布

（a）不合理；（b）合理

分型面与浇注位置的关系，有时相互矛盾，要尽量做到二者统一。一般而言，对于质量要求高的铸件，应在满足浇注位置前提下，再考虑分型面；对于一般铸件，则优先考虑分型面。

6.4.5　工艺参数的选择

工艺参数主要包括机械加工余量、收缩余量、起模斜度、铸造圆角、型芯头等（参见 6.3.1 节第 1 部分制造模样和芯盒）。

6.4.6　绘制铸造工艺图

铸造工艺图是在零件图上用规定的工艺符号表示出铸造工艺内容的图形。它决定了铸件的形状、尺寸、生产方法和工艺过程，是制造模样、芯盒、造型、造芯和检验铸件的依据。在蓝图上绘制的铸造工艺图，采用红、蓝铅笔将各种工艺符号直接标注在零件图样上。砂型铸造工艺图常用符号和表示方法参见《铸造工艺符号及表示方法》（JB2435—2013）。

6.4.7　铸造工艺设计实例

以联轴器零件为例，进行铸造工艺设计。

已知：图 6-35 为联轴器的零件图，选择材料为 HT200，小批量生产，采用砂型手工造型。

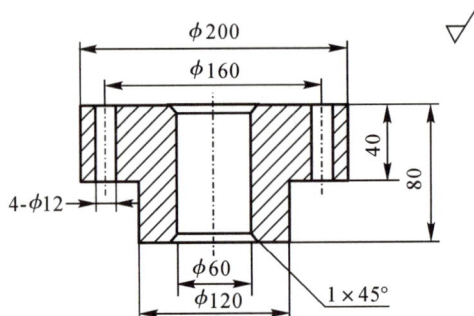

图 6-35　联轴器零件图(单位:mm)

工艺分析:该零件为一般连接件,$\phi60$ mm 孔和两端面质量要求较高,不允许有铸造缺陷。$\phi60$ mm 孔较大,用型芯铸出,4 个 $\phi12$ mm 小孔则不予铸出。

1. 造型方法、浇注位置和分型面

采用整模造型,浇注位置采取垂直位置(零件轴线呈垂直位置),分型面沿大端端面分型。造型操作方便,避免了错型,质量要求高的端面和孔处于下面或侧面,保证了铸件质量。直立型芯的高度不大,稳定性尚可。

2. 工艺参数

(1)加工余量:$\phi200$ mm 大端面为顶面,加工余量 8.5 mm;$\phi200$ mm 与 $\phi120$ mm 之间的台阶面可视为底面,加工余量 7 mm;$\phi200$ mm 外圆是侧面,加工余量 7 mm;$\phi120$ mm 端面是底面,加工余量 5.5 mm;$\phi120$ mm 外圆加工余量 5.5 mm;$\phi60$ mm 孔的加工余量 5.5 mm。

(2)起模斜度:图 6-36 中"8/7"和"6.5/5.5"表示起模斜度,侧壁分别增加 8 mm 和 6.5 mm。

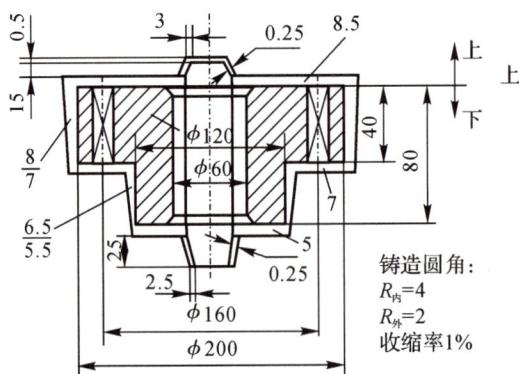

图 6-36　铸造工艺图(单位:mm)

(3)线收缩率:对于灰铸铁、小型铸件,线收缩率取 1%。

(4)铸造圆角:对于小型铸件,外圆角半径取 2 mm,内圆角半径取 4 mm。

(5)型芯头:如图 6-36 所示。

3.绘制铸造工艺图

按上述铸造工艺设计,根据《铸造工艺符号及表示方法》(JB2435—2013)规定绘制铸造工艺图,如图 6-36 所示。

◆ 实验 6.1　整模造型

一、实训目的

(1)了解简单铸件生产工艺过程和整模造型方法。

(2)了解型砂的基本组成。

(3)掌握砂型铸造中手工造型的工具和辅具的使用方法。

(4)根据所给模样,能独立完成造型工序。

二、实训设备及材料

(1)模样,如图 6-37 所示。

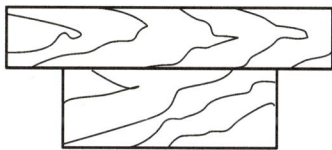

图 6-37　模样

(2)配制好的型砂:新砂 10%~20%,旧砂 80%~90%,另加膨润土 2%~3%,煤粉 2%~3%,水 4%~5%。

(3)砂箱及相关的造型工具、辅具。

三、实训步骤

(1)按考虑好的方案,将模样放在底板上的适当位置,如图 6-38(a)所示。

(2)套好下砂型,使模样与砂箱内壁之间留有合适的吃砂量,留出开挖浇注系统的位置。若模样容易粘型砂,造成起模困难,则还要撒(或涂上)一层防粘模材料进行隔离,再在模样的表面筛上或铲上一层面砂,将模样盖住,如图 6-38(b)所示。

(3)向砂箱内铲入一层背砂进行舂实;用砂冲尖头将分批填入的背砂逐层舂实,如图 6-38(c)所示。

(4)填入最后一层背砂用砂冲平头舂实;用刮板刮去多余的背砂,使砂型表面和砂箱边缘齐平,如图 6-38(d)所示。

(5)在砂型上用通气针扎出通气孔(气眼),翻转下砂型,用镘刀将模样四周砂型表面(分型面)刮平,撒上一层分型砂,用皮老虎吹去模样上多余的分型砂,如图 6-38(e)所示。

(6)将上砂型套放在下砂型上,并均匀地撒上防粘模材料;放好直浇道棒,加入面砂。铸件如需补缩,还要放上冒口;在上砂型内铲入背砂;用砂冲扁头将分层填入的背砂逐层舂实,最后一层用砂冲平头舂实;用刮板刮去多余的背砂,使砂型表面和砂箱边缘齐平,用镘刀刮平浇冒处型砂;用通气针扎出通气孔,取出浇注系统棒并在直浇注系统上端开挖漏斗形外浇注系统。如砂箱无定位装置,则需在砂箱上做出定位装置,如图6-38(f)所示。

(7)搬开上砂型,翻转放好,扫除分型砂,用水笔润湿靠近模样处的型砂,将模样向四周松动,然后用起模针将模样从砂型中小心起出,如图6-38(g)所示。

(8)开挖内浇道,并把损坏处修整好,如图6-38(h)所示。

(9)合好上型,放置压铁,准备浇注。浇注并冷却到预定的时间后从砂型中取出铸件,如图6-38(i)所示。

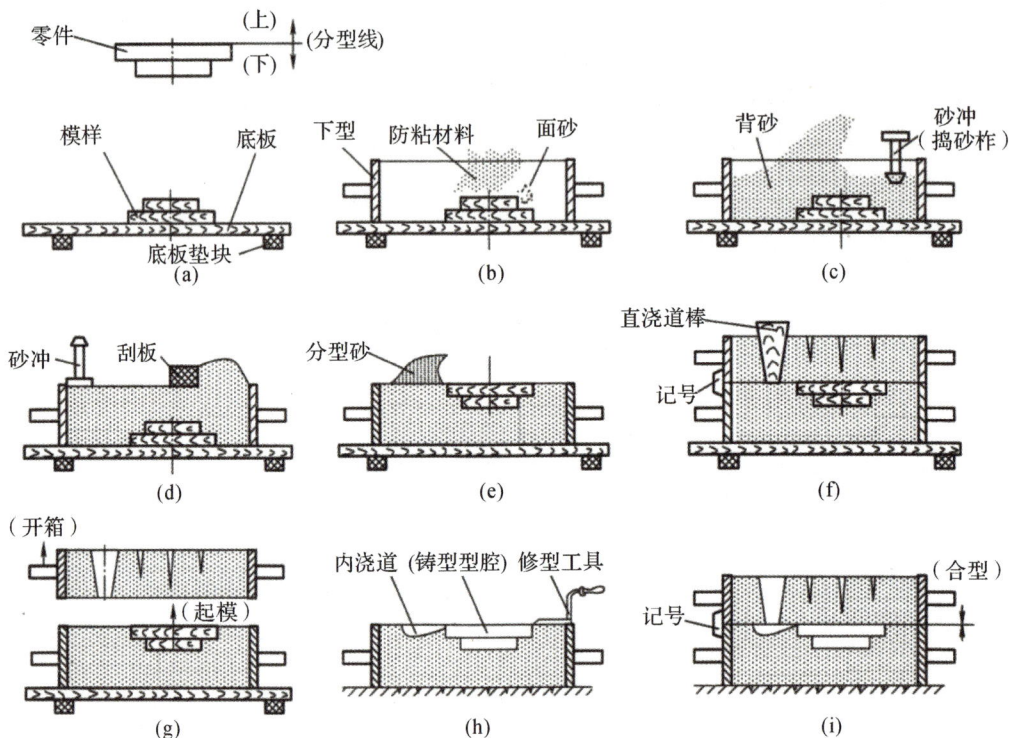

图6-38 整模造型操作步骤

四、考核标准

整模造型考核标准见表6-8。

表6-8 整模造型考核标准

序号	检测项目与技术要求	配分	评分标准	得分
1	砂型(芯)紧实度均匀、适当	17	砂型(芯)紧实度不均匀扣1~10分;紧实度过大或过小扣1~7分	
2	型腔各部分形状和尺寸符合要求	18	尺寸误差大于工艺尺寸2 mm扣1~8分;形状不符合要求扣1~10分	

续表

序号	检测项目与技术要求	配分	评分标准	得分
3	砂型定位号准确可靠	5	砂型定位号偏斜大于 1 mm 扣 1～5 分	
4	浇冒口的开设位置、形状符合要求	10	浇冒口开设不齐全扣 2～3 分；位置不正确扣 1～4 分；形状不合理扣 1～3 分	
5	型腔内无散砂，合型准确，抹型、压型安全可靠	10	型腔内有散砂扣 1～5 分；合型未对准合型号扣 1～2 分；抹型、压型不正确扣 1～3 分	
6	砂型分型面平整	5	分型面不平整扣 1～5 分	
7	表面光滑、轮廓清晰、圆角均匀	10	型腔表面不光滑扣 1～4 分；轮廓不清晰扣 1～4 分；铸造圆角不均匀扣 1～2 分	
8	出气孔的数量和分布合理	5	出气孔的数量不足扣 1～3 分；分布不合理扣 1～2 分；未插出气孔不得分	
9	浇冒口表面光滑，浇注道各组元连接圆角均匀	13	浇冒口系统表面不光滑扣 1～7 分；浇口各组元连接圆角不均匀或不是圆角扣 1～6 分	
10	安全生产规定	7	违反有关规定扣 1～7 分	
	实验成绩			

实验 6.2　分模造型

一、实训目的

（1）了解简单铸件生产工艺过程和分模造型方法。
（2）了解型砂的基本组成。
（3）掌握砂型铸造中手工造型的工具和辅具的使用方法。
（4）根据所给模样，能独立完成造型工序。

二、实训设备及材料

（1）模样，如图 6-39 所示。

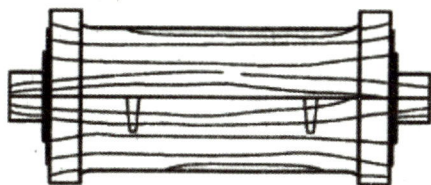

图 6-39　模样

185

（2）配制好的型砂：新砂 $10\%\sim20\%$，旧砂 $80\%\sim90\%$，另加膨润土 $2\%\sim3\%$，煤粉 $2\%\sim3\%$，水 $4\%\sim5\%$。

（3）砂箱及相关的造型工具、辅具。

三、实训步骤

（1）用下半模样造下型，方法同整模造型造下型一样，如图 6-40(a) 所示。

（2）翻转下型，放置下半模样，撒分型砂，放置浇口棒，造上型。方法与整模造型造下型方法基本相同，如图 6-40(b)(c) 所示。

（3）起模、修型、下芯、合型。方法与整模造型方法相似，关键是在合型时应注意使上、下型准确定位，否则，铸件会产生错型缺陷，如图 6-40(d) 所示。

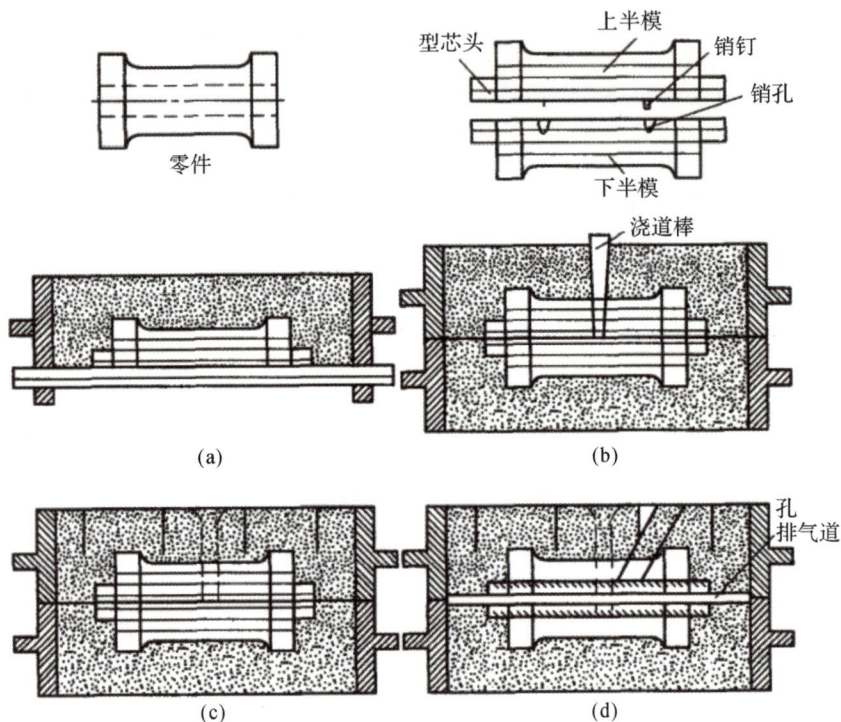

图 6-40　分模造型操作步骤

(a)造下型；(b)放浇道棒、造上型；(c)开浇口杯、扎通气孔；(d)起模、开内浇道、下型芯、准确合理

四、考核标准

分模造型考核标准见表 6-9。

表 6-9　分模造型考核标准

序号	检测项目与技术要求	配分	评分标准	得分
1	砂型(芯)紧实度均匀、适当	10	砂型(芯)紧实度不均匀扣 1～6 分；紧实度过大或过小扣 1～4 分	

序号	检测项目与技术要求	配分	评分标准	得分
2	型腔各部分形状和尺寸符合要求	20	移位大于 1.5 mm 扣 1～6 分；其他尺寸误差大于工艺尺寸 2 mm 扣 1～8 分；形状不符合要求扣 1～6 分	
3	砂型定位号准确可靠	5	砂型定位号偏斜大于 1 mm 扣 1～5 分	
4	浇冒口的开设位置、形状符合要求	13	浇冒口开设不齐全扣 2～4 分；位置不正确扣 1～5 分；形状不合理扣 1～4 分	
5	型腔内无散砂，合型准确，抹型、压型安全可靠	12	型腔内有散砂扣 1～4 分；合型未对准合型号扣 1～3 分；抹型、压型不正确扣 1～3 分	
6	砂型分型面平整	5	分型面不平整扣 1～5 分	
7	表面光滑、轮廓清晰、圆角均匀	10	型腔表面不光滑扣 1～4 分；轮廓不清晰扣 1～4 分；铸造圆角不均匀扣 1～2 分	
8	出气孔的数量和分布合理	5	出气孔的数量不足扣 1～3 分；分布不合理扣 1～2 分；未插出气孔不得分	
9	浇冒口表面光滑，浇注道各组元连接圆角均匀	9	浇冒口系统表面不光滑扣 1～5 分；浇口各组元连接圆角不均匀或不是圆角扣 1～4 分	
10	砂芯安放位置正确，牢固，排气通畅	4	砂型位置不正确扣 2 分；不牢固扣 1 分；排气不通畅扣 1 分	
11	安全生产规定	7	违反有关规定扣 1～7 分	
	实验成绩			

◆ 本 章 小 结

铸造是指将液态合金注入预先制备好的铸型中使之冷却、凝固，而获得具有一定形状、尺寸和性能的毛坯或零件的成形加工方法。

合金的铸造性能主要是指合金的充型能力和收缩等。影响合金充型能力的因素主要有合金的流动性、浇注条件、铸型条件、铸件结构；影响收缩的因素主要有化学成分、浇注温度、铸件结构与铸型条件。

铸造按造型方法分为砂型铸造、金属型铸造和特种铸造，其中砂型铸造在目前仍占主导地位。砂型铸造主要工序有制造模样和芯盒、配制型砂和芯砂、造型和造芯、合箱和浇注、落砂清理和检验等，造型和造芯是砂型铸造最基本的工序。特种铸造常用方法有压力铸造、离心铸造、熔模铸造等。

进行铸造工艺设计，须对铸件的结构进行工艺分析，并采用合理的造型方法、浇注位置、分型面和工艺参数。

课后思考与练习六

1. 简述铸造的优缺点。

2. 简述砂型铸造的生产过程。

3. 零件、铸件和模样三者在形状和尺寸上有哪些区别?

4. 造型材料中型砂和芯砂应具备哪些性能?

5. 砂型铸造中,常用造型方法有哪几种? 各适合哪类铸件造型?

6. 砂芯起什么作用? 为保证芯子的工作要求,造芯工艺上应采取哪些措施?

7. 浇注系统由哪几部分组成? 各部分起什么作用?

8. 常见的特种铸造方法有哪几种,分别适用于成形什么样的铸件?

9. 在大批量生产的条件下,下列铸件宜选用哪种铸造方法生产?

①机床床身;②铝活塞;③铸铁污水管;④汽轮机叶片。

10. 图 6-41 所示铸件采用哪种造型方法较好? 指出它们的分型面。

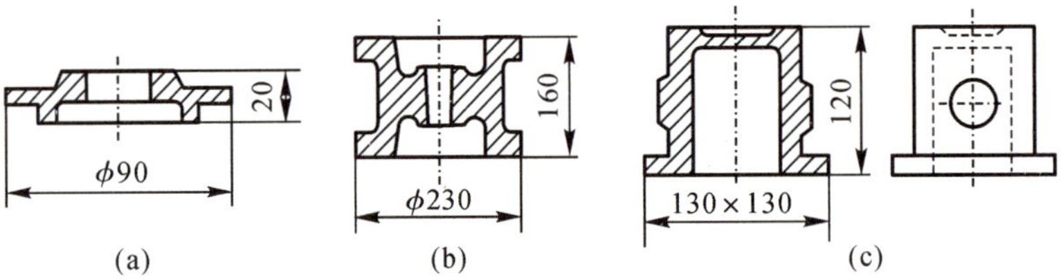

图 6-41

(a)轴承盖;(b)皮带轮;(c)箱体

11. 简述熔模铸造的工艺过程。

12. 对比各种铸造技术,从中体会各种铸造技术之间的联系与区别,思考这些技术的创新思想。

【大国工匠·铸造的力量薪火相承】

中国五千年的文明史,铸造一直相伴而行,对推动社会进步、提升社会生产力起到了独特作用。铸造,是中华民族五千年文明史中的一个重要支柱。我国古代铸造创造出许多精美绝伦的铸件,铸造技艺精湛超群,在历史长河中独具特色,长期处于领先地位。铸造,俗称"翻砂",是一门传统的工艺。砂型铸造,由于成本低、生产周期短,是目前应用最广泛的一种铸造方法,在全球的铸件生产中,70%的铸件是用砂型生产的。

中国航天科工集团第十研究院贵州航天风华精密设备有限公司高级技师毛腊生坚守40年,在机器轰鸣的车间里钻研铸造,只为高质量完成一个个铸件,为导弹铸造舱体,造好一件件"外衣"。在铸造行业,导弹舱体属于大件,内部结构复杂,造型无法用机器替代,必须手工完成。由于在高速飞行过程中,导弹与空气摩擦会产生高热,所以,要求这件导弹"外衣"要耐得住高压、抗得住高温,不能有任何一点瑕疵,否则,会埋下重大的隐患,造成巨大损失。要为导弹造好合适的"外衣",就需要日复一日的苦练。

砂型铸造中,配制砂子是至关重要的一道工序,它的质量最终决定铸件的成败或质量高低。"砂子是有语言的,只要你读懂了它,它就像孩子一样听话。"毛腊生说,和砂子打了一辈子交道,不管什么样的砂子,他抓一把就知道好坏。成为出色的技工,除了苦练技艺外,还需要丰富的铸造理论,最开始只有初中文化的毛腊生连图纸都看不懂,为了弥补短板,毛腊生掌握了铸造基本原理,自学了铸造相关知识,并系统学习了高级铸造工理论知识,最终成为极少数同时拥有较高理论知识和实际生产技能的技术工人。从业近四十年来,靠着对技术的非凡钻劲和面对生产难题时的韧性品格,毛腊生掌握和积累了大量先进的铸造技术和方法,成功地探索和推广了多项技术绝招,解决了生产过程中很多关键性的技术难题。

毛腊生不仅自己勤奋工作,对技术精益求精,还注意培养新生力量,毫无保留地传授技艺。图 6-42 是毛腊生为学生做技术指导。他所带数十名的徒弟中有技师、工程师、助工等,其中有 2 名成为国家技师、6 名成为高级技能工人。

图 6-42　毛腊生为学生做技术指导

第7章 锻压成形

(1)理解金属塑性变形的实质、塑性变形对金属组织和性能的影响。

(2)掌握锻压成形的分类、特点及应用。

(3)理解影响金属可锻性的因素。

(4)了解锻造温度范围、锻件的冷却。

(5)熟悉自由锻设备、基本工序及其操作。

(6)了解自由锻工艺规程。

(7)了解模锻及其胎模锻。

(8)熟悉板料冲压的特点及其应用。

(1)能完成简单零件(锤头)毛坯的锻造成形。

(2)能按要求完成冲孔落料操作,初步具备分析钣金冲压工艺方案的能力。

(3)能合理选择压力加工方法,分析锻压工艺方案设计对社会及环境的影响。

(1)通过锻压工艺学习和实践,增强学生的审美情趣,以及尊重劳动教育,树立探索未知、追求真理、勇攀科学高峰的责任感和使命感。

(2)提升锻压生产的安全意识,培养学生精益求精的大国工匠精神。

锻压是锻造和冲压的总称,是指将金属坯料放在模具中,施加压力,使金属在模具中产生塑性变形来得到所需形状和尺寸的一种加工方法。它是金属压力加工的主要方式,也是机械制造中零件或毛坯生产的主要方法之一。

◆ 7.1 锻压成形概述

7.1.1 锻压成形的特点

锻压成形技术广泛应用于机械制造、汽车、拖拉机、仪表、容器、造船、冶金、建筑、家用器具、包装、航空航天等工业领域。与其他成形加工方法相比,锻压成形的优点是:

(1)均匀性好。能改善金属内部组织,提高金属的力学性能。锻压可压合铸造组织的内部缺陷,如气孔、缩孔和疏松等,提高金属致密度,并使晶粒细化且均匀分布,形成合理的锻造流线。

(2)材料利用率高。节省金属材料。锻压只是改变坯料的形状和尺寸,而体积不变,与切削加工相比可节约金属材料和加工工时。

(3)生产中有较强的适应性。从锻件质量上讲,可锻小至不到 1 g 的小锻件,大至几十吨的大锻件;从形状上来说,可简单、可复杂;从生产批量上来说,既可单件小批量生产,也可成批大量生产。

(4)生产效率较高。除自由锻外,模锻、冲压等都具有较高的生产率。

但是,锻压是金属在固态下利用金属的塑性变形而成形,成形能力远不如在液态下的成形能力,因此成形时必须施加较大的压力,其锻件的尺寸精度、形状精度和表面质量还不够高,与铸造、焊接相比,产品的形状也比较简单。另外,锻压设备昂贵 ,锻件的成本比铸件高。

7.1.2　锻压方法分类及应用范围

1.分类

锻压主要按成形方式和变形温度进行分类。

(1)按成形方式,锻压可分为锻造和冲压两大类。锻造是对金属坯料(不含板材)施加外力,使其产生塑性变形并改变尺寸、形状及改善性能,用以制造机械零件、工件、工具或毛坯的成形加工方法。冲压是利用压力机对板材、带材或其他类型的材料进行弯曲、拉伸或其他形式的变形,以制成零件或组件的成形加工方法。

(2)按变形温度,锻压可分为热锻压、冷锻压、温锻压、等温锻压四大类。

1)热锻压:是在金属的再结晶温度以上进行的锻压过程,可以提高金属的塑性,改善内在使用质量,并减少开裂的风险。但热锻压工序多,工件精度差,表面不光洁,锻件容易产生氧化、脱碳和烧损。当加工工件大、厚,材料强度高、塑性低时(如特厚板的滚弯、高碳钢棒的拔长等),都采用热锻压。

2)冷锻压:是在低于金属再结晶温度以下的锻压过程,通常在常温下进行,有时也被称为温锻压,适用于精密成形且变形抗力较小的材料。在常温下冷锻压成形的工件,其形状和尺寸精度高,表面光洁,加工工序少,便于自动化生产。许多冷锻、冷冲压件可以直接用作零件或制品,而不再需要切削加工。但冷锻时,因金属的塑性低,变形时易产生开裂,变形抗力大,需要大吨位的锻压机械。

3)温锻压:介于热锻压和冷锻压之间,可以在略高于室温的温度下进行,具有良好的精度和表面光洁度,适合自动化生产。

4)等温锻压:是在整个成形过程中保持坯料温度恒定的锻压方法。等温锻压是为了充分利用某些金属在某一温度下所具有的高塑性,或是为了获得特定的组织和性能。等温锻压需要将模具和坯料一起保持恒温,所需费用较高,仅用于特殊的锻压工艺,如超塑成形。

2.应用范围

(1)汽车工业。锻压技术广泛应用于汽车发动机曲轴、连杆、齿轮和轴承等零件的制造。

(2)航空航天工业。飞机、导弹、航天器的重要轴承件、连接件和起落架等关键部件多采用锻压工艺制造。

(3)石油和天然气工业。锻压技术用于制造油田设备的管接头、阀门等。

(4)钢铁工业。锻压广泛应用于生产各种型号的钢筋、丝杆、辊轴、齿轮和船用锻件等。

(5)重工业：锻压技术用于制造大型机械设备、冶金设备以及大型发电机组等。

7.1.3　锻压生产的发展及面临的挑战

1.锻压生产的历史及发展

早在两千五百多年前,我国的春秋时期就已应用锻造方法锻造生产工具和各类兵器,并已达到了较高的技术水平。例如:在秦始皇陵兵马俑坑的出土文物中有三把合金钢锻制的宝剑,其中一把至今仍光艳夺目,锋利如昔。另一件锻制品要数在同一历史阶段生产出来用作船锚的铁柱,其直径为 400 mm,长达 7.25 m。

锻造真正获得较大发展是在工业化革命时期,1842 年,内史密斯(Nasmih)发明了双作用锤,这种锻锤具备现代直接在活塞杆上固定锤头的锻锤结构的所有特点。1860 年,哈斯韦尔(Haswell)发明了第一台自由锻水压机。这些设备的出现标志着锻造技术成为一门具有影响力的学科的开始。

冲压技术最早可以追溯到古代,当时人们已经开始使用锤子和砧铁等简单的工具来加工金属制品。在工业革命之前,冲压技术已经得到了初步的发展。18 世纪初,英国和法国开始出现了一些专门生产冲压零件的工厂,这些工厂主要生产各种金属板材和带材的零件,用于工业和建筑业等领域。

目前,冲压技术已经在多个领域取得了显著的成果。在汽车制造中,高强度钢板和铝合金的冲压技术得到了广泛应用,为汽车轻量化提供了有效途径。在航空航天领域,由于对零部件的质量和性能要求极高,所以冲压技术也得到了重要应用。此外,在家电、电子、包装等领域,冲压技术的应用也日益广泛。

锻压经过一百多年的发展,今天已成为一门综合性学科。它以塑性成形原理、金属学、摩擦学为理论基础,同时涉及传热学、物理化学、机械运动学等相关学科,以各种工艺学如锻造工艺学、冲压工艺学等为技术,与其他学科一起支撑着机器制造业。锻压这门传统学科至今仍朝气蓬勃,在众多的金属材料和成形加工及国际、国内学术交流会上仍十分活跃。

2.锻压技术当下面临的机会和挑战

(1)材料科学的发展直接影响到锻压技术的发展。材料的变化,新材料的出现必将对锻造技术提出新的要求,锻压技术将逐渐转向轻量化、整体化、精密化、低成本化的方向。锻造技术也只有在不断解决材料发展中出现的新问题的背景下才能深入发展。

(2)新兴科学技术的出现,在当前主要是计算机技术和微电子技术的迅速发展对锻压技术的发展起到了极大的促进作用。随着计算机技术的发展,在锻压技术的各个领域将越来越多地应用计算机来进行试验的模拟和优选,如应用计算机辅助设计与制造(CAD/CAM)技术、锻造过程的计算机有限元数值模拟技术,进行试验数据的处理和分析,进行锻压工艺和模具辅助设计、模具辅助加工、锻压设备的辅助设计等。所有这些将会缩短锻件生产周期,提高锻件设计和生产水平。

加快锻压技术的发展,正确认识其未来发展趋势与不足,能够在很大程度上,提高生产效率,确保生产效益。

◆ 7.2　锻压工艺基础

7.2.1　金属的塑性变形

锻压时对金属坯料施加外力,当外力增大到使金属的内应力超过材料的屈服点时就会产生塑性变形。塑性变形是锻压加工的理论基础。了解金属塑性变形的规律,对合理选用金属材料和锻压方法,正确设计零件结构,分析和控制锻件质量,都是十分重要的。

> 锻压成形的
> 工艺基础

1.金属塑性变形的微观机制

金属的塑性变形是金属晶体滑移和孪生的综合结果。滑移是指在切应力作用下,晶体的一部分相对于晶体的另一部分沿滑移面作整体滑动。孪生是指在切应力作用下,晶体的一部分原子相对于另一部分原子沿某个晶面转动,使未转动部分与转动部分的原子排列呈镜面对称。

研究表明,晶体内的滑移或孪生不是晶体两部分之间的整体刚性滑动或转动,而是通过位错运动来实现的,图 7-1 所示为位错运动引起塑性变形示意图。位错是晶体内部的一种缺陷,是局部晶体内某一列或若干列原子发生错排而造成的晶格扭曲现象。在切应力作用下,只需位错中心附近的少量原子作微量位移,就可使位错中心逐步移动,当位错移动到晶体表面时,就造成了一个原子间距的滑移变形量。

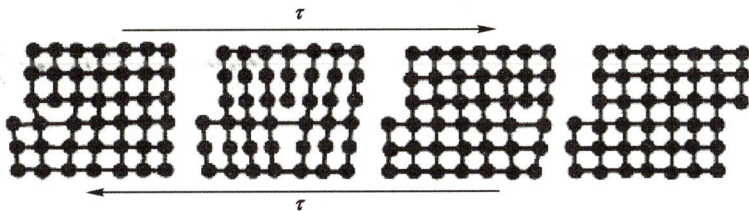

图 7-1　位错运动引起塑性变形示意图

2.塑性变形对金属组织和性能的影响

(1)冷塑性变形对金属组织的影响。常温下,金属在外力作用下进行塑性变形时,金属内部的晶粒由原来的等轴晶粒变为沿加工方向拉长的晶粒。当变形度增加时,金属的晶格严重畸变,晶粒被显著拉长成纤维状,这种组织称为冷加工纤维组织。

(2)冷塑性变形对金属性能的影响。金属经冷塑性变形后,随着变形度的增加,由于微观组织发生变化,金属的强度、硬度提高,塑性和韧性下降,所以这种现象称为加工硬化(也称作冷变形强化)。加工硬化现象在工业生产中具有重要的意义,生产上常用加工硬化来强化金属,提高金属的强度、硬度及耐磨性,尤其是纯金属、某些铜合金及镍铬不锈钢等难以用热处理强化的材料,加工硬化更是唯一有效的强化方法(如冷轧、冷拔、冷挤压等)。

另外,金属在塑性变形过程中,其内部变形不均匀,会导致金属在变形后内部残有应力,这种应力称为残余应力。生产中常通过滚压或喷丸处理使金属表面产生残余压应力,从而使其疲劳极限显著提高,但残余应力的存在也是导致金属产生应力腐蚀以及变形开裂的重要原因。

3.回复和再结晶

冷塑性变形后的金属塑性和韧性很差,已不能再对其进行塑性变形,要想恢复变形前的性能,可对冷塑性变形后的金属进行回复和再结晶。

(1)回复。将冷变形后的金属加热至一定温度后,原子热运动加剧,使原子得以回复正常排列,消除了晶格扭曲,残余应力显著下降,但晶粒的形状、大小和金属的强度、塑性变化不大。

金属回复与再结晶过程组织变化

(2)再结晶。将冷变形后的金属加热温度继续升高,金属原子发生重整,以碎晶或杂质为核心重新结晶为细小、均匀的等轴晶粒,加工硬化现象消除。金属开始再结晶的温度称为再结晶温度。再结晶温度一般为该金属熔点的 0.4 倍,即 $T_{再} \approx 0.4T_{熔}$。

4.金属的冷变形和热变形

(1)冷变形。金属在再结晶温度以下进行的塑性变形称为冷变形。冷变形加工后金属内部形成纤维组织,产生加工硬化现象,但冷变形后的金属具有精度高、表面质量好、力学性能好等优点。常用冷变形加工方法有板料冲压、冷挤压、冷镦和冷轧等。

(2)热变形。金属在再结晶温度以上进行的塑性变形称为热变形。金属经塑性变形及再结晶,可将铸件组织中的气孔、缩孔等压合,得到更致密的再结晶组织,提高金属的力学性能。与冷变形相比,热变形的优点是塑性好,变形抗力低,容易加工成形,但缺点是易产生氧化皮,产品尺寸精度低,表面粗糙。常用热变形加工方法有自由锻、热模锻、热轧和热挤压等。

热变形后的金属组织具有一定的方向性。在热变形加工时,金属的脆性杂质被打碎,沿金属主要伸长方向呈碎粒状或链状分布,塑性杂质沿主要伸长方向呈带状分布,金属中的这种杂质的定向分布称为锻造流线(也称流纹)。锻造流线使金属性能呈现异向性:沿着流线方向抗拉强度较高;垂直于流线方向抗拉强度较低,但抗剪强度较高。生产中利用锻造流线组织纵向强度高的特点,使锻件中的流线组织连续分布并且与其受拉方向一致,可显著提高零件的承载能力。图 7-2 为两种加工方法的曲轴,其中图 7-2(a)是切削加工的曲轴,因流线不连续,故流线分布不合理;图 7-2(b)是锻压成形的曲轴,其流线连续,分布合理。

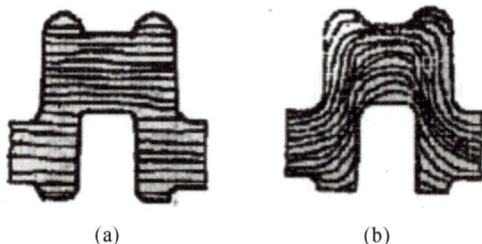

(a)   (b)

图 7-2 两种加工方法的曲轴

7.2.2　合金的锻造性能

合金的锻造性能是指合金在锻压加工时的难易程度。合金锻造性能的好坏,常用合金的塑性和变形抗力来衡量。合金的塑性好,变形抗力小,则锻造性能好;反之,则锻造性能差。影响合金锻造性能的因素主要有两方面,即合金的内在因素和变形条件。

1. 内在因素

(1)化学成分。不同化学成分的合金材料具有不同的锻造性能。纯金属比合金的塑性好,变形抗力小,故纯金属比合金的锻造性能好;含碳量和合金元素的含量越高,锻造性能越差,故低碳钢比高碳钢的锻造性能好,相同碳含量的碳钢比合金钢的锻造性能好,低合金钢比高合金钢的锻造性好。

(2)组织结构。合金内部组织越均匀,塑性越好;晶粒越细,塑性也越好,但变形抗力越大。相同成分的合金,单相固溶体比多相固溶体塑性好,变形抗力小,锻造性能好。

2. 变形条件

(1)变形温度。随变形温度的提高,原子的动能增大,削弱了原子间的引力,滑移所需的应力下降,合金的塑性增加,变形抗力降低,锻造性能好。但变形温度过高,会产生过热、过烧、脱碳和氧化等缺陷;变形温度过低,会使锻件变形困难或被锻裂及损坏锻造设备。因此合金的锻造温度应控制在一定的温度范围内。

(2)变形速度。变形速度是指单位时间内的变形量。随变形速度的增加,合金的塑性下降,变形抗力增加,锻造性能降低,故塑性较差的材料(如铜和高合金钢)宜采用较低的变形速度成形;但当变形速度高于临界速度时,产生大量的变形热,金属的塑性增加,变形抗力下降,锻造性能提高,生产上常用高速锤锻造高强度、低塑性的合金。

(3)变形方式。变形方式不同,合金的内应力状态也不同。拉拔时,坯料沿轴向受到拉应力,其他方向为压应力,这种应力状态的合金塑性较差;镦粗时,坯料中心部位受到三向压应力,周边部位和径向受到压应力,而切向为拉应力,受拉部位塑性较差,易镦裂;挤压时,坯料处于三向压应力状态,合金呈现良好的塑性状态。实践证明,三个方向上压应力的数目越多,则合金的塑性越好,锻造性能越好;反之,拉应力数目越多,合金的塑性越差,锻造性能也越差。

◆ 7.3　锻造加热规范

7.3.1　锻前加热的目的及方法

在锻造生产中,为了提高金属塑性,降低变形抗力,使坯料易于变形并获得良好的锻件,锻前需要对金属材料加热。

金属的锻前加热是锻件生产过程中的重要工序之一。在锻造过程中,能否把金属坯料转化为高质量的锻件,主要面临金属的塑性和变形抗力两个方面的问题,而金属坯料锻前大部分通过加热以改善这两个条件。金属的热加工温度越高,可塑性越好。例如不锈钢12Cr18N9 在常温下的变形抗力约为 640 MPa,在锻造时就需要很大的锻造力,消耗很大的能量。如果将它加热到 800 ℃,这时的变形抗力降低到大约 120 MPa;加热到 1 200 ℃,这时的变形抗力降低到大约 20 MPa,比常温下的变形抗力降低 97％。

金属锻前加热的质量直接影响到锻件的内部质量、锻件的成形、产量、能源消耗以及锻机寿命。正确的加热工艺可以提高金属的塑性,降低热加工时的变形抗力,保证锻机生产顺利进行。反之,如加热工艺不当,就会直接影响生产。例如加热温度过高,会发生钢的过热、过烧,锻造易出废品;如果钢的表面发生严重的氧化或脱碳,也会影响钢的质量,甚至报废。

7.3.2 金属加热时产生的变化

随着温度的升高,金属坯料内部的原子在晶格中相对位置强烈变化,原子的振动速度和电子运动的自由行程发生改变,周围介质对金属产生影响,这将使金属的组织结构、力学性能、物理化学性能发生变化。

(1)组织结构方面,大多数金属会发生组织转变,其晶粒也会长大,严重时会出现过热、过烧。

(2)力学性能方面,总的趋势是金属塑性提高,变形抗力降低,残余应力逐步消失,但也可能由于坯料内部温度不均产生新的内应力,内应力过大会导致金属开裂。

(3)物理性能方面,随温度的升高,金属的热扩散率、膨胀系数、密度等均会发生变化。500 ℃以上,金属会发出不同颜色的光,即火色变化。

(4)化学性能方面,金属表层与炉气和周围介质发生氧化、脱碳、吸等化学反应,金属表面将生成氧化皮和脱碳层等,造成金属的损失,使表面的硬度、光洁度降低。

金属在加热过程中发生的变化,直接影响金属的锻造性能和锻件质量,了解这些变化是制定加热规范的基础。下面重点讨论金属加热时的氧化、脱碳、过热、过烧、导温性及内应力等问题。

1. 氧化

金属在高温炉内加热时,金属表面的合金元素将和炉气中的氧化气体(如 O_2、CO_2、H_2O、和 SO_2)发生反应,使金属表层生成氧化皮,这种现象称为氧化,或叫烧损。

氧化的影响因素主要有炉气成分、加热温度、加热时间、钢的成分等。预防措施主要有:在保证锻件质量的前提下,尽量采用快速加热,缩短加热时间;在燃料完全燃烧的条件下,避免氧气过剩,并减少燃料的水分;采用少无氧化加热。

2. 脱碳

钢在高温加热时,表层中的碳与炉气中的氧化性气体(如 O_2、CO_2、H_2O 等)及某些还原性气体(如 H_2)发生化学反应,生成甲烷或一氧化碳,造成钢料表层的含碳量减少,这种现象称为脱碳。

脱碳的影响因素和氧化的影响因素一样,预防氧化的措施可同时预防脱碳的产生。

3. 过热

金属加热温度过高、加热时间过长而引起晶粒粗大的现象称为过热。晶粒开始急剧长大的温度叫做过热温度。金属的过热温度与化学成分有关,不同钢种的过热温度不同,通常钢中的 C、Mn、S、P 等元素会增加钢的过热倾向,而 Ti、W、V、Nb 等元素能减小钢的过热倾向,部分常见钢的过热温度见表 7－1。过热将引起材料的塑性、冲击韧度、疲劳性能、断裂韧性及抗应力腐蚀能力下降。例如 18Cr2Ni4WA 钢严重过热后,冲击韧度由 $0.8\sim1.0$ MJ/m^2 下降为 $0.5\ MJ/m^2$。为避免金属过热,应严格控制金属加热温度,缩短高温保温时间,并在锻造时应保证足够大的变形量。

表 7－1　部分钢的过热温度

钢种	过热温度/℃	钢种	过热温度/℃
45 钢	1 300	18CrNiWA	1 300
45Cr	1 350	25MnTiB	1 350
40MnB	1 200	GCr15	1 250
40CrNiMo	1 250～1 300	60SizMn	1 300
42CrMo	1 300	W18Cr4V	1 300
25CrNiW	1 350	W6Mo5Cr4V2	1 250
30CrMnSiA	1 250～1 300		

4.过烧

当金属加热到接近其熔化温度,在此温度下停留时间过长时,显微组织除晶粒粗大外,晶界发生氧化、熔化,出现氧化物和熔化物,有时出现裂纹,金属表面粗糙,有时呈橘皮状,并出现网状裂纹,这种现象称为过烧。

开始发生过烧现象的温度为过烧温度。金属的过烧温度主要受化学成分的影响,如钢中的 Ni、Mo 等元素使钢易产生过烧,Al、W 等元素则能减轻过烧。部分钢的过烧温度见表 7－2。

表 7－2　部分钢的过烧温度

钢种	过烧温度/℃	钢种	过烧温度/℃
45 钢	＞1 400	W18Cr4V	1 360
45Cr	1 390	W6Mo5Cr4V2	1 270
30CrNiMo	1 450	2Cr13	1 180
4Cr10Si2Mo	1 450	Cr12MoV	1 160
4Cr10Si2Mo	1 350	T8	1 250
50CrV	1 350	T12	1 200
12CrNiA	1 350	GH135 合金	1 200
60Si2Mn	1 350	GH136 合金	1 220
60Si2MnBE	1 400		
GCr15	1 350		

过烧不仅取决于加热温度,也和炉内气氛有关。炉气的氧化能力越强,越容易发生过烧现象,因为氧化性气体扩散到金属中去,更易使晶界氧化或局部熔化。在还原性气氛下,也可能发生过烧,但开始过烧的温度比氧化性气氛时要高 60～70 ℃。钢中含碳量越高,产生

过烧危险的温度越低。

5.导温性

导温性就是指加热(或冷却)时温度在金属内部的传播能力。导温性好,温度在金属内部传播速度快,金属坯料内的瞬时温差就小,由于温差造成的膨胀差和温度应力小,在这种情况下可以快速加热,坯料不致因受温度应力而破坏。反之,若金属的导温性差,加热速度快,就可能因温度应力过大而导致坯料开裂。金属的导温性用热扩散率 α 来表示,即

$$\alpha = \frac{\lambda}{\rho c}$$

式中:α 是热扩散率(m^2/s);λ 是热导率$[W/(m \cdot ℃)]$;ρ 是密度(kg/m^3);c 是比热容$[J/(kg \cdot ℃)]$。

6.应力的变化

金属在加热过程中产生的内应力可分为温度应力和组织应力。

(1)温度应力。金属坯料在加热过程中,表面首先受热,表层温度高于中心温度,必然出现表层和心部的不均匀膨胀,从而产生的内应力,称为温度应力或热应力。因为各层金属之间的相互制约,在温度高、膨胀大的表层部分,因其膨胀受到温度低、膨胀小的中心部分的约束而引起的温度应力为压应力。相反,温度低、膨胀小的中心部分,因受到温度高、膨胀大的表层拉伸作用使其膨胀而产生的温度应力为拉应力。

温度应力的大小与金属的性质、截面温差有关。而截面温差又取决于金属的导温性、截面尺寸和加热速度。如果金属的导温性差、截面尺寸大、加热速度快,则其截面温差就大,因此温度应力也大。反之,温度应力就小。

(2)组织应力。具有固态相变的钢,在加热时表层先发生相变,内层后发生相变,相变前后组织的比容发生变化,这样引起的内应力称为组织应力。在钢料加热过程中,组织应力没有危险性。预防组织应力措施:低温装炉、分段加热。

在金属加热过程中,当温度应力、组织应力的叠加值超过强度极限时,就要产生裂纹。加热初期 600 ℃之前的低温阶段是坯料产生裂纹最危险的阶段。在此阶段金属塑性低,温度应力显著,极易产生裂纹。

当加热断面尺寸大的大型钢锭和导温性差的高温合金时,由于温度应力大,低温阶段必须缓慢加热,否则会产生加热裂纹。此外,在加热不充分的情况下,如加热时间不够或者加热温度过低,使中心区塑性低,低塑性的心部变形也会出现裂纹。

7.3.3 金属锻造温度范围的确定

为了提高金属的塑性,降低变形抗力,希望提高金属的加热温度,但是加热温度过高又会产生加热缺陷;加热温度过低,金属的塑性降低,变形抗力增加,易产生锻造裂纹等缺陷。因此,锻前要确定金属的锻造温度范围。

1.锻造温度范围确定的原则及方法

金属的锻造温度范围是指开始锻造温度(始锻温度)和结束锻造温度(终锻温度)之间的一段温度区间。

　　为提高塑性和降低变形抗力,希望尽可能提高金属的加热温度,而加热温度太高,会产生各种加热缺陷;为了减少火次,节约能源,提高生产效率,希望始锻温度高,终锻温度低,而终锻温度过低会导致严重的加工硬化,产生锻造裂纹。因此,必须全面考虑各因素之间的关系,确定合理的锻造温度范围。

　　锻造温度范围的确定应遵循以下原则:金属在锻造温度范围内应具有较高的塑性和较小的变形抗力,使锻件获得良好的内部组织和力学性能。在此前提下,为了减少锻造火次,降低消耗,提高生产效率并方便现场操作,应力求扩大锻造温度范围。

　　确定锻造温度范围的基本方法:运用合金相图、塑性图、抗力图及再结晶图等,从塑性、变形抗力和锻件的组织性能三个方面进行综合分析,确定出合理的锻造温度范围,并在生产实践中检验和修订。

　　合金相图能直观地表示出合金系中各种成分的合金在不同温度区间的相组成情况。一般单相合金比多相合金塑性好,抗力低,变形均匀且不易开裂。多相合金由于各相的强度和塑性不同,变形不均匀,变形大时界面易开裂。特别是组织中存在较多的脆性化合物时,塑性更差。因此,首先应根据相图适当地选择锻造温度范围,锻造时尽可能使合金处于单相状态,以便提高工艺塑性并减小变形抗力。MB5 镁铝二元合金相图如图 7-3 所示,MB5 属变形镁合金,其主要成分为 $w_{Al}=5.5\%\sim7.0\%$,$w_{Mn}=0.15\%\sim0.5\%$,$w_{Zn}=0.5\%\sim1.5\%$。从相图中可见,该合金成分如图中虚线所示,在 530 ℃附近开始熔化,270 ℃以下为 $\alpha+\gamma$ 二相系,因此,它的锻造温度应选在 270 ℃以上的单相区。

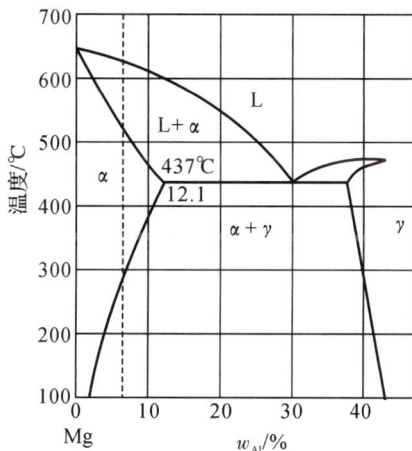

图 7-3　MB5 镁铝二元合金相图

7.3.4　金属锻造的加热规范

　　在锻前加热时,为了提高生产率、降低燃料消耗,应尽快加热到始锻温度,但是升温速度过快,会造成金属破裂。因此在实际生产中,应制定合理的加热规范,并严格执行加热规范。

　　加热规范(或加热制度)是指金属坯料从装炉开始到加热完了整个过程,对炉子温度和坯料温度随时间变化的规定。为了应用方便、清晰,加热规范采用温度-时间的变化曲线来表示,而且通常是以炉温-时间的变化曲线(又称加热曲线或炉温曲线)来表示。

加热规范通常包括装炉温度、加热各个阶段炉子的升温速度、各个阶段加热(保温)时间和总的加热时间,以及最终加热温度、允许的加热不均性和温度头等。正确的加热规范应能保证金属在加热过程中不产生裂纹,不过热过烧,温度均匀,氧化脱碳少,加热时间短及节约能源等。即在保证加热质量的前提下,力求加热过程越快越好。

金属的加热规范与金属种类、钢锭或钢坯的尺寸大小、温度状态以及炉子的结构和坯料在炉内的布置等因素有关。按炉内温度的变化情况,金属锻前加热规范可以分为一段式加热规范、二段式加热规范、三段式加热规范和多段式加热规范。钢的锻造加热曲线如图 7-4 所示。由图可见,加热过程分为预热、加热、均热几个阶段。预热阶段,主要是合理规定装料时的炉温;加热阶段,关键是正确选择升温加热速度;均热阶段,则应保证钢料温度均匀,确定保温时间。

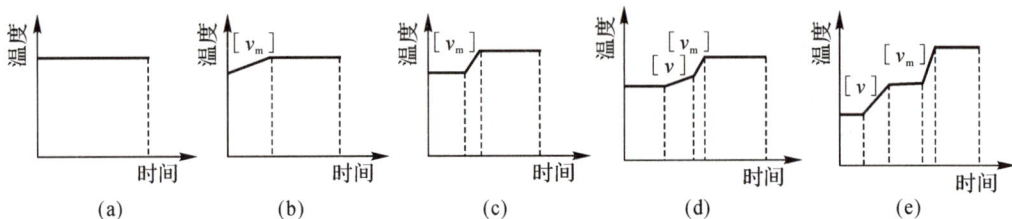

图 7-4 钢的锻造加热曲线类型

(a)一段式加热曲线;(b)二段式加热曲线;(c)三段式加热曲线;
(d)四段式加热曲线;(e)五段式加热曲线
$[v]$—金属允许的加热速度;$[v_m]$—最大可能的加热速度

7.3.5 金属的少无氧化加热

精密模锻件的表面氧化皮厚度要求在 0.05 mm 以下,表面脱碳层控制在削余量以内,为此,精密锻造前坯料必须采用少无氧化加热。通常称烧损率在 0.5% 以下的加热为少氧化加热,烧损率在 0.1% 以下的加热称为无氧化加热。少无氧化加热除了可以减少金属氧化、脱碳外,还可以提高锻件表面质量和尺寸精度,减少模具磨损,显著延长模具的使用寿命。少无氧化加热技术是实现精密锻造必不可少的配套技术,是现代加热技术发展的方向。

实现少无氧化加热的方法很多,常用和发展较快的方法有快速加热、介质保护加热和少无氧化火焰加热等。

1. 快速加热

快速加热包括火焰加热法的辐射快速加热和对流快速加热,电加热法的感应电加热和接触电加热等。此外,还可以采用火焰炉与感应炉联合进行快速加热。快速加热是指,在坯料内部产生的温度应力、留存的残余应力和组织应力叠加的结果,不足以引起坯料产生裂纹的情况下,采用技术上可能的加热速度加热金属坯料。小规格的碳素钢钢锭和一般简单形状的模锻用毛坯,均可采用这种方法。由于上述方法加热速度很快,加热时间很短,坯料表面形成的氧化层很薄,所以可以实现少无氧化的目的。由于快速加热大大缩短了加热时间,在减少氧化的同时,还可以显著降低脱碳程度,这是快速加热的最大优点之一。随着国家对环境保护的要求越来越高,燃料加热方式已越来越受到限制,电能加热越来越受到提倡,中频感应加热以其加热速度快,加热均匀,坯料表面氧化、脱碳少,加热效率高,对环境无污染,劳动条件好,便于实现机械化、自动化等优势,将成为中小锻件精密锻造前首选的加热方式。

感应加热时,钢材的烧损率约为 0.5%,为了达到少无氧化加热的要求,可在感应加热炉内通入保护气体。保护气体有惰性气体,如氮、氩等,还原性气体,如 CO 和 H_2 的混合气。感应加热也存在电能消耗大,加热成本偏高,设备投资较大,不能加热复杂形状的产品的缺点。

2. 介质保护加热

介质保护加热是用保护介质把金属坯料表面与氧化性炉气机械隔开进行加热的方法。介质保护加热可以避免氧化,实现少无氧化加热。保护介质按物质形态不同分为气体保护介质、固体保护介质和液体保护介质。

当锻件形状复杂,一火不能锻造成形时,常采用气体介质保护加热。常用的气体保护介质有惰性气体、天然气、石油液化气、不完全燃烧的煤气或分解氨等。向电阻炉内通入保护气体,使炉内呈正压,可以防止外界空气进入炉内,坯料便能实现少无氧化加热。

固体介质保护加热(涂层保护加热)是将特制的涂料涂在坯料表面,加热时随着温度的升高涂层逐渐熔融,形成一层致密不透气的涂料薄膜,牢固地黏结在坯料表面,把坯料和氧化性炉气隔离,从而防止氧化。坯料出炉后,涂层可防止二次氧化,在模锻中起润滑作用。

液体介质保护加热常见的保护介质有熔融玻璃、熔融盐等,盐浴炉加热便是液体介质保护加热的一种。

7.4　常用锻造方法

7.4.1　自由锻

自由锻是指只用简单的通用性工具,或在锻造设备的上、下砧间直接使坯料变形,从而获得所需的几何形状和尺寸的锻件的方法。

自由锻的应用很广泛且灵活性大,可生产 1 kg 的小件,也可以生产 300 t 的重型件,尤其对于特大型锻件如水轮发电机机轴、大型连杆等,自由锻是唯一可行的加工方法。但自由锻生产效率低,锻件形状简单、尺寸

自由锻

精度低、表面粗糙,工人劳动强度高,要求工人技术水平也高,不易实现机械化和自动化。因此自由锻适用于单件小批量及大型锻件的生产。

一、自由锻工序

根据作用与变形要求不同,自由锻工序分为基本工序、辅助工序和精整工序三类,见表 7-3 自由锻工序简图。

1. 基本工序

基本工序是指改变坯料的形状和尺寸以达到锻件基本成形的工序,如镦粗、拔长、冲孔、弯曲、切割、扭转、错移等。

(1)镦粗:坯料高度减小,而横截面增大。毛坯原始高度 H_0 与直径 D_0 之比应小于 2.5,否则易镦弯;锻造力也要足够大,力过小易锻成双鼓形。

(2)拔长:坯料横截面减小,而长度增加。坯料沿轴线送进或翻转,送进量不要超过坯料宽度的 0.8 倍,但送进量也不能过小,过小易产生折叠缺陷。

(3)冲孔:用冲子在坯料上冲出通孔(透孔)或盲孔(不透孔)。对于直径小于 25 mm 的孔一般不予锻出,而是采用钻削的方法进行加工。冲子直径一般要小于坯料外径的 1/3~1/2,直径过大,坯料易发生畸变或被撑裂。

(4)弯曲:采用一定的工、模具,将坯料弯成所需的形状。弯曲变形不宜过大,否则易锻裂。

(5)切割:将坯料一部分或几部分切掉,以获得所需形状。采用切割成形比只用切削加工的效率高得多。

(6)扭转:将坯料一部分相对于另一部分绕其轴线旋转一定的角度。

(7)错移:使坯料一部分相对另一部分发生位移但仍保持轴心平行。

2.辅助工序

辅助工序是指为了方便基本工序的操作,而使坯料预先产生某些局部变形的工序,如倒棱、压痕、压钳口等。

(1)倒棱:把多棱锥形的坯料压制成圆柱形的坯料。

(2)压痕:轴类锻造时为了锻出台阶和凹挡,先利用三角压棍或圆形棍压痕,切出所需要的长度,然后进行分段拔长,形成平齐的过渡面。

(3)压钳口:在坯料上锻压出便于钳把夹持操作的端面。

3.精整工序

精整工序是指修整锻件的最后尺寸和形状,提高锻件表面质量,使锻件达到图纸要求的工序,如校正、滚圆、平整等。

(1)校正:拔长后的弯曲校直和镦斜后的校直等。

(2)滚圆:镦粗后的鼓形滚圆和截面滚圆。

(3)平整:凸起、凹下及不平和有压痕的地方进行修整,整平。

表 7 - 3 自由锻工序简图

基本工序	镦粗	拔长	冲孔
	弯曲	切割	扭转

基本工序	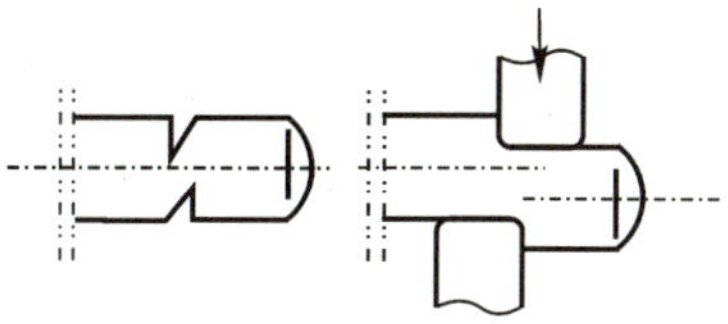 错移		
辅助工序	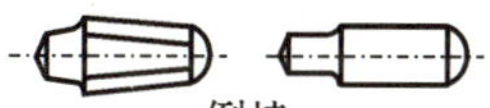 倒棱	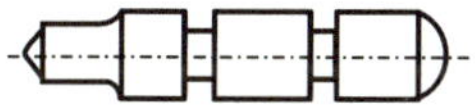 压痕	 压钳口
精整工序	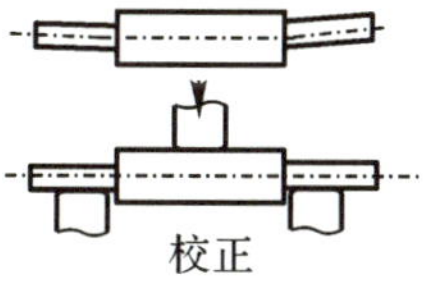 校正	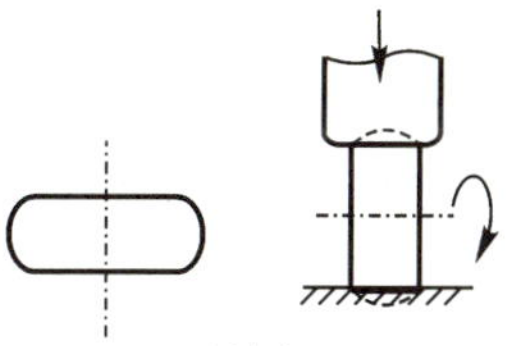 滚圆	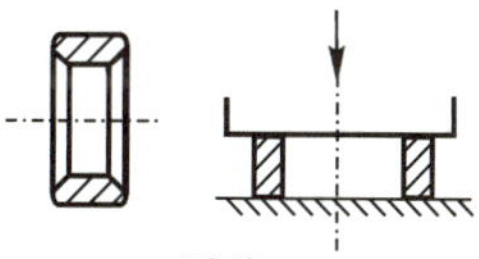 平整

二、自由锻工艺设计

自由锻工艺设计包括:绘制锻件图,计算坯料质量和尺寸,确定锻造工序,选择锻造设备,确定锻造温度范围以及锻件冷却、热处理规范等。

1.绘制锻件图

锻件图是制定锻造工艺过程和检验的依据,它是以零件图为基础,并考虑以下几个主要因素绘制而成。

(1)余块:又称锻件敷料,是为了简化锻件形状,便于锻造加工而增加的一部分金属。由于自由锻只能锻出形状较为简单的锻件,所以零件上的键槽、齿槽、退刀槽以及小孔、盲孔、台阶等难以用自由锻方法锻出的结构,可不予锻出,留待切削加工处理。

(2)锻件余量:是指锻件在机械加工时被切除的金属量。自由锻工件的精度和表面质量均较差,因此零件上需要进行切削加工的表面均需在锻件的相应部分留有一定的金属层,作为锻件的切削加工余量,其值大小与锻件的形状、尺寸等因素有关,并结合生产实际而定。一般而言,零件越大,形状越复杂,则余量越大。

(3)锻件公差:是指锻件尺寸所允许的偏差范围。其数值大小需根据锻件的形状、尺寸来确定,同时考虑生产实际情况,自由锻件公差一般为±1 mm～±2 mm。

自由锻件余量和锻件公差可查锻造手册,如钢轴自由锻件的余量和锻件公差见表7-4。

表 7 - 4　钢轴自由锻件余量和锻件公差（双边）

零件长度 mm	零件直径/mm					
	<50	50～80	80～120	120～160	160～200	200～250
	锻件余量和锻件公差/mm					
<315	5±2	6±2	7±2	8±3	—	—
315～630	6±2	7±2	8±3	9±3	10±3	11±4
630～1 000	7±2	8±3	9±3	10±3	11±4	12±4
1 000～1 600	8±3	9±3	10±3	11±4	12±4	13±4

在锻件图上，锻件的外形用粗实线，如图 7 - 5 所示。为了使操作者了解零件的形状和尺寸，在锻件图上用双点划线画出零件的主要轮廓形状，并在锻件尺寸线的上方标注锻件尺寸和公差，尺寸线下方用圆括弧标注出零件尺寸。对于大型锻件，还必须在同一个坯料上锻造出供性能检验用的试样来，该试样的形状与尺寸也在锻件图上表示。

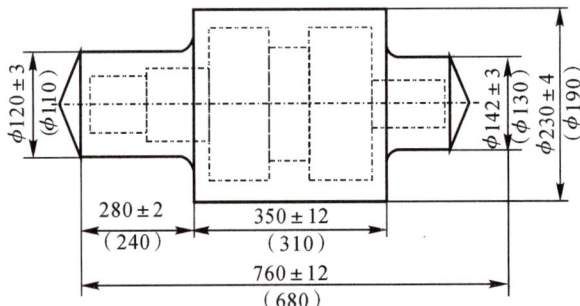

图 7 - 5　典型锻件图（单位：mm）

2. 计算坯料质量和尺寸

（1）坯料质量。自由锻所用坯料的质量为锻件的质量与锻造时各种金属消耗的质量之和，可由下式计算：

$$m_{坯} = m_{锻} + m_{烧} + m_{芯} + m_{切}$$

式中：$m_{坯}$ 为坯料质量；$m_{锻}$ 为锻件质量；$m_{烧}$ 为加热时坯料表面氧化而烧损的质量；$m_{芯}$ 为冲孔时芯料的质量；$m_{切}$ 为端部切头损失质量。

（2）坯料尺寸。根据坯料质量和密度计算出坯料的体积，再根据锻压成形体积不变的原则，采用的基本工序类型（如拔长、镦粗等）的锻造比、高度与直径之比等计算出坯料横截面积、直径或边长等尺寸。锻造比是锻造时金属变形程度的一种表示方法。锻造比以金属变形前后的横截面积的比值来表示。不同的锻造工序，锻造比的计算方法各不相同。

拔长时，锻造比为

$$y = F_0 / F_1 \ 或 \ y = L_1 / L_0$$

式中：F_0、L_0 为拔长前坯料的横截面积和长度；F_1、L_1 为拔长后坯料的横截面积和长度。

镦粗时，锻造比为

$$y = F_1/F_0 \text{ 或 } y = H_0/H_1$$

式中：F_0、H_0 为镦粗前坯料的横截面积和高度；F_1、H_1 为镦粗后坯料的横截面积和高度。

3. 确定锻造工序

自由锻的锻造工序应根据锻件的形状、尺寸和技术要求，并综合考虑生产批量、生产条件以及各基本工序的变形特点加以确定，表7-5为自由锻锻件类别及锻造工序。

工序选择的一般原则如下：

(1) 盘类锻件：主要工序为镦粗(有凸肩的，局部镦粗；带孔的选镦粗→冲孔)。如齿轮坯：镦粗→冲孔。

(2) 轴类锻件：主要工序为拔长。如曲轴：拔长→错移→扭转。

(3) 弯曲类锻件：拔长→弯曲(多次)。

(4) 复杂形状的锻件：各种工序的组合。

表7-5　自由锻锻件类别及锻造工序

锻件类别	图　例	锻造工序	实　例
盘类零件	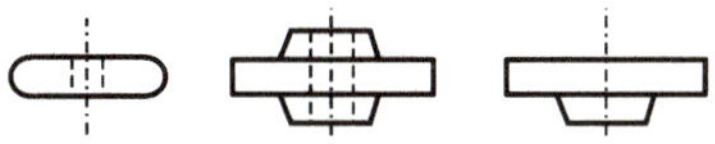	镦粗(或拔长→镦粗)、冲孔等	叶轮、齿轮等
轴类零件	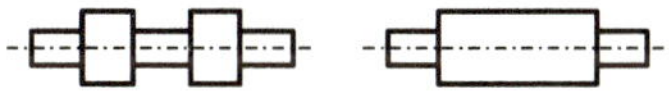	拔长(或镦粗→拔长)、压肩、滚圆等	传动轴、拉杆等
筒类零件	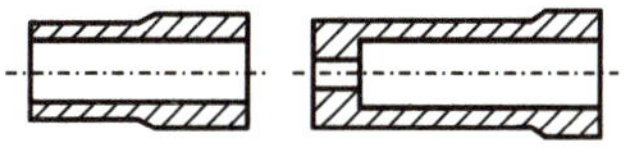	镦粗(或拔长→镦粗)、冲孔、在芯轴上拔长等	圆筒、套筒等
环类零件	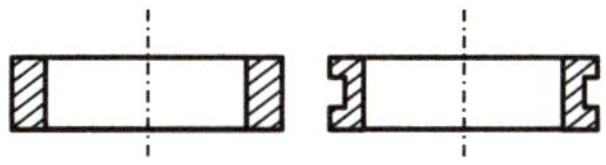	镦粗(或拔长→镦粗)、冲孔、在芯轴上扩孔等	圆环、齿圈等
弯曲类零件	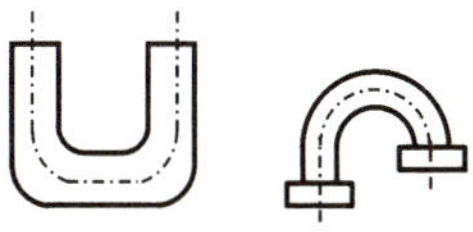	拔长、弯曲等	吊钩、弯杆等

4.选择锻造设备

(1)加热设备。锻造时加热的设备种类很多,根据热源的不同,通常分为火焰加热炉和电加热炉。火焰加热炉包括煤炉、油炉和煤气炉(以重油和煤气为燃料)等。电加热炉常用的是电阻炉(利用电流,使布置在炉膛围壁上的电热元件产生电阻热,通过辐射和对流对坯料进行加热)。

(2)锻造设备。自由锻根据所用设备可分为手工自由锻和机器自由锻。手工自由锻所用基本工具有砧铁、大锤、冲子、摔子等;机器自由锻所用设备有空气锤(锻造几十千克的小型锻件)、蒸汽-空气锤(锻造几百千克的中型锻件)和水压机(锻造几千千克以上的大型锻件)等。

5.确定锻造温度范围

锻造温度范围是指坯料开始锻造的温度(始锻温度)和终止锻造的温度(终锻温度)之间的温度间隔。在保证不出现加热缺陷的前提下,始锻温度应取得高一些,以便有较充裕的时间锻造成形,减少加热次数;在保证坯料有足够塑性的前提下,终锻温度应定得低一些,以便获得内部组织致密、力学性能较好的锻件,同时也可延长锻造时间,减少加热火次,但终锻温度过低会使金属难以继续变形,易出现锻裂现象和损伤锻造设备。表 7-6 为各类钢的锻造温度范围。

表 7-6　各类钢的锻造温度范围

钢的类型	碳素结构钢	合金结构钢	碳素工具钢	合金工具钢	高速工具钢	耐热钢
始锻温度/℃	1 200~1 250	1 150~1 200	1 050~1 150	1 050~1 150	1 100~1 150	1 100~1 150
终锻温度/℃	800	800~850	750~800	800~850	900	800~850

6.锻件的冷却及热处理

(1)锻件的冷却。锻件冷却是保证锻件质量的重要环节。通常,锻件中的碳及合金元素含量越多,锻件体积越大,形状越复杂,冷却速度越要缓慢,否则会造成表面过硬不易切削加工、变形甚至开裂等缺陷。常用的冷却方式有三种:

1)空冷。锻后在无风的空气中,把锻件放在干燥的地面上冷却。常用于低、中碳钢和合金结构钢的小型锻件。

2)坑冷。锻后把锻件放在充填有石灰、沙子或炉灰的坑中冷却。常用于合金工具钢锻件,而碳素钢锻件应先空冷至 650~700 ℃,然后再坑冷。

3)炉冷。锻后把锻件放入 500~700 ℃的加热炉中缓慢冷却。常用于高合金钢及大型锻件。

(2)锻件的热处理。在切削加工前,锻件要进行热处理,目的是均匀组织,细化晶粒,减少锻造残余应力,调整硬度,改善切削加工性能,为最终热处理做准备。锻件的热处理要根据锻件材料的种类和化学成分来选择,常用的热处理方法有正火、退火、球化退火等。

三、自由锻锻件的结构工艺性

自由锻锻件的结构工艺性原则是:在满足使用性能的前提下,锻件的形状应尽量简单,易于锻造。自由锻锻件的结构工艺性要求见表 7-7。

表 7-7　自由锻锻件的结构工艺性要求

结构工艺性	图　例	
	不合理	合理
避免有锥面及斜面等	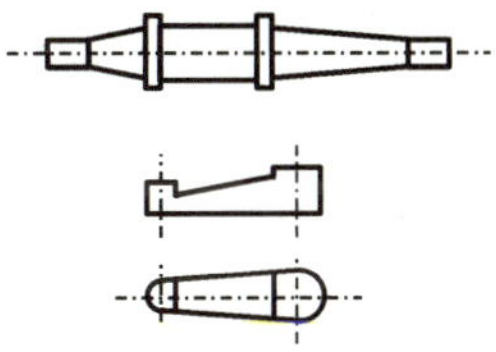	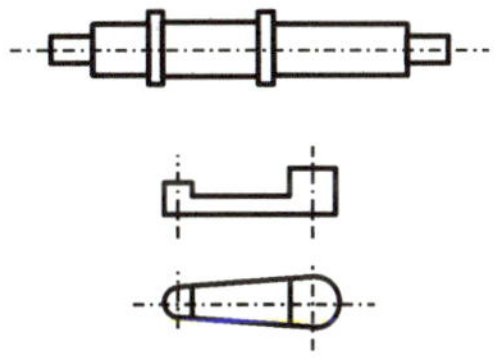
避免出现加强肋及工字形、椭圆形等复杂截面	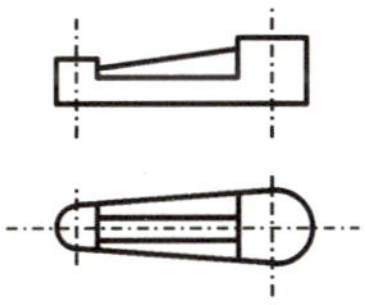	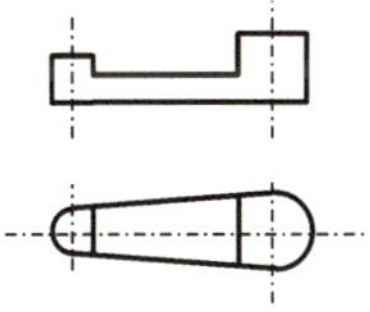
避免非平面交接结构	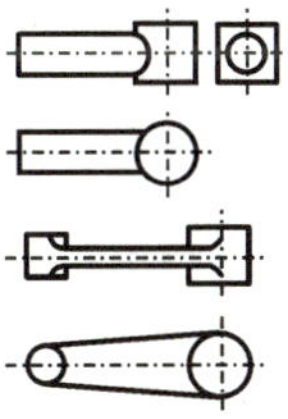	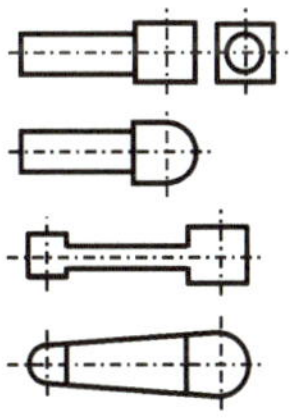
避免出现形状复杂的凸台及叉形件的内凸台等	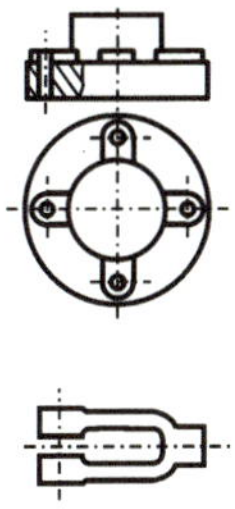	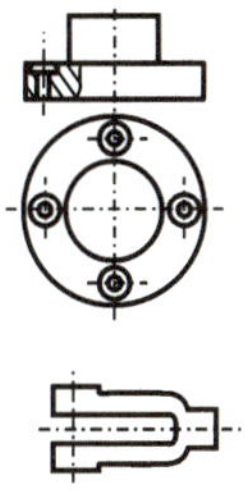

7.4.2　模锻

在外力的作用下,使金属坯料在模具内产生塑性变形并充满模腔(模具型腔)以获得所需形状和尺寸的锻件的锻造方法,称为模锻。大多数金属是在热态下模锻的,因此模锻也称为热模锻。与自由锻相比,模锻具有如下优点:

（1）生产效率较高。模锻时,金属的变形在模腔内进行,故能较快获得所需形状。

模锻

（2）能锻造形状复杂的锻件，并可使金属流线分布更为合理，提高零件的使用寿命。

（3）模锻件的尺寸较精确，表面质量较好，加工余量较小。

（4）节省金属材料，减少切削加工工作量。在批量足够的条件下，能降低零件成本。

（5）模锻操作简单，易于实现机械化，劳动强度低。

但是，模锻生产受模锻设备吨位限制，模锻件质量不能太大。模锻设备投资较大；锻模费用较昂贵，工艺灵活性较差，生产准备周期较长。因此，模锻适用于中、小型锻件的大批量生产，在汽车、拖拉机、飞机制造业中得到广泛应用。

模锻按使用的设备不同，可分为锤上模锻、胎模锻、压力机上模锻。

一、锤上模锻

锤上模锻是指在模锻锤上的模锻。将上、下模分别固紧在锤头与模垫上，通过随锤头作上下往复运动的上模，对置于下模中的金属坯料施以直接锻击，迫使坯料在锻模模腔中塑性流动和填充，从而获得与模腔形状一致的锻件。图7-6为锤上模锻示意图。

锤上模锻工作原理

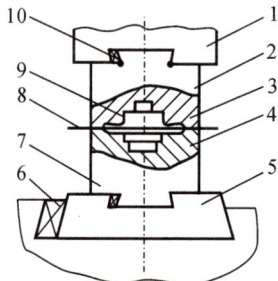

图7-6 锤上模锻示意图

1—锤头；2—上模；3—飞边槽；4—下模；5—模垫

6、7、10—紧固楔铁；8—分模面；9—模腔

锤上模锻的工艺特点：

（1）锤头的行程、打击速度均可调节，能实现轻重缓急不同的打击，但完成一个变形工序要经过多次锤击，生产率仍不太高。

（2）适应性广，可生产多种类型的锻件，可以单腔模锻，也可以多腔模锻。

（3）设备费用比其他模锻设备低，操作简单，使用灵活，但工作时噪声大，劳动条件仍然较差，难以实现较高程度的机械化操作。

（4）由于锤上模锻打击速度较快，所以对变形速度较敏感的低塑性材料（如镁合金等），进行锤上模锻不如在压力机上模锻的效果好。

1. 锤上模锻设备

锤上模锻最常用的设备是蒸汽-空气模锻锤、无砧座模锻锤和高速锤等。

2. 锻模

锤上模锻的锻模由上模和下模构成，上模和下模的模腔构成模腔，模腔根据其功用的不同分为模锻模腔和制坯模腔。

（1）模锻模膛可分为预锻模膛和终锻模膛两种。

1）预锻模膛：用于预锻的模膛称为预锻模膛。对于外形较为复杂的锻件,常采用预锻工步,使坯料先变形到接近锻件的外形与尺寸,以便合理分配坯料各部分的体积,并有利于金属的流动,易于充满模膛,同时可减小终锻模膛的磨损,延长锻模的寿命。预锻模膛的圆角和斜度要比终锻模膛的大,而且一般不设飞边槽。对于形状简单的锻件或批量不大时可不设预锻模膛。

2）终锻模膛：使金属坯料最终变形到所要求的形状与尺寸。由于模锻需要加热后进行,锻件冷却后尺寸会有所缩减,所以终锻模膛的尺寸应比实际锻件尺寸放大一个收缩量,钢锻件收缩量可取 1.5%。沿终锻模膛四周有飞边槽,用以增加金属从模膛中流出的阻力,促使金属充满整个模膛,同时容纳多余的金属。飞边槽在锻后利用压力机上的切边模去除。

（2）对于形状复杂的模锻件,为了使坯料基本符合锻件形状,以便金属能合理分布和很好地充满模膛,必须预先在制坯模膛内制坯。制坯模膛有以下几种：

1）拔长模膛：减小坯料某部分的横截面积,以增加其长度。拔长模膛分为开式和闭式两种,如图 7-7 所示。

2）滚挤模膛：减小坯料某部分的横截面积,以增大另一部分的横截面积,主要是使金属坯料能够按模锻件的形状来分布。滚挤模膛分为开式和闭式两种,如图 7-8 所示。

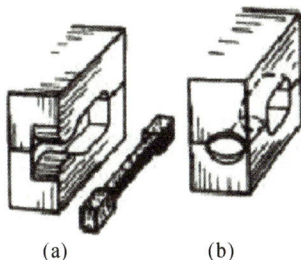

(a)	(b)	(a)	(b)

图 7-7　拔长模膛　　　　　　　图 7-8　滚挤模膛
（a）开式；（b）闭式　　　　　　　（a）开式；（b）闭式

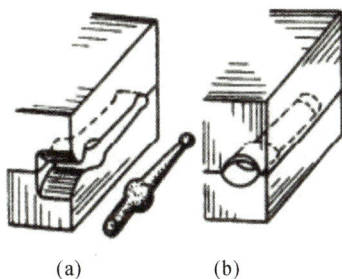

3）弯曲模膛：对于弯曲的杆类模锻件,需用弯曲模膛来弯曲坯料,如图 7-9 所示。

4）切断模膛：在上模与下模的角部组成一对刃口,用来切断金属,如图 7-10 所示。

图 7-9　弯曲模膛　　　　　　图 7-10　切断模膛

形状简单的锻件,在锻模上只需一个终锻模膛;形状复杂的锻件,根据需用可在锻模上安排多个模膛。图7-11是弯曲连杆锻件的锻模与模锻工序图,锻模上有5个模膛,坯料经过拔长、滚压、弯曲三个制坯模膛制坯后,使轮廓与锻件相适应,再经预锻、终锻模膛制成带有飞边的锻件。

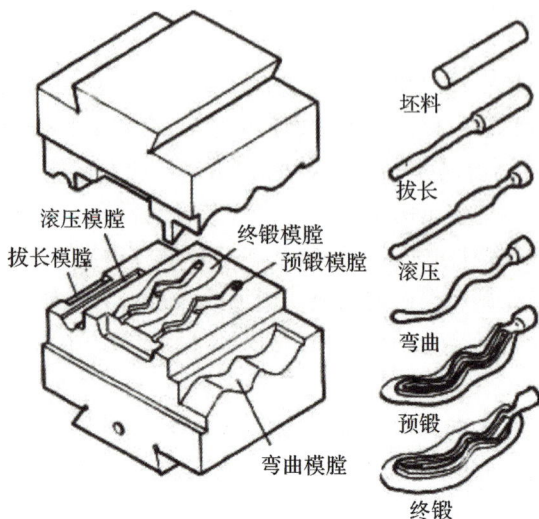

滚压模膛
拔长模膛
终锻模膛
预锻模膛
弯曲模膛

坯料
拔长
滚压
弯曲
预锻
终锻

图 7-11　弯曲连杆锻模与模锻工序图

3. 模锻件分模面选择原则

模锻件分模面的选择关系到锻件成形、锻件脱模以及锻件质量等一系列问题。确定模锻件分模面的原则通常为:

(1)分模面应选在锻件最大截面处,以便锻件顺利脱模;

(2)分模面应使模膛深度最浅,且上、下模深度基本一致,以便于金属充满模膛;

(3)分模面应尽量为平面,以简化模具结构,方便模具制造;

(4)分模面应保证锻件所需敷料最少,以节省金属材料。

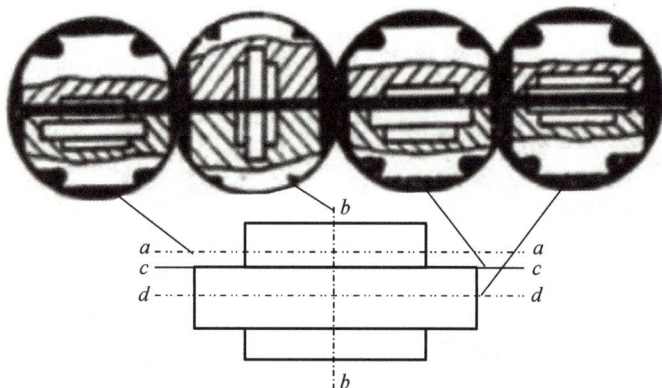

图 7-12　齿轮坯模锻件分模面比较图

图 7-12 为一齿轮坯模锻件的四种分模方案:若选 $a—a$ 面为分模面,则无法从模膛中取出锻件;若选 $b—b$ 面为分模面,金属不容易充满模膛,且零件中间的孔不能锻出,其敷料最多,既浪费金属,降低了材料的利用率,又增加了切削加工工作量;若选 $c—c$ 面为分模面,上、下模深度不一致,不易发现错模现象;$d—d$ 面为分模面最合理。

4.模锻件的结构工艺性

设计模锻件结构时,应充分考虑模锻的工艺特点和要求,尽量使锻模结构简单,模膛易于加工,模锻件易于成形,生产率高,生产成本低。因此,模锻件的结构设计应考虑以下原则:

(1)应具有合理的分模面、模锻斜度和圆角半径。模锻斜度与模膛深度和宽度有关,通常模膛深度与宽度的比值(h/b)较大时,模锻斜度取较大值。模锻件上所有两平面转接处均需圆弧过渡,圆弧过渡有利于金属的变形流动,锻造时使金属易于充满模膛,提高锻件质量,并且可以避免在锻模上的内角处产生裂纹,减缓锻模外角处的磨损,提高锻模使用寿命。

(2)由于模锻的精度较高,表面粗糙度低,所以锻件的配合表面可留有加工余量;不需要加工的非配合面,不留加工余量。

(3)零件的外形应力求简单、平直、对称,避免零件截面间差别过大,或具有薄壁、高肋、凸起、深孔或多孔等不良结构。图 7-13(a)所示零件有一个高而薄的凸缘,使锻模的制造和锻件的取出都很困难,改成图 7-13(b)所示形状则易锻造成形。

(a)   (b)

图 7-13 模锻件结构工艺性
(a)不合理;(b)合理

二、胎模锻

胎模锻是在自由锻设备上使用可移动模具(胎模)生产锻件的一种锻造方法。胎模锻介于自由锻与模锻之间,通常先在自由锻设备上制坯,然后将锻件放在胎模中用自由锻设备终锻成形,形状简单的锻件也可直接在胎模中成形。

胎模锻与自由锻相比,可获得形状较复杂、尺寸较为精确的锻件,节省了金属,提高了生产率。与下节所讲的模锻相比,胎膜锻可利用自由锻设备组织各类锻件生产,不需昂贵的模锻设备,胎模结构较简便,制造成本低于模锻。但胎模易损坏,锻件的尺寸精度、劳动强度、生产率、模具寿命等方面均低于模锻。胎模锻适用于中、小批量小型锻件的生产,它在没有模锻设备的工厂应用较为普遍。

1.胎膜锻生产过程

胎模不固定在设备上,锻造时根据工艺过程可随时放上或取下。锻造时,先把下模放在下砧铁上,再把加热的坯料放在模膛内,然后合上上模,用锻锤锻打上模背部,上、下模接触,坯料便在模膛内锻成锻件。胎模锻时,锻件上的孔不能冲通,留有冲孔连皮,锻件的周围也有一薄层毛边。因此,胎模锻后要进行冲孔和切边,其过程如图 7-14 所示。

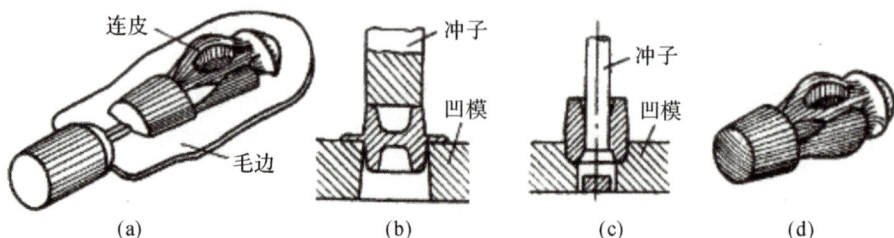

图 7-14　胎模锻生产过程
(a)用胎模锻出锻件;(b)用切边模切边;(c)冲掉连皮;(d)锻件

　　胎模锻与自由锻相比,可获得形状较复杂、尺寸较为精确的锻件,节省了金属,提高了生产率。与模锻相比,可利用自由锻设备组织各类锻件生产,胎模制造较简便。但胎模锻件的尺寸精度低于锤上模锻;另外,劳动生产率、模具寿命等方面均低于模锻。胎模锻适用于中、小批量小型锻件的生产,它在没有模锻设备的工厂应用较为普遍。

2.胎模的种类

　　胎模的种类很多,常用的胎模有摔模、扣模、套筒模、合模等。常用胎模的种类、结构及用途见表 7-8。

表 7-8　常用胎模的种类、结构及用途

胎模种类	结构及用途
摔模	由上摔和下摔以及摔把组成,用于制造回转体锻件,如轴等
扣模	由上扣和下扣组成,主要用来对坯料进行局部或全部扣形,锻造时,坯料不转动。用于制造长杆等非回转体锻件

续表

胎模种类	结构及用途
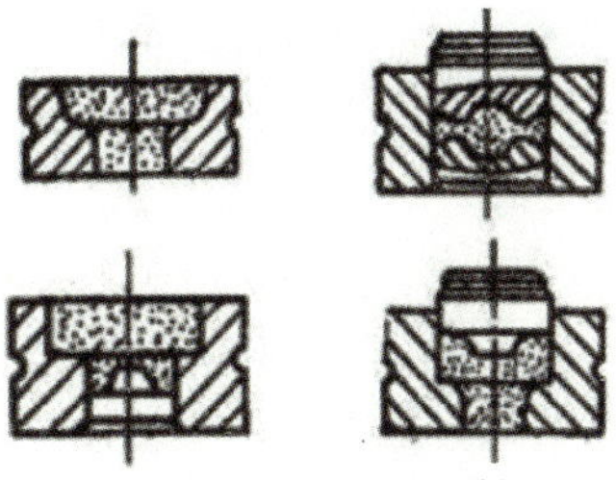 (a)　　　　(b) 套算模	由上模、下模、模套组成,用于制造齿轮、法兰盘等
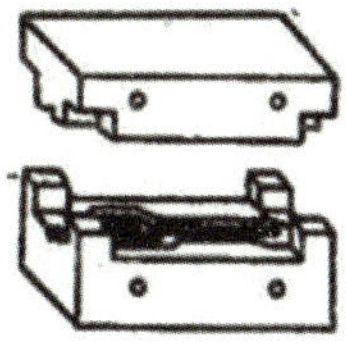 合模	由上、下两部分组成,上、下模用导柱和导销定位,用于制造形状复杂的非回转体锻件

三、压力机上模锻

锤上模锻锻造时震动及噪声大、劳动条件差、能源消耗大,近年来大吨位的模锻锤有逐步被压力机取代的趋势。模锻生产上常用的压力机有曲柄压力机、平锻机、摩擦压力机等。

1. 曲柄压力机上模锻

曲柄压力机的结构及传动原理如图 7 - 15 所示。曲柄压力机是锻模分别安装在滑块的下端和工作台上,利用电动机通过飞轮释放能量,曲柄连杆机构带动滑块沿导轨作上下往复运动进行锻压成形的。

曲柄压力机上模锻工艺特点:

(1)作用在坯料上的锻造力是压力,不是冲击力,工作时震动和噪声小,劳动条件得到改善。

(2)坯料的变形速度较低。某些不适于在锤上模锻锻造的材料,如耐热合金、镁合金等低塑性材料可在曲柄压力机上锻造。

(3)锻造时滑块的行程不变,每个变形工序在滑块的一次行程中即可完成,便于实现机械化和自动化,具有很高的生产率。

(4)滑块运动精度高,并有锻件顶出装置,使锻件的模锻斜度、加工余量和锻造公差大大减小,锻件的精度比锤上模锻锻件高。

但是,由于曲柄压力机滑块行程固定不变,且坯料在静压力下一次成形,金属不易充填较深的模膛,不宜用于拔长、滚挤等变形工序,需先进行制坯或采用多模膛锻造。此外,坯料的氧化皮也不易去除,必须严格控制加热质量。

曲柄压力机设备费用高,模具结构也比一般锤上模锻锻模复杂,主要适合于锻造大批量生产的短轴类锻件。

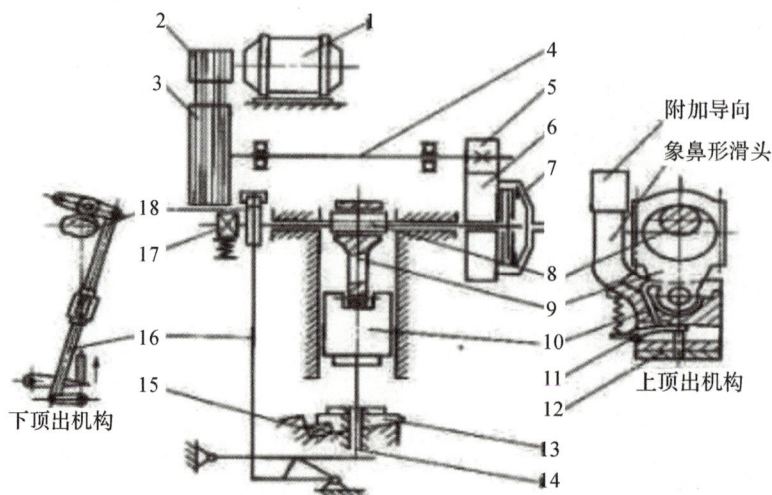

图 7 - 15 曲柄压力机的结构及传动原理简图

1—电动机；2—小皮带轮；3—飞轮；4—传动轴；5—小齿轮；6—大齿轮；7—圆盘摩擦离合器；8—曲柄；9—连杆；
10—滑块；11—上顶出机构；12—上顶杆；13—楔形工作台；14—下顶杆；15—斜楔；
16—下顶出机构；17—带式制动器；18—凸轮

2. 平锻机上模锻

平锻机的主要结构与曲柄压力机相同，只不过平锻机是沿水平方向对坯料施加锻造力，其工作原理如图 7 - 16 所示。平锻机启动前，棒料放在固定凹模的型槽中，并由前挡料板定位，以确定棒料的变形部分长度 l_0。然后，使曲柄凸轮机构按下列顺序工作：在主滑块前进过程中，活动凹模迅速进入夹紧状态，在 l_p 部分将棒料夹紧，前料挡板退去，凸模与加热的棒料接触，并使其产生塑性变形直至充满型槽为止。然后，凸模从凹模中退出，活动凹模、凸模复位，从凹模中取出锻件。

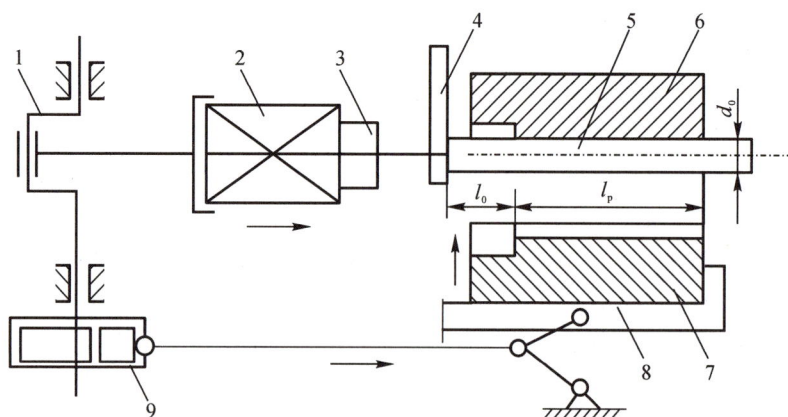

图 7 - 16 平锻机工作原理示意图

1—曲柄；2—主滑块；3—凸模；4—前挡料板；5—坯料；6—固定凹模；
7—活动凹模；8—夹紧滑块；9—侧滑块

平锻机上模锻工艺特点：

(1)锻造过程中坯料水平放置，坯料都是棒料或管材，并且只进行一端加热和局部变形加工。因此，可完成在立式锻压设备上不能锻造的某些长杆类锻件，也可用长棒料连续锻造多个锻件。

(2)锻模有两个分模面，锻件出模方便，可锻出在其他设备上难以锻出的在不同方向上有凸台或凹槽的锻件。

与曲柄压力机上模锻类似，平锻机上模锻也是一种高效率、高质量、容易实现机械化的锻造方法。但平锻机结构复杂，造价高，投资大，主要适合于锻造大批量生产的带头部的杆类锻件或侧凹、带孔锻件。

3.摩擦压力机上模锻

摩擦压力机是靠飞轮旋转所积蓄的能量使坯料变形的，如图 7-17 所示。摩擦压力机行程速度介于模锻锤和曲柄压力机之间，有一定的冲击作用，滑块行程和冲击能量均可自由调节，坯料在一个模膛内可多次锻击，既可完成镦粗、弯曲、冲孔、预锻、终锻等工序，也可进行校正、切边等后续工序。必要时，还可作为板料冲压的设备使用。

摩擦压力机上模锻工艺特点：

(1)带有顶料装置，可以用来锻造长杆类锻件，并可锻造小斜度或无斜度的锻件以及小余量或无余量的锻件，节省材料。

(2)具有模锻锤和曲柄压力机双重工作特性。

(3)螺杆和滑块间为非刚性连接，承受偏心载荷的能力较差。

(4)依靠摩擦带动滑块进行往复运动实现锻压操作，传动效率及生产率较低，能耗较大。

摩擦压力机结构简单、性能广泛、使用维护方便，是中、小型工厂普遍采用的锻造设备，主要适合于锻造中、小批量生产的中、小型锻件，特别适合于锻造低塑性合金钢及有色金属合金等。

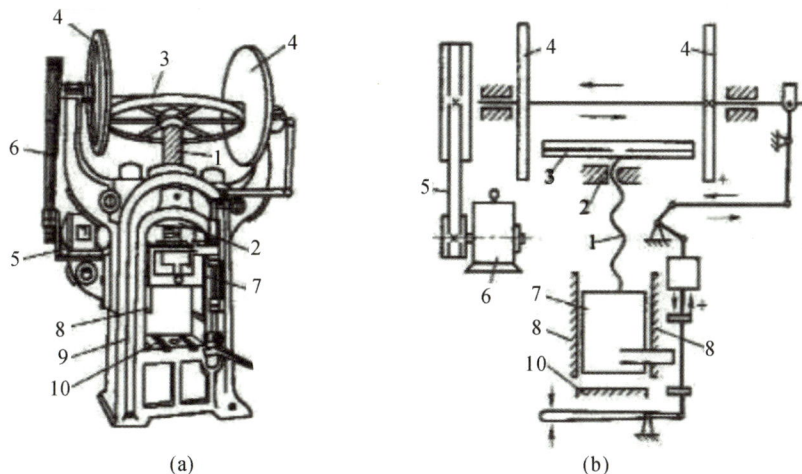

(a)　　　　　　　　　　(b)

图 7-17　摩擦压力机传动图

1—螺杆；2—螺母；3—飞轮；4—圆轮；5—传动带；6—电动机；7—滑块；8—导轨；9—机架；10—机座

7.4.3　特种锻造

1.超塑成形

超塑成形是指利用某些金属在特定条件下所呈现的超塑性进行锻压成形的方法。金属的塑性通常用延伸率 δ 表示,一般 $\delta < 40\%$,但在特定的条件下金属呈超塑性。其特征是:延伸率 δ 可提高几十到几百倍,最高可达 2 000%以上;变形抗力降为原来的 1/5,甚至更低;不出现加工硬化。金属获得超塑性的主要条件是:具有等轴、细微的晶粒结构,缓慢的应变速率和恒定的变形温度。某些金属在相变温度下反复加热和冷却时,则可能出现相变超塑性。

常用的超塑成形方法,有超塑气压成形(见图 7-18)和超塑挤压(或模锻)成形。前者用于板料,通入压力为 1~2 MPa的氮气或空气,迫使板坯胀形,紧贴凹模而制成工件;后者用于棒料,与传统的热挤压与热模锻相似。成形的坯料需要先经超塑性组织处理;模具和坯料都必须保持在超塑性的恒定温度下,因此模具上要有加热装置;成形速度必须缓慢,一般用油压机准确控制。

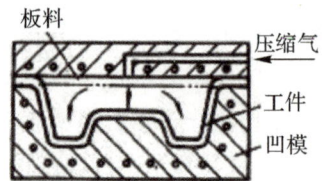

图 7-18　超塑气压成形

采用超塑成形可以节约材料 20%以上,节约能源 30%以上,节约设备投资 50%以上,并可减少工序、缩短生产周期。超塑成形一次性投资较少,在小批量生产时,比传统成形有利。但在大批量生产时,因对金属组织有特殊要求,而且生产率低,应用尚不广泛。超塑成形已用在电子、仪器仪表、航空、模具制造和工艺品制造等领域,对于高比强度、难变形的钛合金成形尤其有重要意义,已用于制造叶片、涡轮盘、高压球形容器等。

2.等温锻造

在常规成形条件下,一些较难成形的金属材料,如钛合金、铝合金、镁合金、镍合金、合金钢等,成形温度范围比较狭窄,流动性比较差,伸长率大多也不高。在锻造具有薄的腹板、高筋的零件时,毛坯的热量迅速从模具散失,变形抗力很快增加,塑性急剧降低,不仅需要大幅度提高设备吨位,也易造成锻件开裂等缺陷。因此,不得不增加锻件厚度和机械加工余量,从而降低了材料利用率,提高了制件成本。在成形形状复杂的壳体零件时,往往需要较多的工序,在受到材料塑性限制时,成形就更加困难。

等温锻造特别适合于那些锻造温区窄的难变形材料,例如高温合金、钛合金、粉末高温合金等。等温锻造过程变形材料中常发生动态再结晶,从而使锻件中的组织呈均匀的等轴细晶形态。等温成形的零件尺寸精度高,既节约了材料,又减少了加工工时。

为防止毛坯温度散失,等温锻造时,模具和坯料要保持在相同的恒定温度下。这一温度,或等于热锻温度,或稍低于热锻温度。材料在等温锻造时,具有一定的黏性,即对应变速率非常敏感,等温锻造变形速度很低。由于变形时的应变速率极低,材料需要的变形力相当低,可以使用小吨位设备锻造大工件。

3.精密模锻

精密模锻是指在模锻设备上锻造出形状复杂、高精度锻件的模锻工艺。如精密模锻伞齿轮,其齿形部分可直接锻出而不必再经过切削加工。精密模锻件尺寸精度可达 IT12~

IT15,表面粗糙度为 $Ra3.2\sim1.6\ \mu m$。

一般精密模锻的工艺过程是:先将原始坯料普通模锻成中间坯料,再对中间坯料进行严格的清理,除去氧化皮或缺陷,最后采用无氧化或少氧化加热后精锻。为了最大限度地减少氧化,提高精锻件的质量,精锻的加热温度较低,对碳钢锻造温度在 $900\sim450\ ℃$ 之间。精锻时需在中间坯料中涂润滑剂以减少摩擦,提高锻模寿命和降低设备的功率消耗。

精密模锻工艺特点:

(1)精确计算原始坯料的尺寸,严格按坯料质量下料。

(2)精细清理坯料表面,除净坯料表面的氧化皮、脱碳层及其他缺陷等。

(3)采用无氧化或少氧化加热方法,尽量减少坯料表面形成的氧化皮。

(4)精锻模腔的精度必须很高,一般要比锻件的精度高两级。精密锻模一定有导柱、导套结构,以保证合模准确。为排除模腔中的气体,减小金属流动阻力,使金属更好地充满模腔,在凹模上应开有排气小孔。

(5)模锻时要很好地进行润滑和冷却锻模。

(6)精密模锻一般都在刚度大、精度高的曲柄压力机、摩擦压力机或高速锤上进行。

4. 辊锻

金属坯料在两个相对旋转的扇形模中通过而产生塑性变形,形成工件的锻造方法称为辊锻。与普通模锻相比,辊锻具有设备结构简单、生产平稳、振动和噪声小,便于实现自动化、生产率高等优点,可用于生产连杆、麻花钻头、扳手、锄、镐等。

辊锻变形的实质是坯料的轧制延伸,坯料部分截面变小而长度增加。当截面变形较大时,需要由几道孔型经多次辊轧完成,根据辊径的大小、孔型的形状尺寸、毛坯的温度和冷却润滑等变形条件,合理地决定各工步辊锻的压下量、展宽量和延伸变形量,图 7-19 为辊锻三道成形原理图。坯料的一端用夹钳夹紧,工件咬入后夹钳立即松开。在扇形模的第一道孔型的辊压下初变形并退出;然后在下道孔型的无模空间处送进,再次辊压预变形并退出;根据变形的需要,经多道辊压而逐渐终成形,得到所需的成形工件。

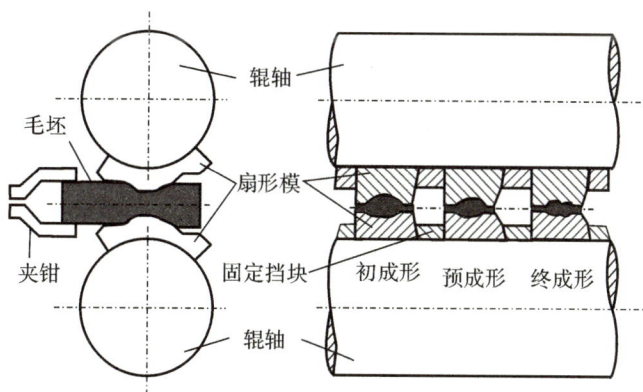

图 7-19 辊锻三道成形原理图

最常用的辊锻机是两侧有机架支撑的双支撑式辊锻机,具有较大的刚度,可得到高精度的锻件。在大批量辊锻生产中,广泛采用机械手传送工件,实现生产过程的自动化,提高生产率,减轻劳动强度。

5.高能高速成形

高能高速成形是一种在极短时间内释放高能量而使金属变形的成形方法。它主要包括:利用高压气体使活塞高速运动来产生动能的高速成形;利用火药爆炸产生化学能的爆炸成形;利用电能的电液成形和利用磁场力的电磁成形;等等。

高速高能成形工艺特点:

(1)几乎不需要模具和工装以及冲压设备,仅用凹模就可以实现成形。

(2)零件精度高,表面质量好。成形时,零件以极高的速度贴模,这不仅有利于提高零件的贴模性,还可以有效地减小零件弹复现象。

(3)瞬间成形,材料的塑性变形能力提高。对于塑性差的用普通方法难以成形的材料,采用高能高速成形仍可得到理想的成形产品。

(4)对制造复合材料具有独特的优越性。例如,在制造钢-钛复合金属板中,采用爆炸成形瞬间即可完成。

(5)成本高、专业技术性强是这种工艺的不足之处。

7.5 冲 压

利用冲压设备和冲模使金属或非金属板料产生分离或变形的加工方法称为板料冲压。用于加工的板料厚度一般小于 6 mm,通常是在常温下进行的,因此又称冷冲压。板料冲压的原材料是具有高塑性的金属材料(如低碳钢、铜合金、镁合金等)和非金属材料(如石棉板、胶木板、硬橡皮、皮革等)的板材、带材等。

板料冲压的特点:

(1)可冲出形状复杂的零件,材料利用率高,废料少。

(2)冲压件的尺寸精确,表面光洁,质量稳定,互换性好。

(3)金属薄板经过冲压塑性变形获得一定几何形状,并产生冷变形强化,使冲压件具有质量轻、强度高和刚性好的优点。

(4)冲压操作简单,生产率高,易于实现机械化和自动化。

(5)冲模是冲压的主要工艺装备,其结构复杂,精度要求高,制造费用相对较高,故冲压适合在大批量生产条件下采用。

板料冲压广泛用于工业及民用制品的生产,尤其在汽车、拖拉机、电器、仪表及航天等工业中,冲压件占有很大的比重。

7.5.1 冲压加工基础

一、冲压设备

冲压主要设备是剪床和冲床。

1.剪床

剪床的用途是将板料切成一定宽度的条料,以供冲压使用。剪切宽度大的板材用斜刃剪床,剪切窄而厚的板材用平刃剪床。剪床的主要技术参数是能剪板料的厚度和长度,如剪床 Q11-2×1000 型,表示能剪厚度为 2 mm,长度为 1 000 mm 的板材。

图 7-20 为剪床的外形及传动简图。电动机 1 通过带轮使轴 2 转动,再通过齿轮传动及离合器 3 使曲轴 4 转动,于是带有刀片的滑块 5 便上下运动,进行剪切工作。

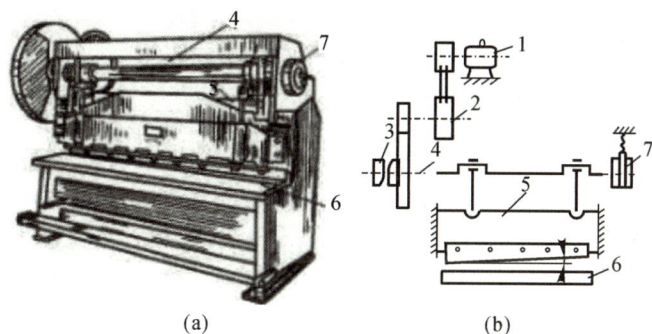

(a)　　　　　　　　(b)

图 7-20　剪床

(a)外形图;(b)传动简图

1—电动机;2—轴;3—离合器;4—曲轴;5—滑块;6—工作台;7—滑块制动器

2.冲床

冲床是完成冲压加工的基本设备。冲床按其结构可分为单柱式和双柱式、开式和闭式等。冲床的主要技术参数是以公称压力来表示的。我国常用的开式冲床的规格为 63～2 000 kN,闭式冲床的规格为 1 000～5 000 kN。

图 7-21 为开式双柱式冲床的外形及传动简图,电动机经 V 带减速系统使大带轮转动,再经离合器使曲轴旋转。当踩下脚踏板后,离合器闭合并带动曲轴旋转,再通过连杆带动滑块沿导轨做上下往复运动,完成冲压加工。冲模的上模装在滑块上,随滑块上下运动,上、下模闭合一次即完成一次冲压过程。脚踏板踩下后立即抬起,滑块冲压一次后便在制动器作用下,停在最高位置上,以便进行下一次冲压。若脚踏板不抬起,滑块则进行连续冲压。

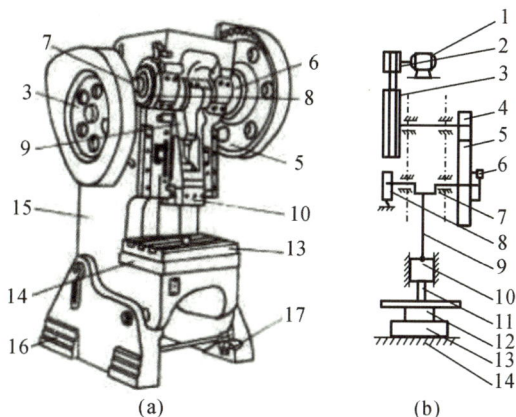

(a)　　　　　　　　(b)

图 7-21　冲床

(a)外形图;(b)传动简图

1—电动机;2—小带轮;3—大带轮;4—小齿轮;5—大齿轮;6—离合器;7—曲轴;8—制动器;

9—连杆;10—滑块;11—上模;12—下模;13—垫板;14—工作台;15—床身;16—底座;17—脚踏板

二、冲压工序

冲压工序可分为分离工序和变形工序两大类。

1.分离工序

分离工序是指在冲压过程中使冲压件与板料沿一定的轮廓线互相分离的工序,包括剪切、冲裁和整修等。

(1)剪切:将板料按不封闭轮廓线分离的工序,一般在剪床上完成。

(2)冲裁:将板料沿封闭轮廓线分离的工序,主要包括落料和冲孔。落料是从板料上冲出一定外形的零件或坯料,冲下部分是成品;冲孔是在板料上冲出孔,冲下部分是废料。板料的冲裁过程可分为三个阶段,如图7-22所示。

(3)整修:使冲裁件获得精确轮廓的工序。利用修整模沿冲裁件外缘或内孔

板料冲压

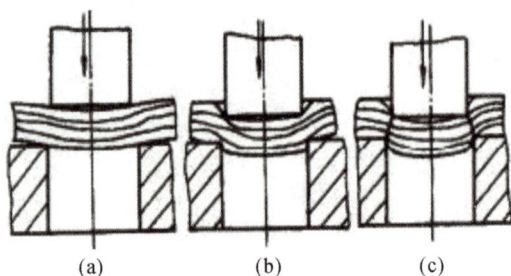

图 7-22 板料的冲裁过程
(a)弹性变形;(b)塑性变形;(c)分离

刮削一薄层金属,以切掉冲裁时在冲裁件断面上存留的圆角、剪裂带和毛刺等。

2.变形工序

变形工序是在板料不产生破坏的前提下使板料发生塑性变形,形成所需形状及尺寸的冲压件,包括弯曲、拉深、翻边、胀形、收口等。

(1)弯曲:将平直板料弯成一定角度和圆弧的工序,如图7-23所示。弯曲时,尽可能使弯曲线与板料纤维方向垂直,以免弯裂。

(2)拉深:使平面板料成形为开口空心零件的工序,如图7-24所示。拉深可以制成筒形、阶梯形、球形或其他复杂形状的薄壁零件。

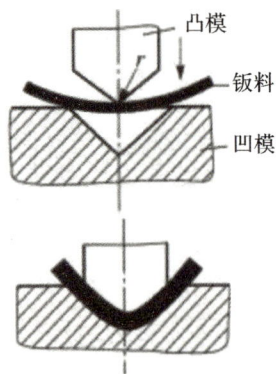

图 7-23 弯曲工序

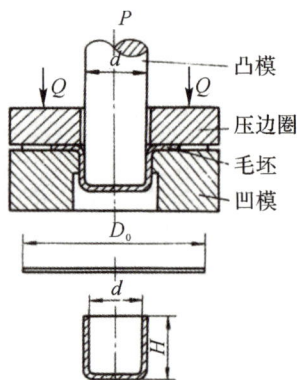

图 7-24 拉深工序

（3）翻边：在板料或半成品上沿一定的曲线翻起竖立边缘的工序,如图 7-25（a）所示。

（4）胀形：利用模具使空心件或管状件由内向外扩张的工序,如图 7-25（b）所示。

（5）收口：利用模具使空心件或管状件的口部直径缩小的工序,如图 7-25（c）所示。

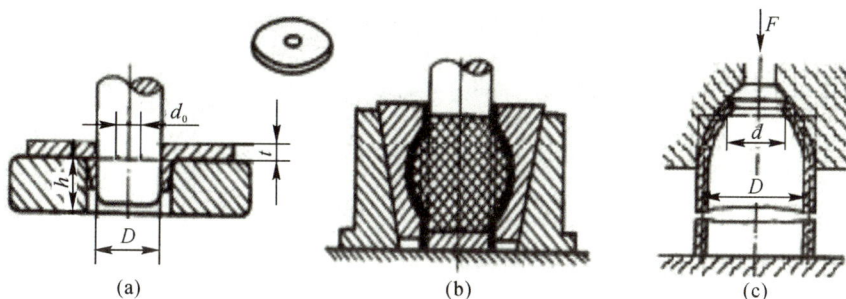

图 7-25 其他成形工序
（a）翻边；（b）胀形；（c）收口

7.5.2 冲裁工艺与模具

1.冲模的组成

（1）工作零件：使板料成形的零件,有凸模、凹模、凸凹模等。

（2）定位、送料零件：使条料或半成品在模具上定位、沿工作方向送进的零件,主要有挡料销、导正销、导料销、导料板等。

（3）卸料及压料零件：防止工件变形,压住模具上的板料及将工件或废料从模具上卸下或推出的零件,主要有卸料板、顶件器、压边圈、推板、推杆等。

（4）结构零件：在模具的制造和使用中起装配、固定作用的零件,以及在使用中起导向作用的零件,主要有上、下模座,模柄,凸、凹模固定板,垫板,导柱、导套、螺钉、销钉等。

2.冲模的分类

冲模按工序的组合方式可分为简单冲模（单工序模）、连续冲模（级进模）、复合冲模（组合模）三种。

（1）简单冲模：在一个冲压行程只完成一道工序的冲模,如图7-26 所示。此种模具结构简单,容易制造,适用于小批量生产。

（2）连续冲模：在冲床的一次行程中,在模具的不同位置上能同时完成几个工序的冲模,如图 7-27 所示。连续冲模可以安排多道冲压工序,且工序是连续或同时完

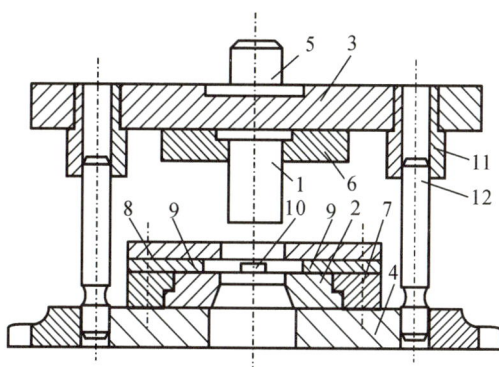

图 7-26 简单冲模
1—凸模；2—凹模；3—上模板；4—下模板；
5—模柄；6—凸模固定板；7—凹模固定板；
8—卸料板；9—导料板；10—定位销；
11—导套；12—导柱

成的。连续冲模生产率高,适于大批量生产复杂的中、小型冲压件。

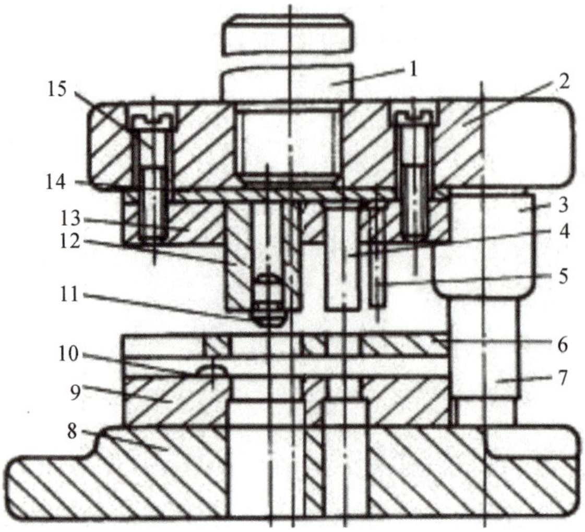

图 7－27　连续冲模

1—模柄;2—上模座;3—导套;4、5—冲孔凸模;

6—固定卸料板;7—导柱;8—下模座;9—凹模;10—固定挡料销;

11—导正销;12—落料凸模;13—凸模固定板;14—垫板;15—螺钉

（3）复合冲模:在冲床的一次行程中,在模具同一部位上同时完成多道冲压工序的冲模,如图 7－28 所示。复合冲模生产效率高,适于大批量生产精度高的冲压件。

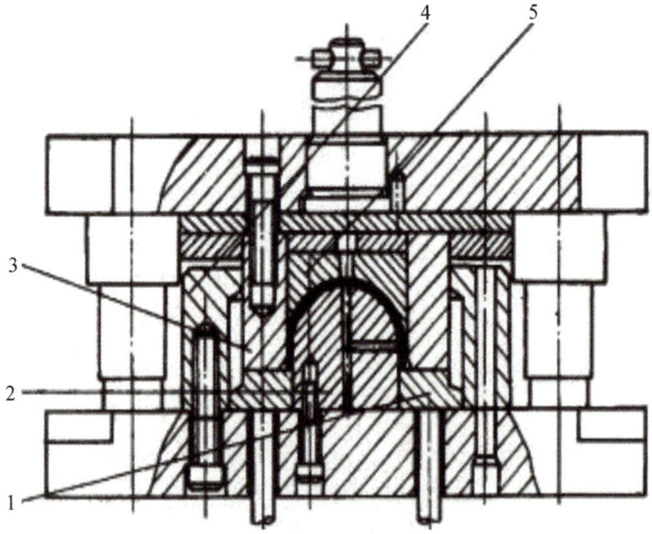

图 7－28　复合冲模

1—弹性压边圈;2—拉深凸模;3—落料、拉深凸凹模;4—落料凹模;5—顶件板

7.5.3　冲压工艺规程编制

冲压工艺设计过程的制定步骤如下。

1. 零件图的分析

零件的生产批量对冲压加工的经济性起着决定性的作用。必须根据零件的生产批量和零件质量要求确定是否采用冲压加工,以及用何种工艺进行加工。冲压件的结构形状和尺寸与经济性有很大关系,合理排料、少出废料,采用廉价材料可降低冲压加工成本。

2. 冲压件总体工作方案的确定

在工艺分析的基础上根据冲压件的几何形状、尺寸、精度要求和生产批量等,确定备冲压加工、检验和其他辅助工序的先后顺序,有的零件还要安排必要的非冲压加工工序,从而把冲件整个制造过程确定下来。

3. 冲压工序件形状和尺寸的确定

冲压工序件是坯料与成品零件的过渡件。冲压工艺过程确定以后,工序件尺寸就确定了。

(1)根据极限变形参数确定工序件尺寸。

(2)工序件形状和尺寸应有利于下一道工序的形成。

(3)工序件各部位的形状和尺寸必须根据等面积原则确定。

(4)工序件形状和尺寸必须考虑成形后零件表面的质量。

4. 冲压工序性质、数目和顺序的确定

有的冲压件可以直观地看出所需的工序性质和顺序,根据需用变形程度,通过一般的计算即可确定工序数量。有的冲压件不经仔细考虑难以确定其正确的工艺方案,或一个零件有多种工艺方案,必须通过分析、比较选择一种最佳工艺方案。

5. 冲模类型和结构形式的确定

在制定冲压工艺设计过程时,既要考虑工序组合的必要性,又要注意模具结构及模具强度的可能性。

6. 冲压设备的选择

设备技术参数主要是依据冲压工艺性质、生产批量、冲压件尺寸及精度要求、变形力大小和模具尺寸来选择。

7. 冲压工艺文件的编写

冲压工艺文件主要是工艺过程卡和工序卡。在大批量生产中,需要制定每个零件的工艺过程卡和工序卡;成批生产中,一般需要制定工艺过程卡;小批量生产一般只需要填写工艺路线明细表即可。

◆ 7.6 锻件质量及锻件质量标准

7.6.1 锻件质量检验

1.外观及罕见缺陷检验项目

(1)裂纹。裂纹通常是锻造时存在较大的拉应力、切应力或附加拉应力引起的。裂纹发生的部位通常是在坯料应力最大、厚度最薄的部位。

(2)折叠。折叠是金属变形过程中已氧化过的表层金属汇合到一起而形成的。它可以是由两股(或多股)金属对流汇合而形成;也可以是由一股金属的急速大量流动将邻近部分的表层金属带着流动,两者汇合而形成的;也可以是由于变形金属发生弯曲、回流而形成;还可以是部分金属局部变形,被压入另一部分金属内而形成。

(3)大晶粒。大晶粒通常是由于始锻温度过高和变形程度缺乏,或终锻温度过高,或变形程度落入临界变形区引起的。铝合金变形程度过大,形成织构时可能引起粗大晶粒;高温合金变形温度过低,形成混合变形组织时也可能引起粗大晶粒。晶粒粗大将使锻件的塑性和韧性降低,疲劳性能明显下降。

(4)晶粒不均匀。晶粒不均匀是指锻件某些部位的晶粒特别粗大,某些部位却较小。晶粒不均匀将使锻件的持久性能、疲劳性能明显下降。

(5)冷硬现象。变形时温度偏低或变形速度太快,以及锻后冷却过快,均可能使再结晶引起的软化跟不上变形引起的强化(硬化),从而使热锻后锻件内部仍部分保存冷变形组织。这种组织的存在提高了锻件的强度和硬度,但降低了塑性和韧性。严重的冷硬现象可能引起锻裂。

(6)龟裂。龟裂是在锻件概况呈现较浅的龟状裂纹。在锻件成形中受拉应力的概况(例如,未充满的凸出部分或受弯曲的部分)最容易发生这种缺陷。

(7)飞边裂纹。飞边裂纹是模锻及切边时在分模面处发生的裂纹。

(8)分模面裂纹。分模面裂纹是指沿锻件分模面发生的裂纹。原材料非金属夹杂多,模锻时向分模面流动与集中或缩管残存在模锻时挤入飞边后常形成分模面裂纹。

(9)穿流。穿流是流线分布不当的一种形式。在穿流区,原先成一定角度分布的流线汇合在一起形成穿流,并可能使穿流区内外的晶粒大小相差较为悬殊。

(10)锻件流线分布不顺。锻件流线分布不顺是指在锻件低倍上发生流线切断、回流、涡流等流线紊乱现象。

(11)铸造组织残留。铸造组织残留主要出现在用铸锭作坯料的锻件中。铸态组织主要残留在锻件的困难变形区。

(12)碳化物偏析级别不符合要求。碳化物偏析级别不符合要求主要出现于莱氏体工模具钢中;主要是锻件中的碳化物分布不均匀,呈大块状集中分布或呈网状分布。

(13)带状组织。带状组织是铁素体和珠光体、铁素体和奥氏体、铁素体和贝氏体以及铁素体和马氏体在锻件中呈带状分布的一种组织,它们多出现在亚共析钢、奥氏体钢和半马氏体钢中。这种组织,是在两相共存的情况下锻造变形时发生的带状组织能降低材料的横向塑性指针,特别是冲击韧性。在锻造或零件工作时常易沿铁素体带或两相的交界处开裂。

(14)局部充填缺乏。局部充填缺乏主要发生在筋肋、凸角、转角、圆角部位,尺寸不符合图样要求。

(15)欠压。欠压指垂直于分模面方向的尺寸普遍增大。

(16)错移。错移是锻件沿分模面的上半部相对于下半部发生位移。

(17)轴线弯曲。锻件轴线弯曲,与平面的几何位置有误差。

(18)其他缺陷。如概况麻坑、锈蚀、概况气泡、缩孔、疏松、白点、异金属夹杂等。

2.资料及性能要求按图纸要求及国家相关规定

资料及性能要求按图纸要求及国家有关规定,见表 7-9～表 7-12。

表 7-9　锻件用碳素结构钢牌号及化学成分(摘自 GB/T17017—1997)

牌号	化学成分(质量分数)/%							
	C(碳)	Si(硅)	Mn(锰)	Cr(铬)	Ni(镍)	S(硫)	P(磷)	Cu(铜)
Q235	0.14～0.22	≤0.30	0.30～0.65	≤0.30	≤0.30	≤0.050	≤0.045	≤0.30
15	0.12～0.19	0.17～0.37	0.35～0.65	≤0.25	≤0.25	≤0.035	≤0.035	≤0.25
20	0.17～0.24	0.17～0.37	0.35～0.65	≤0.25	≤0.25	≤0.035	≤0.035	≤0.25
35	0.32～0.40	0.17～0.37	0.50～0.80	≤0.25	≤0.25	≤0.035	≤0.035	≤0.25
45	0.42～0.50	0.17～0.37	0.50～0.80	≤0.25	≤0.25	≤0.035	≤0.035	≤0.25

表 7-10　锻件用合金结构钢牌号及化学成分(摘自 GB/T17017—1997)

牌号	化学成分(质量分数)/%					
	C(碳)	Si(硅)	Mn(锰)	Cr(铬)	Mo(钼)	其他
40Cr	0.37～0.44	0.17～0.37	0.50～0.80	0.80～1.10		
35CrMo	0.32～0.40	0.17～0.37	0.40～0.70	0.80～1.10	0.15～0.25	
42CrMo	0.38～0.45	0.17～0.37	0.50～0.80	0.90～1.20	0.15～0.25	

表 7-11　锻件用合金结构钢牌号及化学成分(摘自 GB/T17017—1997)

牌号	化学成分(质量分数)/%						
	C(碳)	Si(硅)	Mn(锰)	Cr(铬)	Ni(镍)	Mo(钼)	其他
20CrMn	0.17～0.22	0.17～0.37	1.10～1.40	1.00～1.30			
20CrMnTi	0.17～0.23	0.17～0.37	0.80～1.10	1.00～1.30			
35CrMnMo	0.30～0.40	0.17～0.37	1.10～1.40	1.10～1.40		0.25～0.35	
40CrMnMo	0.37～0.45	0.17～0.37	0.90～1.20	0.90～1.20		0.20～0.30	

表 7－12　锻件用碳素结构钢与合金结构钢力学性能（摘自 GB/T17107—1997）

牌号	热处理状态	截面尺寸（直径或厚度）/mm	试样方向	力学性能					硬度 HBS
				抗拉强度 σ_b/MPa	屈服点 σ_s/MPa	伸长率 δ_5/%	收缩率 ψ/%	冲击功 A_{ku}/J	
				≥					
Q235	—	≤100	纵向	330	210	23			
		100～300	纵向	320	195	22	43		
		300～500	纵向	310	185	21	38		
		500～700	纵向	300	175	20	38		
15	正火＋回火	≤100	纵向	320	195	27	55	47	97～143
		100～300	纵向	310	165	25	50	47	97～143
		300～500	纵向	300	145	24	45	43	97～143
20	正火或正火＋回火	≤100	纵向	340	215	24	50	43	103～156
		100～250	纵向	330	195	23	45	39	103～156
		250～500	纵向	320	185	22	40	39	103～156
		500～1 000	纵向	300	175	20	35	35	103～156
35	正火或正火＋回火	≤100	纵向	510	265	18	43	28	149～187
		100～300	纵向	490	255	18	40	24	149～187
		300～500	纵向	470	235	17	37	24	147～187
		500～750	纵向	450	225	16	32	20	137～187
		750～1 000	纵向	430	215	15	28	20	137～187
	调质	≤100	纵向	550	295	19	48	47	156～207
		100～300	纵向	530	275	18	40	39	156～207
	正火＋回火	100～300	切向	470	245	13	30	20	
		300～500	切向	450	225	12	28	20	
		500～750	切向	430	215	11	24	16	
		750～1 000	切向	410	205	10	22	16	
45	正火或正火＋回火	≤100	纵向	590	295	15	38	23	170～217
		100～300	纵向	570	285	15	35	19	163～217
		300～500	纵向	550	275	14	32	19	163～217
		500～1 000	纵向	530	265	13	30	15	156～217
	调质	≤100	纵向	630	370	17	40	31	207～302
		100～250	纵向	590	345	18	35	31	197～286
		250～500	纵向	590	345	17			187～255

续表

牌号	热处理状态	截面尺寸（直径或厚度）/mm	试样方向	力学性能					硬度 HBS
				抗拉强度 σ_b/MPa	屈服点 σ_s/MPa	伸长率 δ_5/%	收缩率 ψ/%	冲击功 A_{ku}/J	
				≥					
45	正火＋回火	100～300	切向	540	275	10	25	16	
		300～500	切向	520	265	10	23	16	
		500～750	切向	500	255	9	21	12	
		750～1 000	切向	480	245	8	20	12	
		300～500	纵向	610	305	10	22	19	187～229
20Cr	正火＋回火	≤100	纵向	430	215	19	40	31	123～179
		100～300	纵向	430	215	18	35	31	123～167
	调质	≤100	纵向	470	275	20	40	35	137～179
		100～300	纵向	470	245	19	40	31	137～197
40Cr	调质	≤100	纵向	735	540	15	45	39	241～286
		100～300	纵向	685	490	14	45	31	241～286
		300～500	纵向	685	440	10	35	23	229～269
		500～800	纵向	590	345	8	30	16	217～255
35CrMo	调质	≤100	纵向	735	540	15	45	47	
		100～300	纵向	685	490	15	40	39	
		300～500	纵向	635	440	15	35	31	
		500～800	纵向	590	390	12	30	23	
	调质	100～300	切向	635	440	11	30	27	
		300～500	切向	590	390	10	24	24	
		500～800	切向	540	345	9	20	20	
20CrMnTi	调质	≤100	纵向	615	395	17	45	47	

3.尺寸及公差要求

关键性尺寸(产品中心距、角度以及其他影响产品装配的尺寸,机加工时用到的装夹面尺寸等)必须严格按图纸要求。

机加工概况加工余量：

厚度方向一般为单面 1.5 mm,最小不得低于 1 mm。

直径上为最终成品尺寸加 2 mm,最小不得低于 1 mm。

长度方向尺寸可加 1.5～3 mm。

未注非机加工尺寸:图纸有公差标示的,按图纸尺寸。图纸无公差的,按表7－13～表7

—15。

表 7-13 孔类尺寸未注公差 （单位：mm）

基本尺寸	大于	0	30	80	120	280	315	500	800	1 250
	至	30	80	120	180	315	500	800	1 250	2 500
极限偏差		+0.5~1.1	+0.6~1.4	+0.8~1.7	+1.1~2.1	+1.3~2.7	+1.7~3.3	+2.1~4.2	+2.7~5.3	+3.5~6.5

表 7-14 轴类尺寸未注公差 （单位：mm）

基本尺寸	大于	0	30	80	120	180	315	500	800	1 250
	至	30	80	120	180	315	500	800	1 250	2 500
极限偏差		+1.1~0.5	+1.4~0.6	+1.7~0.8	+2.1~1.1	+2.7~1.3	+3.3~1.7	+4.2~2.1	+5.3~2.7	+6.5~3.5

表 7-15 非孔轴类尺寸未注公差 （单位：mm）

基本尺寸	大于	0	30	80	120	180	315	500	800	1 250
	至	30	80	120	180	315	500	800	1 250	2 500
极限偏差		±0.8	±1.0	±1.3	±1.6	±2.0	±2.5	±3.2	±4.0	±5.0

7.6.2 锻模质量标准

锻模质量标准执行中华人民共和国机械行业标准《大中型钢质锻制模块（超声波和夹杂物）质量分级》(JB/T 6979—1993)。

实验 7.1 金属薄板成形性能与试验方法——扩孔实验

GB/T15825 规定了以扩孔率为指标的金属薄板扩孔成形性能实验方法，适用于厚度 1.2~6.0 mm 的金属板、卷料，所用试样宽度一般不应小于 90 mm。

一、实验目的

(1)掌握扩孔试验机的操作方法，并能在实验机上完成工件扩孔。

(2)会根据公式计算极限扩孔率。

二、实验原理

扩孔实验包括冲制试样圆孔和利用锥头凸模压入冲制圆孔两个步骤，即冲孔完毕后，锥头凸模压入冲制圆孔并由实验机对其加力，直至圆孔在凸模作用下孔缘（竖缘）发生开裂停止实验。图 7-29 为冲制圆孔的示意图，图 7-30 为扩孔示意图。

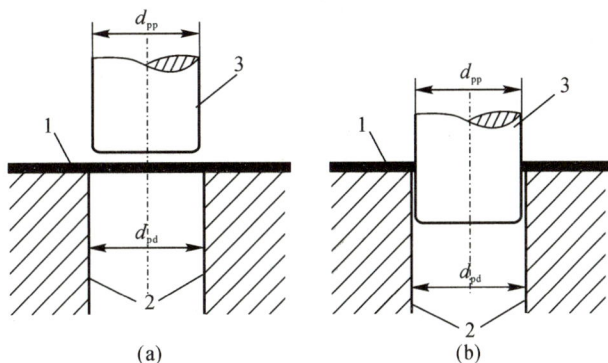

图 7-29　冲孔
1—试样；2—凹模；3—凸模

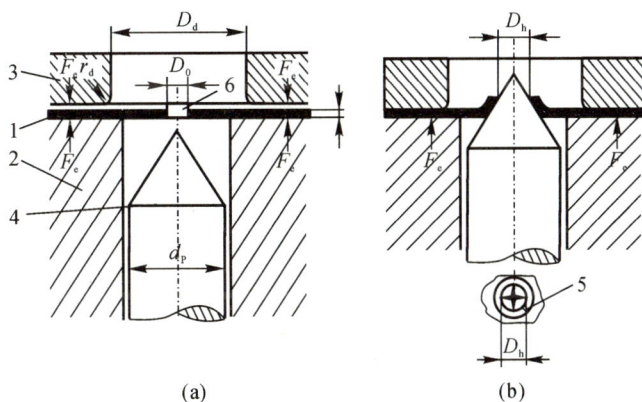

图 7-30　扩孔实验
1—试样；2—压边圈；3—凹模；4—锥头凸模；5—孔缘裂纹；6—冲孔毛刺

三、实验装置

1. 实验机

实验机应能夹持、压牢试样，并对试样具有定位功能。试样孔缘（竖缘）一旦发生开裂，实验机应能实时停机并避免停机惯性力破坏试样孔缘（竖缘）开裂瞬间的孔径尺寸。

实验机还应对扩孔实验所用模具（凸模或凹模）的位移运动具有控制作用。

注：扩孔实验既可使用专用实验机，也可使用其他任何能够满足上述要求的压力机或实验机。

2. 实验模具

（1）扩孔实验用模具（凸模和凹模，见图 7-29）。

（2）扩孔实验用凸模头部锥度为 $60°\pm1°$，凸模的圆柱直径 d，应保证能将试样上的圆孔孔缘胀裂。

（3）扩孔实验用凹模内径 D：应根据预估的极限扩孔率来选择，其数值不应小于 40 mm。

（4）扩孔实验用凹模的圆角半径 r 可取 $2\sim 20$ mm，推荐使用 5 mm。

（5）扩孔实验用模具（凸模和凹模）的硬度不应小于 55 HRC。

（6）模具设计制造的其他要求按 GB/T15825.2—2008 中 4.1.1 条和 4.1.3 条的规定，模具使用准备按 GB/T15825.2—2008 中 4.2 条的规定。

3.试样

（1）每次实验应从同一材料样品上取 3 个或 3 个以上的试样。

（2）试样应平直无翘曲。试样上的冲制圆孔中心距离试样任一边缘的尺寸通常不应小于 45 mm，如果采用条状试样，则试样上相邻的冲制圆孔中心距通常不应小于 90 mm。对于宽度不能满足以上边缘尺寸要求的窄试样或窄条试样，其冲制圆孔的中心应位于试样的宽度中心部位，相邻的冲制圆孔中心距应大于试样宽度。

（3）试样上的冲制圆孔直径为 10 mm，应把此圆孔冲制在试样的中心部位。

（4）冲制试样上的圆孔时，冲孔凸、凹模之间的相对单边间隙 c 按式计算。

$$c = \frac{d_{pd} - d_{pp}}{2t} \times 100 \qquad (7-1)$$

式中：c 为相对单边间隙（%）；d_{pd} 为冲制试样圆孔所用凹模的内径（mm）；d_{pp} 为冲制试样圆孔所用凸模的直径（mm）；t 为金属薄板的厚度（mm）。

并把计算结果按表 7-16 要求加放到凹模内径 d_{pd}。如果需要根据材料厚度变化设计系列冲孔模具，以凸模尺寸为基准，通过加放冲孔间隙，并以 0.1 mm 为级差，递增或递减凹模内径 d_{pd} 的系列设计数值。冲孔凹模内径在满足（2）和（3）的要求下，可参考表 7-16、表 7-17 选用示例。

表 7-16 冲孔许用的相对单边间隙

金属薄板厚度 t/mm	相对单边间隙 c/%
$t<2$	12 ± 2
$t\geq2$	12 ± 1

表 7-17 冲孔凹模内径选用示例 　　　　　单位：mm

金属薄板厚度 t	冲孔凹模内径 d_{pd}
$1.2\leq t<1.5$	10.3
$1.5\leq t<1.9$	10.4
$1.9\leq t<2.3$	10.5
$2.3\leq t<2.7$	10.6
$2.7\leq t<3.1$	10.7
$3.1\leq t<3.6$	10.8
$3.6\leq t<4.0$	10.9
$4.0\leq t<4.4$	11.0
$4.4\leq t<4.8$	11.1

金属薄板厚度 t	冲孔凹模内径 d_{pd}
$4.8 \leq t < 5.2$	11.2
$5.2 \leq t < 5.7$	11.3
$5.7 \leq t < 6.0$	11.4

(5)冲孔模具的制造公差应符合表 7 - 18 规定。

表 7 - 18　冲孔模具的制造公差

项目	尺寸与公差
冲孔凸模直径 d_w	$10^{+0.02}_{-0.01}$
冲孔凹模内径 d_{pd}	$d_{pd}{}^{+0.03}_{-0.02}$
d_{pd} 为表 7 - 17 中数值	

(6)试样准备的其他要求按 GB/T15825.2—2008 中的规定,并记录试样的实测厚度。

四、实验条件

通常在 $10 \sim 35$ ℃环境温度下进行实验,如有必要环境温度可设置为 23 ℃±5 ℃。

五、实验操作和步骤

(1)至少进行 3 次有效重复实验。

(2)安放试样时,应把其冲制圆孔的毛刺边缘朝向凹模孔,并保证圆孔中心与锥头凸模轴线对中且要求试样的板面与锥头凸模运动方向垂直。

(3)使用压边圈把试样压牢,以防止扩孔实验过程中压边圈下方的材料发生变形流动。注:压边力大小与试样尺寸有关,例如对于 150 mm×150 mm 的试样,压边力不应小于 50 kN。如果压边圈下方的试样材料发生变形流动,实验无效。

(4)启动实验机把锥头凸模压入试样上的圆孔,锥头凸模运动速度不应大于 1 mm/s。

(5)观察到试样孔缘(竖缘)即将发生开裂的征兆,应立即减慢锥头凸模运动速度,以准确捕捉试样孔缘(竖缘)发生开裂的瞬间时刻,即保证实验停机时,试样孔缘(竖缘)变形状态恰处开裂时刻。

(6)发现试样孔缘(竖缘)发生开裂,立即停机,打开模具取出试样,使用合适的量具且避开裂纹从两个相互垂直的方向测量已经开裂的试样孔径 D,测量精度应达到 0.05 mm。

六、实验计算

(1)按下列(2)～(4)步规定计算极限扩孔率 λ。

(2)按实验操作和步骤(6)测量的试样两处孔径计算其平均值。

(3)对每一次重复实验均计算出试样孔缘(竖缘)开裂时的孔径平均值,计算结果精确到 0.01 mm;使用每次重复实验计算出的孔径平均值,按下式分别计算它们的极限扩孔率。

$$\lambda = \frac{D_h - D_0}{D_0} \times 100\% \qquad (7-2)$$

式中：λ 为极限扩孔率；D_0 为试样上冲制圆孔的原始直径（mm）；D_H 为试样孔缘（竖缘）开裂时的圆孔直径（mm）。

（4）取所有重复实验的 λ 计算平均极限扩孔率，并按 GB/T19764 修约计算结果。

七、实验报告

实验报告应包括以下主要内容：①实验方法；②试样的牌号、规格和状态；③试样厚度；④环境温度；⑤实验结果（极限扩孔率）。

实验 7.2　自由锻造光轴

一、实验目的

（1）了解手工锻常用工具的用途和使用方法；熟悉自由锻的操作方法和基本工序。

（2）了解坯料的加热和锻件的冷却相关知识。

（3）掌握空气锤的操作方法，并能在空气锤上锻造工件。

二、实验设备及材料

（1）加热设备：手锻炉（明火炉）。锻工实习操作常使用手锻炉，其结构如图 7-31 所示，由炉膛、烟罩、风门、风管等组成。常用的燃料为烟煤。手锻炉结构简单，操作容易，但生产率低，加热质量不高。

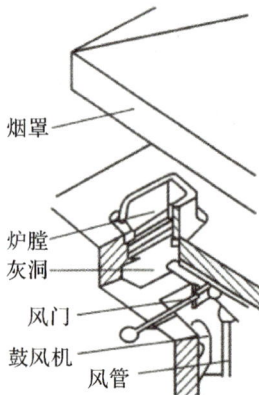

图 7-31　手锻炉结构

操作要点：

1）工件在炉膛内不要埋得太深，应放在温度最高且便于取出的煤层内。

2）为防止工件过烧或氧化，应经常利用风门开启大小来调节火力以控制炉温。

3）隔一段时间须翻转工件，以达到均匀加热的目的。

4）取出工件时，须先关闭风门，防止火焰喷射及避免煤灰和小煤粒被风吹散飞扬。

5）工件在传送过程中要贴近地面，以免伤人。不得抛掷传送工件。

（2）光轴坯料：45 钢，$\phi42$ mm×135 mm 材料。

（3）其他：65 kg 空气锤、钢板尺、手钳、铁砧、手锤等。

三、实验任务

锻造如图 7-32 所示的光轴毛坯，按要求完成锻造工序。

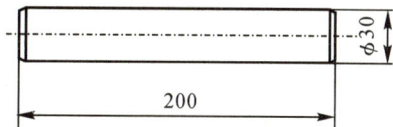

（1）坯料加热。加热过程中，严格控制加热温度和加热保温时间，以避免金属产生过热、过烧现象。

图 7-32　光轴

（2）锻打成形。先将坯料锻成方形截面，接着继续拔长，在拔长到方形的边长接近 33mm 时，再将坯料锻成八角形，然后将棱滚打成圆形。

（3）工件冷却。按照工艺规程对工件进行合理的冷却。

四、考核标准

自由锻造光轴的考核标准见表 7-19。

表 7-19　自由锻造光轴的考核标准

序号	检测项目与技术要求	配分	评分标准	得分
1	加热均匀，不产生过热及过烧现象	15	根据具体情况酌情扣分	
2	锻件直径尺寸误差小于±1 mm	30	每超差 0.2 mm 扣 3 分，超差 1 mm 不得分	
3	锻件的圆柱度小于±1mm	20	每超差 0.2 mm 扣 2 分，超差 1 mm 不得分	
4	锻件不得有夹层	15	根据具体情况酌情扣分	
5	工具及机器使用操作无误，姿势正确	10	根据具体情况酌情扣分	
6	安全文明生产	10	违反规定酌情扣分	
7	锻打工时 10 min		每超时 1 min 扣 2 分	
	实验成绩			

本章小结

在锻造加工中，坯料整体发生明显的塑性变形，有较大量的塑性流动；在冲压加工中，坯料主要通过改变各部位面积的空间位置而成形，其内部不出现较大距离的塑性流动。锻压主要用于加工金属制件，也可用于加工某些非金属，如工程塑料、橡胶、陶瓷坯、砖坯以及复合材料的成形等。

随着科技的不断进步，锻压成形技术也在不断发展。目前，数值模拟技术在锻压成形过程中得到了广泛应用，有助于优化成形工艺、提高产品质量。此外，新材料、新工艺和新设备的研发也为锻压成形技术的发展提供了新的动力。

锻压成形技术在许多领域都有广泛应用。在汽车制造业中，锻压成形用于生产发动机、底盘、车身等关键部件;在航空航天领域,锻压成形用于制造高性能的航空航天材料;在机械制造业中,锻压成形则用于生产各种复杂形状的机械零件。此外,锻压成形还在电力、化工、船舶等领域发挥着重要作用。

总之,锻压成形技术以其独特的优势和广泛的应用领域,在工业生产中发挥着举足轻重的作用。随着技术的不断发展和创新,锻压成形技术将在未来继续发挥更加重要的作用。

◆ 课后思考与练习七

1. 自由锻锻件的结构工艺性主要表现在哪些方面?

2. 试确定图 7-33 所示零件的锻造工艺。

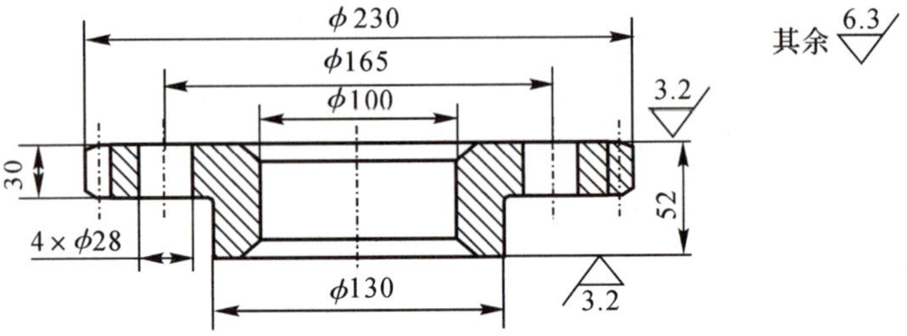

图 7-33 练习 2 用图(单位:mm)

3. 锤上模锻时,预锻模膛起什么作用,为什么终锻模膛四周要开飞边槽?

4. 如何确定模锻件分模面的位置?

5. 如何对冲压零件进行工艺方案设计?

6. 如图 7-34 所示零件。生产批量:大批量;材料:镀锌铁皮;材料厚度:2 mm。试确定合理的冲压工艺。

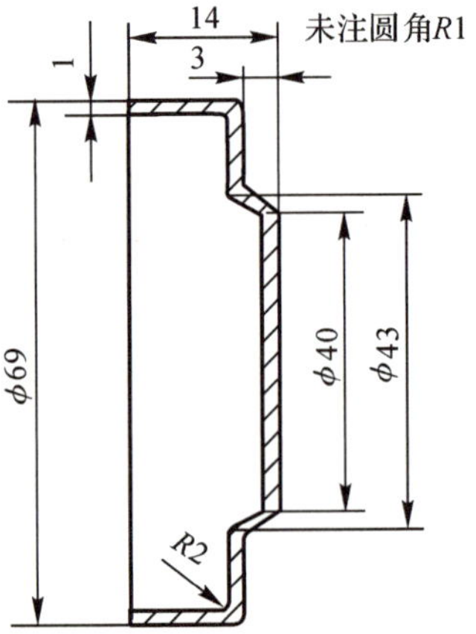

图 7-34 零件设计

◆【工匠精神·榜样的力量】

　　大国工匠刘伯鸣是中国一重集团有限公司水压机锻造厂的职工(见图 7-35),他扎根锻造岗位 29 年,用匠心锻造大国重器,攻克了 90 余项核电、石化产品工艺难关,填补了 40 项行业空白,出色完成了三代核电锥形筒体、水室封头、世界最大 715 吨核电常规岛转子等 20 余项超大超难核电锻件锻造任务,为促进核电、石化产品国产化,提升我国超大型铸锻件极端制造核心竞争力作出了突出贡献。

　　他是中国第一台 15 000 吨自由锻造水压机的操作者,世界上先进的几百吨重的钢锭在他手中柔若无骨,乖顺地变形为轴、辊筒环各类大锻件。加氢反应器是有机化学实验室和实际生产过程中一件非常重要的设备,常用于将石油工业中最难利用的重质部分——渣油加氢转化为轻质油,从而生产出汽油、柴油等。过渡段是加氢反应器中主要构件,由两部分组成。传统制造方法为单独制造,然后将两部分进行焊接,材料利用率低、生产周期长,并且增加了一道焊缝。2019 年 5 月,刘伯鸣带领团队发起"过渡段筒节一体化"课题攻关,成果解决了过渡段一体化面临形状特殊、扩孔前两段壁厚不均、扩孔时走料不同步等诸多难题,使锦州、锦西 8 台渣油加氢反应器 16 件一体化筒节过渡段锻造圆满完成,并一次合格发出。该技术的成功开发,体现了中国一重大型加氢反应器制造研发的雄厚实力,实现了国际领跑。

图 7-35　刘伯鸣在中国一重水压机锻造厂生产车间工作

　　刘伯鸣团队承接的盛虹石化的 EO 超大型管板,直径长达 8.7 米。而 1.5 万吨水压机立柱间工作间距为 7 米,如何实现"小锅烙大饼"?刘伯鸣和团队成员全身心投入技术攻关,反复思考工艺参数、琢磨锻件变形过程,最终决定实行体外锻造,像擀饺子皮一样使锻件加工达到了工艺尺寸。这个部件的锻造技术在国内还是首创,完全没有任何技术资料可借鉴,超大型管板的锻造成功,使中国一重的体外锻造技术走在国内前列,打破了国外技术垄断,解决了该类产品"卡脖子"问题。

　　刘伯鸣深知人才是企业创新和发展的第一资源,尤其是热加工更需要"手艺人"。为快速提升青年职工技能水平,刘伯鸣依托劳模创新工作室设立了"劳模讲堂",为职工和新入厂的技校生讲授"超大型锻件操作实战要领""锻件质量问题及解决途径"等课程。长期坚持下来,大家不仅理论水平大幅提高,实际操作技能,尤其是锻造超大、超难锻件的操作技术也都有了长足的进步,个个可以独当一面。徒弟张新宇进步很快,如今已是水锻厂最年轻的副班长了,他们两人还被省总工会授予"好师傅,好徒弟"光荣称号。

刘伯鸣见证了中国超大锻件国产化、产业化的历程。一路走来,刘伯鸣深深地感到,一个合格的工匠不仅要坚守匠心、精进匠艺,还要有爱国报国之志、爱党忠企之心。要坚定扛起"中国制造业第一重地"的历史使命,弘扬"以一为重、永争第一"的一重精神,打造出更多"杀手锏"装备,为实现制造强国、质量强国贡献力量。

第8章 焊接成形

▶**知识目标**

(1)了解焊接方法的分类、焊接电弧的原理及电弧焊设备。

(2)掌握焊接材料的特点、焊接接头形式及焊缝符号的表示方法。

(3)掌握常用焊接方法的原理、特点及应用。

(4)掌握金属材料焊接性的概念、分析方法及常用金属材料的焊接性特点。

(5)掌握焊接缺陷的种类、产生原因及防止措施。

(6)了解常用的焊接检验方法及焊接质量检验标准。

▶**能力目标**

(1)能正确识别焊接符号的含义。

(2)能根据材料的成分和性能特点判断其焊接性。

(3)能根据工件的结构特点和性能要求正确选择焊接方法和焊接材料。

(4)能够识别焊接缺陷、分析缺陷产生原因并提出预防措施。

▶**素质目标**

(1)通过焊接方法的学习与实验,培养学生吃苦耐劳和精益求精的工匠精神和创新能力。

(2)培养学生的安全意识以及认真负责的工作态度和严谨细致的工作作风。

(3)树立学生的质量控制意识以及热爱科学、实事求是的学风和创新意识。

◆ 8.1 焊接成形概述

8.1.1 焊接生产的特点与作用

焊接是金属加工领域中最常采用的一种加工方法,它能将两个或两个以上的零件按一定形式和位置要求连接起来,是一种永久性连接方法。据统计,目前世界各国年平均生产的焊接结构用钢已达到钢产量的 45% 左右,我国也有 35%～45% 的钢材要经过焊接加工才能变成工业产品。焊接工艺虽然发展历史不长,但近年来发展十分迅速,目前在机械制造、石油化工、交通能源、冶金、电子、航空航天等行业中获得了广泛的应用,已成为大型金属结构制造中必不可少的加工手段。

1.焊接的优点

与其他金属加工工艺方法相比,焊接主要有以下优点:

(1)结构强度高,产品质量好。由于焊接是金属原子间的连接,所以焊接结构的刚度大、整体性好,焊接接头可达到与母材等强度或等特殊性能,还具有良好的密封性。

(2)节省材料,减轻质量。与铆接相比,焊接可节约大量的金属材料,结构质量可减轻10%～20%左右。

(3)以小拼大,化繁为简。在制造大型构件或形状复杂的结构件时,可通过分部件装焊—整装焊接的方法,实现以小拼大,简化制造工艺。例如国家体育场(鸟巢)、航空母舰等。

(4)生产率高,成本低。焊接生产周期短,易于实现机械化与自动化,生产成本低。

(5)连接广泛,适应性强。焊接方法种类多,可将不同形状、不同厚度、不同材料的结构连接在一起,从而满足不同的使用要求。

2.焊接的缺点

由于焊接是一个不均匀的加热和冷却过程,所以焊接也存在一些不足之处:

(1)焊接接头会存在诸如裂纹、气孔、夹渣等各类焊接缺陷,易产生应力集中,降低承载能力。

(2)焊接结构存在焊接应力和变形,不仅影响结构的形状和尺寸,而且影响后期装配,甚至降低结构强度。

(3)焊接接头的组织和性能不均匀,对脆断、疲劳断裂等比较敏感。

(4)焊接结构止裂能力差,容易造成严重事故,对锅炉、压力容器等承压设备的生产应特别注意。

8.1.2 焊接方法的分类

焊接是通过加热或加压(或两者并用),并且用或不用填充材料,使焊件达到原子间结合的加工方法。

焊接方法的种类很多,按焊接过程的特点可分为以下三大类:

(1)熔焊。熔焊是将焊件接头加热至熔化状态,不加压力完成焊接的方法。焊接过程中接头两侧的被焊金属部分熔化形成液态熔池,高温下原子充分扩散,最后凝固形成牢固的接头。

焊接的基本原理

(2)压焊。压焊是对焊件施加压力(加热或不加热),以完成焊接的方法。焊接过程中通过施加压力使两个分离表面的原子接近到晶格距离,形成金属键,从而形成牢固的接头。

(3)钎焊。钎焊是将焊件和钎料加热到高于钎料熔点而低于母材熔点的温度,利用液态钎料润湿母材,填充接头间隙并与母材互相扩散实现连接焊件的方法。

常用的焊接方法如图8-1所示。

```
                              ┌─ 气焊
                              │                ┌─ 焊条电弧焊
                              ├─ 电弧焊 ────────┤─ 埋弧焊
                              │                │              ┌─ 氩弧焊
                              │                └─ 气体保护焊 ──┤
                    ┌─ 熔焊 ──┤                               └─ CO₂气体保护焊
                    │         ├─ 等离子弧焊
                    │         ├─ 电渣焊
                    │         ├─ 激光焊
                    │         └─ 电子束焊
                    │
                    │                          ┌─ 点焊
                    │         ┌─ 电阻焊 ────────┤─ 缝焊
    焊接 ───────────┤─ 压焊 ──┤                └─ 对焊
                    │         ├─ 摩擦焊
                    │         ├─ 扩散焊
                    │         ├─ 超声波焊
                    │         └─ 爆炸焊
                    │
                    └─ 钎焊 ──┬─ 软钎焊
                              └─ 硬钎焊
```

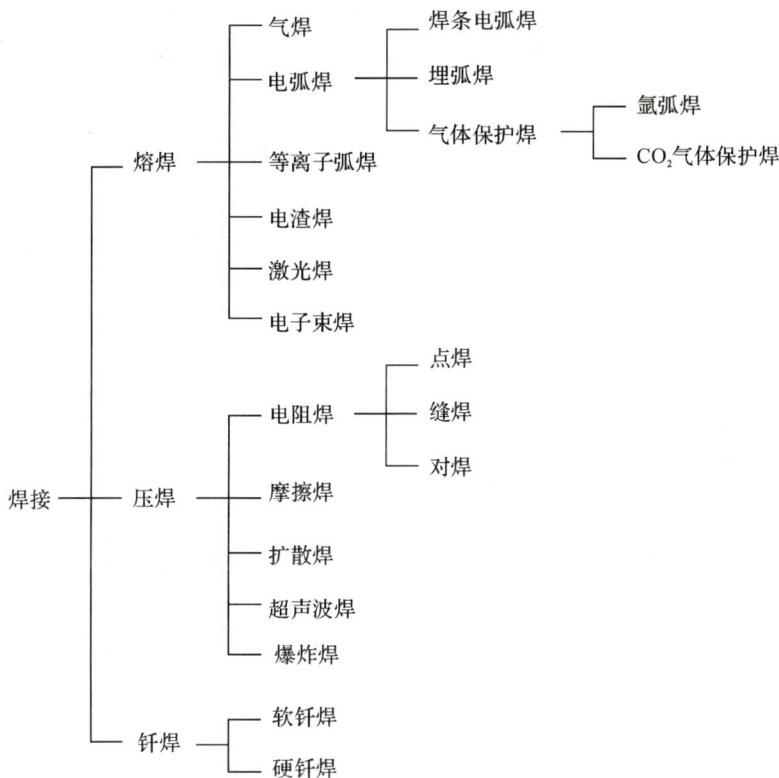

图 8-1　焊接方法的分类

8.1.3　焊接技术在工业生产中的应用及发展

焊接技术在工业生产中的应用十分广泛,主要体现在以下方面:

(1)制造金属结构件。现代生活中的各种金属结构件的制造需要进行焊接加工,如锅炉、压力容器、桥梁、船舶、管道、车辆、矿山机械、海洋结构等。

(2)制造机器零部件。在现代机械制造中,焊接已逐步取代部分机械零部件的生产,如机床的床身、底座、箱体、大型齿轮、专用夹具等。

(3)制造电子产品。在电子制造中,焊接技术是连接电路中各种元器件的核心技术之一,覆盖了大部分电子制造领域,如汽车电子、电视机、手机、电脑等。

(4)修复零部件。对设备或零部件表面的失效与缺陷部位进行直接修复不仅能够获得所要求的使用性能,而且能提高生产效率,降低生产成本。焊接修复在机械制造领域发挥了重要作用。

近年来,随着科学技术的不断发展和市场需求的变化,金属制造业面临着提高生产效率、降低能源消耗和减少环境影响的巨大压力,计算机、微电子、数字控制、信息处理及激光技术等先进技术不断融合到焊接技术中,窄间隙焊接、激光电弧复合焊接、多丝埋弧焊、全位置脉冲等离子弧焊、水下 CO_2 半自动焊及数控气割等新的焊接技术应运而生,自动化焊接已成为金属制造业中的焦点,焊接机器人的应用在工业生产中逐渐普及。焊接行业已经渗透到制造业的各个领域,直接影响产品的质量和寿命,以及生产的成本、效率和市场反应速度。未来,焊接技术也将朝着智能化、柔性化、精密化、多样化的方向发展。

◆ 8.2 焊接工艺基础

8.2.1 焊接电弧与弧焊设备

目前在工业生产中应用最广泛的焊接方法就是熔化焊,而电弧焊又是熔焊中最基本、应用最广泛的焊接方法。电弧焊是利用电弧作为热源的一种焊接方法。

1. 焊接电弧

(1)焊接电弧的产生。电弧是一种气体放电现象,它是带电粒子通过两电极之间气体空间的一种导电现象,如图 8-2 所示。电弧焊就是依靠焊接电弧把电能转变为焊接过程所需的热能和机械能来实现焊接。

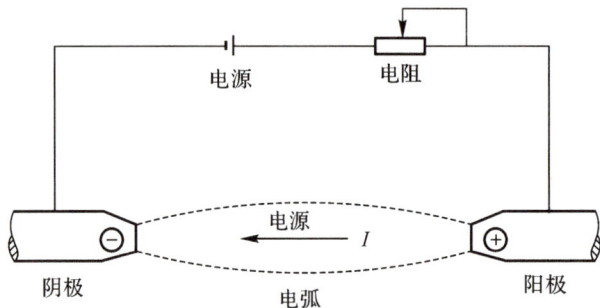

图 8-2 焊接电弧导电示意图

一般情况下,气体是良好的绝缘体,其分子和原子都处于中性状态。要使两电极之间的气体导电,必须具备两个基本条件:①两电极之间有带电粒子;②两电极之间有电场。带电粒子在电场作用下运动形成电流,从而使两电极之间的气体空间成为导体,就形成了电弧。

(2)焊接电弧的构成。焊接电弧由阴极区、阳极区和弧柱区三部分构成,如图 8-3 所示。

阴极区是指电弧紧靠负电极的区域。阴极区很窄,在阴极表面有一个明亮的斑点,称为阴极斑点,在该区域电子集中发射。因发射电子需消耗一定能量,故阴极区产生的热量不多,只占电弧总热量的 36% 左右,温度约为 2 400 K。

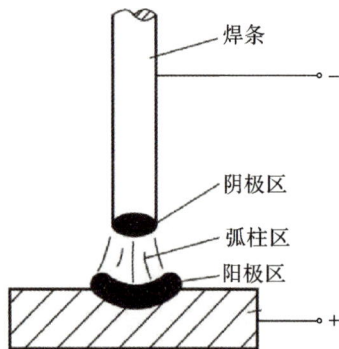

图 8-3 焊接电弧的构成

阳极区是指电弧紧靠正电极的区域。阳极区比阴极区宽,在阳极表面也有一个光亮的斑点,称为阳极斑点。它是集中接收电子的微小区域。阳极不发射电子,消耗能量少,因此当材料相同时,阳极区的温度比阴极区高。阳极区产生的热量占到电弧总热量的 43% 左右,温度约为 2 600 K。

弧柱区是指电弧阴极区和阳极区之间的部分。由于阴极区和阳极区都很窄,所以近似认为弧柱区长度即为电弧长度。弧柱中心温度最高,可达 5 000~8 000 K。产生的热量约占电弧总热量的 21%。

2.电弧焊设备

(1)电弧焊设备的种类。电弧焊设备的主要组成是弧焊电源,弧焊电源按电流性质可分为直流电源和交流电源。

1)直流弧焊电源。直流弧焊电源主要有弧焊发电机和弧焊整流器。弧焊发电机由于体积大、效率低、空载损耗大、噪声大、造价高、维修难等缺点,已属于国家规定的淘汰产品。目前生产中使用的直流弧焊电源主要是弧焊整流器。弧焊整流器是把交流电经降压整流后获得直流电的弧焊电源。它具有制造方便、价格低、空载损耗少、噪声小等优点,而且大多数弧焊整流器可以远距离调节焊接参数,能自动补偿电网电压波动对输出电压和电流的影响。弧焊整流器有硅弧焊整流器(ZXG、ZPG 系列)、晶闸管式弧焊整流器(ZX5 系列)等。

弧焊逆变器是一种新型的整流弧焊电源,它是将三相交流电经整流变成直流电,再通过逆变器逆变成几千至几万赫兹的中频交流电,降压之后经整流和滤波输出适合焊接的直流电。它的优点是高效节能、体积小、功率因数高、焊接性能好等,效率可达 80%~90%,整机质量仅为传统弧焊电源的 1/10~1/5,是较理想的弧焊电源换代产品,也是一种最有发展前途的弧焊电源。其缺点是设备复杂,维修需要较高技术等,国产型号属于 ZX7 系列。

2)交流弧焊电源。弧焊变压器是目前常用的交流弧焊电源,是一种特殊的降压变压器,它具有结构简单、易造易修、成本低、效率高、磁偏吹小、噪声小、效率高等优点,但电弧稳定性较差,功率因数较低。弧焊变压器有动铁芯式(BX1 系列)、动圈式(BX3 系列)等。

(2)焊接电源的极性。采用直流电源时,电弧两端的焊件与电极和电源输出端正、负极的连接方式称为电源的极性。有直流正接法和直流反接法两种。焊件接电源正极,电极接电源负极的接线法叫做直流正接法;焊件接电源负极,电极接电源正极的接线法叫做直流反接法,如图 8-4 所示。

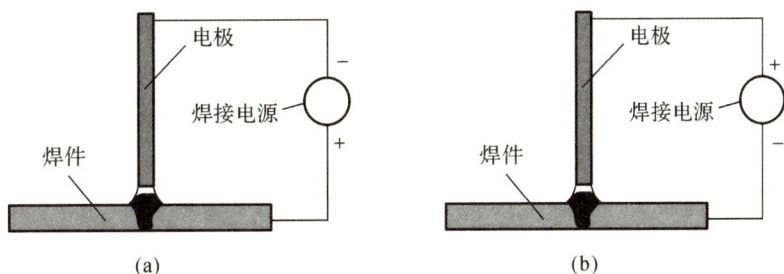

(a) (b)

图 8-4　电源极性
(a)正接法;(b)反接法

选择焊接电源极性时,主要根据焊条的性质、焊件厚度、焊接方法等来决定:正接法常用于厚板、酸性焊条的焊接;反接法常用于薄板、碱性焊条的焊接及熔化极气体保护焊;等等。采用交流电源时,不存在正接和反接的接线法。

8.2.2 焊接材料

焊接材料是焊接时所消耗材料的统称,包括焊条、焊丝、焊剂、气体、钨极等。焊接材料种类繁多,性能与用途各异,其选用是否合理,不仅直接影响焊接接头的质量,还会影响焊接生产率、成本及劳动条件。

1. 焊条

(1)焊条的组成。焊条是指涂有药皮的供焊条电弧焊用的熔化电极,由焊芯和药皮两部分组成。

1)焊芯。焊条中被药皮包覆的金属芯称为焊芯,它的作用主要有:①作为电极,在焊接回路中传导焊接电流,并与工件形成电弧。②作为焊接填充材料,与熔化的母材金属熔合后共同组成焊缝金属。③向焊缝过渡合金元素。焊条电弧焊时,焊芯金属约占整个焊缝金属的50%~70%,由此可见焊芯的化学成分对焊缝成分和性能有重要影响。焊条直径是以焊芯直径来表示的,常用的有 $\varphi2$ mm、$\varphi2.5$ mm、$\varphi3.2$ mm、$\varphi4$ mm、$\varphi5$ mm、$\varphi6$ mm 等几种规格。

2)药皮。压涂在焊芯表面上的涂料层称为药皮,由各种矿物类、铁合金和金属粉类、有机物类及化工产品类等原料组成。它的主要作用有:①机械保护作用。药皮熔化后会产生大量的气体和熔渣,使电弧区和熔池与空气隔离,防止空气中的氧、氮侵入熔池。②冶金处理作用。通过药皮的组成物质进行冶金反应,可以去除有害杂质(如氧、氢、硫、磷等),并保护或添加有益的合金元素,使焊缝金属的性能满足要求。③改善焊接工艺性能。焊条药皮可以使电弧容易引燃并能稳定地连续燃烧,焊接飞溅小,焊缝成形美观,焊缝易于脱渣以及可适用于各种空间位置焊接等。

(2)焊条的分类。

1)按用途不同,焊条可分为十大类,见表8-1。

表 8-1 焊条的分类

序号	焊条类别		代表字母	序号	焊条类别	代表字母
1	结构钢焊条	碳钢焊条	J(结)	5	低温钢焊条	W(温)
		低合金钢焊条		6	铸铁焊条	Z(铸)
2	钼和铬钼耐热钢焊条		R(热)	7	镍及镍合金焊条	Ni(镍)
3	不锈钢焊条	铬不锈钢焊条	G(铬)	8	铜及铜合金焊条	T(铜)
		铬镍不锈钢焊条	A(奥)	9	铝及铝合金焊条	L(铝)
4	堆焊焊条			10	特殊用途焊条	TS(特殊)

2)按熔渣的碱度不同,焊条可分为酸性焊条和碱性焊条两类。酸性焊条药皮中含有大量的 TiO_2、SiO_2 等酸性造渣物,保护气氛主要是 CO 和 H_2。焊接工艺性好,电弧稳定,可交、直流两用,焊接时飞溅小,熔渣流动性好,熔渣呈玻璃状,容易脱渣,焊缝成形美观。但其氧化性较强,合金元素烧损较多,焊缝金属中的含氧量和含氢量较高,因此焊缝金属塑性和韧性较差,一般适用于焊接低碳钢和不重要的结构件。

242

碱性焊条药皮中含有大量的碱性造渣物(大理石、氟石等),保护气氛主要为 CO_2 和 CO,H_2 的质量分数很低(<5%),故又称为低氢型焊条。焊缝金属的力学性能和抗裂能力都高于酸性焊条,适用于焊接重要的结构件。但碱性焊条电弧稳定性差,对铁锈、水分等比较敏感,熔渣为结晶状,不易脱渣,焊接过程中烟尘较大,表面成形较粗糙。

(3)焊条的型号和牌号。焊条型号是指国家标准中的焊条代号,各类焊条都有相应的国家标准。焊条型号按熔敷金属力学性能、药皮类型、焊接位置、电流类型、熔敷金属化学成分和焊后状态等进行划分。按 GB/T5117—2012 的规定,碳钢焊条型号的表示方法是:用字母"E"表示焊条,字母"E"后面的紧邻两位数字,表示熔敷金属的最小抗拉强度代号,字母"E"后面的第三和第四两位数字,表示药皮类型、焊接位置和电流类型。例如:

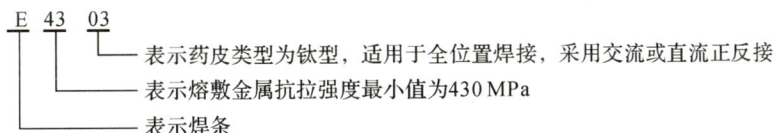

```
E  43  03
            └─ 表示药皮类型为钛型,适用于全位置焊接,采用交流或直流正反接
        └──── 表示熔敷金属抗拉强度最小值为430 MPa
└────────── 表示焊条
```

焊条牌号是焊条生成厂家对焊条产品规定的代号。焊条牌号由一个字母及后缀三位数字组成,字母表示焊条类别,见表 8-1;第一、二位数字表示各大类焊条中的若干小类;第三位数字表示焊条药皮类型和焊接电源种类。例如:

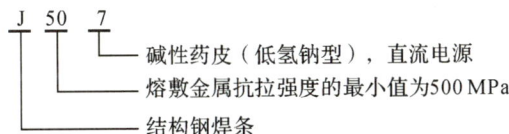

```
J  50  7
         └─ 碱性药皮(低氢钠型),直流电源
     └──── 熔敷金属抗拉强度的最小值为500 MPa
└──────── 结构钢焊条
```

2.焊丝

焊丝是焊接时作为填充金属或同时用来导电的金属丝。它是埋弧焊、气体保护焊、自保护焊和电渣焊等多种焊接方法的主要焊接材料。

(1)焊丝的分类。

焊丝按用途可分为碳钢焊丝、低合金钢焊丝、不锈钢焊丝、硬质合金堆焊焊丝、铜及铜合金焊丝、铝及铝合金焊丝以及铸铁气焊焊丝等。

焊丝按其适用的焊接方法可分为埋弧焊用焊丝、气体保护焊用焊丝、气焊用焊丝以及电渣焊用焊丝等。

焊丝按其截面形状及结构可分为实心焊丝和药芯焊丝。

(2)实心焊丝和药芯焊丝。实心焊丝是目前最常用的焊丝,由热轧线材经拉拔加工而成。气体保护焊用实心焊丝的有关标准为《熔化极气体保护电弧焊用非合金钢及细晶粒钢实心焊丝》(GB/T 8110—2020)、《气体保护电弧焊用热强钢实心焊丝》(GB/T 39279—2020)、《气体保护电弧焊用高强钢实心焊丝》(GB/T 39281—2020)等,标准中规定了焊丝的型号、化学成分和力学性能。对于低碳钢、低合金高强钢,主要按等强匹配的原则选择焊丝;对于不锈钢、耐热钢等,主要按等成分匹配的原则选择焊丝。

药芯焊丝是由薄钢带卷成圆形或异形钢管的同时,填进一定成分的药粉料,经拉制而

成。芯部药粉的成分与焊条的药皮类似,焊接时药粉受热分解或熔化,起着造气、造渣保护熔池、渗合金及稳弧等作用。药芯焊丝可用于气体保护焊、埋弧焊等,在气体保护电弧焊中应用最多。

3.焊剂

焊剂是埋弧焊、电渣焊所用的焊接材料,其作用相当于焊条中的药皮,在焊接过程中熔化形成熔渣和气体,起到隔离空气、保护焊接区金属以及进行冶金处理的作用。焊剂需与焊丝配合使用。

(1)焊剂的分类。焊剂的分类方法很多,按制造方法可分为熔炼焊剂和非熔炼焊剂。熔炼焊剂是按照配方将一定比例的各种配料放在炉内熔炼,然后经过水冷粒化、烘干、筛选而制成。熔炼焊剂颗粒强度高,化学成分均匀,可以获得性能均匀的焊缝,是目前应用最多的一类焊剂。非熔炼焊剂没有熔炼过程,化学成分不均匀,焊缝性能不均匀,但可以在焊剂中添加铁合金,增大焊缝金属合金化。

(2)焊剂的型号和牌号。焊剂的型号是按照国家标准划分的,我国现行的《埋弧焊用非合金钢及细晶粒钢实心焊丝、药芯焊丝和焊丝-焊剂组合分类要求》(GB/T 5293—2018),规定了碳钢埋弧焊焊剂型号是根据焊丝-焊剂组合的力学性能、焊后状态、焊剂类型和焊丝型号或熔敷金属化学成分等进行划分。

熔炼焊剂牌号表示为 $HJ \times_1 \times_2 \times_3$,HJ 后面有三位数字。“HJ”表示熔炼焊剂;“$\times_1$”表示焊剂中氧化锰的含量;“$\times_2$”表示焊剂中二氧化硅、氟化钙的含量;“$\times_3$”表示同一类型焊剂的不同牌号。例如 HJ431,表示焊剂为高锰高硅焊剂。

4.焊接用气体

焊接用气体主要是指气体保护焊时所用的保护气体和气焊、切割时用的气体,包括二氧化碳(CO_2)、氩气(Ar)、氦气(He)、氧气(O_2)、可燃气体、混合气体等。

(1)二氧化碳。CO_2 气体是无色、无味和无毒气体,具有氧化性,比空气重,来源广,成本低。焊接用的 CO_2 一般是将其压缩成液态储存于钢瓶内,液态 CO_2 在常温下可以汽化。气瓶内汽化的 CO_2 气体中的含水量,与瓶中气体压力有关,当压力低于 0.98 MPa 时,CO_2 气体的含水量急剧增加,因此低于该压力时不得再继续使用。焊接用 CO_2 气体的纯度应大于 99.5%,含水量不超过 0.05%,否则会使焊缝力学性能降低,气孔倾向增加。CO_2 气瓶容量为 40 L,涂色标记为铝白色,并标有黑色“液化二氧化碳”的字样。

(2)氩气。氩气是无色、无味的惰性气体,在高温下不分解吸热、不与金属发生化学反应,也不溶解于金属中。氩气比空气重 25%,使用时气流不易漂浮散失,比热容和热导率比空气低,这些性能使氩气在焊接时能起到良好的保护作用,电弧燃烧非常稳定。氩弧焊对氩气的纯度要求很高,按我国现行标准规定,其纯度应达到 99.99%。氩气钢瓶外表涂灰色,并标有深绿色“氩气”的字样。

(3)氧气。氧气是一种无色、无味、无毒的气体,比空气略重。氧气本身并不能燃烧,但它是一种化学性质极为活泼的助燃气体,能与很多元素化合生成氧化物。气焊和气割正是利用可燃气体和氧气燃烧所放出的热量作为热源的。气焊和气割用的工业用氧气一般分为两级,一级纯度氧气含量不低于 99.2%,二级纯度氧气含量不低于 98.5%。对于质量要求较高的气焊应采用一级纯度的氧气。气割时,氧气纯度不应低于 98.5%。储存和运输氧气的氧气瓶外表涂天蓝色,瓶体上用黑漆标注"氧气"字样。

(4)乙炔。乙炔是一种无色而带有特殊臭味的碳氢化合物,由电石(碳化钙)和水相互作用分解而得到,其分子式为 C_2H_2,比空气轻,稍溶于水,能溶于酒精,大量溶于丙酮。乙炔与氧气混合燃烧时的火焰温度为 3 000~3 300 ℃,是目前在气焊和气割中应用最为广泛的一种可燃性气体。

乙炔是一种易燃易爆的气体,使用时必须注意安全。工业上通常利用其在丙酮中溶解度大的特性,将乙炔灌装在盛有丙酮或多孔物质的容器中。储存和运输乙炔的乙炔瓶外表涂白色,并用红漆标注"乙炔"字样。

(5)混合气体。在单一气体的基础上加入一定比例的某些气体形成混合气体,在焊接及切割过程中具有一系列的优点,可以改变电弧形态、提高电弧能量、改善焊缝成形及力学性能、提高焊接生产率。应用最广的是在氩气中加入少量的氧化性气体(CO_2、O_2 或其混合气体),用这种气体作为保护气体的焊接方法称为熔化极活性气体保护焊,英文简称为 MAG 焊。由于混合气体中氩气所占比例大,所以常称为富氩混合气体保护焊,常用于焊接碳钢、低合金钢及不锈钢。

5. 钨极

由钨金属棒作为钨极氩弧焊或等离子弧焊的电极称为钨电极,简称钨极,属于非熔化电极的一种。焊接过程中对非熔化电极的基本要求是:耐高温,焊接过程中不易损耗;电子发射能力强,利于引弧及稳弧;电流容量大;等等。常用的钨极主要有纯钨、钍钨和铈钨等。

纯钨的熔点约为 3 400 ℃,沸点约为 5 900 ℃,在电弧热作用下不易熔化与蒸发,但电流承载能力低,空载电压高,目前已很少使用。

钍钨极是在纯钨中加入 1%~2% 的氧化钍(ThO_2)。钍钨极的电子发射能力强,允许的电流密度大,电弧燃烧较稳定,寿命较长。但是,钍元素具有一定的放射性,必须加强劳动防护。

铈钨极是在纯钨中加入 2% 的氧化铈(CeO)。它比钍钨极具有更多的优点,引弧容易,电弧稳定性好,许用电流密度大,电极烧损小,使用寿命长,且几乎没有放射性,是目前国内普遍采用的一种非熔化电极材料。

为了使用方便,钨极一端常涂有颜色,以便识别。钍钨极为红色,铈钨极为灰色,纯钨极为绿色。常用的钨极直径有 0.5、1.0、1.6、2.0、2.5、3.0、4.0 mm 等规格。

8.2.3 焊接接头与焊接位置

1. 焊接接头

(1)焊接接头的概念及组成。焊接接头是指两个或两个以上工件用焊接方法连接的接头。焊接接头由焊缝金属、熔合区和热影响区三部分组成,如图 8 - 5 所示。

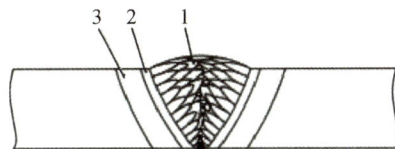

图 8 - 5 焊接接头的组成
1—焊缝金属;2—熔合区;3—热影响区

焊缝金属是由焊接填充金属和部分母材金属熔化结晶后形成的铸态组织,其成分和组织与母材金属差异较大。熔合区(熔化焊)是焊缝与母材交接的过渡区,即熔合线处微观显示的母材半熔化区,其化学成分、微观组织和力学性能极不均匀,是整个焊接接头的薄弱环节。热影响区是焊缝两侧未熔化的母材受热的影响而发生组织和性能变化的区域。因此,焊接接头是一个成分、组织和性能都不均匀的连接体。

(2)焊接接头的基本形式。根据工件组对的形式不同,焊接接头可分为对接接头、搭接接头、T形接头和角接接头四种,如图 8-6 所示。

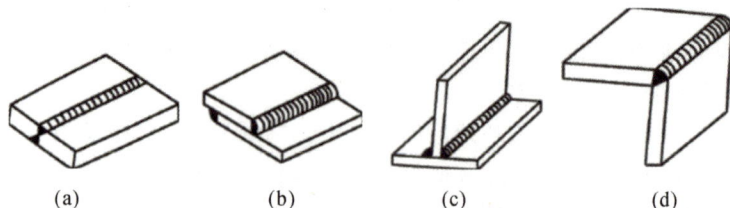

图 8-6　焊接接头的基本形式
(a)对接接头;(b)搭接接头;(c)T 形接头;(d)角接接头

对接接头是指两件表面构成 135°～180°夹角的接头,是各种接头中最好的接头形式,受力比较均匀,疲劳强度高,节省材料,但对下料尺寸精度要求高。它在焊接结构中应用最广,锅炉、压力容器等重要结构的受力焊缝应尽量选用对接接头。

搭接接头是指两件部分重叠构成的接头,应力分布不均匀,疲劳强度较低,承载能力较低,但其焊前准备和装配工作比较简单,常用于受力较小的焊接结构中。厂房屋架、桥梁、起重机吊臂等桁架结构,多采用搭接接头。

T 形接头是指一件之端面与另一件表面构成直角或近似直角的接头,能承受各个方向的力和力矩,应力分布复杂且不均匀,是各类箱形结构中最常见的结构形式。

角接接头是指两件端部构成 30°～135°夹角的接头,应力分布极不均匀,承载能力差;多用于不重要的结构或箱形构件上。

2.焊接坡口

(1)焊接坡口的概念及作用。坡口是指根据设计或工艺需要,在焊件的待焊部位加工并装配成的一定几何形状的沟槽。

坡口的主要作用是为了使电弧能深入到焊缝根部,保证接头根部焊透,获得良好的焊缝成形以及便于清渣,并且坡口还能起到调节母材金属和填充金属比例(即熔合比)的作用。

(2)坡口的基本形式。坡口的基本形式有 I 形坡口、V 形坡口、X 形坡口、U 形坡口等四种,如图 8-7 所示。

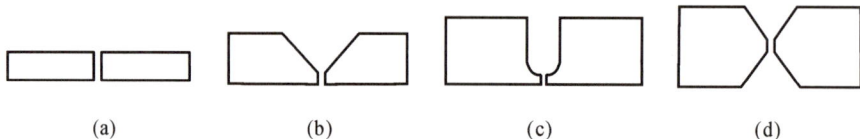

图 8-7　坡口的基本形式
(a)I 形坡口;(b)V 形坡口;(c)U 形坡口;(d)X 形坡口

坡口的加工方法有气割、切削加工(刨削、切削等)、碳弧气刨等。

为获得高质量的焊接接头,应选择适当的坡口形式。坡口的选择主要取决于母材厚度、焊接方法和工艺要求。选择时,应注意以下问题:

1)具有良好的可焊到性或便于施焊。这是选择坡口形式的重要依据之一。对于不能翻转的焊件或内径较小的容器等结构,宜采用 V 形或 U 形坡口。

2)坡口形状容易加工。U 形坡口需用刨边机加工,加工困难,加工成本较高,一般适合于重要的、受循环应力作用的、厚焊件的焊接。V 形或 X 形坡口相对而言更容易加工。

3)尽可能地提高生产率和节省焊接材料。板厚相等时,X 形坡口比 V 形坡口节省焊接材料、电能和工时,焊接变形也小,但 X 形坡口需要双面焊。

4)焊后应力和变形尽可能小。与 V 形坡口相比,U 形坡口的应力和变形小;双面坡口比单面坡口变形小。

3.焊接位置

熔焊时焊件接缝所处的空间位置称为焊接位置。按焊缝在空间位置的不同,焊接位置可分为平焊、立焊、横焊和仰焊等四种类型,如图 8-8 所示。

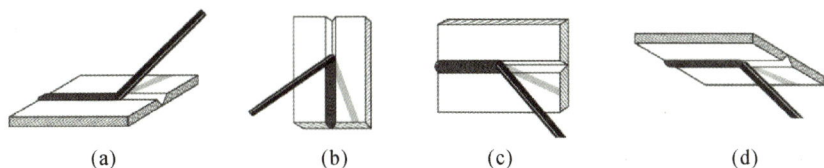

图 8-8　焊接位置示意图
(a)平焊;(b)立焊;(c)横焊;(d)仰焊

平焊位置焊接时,熔化金属不易外流,熔池形状容易控制,焊缝质量容易保证;焊接同等板厚金属,平焊位置焊接电流比其他焊接位置大,生产效率高;焊工操作容易,劳动条件好,因此,生产中应尽可能地将焊缝置于平焊位置施焊。立焊、横焊、仰焊时,熔池金属和熔滴因受重力作用具有下坠趋势,容易产生咬边、焊瘤、夹渣等焊接缺陷,焊缝成形差,对工人操作水平要求高,尤其是仰焊,是四种基本焊接位置中最困难的一种焊接,应尽量避免。若无法避免,可选用小直径的焊条,较小的电流,调整好焊条与焊件的夹角与弧长后再进行焊接。

8.2.4　焊缝符号

焊缝符号是工程语言的一种,用于在图样上标注焊接结构在加工制作时的基本要求,是焊接施工的主要技术依据之一。要看懂施工图,就必须了解焊接结构中的焊缝符号及其标注方法。

国家标准《焊缝符号表示法》(GB/T324—2008)规定,焊缝符号包括基本符号、指引线、补充符号、尺寸符号及数据等。

1.焊缝符号的组成

(1)基本符号。基本符号表示焊缝横截面的基本形式或特征,见表 8-2。

表 8-2　基本符号(摘自 GB/T324—2008)

序号	名称	符号	示意图	标注示例
1	I 形焊缝	‖		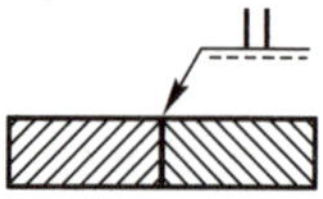
2	V 形焊缝	V	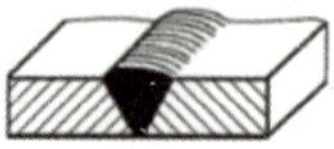	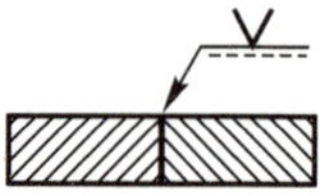
3	单边 V 形焊缝	V		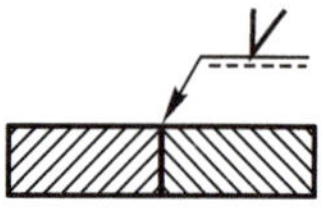
4	带钝边 V 形焊缝	 Y		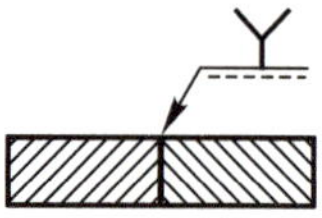
5	封底焊缝	 ⌣	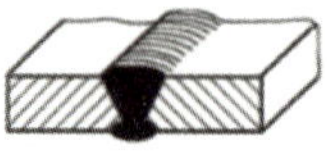	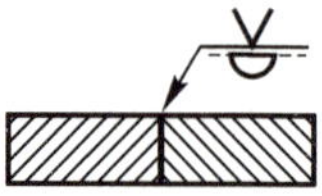
6	角焊缝	 △	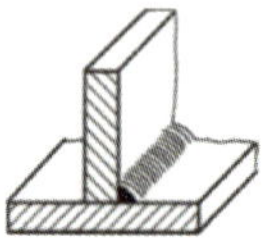	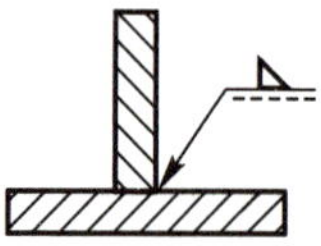
7	点焊缝	 ○		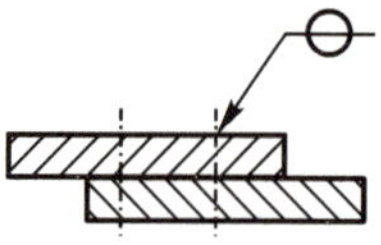

（2）补充符号。补充符号是用于补充说明有关焊缝或接头的某些特征（如表面形状、衬垫、焊缝分布、施焊地点等），见表 8 - 3。

表 8 - 3 补充符号（摘自 GB/T324—2008）

序号	名称	符号	示意图	标注示例	说明
1	平面	—		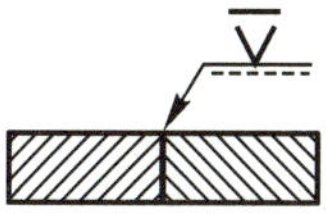	V 形焊缝表面经过加工后平整
2	凹面	⌣	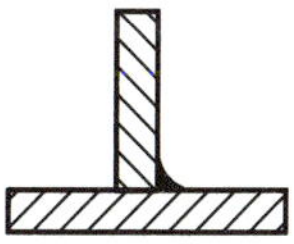	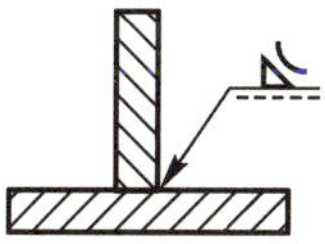	角焊缝表面凹陷
3	永久衬垫	M		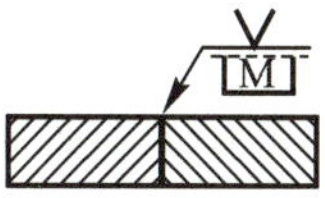	V 形焊缝背面的衬垫永久保留
4	临时衬垫	MR	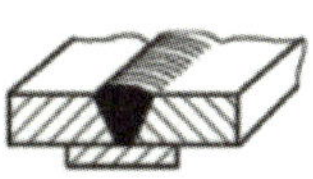	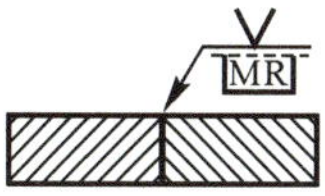	V 形焊缝背面的衬垫在焊接完成后拆除
5	三面焊缝	⊐	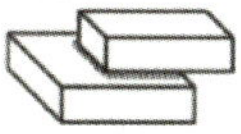	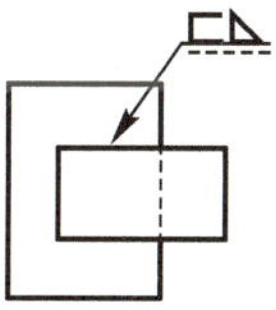	三面带有焊缝，且符号开口方向与实际方向一致
6	周围焊缝	○	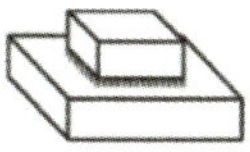	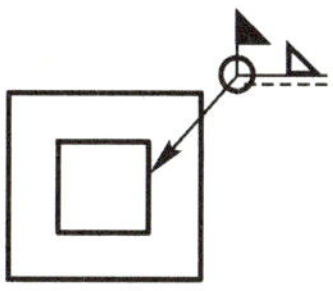	沿着工件周围施焊的焊缝，标注位置为基准线与箭头线的交点处
7	现场焊缝	▶			在现场焊接的焊缝
8	尾部	<	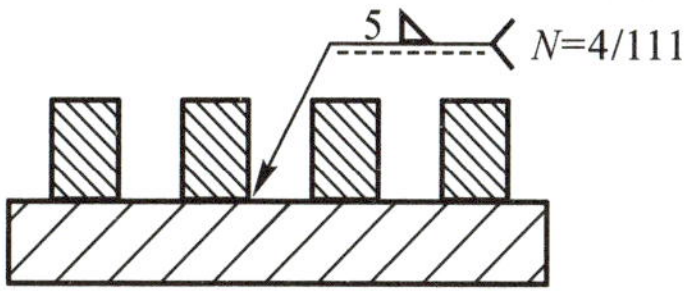	5 ⊿ N=4/111	有 4 条相同的角焊缝，焊脚尺寸为 5 mm，采用焊条电弧焊

（3）指引线。指引线由箭头线和两条基准线（一条为细实线，一条为细虚线）组成，如图

8-9 所示。

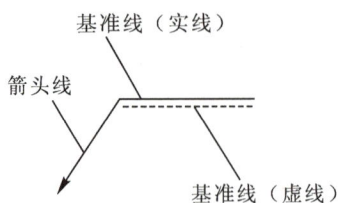

图 8-9 指引线的画法

基准线一般与标题栏平行,基准线的虚线可以画在基准线的实线上侧或下侧。基本符号在细实线侧时,表示焊缝在箭头侧[见图 8-10(a)];基本符号在虚线侧时,表示焊缝在非箭头侧[见图 8-10(b)]。对称焊缝允许省略虚线。在明确焊缝分布位置的情况下,有些双面焊缝也可省略虚线。

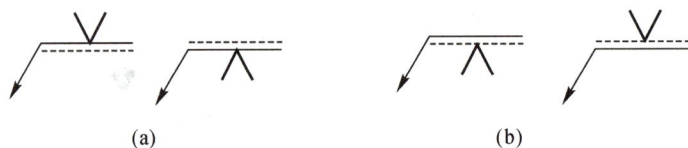

(a) (b)

图 8-10 基本符号与基准线的位置

(a)焊缝在接头的箭头侧;(b)焊缝在接头的非箭头侧

(4)焊缝尺寸。焊缝尺寸符号是为了说明焊缝的某些特征(如尺寸、数量、装配关系等)而采用的符号。必要时,可以在焊缝符号中标注尺寸,尺寸符号见表 8-4。

表 8-4 尺寸符号(摘自 GB/T324—2008)

符号	名称	示意图	符号	名称	示意图
δ	焊件厚度		K	焊脚尺寸	
α	坡口角度		h	余高	
b	根部间隙		l	焊缝长度	
p	钝边		e	焊缝间距	
c	焊缝宽度		n	焊缝段数	

焊缝尺寸标注规则如图 8 - 11 所示。①焊缝横截面上的尺寸标注在基本符号的左侧。②焊缝长度方向上的尺寸标注在基本符号的右侧。③坡口角度、坡口面角度、根部间隙等尺寸标在基本符号的上侧或下侧。④相同焊缝数量符号标注在尾部。⑤当需要标注的尺寸较多又不易分辨时,可在尺寸数据前面标注相应的尺寸符号。⑥当箭头线方向改变时,上述规则不变。

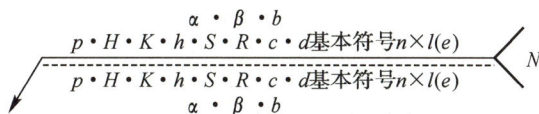

$$p \cdot H \cdot K \cdot h \cdot S \cdot R \cdot c \cdot d \, 基本符号 \, n \times l(e)$$
$$\alpha \cdot \beta \cdot b$$
$$N$$
$$\alpha \cdot \beta \cdot b$$
$$p \cdot H \cdot K \cdot h \cdot S \cdot R \cdot c \cdot d \, 基本符号 \, n \times l(e)$$

图 8 - 11　焊缝尺寸标注规则

2.焊缝符号标注示例

焊缝符号的标注方法及其含义见表 8 - 5。

表 8 - 5　焊缝的标注示例

焊缝形式	焊缝示意图	标注方法	焊缝符号含义
对接焊缝			坡口角度为 60°、根部间隙为 2 mm、钝边为 3 mm 且封底的 V 形焊缝,焊缝方法为焊条电弧焊
角焊缝			上面为焊脚尺寸为 8 mm 的双面角焊缝,下面为焊脚尺寸为 8 mm 的单面角焊缝

8.3　常用焊接方法

一直以来,传统焊接技术在我国焊接生产中应用较多。近年来,随着产品向高参数、大容量、长寿命、大型化或微型化的方向发展,以及对焊接效率和质量的更高追求,传统焊接方法越来越难以满足现代制造业的需求,许多新型高效焊接技术不断涌现,并在生产实际中得到了应用和普及。在学习传统焊接方法的基础上,本节还会介绍几种常用的高效焊接方法。

常用焊接方法

8.3.1　焊条电弧焊

1.焊条电弧焊的原理

焊条电弧焊是用手工操纵焊条进行焊接的电弧焊方法,它是利用焊条和焊件之间产生的焊接电弧来加热并熔化焊条与局部焊件以形成焊缝的,如图 8-12 所示。

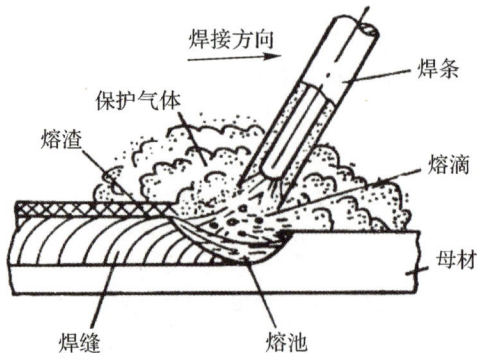

图 8-12 焊条电弧焊原理

焊条电弧焊的焊接回路组成如图 8-13 所示,它是由焊接电源(电焊机)、焊接电缆、地线夹、焊件、焊条、焊钳等组成。焊接电源是提供电能的装置,电弧是负载,焊接电缆用于连接焊接电源、焊钳和焊件。

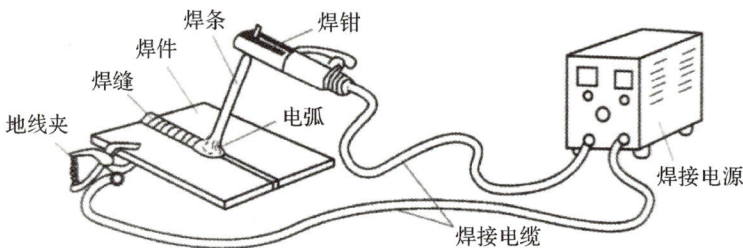

图 8-13 焊条电弧焊焊接回路

2. 焊条电弧焊的特点

(1)焊条电弧焊的优点。

1)操作灵活,适应性强。它适用于不同的焊接位置、接头形式、焊件厚度的焊接,尤其适合于焊接小件、短的、不规则的、空间任意位置的以及不易实现机械化焊接的焊缝。

2)焊接质量好。焊条电弧焊焊接热输入较低,热影响区小,焊缝金属组织致密,接头力学性能好。

3)应用范围广。焊条电弧焊可以焊接除活性金属和难熔金属以外的大多数金属材料,适合于低碳钢、低合金钢、不锈钢、铜及铜合金等金属材料的焊接,铸铁补焊以及堆焊等。

4)设备简单,成本较低。焊接结构简单,维护方便,易于移动,可非常方便地应用于野外施工。投资少,成本相对较低。

(2)焊条电弧焊的缺点。

1)焊接生产率低,劳动强度大。由于焊接过程中需要不断更换焊条以及焊后清渣,使得焊接过程不能连续进行,同时焊接电流受到限制,所以生产率低,工人劳动强度大。

2)对焊工操作技术要求高。焊条电弧焊的焊缝质量主要靠焊工的操作技术和经验来保证,甚至焊工的精神状态也会影响焊缝质量。

8.3.2　非熔化极气体保护焊

非熔化极气体保护焊是使用纯钨或活化钨(钍钨、铈钨等)作电极的惰性气体保护焊,简称为 TIG 焊(Tungsten Inert Gas Welding)。

1. TIG 焊

(1)TIG 焊的基本原理。TIG 焊是在惰性气体的保护下,利用钨极与工件间产生的电弧热熔化母材和填充焊丝(也可以不加填充焊丝),形成焊缝的焊接方法,如图 8-14 所示。焊接时,保护气体从焊枪喷嘴连续喷出,在电弧周围形成保护层,将电极和金属熔池与空气隔离,从而形成优质的焊接接头。

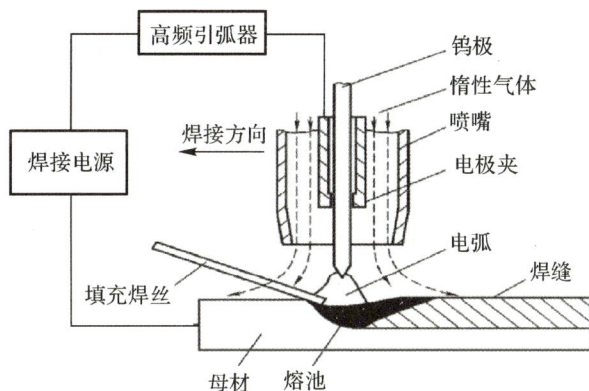

图 8-14　TIG 焊示意图

TIG 焊一般采用氩气做保护气体,故称钨极氩弧焊。在焊接厚板、高热导率或高熔点金属时,也可采用氦气或氩-氦混合气体作为保护气体。在焊接不锈钢、镍基合金和镍铜合金时可采用氩-氢混合气体作为保护气体。

(2)TIG 焊的特点及主要应用。TIG 焊的焊接质量好,可形成高质量、有良好背面成形的焊道;适应能力强,即使在很小的电流(<10 A)下仍能稳定燃烧,特别适合薄件、超薄件的焊接及全位置焊接。可焊金属多,可用于焊接除铅、锡外的所有金属,尤其适合于焊接化学性质活泼的金属,常用于铝、镁、钛及其合金、不锈钢、耐热钢及难熔活泼金属(如锆、钽、钼等)等的焊接。

但是,由于钨极承载电流能力较差,易造成焊缝夹钨,因而 TIG 焊使用电流较小,电弧功率较低,焊缝熔深浅,焊接效率低,焊接成本高,从而限制了 TIG 焊的应用。TIG 焊仅适用于厚度小于 6 mm 的焊件焊接。

2. A-TIG 焊

活性化焊接是指在施焊板材的表面涂上一层很薄的活性剂,引起焊接电弧收缩或熔池流态发生变化,从而在正常规范下使焊接熔深大幅度增加。A-TIG 焊(Activating Flux TIG Welding)即活性化 TIG 焊。活性化 TIG 焊最早是由苏联巴顿焊接研究所于 20 世纪 60 年代中期提出的,20 世纪 80 年代初期已在钢、钛合金的焊接中取得了良好效果。

活性化焊接的突出特点是增加熔深。图 8-15 所示为在相同焊接规范下,厚度为 6 mm 的不锈钢板材采用传统 TIG 焊和 A-TIG 焊的熔深对比,采用 A-TIG 焊可以使焊缝熔深增加 1.5~2.5 倍。

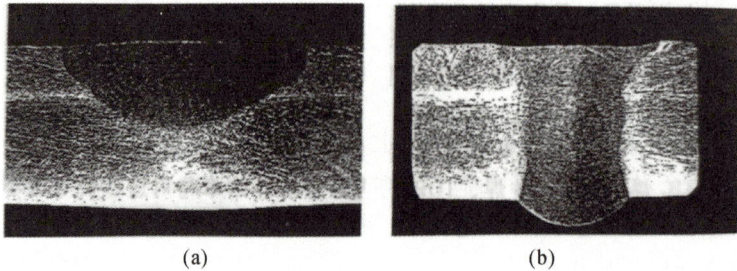

图 8-15　熔深对比(材料:不锈钢;板厚:6 mm)

(a)传统 TIG 焊;(b)A-TIG 焊

传统 TIG 焊能够一次焊透 3 mm 厚的不锈钢板材,而 A-TIG 焊一次焊透的厚度则能够达到 12 mm。相对于传统 TIG 焊,A-TIG 焊增加了焊缝熔深,使焊接生产率得到了大幅提高。A-TIG 焊的焊缝熔宽均匀稳定,焊接变形小,焊缝质量高。

A-TIG 焊可以用于碳素钢、钛合金、不锈钢、镍基合金、铜镍合金的焊接。对于不同的母材金属,其适用的活性剂成分不同。常用的活性剂成分主要有氧化物、氯化物和氟化物。

3. 热丝 TIG 焊

热丝 TIG 焊是指利用附加电源预先加热填充焊丝,从而提高焊丝的熔化速度,增加熔敷金属量,达到高效率目的的一种 TIG 焊方法。焊接过程中,焊丝通过导电嘴送进熔池中,在导电嘴和焊件之间施加一个恒压交流电源,焊丝接触到母材表面时便产生电流,实现对焊丝的加热,如图 8-16 所示。在传统 TIG 焊中,电弧热的 30% 用于熔化焊丝,焊接速度的提高受到了限制。而热丝 TIG 焊,焊丝在进入熔池前通过电阻热将焊丝加热到了规定温度,大大提高了热输入,提高了焊丝的熔化速度,从而可以提高焊接速度。

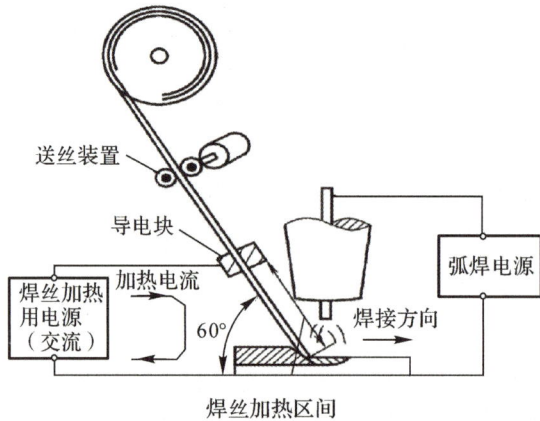

图 8-16　热丝 TIG 焊的原理

与传统 TIG 焊相比,热丝 TIG 焊的熔敷速度和焊接效率大大提高。由于对熔池的热输入减少,焊接热影响区减小,焊接变形小,这使 TIG 焊在厚壁工件和热敏感材料的焊接得到了成功运用,目前最大焊接工件厚度已经超过 30 mm。熔池过热度低,合金元素烧损少,气孔、未焊透等缺陷率降低,焊接质量提高。

8.3.3 熔化极气体保护焊

熔化极气体保护焊是用焊丝作为熔化电极、用外加气体作为电弧介质并保护电弧和焊接区的电弧焊方法,如图 8 - 17 所示。

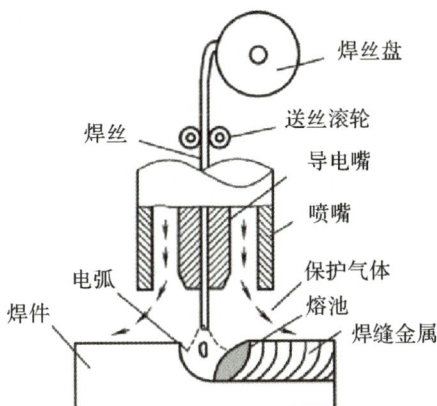

图 8 - 17 熔化极气体保护焊基本原理

熔化极气体保护焊按保护气体的成分可分为 CO_2 气体保护焊(CO_2 焊)、熔化极惰性气体保护焊(Metel Inert Gas Welding,MIG 焊)和熔化极活性气体保护焊(Metel Active Gas Arc Welding,MAG 焊)三种。

二保焊

1. CO_2 气体保护焊

CO_2 气体保护焊是以 CO_2 作为保护气体的气体保护焊。它是以可熔化的焊丝作电极,以自动或半自动方式进行焊接,如图 8 - 18 所示。焊接时焊丝由送丝机构经导电嘴连续送进,CO_2 气体从喷嘴中以一定流量喷出。电弧引燃后,焊丝末端、电弧及熔池被 CO_2 气体包围,防止空气侵入。随着焊枪的移动,熔池金属冷却凝固后形成焊缝。

图 8 - 18 CO_2 气体保护焊示意图

CO_2 气体保护焊具有以下优点:

(1)焊接成本低。CO_2 气体来源广,价格低,而且电能消耗少,因此 CO_2 气体保护焊的焊接成本低,仅为埋弧焊或焊条电弧焊的 $40\% \sim 50\%$。

(2)焊接生产率高。由于电流密度较大,焊丝又是连续送进,焊后无须清渣,所以 CO_2

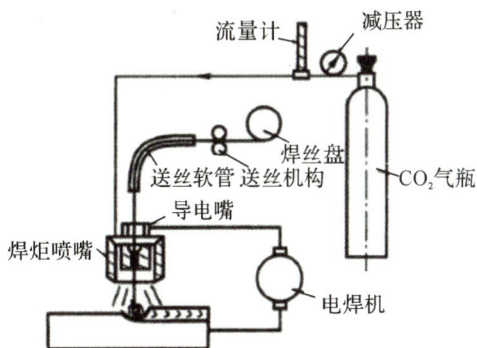

焊的生产率比焊条电弧焊高 2~4 倍。

（3）焊接变形小，焊接质量高。由于电弧加热集中，焊件受热面积小，同时 CO_2 气流有较强的冷却作用，所以焊接变形小，特别适宜于焊接薄板。CO_2 焊对铁锈敏感性小，焊缝含氢量低，接头抗裂性能好。

（4）操作性能好，适用范围广。CO_2 焊可进行全位置焊接，并且可焊接薄板、中厚板甚至厚板。

CO_2 气体保护焊的不足之处是焊接弧光较强，飞溅较大，焊缝表面成形差，抗侧风能力较弱，室外作业须有防风措施。CO_2 气体的氧化性强，熔池金属易氧化烧损，因此不能用来焊接有色金属和合金钢。焊接低碳钢和普通低合金钢时，通过在焊丝中加入合金元素来脱氧和渗合金，保证焊接质量。常用的焊丝有 H08Mn2SiA。

CO_2 气体保护焊适用于低碳钢和强度级别不高的普通低合金钢焊接，主要焊接薄板。

2. 熔化极氩弧焊

熔化极氩弧焊是以氩气作为保护气体的气体保护焊。氩气是惰性气体，既不溶于金属，又不和金属反应，因而具有良好的保护效果。焊接时焊丝与焊件之间产生电弧，电弧在氩气保护下燃烧，焊丝经送丝机构从喷嘴中心连续送出并不断熔化，形成熔滴进入熔池，待熔池凝固后形成焊缝。

与 CO_2 焊、TIG 焊相比，熔化极氩弧焊具有如下优点：

（1）焊接质量高。与 CO_2 焊相比，熔化极氩弧焊电弧稳定，熔滴过渡平稳，飞溅很少。由于氩气是惰性气体，保护效果好，所以能获得较为纯净及高质量的焊缝。

（2）焊接效率高。由于采用焊丝作电极，焊接电流可大大提高，所以焊丝熔化速度快，一次焊接的焊缝厚度显著增加。焊接过程容易实现自动化，焊接生产率高。

（3）焊接范围广。几乎所有的金属材料都可以进行焊接，特别适宜焊接化学性质活泼的金属和合金。不仅能焊薄板也能焊厚板，特别适合于焊接中等厚度和大厚度焊件。

熔化极氩弧焊的缺点在于无脱氧去氢作用，对焊丝和母材上的油、锈敏感，易产生气孔等缺陷，因此对母材及焊丝的表面清理要求特别严格。熔化极氩弧焊抗风能力差，不适合野外作业。由于采用的氩气价格贵，所以焊接成本相对较高。

熔化极氩弧焊适用于焊接易氧化的有色金属和合金钢，如铝、钛和不锈钢等。

3. 双丝焊

双丝焊接就是使用两根焊丝同时焊接。与传统单丝焊接工艺相比，双丝焊接在保证焊接质量的前提下，可提高焊接效率，降低生产能耗，已成为实际生产中广泛应用的一种高效化焊接方法，广泛应用于船舶、铁路、石油管道及压力容器等领域。目前工业领域应用较多的双丝气体保护焊工艺有 Twin Arc 和 Tandem 双丝焊接工艺，如图 8-19 所示。

Twin Arc 法双丝气体保护焊采用同一个焊枪同时输送两条焊丝，两套送丝机构，一套电源系统，一个导电嘴，各焊丝之间相互绝缘，都接在电源正极上，如图 8-19（a）所示。这种方法可用药芯焊丝和 100%CO_2 保护，也可用实心焊丝和 80%Ar+20%CO_2 保护。该方法无法实现两根焊丝焊接参数的独立调节，焊接过程中各焊丝上燃烧的电弧之间存在强烈的电磁力，会造成电弧不稳，飞溅大，焊缝成形不好。通过采用电流相位控制的脉冲焊接方法,电弧在多根焊丝上轮流燃烧,可以保证电弧的挺直性,使焊接过程稳定。

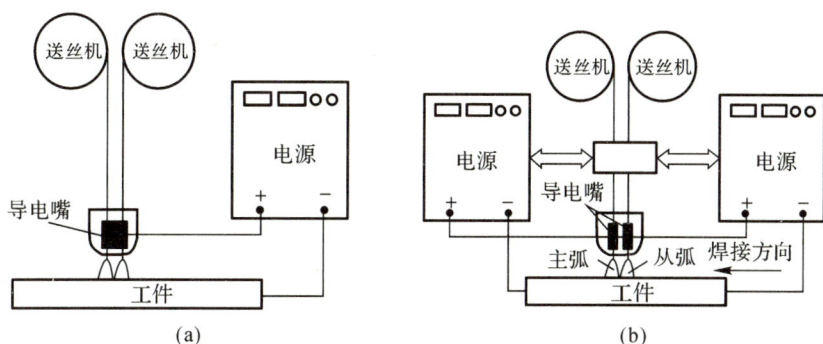

图 8-19　双丝焊接原理

(a)Twin Arc 法；(b)Tandem 法

Tandem 法在 Twin Arc 焊的基础上采用双电源、双导电嘴,将两根焊丝按一定的角度放在一个特别设计的焊枪中,共用一个气体保护喷嘴,如图 8-19(b)所示。所有的参数都可以独立调节,这样可以最佳地控制电弧,是目前最为成熟、应用最为广泛的双丝气体保护焊。

Tandem 双丝焊时,前面的引导焊丝称为主焊丝,后面的跟随焊丝称为从焊丝。焊接时焊枪稍微前倾,使主焊丝与母材垂直,并且采用较大的焊接参数,以利于形成较大熔深。从焊丝一般前倾并与母材成一定角度,主要起控制熔池和填充盖面的作用。Tandem 双丝焊由于两根焊丝交替燃烧,对熔池产生搅拌作用,使得熔池的温度分布更均匀,从而有效地抑制咬边和气孔的产生,焊缝成形美观；总热输入小,焊接变形小,焊缝晶粒细小,接头力学性能高；适用范围广,可以焊接碳钢、低合金钢、不锈钢、铝等各种金属材料。

8.3.4　埋弧焊

1.单丝埋弧焊

(1)埋弧焊的基本原理。埋弧焊是指电弧掩埋在焊剂层下燃烧进行焊接的方法。由于电弧光不外露,所以被称为埋弧焊。焊接时,焊机的启动、引弧、送丝、机头(或工件)移动等过程全由焊机进行机械化控制,是目前广泛使用的一种生产效率较高的机械化焊接方法,其焊接过程如图 8-20(a)所示。

焊接时电源的两极分别接在导电嘴和焊件上,焊丝通过导电嘴与焊件接触,在焊丝周围撒上焊剂,然后接通电源。引弧后焊丝和焊件熔化形成熔池,电弧的热量使周围的焊剂熔化,部分焊剂分解、蒸发成气体,形成一个气泡,电弧就在这个气泡中燃烧。熔池上覆盖着一层熔渣,与外层未熔化的焊剂一起保护熔池,隔离空气,屏蔽弧光。随着电弧向前移动,熔池金属随之冷却凝固形成焊缝,熔渣也凝固成渣壳覆盖在焊缝表面,如图 8-20(b)所示。

(2)埋弧焊的特点。

1)优点。

a.焊接生产率高。埋弧焊可采用较大的焊接电流,使得埋弧焊的电弧功率、熔透深度及焊丝的熔化速度都相应增大,可实现 20 mm 以下钢板不开坡口一次焊透。由于焊剂和熔渣的隔热作用,埋弧焊的热效率高,使得焊接速度大大提高,所以埋弧焊比焊条电弧焊有更高的生产率。

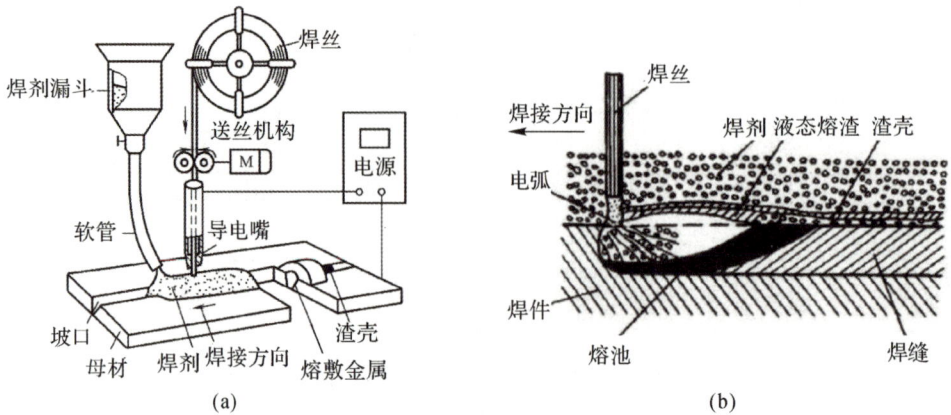

图 8-20 埋弧焊焊接原理

(a)焊接过程;(b)焊缝断面

b.焊接质量好。因熔池有熔渣和焊剂的保护,故焊缝的保护效果好,焊缝金属的强度和韧性高。埋弧焊的焊接过程自动化程度高,焊缝成分稳定,表面成形美观,力学性能好。

c.焊接成本低。埋弧焊的熔深大,焊件可不开坡口或开小坡口,能节约焊接材料和加工工时。埋弧焊的热量集中,热效率高,单位长度焊缝上所消耗的电能大大减少。

d.劳动条件好。埋弧焊实现了焊接过程的机械化,操作较简便,大大减轻了焊工的劳动强度。另外,电弧在焊剂层下燃烧,没有弧光的危害,烟尘和有害气体也较少,焊工的劳动条件得到了改善。

2)缺点。

a.适应性差。由于需要在焊缝表面铺撒焊剂,所以埋弧焊难以在空间位置施焊,通常只适用于平焊或倾斜度不大位置的焊接。埋弧焊不适合焊接薄板和短焊缝。

b.对焊件装配质量要求高。由于电弧在焊剂层下燃烧,不能直接观察电弧与坡口的相对位置,当焊件装配质量不好时易焊偏或未焊透,所以埋弧焊时焊件装配必须保证接口间隙均匀,焊件平整无错边现象。

c.设备较复杂。埋弧焊设备一次性投资较大,焊前准备工作多,设备维修保养的工作量大。

埋弧焊适用于成批生产中、厚钢板的长直焊缝和较大直径环缝的焊接,广泛用于大型容器和钢结构焊接生产中。

2. 双丝埋弧焊

多丝埋弧焊是通过增加电极数量来提高焊接效率的一种优质高效的埋弧焊技术。按电极的数量,多丝埋弧焊又分为双丝埋弧焊、三丝埋弧焊与更多焊丝埋弧焊。双丝埋弧焊是同时使用两根焊丝来完成同一条焊缝的埋弧焊方法,具有生产率高、辅助时间少、焊缝质量高等优点。

双丝双电源单弧埋弧焊是指两台电源(一台交流、一台直流)分别对某一焊丝进行供电,并且两根焊丝在一个熔池内燃烧,如图 8-21 所示。两根焊丝沿焊接方向呈纵列式排列,前丝为主焊丝,由直流电源供电,后丝为从焊丝,由交流电源供电,这样可以避免双电源均为直流电时的电弧磁偏吹现象。两焊丝之间的距离为 10~30 mm,其中前丝控制熔深,后丝控制熔宽,通过双丝前后配合,可以获得良好的焊缝形状。

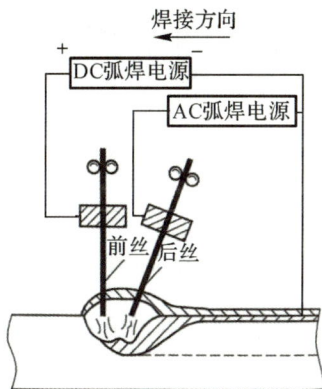

图 8-21　纵列式双丝双电源单弧埋弧焊

与单丝埋弧焊相比,双丝埋弧焊的总电流比单丝埋弧焊大,熔敷效率大大提高(最大可达单丝的一倍以上),因此焊接速度大幅提高,实现了高速高效焊接。另外,熔池体积大,冶金反应充分,不易产生气孔等缺陷,焊接质量也明显提高。

8.3.5　窄间隙焊

窄间隙焊接技术是一种特殊的焊道熔敷技术,主要应用于厚板焊接。其最大特点是焊接坡口比传统焊接坡口窄,焊缝截面积显著缩小,从而降低了焊接工程量和生产成本,即便在较小的焊接规范下,也可以保证较高的焊接生产率。窄间隙焊广泛应用于各种大型重要结构,如船舶、锅炉、核电、桥梁等厚大件的生产。

窄间隙焊是将板厚大于 30 mm 的钢板,按小于板厚的间隙相对放置开坡口,再进行机械化或自动化弧焊的方法(板厚≤200 mm 时,间隙≤20 mm;板厚>200 mm 时,间隙≤30 mm)。传统厚板(30~60 mm)的窄间隙焊,坡口尺寸一般都在 15 mm 以下,甚至出现了坡口间隙仅为 5~6 mm 的超窄间隙焊。

窄间隙焊作为一种高效、低成本、高质量的焊接方法,主要特征如下:

(1)焊接效率高,焊缝截面积比常规焊接方法减少 50% 以上。

(2)焊接材料用量减少,较常规焊接方法减少 30% 以上,焊接厚度越大,效果越显著。

(3)多采用每层 1~3 道焊接方式。

(4)坡口形状多为 V 形、U 形以及 I 形结构,坡口角度很小,约为 0.5°~7°。

(5)总的焊接热输入,冷却速度快,焊接接头应力和变形小。

窄间隙焊接方法有窄间隙气体保护焊、窄间隙埋弧焊、窄间隙激光焊以及窄间隙激光-电弧复合焊等。我国应用最多的是窄间隙埋弧焊。

窄间隙埋弧焊需要采用特殊的焊枪和焊丝矫直机构,使焊丝能深入到窄而深的间隙内,并使焊接过程不夹渣,焊缝金属与侧壁熔合良好,其扁平型焊嘴结构如图 8-22 所示。

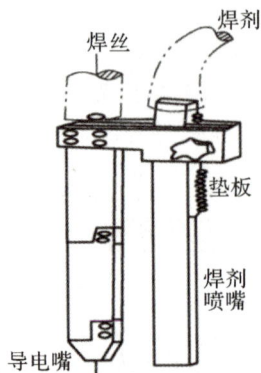

图 8-22　窄间隙埋弧焊焊嘴结构示意图

窄间隙埋弧焊时,可进行每层一道、每层两道或每层三道焊接,这三种工艺方案如图 8-23 所示。其中,每层一道的焊接虽然效率较高,但易引起侧壁熔合不良、夹渣、焊缝成形系数过小、不易脱渣等问题,在窄间隙埋弧焊中很少应用。每层三道则由于坡口的加宽而降低了效率,一般只用于厚度超过 300 mm 的特厚板的窄间隙焊。每层两道的焊接工艺便于操作,容易获得无缺陷的焊缝,是目前最常用的窄间隙埋弧焊方法。

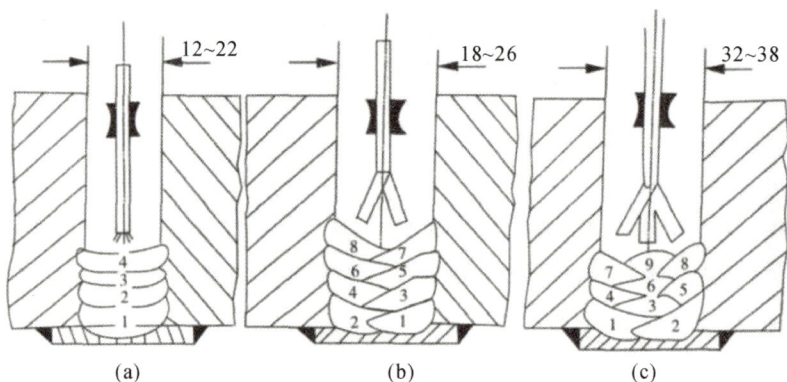

图 8-23　窄间隙埋弧焊的三种基本工艺方案(单位:mm)
(a)每层单道焊;(b)每层双道焊;(c)每层三道焊

与传统埋弧焊相比,窄间隙焊具有无可比拟的优越性,其主要优点如下:

(1)坡口窄、焊缝金属填充量少,可以节省大量的焊材和焊接工时,熔敷速度高,生产效率高,成本低。窄间隙坡口间隙为 12～35 mm,坡口角度为 1°～7°,每层焊缝道数为 1～3 道,常采用工艺垫板或打底焊。与传统埋弧焊相比,总效率可提高 50%～80%,可节约焊丝 38%～50%,节约焊剂 56%～64.7%。

(2)窄间隙焊时热输入量较低,使焊缝金属和热影响区的组织明显细化,从而提高其力学性能,特别是塑性和韧性。

(3)焊接过程全部自动化,坡口侧壁熔合良好。焊接过程采用自动跟踪控制,使侧壁与焊道能良好熔合,有利于保证焊接接头质量。

(4)焊接参数波动小,焊缝形状尺寸稳定,成形美观。埋弧焊的电弧功率高,同样的电流波动量,引起的能力波动幅度要小得多,因此,窄间隙埋弧焊的焊缝形状尺寸稳定。由于熔池的液态存在时间更长,熔渣的良好保护,所以窄间隙埋弧焊的焊缝外观成形更平滑、更美观。

(5)埋弧焊过程中不会产生飞溅,这是埋弧焊在所有熔化极电弧焊方法中所独有的特性,也是窄间隙焊技术所全力追寻的目标。

但是,由于坡口间隙窄,层间清渣困难,容易产生夹渣缺陷,所以,对焊接的脱渣性能要求高,尚需发展合适的焊剂。窄间隙埋弧焊主要用于水平或接近水平位置的焊接,主要应用于厚板结构及其他重型焊接结构,如厚壁压力容器、原子能反应堆外壳、涡轮机转子等的焊接。

8.3.6 搅拌摩擦焊

摩擦焊是利用工件相互摩擦产生的热量同时加压而实现焊接的。搅拌摩擦焊作为一项新型、绿色、节能的固相连接技术,该技术具有接头质量高、焊接变形小及焊接过程绿色无污染等优点,是铝、镁等轻质有色金属优选的焊接方法,在航空航天、轨道交通、船舶运输等领域具有广阔的应用前景。

搅拌摩擦焊是英国焊接研究所开发的一种新型固相连接技术,其工作原理如图 8-24 所示。将由硬质合金材料制成的具有一定形状的搅拌针旋转深入到两被焊材料连接的边缘处,搅拌头开始旋转,在两焊件边缘产生大量的摩擦热,从而在连接处产生金属塑性软化区。该塑性软化区金属在搅拌头的作用下受到搅拌、挤压,并随着搅拌头的旋转沿焊缝向后流动,形成塑性金属流,并在搅拌头离开后的冷却过程中,受到挤压而形成固相焊接接头。

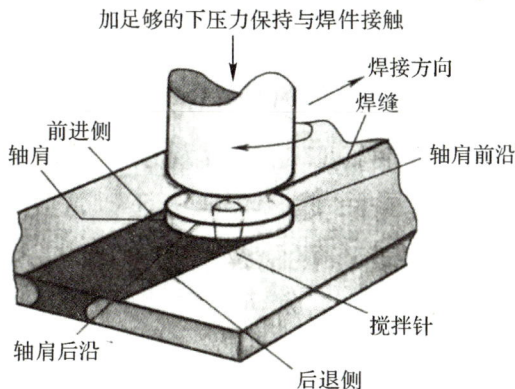

图 8-24 搅拌摩擦焊焊接过程示意图

与传统摩擦焊和常规熔化焊相比,搅拌摩擦焊因热循环引起的焊接变形小,焊后尺寸精度高,无需焊后校形和消除压力,同时搅拌摩擦焊焊接过程中母材未发生熔化也可避免产生气孔、夹渣及裂纹等冶金缺陷,焊接接头质量高;不受轴类零件的限制,可进行平板的对接和搭接;不用填充材料,一般也不用保护气体,焊接成本较低;安全、无污染、无飞溅、无烟尘、无辐射等,是一种环保型连接方法。

然而,搅拌摩擦焊本身也存在如下缺点:

(1)不同结构需要不同的工装卡具,设备的灵活性较差;

(2)如不采用专门的搅拌头,焊接结束后搅拌头再退出时在焊缝的末端出现凹坑(匙孔缺陷),需要用其他的焊接方法补焊;

(3)目前焊接速度不高,一般在 $160\sim200$ mm/min;

(4)焊缝背面需要有垫板,在封闭结构中垫板的取出比较困难。

8.3.7 电阻焊

电阻焊是焊件组合后通过电极施加压力,利用电流通过接触处及焊件附近产生的电阻热,将焊件加热到塑性或局部熔化状态,再施加压力形成焊接接头的焊接方法。

电阻焊方法主要有点焊、缝焊、对焊等,如图 8-25 所示。

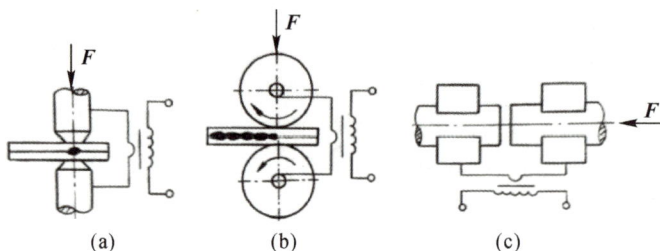

图 8-25 电阻焊方法示意图
(a)点焊;(b)缝焊;(c)对焊

1.点焊

点焊是将焊件装配成搭接接头,并压紧在两电极之间,利用电流通过焊件时产生的电阻热,熔化母材金属,冷却后形成焊点的电阻焊方法。

点焊时如果两个焊点相邻太近,焊接第二个焊点时,有一部分电流会流经已焊好的焊点,称为分流现象。分流将使焊接处电流减小,熔核尺寸偏小,接头性能下降。因此,两焊点之间应有合适的距离。工件越厚,材料导电性越好,分流现象越严重,点间距应加大。

点焊通常采用搭接接头,焊点数量可为单点或多点。点焊前必须清理焊件表面氧化物和油污等,获得小而均匀一致的接触电阻,避免电极黏结、喷溅,保证点焊质量。

点焊是一种高速、经济的重要连接方法,适用于制造接头不要求气密、厚度小于 3 mm 的冲压、轧制薄板构件,特别适合汽车车身和车厢、飞机机身的焊接。

2.缝焊

缝焊是采用滚盘作为电极,盘状电极压紧焊件并滚动,同时也带动焊件向前移动,连续或断续送电,形成一条连续焊缝的电阻焊方法。

缝焊是点焊的一种演变,分流现象严重,其接头形式、焊前清理要求等与点焊类似,广泛应用在有密封性要求的接头制造上,适合于焊接 3 mm 以下的薄板结构,如易拉罐、油箱、烟道、暖气片等。

3.对焊

对焊是把两工件端部相对放置,利用焊接电流加热,然后加压完成焊接的电阻焊方法,包括电阻对焊和闪光对焊两种。

（1）电阻对焊是将焊件装配成对接接头，使其端面紧密接触，再通电加热，利用电阻热加热至塑性状态，然后迅速加顶锻力完成焊接的方法。

电阻对焊操作简单，接头比较光滑，毛刺小，但对焊件端面加工和清理要求较高，接头力学性能低，一般仅用于小断面和强度要求不高的工件，如丝材、棒材、板条和管子的接长。

（2）闪光对焊是焊件装配成对接接头，先不接触，接通电源，再移动焊件使之接触。由于工件表面不平，接触点少，电流密度大，所以接触点金属迅速达到熔化、蒸发、爆破，以火花从接触处飞出来，形成闪光；经多次闪光加热后，端面达到均匀半熔化状态，同时多次闪光将端面氧化物清理干净，此时断电并迅速对焊件加压顶锻完成焊接。

闪光对焊对端面加工要求较低，焊接质量高，但毛刺较大，有时需用专门的刀具切除。闪光对焊应用广，主要用于中、大断面焊件焊接，如各种环形件、刀具、钢筋、钢轨等。

◆ 8.4　金属材料焊接性

8.4.1　金属的焊接性

金属材料焊接性是指材料在限定的施工条件下焊接成规定设计要求的构件，并满足预定服役要求的能力。简单来说，就是金属材料对焊接加工的适应性和使用的可靠性。金属焊接性包括两方面的内容：其一是结合性能，即金属材料对各种焊接方法的适应能力，也就是在一定的焊接工艺条件下能否获得符合要求的优质致密、无缺陷的焊接接头的能力；其二是使用性能，即焊接接头或整体结构满足技术条件所规定的使用性能的能力。

金属焊接性是相对的概念，同一种材料在不同的焊接工艺条件下，可以表现出很大的差异。随着新的焊接方法和焊接工艺的开发与完善，一些原来焊接性差的材料可能会得到改善，使焊接性变好。当然，随着新材料的出现和对焊接结构使用条件要求的苛刻，也将会带来新的焊接性问题。例如，低碳钢在常温条件下焊接性很好，但是在低温、厚板结构条件下，低碳钢的焊接性也会变差。钛及钛合金的化学活泼性很强，要焊接极其困难，但氩弧焊的出现以及现代先进焊接技术（如等离子弧焊、真空电子束焊、激光焊等）的应用，使得钛及其合金的焊接结构已在工业中广泛应用。同样，等离子弧、电子束、激光等新能源在焊接中的应用，使钨、钼、铌、锆等高熔点金属及其合金的焊接成为可能。随着焊接技术的发展，金属材料的焊接性在发生着变化，由不能焊接而变得能焊，由不好焊接而变得好焊。

8.4.2　金属焊接性的评定方法

金属焊接性的评定方法可分为间接评估法和直接实验法两类。

1. 间接评估法

间接评估法一般不需要焊出焊缝，只需对产品实际使用的材料作化学成分、金相组织或力学性能等的实验分析与测定，然后根据结果推测与评估材料的焊接性。

（1）碳当量法。钢材的化学成分对焊接热影响区的淬硬及冷裂纹倾向有直接影响，因此可以根据化学成分来判断其冷裂敏感性，从而间接评估材料的焊接性。

在钢材所含的各种元素中,碳对冷裂纹敏感性的影响最显著。碳当量就是把钢中包括碳在内的合金元素对淬硬、冷裂及脆化等的影响折合成碳的相当含量。目前用于评定焊接性的碳当量计算公式很多,其中国际焊接学会(IIW)推荐的 CE 应用较广泛。

$$CE=C+Mn/6+(Cr+Mo+V)/5+(Cu+Ni)/15 \qquad (8-1)$$

式(8-1)中的元素符号表示该元素在钢中的质量分数(%),主要适用于中高强度的非调质低合金高强度钢($R_m=500\sim900$ MPa)。计算碳当量时,应取各元素化学成分范围的上限。

由碳当量公式可知,碳当量值越高,钢的淬硬倾向和冷裂敏感性越大,焊接性越差。焊接性除了受材料本身性质影响外,还受到工艺条件、结构条件和使用条件的影响。而碳当量公式中只考虑了钢中主要合金元素的影响,没有考虑板厚和工艺条件等其他因素的影响,因此,碳当量法是一种粗略评价冷裂纹敏感性的方法,只能用于对钢材焊接性的初步分析。

利用碳当量公式不仅可以分析材料的焊接性,而且可以确定所需的焊接工艺以防止产生冷裂纹。国际焊接学会(IIW)推荐的 CE,其评定依据如下:对于板厚小于 20 mm 的钢材,当 CE<0.4%时,钢材的淬硬倾向不大,焊接性良好,焊前不需预热。当 CE=0.4%~0.6%时,特别是大于 0.5%,钢材易于淬硬,焊接性较差,焊接前必须预热才能防止裂纹。随着板厚及碳当量的增加,预热温度也相应提高。当 CE>0.6%时,钢材淬硬倾向很大,焊接性很差,焊接时必须采用严格的工艺措施,如预热、后热、缓冷等。

(2)焊接冷裂纹敏感指数法。焊接冷裂纹敏感指数(P_c)不仅包括了母材的化学成分,又考虑了熔敷金属含氢量与拘束条件的影响。

$$P_c=P_{cm}+\delta/600+[H]/60 \qquad (8-2)$$
$$P_{cm}=C+Si/30+(Mn+Cu+Cr)/20+Ni/60+Mo/15+V/10+5B \qquad (8-3)$$

式中:元素符号表示该元素在钢中的质量分数(%);P_c 为焊接冷裂纹敏感指数(%);P_{cm} 为钢的化学成分冷裂纹敏感指数(%);δ 为板厚(mm);[H]为焊缝中扩散氢含量(mL/100 g)。

焊接冷裂纹敏感指数公式的适用条件:$w_C=0.07\%\sim0.22\%$、$w_{Si}\leq0.60\%$、$w_{Mn}=0.4\%\sim1.40\%$、$w_{Cu}\leq0.50\%$、$w_{Ni}\leq1.20\%$、$w_{Cr}\leq1.20\%$、$w_{Mo}\leq0.7\%$、$w_V\leq0.12\%$、$w_{Nb}\leq0.04\%$、$w_{Ti}\leq0.05\%$、$w_B\leq0.005\%$,$\delta=19\sim50$ mm、[H]=1.0~5.0 mL/100 g(按《熔敷金属中扩散氢测定法》(GB/T3965—2012)测定。

根据 P_c 值可以通过经验公式求出斜 Y 形坡口对接裂纹实验条件下,为了防止冷裂纹所需要的最低预热温度 T_0(℃)为

$$T_0=1\,440P_c-392 \qquad (8-4)$$

2. 直接实验法

直接实验法有两种情况:一种是仿照实际焊接的条件制作试件,然后测定其焊接性能或制定焊接工艺,多用于工艺焊接性实验;另一种是直接在实际产品上进行实验,主要用于使用焊接性实验。

常用的焊接性实验方法有斜 Y 形坡口焊接裂纹实验法、插销实验法、刚性固定对接裂纹实验法、焊接热影响区最高硬度实验法、焊接接头常规力学性能实验法(如拉伸实验、弯曲实验、冲击实验等)以及其他特殊性能实验(如耐腐蚀实验、高温性能实验、低温脆性实验等)等。

◆ 8.5 常用金属材料的焊接

8.5.1 碳钢的焊接

碳钢具有较好的力学性能和各种工艺性能,而且冶炼工艺比较简单,价格低廉,因而在焊接结构中得到了广泛的应用。碳钢是以铁为基本成分,含有少量碳($w_C \leqslant 1.3\%$)的铁碳合金,属于非合金钢。因此,碳钢的焊接性主要取决于它的含碳量,随着含碳量增加,焊接性逐渐变差。

常用金属材料
的焊接

1. 低碳钢的焊接

低碳钢的含碳量 $w_C < 0.25\%$,强度不高(一般在 500 MPa 以下),塑性和冲击韧性优良。碳当量低,淬硬倾向小,焊接性良好。低碳钢几乎可以选择所有的焊接方法,焊接时一般不需要采用特殊的工艺措施就可以获得优良的焊接接头。近年来开发的一些新的高效、高质量的焊接方法和焊接工艺也在低碳钢焊接中得到了广泛应用,如高效率铁粉焊条和重力焊条电弧焊、氩弧焊封底-快速焊剂埋弧焊、窄间隙埋弧焊、药芯焊丝气体保护焊等。

当焊件较厚、环境温度较低或钢材中硫、磷含量较多时,就需要采取特殊的工艺措施,如焊前预热、采用低氢或超低氢焊接材料等,以防止裂纹的产生。

低碳钢焊接时应遵循等强度匹配的原则选择焊接材料。采用焊条电弧焊时,一般采用 E4303、E4315 焊条;用埋弧焊焊接时,一般选用 H08A 或 H08MNA 焊丝配合 HJ431 焊剂。

2. 中碳钢的焊接

中碳钢的含碳量 $w_C = 0.25\% \sim 0.6\%$,其强度和硬度较高,塑性和韧性较差,淬硬性较大。当含碳量接近下限时焊接性良好,随着含碳量的增加,淬硬倾向增大,焊接性变差。中碳钢焊接时的主要问题是热裂纹、冷裂纹、气孔和脆断,有时还会存在热影响区强度降低的问题。

中碳钢焊接性较差,大都用于制造机械零件,因此焊接中碳钢最常用的焊接方法主要是焊条电弧焊。焊接时尽量选用低氢型焊接材料,要求焊缝金属与母材等强度时,应选用 E5015、E5016 焊条;不要求等强度时,可选强度级别低于母材的焊条,如 E4315、E4316 焊条。

多数情况下,中碳钢焊接时需要预热和控制层间温度(一般不低于预热温度),以减小焊缝和母材的温差,降低冷却速度,减小焊接应力,防止焊接裂纹的产生。中碳钢一般采用 U 形或 V 形坡口,以减小熔合比,并采用小电流、细焊条、多层焊的方式,降低焊缝中的含碳量。注意将坡口及两侧 20 mm 范围内的油污、铁锈等污物清理干净。焊后应立即进行 600 ~650 ℃的消除应力热处理,以消除残余应力,改善接头的组织和性能。

3. 高碳钢的焊接

高碳钢的含碳量 $w_C > 0.6\%$,硬度高,塑性差,淬硬倾向和冷裂纹倾向更大,焊接性很差。因此,高碳钢一般不用于制造焊接结构,而是用来制造高硬度和高耐磨性的部件、零件和工具,可见高碳钢的焊接大多为焊接修复。

高碳钢焊接最常用的焊接方法是焊条电弧焊,焊接之前要先行退火,以减小裂纹倾向。焊接时应采用更高的预热温度及更严格的工艺措施。预热温度和层间温度一般在 250～350 ℃以上。焊后要立即进行消除应力热处理。

8.5.2 低合金结构钢的焊接

低合金结构钢又称为低合金高强钢,是在非合金钢的基础上添加了少量合金元素($w_{合金元素}<5\%$)后形成的钢种,既具有较高的强度,又具有良好的塑性和韧性,在焊接结构中应用最广泛。这类钢根据屈服点级别及热处理状态可分为三种类型,即热轧及正火钢、低碳调质钢和中碳调质钢。

1. 热轧及正火钢的焊接

热轧及正火钢的屈服强度为 294～490 MPa,在热轧或正火状态下使用。热轧钢的合金系统基本上为 C-Mn 或 C-Mn-Si 系,Q355 钢是我国应用最广泛的热轧钢。正火钢是在热轧钢成分基础上,又添加了 V、Nb、Ti、Mo 等合金元素,这类钢有 Q420、18MnMoNb 等。这类钢综合力学性能和加工工艺性能都较好,广泛应用于常温下工作的焊接结构,如压力容器、动力设备、工程机械、桥梁、建筑结构和管线等。

热轧及正火钢中碳和合金元素的含量都较低,焊接性较好,但随着合金元素含量的增加,焊接性也逐渐变差。焊接时的主要问题是焊接裂纹和热影响区脆化。与热轧钢相比,正火钢的冷裂纹倾向和再热裂纹倾向更大,而热轧钢更容易发生热应变脆化。

热轧及正火钢可以采用各种焊接方法焊接,选择焊接材料的主要依据是与母材等强匹配。对于强度级别较低的钢种,焊接性接近于低碳钢,通常情况下焊前不需要预热,焊接时也不必采用特殊的工艺措施。对于强度较高、板厚较大或低温下使用的焊接结构,由于焊接性较差,焊前需要进行预热,焊后需要进行消除应力的高温回火处理(550～650 ℃)。

2. 低碳调质钢的焊接

低碳调质钢的屈服强度为 490～980 MPa,在调质状态下供货使用。这类钢含碳量较低($w_C\leq0.18\%$),既有高的强度,又有良好的塑性和韧性,在焊接结构中得到了越来越广泛的应用,可用于大型工程机械、压力容器及舰船制造等。

低碳调质钢的裂纹敏感性较低,但因含有 Cr、Ni、Mo、V、Nb、B 等元素,再热裂纹倾向较大,热影响区同时存在脆化和软化现象。低碳调质钢焊接材料的选择原则是等强匹配或低强匹配,可以直接在调质状态下焊接,焊后不需进行调质处理。只有在焊接接头强度和韧性过低、结构要求耐应力腐蚀及焊后需要高精度加工时才进行焊后热处理,且焊后热处理温度应该比母材原调质处理的回火温度低 30 ℃。

3. 中碳调质钢的焊接

中碳调质钢的屈服强度一般在 880～1 176 MPa 以上,含碳量较高($w_C=0.25\%～0.5\%$),具有很高的强度和硬度,但韧性相对较低,常用于强度要求很高的产品或部件,如火箭发动机壳体、飞机起落架等。

中碳调质钢的淬硬性比低碳调质钢高得多,焊接性差,热裂纹和冷裂纹倾向大,同时还存在热影响区脆化和软化问题。合理的焊接工艺方案是在退火状态下焊接,焊后进行整体调质处理。

8.5.3 不锈钢的焊接

不锈钢按其金相组织可分为铁素体型不锈钢、马氏体型不锈钢、奥氏体型不锈钢、奥氏体-铁素体型不锈钢和沉淀硬化型不锈钢等,其中奥氏体型不锈钢既有足够的强度,又具有良好的塑性、韧性和耐腐蚀性,冷热加工性能好,是应用最广泛的不锈钢。

奥氏体不锈钢的含碳量低,焊接性良好,焊接时一般不需要采取特殊的工艺措施。焊接时的主要问题是容易产生热裂纹和晶间腐蚀。常用的焊接方法有焊条电弧焊、钨极氩弧焊、熔化极氩弧焊、埋弧焊和等离子弧焊等,不适合采用 CO_2 气体保护焊。焊接材料的选用应使焊缝金属与母材成分相匹配。焊前一般不需要预热,焊后一般不进行热处理。焊接时应采用小电流、快速不摆动焊,强制冷却焊缝(加铜垫板、喷水冷却等),接触腐蚀介质的表面应最后施焊。

8.5.4 铸铁的焊补

铸铁成本低,铸造性能、减振性能、耐磨性能与切削加工性能优良,在机械制造业中应用广泛。按质量统计,在汽车、农机和机床中,铸铁的用量占 $50\%\sim80\%$,其中灰铸铁应用最广泛。灰铸铁含碳量高,硫、磷杂质含量多,强度低,基本无塑性,焊接性很差,不适合制造焊接结构,因此灰铸铁的焊接多为铸造缺陷的补焊和铸件的修复。

灰铸铁焊接时的主要问题有两方面:一是焊接接头易出现白口及淬硬组织;二是焊接接头易出现裂纹,主要是冷裂纹,用低碳钢焊条或镍基焊条焊接的非铸铁型焊缝则易产生热裂纹。

铸铁补焊时,一般采用气焊、焊条电弧焊的方法。根据焊前是否预热,铸铁的补焊可分为热焊法和冷焊法两大类。

1. 热焊法

热焊法是将焊件整体或局部预热到 $600\sim700$ ℃,然后进行补焊,焊后保温缓冷。热焊法焊件冷却缓慢,有利于消除白口组织,减小应力,防止裂纹,接头质量好,焊后可进行机械加工。但由于预热温度高,生产周期长,能量消耗大,补焊成本高,劳动条件差,热焊工艺的应用受到了限制。

热焊法常采用焊条电弧焊和气焊。电弧热焊法采用铸铁芯石墨化铸铁焊条或低碳钢芯石墨化铸铁焊条,焊接时采用大电流、长弧、连续焊,焊后保温缓冷,主要用于补焊厚度较大的铸件。为了降低预热温度,改善劳动条件,可以采用半热焊工艺,预热温度为 $300\sim400$ ℃,工艺特点与热焊时相同,适合用于刚度较小铸件的焊接。气焊法适合补焊刚度小的薄壁铸件,对于结构复杂或刚度较大的薄壁件,应采用整体预热的气焊热焊法或加热减应区法。

加热减应区法是铸铁补焊的常用方法。焊接时,加热那些阻碍焊接区自由伸缩的部位,使之与焊接区同时膨胀、同时收缩,从而减小焊接应力,这种方法称为加热减应区法。阻碍焊接区膨胀和收缩的部位就是减应区。加热减应区焊接的关键是正确选取减应区,常配合气焊或电弧焊进行。与热焊相比,该方法焊接效率高,劳动条件好,焊接成本低,在农机、汽车等修理、制造部门得到了推广应用。

2. 冷焊法

冷焊法在焊前对焊件不预热或采用较低温度(400 ℃以下)预热,是非铸铁型焊缝焊接中最常用也最简便的焊接方法。冷焊法常采用焊条电弧焊,焊接时应尽量采用小直径焊条、小电流、短弧焊、不摆动、分段焊、分散焊等工艺,焊后立即用小锤锤击焊缝,以松弛焊接应力,防止开裂。

与热焊法相比,冷焊法生产率高,成本低,劳动条件好,适应性强,不受焊缝位置的限制,故应用广泛,尤其适用于焊接预热很困难的大型铸件或不能预热的加工面等。

8.5.5　铝及铝合金的焊接

铝及铝合金具有密度小、比强度高、耐蚀性好、导电性及导热性好等优良性能,是工业生产中应用最广泛的一类非铁金属结构材料,在航空航天、交通运输、建筑装饰、电子产品等领域已大量应用。

铝及铝合金的焊接性比低碳钢差,主要有以下问题:

(1)易氧化。铝与氧的亲和力很强,容易生成致密的氧化铝薄膜,其组织致密,熔点(2 050 ℃)远远高于铝的熔点(660 ℃),密度是铝的 1.4 倍,对水分的吸附能力很强。因此,焊接时容易形成未熔化、气孔和夹渣等缺陷,从而降低了焊接接头的力学性能。

(2)能耗大。由于铝合金的热导率很大,焊接过程中散热很快,热量损失大,所以,铝及铝合金焊接时应采用能量集中、功率大的热源,必要时采取预热等措施。

(3)容易产生气孔。铝及铝合金焊接时最常见的缺陷是焊缝气孔,主要是氢气孔。由于液态铝能溶解大量的氢,而固态铝几乎不溶解氢,在焊后的冷却凝固过程中,气体来不及逸出便形成了气孔。

(4)容易形成热裂纹。铝合金属于共晶型合金,线胀系数大,焊接时易产生较大的焊接应力,热裂纹倾向大。

(5)焊接接头力学性能和耐蚀性降低。铝及铝合金焊接后,存在着不同程度的接头软化问题,特别是硬铝和超硬铝合金比较严重,强度降低较多。此外,焊接接头的组织不均匀以及气孔、夹渣、裂纹等焊接缺陷的存在,使得铝及铝合金焊接接头的耐蚀性一般都低于母材。

在现代焊接技术条件下,大部分铝及铝合金焊接性较好。铝及铝合金常用的焊接方法有氩弧焊、电阻焊、气焊、焊条电弧焊及钎焊等,其中氩弧焊是焊接铝及铝合金较为理想的焊接方法。用纯度高达 99.9% 的氩气作为保护气体,利用"阴极破碎"作用清除熔池表面的氧化膜,焊接变形小,焊缝成形美观,耐腐蚀性好,焊接质量好。钨极氩弧焊(TIG 焊)适合于焊接厚度小于 8 mm 的焊件,最适宜的焊接电源是交流电源或交流脉冲电源;厚度大于 8 mm 的焊件可采用熔化极氩弧焊(MIG 焊),采用直流电源反极性,焊前一般不需预热,即使厚大焊件也只需预热引弧部位。

铝及铝合金焊接之前必须严格清理焊件坡口及焊丝表面的氧化膜及油污,这是保证焊接质量的重要工艺措施,清理的方法有化学清理和机械清理两种。清理完成后应尽快施焊,在气候潮湿的情况下,一般应在清理后 4 h 内施焊。清理后存放时间过长(如超过 24 h)应当重新处理。为了保证焊件焊透而不致塌陷,焊接时常采用垫板来托住熔池及附近金属。铝及铝合金焊接后也需要及时清理焊缝及其附近残留的溶剂和焊渣,以保护焊件表面的氧化膜,提高耐蚀性。

8.5.6　铜及铜合金的焊接

铜及铜合金的焊接性较差,在焊接过程中存在的主要问题有以下几种:

(1)难熔合及易变形。铜的导热性强,铜和大多数铜合金的热导率比普通碳钢大 7~11 倍,焊接时热量迅速从加热区传导出去,使母材和填充金属难以熔合。同时,由于导热性好,焊接热影响区加宽,且铜的线膨胀系数和收缩率较大,所以,铜及铜合金焊接时容易产生较大焊接应力和焊接变形。

(2)热裂纹倾向大。在高温液态下铜极易氧化生成 Cu_2O,Cu_2O 溶于液态铜会形成熔点为 1 064 ℃的$(Cu+Cu_2O)$低熔点共晶。铜及铜合金中的杂质 Bi、Pb、S 等也会形成多种低熔点共晶,这些低熔点的共晶组织分布在枝晶间或晶界处,都将促使焊缝产生热裂纹。

(3)容易形成气孔。铜及铜合金焊接时,出现气孔的倾向比低碳钢要严重得多。形成的气孔主要有两类:一是由氢引起的扩散气孔。铜在液态时可溶解大量氢气,凝固时溶解度显著减小,铜的导热性强,焊缝冷却速度快,熔池中的氢来不及逸出就形成了气孔。二是由水蒸气和二氧化碳气体形成的反应气孔。焊接高温下,铜与氧生成的 Cu_2O 不溶于铜而析出,与氢或 CO 发生化学反应,生成的水蒸气或 CO_2 也不溶于铜,由于焊缝结晶速度快,所以气体来不及逸出而形成气孔。

(4)焊接接头性能下降。铜及铜合金在焊接过程中,由于晶粒严重长大以及合金元素的烧损、蒸发和杂质的渗入,所以使焊接接头的塑性、导电性和耐蚀性下降。

由于铜的导热性很强,所以焊接时应选用功率大、能量密度高的热源。铜及铜合金常用的焊接方法有氩弧焊、气焊、钎焊、焊条电弧焊和埋弧焊等。由于铜的电阻很小,所以不宜采用电阻焊。氩弧焊的保护效果好,是铜及铜合金应用最为广泛的焊接方法。钨极氩弧焊(TIG 焊)适合于薄板和小件的焊接,一般采用直流正极性,以使焊件获得较多的热量和较大的熔深。熔化极氩弧焊(MIG 焊)是焊接中、厚板的理想方法,应采用直流反极性、大电流、高焊接速度。铜及铜合金对焊前清理的要求比较严格,经清理合格的焊件应及时施焊。尽量采用散热条件对称的对接接头和端接接头。

8.5.7　钛及钛合金的焊接

钛及钛合金具有密度小,比强度高、耐高温、耐腐蚀以及良好的低温冲击韧性等优点,在航空航天、化工、冶金、仪器仪表等领域得到了广泛的应用。钛及钛合金的焊接性较差,在焊接过程中存在的主要问题有以下几种:

(1)焊接接头的污染与脆化。钛的化学活性很强,常温下能与氧生成致密的氧化膜而保持高的稳定性和耐腐蚀性,540 ℃以上生成的氧化膜则不致密。高温下钛与氢、氧、氮反应速度较快,钛在 250 ℃开始吸氢,400 ℃开始吸氧,600 ℃开始吸氮,从而造成钛的塑性降低,接头脆化。

(2)裂纹倾向大。当焊缝中氧、氮含量较多时,焊缝或热影响区性能变脆,在较大的焊接应力作用下会产生冷裂纹。焊接钛合金时,热影响区有时会产生由氢引起的延迟裂纹。

(3)容易形成气孔。气孔是焊接钛及钛合金最常见的焊接缺陷。氩气、母材及焊丝中含有的气体,如 O_2、N_2、H_2、CO_2、H_2O 等都会引起焊缝气孔,其中氢是生成气孔的主要因素。

焊前清理对保证钛及钛合金的焊接质量十分重要。清理可采用机械清理和化学清理。经酸洗的焊件、焊丝应在 4 h 内完成焊接,否则要重新进行酸洗。为保持焊件坡口处的清洁,可用塑料布将坡口及其两侧覆盖住,若发现有污物再用丙酮或乙醇在焊件边缘进行擦洗。

焊接钛及钛合金的主要方法有氩弧焊、等离子弧焊、真空电子束焊、激光焊、扩散焊等,其中氩弧焊应用最广。焊条电弧焊、气焊和 CO_2 气体保护焊不能焊接钛及钛合金。钨极氩弧焊(TIG 焊)是钛及钛合金最常用的焊接方法,用于焊接厚度在 3 mm 以下的薄板,分为敞开式焊接和箱内焊接两种。敞开式焊接是在大气环境中的普通 TIG 焊,焊接时需要利用带拖罩的焊枪和背面保护装置,通以适当流量的氩气或氩氦混合气体,把处于 400 ℃ 以上的高温区与空气隔开,以避免空气侵入而污染焊接区金属,这是一种局部气体保护的焊接方法。当焊件结构复杂,难以使用拖罩或进行背面保护时,应采用在充满氩气或氩氦混合气体的箱内施焊,这是一种整体气体保护的焊接方法。保护效果的好坏,可通过焊接接头的颜色来鉴别。银白色表示保护效果最好,其次是金黄色,表示有轻微氧化,蓝色表示氧化稍微严重,灰色则表示氧化很严重。

8.6 焊接结构工艺设计

设计焊接结构工艺时,不仅要考虑焊件的使用性能,还要考虑焊接结构的工艺性能,使焊件生产简便、质量优良、成本低廉。焊接结构工艺设计包括焊接结构材料的选择、焊接方法的选择、接头形式设计和焊缝布置等。

焊接结构
的工艺性

1. 焊接结构材料的选择

(1)在满足焊接件使用性能的前提下,应尽量选用焊接性能良好的材料。低碳钢和强度级别不高的普通低合金钢由于含碳量低,碳当量小,淬硬倾向小,塑性好,所以具有优良的焊接性,并且价格低廉,焊接工艺简单,应优先选用。而含碳量大于 0.5% 的碳钢和碳当量大于 0.6% 的合金钢焊接性能差,应尽量避免采用。

(2)尽量选用镇静钢。镇静钢含气量低,特别是含 H_2 和 O_2 量低,可防止气孔和裂纹等缺陷,因此重要结构件应优先选用镇静钢。而沸腾钢含氧量高,冲击韧性低,可以用于一般焊接结构。

(3)异种金属焊接时,必须特别注意它们的焊接性及其差异。一般要求接头强度不低于被焊钢材中的强度较低者,而焊接工艺应按焊接性较差的高强度金属设计。

2. 焊接方法的选择

各种焊接方法都有其各自的特点和应用范围,选择焊接方法时应充分考虑材料的焊接性、焊件的结构形式、焊件厚度、生产批量、产品质量要求及生产率等因素,在综合分析焊件质量、经济性和工艺可行性之后,确定最适宜的焊接方法。

常用焊接方法的特点及适用范围见表8-6。

表8-6　常用焊接方法的特点及适用范围

焊接方法	焊接热源	适用板厚	可焊空间位置	生产率	可焊材料	适用范围及特点
焊条电弧焊	电弧热	>1 mm,常用 3～10 mm	全位置	中等	碳钢、低合金钢、不锈钢、铸铁等	成本较低,适应性强,可焊各种空间位置的短、曲焊缝
埋弧焊	电弧热	≥3 mm,常用 6～60 mm	平焊	高	碳钢、低合金钢、不锈钢、耐热钢等	成批生产、中厚板长直焊缝和直径大于 250 mm 的环焊缝
氩弧焊	电弧热	0.5～25 mm	全位置	较高	铝、铜、镁、钛及其合金,不锈钢,耐热钢等	焊接质量好,成本高
CO_2 焊	电弧热	0.8～50 mm,常用于薄板	全位置	高	碳钢、低合金钢等	焊接变形小,接头抗裂性能好,成本低,宜焊薄板,也可焊中厚板、长直或短曲焊缝
点焊	电阻热	0.5～3 mm	全位置	很高	碳钢、低合金钢、不锈钢、铝及铝合金等	焊接薄板、壳板
缝焊	电阻热	<3 mm	平焊	很高	碳钢、低合金钢、不锈钢、铝及铝合金等	焊接薄壁容器和管道
对焊	电阻热	≤20 mm	平焊	很高	碳钢、低合金钢、不锈钢、铝及铝合金等	焊接杆状零件

3.焊接接头的设计

焊接接头是焊接结构的连接部分,也是整个焊接结构传递和承受作用力的关键部位,它的性能直接关系到焊接结构的可靠性。为了保证焊接结构的质量,应根据焊件的形状尺寸、受力情况和工作条件,合理设计焊接接头,正确确定焊缝尺寸。焊接接头设计包括接头形式设计和坡口形式设计,参照8.2.3节内容。

4.焊缝布置

由于焊件局部不均匀受热的特点,焊件焊后容易产生残余应力和变形,使焊件的缺陷倾向增大、承载能力降低、尺寸精度下降。为了减小焊接应力和变形,提高焊接质量,焊接时应该合理布置焊缝。合理的焊缝布置还有利于简化生产工艺,降低生产成本,提高生产效率。焊缝布置一般遵循以下工艺设计原则:

(1)焊缝布置应尽可能分散,避免密集交叉。焊缝密集或交叉会造成金属过热,热影响区增大,组织恶化,接头性能下降。因此,两焊缝间距一般要求大于 3 倍板厚且不小于 100

mm,如图 8-26 所示。

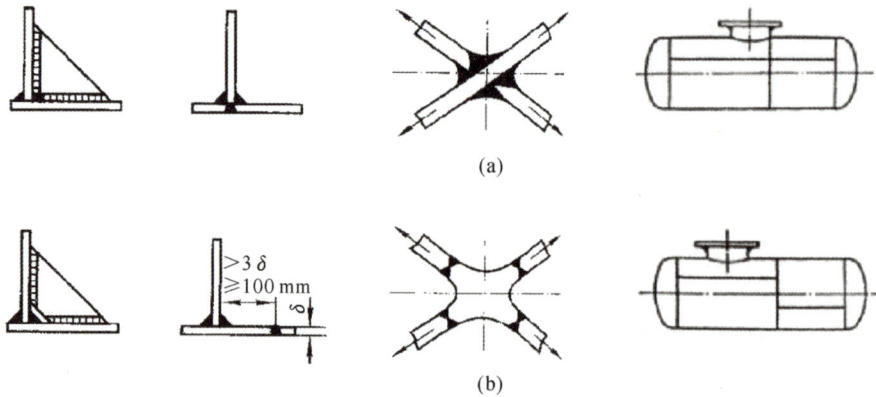

图 8-26　焊缝分散布置的设计
(a)不合理；(b)合理

(2)焊缝布置应尽可能对称，以抵消焊接变形。当焊缝位置对称于构件截面的中性轴时，在焊后可使焊接变形相互抵消。图 8-27(a)中的焊缝偏于截面中性轴一侧，焊后会产生较大的弯曲变形；图 8-27(b)(c)中的焊缝对称布置，焊后不会产生明显变形。

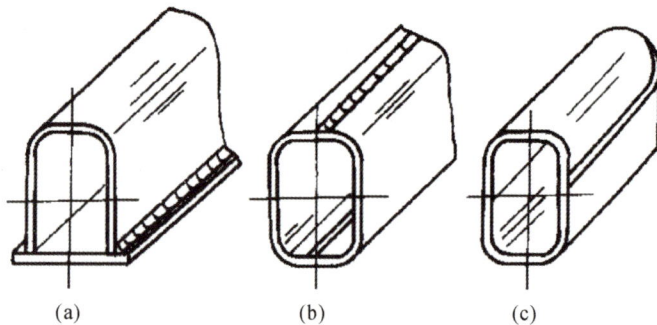

图 8-27　焊缝对称布置的设计
(a)不合理；(b)合理；(c)合理

(3)焊缝应避开最大应力处和应力集中部位，以防止焊接应力与外加应力叠加，造成过大的应力和开裂。焊接梁的空间跨度大，焊缝不能布置在承受最大应力的跨度中间[见图 8-28(a)]，而应改成图 8-28(b)的焊缝布置。图 8-28(c)的压力容器，采用的是无折边的球冠形封头，这类封头的焊缝刚好处于应力集中大的转角位置，改成图 8-28(d)采用带直边椭圆形封头的结构，把焊缝从应力集中部位转移到没有应力集中的地方，同时也改善了接头的工艺性。焊接厚度差较大的两块金属时，如果不做板厚处理[见 8-28(e)]，则焊缝处截面突变较大，应力集中较大，且接头两边受热不均匀，容易产生焊不透等缺陷。因此，应在较厚板上做单面或双面削薄处理，如图 8-28(f)所示。

(4)焊缝布置应便于焊接操作。焊条电弧焊要考虑有足够的操作空间，焊条要能到达待焊部位；埋弧焊时需要在焊件表面铺撒焊剂，应考虑焊剂铺撒容易且接头有利于液态熔渣形成封闭空间,如图 8-29 所示。

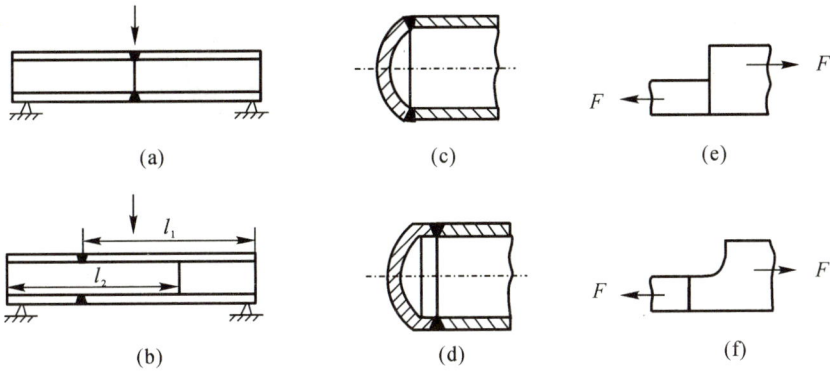

图 8-28　焊缝避开最大应力和应力集中部位的设计
(a)不合理;(b)合理;(c)不合理;(d)合理;(e)不合理;(f)合理

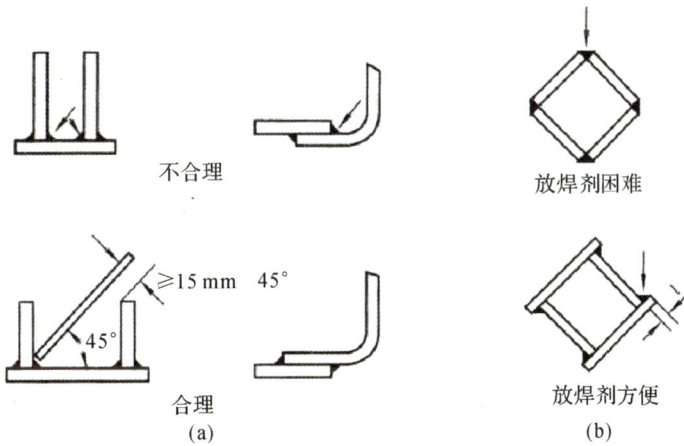

图 8-29　便于操作的焊缝位置设计
(a)焊条电弧焊;(b)埋弧焊

(5)尽量减少焊缝长度和数量。减少焊缝长度和数量,可减少焊件局部受热,有利于减小焊接应力和变形,同时焊接材料消耗少,成本低,生产率高。图 8-30 是采用型材和冲压件减少焊缝数量的设计。

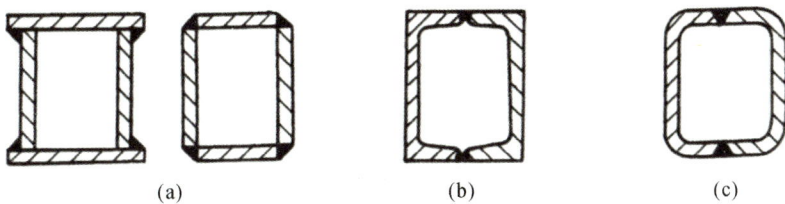

图 8-30　减少焊缝数量的设计
(a)用四块钢板焊成;(b)用两根槽钢焊成;(c)用两块钢板弯曲后焊成

273

(6)焊缝应尽量避开机械加工表面。焊接结构需要进行机械加工时,为保证加工表面精度不受影响,焊缝应避开这些加工表面,如图8-31所示。

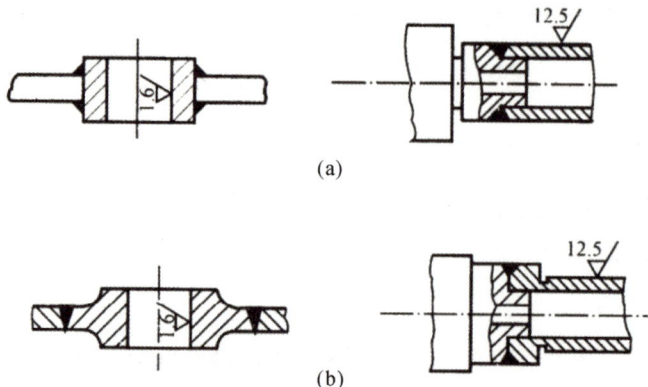

图8-31 焊缝远离机械加工表面的设计
(a)不合理;(b)合理

8.7 焊接质量及焊件质量标准

焊接质量的好坏主要取决于焊接接头的质量,优质的焊接接头应该具备两个条件:一是接头中不存在超过质量标准规定的缺陷;二是接头满足使用性能要求。在焊接生产过程中,由于焊接参数选择不当、焊接操作不规范、焊接结构设计不合理等,焊接接头往往会产生各种焊接缺陷,从而影响焊接结构使用的可靠性。所以,在焊接生产中需要采取相应措施尽量避免焊接缺陷的产生,保证焊接质量。

低碳钢焊接接头的组织变化

8.7.1 焊接缺陷

1.焊接缺陷的种类及危害

依据国家标准《金属熔化焊接头缺欠分类及说明》(GB6417.1—2005),焊接缺陷按照缺陷的性质可分为六类,分别是裂纹、孔穴(气孔、缩孔)、固体夹杂(夹渣、夹钨等)、未熔合及未焊透、形状和尺寸不良(咬边、下塌、焊瘤、烧穿等)和其他缺陷(电弧擦伤、飞溅等)。焊接缺陷按其在焊缝中的位置不同,可分为外部缺陷和内部缺陷。

焊接缺陷的存在会引起应力集中,降低承载能力,缩短结构的使用寿命,严重时会导致结构的脆性断裂,危及生命财产安全。焊接结构中危害性最大的缺陷是裂纹、未熔合和未焊透、夹渣、气孔、咬边等。其中裂纹是焊接结构中最危险的缺陷,焊件表面的缺陷比内部缺陷危害大。

2.焊接缺陷的产生原因及预防措施

(1)裂纹。裂纹主要有两种:冷裂纹和热裂纹。焊接接头冷却到较低温度下(对于钢来

说在 M_s 温度以下）产生的裂纹,称为冷裂纹。在由焊接裂纹引发的事故中,冷裂纹约占 90%,是焊接影响较大的一种缺陷,其宏观特征是断口处具有发亮的金属光泽。冷裂纹形成原因主要有三方面,即钢种的淬硬倾向,焊接接头含氢量,拘束应力。其中,由氢引起的冷裂纹有延迟开裂的特征,又称为延迟裂纹或氢致裂纹。防止冷裂纹的主要措施有:选用低氢焊接材料、低氢焊接方法,对焊接材料进行烘干;将坡口附近的油污、铁锈、油漆等污物清理干净;焊前预热、焊后热处理或后热处理,焊缝分散布置并采用合理的焊接顺序。

焊接接头冷却到固相线附近的高温区产生的焊接裂纹,叫热裂纹。裂口处有较明显的氧化色彩,表面无光泽。热裂纹的产生主要是 S、P 等杂质形成的低熔点共晶和焊接应力共同造成的。防止措施主要有:严格控制焊缝中 S、P 等杂质的含量;向焊缝过渡细化晶粒的元素(Ti、Nb、V、Al 等);合理选择焊接参数;焊前预热,降低接头冷却速度;填满弧坑,改善焊缝形状等。

(2)未焊透。焊接时,母材金属之间未被电弧熔化而留下的空隙称为未焊透。未焊透会使焊缝的强度降低,引起较大的应力集中,在其末端产生裂纹。未焊透的产生原因有:焊接规范偏小,熔深浅;坡口和间隙尺寸不合理,钝边过大;焊条角度不正确等。因此,为了防止未焊透,应选用合适的焊接参数;正确选用坡口形式及尺寸,保证良好的装配间隙;保证合适的焊条角度;层间、焊根或母材边缘的铁锈、氧化皮及油污等清理干净。

(3)未熔合。焊缝金属与母材、焊道金属与焊道金属之间未完全熔化结合的部分称为未熔合。产生未熔合的原因有:焊接热输入太小;焊条、焊丝或焊炬火焰偏于坡口一侧;坡口及层间清理不干净等。因此,焊接时焊条、焊丝和焊炬的角度要合适,运条摆动要适当,注意观察坡口两侧熔化情况;选用稍大的焊接电流和火焰能率,焊速不宜过快;加强坡口及层间清理。

(4)气孔。焊接时,熔池中的气泡在凝固时未能逸出而残留下来所形成的空穴,称为气孔。焊缝中的气孔主要有氢气孔、氮气孔、一氧化碳气孔和水蒸气气孔。形成气孔的重要因素是焊件或焊接材料没有清理干净,或者是焊条焊剂受潮、烘干不足、空气潮湿。此外,操作不当,热输入过小等也会导致气孔倾向增加。防止气孔主要从两方面着手:限制气体的来源;排除熔池中的气体。清除焊件及焊丝表面上的油污、铁锈、氧化膜等,特别是焊缝两侧 20～30 mm 范围内进行除锈、去污;焊条、焊剂严格按规定烘干;正确选择焊接参数,提高熔池的高温停留时间。

(5)夹渣。焊后残留在焊缝中的熔渣称为夹渣。产生夹渣的主要原因有:多层焊时焊层或焊道之间的熔渣未清除干净;母材和焊接材料中氧、硫、氮等杂质含量较多;焊接电流太小;操作不当;等等。为避免夹渣的形成,应注意控制其来源,严格限制母材和焊材中的杂质含量;做好焊前清理以及层间的清理;适当增大热输入;焊条要作适当的摆动,以利于熔渣和夹杂物上浮。

8.7.2　焊接质量检验与标准

焊接质量不仅影响焊接产品的使用性能和寿命,更重要的是影响人身和财产安全,而焊接结构的质量优劣需通过焊接检验来判定。焊接结构在生产过程中要进行严格的焊接检验,确保焊接结构的质量,保证焊接结构的安全运行。焊接检验是一项全过程的质量管理活动,包括焊前准备检验、焊接过程检验和焊后质量检验三个阶段。

焊前检验是以预防为主,主要检查施焊前的各项准备工作,最大限度地避免或减少焊接缺陷的产生,包括技术文件的审核、原材料检验、焊工资格检查等。焊接过程中的检验主要是检查各生产工序的焊接工艺执行情况,以便发现问题及时补救,通常以自检为主。焊后检验是整个检验工作的重点,是对产品焊接质量的综合性检验,包括以下主要内容:焊缝外观检验、无损检验、力学性能实验、其他性能检验等。常用的焊后检验方法及其各自的特点和适用范围见表8-7。

表8-7 常用的焊后检验方法

分类	检验项目	主要方法	检验位置及能探出的缺陷	检验目的及适用范围
破坏性检验	力学性能实验	拉伸实验、冲击实验、弯曲实验、硬度实验、压扁实验、疲劳实验	需要按照相应的国家标准制备产品试板	焊接检验的关键步骤;主要用于测定焊接接头的强度、塑性、韧性和硬度等力学性能
	化学分析实验	化学成分分析实验、腐蚀实验		检查焊缝金属的化学成分,从而确定合适的焊接材料和焊接工艺;确定接头金属抗腐蚀的能力,分析腐蚀原因,找出防腐蚀的方法
	金相实验	宏观检验、微观检验		用来检查焊缝、热影响区及焊件的金相组织情况,以及确定内部缺陷
非破坏性检验	外观检验	焊缝目视检验;焊缝尺寸检验	焊件表面	焊后检验的第一步;检查焊接接头的表面质量和焊缝形貌,确定焊接接头是否有裂纹、气孔等焊接缺陷以及焊缝的形状尺寸是否满足要求。
	致密性检验	气密性实验、氨渗透实验、氨检漏实验、沉水实验、载水实验、煤油实验、吹气实验、冲水实验	—	检验焊接结构的密封性,即有无液体、气体泄漏现象。常用于检查管子、油箱、水箱及其他存储介质为液体或气体的焊接结构
	压力实验	水压实验、气压实验	—	检验焊接结构的强度,同时还能检查致密性;常用于受压容器、管道等焊接结构
	无损检验	射线检验	内部缺陷(气孔、夹渣、未焊透、裂纹等)	X射线检验适合检测的工件厚度小于100 mm;γ射线检验检测工件厚度可达300 mm;高能X射线检验可以检测的工件厚度达600 mm

分类	检验项目	主要方法	检验位置及能探出的缺陷	检验目的及适用范围
非破坏性检验	无损检验	超声波检验	内部缺陷(裂纹、未焊透、气孔、夹渣等)	焊件厚度上限几乎不受限制,下限一般应大于 8 mm
		磁粉检验	表面及近表面的缺陷(裂纹、未焊透、气孔等),深度不超过 6 mm	适用于铁磁性材料的检测;不能检测非铁磁性材料,如奥氏体钢、铜、铝等材料
		渗透检验	表面开口缺陷(裂纹、气孔、夹渣等)	既可检测金属材料,也可检测非金属材料,不受零件结构限制;不适用于检测多孔性或疏松材料制成的工件或表面粗糙的工件

　　焊接质量标准对于保障工程质量和安全具有重要意义,通过制定和执行严格的焊接质量标准,可以有效地控制焊接过程中的各种风险,提高焊接接头的质量和可靠性,确保焊接结构的安全运行。焊接质量标准包括焊接工艺的规范要求、焊接接头的几何形状和尺寸要求、焊接接头的缺陷和质量评定标准、焊接工艺的检测和验收要求等。表8-8列举了部分焊接质量标准。

表8-8　焊接质量检验标准(部分摘录)

标准编号	标准名称
GB/T 2651—2023	金属材料焊缝破坏性实验 横向拉伸实验
GB/T 2652—2022	金属材料焊缝破坏性实验 熔化焊接头焊缝金属纵向拉伸实验
GB/T 2653—2008	焊接接头弯曲实验方法
GB/T 2654—2008	焊接接头硬度实验方法
GB/T 27552—2021	金属材料焊缝破坏性实验 焊接接头显微硬度实验
GB/T 2650—2022	金属材料焊缝破坏性实验 冲击实验
GB/T 27551—2011	金属材料焊缝破坏性实验 断裂实验
GB/T 26955—2011	金属材料焊缝破坏性实验 焊缝宏观和微观检验
GB/T 3323.1—2019	焊缝无损检测 射线检测 第1部分:X 和伽玛射线的胶片技术
GB/T 3323.2—2019	焊缝无损检测 射线检测 第2部分:使用数字化探测器的 X 和伽玛射线技术
GB/T 37910.1—2019	焊缝无损检测 射线检测验收等级 第1部分:钢、镍、钛及其合金

标准编号	标准名称
GB/T 37910.2—2019	焊缝无损检测 射线检测验收等级 第2部分：铝及铝合金
NB/T 47013.2—2015	承压设备无损检测 第2部分：射线检测
NB/T 47013.3—2023	承压设备无损检测 第3部分：超声检测
GB/T 2970—2016	厚钢板超声检测方法
GB/T 29712—2023	焊缝无损检测 超声检测 验收等级
GB/T 29711—2023	焊缝无损检测 超声检测 焊缝内部不连续的特征
GB/T 26951—2011	焊缝无损检测 磁粉检测
GB/T 26952—2011	焊缝无损检测 焊缝磁粉检测 验收等级
NB/T 47013.5—2015	承压设备无损检测 第5部分：渗透检测
GB/T 26953—2011	焊缝无损检测 焊缝渗透检测 验收等级
GB/T 5097--2020	无损检测 渗透检测和磁粉检测 观察条件
JB/T 9218—2015	无损检测 渗透检测方法

注：GB—中国国家标准；NB—中国能源行业标准；JB—中国机械行业标准。

实验 8.1　焊条电弧焊对接平焊

一、实验目的

(1)了解焊机的构造,能够正确使用焊接设备和工具,并会调节焊接参数；

(2)掌握焊条电弧焊引弧收弧动作要领,并能熟练操作；

(3)掌握常用运条方法及其使用场合,并会实际应用；

(4)掌握焊接安全知识,并能做到安全文明生产。

二、焊前准备

(1)焊件材质：Q235 或 Q355 钢板。

(2)焊条：E4303 或 E5015。

(3)面罩、敲渣锤、钢丝刷。

三、实验步骤

1.操作姿势

平焊时,一般采用蹲式操作,如图 8-32 所示。蹲姿要自然,两脚夹角为 70°～80°,两脚距离为 240～260 mm。持焊钳的胳膊半伸开,要悬空无依托地操作。

2.引弧

焊条电弧焊的基本操作技术主要包括：引弧、运条和焊缝的收尾等。

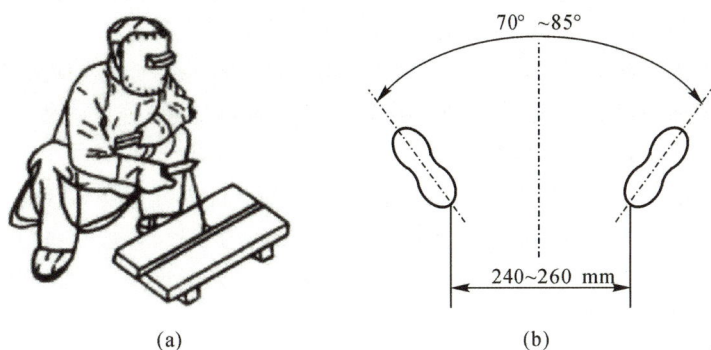

图 8-32　平焊操作姿势

(a)蹲式操作姿势;(b)两脚的位置

(1)引弧。电弧焊开始时,引燃焊接电弧的过程叫引弧。引弧的方法有两种:直击法和划擦法。

1)划擦法。先将焊条末端对准焊件,然后像划火柴似的,将焊条在焊件表面划擦,焊条与焊件接触引燃电弧后立即提起,保持电弧在 2～3 mm 的高度,此时电弧能稳定地燃烧,如图 8-33(a)所示。这种方法初学者容易掌握,但容易损坏焊件表面。

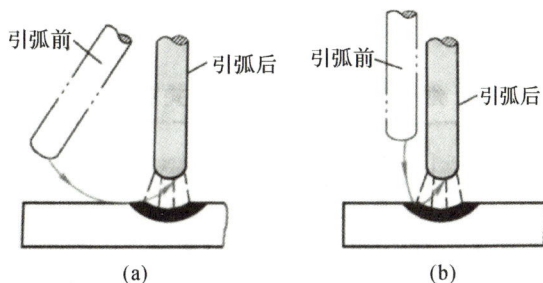

图 8-33　引弧方法

2)直击法。先将焊条垂直对准焊件,然后用焊条撞击焊件,出现弧光后,迅速提起焊条并保持 2～3 mm 的距离,使产生的电弧稳定燃烧,如图 8-33(b)所示。操作时必须掌握好手腕下送的动作和上提的距离。

(2)运条。焊接过程中,焊条相对焊缝所做的各种动作的总称叫做运条。运条的基本动作包括沿焊条轴线向熔池方向的送进、沿焊缝轴线的纵向移动和横向摆动 3 个动作,如图 8-34 所示。

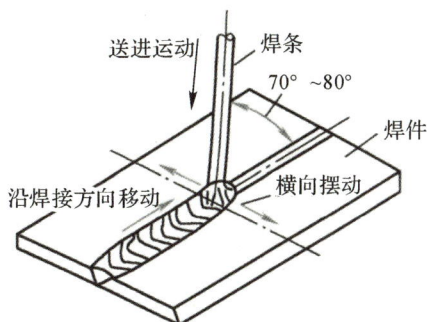

图 8-34　运条基本动作

279

1)焊条沿轴线向熔池送进,是使焊条在不断熔化的过程中保持弧长不变。因此,焊条送进速度应与焊条的熔化速度相等,否则,会发生断弧或黏结现象。

2)焊条沿焊接方向移动,是为了控制焊道成形,随着焊条向前移动会逐渐形成一条焊道。焊条向前移动的速度过快,会出现焊道较窄甚至难以成形;速度过慢会出现焊道过厚、过宽的现象,还可能出现烧穿等缺陷。

3)焊条横向摆动,是为了获得一定宽度的焊道,并保证焊缝两侧熔合良好。其摆动幅度根据焊件厚度、坡口大小等因素决定。横向摆动力求均匀一致,才能获得宽度整齐的焊缝。

常见的运条方法有直线形运条法、锯齿形运条法、月牙形运条法、直线往复运条法、圆圈形运条法、三角形运条法等,如图8-35所示。

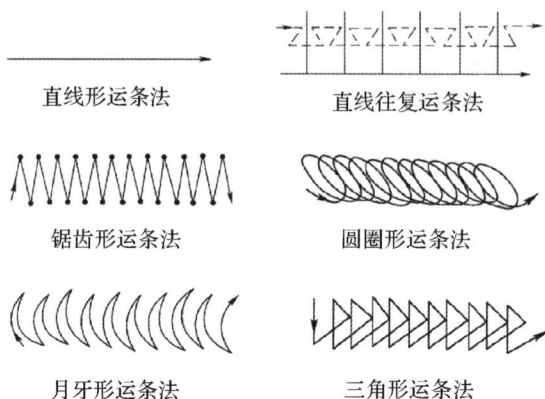

直线形运条法　　　　　　直线往复运条法

锯齿形运条法　　　　　　圆圈形运条法

月牙形运条法　　　　　　三角形运条法

图8-35　运条方法示意图

(3)焊缝的收尾。焊缝结束时应当拉断电弧,称为收尾(收弧)。如果收尾时立即拉断电弧则易产生弧坑,引起裂纹及气孔等缺陷,因此,焊缝收尾时应逐渐填满弧坑后再熄弧。常用的收尾方法有三种:

1)划圈收尾法。焊条移至焊道终点时,作圆圈运动,直到填满弧坑再拉断电弧,如图8-36(a)所示。此法适用于厚板焊接。

2)反复断弧收尾法。焊条移至焊道终点时,在弧坑上需作数次反复熄弧引弧数次,直到填满弧坑为止,如图8-36(b)所示。此法适用于薄板焊接,不适用于碱性焊条。

3)回焊收尾法。焊条移至焊道终点时,在收弧处稍作停顿,然后改变焊条角度向后回焊20~30 mm,再将焊条拉向一侧熄弧,如图8-36(c)所示。此法适用于碱性焊条。

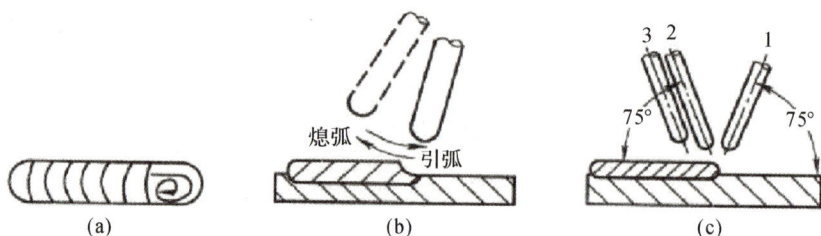

(a)　　　　　　　(b)　　　　　　　(c)

图8-36　收尾方法
(a)划圈收尾法;(b)反复断弧收尾法;(c)回焊收尾法

四、实验结果及分析

实验结果及分析见表 8－9。

表 8－9　实验结果及分析

项目	结果及分析	
焊缝高度	适中	
焊缝高度差	合乎标准	
焊缝宽度	一致	
焊缝宽度差	合适	
咬边	无	
表面成形	正面	反面
	良好	良好
内凹（凸）	良好	良好
焊瘤	无	
文明操作	优秀	

◆ 本 章 小 结

（1）按焊接过程的特点可将焊接方法分为熔焊、压焊和钎焊;焊接电弧是电弧焊的热源,由阴极区、阳极区和弧柱区三部分构成。

（2）弧焊整流器和弧焊逆变器是直流电源;弧焊变压器是交流电源。直流电源有两种接线方法,即直流正接和直流反接。正接法常用于厚板、酸性焊条的焊接;反接法常用于薄板、碱性焊条的焊接及熔化极气体保护焊等。

（3）焊接材料包括焊条、焊丝、焊剂、气体、钨极等。焊条分为酸性焊条和碱性焊条两类;酸性焊条工艺性能好,力学性能差,适用于焊接低碳钢和不重要的结构件;碱性焊条工艺性能差,但力学性能好,适用于焊接重要的结构件。焊丝是埋弧焊、气体保护焊、自保护焊和电渣焊等多种焊接方法的主要焊接材料。焊剂是埋弧焊、电渣焊所用的焊接材料,其作用相当于焊条中的药皮,焊剂需与焊丝配合使用。焊接用气体的特点及使用要求。钨极是钨极氩弧焊或等离子弧焊的电极,常用钨极是铈钨极。

（4）焊接接头可分为对接接头、搭接接头、T 形接头和角接接头四种,其中对接接头是各种接头中最好的接头形式。坡口的基本形式有 I 形坡口、V 形坡口、X 形坡口、U 形坡口等四种。焊缝符号包括基本符号、指引线、补充符号、尺寸符号及数据等,各类符号的含义及表示方法。

（5）常用的焊接方法有焊条电弧焊、TIG 焊、CO_2 气体保护焊、熔化极氩弧焊、埋弧焊、搅拌摩擦焊、电阻焊,常用的高效焊接方法有 A－TIG 焊、热丝 TIG 焊、双丝焊、窄间隙焊等。金属焊接性的概念,焊接性评定的常用方法有碳当量法、焊接冷裂纹敏感指数法及焊接性实验方法。常用金属材料的焊接性分析。

（6）从焊接结构材料的选择、焊接方法的选择、接头形式设计和焊缝布置等方面进行焊接结构工艺设计。焊接质量控制及检验标准。

◆ 课后思考与练习八

1. 什么是焊接？焊接方法可分为哪几类？各有什么特点？

2. 什么是焊接电弧？焊接电弧由哪几部分组成？

3. 焊接接头的基本形式有哪些？

4. 坡口的基本形式有哪些？如何正确选择坡口？

5. 识读下列焊缝符号的含义：

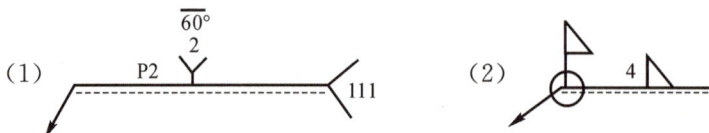

6. 什么是 A - TIG 焊和热丝 TIG 焊？与传统 TIG 焊比，它们各具有哪些特点？

7. CO_2 气体保护焊有哪些特点？

8. 熔化极氩弧焊有哪些特点？双丝熔化极气体保护焊的优势什么？

9. 什么是埋弧焊？双丝埋弧焊的特点是什么？

10. 什么是窄间隙焊？窄间隙焊具有哪些主要特征？

11. 简述搅拌摩擦焊的原理和特点。

12. 什么是电阻焊？电阻焊方法有哪些？

13. 什么是金属的焊接性？什么是碳当量法？

14. 低合金结构钢有哪些？简要说明热轧及正火钢的焊接性特点和焊接工艺要点。

15. 奥氏体不锈钢焊接的主要问题是什么？焊接工艺要点是什么？

16. 铝及铝合金的焊接性问题有哪些？

17. 焊缝布置时应遵循哪些工艺设计原则？

18. 焊接裂纹有哪些？简述焊接裂纹的特征、产生原因及防止措施。

◆ 【工匠精神·榜样的力量】

高凤林，中共党员，全国总工会兼职副主席，全国劳动模范，中国航天科技集团有限公司第一研究院 211 厂发动机车间班组长，第一研究院首席技能专家，2018 年"大国工匠年度人物"（见图 8 - 37）。

他是航天特种熔融焊接工。他技校毕业参加工作后，坚守在同一个车间，干同一个工种，只专注于一件事——在厚度、薄度均在毫厘之间的管壁上，一次次攻克发动机喷管焊接技术难关，被称为焊接火箭"心脏"的人。长三甲系列运载火箭、长征五号运载火箭的第一颗"心脏"（氢氧发动机喷管）都在他手中诞生。40 年来，他为 90 多发火箭焊接过"心脏"，占我国火箭发射总数近四成，攻克了 200 多项航天焊接难关。

没人天生会焊接，与很多人一样，高凤林第一次拿焊枪也很不顺利。当他一手用焊枪夹住焊条，一手拿起防护面罩时，焊条已不自觉地接触到练习用的铁板，那突然闪出的耀眼弧光和铁板、焊条熔解的"滋滋"声,让他下意识地将焊枪向上一提,焊条却从焊枪上掉了下来。他放下防护面罩,关掉电源,一屁股坐在地上,半天没有再动一下。与许多人不一样的是,回过神的他,掏出笔记本和笔开始记录焊接的操作规程和自己操作时的心理变化,再去观察师傅们是如何操作的,然后记下他们的动作特点。最终总结为三个大字:"稳""准""匀"。终于,他打开电源、拿起焊枪、带上防护罩,深吸一口气,稳稳地将焊枪在铁板上轻轻一点,在满地洒落的"流星"中,完成了人生中的第一道焊缝。

在国家"七五"攻关项目——东北哈汽轮机厂大型机车换热器的生产中,"熔焊"是一大关键,有关人员经过一年多的实验也未能取得突破。这块"硬骨头"交到了高凤林的手上。此时他已经成长为焊接领域的青年专家。半年的时间里,从早到晚,高凤林天天趴在冰冷的产品上,一趴就是几个小时不下来。过往的师傅打趣说:"小高呀,你是和产品结婚了吧,一来你就抱着它不下来。"凭着这股劲头,他终于把压在单位一年多的两组 18 台产品交付出厂。时至今日,高凤林说"这是最苦的一次"。他把"不达目的,誓不罢休",用在了学习和每一次攻关中。参加成人自考时,为了复习,他瘦得腮帮子都凹陷了。参加航天系统青工技术比赛时,他吃住在厂里,白天穿梭于攻关现场、训练场、课堂,晚上抱着两摞厚厚的书籍学习到三、四点钟,不到 30 岁的人头发一把把地往下掉。最终,高凤林在比赛中取得了实践第一、理论第二的优异成绩,课程设计考试一次通过,产品攻关也进展顺利,并于 1991 年,被破格晋升为国家级技师。他深深地体会到:只有把知识和实践结合起来,才能发挥出无穷的力量。高凤林说:"如果追求短期内快速成功,很可能就是昙花一现。"

宝剑锋从磨砺出,梅花香自苦寒来。高凤林用四十年的坚守,专注做一个工作,创造别人认为不可能的可能,诠释了一个航天匠人对理想信念的执着追求。弘扬工匠精神,要时刻保持向上的心态、归零的心态,久久为功,向更高的目标进发,逐步实现个人价值。要始终保持坚定的立场,永恒的信念,将理论学习运用到实践中,用扎实的知识和高质量的产品推动社会的发展。

图 8-37 "金手天焊"高凤林

第9章 切削加工

（1）掌握切削加工的基本知识，包括切削加工的分类、特点、作用和发展方向，零件的种类及组成，机床的切削运动，切削加工的阶段。

（2）掌握刀具与刀具切削过程的基本概念与现象，包括刀具结构、刀具基本角度、刀具材料、刀具切削过程、刀具切削过程的物理现象。

（3）理解磨具与磨削过程的基本概念与现象，包括磨具、磨削过程的特点与物理现象。

（4）掌握普通刀具切削加工方法的原理与适用范围，包括车削加工、钻削加工、磨削加工、铣削加工、刨削加工、插削加工、拉削加工。

（5）理解磨削加工方法的原理与适用范围，包括普通磨削、无心磨削、高效磨削、砂带磨削。

（6）理解精密加工方法的原理与适用范围，包括刮削、宽刀细创、研磨、磨、抛光、超精加工方法。

（7）掌握零件加工质量的概念，包括加工质量与表面质量的概念、设计零件时的技术经济性原

（8）理解切削加工新工艺、新技术及其发展趋势。

（1）能识读零件图纸和工艺文件，并制定工艺方案。

（2）能正确选用切削加工设备、夹具及工量刃具等，并能操作和维护保养机床。

（3）能合理选用切削加工参数。

（4）能根据零件加工工艺和图纸要求，完成典型零件的普通切削加工。

（5）能选用量具完成零件检测。

（1）通过切削加工学习和实践，增强学生的审美情趣，以及尊重劳动教育，培养探索未知、追求真理、勇攀科学高峰的责任感和使命感。

（2）培养学生求真务实的科学素质，树立产品质量意识和环保节能的职业意识，培养学生精益求精的大国工匠精神。

利用刀具和工件作相对运动，从工件上切除多余的材料，以获得符合尺寸、形状和位置精度以及表面粗糙度要求的加工方法，称为金属切削加工。

金属切削加工的方法很多，主要有车削、铣削、钻削、刨削、镗削和磨削等。虽然各种切削加工的具体方法不同，但在切削过程中所产生的物理现象与规律都基本相同。

9.1　切削加工概述

9.1.1　切削运动

1.切削运动

机器零件的形状虽然多种多样,但总是由一些基本的表面如平面、外圆柱(锥)面、内圆柱(锥)面和具有一定规律的曲面所组成的。这些基本表面的形成,是通过机床上的工件和刀具作相对运动来实现的。工件与刀具的相对运动称为切削运动,它包括主运动和进给运动,如图 9-1 所示。

（1）主运动:直接切除工件上的被切削层,使之转变为切屑的运动。如车削时,工件的旋转运动,钻削和铣削时刀具的旋转运动,磨削时砂轮的旋转运动,在牛头刨床上刨削时刀具的往复直线运动等都是主运动。主运动的速度可用 v_c 来表示。通常主运动的线速度较高,它所消耗的功率也较大。一般地,一种切削加工中的主运动只有一个。主运动可以由工件来完成,也可以由刀具来完成。

单有主运动,只能切除工件的部分被切削层材料,要使新的金属层连续不断地投入切削,还需要进给运动的配合。

（2）进给运动:不断地使工件被切削层投入切削,以逐渐加工出整个表面所需的运动。如车外圆时车刀的连续纵向移动,钻孔时钻头的轴向移动,铣键槽时工件的纵向移动,牛头刨床刨平面时工件的横向间歇运动等都是进给运动。进给运动可以是一个,也可以是多个,如磨外圆时工件有两个进给运动,即工件的低速旋转和纵向移动。

2.切削过程形成的表面

在切削过程中,工件上会形成三个表面,即待加工表面、过渡表面和已加工表面(见图 9-1)。待加工表面为工件上有待切除的表面。过渡表面(也叫加工表面)为刀刃正在切削的表面。已加工表面为已切除多余金属后形成的新表面。

9.1.2　切削刀具

1.刀具材料应具备的性能

在切削过程中,刀具直接完成切削工作,同时刀具切削部分要受到很高的温度、压力和摩擦的作用,刀具切

切削运动和切削要素

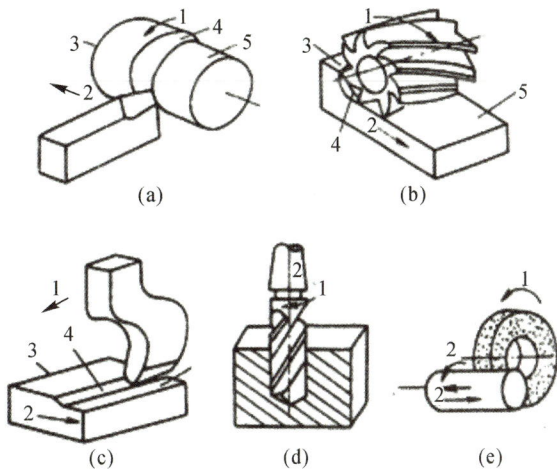

图 9-1　几种常见的切削加工方法的切削运动
(a)车外圆;(b)铣平面;(c)刨平面;(d)钻孔;(e)磨外圆
1—主运动;2—进给运动;3—待加工表面;
4—过渡表面;5—已加工表面

削性能的好坏,对工件被加工表面的质量、切削效率、刀具的寿命和加工成本的高低有显著影响。刀具材料必须具备下列基本性能才能满足切削的要求:

(1)足够的硬度和耐磨性。常温硬度需在63HRC以上,高温硬度需在40HRC以上。材料硬度越高,则耐磨性越高。

(2)足够的强度和韧性,使刀具在切削过程中能承受很大的切削力、冲击和振动。

金属切削刀具

(3)高的耐热性,刀具材料的热硬性越高,允许的切削速度就越高。

(4)良好的导热性。有利于降低切削温度,提高刀具寿命。

(5)良好的工艺性能和经济性,以方便刀具本身加工制造。

2.刀具材料的分类

刀具切削部分的材料主要有工具钢、硬质合金、陶瓷材料和超硬刀具材料等四类。一般常用的是高速工具钢和硬质合金。

(1)碳素工具钢。常用钢号有T7A、T8A、T10A、T12A等。其优点是工艺性良好,耐磨性较好,价格低,热处理后硬度达60~64HRC。其缺点是热硬性差(200~250 ℃),淬透性差,切削速度较低($v < 8$ m/min)。其用于手工刀具、低速及小进给量的机用刀具。

(2)合金工具钢。常用牌号有9SiCr、CrWMn等。其优点是耐磨性、耐热性(250~350 ℃)、韧性、淬透性和切削速度得到了提高。其用于制造细长刀具或截面积大、刃形复杂的刀具,如拉刀、丝锥和板牙等。

(3)高速工具钢。常用牌号有W18Cr4V、W6Mo5Cr4V2、W6Mo5Cr4V2Al等。其优点是硬度、耐磨性、强度和韧性较高,淬透性较好,工艺性好;尤其是热硬性很高,切削温度达500~600 ℃时,硬度保持在60HRC,切削速度提高1~3倍。其常用于制造复杂的成形刀具、孔加工刀具。

(4)硬质合金。硬质合金是将一些难熔的、高硬度的合金碳化物粉末与金属黏结剂混合而成,经高温加压成形,烧结而成的粉末冶金材料。其优点是硬度、耐磨性、耐热性均高于高速钢,常温硬度为89~93HRA,切削温度在800~1 000 ℃时仍能切削,切削性能好,切削速度提高4~10倍。其缺点是抗弯强度低,约为W18Cr4V的1/2~1/4,性脆、冲击韧度差,约为W18Cr4V的1/3~1/4,刃口不及高速钢锋利,忌在高温下骤然冷却,工艺性差,不易进行机械加工。通常做成刀片用焊接或机械夹持的方法固定在车刀、铣刀等刀具的刀体上。

最常用的是钨钴类硬质合金、钨钛钴类硬质合金、钨钛钽(铌)类硬质合金,它们的主要成分为WC,可统称为WC基硬质合金。

(5)陶瓷刀具。陶瓷刀具是以氧化铝或氮化硅为基体加少量金属经高温烧结而成的一种新型刀具材料。主要特点是硬度、耐磨性、耐热性和化学稳定性高;摩擦因数低,切屑不易粘刀,不易产生积屑瘤;强度、韧性和导热率低;抗热冲击性差,一般不加切削液。其适用于高速精细加工硬材料。新型陶瓷刀具也能进行断续切削和粗加工难加工材料。

(6)超硬刀具材料。主要指金刚石和立方氮化硼。

1)金刚石。金刚石是目前已知最硬的物质,硬度达10 000 HV。金刚石的缺点是耐热温度低(700~800 ℃),铁与碳原子亲合力强,因此金刚石不宜加工含碳的黑色金属。

2)立方氮化硼。立方氮化硼由六方氮化硼经高温高压转化而成。主要优点是硬度和耐磨性很高,硬度达 3 500~4 500 HV;热稳定性好,1 300 ℃时不发生氧化;导热性较好。立方氮化硼能加工淬硬钢、冷硬铸铁,还能高速切削高温合金、热喷涂材料等难加工材料。

3. 刀具几何形状

刀具的种类很多,形状各不相同,其中车刀是最简单、最基本的刀具,各种复杂刀具都可以看作是以车刀为基本形态演变而成。现以外圆车刀为例分析刀具切削部分的结构形状。

(1)车刀切削部分的组成,如图 9-2 所示。

1)前刀面(前面)——刀具上切屑流过的表面。

2)主后刀面(主后面)——与工件上过渡表面相对的表面。

3)副后刀面(副后面)——与工件上已加工表面相对的表面。

车刀几何形状及刀具
几何角度的形成

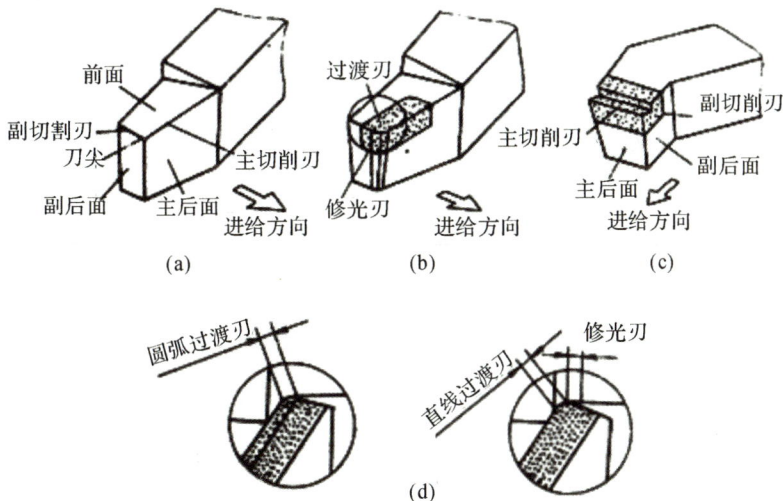

4)主切削刃(主刀刃)——前刀面与主后刀面的相交部位,它担负主要的切削工作。

5)副切削刃(副刀刃)——前刀面与副后刀面的相交部位,它配合主切削刃完成少量的切削工作。

6)刀尖——主切削刃与副切削刃的连接部位。为提高刀尖的强度,延长刀具寿命,通常将刀尖磨成圆弧或直线过渡刃。

7)修光刃——副切削刃近刀尖处一小段平直的切削刃。装刀时必须使修光刃与进给方向平行,且修光刃长度必须大于进给量,才能起到修光作用。

图 9-2　车刀切削部分的组成

(2)确定车刀角度的辅助平面。为确定和测量刀具的几何角度,需要规定几个辅助平面为测量基准平面,如图 9-3 所示。

1)基面——通过主切削刃上某一点并与该点切削速度方向相垂直的平面。

2)切削平面——通过主切削刃上某一点与工件加工表面相切并垂直于基面的平面。

3)主剖面——通过主切削刃上某一点并同时垂直于基面和切削平面的平面。

4)假定工作平面——通过切削刃上某一点垂直于基面,并平行于假定的进给方向的平面。

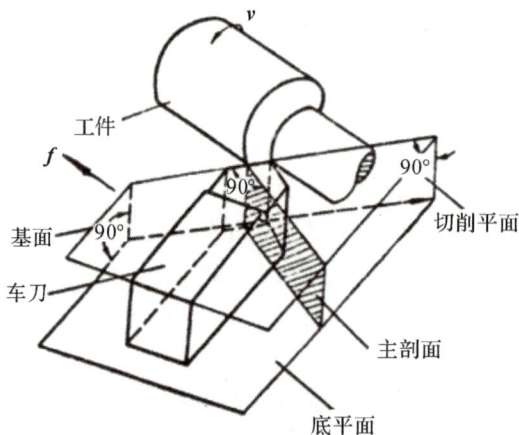

图 9 - 3　确定车刀角度的辅助平面

(3)车刀的标注角度。标注角度是指在刀具图样上标注的角度,也称刃磨角度。车刀共有六个独立的基本角度:前角(γ_o)、主后角(α_o)、副后角(α_o')、主偏角(κ_r)、副偏角(κ_r')和刃倾角(λ_s)。还有几个派生的角度,如楔角(β_o)和刀尖角(ε_r)。外圆车刀角度的标注如图 9 - 4 所示。

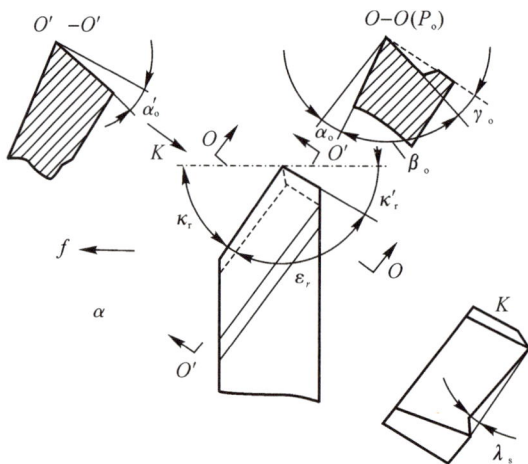

图 9 - 4　车刀角度的标注

1)前角(γ_o)。在主剖面中测量,它是前刀面与基面之间的夹角。前角影响刃口的锋利和强度的大小,影响切削力和切削变形。增大前角能使车刀锋利,减小切削力和切削热,使排屑顺利。但前角过大,使刀头强度下降,影响刀具寿命。

2)主后角(α_o)。在主剖面中测量,它是主后面与切削平面之间的夹角。主后角的作用是减少后刀面与工件加工表面之间的摩擦,但主后角不能过大,否则使刀刃强度下降。

3)副后角(α_o')。在副剖面中测量,它是副后面与副切削平面之间的夹角。副后角的作用是减少车刀副后面与工件已加工表面之间的摩擦。

4)楔角(β_o)。它是主剖面中前刀面与主后刀面之间的夹角。它影响刀头的强度。

楔角的计算公式为

$$\beta_o = 90° - (\gamma_o + \alpha_o)$$

5)主偏角(κ_r)。在基面内测量,它是主切削平面与进给运动方向之间的夹角。主偏角的大小影响主切削刃的受力及切削分力的大小,还影响刀头散热情况和刀具寿命。

6)副偏角($\kappa_r{}'$)。在基面内测量,它是副切削平面与进给运动反方向之间的夹角。副偏角的作用是减少副切削刃和副后面与工件已加工表面之间的摩擦,副偏角的大小影响工件表面粗糙度。

7)刀尖角(ε_r)。它是基面内主切削平面与副切削平面之间的夹角。刀尖角影响刀尖强度和散热情况。刀尖角的计算公式为

$$\varepsilon_r = 180° - (\kappa_r + \kappa_r{}')$$

8)刃倾角(λ_s)。在切削平面中测量,它是主切削刃与基面之间的夹角。刃倾角主要影响刀头的强度和切屑的流动方向。

9.1.3 切削用量

切削用量是切削加工过程中的切削速度、进给量和背吃刀量的总称,是衡量主运动和进给运动大小的参数。合理选择切削用量对加工质量和生产率有显著的影响。

(1)切削速度 v_c。其指切削刃上选定点相对于工件的主运动的瞬时速度,即车刀在一分钟内车削工件表面的理论展开直线长度(假定切屑没有变形或收缩),单位为 m/min。如车外圆时切削速度为

$$v_c = \frac{\pi d n}{1\,000} \text{或}\ v_c = \frac{dn}{318}$$

式中:n 为工件或刀具的转速(r/min);d 为完成主运动的工件或刀具的最大直径(mm)。

(2)进给量(走刀量)f。其指在主运动的一个循环内,刀具与工件沿进给方向的相对位移。如车削时,进给量可用工件每转一转,刀具的位移来度量,单位为 mm/r;在牛头刨床上刨平面时,进给量则为刀具往复一次,工件在进给方向的位移量,单位是 mm/往复行程。

进给速度 v_f 是切削刃上选定点相对工件的进给运动的瞬时速度,单位为 mm/s(mm/min,m/min)。车削时的进给速度为

$$v_f = nf$$

(3)背吃刀量 α_p。其指在通过切削刃基点并垂直于工作平面的方向上测量的吃刀量,一般地说是工件待加工表面到已加工表面间的垂直距离,单位为 mm。

车外圆时的背吃刀量为

$$\alpha_p = \frac{d_w - d_m}{2}$$

式中:d_w 为工件待加工表面的直径(mm);d_m 为工件已加工表面的直径(mm)。

9.1.4 切削液

切削液是一种在金属切削、磨加工过程中,用来冷却和润滑刀具和加工件的工业用液

体。切削液由多种超强功能助剂经科学复合配合而成,同时具备良好的冷却性能、润滑性能、防锈性能、除油清洗功能、防腐功能、易稀释等特点。它克服了传统皂基乳化液夏天易臭、冬天难稀释、防锈效果差的毛病,对机床漆也无不良影响,适用于黑色金属的切削及磨加工,属当前最领先的磨削产品。切削液各项指标均优于皂化油,它具有良好的冷却、清洗、防锈等特点,并且具备无毒、无味、对人体无侵蚀、对设备不腐蚀、对环境不污染等特点。

1. 切削液的分类

金属切削加工中常用的切削液有水溶液、乳化液、切削油三大类。

(1)水溶液的主要成分为水和一定的添加剂。它的冷却性能好,同时具有良好的防锈性能和一定的润滑性能。液体呈透明状,便于操作者观察。

(2)乳化液是将乳化油用水稀释而成。乳化油是由矿物油、乳化剂及添加剂配成,用95%～98%的水稀释后即成为乳白色的或半透明状的乳化液。

(3)切削油的主要成分是矿物油,也有少量采用动植物油或复合油。纯矿物油不能在摩擦界面上形成坚固的润滑膜,润滑效果一般。在实际使用中常常加入油性添加剂、极生添加剂和防锈添加剂,以提高其润滑和防锈性能。

2. 切削液的作用

(1)润滑作用。金属切削加工液(简称切削液)在切削过程中的润滑作用,可以减小前刀面与切屑、后刀面与已加工表面间的摩擦,形成部分润滑膜,从而减小切削力、摩擦和功率消耗,降低刀具与工件坯料摩擦部位的表面温度和刀具磨损,改善工件材料的切削加工性能。在磨削过程中,加入磨削液后,磨削液渗入砂轮磨粒－工件及磨粒－磨屑之间形成润滑膜,使界面间的摩擦减小,防止磨粒切削刃磨损和粘附切屑,从而减小磨削力和摩擦热,提高砂轮耐用度以及工件表面质量。

(2)冷却作用。切削液的冷却作用是通过它和因切削而发热的刀具(或砂轮)、切屑和工件间的对流和汽化作用,把切削热从刀具和工件处带走,从而有效地降低切削温度,减少工件和刀具的热变形,保持刀具硬度,提高加工精度和刀具耐用度。切削液的冷却性能和其导热系数、比热、汽化热以及黏度(或流动性)有关。水的导热系数和比热均高于油,因此水的冷却性能要优于油。

(3)清洗作用。在金属切削过程中,要求切削液有良好的清洗作用,如除去生成切屑、磨屑以及铁粉、油污和砂粒,防止机床和工件、刀具的沾污,使刀具或砂轮的切削刃口保持锋利,不致影响切削效果。对于油基切削油,粘度越低,清洗能力越强,尤其是含有煤油、柴油等轻组份的切削油,渗透性和清洗性能就越好。含有表面活性剂的水基切削液,清洗效果较好,因为它能在表面上形成吸附膜,阻止粒子和油泥等黏附在工件、刀具及砂轮上,同时它能渗入到粒子和油泥黏附的界面上,把它从界面上分离,随切削液带走,保持界面清洁。

(4)防锈作用。在金属切削过程中,工件要与环境介质及切削液组分分解或氧化变质而产生的油泥等腐蚀性介质接触而腐蚀,与切削液接触的机床部件表面也会因此而腐蚀。此外,在工件加工后或工序之间流转过程中暂时存放时,也要求切削液有一定的防锈能力,防止环境介质及残存切削液中的油泥等腐蚀性物质对金属产生侵蚀。特别是在我国南方地区潮湿多雨季节,更应注意工序间防锈措施。

3.切削液的选用

(1)工具钢。其耐热温度在 200～300 ℃之间,只能适用于一般材料的切削,在高温下会失去硬度。由于这种刀具耐热性能差,要求冷却液的冷却效果要好,一般采用乳化液。

(2)高速钢。这种材料是以铬、镍、钨、钼、钒(有的还含有铝)为基础的高级合金钢,它们的耐热性明显地比工具钢高,允许的最高温度可达 600 ℃。与其他耐高温的金属和陶瓷材料相比,高速钢有一系列优点,特别是它有较高的坚韧,适合于几何形状复杂的工件和连续的切削加工,而且高速钢具有良好的可加工性和价格上容易被接受。使用高速钢刀具进行低速和中速切削时,建议采用油基切削液或乳化液。在高速切削时,由于发热量大,以采用水基切削液为宜。若使用油基切削液,则会产生较多油雾,污染环境,而且容易造成工件烧伤,加工质量下降,刀具磨损增大。

(3)硬质合金。用于切削刀具的硬质合金是由碳化钨(WC)、碳化钛(TiC)、碳化钽(TaC)和 5%～10%的钴组成,它的硬度大大超过高速钢,最高允许工作温度可达 1 000 ℃,具有优良的耐磨性能,在加工钢铁材料时,可减少切屑间的黏结现象。在选用切削液时,要考虑硬质合金对骤热的敏感性,尽可能使刀具均匀受热,否则会导致崩刃。在加工一般的材料时,经常采用干切削,但在干切削时,工件温升较高,使工件易产生热变形,影响工件加工精度,而且在没有润滑剂的条件下进行切削,由于切削阻力大,功率消耗增大,刀具的磨损也加快。硬质合金刀具价格较贵,可见从经济方面考虑,干切削也是不合算的。在选用切削液时,一般油基切削液的热传导性能较差,使刀具产生骤冷的危险性要比水基切削液小,因此一般选用含有抗磨添加剂的油基切削液。在使用冷却液进行切削时,要注意均匀地冷却刀具,在开始切削之前,最好预先用切削液冷却刀具。对于高速切削,要用大流量切削液喷淋切削区,以免造成刀具受热不均匀而产生崩刃,亦可减少由于温度过高产生蒸发而形成的油烟污染。

(4)陶瓷。陶瓷是采用氧化铝、金属和碳化物在高温下烧结而成的,这种材料的高温耐磨性比硬质合金还要好,一般采用干切削,但考虑到均匀的冷却和避免温度过高,也常使用水基切削液。

(5)金刚石。它具有极高的硬度,一般使用于切削。为避免温度过高,也像陶瓷材料一样,许多情况下采用水基切削液。

9.2　常用的切削加工方法

9.2.1　车削加工

1.车削概述

车削加工是在车床上利用工件的旋转运动和刀具的移动进行切削加工的一种方法。车削加工应用很广泛,机械加工车间中车床一般占机床总数的 30%～50%,甚至更多。

用车刀或其他刀具可以在车床上车端面、车外圆、车内圆、车圆锥面、切槽、切断、车内沟槽、车螺纹、钻孔、车孔、攻丝、车成形面以及滚花等,如图 9-5 所示。

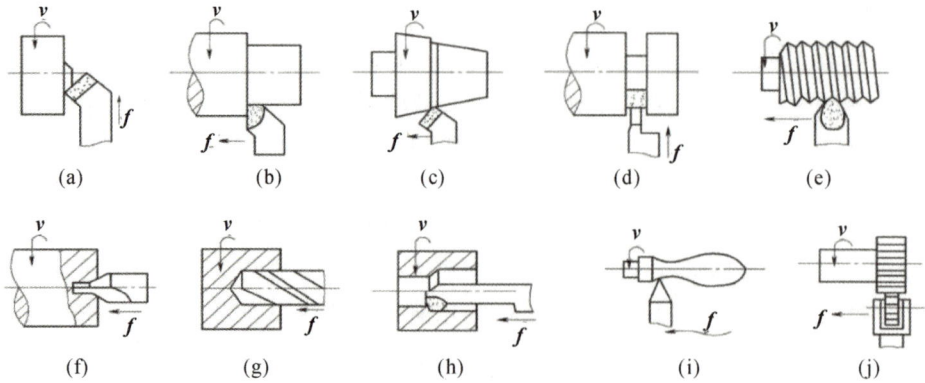

图 9-5 车削加工的主要内容

(a)车端面；(b)车外圆；(c)车圆锥；(d)切槽或切断；(e)车螺纹；
(f)钻中心孔；(g)钻孔；(h)镗孔；(i)车成形面；(j)滚花；

车削加工的特点：

(1)生产过程连续稳定,生产率较高。由于主运动是连续的旋转运动,切削力变化不大,可进行高速切削和强力切削。

(2)车刀结构简单,制造、刃磨、装拆方便,生产成本较低。

(3)能对不宜进行磨削的有色金属进行精加工。若采用金刚石车刀,以小切深、小进给和高切速精车,可获得很高的尺寸精度(IT6～IT5)和很小的表面粗糙度值(Ra 为 0.8～0.1 μm)。

(4)适用范围广泛。除能加工回转体零件外,利用车床附件和夹具还可加工多种形状复杂的零件上的回转表面；既适合单件小批生产,也适合大批量生产。尺寸公差 IT9～IT6,表面粗糙度值达到 Ra 为 6.3～1.6 μm。

2.工件在车床上的装夹方法

(1)三爪卡盘装夹。三个卡爪能同步移动,在夹紧工件的同时,能自动定心,工件安装时一般不需校正,适用于中小型圆柱形、正三边形或正六边形较短的工件,如图 9-6 所示。

工件的装夹

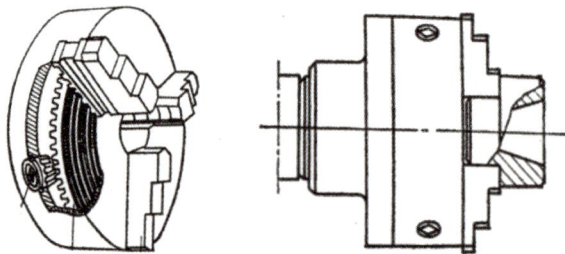

图 9-6 三爪卡盘装夹工件

(2)四爪卡盘装夹。四个卡爪独立移动,夹紧力较大,找正工件费时费力,适用于较短的方形、椭圆形或形状不规则的工件及直径较大且较重的盘套类工件,如图 9-7 所示。

（3）双顶尖装夹。双顶尖装夹除使用前、后顶尖外，还需配合鸡心夹头，夹紧力较小，用于较长（$4 < \frac{L}{D} < 20$）的轴类工件。如果工件特别细长（$\frac{L}{D} > 20$），为防止工件弯曲变形，需增加辅助支承——中心架和跟刀架。中心架用压板固定在床身导轨上，有三个可以单独调节的支承柱支承工件的外圆。而跟刀架只有两个支承柱，它固定在大拖板上与刀架一起沿工件轴向移动。中心架和跟刀架的使用情况如图 9－8 所示。

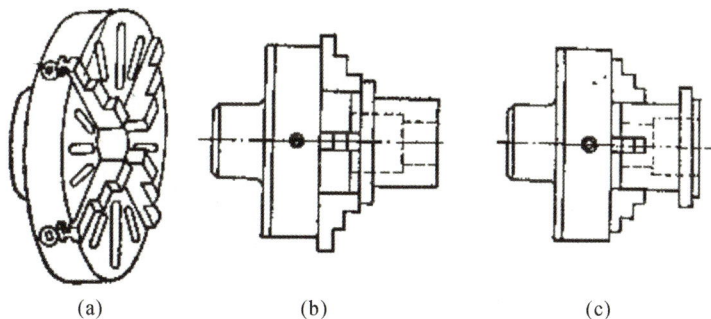

图 9－7　四爪卡盘装夹工件

（a）四爪卡盘；（b）（c）安装工件

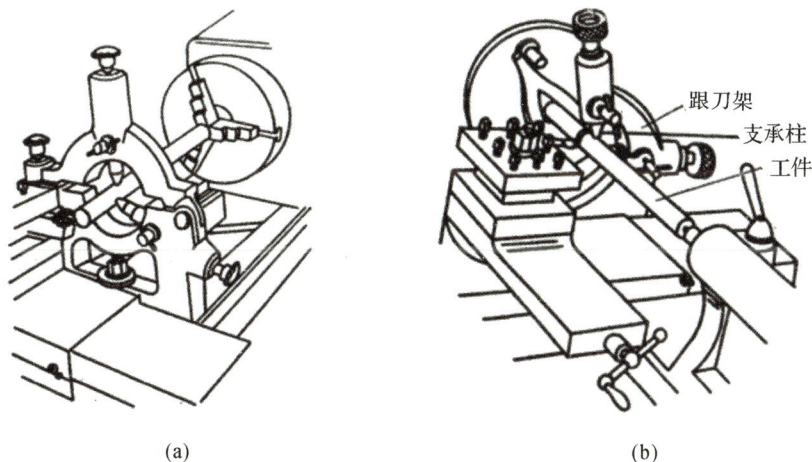

图 9－8　中心架和跟刀架的应用

（a）中心架的结构及使用情况；（b）跟刀架的结构及使用情况

对于阶梯轴采用双顶尖装夹，以两端的中心孔为加工基准，在多次调头过程中，可保证车出的各外圆的同轴度或对轴线的径向圆跳动要求以及轴肩对轴线的垂直度或端面的跳动度要求。

（4）一夹一顶装夹。用卡盘和尾座上的顶尖配合装夹，比双顶尖装夹夹紧力大。当较长的工件在车端面、钻孔或车孔时，不能使用尾座顶尖，这时只能使用中心架作支承，以提高工件刚性，避免产生振动，如图 9－9 所示。

（5）心轴装夹。盘套类零件以孔为定位基准，可安装在心轴上，用于保证工件的内、外圆的同轴度、轴肩对轴心线的垂直度或端面的跳动度要求。

（6）花盘和弯板装夹。它用于形状比较特别的工件，应用较少，如图 9-10 所示。

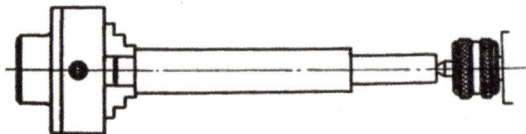

图 9-9　一夹一顶装夹工件

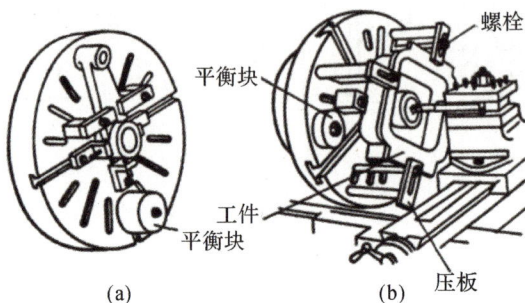

（a）　　　　　　　　（b）

图 9-10　花盘和弯板装夹工件

（a）加工连杆；（b）加工壳体

3.车床概述

车床的种类很多，主要有普通车床、六角车床、立式车床、自动和半自动车床，还有近年来应用较广的数控车床。

（1）普通车床组成及作用。CA6140 型普通车床是加工范围很广的万能性车床，外形如图 9-11 所示，主要由主轴箱、挂轮箱、进给箱、溜板箱、拖板、刀架、尾座和床身等部件组成。

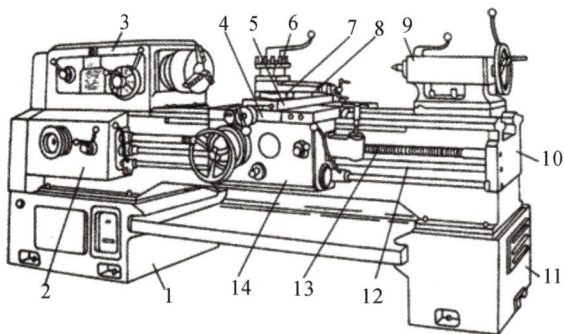

图 9-11　CA6140 型普通车床外形图

1、11—床腿；2—进给箱；3—主轴箱；4—床鞍；5—中滑板；6—刀架；7—回转盘；

8—小滑板；9—尾座；10—床身；12—光杠；13—丝杠；14—溜板箱

1)主轴箱:用来把电动机的旋转运动传递给主轴,主轴通过卡盘带动工件旋转。改变箱外手柄位置,可改变工件转速。

2)进给箱:用来把挂轮箱的旋转运动传递给光杠或丝杠。改变箱外手柄位置,可改变进给量或螺距。

3)刀架:用来装夹刀具并作纵横向移动和车螺纹。

4)尾座:上有锥孔,可用来装夹尾座顶尖及钻头和铰刀。

5)床身:用来安装上述各部件,床身上的导轨为大拖板和尾座的移动导向。

(2)普通车床传动路线。CA6140车床传动路线示意图如图9-12所示。

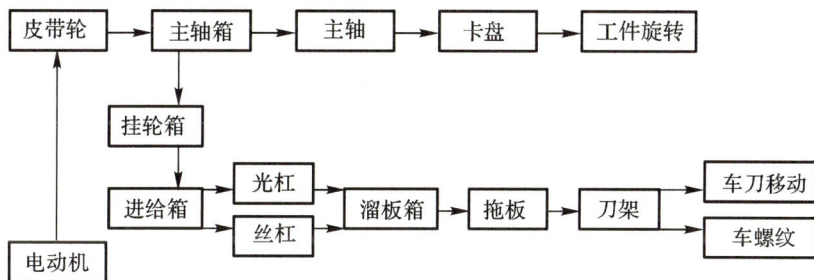

图9-12 普通车床的传动示意图

图中工件旋转是主运动,有正转24种,反转12种;车刀移动是进给运动,其中经光杠传递的运动使刀具作纵向或横向进给运动,经丝杠传递的运动使刀具进行螺纹加工。

(3)CA6140型车床主要技术规范。工件最大回转直径是400 mm;工件最大长度有750 mm、1 000 mm、1 500 mm和2 000 mm四种;主轴中心高度205 mm;主轴正转10~1 400 r/min,反转14~1 580 r/min;主电机功率7.5 kW。

4.常用车削方法

(1)车外圆。车外圆是最基本、最常见的一种车削方法,常用外圆车刀有三种,即45°弯头车刀、75°外圆车刀和90°偏刀,如图9-13所示。45°弯头车刀可以车外圆、端面和倒角,切削时径向切削分力较大,常用来加工刚性好的工件;90°偏刀可以车外圆、台阶和端面,切削时径向切削分力较小,不易引起振动,因此在车细长轴类工件时首选90°偏刀。75°外圆车刀刀尖强度好,散热情况好,径向切削分力也不大,用于粗、精车外圆。

车削外圆面

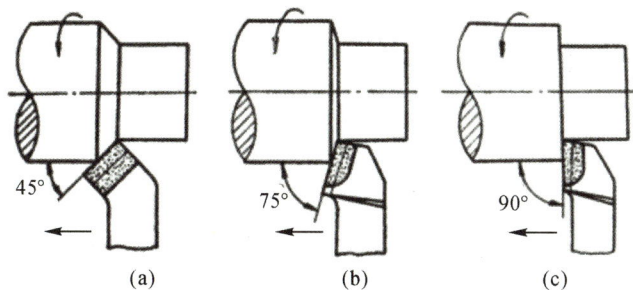

图9-13 车外圆与外圆车刀

粗车时以提高生产率为主,要求刀头强度好,车刀一般选择较小的前角、后角和负值的刃倾角;精车时以保证精度为主,要求得到较小的表面粗糙度值,车刀应选择较大的前角、后角和正值的刃倾角,刀刃要光洁而锋利。

安装车刀时尽量使刀尖与主轴中心等高,刀杆应与主轴轴线垂直,刀头悬伸部分尽量短,以提高刀杆刚性。

(2)车端面与台阶。车端面常用45°弯头车刀和主偏角为75°的端面车刀,如图9-14所示。装刀时,应使刀尖高度严格对准主轴中心,否则会使刀具实际工作角度变化较大,使切削不顺利,并会在端面中心处留下车不住的凸台,还容易使刀尖折断(尤其是硬质合金刀具)。另外,当车刀横向进给时,应将大拖板紧固,以免车刀纵向移动引起平面度误差。

车台阶可用75°外圆车刀粗车外圆和台阶面,再用95°偏刀精车。为保证台阶面与外圆的轴心线垂直,当车外圆至长度尺寸时,再自内向外横向一次车出台阶,如图9-14所示。

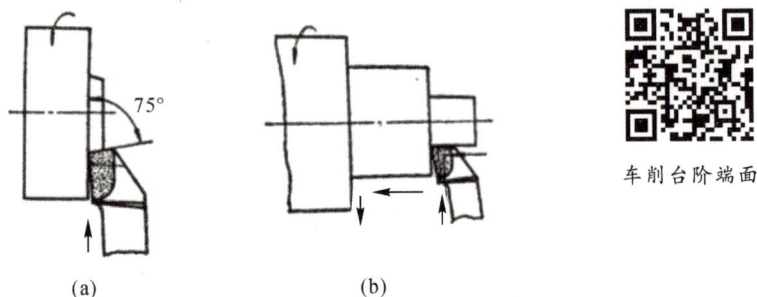

车削台阶端面

图9-14 车端面与台阶

(3)钻孔与车孔。钻孔是主轴带动工件旋转,手工均匀转动尾座的手柄使钻头轴向进给。钻前需将钻头的锥柄和尾座锥孔擦干净,再将钻头插入尾座锥孔,轴向移动进行钻孔。为防止孔钻偏,钻前可先用中心钻钻出中心孔作定位导向孔。钻孔过程中,需经常退出钻头,以利于排屑和散热,应浇注切削液(铸铁等脆性材料可不浇)对钻头进行冷却。

车孔是在钻孔之后进行的,分通孔刀和不通孔刀,如图9-15所示。

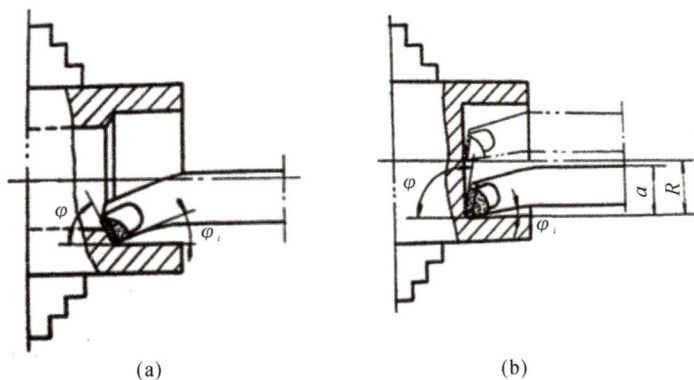

图9-15 通孔车刀和不通孔车刀
(a)通孔镗刀;(b)不通孔镗刀

车孔能纠正原孔轴线的偏斜。但车孔刀刀杆受孔径的限制，一般较细长，刚性差，切削时弹性变形较大；孔内加工不易观察，不易排屑，因此车孔比车外圆精度难保证。装夹刀具时应尽量使刀杆悬伸较短；在不影响排屑和进退刀自如情况下，尽量增大刀杆截面积，以增加刀杆刚性。

（4）车圆锥面。工件旋转，车刀的运动轨迹与工件轴线的夹角等于工件的圆锥斜角 α，即可车出圆锥面。在普通车床上车圆锥面的方法有斜置小拖板法、偏移尾座法、靠模法和宽刀法。

1）斜置小拖板法。将小拖板扳到与主轴轴线成圆锥斜角 α 的位置，然后紧固，用手动进给小拖板，车出圆锥面，如图 9-16 所示。斜置小拖板法能车锥度较大的整体圆锥和锥孔；但手动进给，表面粗糙度不易控制，劳动强度大，长度受小拖板行程的限制。

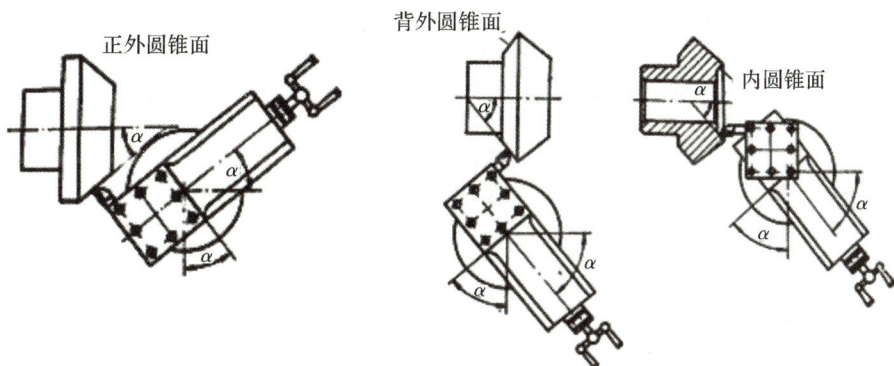

图 9-16　斜置小拖板法车圆锥面

2）偏移尾座法。工件用双顶尖装夹时，将尾座偏移一定距离，使工件轴线与主轴轴线相交成圆锥斜角 α，车刀作纵向进给，车出圆锥面，如图 9-17 所示。尾座的偏移距离近似公式为

$$s \approx L \cdot \frac{K}{2} = L \cdot \tan = L \cdot \frac{D-d}{2l}$$

偏移尾座法能自动进给，表面粗糙度较小；能车较长的圆锥，不能车锥度大的圆锥和锥孔；调整尾座偏移很费时，用于圆锥斜角小于 8° 的圆锥面。

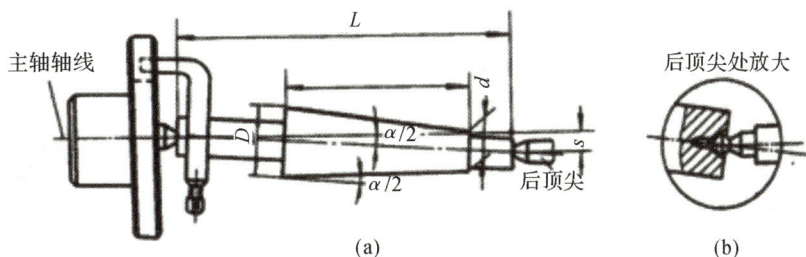

图 9-17　偏移尾座法车圆锥面

297

3)靠模法。利用锥度靠模装置,使车刀纵横向同时进给,两个方向的合成运动使刀尖轨迹与工件轴线成圆锥斜角 α,车出圆锥面,如图9-18所示。靠模法可自动进给,内、外、长、短圆锥都可加工,只能用于圆锥斜角小于 $12°$ 的圆锥面,适用于批量生产。

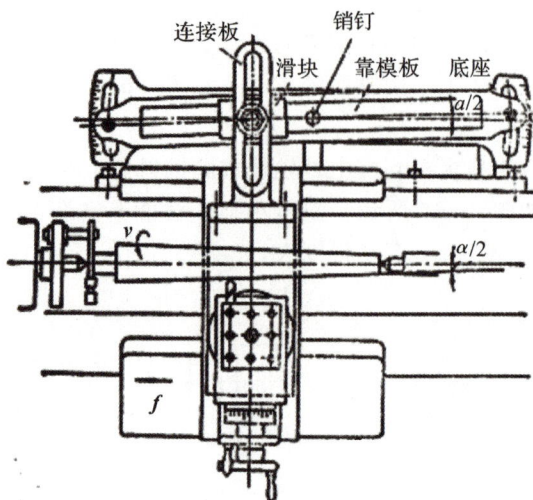

图9-18 靠模法车圆锥面

4)宽刀法(成形刀法)。刀刃必须平直,主切削刃与工件轴线成圆锥斜角 α,横向进给车出圆锥面,如图9-19所示,适用于很短的圆锥面,横向切削力较大,要求工件及刀具刚性好。

自数控车床广泛应用后,圆锥面的加工在数控车上操作很简便,尺寸精度和表面粗糙度都很容易保证,因此一般的圆锥面加工都安排在数控车床上进行。单件小批量且精度要求低的锥面加工才在普通车床上用斜置小拖板法进行。

此外,成形面的车削也是数控车床的强项,已经几乎不安排在普通车床上进行。

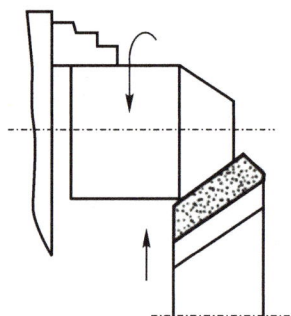

图9-19 宽刀法车圆锥面

(5)车螺纹。螺纹的种类很多,按牙形主要有三角形、矩形、梯形和锯齿形等。最常见的是三角形螺纹的普通螺纹。车螺纹的要点如下:

1)为保证牙形准确,必须正确地刃磨和安装车刀,车刀的刀尖角应等于螺纹的牙形角。装夹车刀时必须使刀尖与工件轴线等高,且刀尖角的对称轴线应垂直于工件轴线。

螺纹车刀的径向前角为 $0°$ 时,切削条件较差,通常先用具有正前角的车刀粗车,再用前角为 $0°$ 的车刀精车。对于精度要求不高的三角螺纹,可采用较小前角的车刀一次车削完成。

车削螺纹

2)为获得所需螺距,应根据进给箱上的铭牌表调换手柄位置,保证工件转一转,刀具准确而均匀地移动一个螺距值。也就是使车床丝杠与工件的转速比等于工件螺距 $P_{\text{工}}$ 与丝杠

螺距 $P_丝$ 的比值，即 $i=\dfrac{n_丝}{n_工}=\dfrac{P_工}{P_丝}$。

3)须防止乱扣。一般的螺纹经多次吃刀才能完成，每次走刀总能使刀尖对准已车出的螺旋槽才能不乱扣。若丝杠螺距是工件螺距的整数倍，就不会乱扣，否则会乱扣。

如果乱扣，则必须用开倒顺车的方法防止。开倒顺车的方法就是在每次走刀完毕时，先横向退出车刀，再开反车让工件和丝杠反转，使车刀回到车螺纹的起点位置，然后再吃刀，接着开正车继续下一次走刀。

4)多头螺纹车削须注意分线问题。分线的方法常用移动小刀架法和旋转工件法。

移动小刀架法即车完第一条螺旋线后，使车刀轴向移动一个螺距值开始车第二条螺旋线。如果螺距要求不高，可直接利用小刀架手柄刻度控制移动量；如果螺距值要求较高，可用百分表检测小刀架的移动量。

旋转工件法分线即在车完第一条螺旋线后，让工件相对主轴转动 $\dfrac{360°}{n}$（n 为多线螺纹的线数）。此法需用带有分度槽的车床附件，适宜加工双顶尖装夹的工件。

9.2.2　铣削加工

1. 铣削概述

铣削加工是在铣床上利用刀具的旋转运动和工件的移动来加工工件的，是平面加工的主要方法之一。铣削可以在卧式铣床、立式铣床、龙门铣床、工具铣床以及各种专用铣床上进行。在铣床上使用不同种类的铣刀，可以分别加工平面、斜面、阶台面、特形面、沟槽、螺旋槽、花键、齿轮、蜗轮和齿条等，如图 9-20 所示。

铣削一般分为粗铣和精铣。粗铣后尺寸公差等级可达 IT13～IT11，表面粗糙度 Ra 可达 12.5；精铣后尺寸公差等级可达 IT9～IT7，表面粗糙度 Ra 可达 3.2～1.6。用端铣刀铣削大平面其直线度可达 0.04～0.08 mm/m。

铣削时，由于铣刀是旋转的多齿刀具，刀齿轮换切削，因而刀具的散热条件好，可以提高切削速度。另外，因铣刀的主运动是旋转运动，故可提高铣削用量和生产率。但由于铣刀刀齿的不断切出和切入，切削力不断地变化，所以易产生冲击和振动。

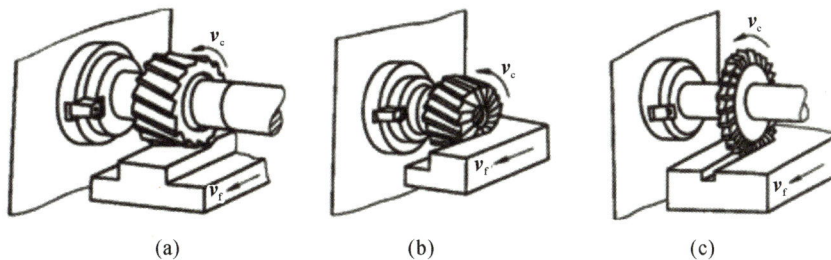

图 9-20　铣削加工举例

(a)圆柱形铣刀铣平面；(b)套式面铣刀铣台阶面；(c)三面刃铣刀铣直角槽；

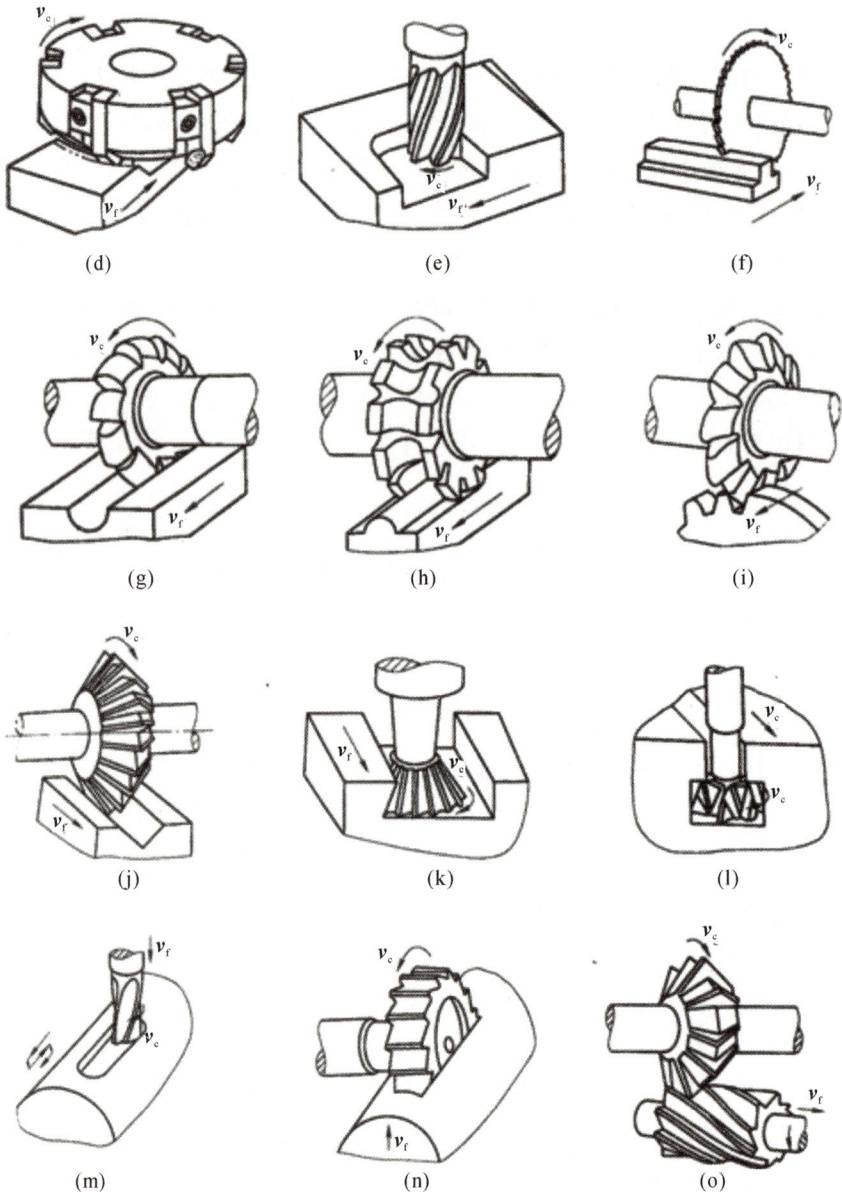

续图 9-20 铣削加工举例

(d)端铣刀铣平面;(e)立铣刀铣凹平面;(f)锯片铣刀切断;(g)凸半圆铣刀铣凹圆弧面;(h)凹半圆铣刀铣凸圆弧面;
(i)齿轮铣刀铣齿轮;(j)角度铣刀铣 V 形槽;(k)燕尾槽铣刀铣燕尾槽;(l)T 形铣刀铣 T 形槽;(m)键槽铣刀铣键槽;
(n)半圆键槽铣刀铣半圆键槽;(o)角度铣刀铣螺旋槽

2.铣削过程

(1)铣削要素。铣削要素包括铣削速度、进给量、铣削深度、铣削宽度、切削厚度、切削宽度和切削面积,如图 9-21 所示。

1)铣削速度 v_c。v_c 是指铣刀最大直径处切削刃的线速度(m/min),即

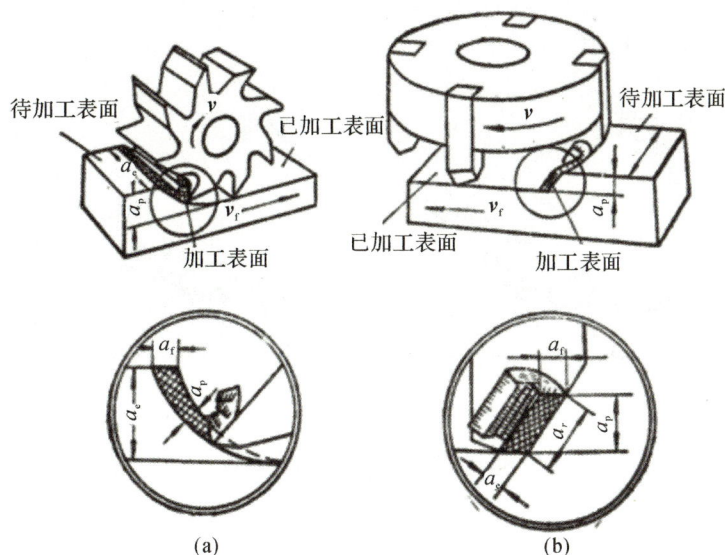

图 9 - 21 铣削要素

(a)周铣;(b)端铣

$$v_c = \pi D_0 n_0 / 1\,000$$

式中:D_0 为铣刀直径(mm);n_0 为铣刀转速(r/min)。

2)进给量。铣削的进给量分为每齿进给量、每转进给量和进给速度三种。

每齿进给量 f_z:铣刀每转中,每转过一个刀齿,工件与铣刀沿进给方向的相对位移量(mm/每齿)。

每转进给量 f:铣刀每转一转,工件与铣刀沿进给方向的相对位移量(mm/r)。

进给速度 v_f:铣刀每转一分钟,工件与铣刀沿进给方向的相对位移量(mm/min)。

3)铣削深度和铣削宽度。铣削深度是垂直于已加工表面测量出的切削层的尺寸,圆柱铣时用 a_e 表示,端铣时用 a_p 表示。铣削宽度是垂直于进给方向测量出的切削层的尺寸,周铣时用 a_p 表示,端铣时用 a_e 表示。其单位均为 mm。

4)切削厚度 a_c。相邻刀齿主切削刃所形成的切削表面间的垂直距离(mm)。在铣削过程中,a_c 是变化的。

5)切削宽度 a_w。其指铣刀主切削刃参加切削的长度(mm)。直齿圆柱铣刀的切削宽度 a_w 等于铣削深度 a_p;螺旋齿圆柱铣刀的切削宽度是变化的。

6)切削面积 A_c。其大小等于平均切削厚度与切削宽度的乘积(mm²)。一般情况下,铣刀有几个齿同时参加切削,故铣削时切削面积应为各参加切削刀齿切削面积的总和。

(2)铣削力。铣削过程中由于切削厚度不断变化,工件受力的大小也在变化。此外,同时参加切削的刀齿数以及铣削力的作用点和方向也时刻在变化。如图 9 - 22 中,图(a)位置1、2、3刀齿都在切削,合力 F_{cp} 作用在 A 点;而当铣刀旋转到图(b)位置时,刀齿1切离工件,此时铣削力突然降低,合力 F_{cp} 作用点移到 B 点,力的方向也变了。铣削力时刻变化容易引起振动,影响加工质量,对铣削加工十分不利。因此,应尽量设法减少铣削力变化的幅度。用螺旋齿圆柱铣刀代替直齿圆柱铣刀,使同时参加切削的齿数增多,减少切削总面积的变化,从而使铣削力变化的幅度减小。

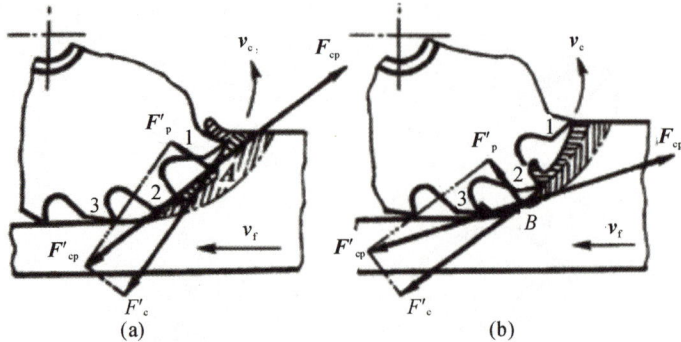

图9-22 铣削过程受力分析

(a)合力在A点;(b)合力在B点

(3)铣削方式。铣削可分为端铣和周铣;端铣时可分为对称铣和不对称铣;周铣时又可分为逆铣和顺铣。

1)端铣与周铣。用铣刀的端面齿进行切削的称为端铣[见图9-23(b)]。用铣刀圆周齿进行切削的称为周铣[见图9-23(a)]。

由图9-23可知,周铣时同时参加切削的刀齿数与切削层深度有关,一般只有1~2个齿;端铣时同时参加切削的刀齿数与已加工表面的宽度有关,而与有关切削层深度无关。

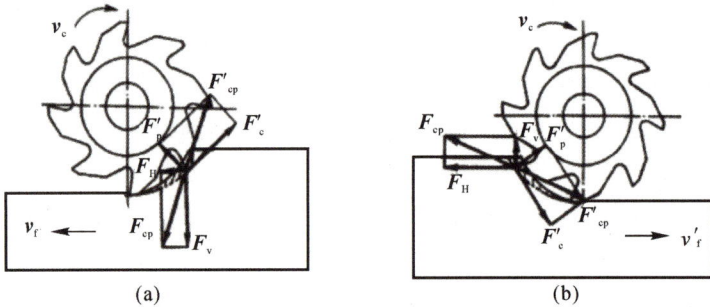

图9-23 周铣的顺铣和逆铣

二者相比端铣时切削力变化小,不易振动,平稳,得到的表面粗糙度Ra较小,生产率高;而周铣的适应性好,能用多种铣刀,能铣削平面、沟槽、齿形和成形表面等。因此,在大平面的铣削中大都采用端铣,周铣则多用于小平面、各种沟槽和成形表面的铣削。

2)逆铣和顺铣。当铣刀和工件接触部分的旋转方向与工件的进给方向相反时称为逆铣。反之,当二者的方向相同时称为顺铣,如图9-23所示。

逆铣时,每齿切削厚度由零到最大,刀刃在开始时不能立即切入工件,而要在已加工表面下滑行一小段距离,使刀具磨损严重,工件表面冷硬程度加重。铣刀作用在工件时的垂直分力F_v对工件起上抬作用,不利于压紧工件。

顺铣时,每齿切削厚度由最大到零,不存在逆铣时的滑行现象,刀具磨损较小,工件表面冷硬现象较轻。铣刀作用在工件上的垂直分力 F_V 将工件压向工作台及导轨,即有助于压紧工件,又减小了因工作台和导轨之间的间隙引起的振动。

顺铣时,在顺铣过程中,工作台将会反复出现突然窜动—突然停止—突然窜动的现象,使工件的运动很不平稳,造成扎刀、打刀等事故。逆铣时,由于铣刀作用在工件上的水平分力 F_H 的方向与进给方向相反,不会造成工作台窜动,因而工作台运动较平稳。

由此可见,顺铣有利于提高刀具耐用度和工件装夹的稳固性,但容易引起振动。因此,使用没有调整间隙装置的铣床一般采用逆铣。

3)对称铣和不对称铣。当工件铣削宽度偏于端铣刀回转中心一侧时称为不对称铣削,而工件与铣刀处于对称位置时称为对称铣削,如图 9-24 所示。

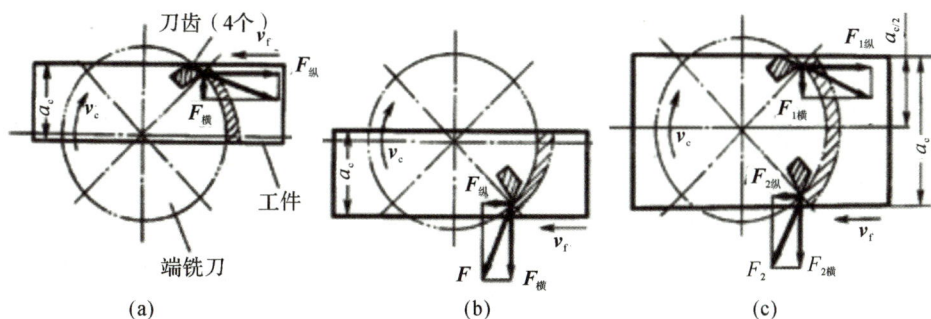

图 9-24　端铣的对称铣和不对称铣

(a)不对称逆铣;(b)不对称顺铣;(c)对称铣

不对称铣又分为不对称逆铣和不对称顺铣。图 9-24(a)逆铣部分大于顺铣部分称为不对称逆铣。不对称逆铣时,切削厚度由小到大,刀齿作用在工件切入边上的纵向分力 $F_纵$ 与进给方向相反,可防止工作台窜动。此种方式适宜铣削较窄的工件。图 9-24(b)顺铣部分大于逆铣部分称为不对称顺铣,一般不采用。

对称铣时,两个刀齿作用在工件上的切削分力可以抵消一部分,一般不会出现纵向工作台窜动。此种方法适用于工件宽度接近端铣刀直径且刀齿较多的情况。

3.铣床

铣床的种类很多,有卧式铣床、立式铣床和龙门铣床等。

(1)卧式铣床。卧式升降台铣床简称为卧式铣床(或卧铣)。普通卧式铣床的主轴与工作台面平行,呈水平位置。加工时工件用机用平口钳、分度头、圆工作台、螺栓和压板等工装夹在工作台上,铣刀装在主轴孔内或主轴孔内的刀杆上。铣刀旋转作主运动;工件可随工作台上下、左右、前后移动,作进给运动。它能完成各种铣削工作,如铣平面、沟槽、特形面、各种齿轮、蜗轮等。

在工作台与滑座之间增加一层转台,使转台与工作台一起可相对滑台在水平面内调整一个角度(一般为 45°左右),这种铣床叫卧式万能升降台铣床,其外形及基本组成如图 9-

25 所示。它除能完成普通卧式铣床所能完成的各种铣削工作外,还能完成特殊铣削工作,如铣螺旋槽、斜齿轮等。

(2)立式铣床。立式升降台铣床简称为立式铣床(或立铣)。立式铣床与卧式铣床的主要区别是它的主轴是垂直工作台竖直安放的,并能在垂直面内旋转一定的角度,一般为90°左右。立式铣床的其他部分与卧式铣床基本相似,如图9-26所示。立式铣床几乎能完成同型号卧式铣床所能完成的铣削工作。

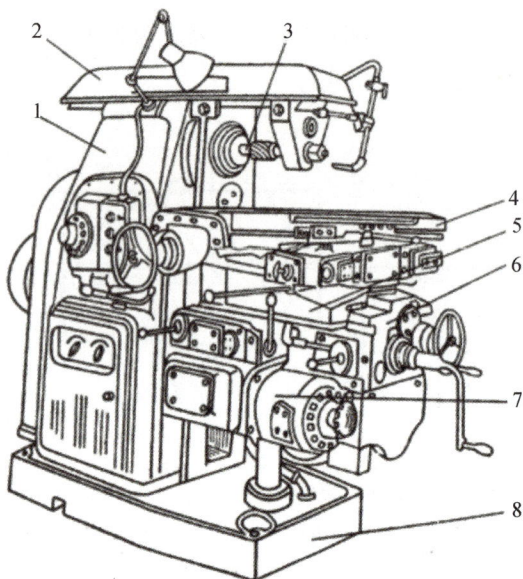

主轴

图9-25 卧式万能升降台铣床
1—床身;2—悬梁;3—铣刀轴;4—工作台;
5—滑座;6—升降台;7—进给变速箱;8—底座

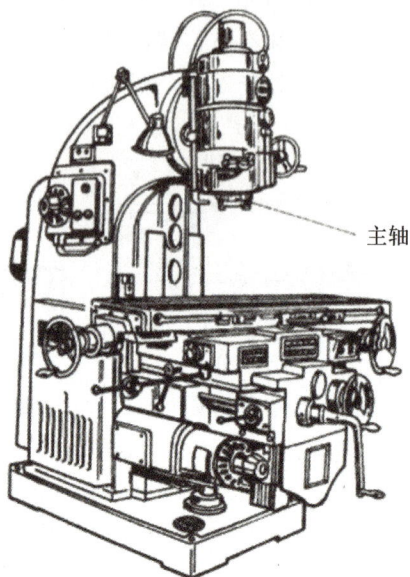

图9-26 立式升降台铣床

(3)龙门铣床。龙门铣床的外形与龙门刨床相似,通用的龙门铣床一般有四个铣削头,每一个铣削头都有一套独立的动力、传动、变速及操作机构。两个水平铣削头可沿立柱导轨上下移动,两个垂直铣削头可沿横梁左右移动,每个铣削头都能沿轴向进行调整,并可根据加工需要旋转一定的角度。横梁还可沿立柱导轨做上下移动。工作台可带动工件沿床身的导轨做纵向的进给运动。龙门铣床允许采用较大切削用量,并可用多把铣刀从不同方向同时加工几个表面,故生产率高。它适用于成批或大量生产中的中、大型零件的加工。

4.铣削加工方法

(1)铣平面、沟槽和成形平面。铣平面、沟槽和成形平面可在立式铣床或卧式铣床上进行,有周铣、端铣和二者兼用三种方式,所用刀具有圆柱铣刀、端铣刀、立铣刀、键槽铣刀、三面刃铣刀、锯片铣刀、组合铣刀、角度铣刀及成形铣刀等,如图9-27~图9-29所示。

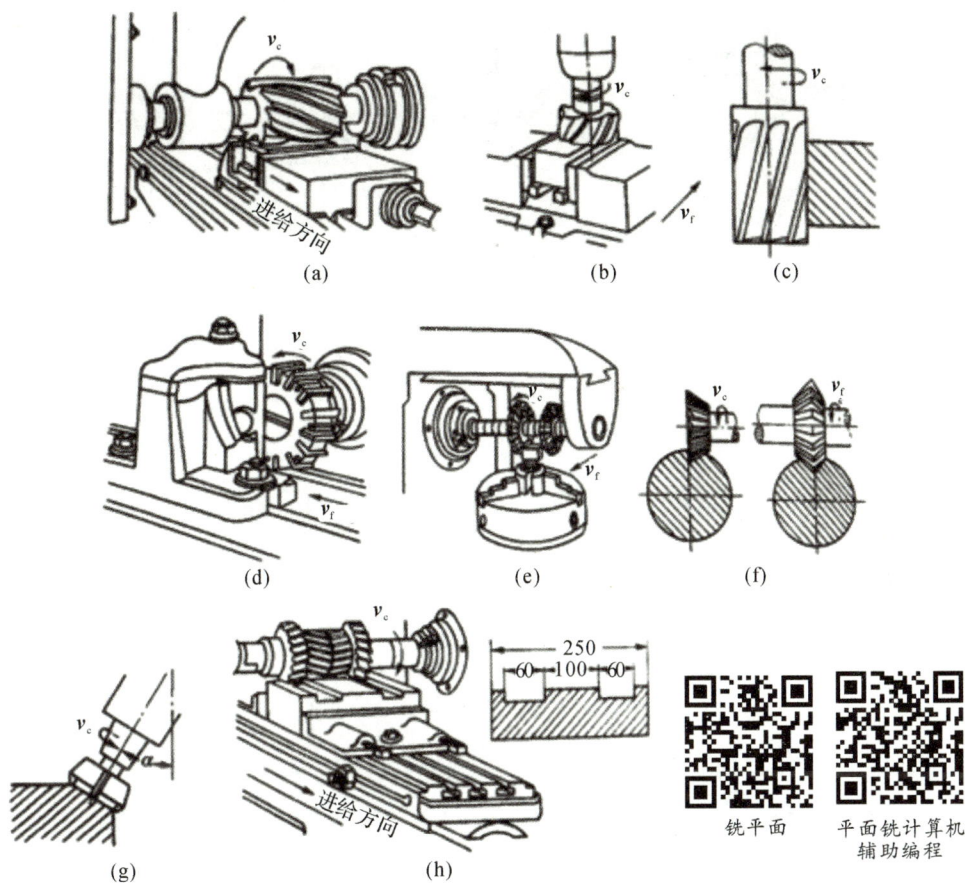

图 9-27　铣平面

(a)在卧铣上用圆柱铣刀铣水平面;(b)在立铣上用端铣刀铣水平面;(c)在立铣上用立铣刀铣垂直面;
(d)在卧铣上用端铣刀铣垂直面;(e)在卧铣上用三面刃铣刀铣垂直面;(f)在卧槽上用角度铣刀铣斜面;
(g)在立铣上用端铣刀铣斜面;(h)在卧铣上铣组合面

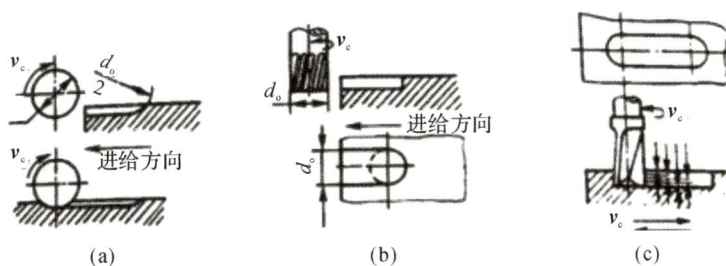

图 9-28　铣沟槽

(a)在卧铣上用圆盘铣刀铣直槽;(b)在立铣上用立铣刀铣直槽;(c)在立铣上用键槽刀铣健槽;

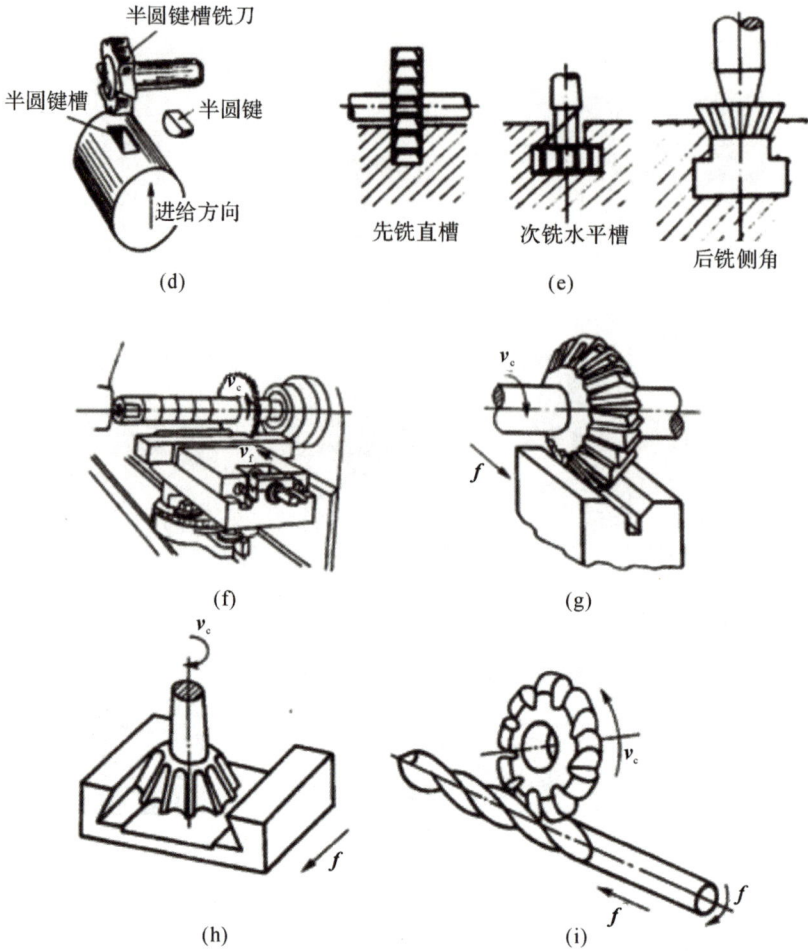

(d)

半圆键槽铣刀

半圆键槽   半圆键

进给方向

先铣直槽   次铣水平槽   后铣侧角

(e)

(f)   (g)

(h)   (i)

续图 9-28　铣沟槽

(d)在卧铣上用半圆键槽铣刀铣半圆形键槽；(e)铣 T 形槽；(f)在卧铣上用锯片铣刀切断；
(g)在卧铣上用成形铣刀铣 V 形槽；(h)在立铣上用成形铣刀铣燕尾槽；(i)在卧铣上用成形铣刀铣螺旋槽

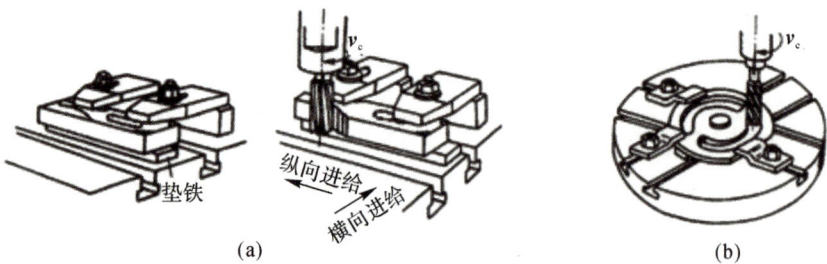

垫铁

纵向进给

横向进给

(a)   (b)

图 9-29　铣成形面

(a)用立铣刀铣曲线外形；(b)用回转工作台铣曲线外形；

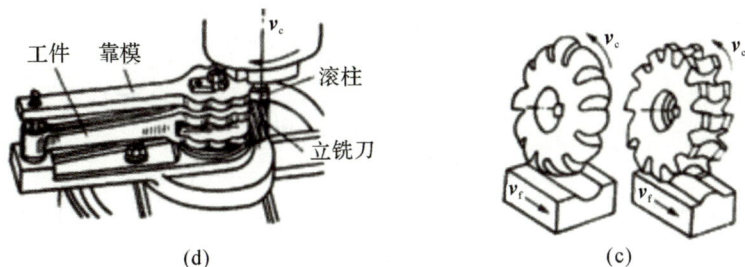

续图 9-29　铣成形面

(c)用靠模铣成形面;(d)用成形铣刀铣成形面

(2)分度加工。利用分度头可进行分度,以加工花键、螺旋槽、蜗轮及齿轮等工件。其分度方法很多,有直接分度法、简单分度法、角度分度法和差动分度法等。最常用的是简单分度法。

简单分度法是直接用分度盘进行分度。由于分度头的蜗杆蜗轮副传动比(等于其齿数比)为 1:40,即分度手柄(即蜗杆)转动一周,主轴(即蜗轮)带动工件只能转动 1/40 周(即转动 9°)。如果工件在整个圆周上的分度等分数 z 已知,则每分一个等分就要求分度头主轴转过 1/z 周,这时分度手柄所需转过的转数 n 应为

$$1:40 = \frac{1}{z}:n \qquad\qquad 即\ n = \frac{40}{z}$$

式中:n 为手柄转数;z 为工件转数。

例如铣削齿数为 36 齿的蜗轮,每一次手柄应转的转数为

$$n = \frac{40}{z} = \frac{40}{36} = 1\ \frac{1}{9} = 1\ \frac{6}{54}$$

即每分一齿,手柄需转过一整转再加 1/9(6/54)转,这 1/9 转是通过分度盘来实现的。通常分度头备有两块分度盘,每一分度盘的正反两面各有许多孔,且每一圈的孔数均不相同,但在同一圈上的孔距是相等的。一块正面各圈孔数分别为 24、25、28、30、34、37,反面为 38、39、41、42、43;另一块的正面为 46、47、49、51、53、54,反面为 57、58、59、62、66。

简单分度时,用锁紧螺钉将分度盘固定,再将分度手柄上的定位销拔出,调整到孔数为 9 的倍数孔圈上,即在孔数为 54 的孔圈上。铣削时,当铣完一个齿槽需分度时,手柄转过一转后再沿孔数为 54 的孔圈上转过 6 个孔间距,即可铣削第二个齿槽。

(3)铣螺旋槽。铣螺旋槽的工作原理与车螺纹基本相同。铣削时工件同时需得到匀速移动和等速旋转两种相互结合的运动,工件匀速移动由工作台纵向自动进给来提供,工件等速旋转由分度头来提供,二者的联动由工作台纵向进给丝杠末端与分度头之间的挂轮组(Z_1、Z_2、Z_3、Z_4)来实现(见图 9-30),且需保证工件转一周,沿轴向移动距离等于工件螺旋的导程。

铣削螺旋槽时计算挂轮组配换齿轮齿数的计算公式为

$$\frac{Z_1}{Z_2} \times \frac{Z_3}{Z_4} = \frac{40P}{L}$$

式中:P 为铣床纵向工作台丝杠螺距;L 为螺旋槽导程。

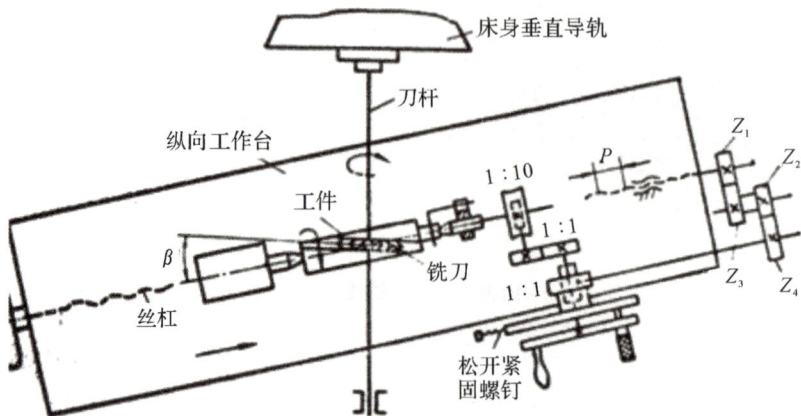

图 9-30　卧式铣床铣右旋螺旋槽示意图

在卧式铣床上用盘状铣刀铣螺旋槽时，为了使铣刀旋转平面与槽向一致，获得所需的螺旋槽的截面形状，还必须将工作台带动工件在水平面内转动一个工件的螺旋角，此项调整可在万能升降台铣床上来完成。当螺旋槽为左旋时，工作台顺时针转动；当螺旋槽为右旋时，工作台逆时针转动。

9.2.3　磨削加工

1. 磨削概述

以砂轮的高速旋转与工件的低速转动和移动相配合进行切削加工的方法为磨削。磨削时砂轮的旋转为主运动，工件的旋转和直线移动为进给运动。磨削的加工范围很广，可以磨外圆、磨内孔、磨平面、磨花键、磨螺纹、磨齿形、磨成形面和组合面等，如图 9-31 所示。

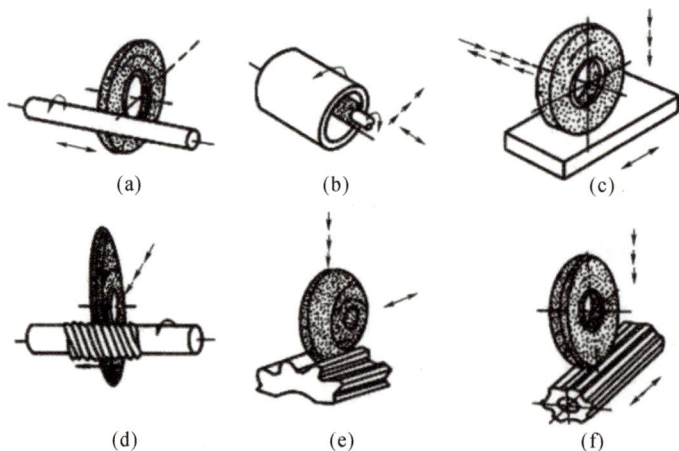

图 9-31　磨削的加工内容

(a)磨外圆；(b)磨内圆；(c)磨平面；(d)磨螺纹；(e)磨齿轮齿形；(f)磨花键

磨削加工的主要特点：

(1)磨削使用非金属材料制成的刀具——砂轮进行切削,可以加工一般刀具难以加工甚至无法加工的硬质材料,如淬硬钢、硬质合金和陶瓷等。

(2)磨削的加工精度较高,常用于精加工和超精加工。磨削的加工余量较小,每次只从工件上切除很薄的一层金属,磨削除具有切削作用外,还具有刻划和修光作用,磨削的工件精度可达 IT7~IT5 级,表面粗糙度 Ra 可达 $1.6 \sim 0.012\ \mu m$。

(3)磨削温度高。磨削速度很高,砂轮和工件之间发生剧烈的摩擦,产生很大热量,由于砂轮导热性差,不易散热,磨削温度高达 $1\ 000\ ℃$ 以上。为防止工件烧伤或退火,必须在磨削时加注大量切削液对工件进行冷却,如不使用切削液,则必须采用很小的磨削深度。

2.磨床

磨床的种类较多,有万能外圆磨床、内圆磨床、平面磨床、无心磨床、工具磨床、齿轮磨床、螺纹磨床、花键磨床等。最常用的是万能外圆磨床、内圆磨床、平面磨床。

(1)万能外圆磨床的组成及各部分作用。M1332A 型万能外圆磨床主要由砂轮架、头架、尾座、工作台、床身和内圆磨头等部分组成,外形如图 9-32 所示。

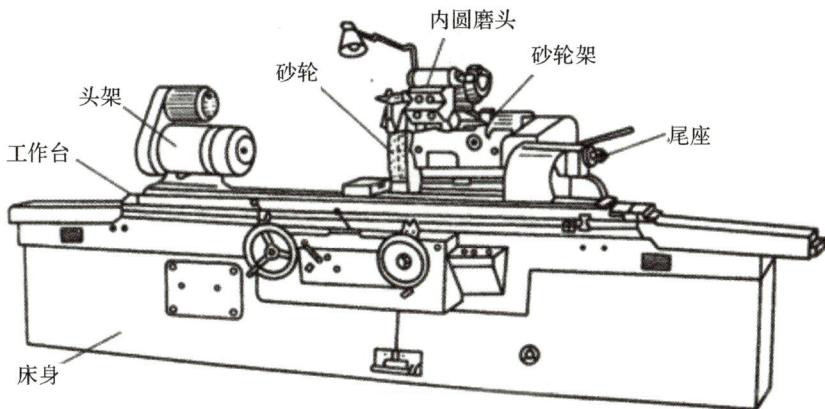

图 9-32　M1332A 型万能外圆磨床

砂轮架用来安装砂轮,由单独的电动机通过皮带带动砂轮高速旋转。砂轮架可沿床身上的横向导轨通过液压传动,作横向快速进退和自动周期性的吃刀,横向吃刀运动也可通过机械传动由手动获得。砂轮架还可绕垂直轴回转±30°角,用于磨较大的外圆锥面。

头架内装有主轴,由单独的电动机通过皮带带动,主轴端部可以安装顶尖或卡盘以便装夹工件并带动其旋转。调整皮带的位置,可使工件获得 6 种不同的转速。头架可在水平面内转动一定的角度,用来磨削较短的圆锥面。

尾座套筒内装有顶尖,用来支承工件。尾座可沿工作台调整位置,以适应工件的长度。

工作台向砂轮方向下倾 10°,以便头架和尾座的安装和定位,并使切削液容易流走。工作台分上下两层,下层可沿上层在水平面内转动一定的角度,用于磨削较小锥度的工件。

床身内部有液压传动系统,操作手柄和按钮都装在床身的前面。

内圆磨头不用时抬起将其放置于砂轮架上方;要用时提起固定拉杆,将内圆磨头落在工作台上方,用来磨削内圆和内圆锥面。

万能外圆磨床与普通外圆磨床的主要区别是:万能外圆磨床的头架和砂轮架下面都装有能绕垂直轴转动角度的转盘,并且还安装了内圆磨头,因此万能外圆磨床除了能够磨削内外圆柱面外,还可以磨削较大角度的内外圆锥面。

(2)平面磨床。平面磨床有多种形式,有立轴平面磨床和卧轴平面磨床,M7120A 型卧轴矩台平面磨床的外形如图 9-33 所示。它主要由床身、工作台、立柱、拖板、磨头等组成。

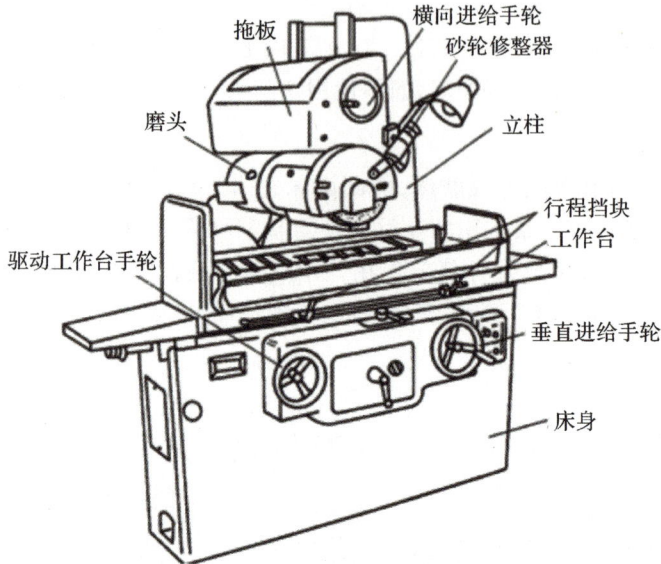

图 9-33 M7120A 型平面磨床

床身是机床的基础。床身后侧的立柱侧面上有垂直导轨,拖板沿其导轨带动磨头作高低位置的调整及垂直方向的进给运动,此运动通过转动手轮来实现。

工作台由液压机构带动可作纵向往复直线运动。工作台依靠电磁力吸紧具有导磁性能的工件。

拖板内部有液压缸,下边有燕尾形导轨,磨头在液压缸的带动下,沿导轨作横向进给运动,此运动可由液压驱动或由手轮操纵完成。

磨头用来安装砂轮,砂轮主轴与电动机主轴制成一体,由电动机直接驱动,带动砂轮作高速旋转运动。

(3)内圆磨床。M2110 型内圆磨床主要有床头箱、横拖板、磨具座、工作台、床身、纵向进给机构、横向进给机构和砂轮修正器等部分组成,外形如图 9-34 所示。

床头箱上装有主轴和卡盘,用来装夹工件,作低速旋转运动。

磨具座用来安装砂轮,砂轮由单独的电动机带动作高速旋转运动。横向进给由磨具座带动砂轮完成。

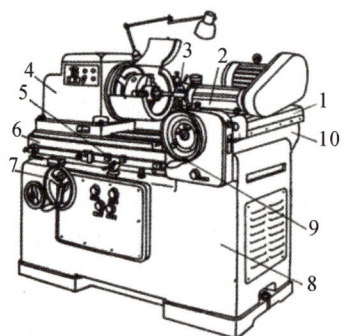

图 9-34 M2110 型内圆磨床
1—横拖板;2—磨具座;3—砂轮修整器;
4—床头箱;5—挡块;6—矩形工作台;
7—纵向进给手轮;8—床身;
9—横向进给手轮;10—桥板

工作台带动磨具座及砂轮做纵向往复直线运动。

床身上有工作台,床身前面设有操作手柄和手轮。

砂轮修正器用来安装金刚石刀具,对磨钝的砂轮进行修正。

3.砂轮的安装和修整

(1)砂轮的安装。砂轮在高速旋转下进行工作,使用前必须仔细地检查,不允许有裂纹,安装必须正确,以免发生破裂,造成事故。

直径较大的砂轮均夹固在法兰盘上,安装前必须进行静平衡。

(2)砂轮的修整。在磨削过程中,砂轮的磨粒逐渐变钝,作用在磨粒上的切削抗力就增大,结果使变钝的磨粒破碎,一部分脱落,露出锋利的刃口继续切削(砂轮的自砺性);一部分不能脱落的磨粒留在砂轮的表面,使砂轮的磨削能力显著地下降,同时使砂轮的外形产生失真。这时,就要对砂轮进行修整,以恢复其磨削性能和外形精度。

修整砂轮一般都用金刚石笔,修整时要用切削液对脱落的磨粒进行冲刷。

4.磨削加工方法

(1)万能外圆磨床磨削方法。

1)工件的安装。在万能外圆磨床上安装工件可以用三爪自动定心卡盘装夹较短的工件,用四爪卡盘装夹较短的偏心或形状不规则的工件。用卡盘装夹时均需打表找正工件,以保证工件的同轴度要求。

磨削轴类工件常用两顶尖装夹,磨床上使用的头架顶尖和尾座顶尖均为死顶尖,这样能保证定位精度。安装前要求将工件两中心孔加以研磨并清理干净,涂上润滑脂后才进行安装。顶尖对工件的顶紧力要合适,磨细长轴或较重的工件时,需用中心架作辅助支承。

磨带通孔的工件的外圆可用小锥度芯轴,磨不通孔的工件的外圆可用小锥度堵头。芯轴和堵头两端打中心孔,采用两顶尖装夹。

2)磨外圆的方法。磨外圆时常用纵磨法和横磨法,如图 9-35 所示。

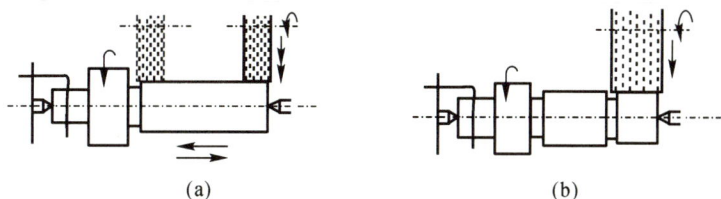

图 9-35　纵磨法和横磨法
(a)纵磨法;(b)横磨法

纵磨法用于较长的工件,工件低速旋转做圆周进给运动,砂轮横向进给一个磨削深度,工作台带动工件作纵向进给运动,如此循环进行,逐步磨成工件。纵磨法的特点是只有砂轮周边宽度上的磨粒担负主要磨削工作,中间磨粒只起修光作用,磨削深度较小,磨削力小,磨削热少,磨出的工件精度较高,表面粗糙度值较小。此外,纵磨法适应性好,一个砂轮可以磨削不同直径和不同长度的外圆表面。纵磨法广泛用于单件小批和大批大量生产中。

横磨法用于较短的工件,砂轮的宽度大于工件的宽度,磨削时无须纵向进给,砂轮以很慢的速度连续或断续地作横向进给运动,直至磨成工件。横磨法的特点是砂轮宽度上的磨粒都参加磨削,效率高,但磨削径向力大,工件易产生弯曲变形,磨削温度高,散热条件差,工件易发生热变形和烧伤,工件的形状精度受砂轮表面平整度的影响,因此在最后磨削阶段作微量的纵向进给以减少磨痕。横磨法只适宜于大批大量生产中工件刚性较好,精度要求较低,磨削长度较短的工件。

(2)平面磨床磨削方法。

1)工件的安装。平面磨床的工作台是磁性的,以平面定位,靠磁性吸牢工件或夹具。工作台的工作表面与纵、横向进给方向平行,且必须经常保持平整,以保证工件被加工表面对底面的平行度要求。对于铜、铝等非磁性材料的工件或磨削垂直平面时,先将精密平口钳、垂直角铁或V形铁等通用夹具吸紧在工作台上,再将工件装夹在夹具上进行磨削。对于非磁性材料的薄片形工件,则可采用真空吸盘进行安装。

2)磨平面的方法。磨平面有周磨法和端磨法。如图9-36所示,图(a)和图(b)为周磨法,图(c)和图(d)为端磨法。

图9-36　平面磨床的磨削方式
(a)使用卧轴矩台平面磨床;(b)使用卧轴圆台平面磨床
(c)使用立轴圆台平面磨床;(d)使用立轴矩台平面磨床

周磨法是用砂轮的圆周面进行磨削的。周磨法的特点是砂轮与工件的接触面积小,磨削热少,冷却与排屑条件好,砂轮磨损均匀,磨削的精度高,粗糙度值低。磨削的两平面之间的尺寸公差等级可达IT6~IT5,表面粗糙度值 Ra 为0.8~0.2 μm,直线度可达0.02~0.03 mm/m。最常用的是卧轴矩形工作台平面磨床,适宜于在单件小批和大批大量生产中磨削中小型零件。

端磨法是用砂轮的端面进行磨削。端磨法的特点是砂轮与工件的接触面积大,生产效率高,但冷却与散热条件差,磨削热多,工件易产生热变形;砂轮各点的圆周速度不同,砂轮磨损不均匀,磨削精度较低。端磨法适宜于磨削精度不高的平面或用粗磨代替铣削和刨削加工。

(3)内圆磨床磨削方法。内圆工件的安装最常用的是三爪自定心卡盘和四爪卡盘。

内圆磨削的方法和外圆磨削基本相同,有纵磨法和横磨法。纵磨法应用较多,图9-37所示为在万能外圆磨床上用纵磨法磨削内圆。

内圆磨削的生产率以及加工精度和表面粗糙度均不如外圆

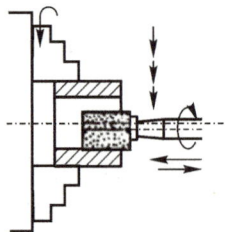

图9-37　纵磨法磨削内圆

磨削。这是由于内圆磨削的砂轮轴轴颈细小，悬伸较长，刚性差，易发生弯曲变形，磨削深度只能很小，效率很低，且易造成内圆锥形误差；此外虽然砂轮转速很高（达 10 000 r/min 以上），但砂轮直径小，砂轮切削速度依然不高。砂轮与工件的接触面积比磨外圆和平面大，排屑和散热条件差，工件易发生热变形，砂轮磨耗快，易堵塞，需要经常修整和更换，使辅助时间增加，也影响生产率的提高。磨孔主要用于经过淬火或材料硬度较高的工件内孔的精加工。

磨削内圆时砂轮与砂轮轴采用的紧固方式有螺钉紧固和黏结剂紧固。如图 9-38 所示，图(a)为螺钉紧固，用来磨削通孔；图(b)为沉孔螺钉紧固，用来磨不通孔和台阶孔；图(c)为黏结剂紧固，用来磨削直径小于 15 mm 以下的小孔。

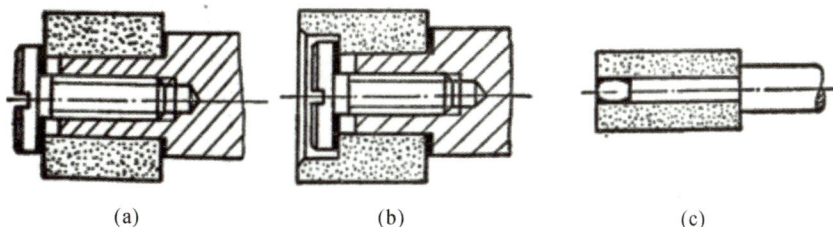

(a)　　　　　　　(b)　　　　　　　(c)

图 9-38　内圆磨削的砂轮及紧固方法
(a)螺钉紧固；(b)沉孔螺钉紧固；(c)黏结剂紧固

9.2.4　钻削加工

1. 钻削加工概述

用钻头作刀具，在实心工件上钻孔的一种切削加工方法叫钻削。在钻床上钻孔时钻头的旋转运动是主运动，它沿本身轴线方向的移动是进给运动。

在钻床上除钻孔外，还可进行扩孔、铰孔、锪孔和攻丝等。钻床工作内容如图 9-39 所示。

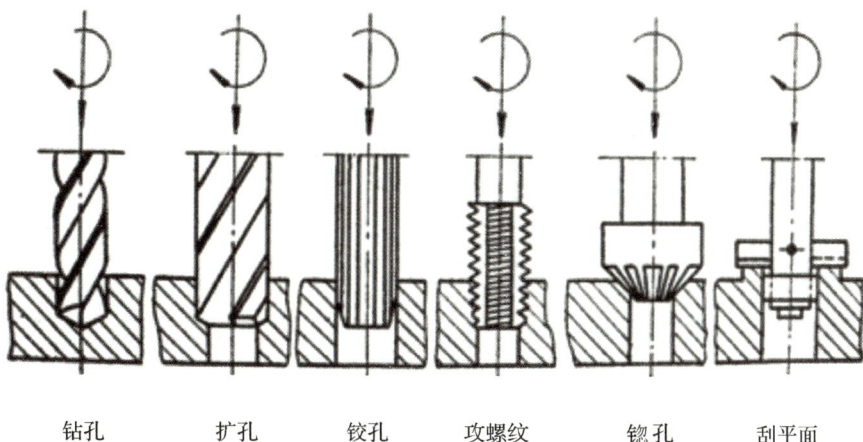

钻孔　　扩孔　　铰孔　　攻螺纹　　锪孔　　刮平面

图 9-39　钻床工作内容

313

常用的钻床有台式钻床、立式钻床和摇臂钻床等,如图 9 - 40 所示。台式钻床适宜加工小型零件上的直径为 0.1~13 mm 的孔,立式钻床适宜加工中小型零件上直径不大于50 mm 的孔,摇臂钻床适宜加工大型零件上直径不大于 80 mm 的孔。

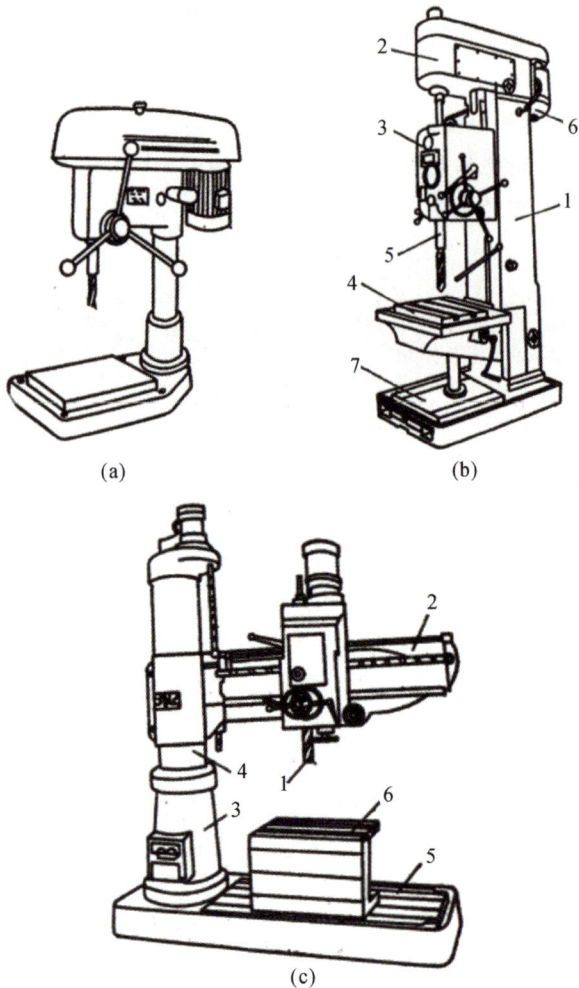

图 9 - 40 钻床外形图

(a)台式钻床;(b)Z535 型立式钻床:

1—立柱;2—主轴箱;3—进给箱;4—工作台;5—主轴;6—电动机;7—底座;(c)摇臂钻床:

1—主轴;2—摇臂;3—立柱座;4—立柱;5—底座;6—工作台

工件的安装方法:较小的工件用平口钳装夹,也可用压板和螺栓直接装夹在台式钻床和立式钻床的工作台上;圆柱形工件用 V 形铁或平口钳装夹;较大的工件直接用压板和螺栓装夹在摇臂钻床的工作台上;在大批量生产中,常用专用夹具(钻模)进行装夹。

2. 钻孔

(1)钻孔的特点。

1)钻头的两条切削刃对称地分布于轴线两侧,切削过程中所受径向力相抵消。切削深度达孔径的一半,金属切除率较高。

2)钻头深入孔内,不易散热和排屑,钻削后孔壁质量差,钻孔所能达到的精度为 IT12~IT11,表面粗糙度值 Ra 不大于 $25\ \mu m$。

3)钻头横刃较长又有较大的负前角,轴向抗力大,使钻头很难定中心;钻头较细长,刚性差;只有两条很窄的螺旋棱带与孔壁接触,导向性差;故钻头容易引偏。

4)当钻头引偏或磨削的钻头两条主切削刃不完全对称时,钻孔易出现轴线不直和孔径扩大现象。

(2)麻花钻。

1)麻花钻的组成如图 9-41 所示。

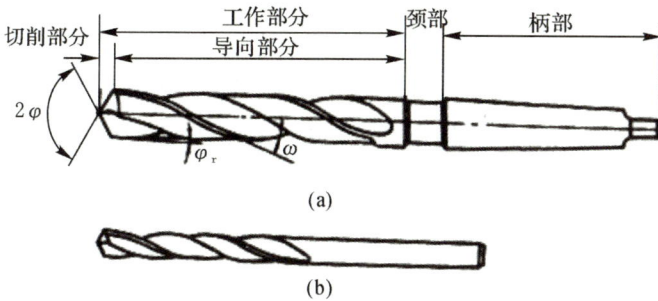

图 9-41　麻花钻的组成

(a)锥柄麻花钻　(b)直柄麻花钻

a.柄部:用以夹持、定心和传递扭矩,有直柄和锥柄两种。直柄麻花钻的直径一般在 $0.3\sim13\ mm$ 之间,锥柄麻花钻的直径一般在 $13\ mm$ 以上。

b.颈部:钻头直径、材料牌号和商标都标注在颈部。

c.工作部分:由切削部分和导向部分组成。

切削部分可看作是在钻心两侧对称地反向安装着的两把车刀,螺旋槽面就是钻头的前刀面,切削部分顶端的两个曲面就是主后刀面,与工件已加工表面即孔壁相对的两条棱带为副后刀面,前刀面与主后刀面的交线为主切削刃,前刀面与副后刀面的交线为副切削刃,两个主后刀面的交线为横刃,如图 9-42 所示。

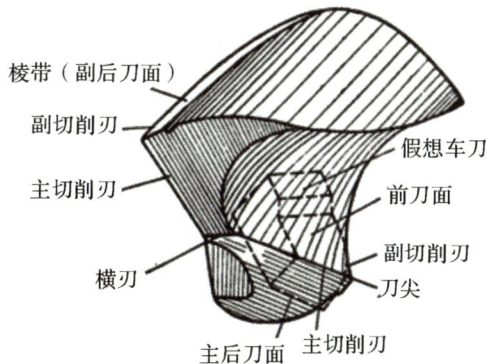

图 9-42　麻花钻的切削部分

导向部分在钻孔时起引导钻头方向的作用,它是切削部分的后备部分。导向部分有两条螺旋槽和两条螺旋棱带(刃带),螺旋槽形成刀刃和前角,并起排屑和输送切削液的作用。棱带起导向和修光孔壁的作用。钻头的外径从头部向尾部逐渐缩小,形成(0.03~0.12):100的倒锥体,以减小钻头与孔壁的摩擦。

2)麻花钻的几何角度。麻花钻的主要角度有螺旋角 ω、前角 γ_0、后角 α_0、顶角 2φ 和横刃斜角 φ,如图 9-43 所示。

a.螺旋角 ω:螺旋线展开成直线后与钻头轴线的夹角统称为螺旋角。越靠近钻心,螺旋角越小。钻头上的名义螺旋角是指外缘处的螺旋角,标准麻花钻的螺旋角为 $18°\sim30°$。

b.前角 γ_0:在主剖面中测量的前刀面与基面的夹角。螺旋角随直径的大小而变,前角也随之而变,外缘处的前角最大,一般为 $30°$,横刃上的前角为 $-50°\sim-60°$。

c.后角 α_0:是后刀面与切削平面之间的夹角。由于钻头主切削刃上各点的运动方向为其圆周的切线方向,所以规定钻头的实际后角在圆柱面内测量,如图 9-44 所示。钻头主切削刃上各点的后角也是变化的,外缘处后角最小为 $8°\sim14°$,靠近钻心处后角最大,横刃处后角为 $20°\sim25°$。

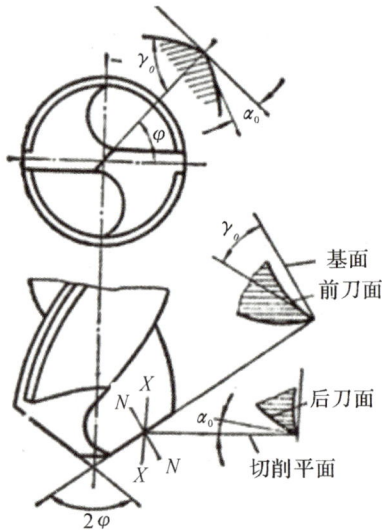

图 9-43　麻花钻的几何角度

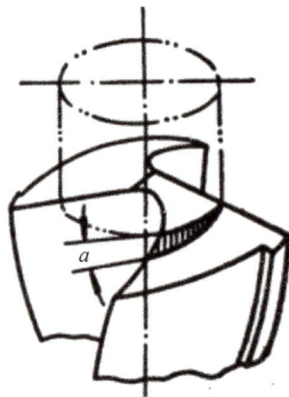

图 9-44　麻花钻的后角

d.顶角 2φ:顶角是两条主切削刃之间的夹角。顶角较小时轴向力较小,定心作用好,但过分小的顶角会使钻头所受扭矩增大,切屑变形加剧,排屑困难。一般标准麻花钻的顶角为 $116°\sim120°$。

e.横刃斜角 φ:在垂直于钻头轴线的端面投影图中,横刃和切削刃之间的夹角。其大小受后角的影响:后角大,横刃斜角就减小,横刃加长,钻削时定心不好且轴向力增大;后角小,则反之。横刃斜角一般为 $55°$。

3)钻孔的方法。为防止或减小钻头切入时的引偏现象,对于单件小批量且直径较小,孔位置精度要求不太高的工件,常在孔的中心处划十字线,用锥形样冲冲出样冲眼,以便钻头容易对准孔的中心。对于直径较大的孔,可在孔中心处用中心钻或用顶角 $90°$ 的短钻头钻出锥坑为钻头导向定位。

对于大批大量生产中且直径较小,孔位置精度要求较高的工件,常制作专用夹具(钻模)对工件进行装夹,依靠钻模上的钻模套为钻头导向。各孔间的位置精度取决于钻模的精度,一般尺寸精度可提高一级,表面粗糙度也有所降低。

对于孔的位置精度要求很高的工件,较小直径的孔可在数控铣床和加工中心上加工;较大直径的孔则可在数控铣床和加工中心上用中心钻钻出中心孔,再到摇臂钻床上钻孔。

由于横刃的存在,钻孔时的轴向抗力大大增加。当孔径大于 30 mm 时,轴向抗力很大,一次钻成较为困难;一般要分两次钻出,第一次所选钻头为所需孔径的 5/10～7/10,第二次再用所需钻头钻成孔径。

对于较深的孔,在钻孔过程中要经常退出钻头,排除切屑并进行冷却润滑,防止切屑堵塞在孔内,使钻头过热加快磨损甚至扭断。

3. 铰孔

(1)铰刀。铰孔是用铰刀在半精加工的基础上进行的一种精加工。铰孔的尺寸精度可达 IT9～IT7,手铰可达 IT6,表面粗糙度值 Ra 可达 1.6～0.4 μm。

铰孔的精度在很大程度上取决于铰刀的结构和精度。铰刀有 6～12 条刀齿,如图 9-45 所示。工作部分由切削部分和修光部分组成:切削部分为锥形,担负主要切削工作,切削锥角 φ 较小,一般为 3°～15°,定心较好;修光部分起修光、定向和校正孔径的作用。铰刀的前角为 γ_0 为 0°,切削部分的后角 α 一般为 5°～8°,修光部分的后角 α 为 0°。

铰刀分手工铰刀和机用铰刀两种。手工铰刀为直柄,直径范围为 1～50 mm,其工作部分较长,φ 较小,导向作用较好。机用铰刀多为锥柄,直径范围为 10～80 mm,可安装在钻床、车床、铣床、加工中心和镗床上进行。

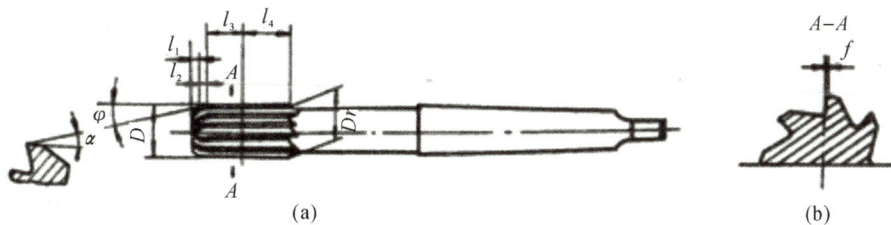

图 9-45 铰刀

对于锥孔,可用锥形铰刀,如图 9-46 所示。图(a)为粗铰刀,切削刃上有螺旋形的分屑槽,以减轻铰孔时的切削力。图(b)为精铰刀。

图 9-46 锥形铰刀
(a)粗铰刀;(b)精铰刀

(2)铰孔的特点。

1)铰孔的精度一般不取决于机床的精度,而取决于铰刀的精度以及加工余量、切削用量和切削液等。铰孔的加工余量一般很小,一般粗铰余量为 0.15～0.35 mm,精铰余量为 0.05～0.15 mm。铰削应选用较低切削速度,以避免产生积屑瘤,一般粗铰切速为 4～10 m/min,精铰切速为 1.5～5 m/min。机铰取较大的进给量,为 0.2～1.2 mm/r。选用合适的切削液有利于润滑、散热、冲屑和降低表面粗糙度值,铰削钢件一般用乳化液,铰削铸铁件一般用煤油。

2)当铰刀与钻床主轴不同轴或歪斜时,可使孔径扩大或出现喇叭口,为此常采用浮动刀杆使铰刀处于浮动状态,依靠自身的导向部分沿孔壁进给,以消除铰刀安装误差的影响。

3)铰孔时,铰刀不能修正原孔的偏斜,只能提高孔的尺寸精度和减小表面粗糙度,因此铰孔前必须用镗空、扩孔等方法来保证孔的位置精度。

4)铰孔比精镗孔容易保证尺寸精度和形状精度,生产率也较高,尤其是小孔的铰削。但铰孔的适应性不如精镗孔,一把铰刀只能加工一种尺寸和精度的孔,且孔径一般限于 80 mm 以内。台阶孔和盲孔一般不适宜铰削。

9.2.5 刨削与插削加工

1.刨削加工

(1)刨削概述。刨削是以刨刀的往复直线运动和工件的间歇移动相配合来进行切削加工的方法。刨削主运动为往复直线运动,进给运动为间歇运动,刀具前进时切削,回程时不切削。在刨床上可加工平面、垂直面、斜面、台阶面、直槽、V 形槽、T 形槽、燕尾槽及特形面等,如图 9-47 所示。

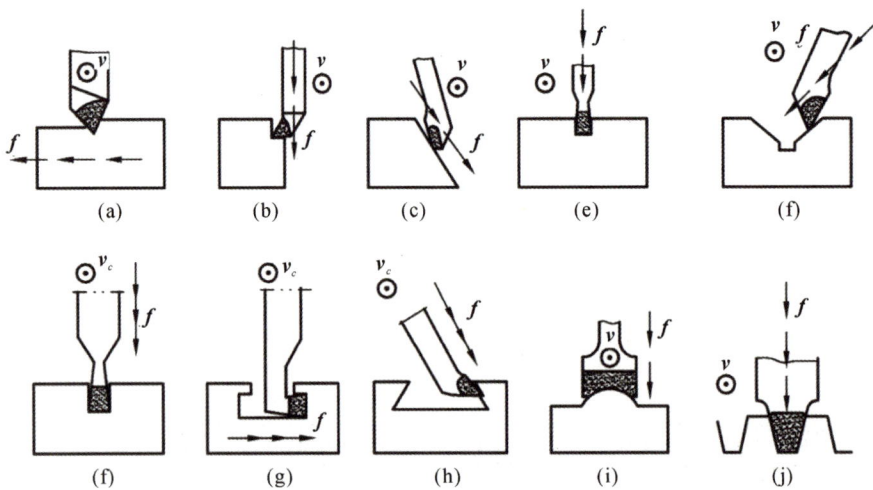

图 9-47　刨削的加工内容

(a)刨水平面;(b)刨垂直面;(c)刨斜面;(d)刨直角;(e)刨 V 形槽;(f)刨直角槽;
(g)刨 T 形槽;(h)刨燕尾槽;(i)成形刀刨成形面;(j)成形刀刨齿条

刨削加工特点：

1）刨床和夹具都比较简单，刨刀制造、刃磨和装夹容易，操作方便，加工成本低。

2）断续切削，生产率较低。切削过程中有振动和冲击，切削速度较低，回程时是空行程，只有在加工窄长的工件时生产率较高。

3）大型工件在龙门刨床上一次装夹加工多个表面，可保证各表面之间较高的位置精度。

加工精度通常为 IT9～IT7 级，表面粗糙度 Ra 为 12.5～3.2 μm，采用宽刃精刨可获得较高质量，表面粗糙度 Ra 达 1.6～0.8 μm，直线度为 0.02 mm/m。

（2）刨削机床。刨削用机床主要有牛头刨床和龙门刨床，牛头刨床外形如图 9-48 所示。一般中小型工件在牛头刨床上加工。

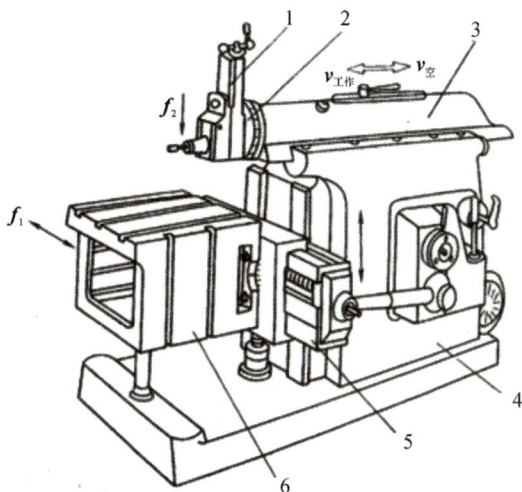

图 9-48　牛头刨床

1—刀架；2—转盘；3—滑枕；4—床身；5—横梁；6—工作台

B6065 型牛头刨床由滑枕、刀架、工作台、横梁、床身等组成。

1）滑枕：带动刨刀作往复直线运动。

2）刀架：装夹刀具并作主运动，转动刀架上的手柄可作垂直间歇进给和调整切削深度。转动刀架上滑板角度可加工斜面。回程时刀具受力抬起，避免划伤已加工表面。

3）工作台：安装夹具和工件并作横向间歇进给，可横向移动，也能随横梁一起升降。

4）床身：其上有燕尾型导轨，滑枕可沿导轨作往复直线运动。前端有垂直导轨，横梁可带动工作台沿导轨升降。内有传动机构和进给机构。

龙门刨床属于大型机床，与牛头刨床最大的不同之处是工作台作往复直线移动为主运动，两个垂直刀架和两个侧刀架做进给运动，有自动抬刀机构，回程时自动抬起刨刀避免划伤工件已加工表面。龙门刨床适宜加工大型工件或一次装夹同时加工多个中小型工件。

（3）刨削加工方法。较小工件用台虎钳装夹，较大工件用螺栓压板装夹，台虎钳钳口须找正，直接装夹在工作台上的工件须装正。刨刀有直头和弯头两种，弯头刨刀在受力弯曲时可防止扎刀，应用较多。刀具安装也必须装正，刀杆伸出尽量短。

1）刨水平面：可用尖刀，先装夹工件和刀具，调整刀具行程，然后对刀试切，停车测量，计算走刀次数,调整吃刀深度,再移动工作台,使刀具从工件加工面边缘外开始,调好进给量,开车刨削水平面。最后一次走刀前,停车测量,保证尺寸准确。

2)刨垂直面:用左偏刀或右偏刀,通过手动垂直进给来进行加工,通过横向移动工作台来调整切削深度。滑板要竖直,但刀座要倾斜10°～15°,使刀杆上端偏离工件加工面,以保证刨刀回程时可抬离工件加工面,如图9-49所示。

3)刨斜面:用左偏刀或右偏刀,采用倾斜刀架法通过手动进给来进行加工。把刀架倾斜,使滑板移动方向以及刀尖运动轨迹与待加工斜面方向一致;刀座再倾斜10°～15°,使刀杆上端偏离工件加工面,如图9-50所示。

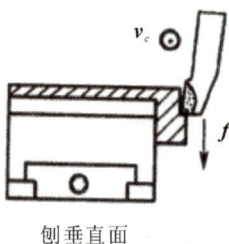

图9-49　刨垂直面　　　图9-50　刨斜面

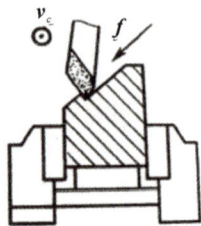

此外还有斜夹正刨、转动钳口垂直刨和用成形刀刨等方法。

4)刨T形槽:先刨直槽,再用左、右弯头刀刨左右凹槽。刨凹槽时注意将刨刀的前后越程适当放长,保证有足够的时间,在回程前将刨刀抬出工件顶面。工作行程前把刨刀放下到正常位置,以免凹槽卡住刨刀甚至将刨刀折断,如图9-51所示。

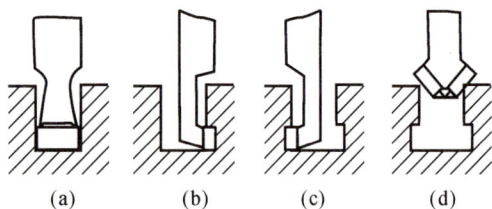

图9-51　刨T形槽
(a)　;(b)　;(c)　;(d)

5)刨燕尾槽:先刨直槽,再用左右偏刀(刀尖角必须小于等于燕尾夹角)加工两个内斜面。

2. 插削加工

(1)插削机床。插床实质是一种立式牛头刨床,它的结构及工作原理与牛头刨床基本相同,所不同的是插床的滑枕是在垂直方向上做往复直线运动。插床的工作台由下滑板、上滑板及圆形工作台三部分组成。下滑板作横向进给移动,上滑板作纵向进给移动,圆形工作台可带动工件回转。常用的B5020型插床外观如图9-52所示。

B5020的含义是:B—刨床类机床;50—插床;20—最大插削长度为200 mm。

(2)插削加工。插削与刨削相比只是插削是在铅垂方向进行切削。若将刨刀的水平切削位置转到铅垂切削位置,则刨刀即变为插刀。插刀的前角$\gamma_0=0°～12°$,后角$\alpha_0=4°～8°$。

插削主要用在单件小批生产中加工零件上的某些内表面,如孔内键槽、方孔、多边形孔和花键孔等,利用划线也可加工盘形凸轮等特殊形面。在插床上加工内表面比刨床方便。又因为插床的滑枕可以在纵垂直面内倾斜,刀架可以在横垂直面内倾斜,而且有些插床的工作台还能倾斜一定角度,所以在插床上能加工不同方向的斜面,这是插削的优越之处。插削刀杆较细长、刚性弱,如果前角过大,容易产生"扎刀"现象;如果前角过小,又容易产生"让刀"现象。因此,加工精度较刨削差,插削的表面粗糙度值一般较大。

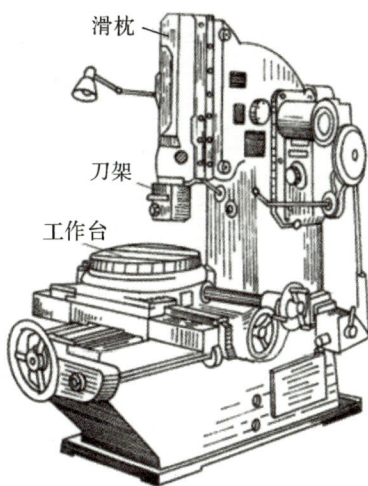

图 9 - 52　B5020 型插床外观图

◆ 9.3　零件切削加工结构工艺性

9.3.1　零件的切削加工结构工艺性概念

零件的切削加工结构工艺性是指从零件的结构角度分析被切削加工的加工性和可行性。在零件的整个制造过程中,切削加工所耗费的工时费用最高,因此,零件结构的切削加工工艺性就显得尤为重要。

在设计零件时,为获得良好的切削加工结构工艺性,技术人员必须熟悉常用加工方法的工艺特点、典型表面的加工方法,以及工艺过程的基本知识等。根据使用要求所设计的零件结构,如果能用高效率、低消耗和低成本的加工方法制造出来,并便于装配和拆卸,则该零件具有良好的结构工艺性。

零件切削加工的工艺方法很多,并具有各自的工艺特点,但其零件结构工艺性有如下要求:

(1)零件的结构应使加工时便于安装,保证定位准确、夹紧可靠、安装方便,并能使有位置精度要求的表面尽量在一次安装中加工出来。

(2)零件加工表面的几何形状应尽量简单,并便于切削工具以高生产率工作,如加工表面的连续和等高,标准的退刀槽及刀具进入、退出的可能性。

(3)尽量采用通用化的零件,尽量使用标准化的的刀具和通用量具,零件尺寸应采用标准化参数,尽可能减少使用刀具和量具的数量。

(4)合理地设计零件的精度和表面粗糙度。在满足使用要求的前提下,加工表面越少越

零件结构的
工艺性

好,精度要求越低越好。

(5)应具有足够的刚性,能承受切削力和夹紧力,以利于提高切削用量,从而提高生产率。

(6)对复杂零件,必要时应分成简单零件,在分别加工完后再组装成一个复杂零件。

(7)大批量生产的零件,应使结构与先进工艺、高效机床、夹具相适应。

9.3.2 零件结构的切削加工工艺性举例

零件的结构在切削加工中应满足以下要求。

1. 便于装夹

设计零件时,首先考虑加工过程中的装夹问题,要在结构上使装夹方便可靠,装夹次数最少。实例见表9-1。

2. 便于加工

使零件的结构便于加工是结构工艺性中的一个重要问题,它包括的方面很多,如尺寸数值的标准化、减少加工面积、减少机床调整、减少刀具种类、减少加工困难等。实例见表9-2。

3. 便于测量

设计零件时,如果只考虑加工而不顾及测量是否方便与可能,则会导致零件的设计不合理。如图9-53所示,图(a)孔与基准面A的平行度很难测量准确;图(b)增加了工艺凸台,便使测量变的大为方便。

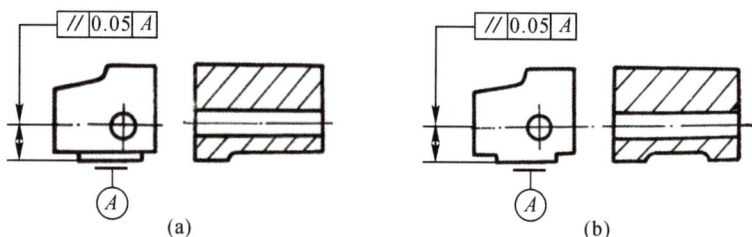

图 9-53 考虑测量方便

(a)测量不方便;(b)测量方便

表 9-1 便于装夹的零件结构举例

	图　例		说　明
	不合理的结构	合理的结构	
便于装夹	0.4　锥度1:7 000	6.3　0.4　锥度1:7 000	锥度心轴一般是先车后磨,用顶尖、拨盘、卡箍装夹,应在心轴一端设计一圆柱表面,以便安装卡箍

图　例		说　明
不合理的结构	合理的结构	
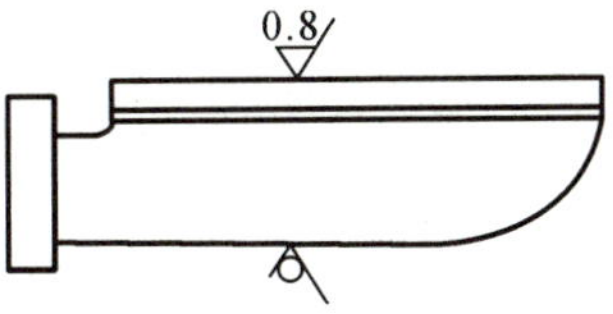	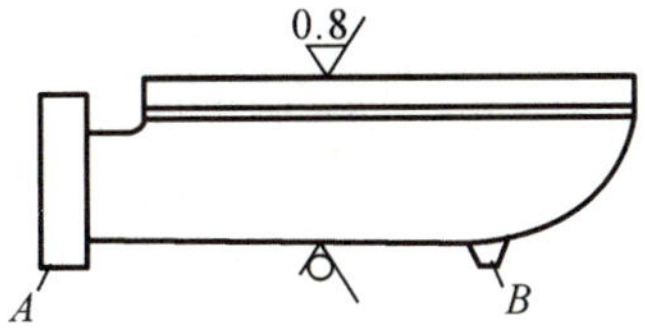	为了安装方便,增加了工艺凸台 B,精加工后,再把凸台 B 切除
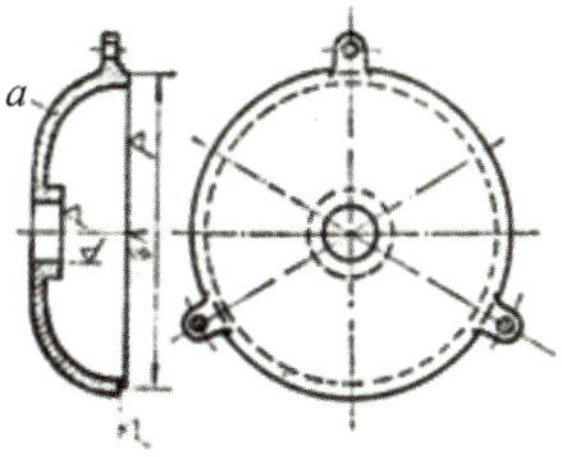	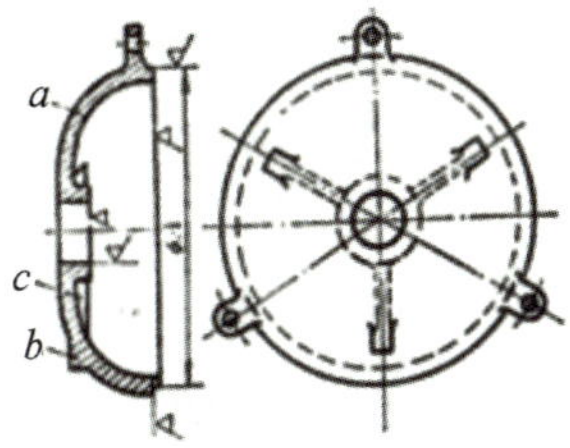	电机端盖没有合适的装夹表面,一般在毛坯铸造时增设三个凸台 b,便于用三爪卡盘装夹。设置筋板 c 为增加刚性,防止装夹变形
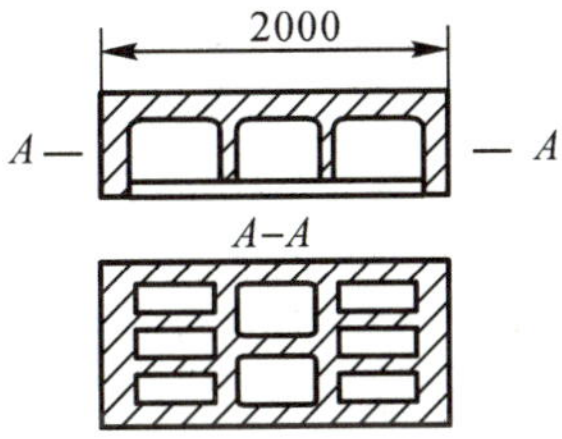	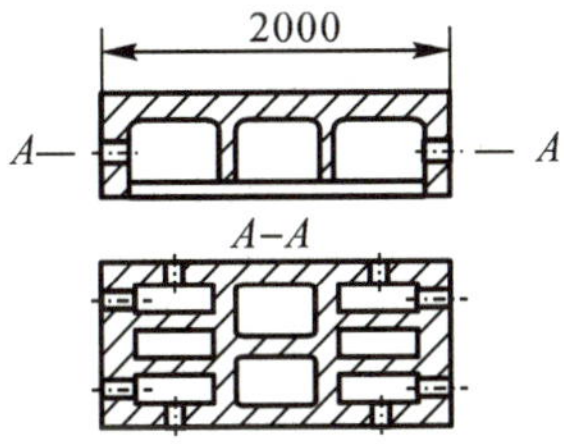	图示划线用的大平板,在其两边各增加两个大孔,以便用压板螺栓压紧工件且便于吊装起运
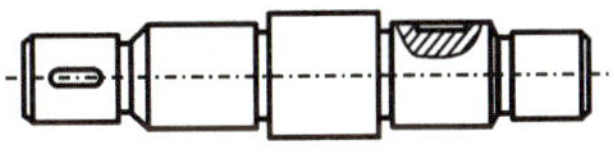	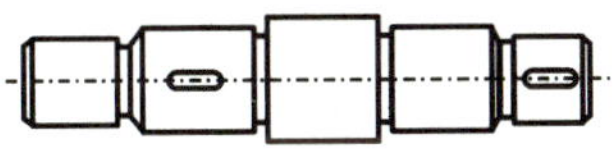	轴上键槽设计在同一侧,以便于在一次装夹中将轴上所有键槽都加工出来
		改进后只需一次装夹
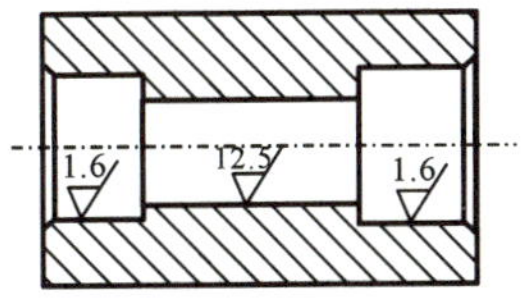	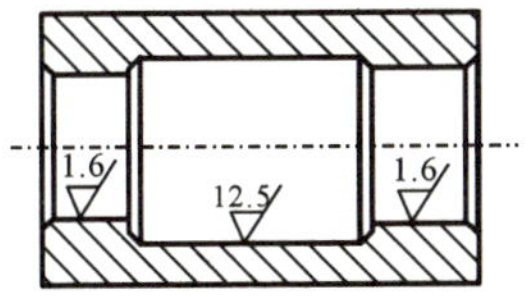	设计成右图结构,则可在一次装夹中车出两端的孔,且易保证两端孔的同轴度要求
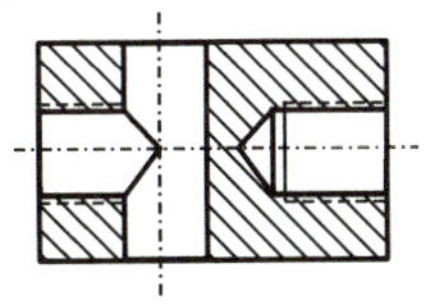	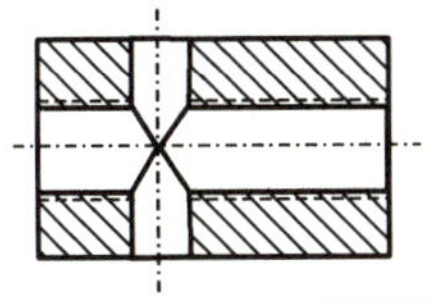	改为通孔,可以减少装夹次数,保证孔的同轴度。若尚需淬硬,还可改善热处理工艺性

便于装夹

减少装夹次数

323

表 9-2　便于加工的零件结构举例

图　例		说　明
不合理的结构	合理的结构	

合理采用组合件及组合表面

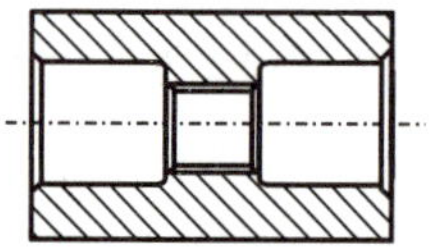

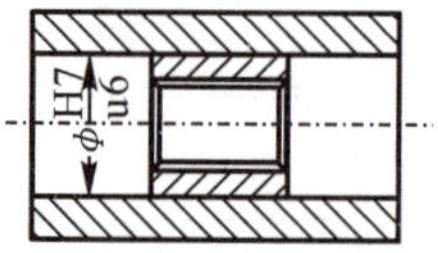

改为管材和拉削后的中间体组合,改善了原花键的加工性

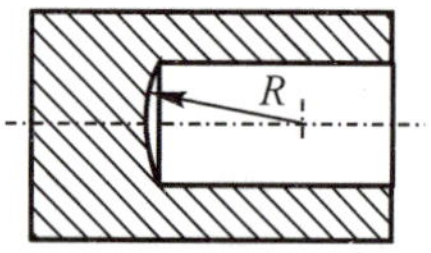

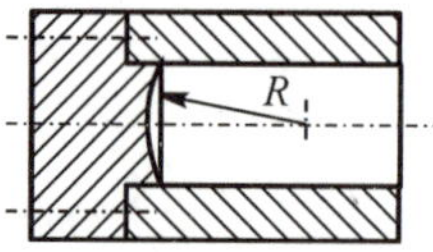

改后加工简便,并改善了热处理工艺性

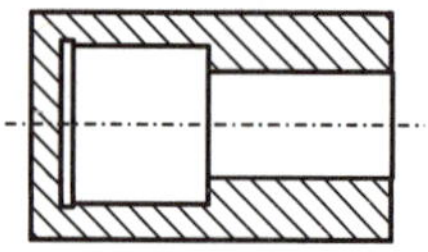

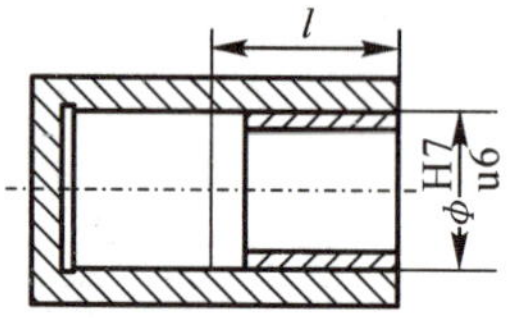

改后改善了大孔的加工工艺性,保证了大孔的尺寸精度和表面粗糙度

尽量采用标准化参数

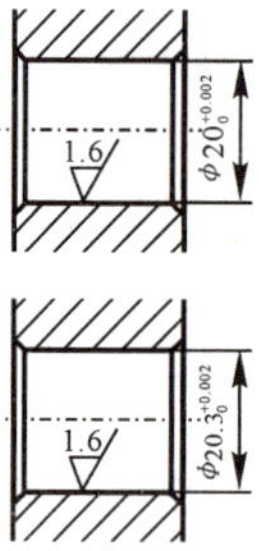

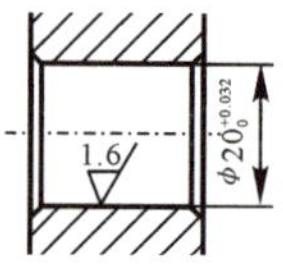

一个与轴配合的孔,当工件批量较大时,应选择右图的标准化数值,以便选择合适的铰刀和塞规

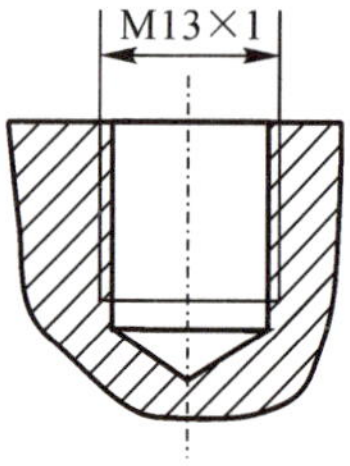

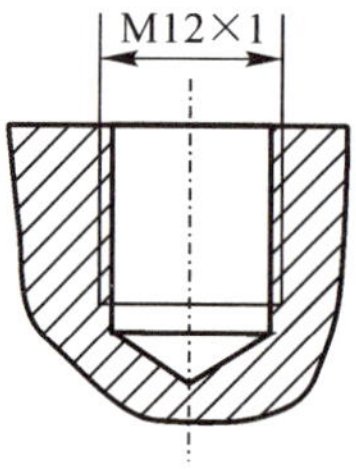

右图所示的螺纹孔是标准数值,可采用标准丝锥进行攻丝

具有足够的刚度

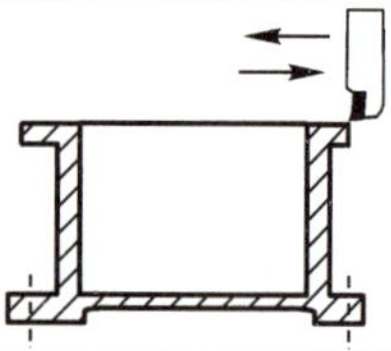

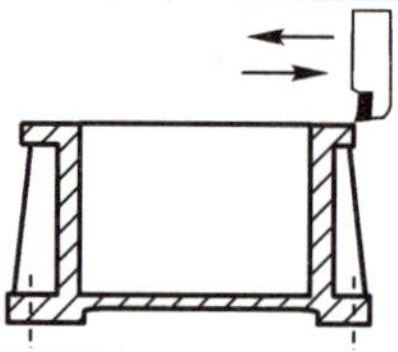

改进后增加筋板,增加零件刚度,可减小刨削时产生的变形

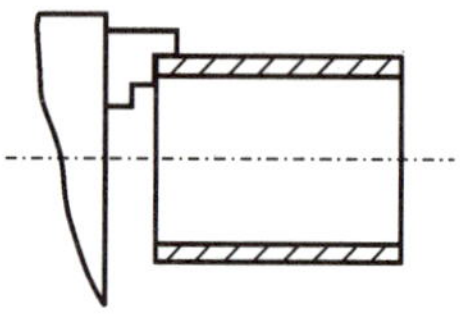

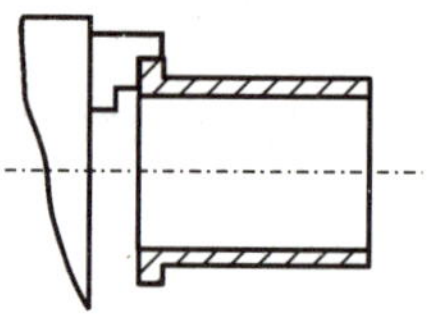

可在薄壁筒零件的一端增加凸缘,以增加零件的刚度

图 例		说　明
不合理的结构	合理的结构	
		需要磨削的内、外圆,其根部应有砂轮越程槽
		加工内、外螺纹时应留有退刀槽或保留足够的退刀长度
		在套筒上插削键槽时,在键槽前端设一退刀用的孔或退刀槽
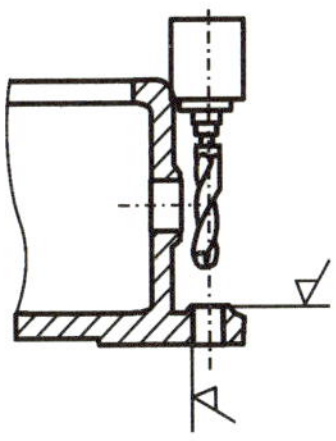	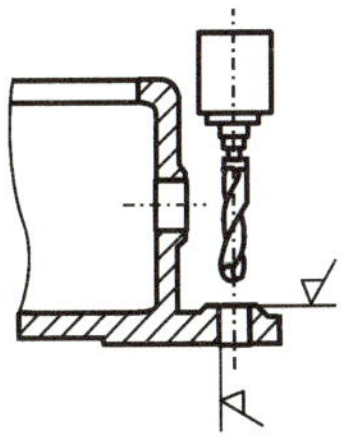	孔与箱壁应有足够的距离,保证钻孔能正常进行

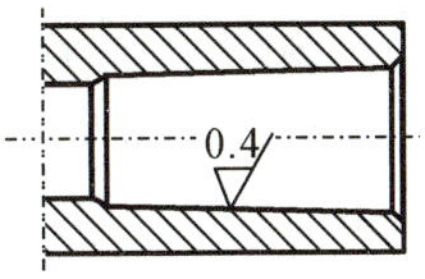

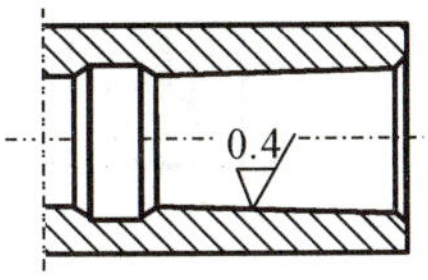

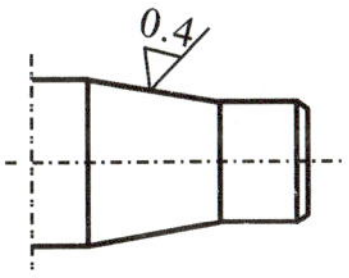

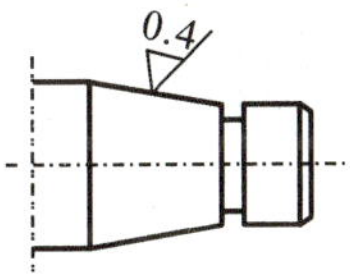

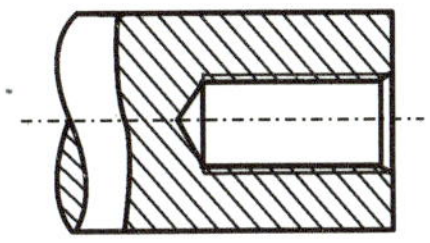

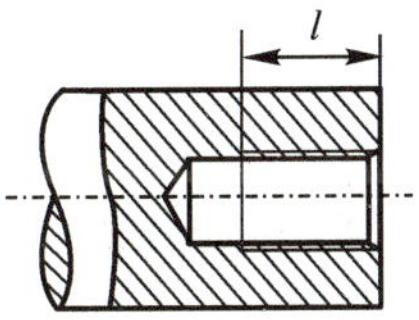

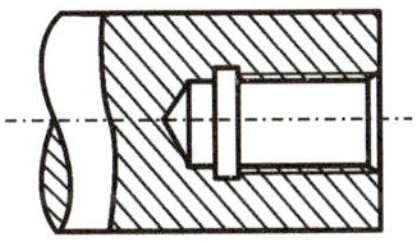

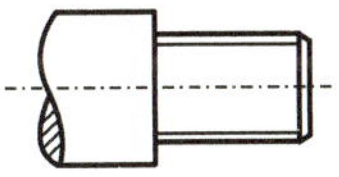

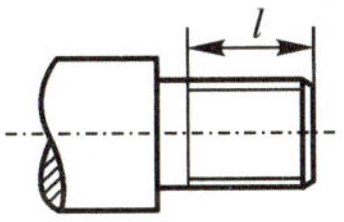

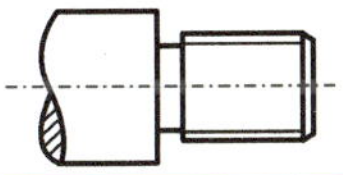

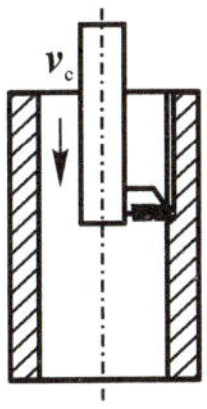

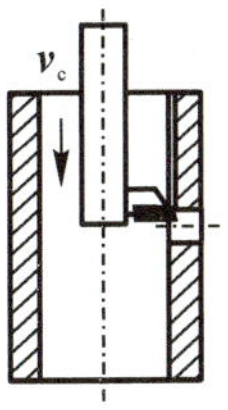

便于进刀和退刀

图　例		说　明
不合理的结构	合理的结构	

类别	说明
便于进刀和退刀	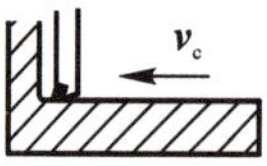 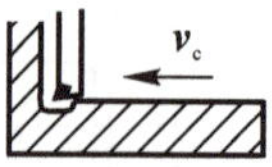 刨削时,平面的前端,应留有越程槽,便于刨刀的退出
	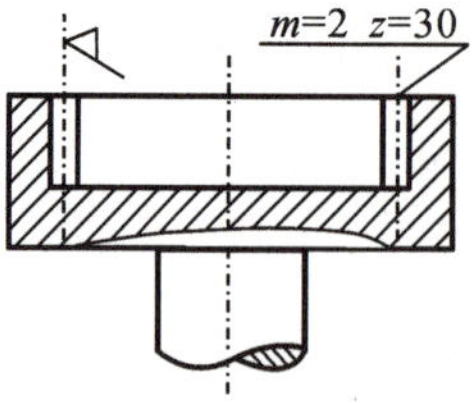 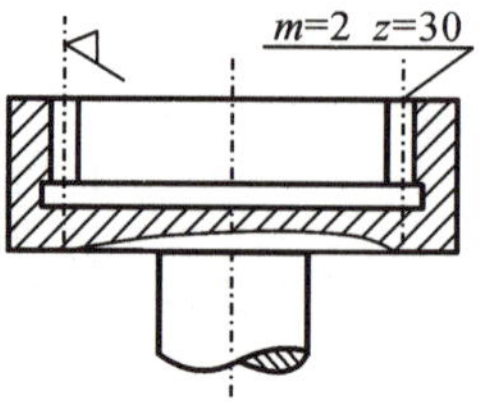 内齿轮的根部应留有宽度足够插齿刀切出的退刀槽
提高刀具刚性和寿命	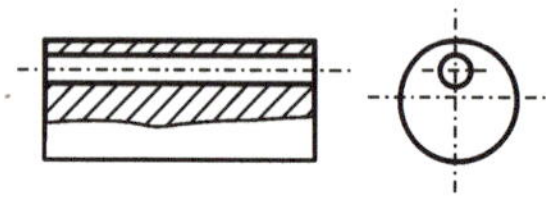 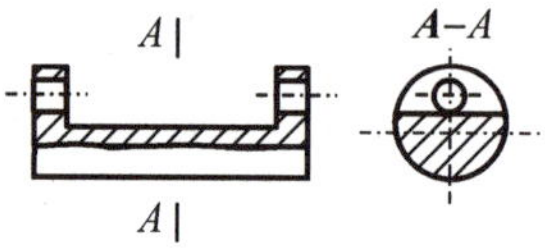 因为深孔加工时,排屑、冷却困难,所以,应避免钻深孔
	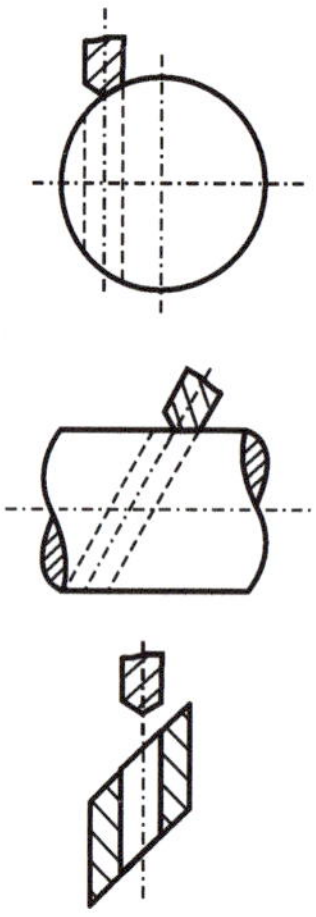 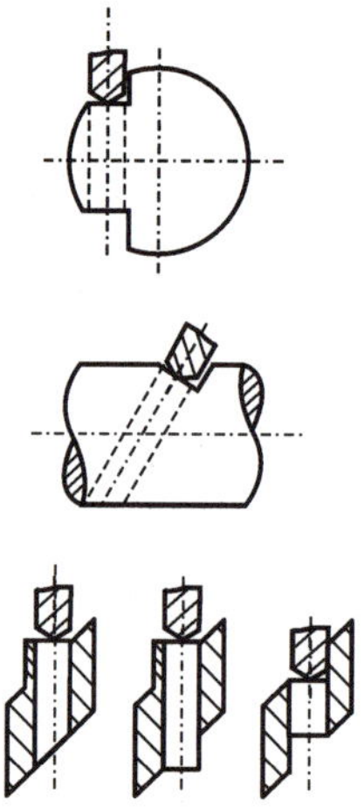 由于钻削时,钻头单边切削易造成折断,所以,应避免在曲面或斜面上钻孔
减少加工面积和加工困难	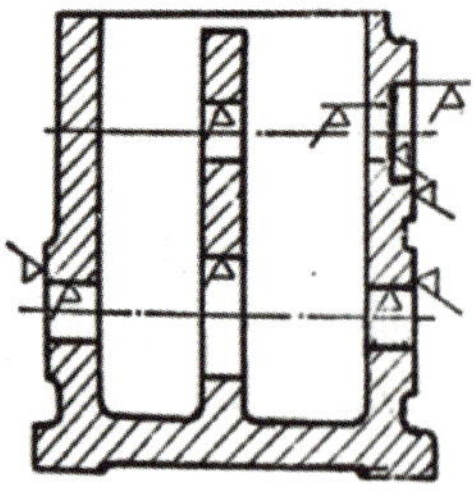 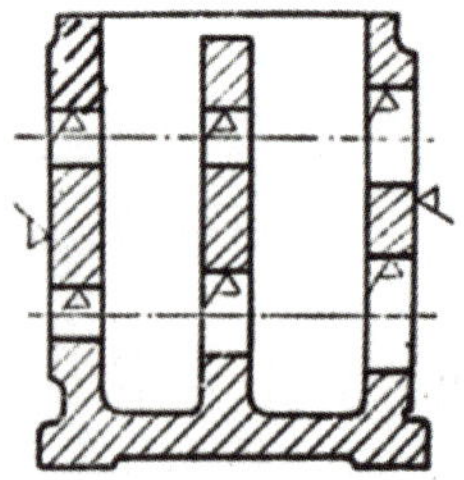 箱体的同轴孔系应尽可能设计成无台阶的通孔。孔的端面应在同一平面上。孔径应向一个方向递减,或从两边向中间递减

图　例		说　明
不合理的结构	合理的结构	
减少加工面积和加工困难		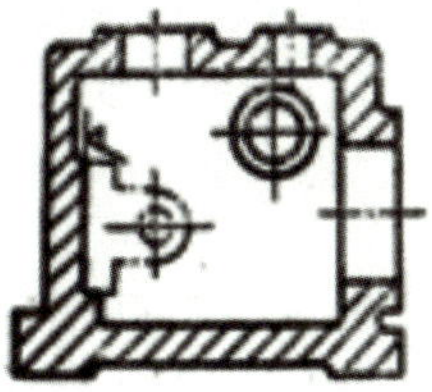 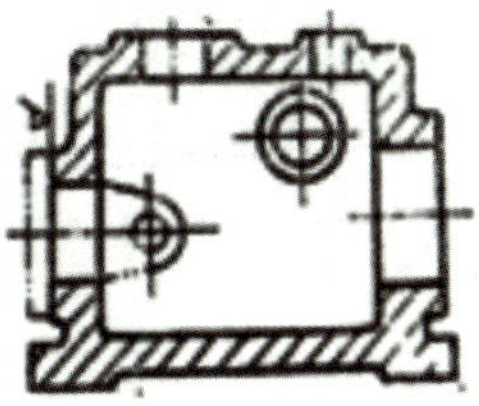 将箱体内表面的加工改为外表面加工,可大大降低加工的难度
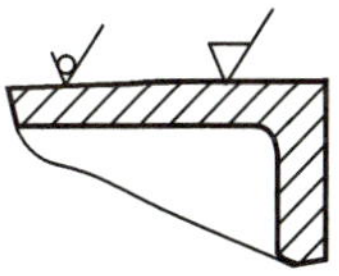	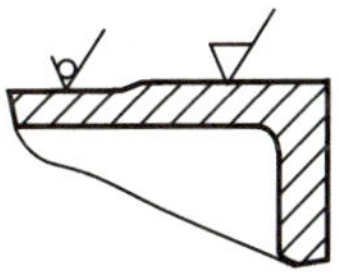	铸出凸台,以减少加工表面面积
减少机床调整		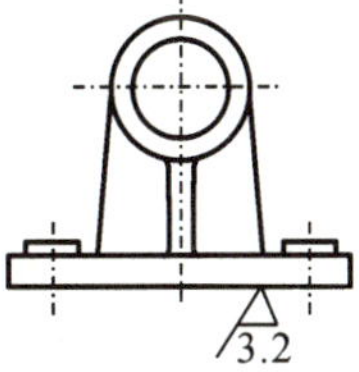 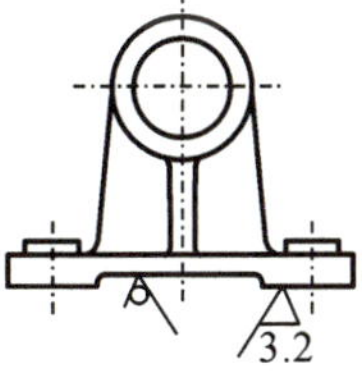 为减少支架底座与其配合面的接触面积,应设计成右图的结构
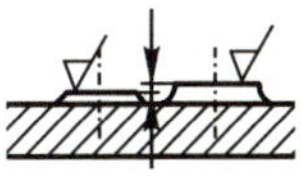	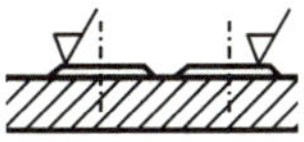	被加工表面,应尽可能布置在同一平面上,以便一次加工完毕
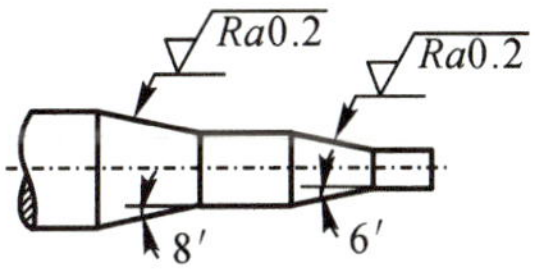	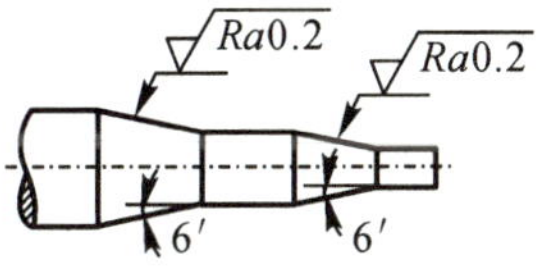	在允许的情况下,采用相同的锥度,磨床可以只需作一次调整
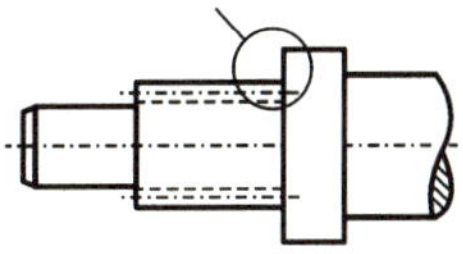	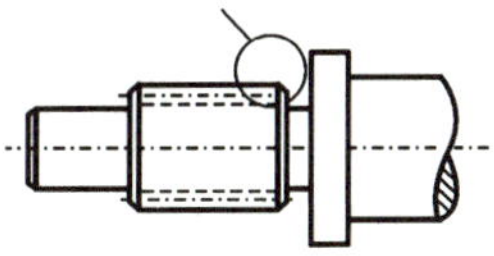	在齿轮的端部若有凸起的轴肩,则在该端部必须留有足够宽度的齿轮铣刀或滚刀的退刀槽
减少刀具种类		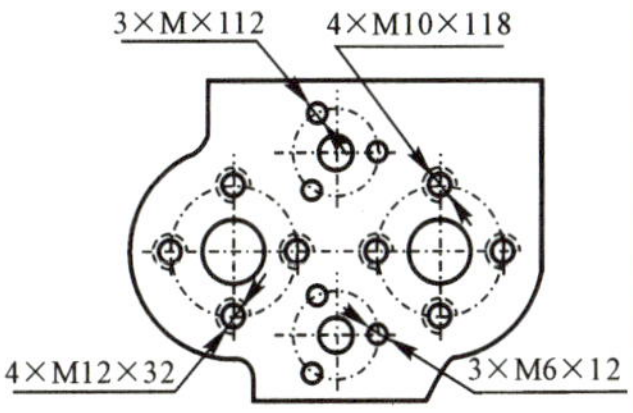 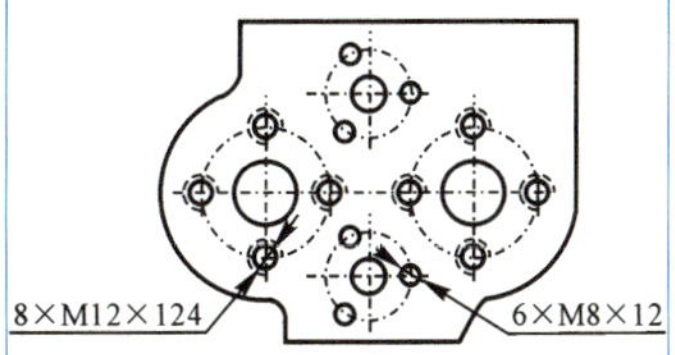 箱体上的螺纹孔直径应尽量一致或减少种类,以便采用同一种丝锥或少用丝锥规格

减少加工面积和加工困难图示中标注:减少机床调整图示中标注 $Ra0.2$、$Ra0.2$、$8'$、$6'$（不合理）与 $Ra0.2$、$Ra0.2$、$6'$、$6'$（合理）；支架底座图示标注 3.2。

减少刀具种类图示标注:不合理结构 3×M112、4×M10×118、4×M12×32、3×M6×12；合理结构 8×M12×124、6×M8×12。

续表

图　例		说　明
不合理的结构	合理的结构	

减少刀具种类

轴上的退刀槽或键槽的宽度尺寸应尽量一致

轴上的过渡圆角,半径应尽量一致

9.4　典型零件加工工艺过程

9.4.1　轴类零件的加工

轴类零件是机械加工中经常遇到的零件之一,在机器中,主要用来支承传动零件如齿轮、带轮等,传递运动与扭矩,如机床主轴;有的用来装卡工件,如心轴等。轴类零件是旋转体零件,其长度大于直径,通常由外圆柱面、圆锥面、螺纹、花键、键槽、横向孔、沟槽等表面构成。按其结构特点分类有,光轴、阶梯轴、空心轴和异形轴(包括曲轴、半轴、凸轮轴、偏心轴、十字轴和花键轴等)四类。如图9-54所示。若按轴的长度和直径的比例来分,又可分为刚性轴($L/d \leqslant 12$)和挠性轴($L/d > 12$)两类。

典型零件加工工艺过程举例

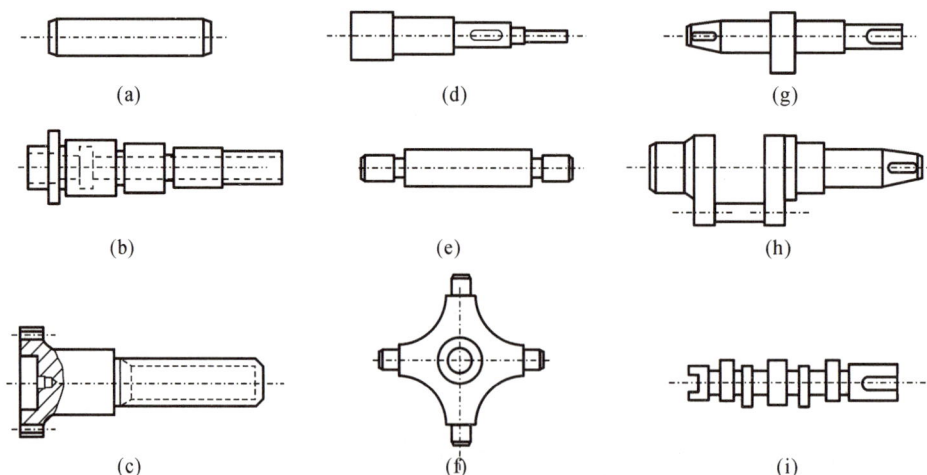

(a) (d) (g)
(b) (e) (h)
(c) (f) (i)

图9-54　轴类零件

(a)光轴;(b)空心轴;(c)半轴;(d)阶梯轴;(e)花键轴;(f)十字轴;(g)偏心轴;(h)曲轴;(i)凸轮轴

1.零件的主要技术要求

(1)尺寸精度。轴类零件的主要表面常分为两类:一类是与轴承的内圈配合的外圆轴颈,即支承轴颈,用于确定轴的位置并支承轴承,尺寸精度要求较高,通常为 IT5~IT7;另一类为与各类传动件配合的轴颈,即配合轴颈,其精度稍低,常为 IT6~IT9。

(2)形状精度。其主要指轴颈表面、外圆锥面、锥孔等重要表面的圆度、圆柱度。其误差一般应限制在尺寸公差范围内,对于精密轴,需在零件图上另行规定其几何形状精度。

(3)相互位置精度。它包括内外表面、重要轴面的同轴度、圆的径向跳动、重要端面对轴心线的垂直度、端面间的平行度等。

(4)表面粗糙度。轴的加工表面都有粗糙度的要求,一般根据加工的可能性和经济性来确定。支承轴颈常 Ra 为 0.2~1.6 μm,传动件配合轴颈 Ra 为 0.4~3.2 μm。

2.工艺过程分析

轴类零件一般机械加工工艺过程如下:

(1)预备工序。校直、切断、车端面、钻中心孔。

(2)粗车工序。粗车顺序为:外圆先大后小,轴肩端面同外圆一起车出。

(3)精车工序。按粗车的加工顺序精车外圆和端面,然后进行车槽、倒角、车螺纹等。

(4)其他工序。铣键槽、铣花键、钻孔、粗磨外圆等。

(5)热处理工序。根据工艺安排,可在半精车或粗磨工序后安排热处理工序。

(6)精加工工序。外圆表面精度较高、粗糙度值较小以及淬火后需要加工的零件,可安排精加工工序(一般为磨削加工)。

3.典型零件的加工工艺

图 9-55 为减速箱中的传动轴。材料为 45 钢,生产批量为每批 50 件。

其主要技术要求为:轴颈 $\phi(35\pm0.008)$mm 用于安装轴承,轴肩 $\phi(46\pm0.008)$mm 用于安装蜗轮,轴肩 $\phi(30\pm0.008)$mm 用于安装齿轮,两端的螺纹 M24×16-6g 和 M21×16-6g 用于安装锁紧螺母;轴肩 $\phi46$ mm 的左端面与轴肩 $\phi52$ mm 的右端面,相对于两轴肩 $\phi(35\pm0.008)$mm 的轴线所组成的组合基准的端面圆跳动公差为 0.025 mm;轴肩 $\phi(30\pm0.008)$mm 的轴线和轴肩 $\phi(46\pm0.008)$mm 的轴线,相对于两轴肩 $\phi(35\pm0.008)$mm 的轴线所组成的组合基准的径向圆跳动公差皆为 0.025 mm;键槽 8 mm×16 mm 和 12 mm×36 mm 相对于两轴肩 $\phi(35\pm0.008)$mm 的轴线所组成的组合基准的对称度皆为 0.025 mm;配合表面的粗糙度值 Ra 为 0.8 μm;需调质处理,硬度为 24~28HRC。

该传动轴各外圆直径尺寸悬殊不大,且数量不多,最大外圆为 $\phi52$ mm,选择 $\phi60$ mm 热轧圆钢作为毛坯。由于 $\phi30$ mm、$\phi35$ mm、$\phi46$ mm 的尺寸精度、表面粗糙度和轴肩的位置精度都较高,此外,零件需要调质处理,硬度不是太高,所以,这些表面的加工顺序应选为:粗车—调质—半精车—磨削。

由于该传动轴的几个主要配合表面及台阶面对基准 A—B 皆有径向圆跳动和端面圆跳动要求,应选择两端的中心孔作为定位精基准,采用顶尖装夹。又由于该传动轴需调质处理,所以,两端的中心孔采用 B 型中心孔。调质处理应安排在粗车之后,这样既可以获得零件的综合机械性能,又可在一定程度上消除粗加工引起的内应力。

定位精基准中心孔应在粗车之前加工,在调质之后和磨削之前各安排一次修研中心孔工序。第一次为消除热处理变形和氧化皮,第二次为提高精基准的精度和减小表面粗糙度。在考虑主要表面加工的同时,还要考虑次要表面的加工。在半精车阶段 $\phi52$ mm 外圆应车到图纸规定的尺寸,同时加工出各退刀槽、倒角和螺纹;键槽也应在磨削之前铣出。

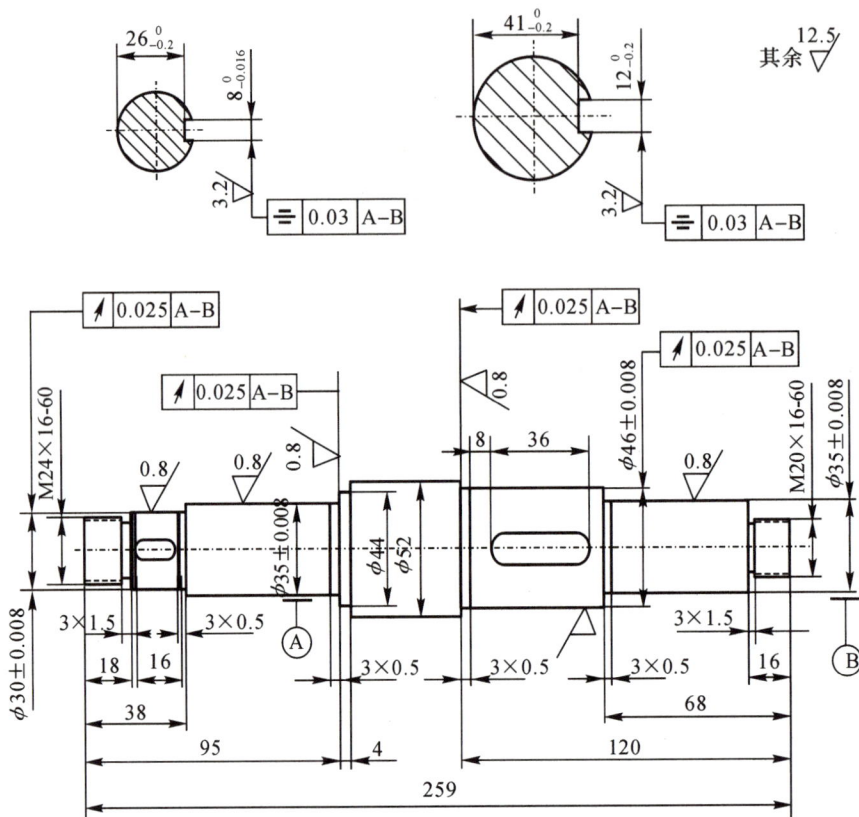

图 9 - 55 传动轴(单位:mm)

技术要求:1.调质处理 HRC24~28;2.未注倒角 $1\times45°$

综上所述,该传动轴的机械加工工艺过程见表 9 - 3。

表 9 - 3 传动轴机械加工工艺卡片

序号	工序名称	工序内容	定位与夹紧	所用设备
1	下料	夹紧外圆,下料保证 $\phi60$ mm $\times263$ mm	机用虎钳夹紧外圆	带锯床
2	车	三爪卡盘夹紧工件。 1.车端面:车端面见平; 2.钻中心孔:用 B 型中心钻钻中心孔; 3.用尾座顶尖顶紧; 4.车台阶:车台阶 $\phi48$ mm $\times118$ mm; 5.车台阶:车台阶 $\phi37$ mm $\times66$ mm; 6.车台阶:车台阶 $\phi23$ mm $\times14$ mm	三爪卡盘夹紧后改为一夹一顶	车床

序号	工序名称	工序内容	定位与夹紧	所用设备
3	车	调头,三爪卡盘夹紧工件; 1.车端面:车端面保证总长尺寸 259 mm。 2.用尾座顶尖顶紧; 3.车外圆:车外圆 ϕ54 mm; 4.车台阶:车台阶 ϕ37 mm×93 mm; 5.车台阶:车台阶 ϕ32 mm×36 mm; 6.车台阶:车台阶 ϕ26 mm×16 mm	三爪卡盘夹紧 后改为一夹一顶	
4	热	调质 24~28HRC		
5	钳	修研两顶尖孔	手握	车床
6	车	双顶尖装夹。 1.车台阶:车台阶 ϕ(46.5±0.1×1)20 mm; 2.车台阶:;车台阶 ϕ(35.5±0.1)×68 mm; 3.车台阶:车台阶 $\phi 22^{0}_{-0.2}$×16 mm; 4.切槽:车出两个 3 mm×0.5 mm 和一个 3 mm×1.5 mm 槽,保证图纸要求; 5.倒角:车三台阶端部 1 mm×45°倒角; 所有加工保证表面粗糙度 Ra 为 6.3 μm	两顶	车床
7	车	调头,双顶尖装夹。 1.车台阶:车台阶 ϕ52 mm; 2.车台阶:车台阶 ϕ44 mm×99 mm; 3.车台阶:车台阶 335.5 mm±0.1 mm×95 mm; 4.车台阶:车台阶 ϕ30.5 mm±0.1 mm×38 mm; 5.车台阶:车台阶 $\phi 21^{0}_{-0.2}$ mm×16 mm; 6.切槽:车出两个 3 mm×0.5 mm 和一个 3 mm×1.5 mm 槽,保证图纸要求; 7.倒角:车四台阶端部 1 mm×45°倒角; 所有加工保证表面粗糙度 Ra 为 6.3 μm	两顶	车床
8	车	双顶尖装夹。 1.车螺纹:车螺纹 M21×16-6g; 调头,双顶尖装夹; 2.车螺纹:车螺纹 M24×16-6g	两顶	车床
9	钳	划两键槽加工线		
10	铣	双顶尖装夹。 1.铣槽:铣槽 $8^{0}_{-0.16}$ mm×16 mm; 2.铣槽:铣槽 $12^{0}_{-0.2}$ mm×36 mm。 两键槽深度较图纸要求深 0.25 mm 作为磨削余量;保证加工面粗糙度 Ra 为 3.2 μm	两顶	立式铣床

序号	工序名称	工序内容	定位与夹紧	所用设备
11	钳	修研两顶尖孔	手握	车床
12	磨	双顶尖装夹。 1. 磨外圆：磨 $\phi35$ mm±0.008 mm； 2. 磨外圆：磨 $\phi46$ mm±0.008 mm，保证圆跳动 0.025 mm；靠磨台肩保证端跳动 0.025 mm 调头，双顶尖装夹； 3. 磨外圆：磨 $\phi(0\pm0.006)$mm 保证圆跳动 0.025 mm； 4. 磨外圆：磨 $\phi(35\pm0.008)$mm，靠磨台肩，保证端跳动 0.025 mm	两顶	外圆磨床
13	检验	分别用游标卡尺、外径千分尺、百分表等量具，按图纸标注进行逐项测量，保证各项精度		偏摆仪

9.4.2　套筒类零件的加工

套筒类零件是机械加工中常见的一种零件,在各类机器中应用很广,主要起支承或导向作用。由于功用不同,其形状结构和尺寸有很大的差异,一般由孔、外圆、端面和沟槽等组成。常见的有支承回转轴的各种形式的轴承圈、轴套,夹具上的钻套和导向套,各种气缸和液压缸的缸体及缸套等都属于套筒类零件。其大致的结构形式如图 9-56 所示。

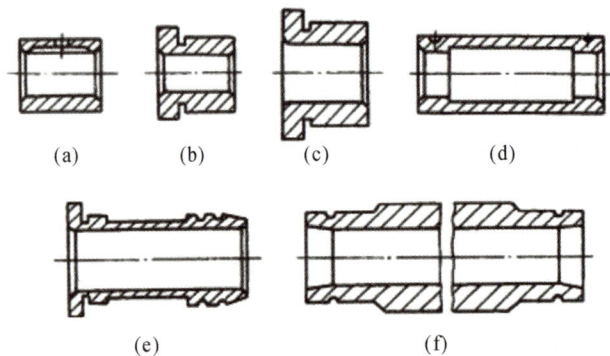

图 9-56　盘套类零件
(a)滑动轴承;(b)(c)钻套;(d)轴承衬套;(e)气缸套;(f)液压缸

套筒类零件的结构与尺寸随其用途不同而异,但其结构一般都具有以下特点:外圆直径 d 一般小于其长度 L,通常 $L/d<5$;内孔与外圆直径之差较小,故壁薄易变形;内外圆回转面的同轴度要求较高;结构比较简单。

1. 零件技术要求

套筒类零件的外圆表面多以过盈或过渡配合与机架或箱体孔相配合起支承作用。内孔主要起导向作用或支承作用,常与运动轴、主轴、活塞、滑阀相配合。有些套筒的端面或凸缘端面有定位或承受载荷的作用。套筒类零件虽然形状结构不一,但仍有共同特点和技术要求。

(1)内孔与外圆的精度要求。外圆直径精度通常为 IT5~IT7,表面粗糙度 Ra 为 3.2~0.8 μm,要求较高的可达 0.4 μm;内孔作为套类零件支承或导向的主要表面,要求内孔尺寸精度一般为 IT6~IT7,为保证其耐磨性要求,对表面粗糙度要求较高一般 Ra 为 1.6~0.1 μm。有的精密套筒及阀套的内孔尺寸精度要求为 IT4~IT5,也有的套筒(如油缸、气缸缸筒)因与其相配的活塞上有密封圈,故对尺寸精度要求较低,一般为 IT8~IT9,但对表面粗糙度要求较高,一般 Ra 为 1.6~0.2 μm。

(2)几何形状精度要求。通常将外圆与内孔的几何形状精度控制在直径公差以内即可;对精密轴套有时控制在孔径公差的 1/2~1/3,甚至更严。

(3)位置精度要求。主要应根据套类零件在机器中功用和要求而定。通常同轴度为0.01~0.06 mm。套筒端面(或凸缘端面)常用来定位或承受载荷,对端面与外圆和内孔轴心线的垂直度要求较高,一般为 0.05~0.02 mm。

2. 典型零件的加工工艺

(1)轴承套加工工艺分析。图 9-57 所示为轴承套,材料为 ZQSn6-6-3,每批数量为100 只。加工时,应根据工件的毛坯材料、结构形状、加工余量、尺寸精度、形状精度和生产纲领,正确选择定位基准、装夹方法和加工工艺过程,以保证达到图样要求。

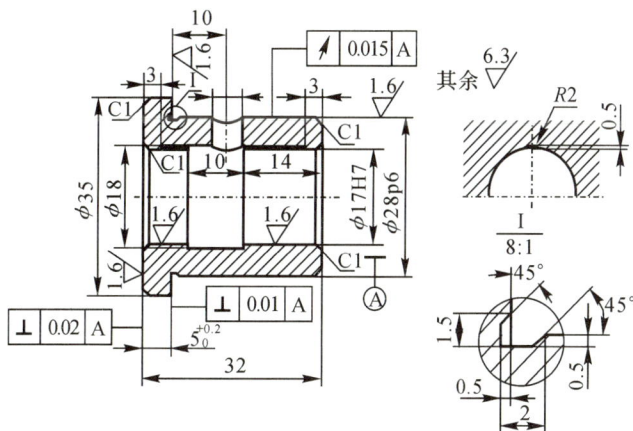

图 9-57 轴承套

其主要技术要求为:外圆为 $\phi28p6$,$\phi28p6$ 外圆表面对内孔 $\phi17H7$ 轴线的径向圆跳动公差为 0.015 mm;$\phi35$ 左端面对内孔 $\phi17H7$ 轴线垂直度公差为 0.02 mm,对内孔 $\phi17H7$ 轴线垂直度公差为 0.01 mm。

该轴承套的材料为 ZQSn6-6-3,且内外直径较小,可选用棒料。其外圆为 IT6 级精度,采用精车可以满足要求;内孔的精度也是 IT7 级,铰孔可以满足要求;内孔的加工顺序为钻—镗—铰。为保证两项形位公差(一项圆跳动、一项垂直度)要求,镗铰内孔应与车削左端面在一次装夹中加工,精车 $\phi28p6$ 外圆和 $\phi35$ 右端面时应以内孔 $\phi17H7$ 为定位基准(用锥度心轴加两顶尖装夹)加工。其加工工艺过程见表 9-4。

表 9-4 轴承套机械加工工艺卡片

序号	工序名称	工序内容	定位与夹紧	所用设备
1	车	卡盘夹住棒料毛胚外圆,毛胚尺寸 $\phi40$ mm。 1.车端面:车端面见光; 2.车外圆:$\phi35$ mm×37 mm; 3.车外圆:$\phi35$ mm 到 $\phi(28.8\pm0.1)$ mm×26 mm; 4.车沟槽:按图纸要求尺寸车成; 5.倒角 C1; 6.切断:保证长度 32.5 mm	三爪卡盘夹紧	车床
2	车	卡盘夹住车削后的 $\phi28.8$ mm 外表面。 1.车端面:车 $\phi35$ mm 端面,保证尺寸 32 mm; 2.钻孔:钻通孔 $\phi15.2$ mm; 3.车沟槽:车内沟槽 $\phi18$ mm×10 mm 到尺寸; 4.镗孔:用镗孔刀镗内孔到 $\phi16.6$ mm; 5.倒角 C1; 6.铰孔:铰孔 $\phi17H7$ 到尺寸; 7.拉槽:拉油槽 $R2$ 到尺寸	三爪卡盘夹紧	车床
3	车	调头,以 $\phi17H7$ 为基准装锥度心轴,装夹在两顶尖间。 1.精车外圆:车 $\phi28.8$ mm 外圆到尺寸 $\phi28p6$; 2.精车端面:车 $\phi35$ mm 右端面,保证 $5_0^{+0.2}$; 3.倒角 C1	锥度心轴 两顶	车床
4	钳	1.划线:划孔 $\phi5$ 的中心线,保证尺寸 10 mm; 2.钻孔:钻 $\phi5$ mm 孔到尺寸; 3.去毛刺	机用平口钳	钻床
5	检验	分别用游标卡尺、内径千分尺、外径千分尺、百分表等量具,按图纸标注进行逐项测量,保证各项精度		偏摆仪

(2)液压缸加工工艺分析。图 9-58 所示为某液压缸缸筒零件图,每批数量为 100 支。

该液压缸缸筒属长套筒类零件,与前述短套类零件在加工方法及工件安装方式上都有较大差别。该液压缸缸筒内孔与活塞相配,因此表面粗糙度、形状及位置精度要求都较高。

其主要技术要求:内孔 $\phi70H8$、外圆 $\phi82h6$、内锥角度 $1.5°$、内孔的圆柱度 0.04 mm、内

孔轴线的直线度 $\phi 0.15$ mm、内孔 $\phi 70H8$ 轴线相对于外圆 $\phi 82h6$ 轴线的同轴度 $\phi 0.04$ mm、左右端面相对于内孔轴线的垂直度 0.03 mm。

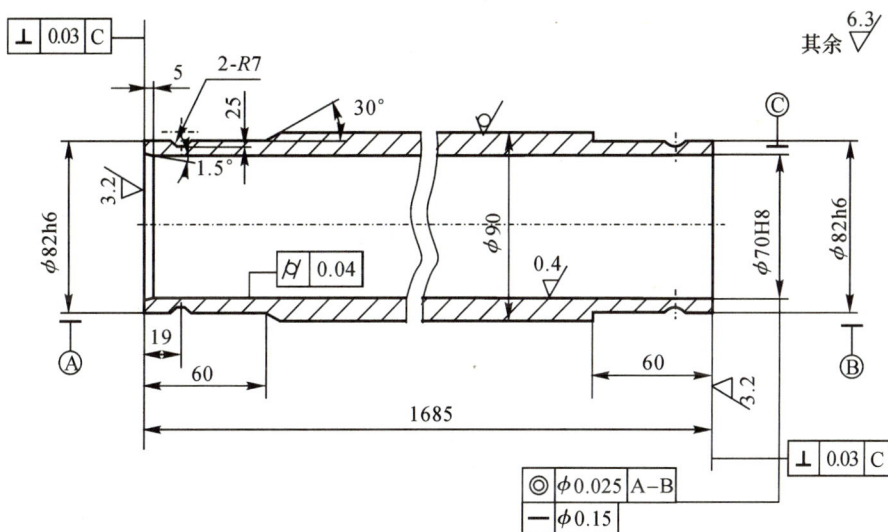

图 9-58　液压缸缸筒

该零件长而壁薄,外表面为不切削得到,因此毛坯可选用外圆尺寸为 $\phi 90$ mm 的冷拔无缝钢管。为保证内外圆的同轴度,加工外圆时采用双顶尖顶孔口或一头夹紧一头用中心架支承。加工内孔与一般深孔加工时的装夹方法相同,多采用夹一头,另一端用中心架托住外圆。孔半精加工多采用镗削,精加工采用珩磨。其加工工艺过程见表 9-5。

表 9-5　液压缸缸筒机械加工工艺卡片

序号	工序名称	工序内容	定位与夹紧	所用设备
1	下料	夹紧外圆,下料保证 $\phi 90$ mm×1 690 mm	机用虎钳	带锯床
2	车	三爪卡盘夹紧一端,中心架托起另一端。 1. 车端面:车端面见平; 2. 车外园:车外圆 $\phi 84_{-0.1}^{0}$ mm×58 mm	一夹一托	车床
3	车	调头,三爪卡盘夹紧 $\phi 84$ mm 端,中心架托起一端。 1. 车端面:车端面见平; 2. 车外园:车外圆 $\phi 84_{-0.1}^{0}$ mm×58 mm; 3. 镗孔:镗 $\phi 69.8^{+0.02}$ mm; 4. 车锥度:车内锥,保证 1.5°长 5 mm	一夹一托	车床
4	珩磨	珩磨内孔到 $\phi 70H8$	一夹一托	珩磨机
5	车	配锥形堵头,装夹在两顶尖间。 1. 车端面:车端面光起止(车无 1.5°内锥端); 2. 车外圆:车外圆保证 $\phi 82h6$×60 mm; 3. 切槽:切槽 $R7$ mm,保证尺寸 19 mm 和 2.5 mm;	两顶	车床

续表

序号	工序名称	工序内容	定位与夹紧	所用设备
6	车	调头装夹在两顶尖间； 1. 车端面：车端面保证 1685； 2. 车外园：车外园保证 $\phi82h6\times60$ mm 和 30°； 3. 切槽：切槽 R7，保证尺寸 19 mm 和 2.5 mm；	两顶	车床
7	检验	分别用游标卡尺、内径百分表、外径千分尺、百分表等量具，按图纸标注进行逐项测量，保证各项精度		偏摆仪

9.5 数控加工技术

9.5.1 数控加工技术基础

1. 数控机床的加工原理

当使用机床加工零件时，通常都需要对机床的各种动作进行控制，一是控制动作的先后次序，二是控制机床各运动部件的位移量。采用普通机床加工时，开车、停车、走刀、换向、主轴变速和开关切削液等操作都是由人工直接控制的。采用自动机床和仿形机床加工时，上述操作和运动参数则是通过设计好的凸轮、靠模和挡块等装置以模拟量的形式来控制的，它们虽能加工比较复杂的零件，且有一定的灵活性和通用性，但是零件的加工精度受凸轮、靠模制造精度的影响，而且工序准备时间也很长。

采用数控机床加工零件时，只需要将零件图形和工艺参数、加工步骤等以数字信息的形式，编成程序代码输入到机床控制系统中，再由其进行运算处理后转成伺服驱动机构的指令信号，即可控制机床各部件协调动作，自动地加工出零件来。当更换加工对象时，只需要重新编写程序代码，即可完成由数控装置自动控制加工的全过程，制造出任意复杂的零件。数控加工过程总体上可分为数控程序编制和机床加工控制两大部分。数控机床工作原理如图9-59所示。

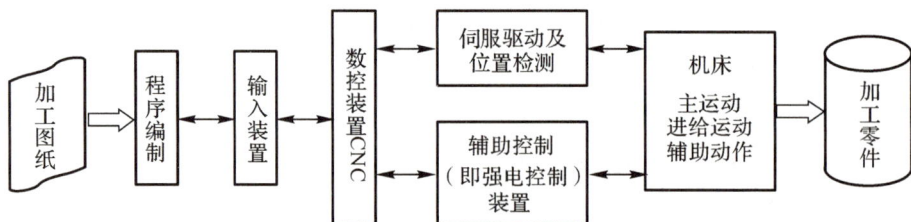

图 9-59 数控机床工作原理

数控机床的控制系统一般都能按照 NC 程序指令控制机床实现主轴自动启停、换向和变速;能自动控制进给速度、方向和加工路线,进行加工;能选择刀具并根据刀具尺寸调整吃刀量及行走轨迹;能完成加工中所需要的各种辅助动作。

2. 数控机床的加工特点

(1)自动化程度高,具有很高的生产效率。除手工装夹毛坯外,其余加工过程都可由数控机床自动完成。若配合自动装卸手段,则成为无人控制工厂的基本组成环节。数控加工减轻了操作者的劳动强度,改善了劳动条件,省去了划线、多次装夹定位、检测等工序及其辅助操作,有效地提高了生产效率。

(2)对加工对象的适应性强。改变加工对象时,除了更换刀具和解决毛坯装夹方式外,只需重新编程即可,不需要做其他任何复杂的调整,从而缩短了生产准备周期。

(3)加工精度高,质量稳定。加工尺寸精度在 $0.005 \sim 0.01$ mm 之间,不受零件复杂程度的影响。由于大部分操作都由机器自动完成,因而消除了人为误差,提高了批量零件尺寸的一致性,同时精密控制的机床上还采用了位置检测装置,提高了数控加工的精度。

(4)易于建立与计算机间的通信联络,容易实现群控。由于机床采用数字信息控制,所以易于与计算机辅助设计系统连接,形成 CAD/CAM 一体化系统,并且可以建立各机床间的联系,容易实现群控。

(5)具有良好的经济效益。数控机床虽然设备昂贵,加工时分摊到每个零件上的设备折旧费较高,但在单件小批量生产的情况下,数控机床可节省划线工时,减少调整、加工和检验时间,节省直接生产费用。数控机床加工精度稳定,降低了废品率,使生产成本下降。此外,数控机床可实现一机多用,节省厂房面积和建厂投资。因此,使用数控机床可获得良好的经济效益。

9.5.2 数控车床加工工艺与编程

数控车床与普通车床一样,主要用于加工轴类、盘类等回转体零件,如图 9-60 所示为普通数控车床加工的典型表面。在数控车床中通过数控加工程序的运行,则可自动完成内外圆柱面、圆锥面、成形表面、螺纹、端面等工序的切削加工,还可以进行车槽、钻孔、扩孔、铰孔等工作。车削加工中心可在一次装夹中完成更多的加工工序,提高了加工精度和生产效率,特别适合于复杂形状回转类零件的加工。车铣复合加工中心的功能更是得到进一步的完善,能完成形状更复杂的回转类零件的加工。

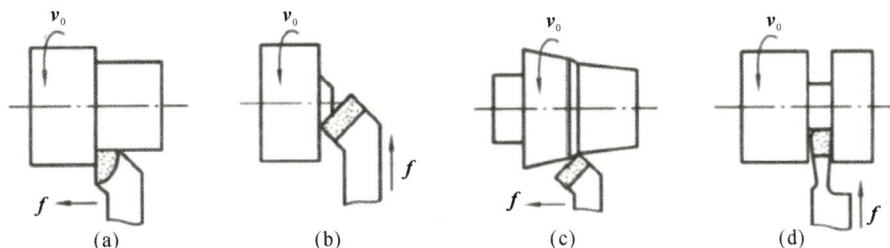

图 9-60 普通数控车床加工的典型表面
(a)车外圆;(b)车端面;(c)车锥面;(d)切槽、切断

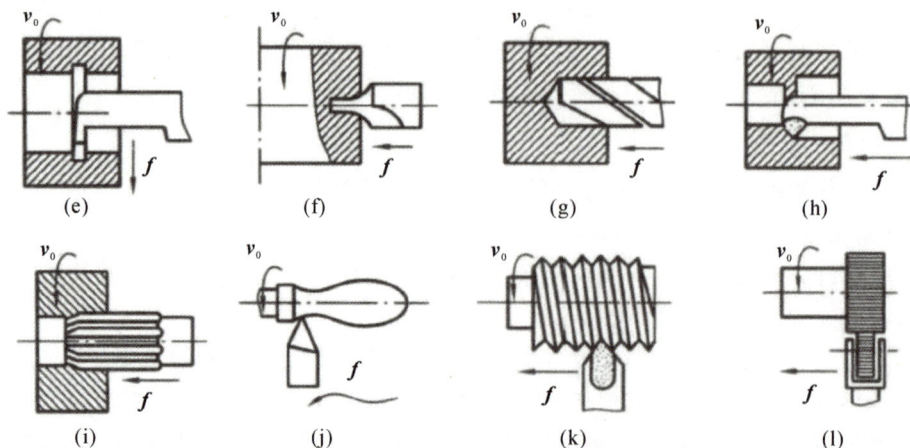

续图 9-60　普通数控车床加工的典型表面

(e)切内槽;(f)钻中心孔;(g)钻孔;(d)镗孔;(i)铰孔;(j)车成形面;(k)车外螺纹;(l)滚花

1.数控车床加工的主要零件对象

数控车削是数控加工中最常见的加工方法之一。由于数控车床在加工中能实现坐标轴的联动插补,使形成的直线和圆弧等零件的轮廓准确,加工精度高,同时能实现主轴旋转和进给运动的自动变速,因此数控车床比普通车床的加工范围宽得多。针对数控车床的特点,以下几种零件最适合数控车削加工。

(1)表面形状复杂的回转体零件。数控车床具有直线和圆弧插补功能,可以车削由任意直线和曲线组成的形状复杂的回转体零件。内腔复杂的零件,在普通车床上很难加工,但在数控车床上则很容易加工出来。只要组成零件轮廓的曲线能用数学表达式表述或列表表达,都可以加工。对于非圆曲线组成的轮廓,应先用直线或圆弧去逼近,然后再用直线或圆弧插补功能进行插补切削。

(2)精度要求高的回转体零件。由于数控车床刚性好、加工精度高、对刀准确,还可以精确实现人工补偿和自动补偿,所以数控车床能加工尺寸精度要求高的零件。使用切削性能好的刀具,在有些场合可以进行以车代磨的加工,如轴承内环的加工、回转类模具内外表面的加工等。此外,数控车床加工零件,一般情况下是一次装夹就可以完成零件的全部加工,因此,很容易保证零件的形状和位置精度,加工精度高。

(3)表面粗糙度要求高的回转体零件。数控车床具有恒线速切削功能。在材质、加工余量和刀具已确定的条件下,表面粗糙度取决于进给量和切削速度。在加工零件的锥面和端面时,数控车床切削的表面粗糙度小,这是普通车床无法实现的。通过改变进给量,可以在数控车床上加工表面粗糙度要求不同的零件,即粗糙度值要求大的部位可选用大的进给量,粗糙度值要求小的部位可选用较小的进给量。

(4)带特殊螺纹的回转体零件。普通车床能车削的螺纹种类很有限,只能车削等导程的圆柱面和圆锥面的公制、英制内外表面螺纹,而且螺纹的导程种类有限。而数控车床可以加工各种类型的螺纹,且加工精度高,表面粗糙度值小。

(5)超精密、超低表面粗糙度值的零件。磁盘、录像机磁头、激光打印机的多面反射体、复印机的回转鼓、照相机等光学设备的透镜等零件,要求超高的轮廓精度和超低的表面粗糙度值,它们适合在高精度、高性能的数控车床上加工。数控车床超精加工的轮廓精度可达到 0.1 μm,表面粗糙度 Ra 可达 0.02 μm,超精加工所用数控系统的最小分辨率应达到 0.01 m。

2. 数控车削加工零件的工艺性分析

(1)零件图分析。

尺寸标注方法分析:以同一基准标注尺寸或直接给出坐标尺寸。

轮廓几何要素分析:分析几何元素的给定条件是否充分。

精度及技术要求分析:

1)分析精度及各项技术要求是否齐全、是否合理。

2)分析本工序的数控车削加工精度能否达到图样要求,若达不到,需采取其他措施(如磨削)弥补的话,则应给后续工序留有余量。

3)找出图样上有位置精度要求的表面,这些表面应在一次安装下完成加工。

4)对表面粗糙度要求较高的表面,应采用恒线速切削加工。

(2)结构工艺性分析。零件的结构工艺性是指零件对加工方法的适应性,即所设计的零件结构应便于加工成形。

(3)零件安装方式的选择:①力求设计、工艺与编程计算的基准统一。②尽量减少装夹次数。

3. 数控车削加工零件工艺路线的拟订

(1)加工方法的选择。应根据零件的加工精度、表面粗糙度、材料、结构形状、尺寸及生产类型等因素,选用相应的加工方法和加工方案。

(2)加工工序划分。数控车床加工工序设计的主要任务:确定工序的具体加工内容、切削用量、工艺装备、定位和安装方式及刀具运动轨迹,为编制程序做好准备。

(3)加工路线的确定。加工路线是刀具在切削加工过程中刀位点相对于工件的运动轨迹,它不仅包括加工工序的内容,也反映加工顺序的安排,因而加工路线是编写加工程序的重要依据。确定加工路线的原则如下。①加工路线应保证被加工工件的精度和表面粗糙度。②设计加工路线要减少空行程时间,提高加工效率。③简化数值计算和减少程序段,降低编程工作量。④根据工件的形状、刚度、加工余量、机床系统的刚度等情况,确定循环加工次数。⑤合理设计刀具的切入与切出方向。采用单向趋近定位方法,避免传动系统反向间隙产生的定位误差。

(4)车削加工顺序的安排:①先粗后精。②先近后远:离对刀点近的部位先加工,离对刀点远的部位后加工。③内外交叉加工。④基面先行原则。

4. 典型零件数控车削的加工工艺

(1)轴套类零件加工工艺。轴套类典型零件是阶梯轴。阶梯轴的车削分低台阶车削和高台阶车削两种方法,如图 9-61 所示。

1)低台阶车削。相邻两圆柱体直径差较小,可用车刀一次切出,如图 9-61(a)所示,其

加工路线为 $A \rightarrow B \rightarrow C \rightarrow D \rightarrow E$。

2)高台阶车削。相邻两圆柱体直径差较大,采用分层切削,如图 9-61(b)所示。粗加工路线为 $A_1 \rightarrow B_1 \rightarrow A_2 \rightarrow B_2 \rightarrow A_3 \rightarrow B_3$;精加工路线为 $A \rightarrow B \rightarrow C \rightarrow D \rightarrow E$。

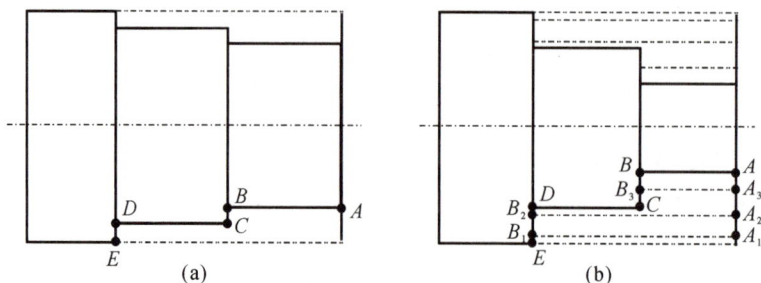

图 9-61　阶梯轴车削方法

(a)低台阶车削;(b)高台阶车削

5.数控车床编程基础

(1)数控车床的坐标系。一般来说,数控车床通常使用的有两个坐标系:一个是机床坐标系;另一个是工件坐标系,也称为程序坐标系。

1)机床坐标系。机床坐标系是机床固有的坐标系,是以机床原点为坐标系原点建立起来的 ZOX 轴直角坐标系。

Z 坐标轴:与"传递切削动力"的主轴轴线重合,平行于车床纵向导轨,其正向为远离卡盘的方向,负向为走向卡盘的方向。

X 坐标轴:在工件的径向上,平行于车床横向导轨,其正向为远离工件的方向,走向工件的方向为其负向。图 9-62 所示为横向导轨水平和倾斜两种布置的数控车床坐标系。

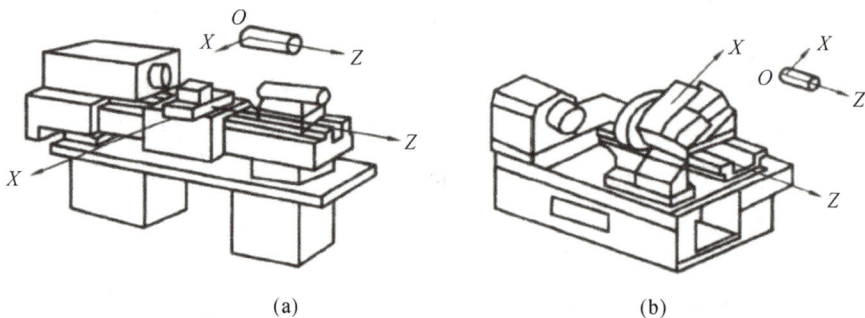

图 9-62　数控车床坐标系

(a)横向导轨水平布置的坐标轴方向;(b)横向导轨倾斜布置的坐标轴方向

机床原点:机床坐标系的原点称为机床原点或机床零点。它是机床上设置的一个固定点,在机床装配、调试时就已确定下来,是数控机床进行加工运动的基准参考点。数控车床原点的确定方法如下。

数控车床原点一般取在卡盘端面与主轴中心线的交点处,如图 9-63 所示。同时,通过设置参数的方法,也可将机床原点设定在 X、Z 坐标的正方向极限位置上。

数控装置上电时,并不知道机床原点,为了在机床工作时正确地建立机床坐标系,通常在每个坐标轴的移动范围内设置一个机床参考点。机床参考点的位置是由机床制造厂家在每个进给轴上用限位开关精确调整好的,坐标值已输入数控系统中,因此参考点对机床原点的坐标是一个已知数。

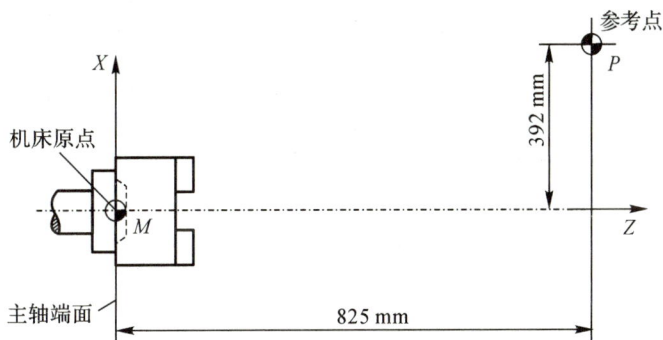

图 9 - 63　机床原点

通常在数控车床上机床参考点是离机床原点最远的极限点。如图 9 - 63 所示,P 点为数控车床的参考点。

数控机床开机时,必须先确定机床原点,而确定机床原点的运动就是刀架返回参考点的操作,这样通过确认参考点,就确定了机床原点。返回参考点之前,不论刀架处于什么位置,此时 CRT 上显示的 Z 与 X 的坐标值均为 0。只有完成了返回参考点操作后,刀架运动到机床参考点,此时 CRT 上才会显示出刀架基准点在机床坐标系中的坐标值,即建立了机床坐标系。

2)工件坐标系。工件坐标系是编程人员在编写零件加工程序时选择的坐标系,也称编程坐标系。工件坐标系是用来确定工件几何形体上各要素的位置而设置的坐标系,程序中的坐标值均以工件坐标系为依据。工件坐标系的原点可由编程人员根据具体情况确定,一般设在图样的设计基准或工艺基准处。根据数控车床的特点,工件坐标系原点通常设在工件左、右端面的中心或卡盘前端面的中心。同一工件,由于工件原点变了,程序段中的坐标尺寸也会随之改变。因此,数控编程时应该首先确定编程原点,确定工件坐标系。编程原点是在工件装夹完毕后,通过对刀来确定。

(2)数控车床编程的基本指令:①公制和英制单位指令—G20、G21;②主轴功能指令 S 和主轴转速控制指令 G96、G97、G50;③进给功能指令 F、G99、G98;④刀具功能指令 T;⑤刀具快速定位(点定位)指令 G00;⑥直线插补指令 G01;⑦圆弧插补指令 G02、G03;⑧暂停指令 G04。

6.车床综合编程实例

【例 9 - 1】加工如图 9 - 64 所示零件,该零件的毛坯尺寸为 φ38 mm 的棒料,材质为 45 钢,确定该零件的加工工艺,编写其数控加工程序。

1.工艺的分析

审核零件图,明确加工要求。该零件加工面有螺纹外圆面、锥面、曲面、槽,对带有公差值的尺寸,取中间值加工。设工件左端外圆为安装基准,取右端面中心为零件坐标系原点。

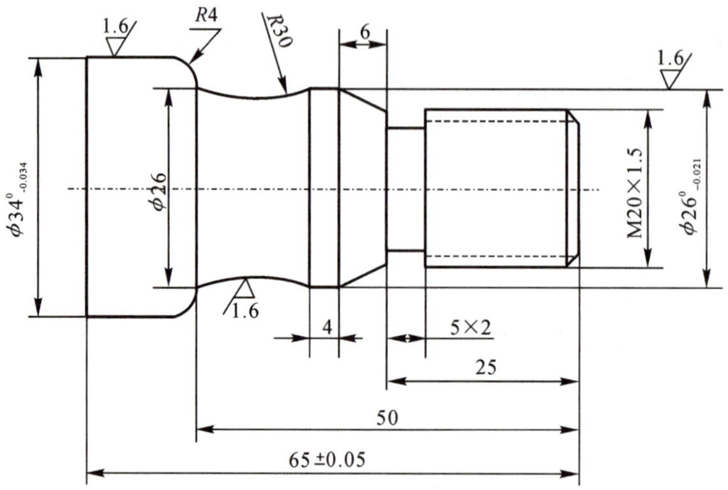

图 9-64　例 9-1 图(单位:mm)

2. 工艺路线

(1)夹左端外圆,棒料伸出离卡爪端面距离 90 mm 长。

(2)粗车右端面——螺纹外圆——锥面—ϕ26 外圆—ϕ30 外圆—R4 圆弧—P34 外圆。

(3)精车上述各外表面(先后次序同上)。

(4)车中 16 退刀槽。

(5)车 M20×1.5 螺纹。

(6)按图纸要求长度切断零件

3. 刀具的选择

根据加工要求,需要选用以下刀具各一把。

1 号刀:T0101,55°外圆车刀,用于粗加工;

2 号刀:T0202,35°外圆车刀,用于精加工;

3 号刀:T0303,宽 5 mm 切槽及其切断刀,用于切槽、切断加工;

4 号刀:T0404,60′螺纹车刀,用于车螺纹。

4. 切削参数的选择

切削参数的选择见表 9-6。

5. 程序代码

此处省略。

表 9-6　切削参数的选择

切削用量工序	主轴转速 n/(r/min)	进给量 f/(mm/r)
粗车	600	0.2
精车	1 000	0.1
切槽、切断	500	0.1
车螺纹	500	1.5

9.3.3 数控铣床加工工艺与编程

数控铣床是一种用途广泛的机床,在数控机床中所占比例最大,在航空航天、汽车制造、一般机械加工和模具制造业中应用非常广泛。数控铣床多为三坐标、两坐标联动的机床,也称两轴半控制数控铣床,即在 X、Y、Z 三个坐标轴中,任意两轴都可以联动,也可以三个或更多坐标轴联动,可以用来加工螺旋槽、叶片等立体曲面零件。

1. 数控铣床加工的主要零件对象

数控铣床可以用来加工许多普通铣床难以加工甚至无法加工的零件,它以铣削功能为主,主要适合铣削平面类、变斜角类、曲面类(立体类)、箱体类等四类零件。

2. 数控铣削加工零件的工艺性分析

零件的工艺性分析关系到零件加工的成败,包括零件图样的工艺性分析和零件毛坯的工艺性分析,因此数控铣削加工的工艺性分析是编程前的重要准备工作,其要解决的主要问题大致可归纳为以下两大方面。

(1)零件图样的工艺性分析。根据数控铣削加工的特点,列举出一些经常遇到的工艺性问题,作为对零件图样进行工艺性分析的要点来加以分析与考虑。

1)零件图样尺寸的正确标注。由于加工程序是以准确的坐标点来编制的,所以,各图形几何要素间的相互关系(如相切、相交、垂直和平行等)应明确,各种几何要素的条件要充分,应无引起矛盾的多余尺寸或影响工序安排的封闭尺寸等。

2)保证获得要求的加工精度。虽然数控机床精度很高,但对一些特殊情况,例如过薄的底板与肋板,加工时产生的切削拉力及薄板的弹性退让极易产生切削面的振动,使薄板厚度尺寸公差难以保证,其表面粗糙度值也将提高。根据实践经验,当面积较大的薄板厚度小于 3 mm 时就应充分重视这一问题。

3)尽量统一零件轮廓内圆弧的有关尺寸。轮廓内圆弧半径 R 常常限制刀具的直径。一般来说,当 $R < 0.2 H$(被加工轮廓面的最大高度)时,可以判定为零件该部位的工艺性不好。

在一个零件上的这种凹圆弧半径在数值上的一致性问题对数控铣削的工艺性显得相当重要。一般来说,即使不能寻求完全统一,也要力求将数值相近的圆弧半径分组靠拢,达到局部统一,以尽量减少铣刀规格与换刀次数,并避免因频繁换刀增加了工件加工面上的接刀阶差而降低了表面质量。

4)保证基准统一的原则。有些工件需要在铣完一面后再重新安装铣削另一面,数控铣削时不能使用通用铣床加工时常用的试切方法来接刀,往往会因为工件的重新安装而接不好刀。这时,最好采用统一基准定位,因此零件上应有合适的孔作为定位基准孔。如果零件上没有基准孔,也可以专门设置工艺孔作为定位基准(如在毛坯上增加工艺凸台或在后继工序要铣去的余量上设置基准孔)。

5)分析零件的变形情况。数控铣削工件在加工时的变形,不仅影响加工质量,而且当变形较大时,加工将不能继续进行下去。这时就应当考虑采取一些必要的工艺措施来进行预防,例如,对钢件进行调质处理,对铸铝件进行退火处理,对不能用热处理方法解决的,也可考虑粗、精加工及对称去余量等常规方法。此外,还要分析加工后的变形问题,采取什么工艺措施来解决。总之,加工工艺取决于产品零件的结构形状、尺寸和技术要求。

(2)零件毛坯的工艺性分析。进行零件铣削加工时,由于加工过程的自动化,余量的大小、如何定位装夹等问题在设计毛坯时就要仔细考虑清楚;否则,如果毛坯不适合数控铣削,加工将很难进行下去。根据经验,下列几方面应作为毛坯工艺性分析的要点。①毛坯应有充分、稳定的加工余量。②分析毛坯在装夹定位方面的适应性。③分析毛坯的余量大小及均匀性。

3.数控铣削加工零件的工艺设计

(1)选择加工方案。加工方法的选择是保证加工表面的加工精度和表面粗糙度的要求。由于获得同一级精度及表面粗糙度的加工方法一般有许多,因而在实际选择时,要结合零件的形状尺寸大小和热处理要求等全面考虑。确定加工方案时,应先根据主要表面的精度和表面粗糙度的要求,确定为达到这些要求所需要的最终加工方法,再确定半精加工和粗加工的加工方法。

(2)确定加工顺序。按照先粗后精、先面后孔的原则以及为了减少换刀次数不划分加工阶段来确定加工顺序。

(3)确定装夹方案和选择夹具。零件的装夹和定位要考虑到重复安装的一致性,以减少对刀时间,提高同一批零件加工的一致性。一般同一批零件采用同一定位基准、同一装夹方式。

(4)选择刀具。根据加工内容选择所需要的刀具,其规格根据加工尺寸选择。一般来说,粗铣铣刀直径应选小一些,以减小切削力矩,但也不能选得太小,以免影响加工效率;精铣铣刀直径应选大一些,以减少接刀痕迹。还应考虑到两次走刀间的重叠量及减少刀具种类。

(5)确定走刀路线。针对不同的加工的特点,应着重考虑以下几个方面:

1)顺铣和逆铣的选择。铣削有顺铣和逆铣两种方式。当工件表面无硬皮,机床进给机构无间隙时,应选用顺铣,按照顺铣安排走刀路线。采用顺铣加工,零件已加工表面质量好,刀齿磨损小。精铣时,应尽量采用顺铣。当工件表面有硬皮、机床的进给机构有间隙时,应选用逆铣,按照逆铣安排走刀路线,因为逆铣时,刀齿是从已加工表面切入,不会崩刀,机床进给机构的间隙不会引起振动和爬行。

2)铣削外轮廓的进给路线。铣削平面零件外轮廓时,一般采用立铣刀侧刃切削。刀具切入工件时应沿切削起始点的延伸线逐渐切入工件,保证零件曲线的平滑过渡。在切离工件时,也要沿着切削终点延伸线逐渐切离工件,如图 9-65 所示。

3)铣削内轮廓的进给路线。铣削封闭的内轮廓表面,若内轮廓曲线不允许外延(见图 9-66),刀具只能沿内轮曲线的法向切入、切出,此时刀具的切入、切出点应尽量选在内轮廓曲线两几何元素的交点处。

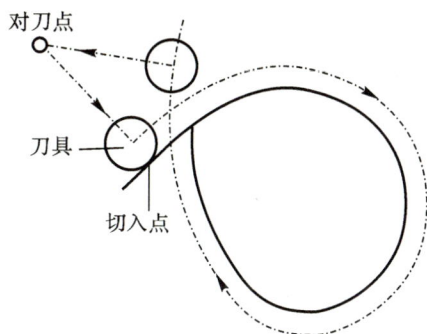

图 9-65　外轮廓加工刀具的切入和切出　　图 9-66　内轮廓加工刀具的切入和切出

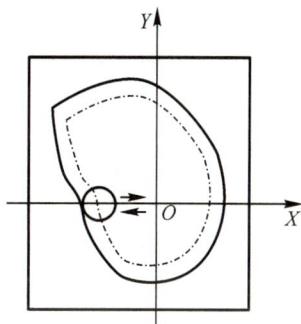

4.数控铣床编程基础

(1)数控铣床的坐标系。

1)机床坐标系。数控铣床的机床坐标系同样遵循右手笛卡儿直角坐标系原则。铣床坐标系是以机床原点为坐标系原点建立起来的 XYZ 直角坐标系。

Z 坐标轴:平行于机床主轴轴线,如果机床有几个主轴,则选一垂直于装夹平面的主轴作为主要主轴;如机床没有主轴(龙门刨床),则规定垂直于工件装夹平面为 Z 轴。其正向为远离装夹面的方向,如图 9-67 所示。

X 坐标轴:当 Z 轴水平时,从刀具主轴后向工件看,正 X 为右方向[见图 9-67(a)]。当 Z 轴处于铅垂面时,对于单立柱式,从刀具主轴后向工件看,正 X 为右方向;对于龙门式从刀具主轴右侧看,正 X 为右方向[见图 9-67(b)]。

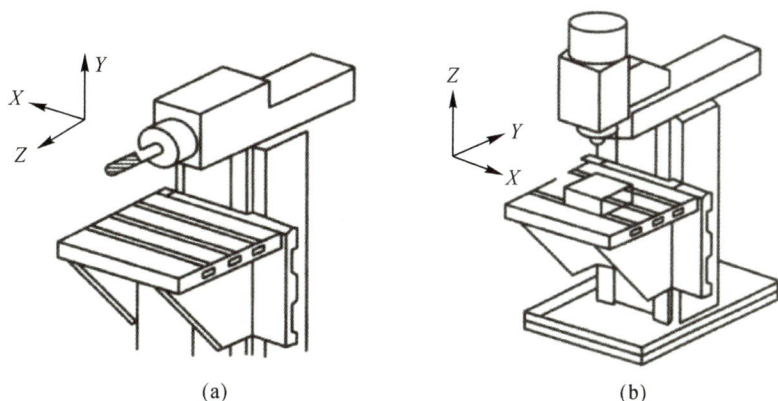

(a)　　　　　　　　　　　　　　　(b)

图 9-67　数控铣床坐标系

(a)卧式铣床坐标系;(b)立式铣床坐标系

345

2）Y 轴垂直于 X、Z 坐标轴，Y 轴的正方向根据 X 和 Z 轴的正方向，按照标准笛卡儿直角坐标系来判断。

围绕 X、Y、Z 坐标旋转的旋转坐标分别用 A、B、C 表示。根据右手螺旋定则，大拇指的指向为 X、Y、Z 坐标中任意的正向，则其余四指的旋转方向（对应 X、Y、Z 坐标）即为旋转坐标 A、B、C 的正向。若有第二直角坐标系，可用 U、V、W 表示。

（2）数控铣床编程的基本指令：①绝对编程与相对编程——G90、G91；②平面选择指令——G17、G18、G19；③快速定位指令——G00；④直线插补指令——G01；⑤圆弧插补指令——G02、G03；⑥刀具半径补偿指令——G41、G42、G40。

（3）数控铣床的对刀。数控操作人员确定工件原点相对机床原点的位置关系的操作过程称为对刀操作，其实质是找到编程原点在机床坐标系中的坐标位置，然后通过执行 G92 或 G54～G59 等工件坐标系建立指令创建和编程坐标系一致的工件坐标系。

1）刀位点。刀位点是指在加工程序编制中，用以表示刀具特征的点，编程时通常用这一点来代替刀具，而不需要考虑刀具的实际大小形状。刀位点也是对刀和加工的基准点。

2）对刀点。对刀点，即程序的起点，是数控加工时刀具相对工件运动的起点。在数控编程时对刀点选择应考虑以下几点：①对刀点应便于数学处理和程序编制；②对刀点在机床上容易校准；③在加工过程中便于检查；④引起的加工误差小。对刀点可以设置在零件夹具上面或机床上面。

为了加工方便，一般选取工件编程原点为对刀点。

5.铣床综合编程实例

【例 9－2】毛坯为 70 mm×70 mm×18 mm 的板材，六面已粗加工过，要求数控铣出如图 9－68 所示的槽，工件材料为 45 钢。

（1）根据图样要求、毛坯及前道工序加工情况，确定工艺方案及加工路线。①以已加工过的底面为定位基准，用通用台虎钳夹紧工件前后两侧面，台虎钳固定于铣床工作台上。②工步顺序。铣刀先走两个圆轨迹，再用刀具半径左补偿加工 50 mm×50 mm 四角倒圆的正方形。每次切深为 2 mm，分两次加工完。

（2）选择刀具。采用 φ12 mm 的平底立铣刀，定义为 T01，并把该刀具的直径输入到刀具参数表中。

（3）确定切削用量切。切削用量的具体数值应根据该机床性能、相关的手册并结合实际经验确定。

（4）确定工件坐标系和对刀点。在 XOY 平面内确定以工件中心为工件原点，Z 方向以工件表面为工件原点，建立工件坐标系，如图 9－68 所示。采用手动试切对刀方法（操作与前面介绍的数控铣床对刀方法相同）把点 O 作为对刀点。

（5）编写程序（此处省略）。

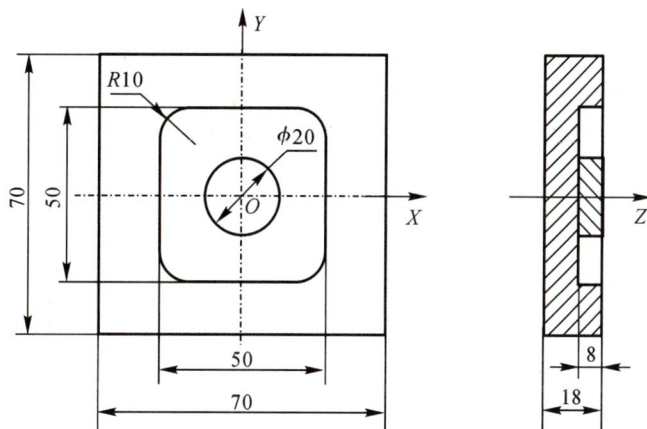

图 9-68 铣削工件(单位:mm)

实验 9.1 车削台阶轴

一、实验目的

(1)了解车削轴类零件常用的车刀。

(2)掌握工件及车刀的装夹。

(3)掌握车削外圆、端面及台阶的加工方法。

二、实验设备及材料

(1)工、量具:卧式车床、千分尺、游标卡尺、表面粗糙度样板等。

(2)毛坯材料 45 钢,尺寸为 $\phi45$ mm×100 mm。

三、实验任务

台阶轴如图 9-69 所示。需要车出 $\phi30^{0}_{-0.039}$ mm×(20 ± 0.2)mm,表面粗糙度 Ra 为 3.2μm;$\phi40^{0}_{-0.039}$ mm×35 mm,表面粗糙度 Ra 为 3.2 μm;右端面表面粗糙度 Ra 为 3.2 μm;其余加工面表面粗糙度 Ra 为 6.3 μm。

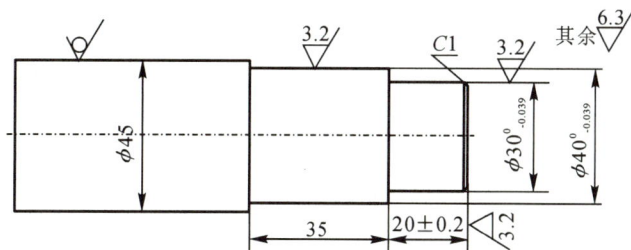

图 9-69 台阶轴(单位:mm)

(1)装刀对中。将硬质合金车刀装在刀架上,并对准工件旋转中心。

(2)装夹工件。用三爪自定心卡盘装夹工件外圆并进行校正,毛坯伸出长度约为

60 mm。

（3）选择主轴转速。若切削速度 $v_c=70$ m/min，则主轴转速为

$$n=1\,000\times v_c/(\pi d)=1\,000\times70/(3.14\times45)\ \text{r/min}\approx495\ \text{r/min}$$

主轴计算转速与机床转速表 530 r/min 接近，转换手柄调整主轴转速到 530 r/min。

（4）选择进给量。f 取 0.10～0.18 mm/r。

（5）车端面。开动车床，将车刀刀尖靠近工件端面并沿着轴向切入，如图 9-70 所示。均匀转动中滑板手柄横向进刀车削端面。当车刀车到中心时，停止进刀，不能留凸台。表面粗糙度 Ra 达到 3.2 μm。

（6）粗车 $\phi40$ mm×（20 mm＋35 mm）外圆。切削速度 v_c 取 50 m/min，则主轴转速为 $n=1\,000\,v_c/(\pi d)=1\,000\times50/(3.14\times45)$ r/min＝353 r/min，转换手柄调整主轴转速为 360 r/min。进给量 f 取 0.10～0.18 mm/r。用粗车刀车 $\phi45$ mm 外圆，第一刀车至 $\phi42$ mm，长度到刻线处，第二刀车至 $\phi40.5$ mm，留精车余量 0.5 mm。

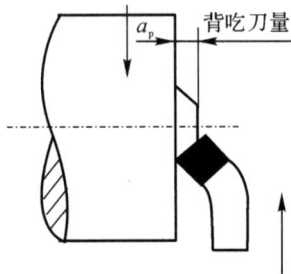

图 9-70　由外向里车端面

（7）精车 $\phi40$ mm×（20 mm＋35 mm）外圆。切削速度 v_c 取 70 m/min，则主轴转速为 $n=1\,000\,v_c/(\pi\times d)=1\,000\times70/(3.14\times40)$ r/min＝557 r/min，转换手柄调整主轴转速为 530 r/min。进给量 f 取 0.06～0.10 mm/r。用精车刀车 $\phi40$ mm 外圆至尺寸，用千分尺和游标卡尺测量尺寸，精车时加注切削液。目测或用表面粗糙度样板检测表面粗糙度 Ra 为 3.2 μm。

（8）粗车 $\phi30$ mm×20 mm 外圆。切削速度 v_c 取 50 m/min，则主轴转速为 $n=1\,000\,v_c/(\pi d)=1\,000\times50/(3.14\times30)$ r/min＝530 r/min，转换手柄调整主轴转速为 530 r/min。进给量 f 取 0.10～0.18 mm/r。在 $\phi40$ mm 外圆上从右至左长度 20 mm 处用车刀划线，粗车，第一刀车至 $\phi33$ mm，长度至刻线处，第二刀车至 $\phi30.5$ mm，留精车余量 0.5 mm。

（9）精车 $\phi30$ mm×20 mm 外圆。调整主轴转速为 530 r/min。进给量 f 取 0.06～0.10 mm/r。用精车刀精车 $\phi30$ mm×20 mm 外圆至尺寸，精车时加注切削液。用千分尺和游标卡尺测量尺寸，表面粗糙度达 Ra 为 3.2 μm。

（10）倒角 C1。用外圆车刀倒角，使切削刃与外圆轴心线成 45°，移动床鞍至工件外圆与平面相交处进行倒角 C1。

（11）检测工件。检测工件质量合格后卸下工件。

4.考核标准

车削台阶轴考核标准见表 9-7。

表 9-7　车削台阶轴考核标准

序号	检测项目与技术要求	配分	评分标准	得分
1	检测尺寸 $\phi40^{0}_{-0.039}$ mm	30	每超差 0.01 mm 扣 5 分	
2	检测表面粗糙度 Ra 为 3.2 μm	10	超差一级扣 5 分	
3	检测尺寸 $\phi30^{0}_{-0.039}$ mm	30	每超差 0.01 mm 扣 5 分	

序号	检测项目与技术要求	配分	评分标准	得分
4	检测表面粗糙度为 Ra 3.2 μm	10	超差一级扣 5 分	
5	检测长度尺寸 35 mm	2	超差 1 mm 不得分	
6	检测长度尺寸 20 mm±0.2 mm	8	超差 0.05 mm 不得分	
7	检测倒角 C1	2	不符合要求不得分	
8	检测端面表面粗糙度 Ra 为 3.2 μm	4	超差一级扣 2 分	
9	检测台阶平面与轴线是否垂直及是否清角	4	一处台阶不清扣 2 分	
10	安全文明生产		违反规定酌情扣分	
	实训成绩			

◆ 实验 9.2 车削内螺纹

一、实验目的

(1)了解内螺纹车刀的装夹方法。
(2)掌握三角形内螺纹车削方法。
(3)掌握内螺纹的检查方法。

二、实验设备及材料

(1)工、量具:卧式车床、螺纹塞规、样板、游标卡尺、表面粗糙度样板等。
(2)毛坯材料 45 钢,尺寸为 ϕ50 mm×40 mm。

三、内螺纹车刀的装夹和检测

(1)内螺纹车刀的装夹:①刀柄伸出的长度应大于内螺纹长度 10~20 mm。②车刀刀尖要与工件中心等高。③用螺纹样板进行对刀,如图 9-71 所示。④将装夹好的螺纹车刀在螺纹底孔内手动试走一次,检查刀柄与内孔是否相碰,如图 9-72 所示。

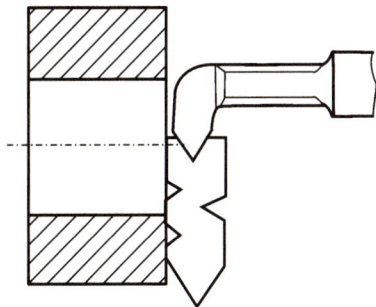

图 9-71 内螺纹车刀的对刀方法

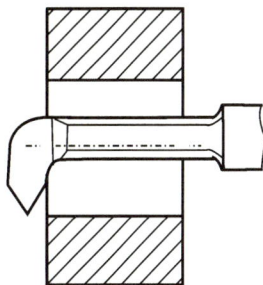

图 9-72 检查刀柄与内孔是否相碰

（2）内螺纹的检测：①小径的测量：一般可用游标卡尺测量。②综合测量：三角形内螺纹一般采用螺纹塞规进行综合测量，如图9-73所示。检测时，若螺纹塞规通端顺利拧入工件，止端拧不进工件，说明螺纹合格。

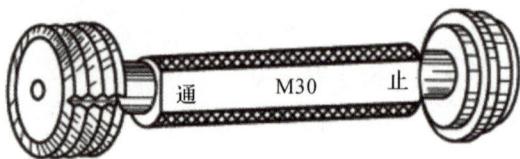

图9-73　螺纹塞规

四、低速车削三角形内螺纹方法

车削内螺纹的方法与车削外螺纹的方法基本相同，只是中滑板的进、退刀方向相反。

（1）车削内螺纹前，先把工件的端面、螺纹底孔（车削弹塑性材料时，$D_孔 = D - P$；车削脆性材料时，$D_孔 = D - 1.05P$）及倒角等按要求车好。车不通孔螺纹或台阶孔螺纹时，还应车好退刀槽，退刀槽的直径应大于内螺纹的大径，槽宽为$(2\sim3)P$。

（2）用样板对刀并装夹好车刀，如图7-74所示。

（3）在车刀刀柄上做标记或用溜板箱手轮刻度盘控制螺纹车刀在孔内车削的长度。

（4）根据螺纹的螺距调整进给箱各手柄的位置及交换齿轮箱的齿轮，并选择合理的切削速度。

（5）启动车床对刀，记住中滑板刻度或将中滑板刻度盘调零。用中滑板进刀控制每次车削的背吃刀量，进给方向与车削外螺纹时的进给方向相反。

（6）合上开合螺母车削内螺纹。加工螺距$P < 2$ mm的内螺纹时，一般采用直进法；加工$P > 2$ mm的内螺纹时，一般先用斜进法粗车，然后再精车。精车时采用左、右切削法车两侧面，以减小牙型侧面的表面粗糙度值和控制好中径尺寸。

五、实验任务

车削如图9-74所示有退刀槽的内螺纹工件。

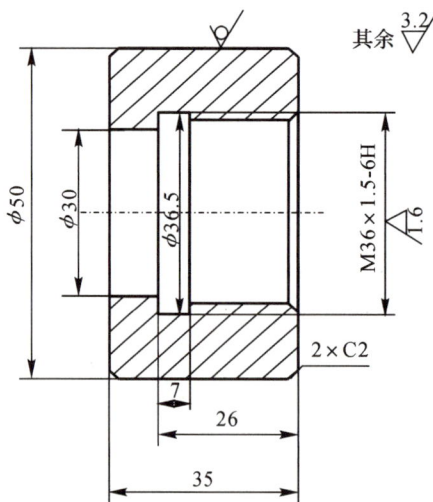

图9-74　台阶孔内螺纹（单位：mm）

（1）在刀架上装夹外圆车刀、车孔刀、车槽刀及螺纹车刀，尾座套筒内装上 $\phi28$ mm 钻头。

（2）用三爪自定心卡盘装夹工件，校正并夹紧工件。

（3）车平两端面，取总长 35 mm，外圆倒角 C2。

（4）钻 $\phi28$ mm 通孔至尺寸。

（5）车 $\phi30$ mm 内孔至尺寸，表面粗糙度 Ra 达 3.2 μm。

（6）车 M36×1.5-6H 的螺纹底孔至 $\phi34.5$ mm。

（7）车螺纹退刀槽 $\phi36.5$ mm×6 mm。

（8）孔口倒角 C1.5。

（9）粗车 M36×1.5-6H 内螺纹，每边留 0.2 mm 左右精车余量。

（10）精车 M36×1.5-6H 内螺纹至尺寸，表面粗糙度 Ra 达 1.6 μm。

（11）检查质量合格后取下工件。

六、考核标准

车削台阶孔内螺纹考核标准见表 9-8。

表 9-8　车削台阶孔内螺纹考核标准

序号	检测项目与技术要求	配分	评分标准	得分
1	检测内孔尺寸 $\phi30$ mm	4	不合格不得分	
2	检测螺纹尺寸 M36×1.5-6H	60	倒牙扣 10 分，止规能进入不得分	
3	检测沟槽尺寸 $\phi36.5$ mm×6 mm	2	不合格不得分	
4	检测长度尺寸 35 mm 及 26 mm	4	一处不合格扣 2 分	
5	检测表面粗糙度 Ra 为 1.6 μm（2 侧）	18	一侧不合格扣 5 分	
6	检测表面粗糙度 Ra 为 3.2 μm（3 处）	9	一处不合格扣 3 分	
7	检测倒角 C1.5、C2（3 处）	3	一处不合格扣 1 分	
8	安全文明生产		违反规定酌情扣分	
	实验成绩			

◆ 实验 9.3　铣削平面

一、实验目的

（1）了解平面铣削加工方法。

（2）掌握铣平面的方法和步骤。

（3）掌握铣平面对工件装夹的要求。

二、实验设备及材料

（1）工、量具：立式升降台铣床、刀口形直角尺、表面粗糙度样板、游标卡尺等。

（2）毛坯材料 45 钢，尺寸为 80 mm×70 mm×60 mm。

三、铣平面方法

(1)顺铣和逆铣。铣刀切削部分的旋转方向与工件进给方向相同时的铣削叫顺铣,铣刀切削部分的旋转方向与工件进给方向相反时的铣削叫逆铣,如图9-75所示。

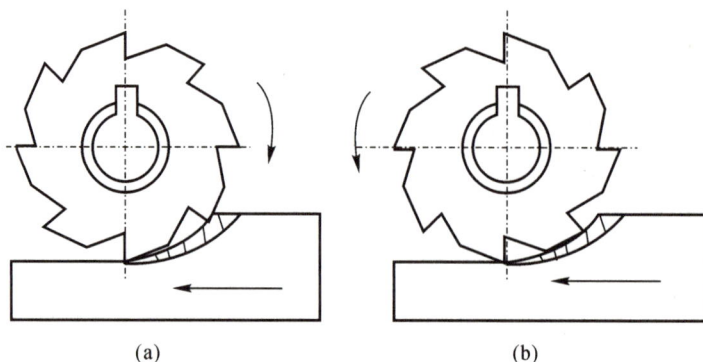

(a)   (b)

图9-75 圆周铣时顺铣和逆铣

(a)顺铣;(b)逆铣

(2)对称铣削。端铣时,工件的中心处于铣刀的中心称为对称铣削。对称铣削时,一半为顺铣,一半为逆铣。当工件的加工面较宽,接近于铣刀直径时,应采用对称铣削,如图9-76所示。

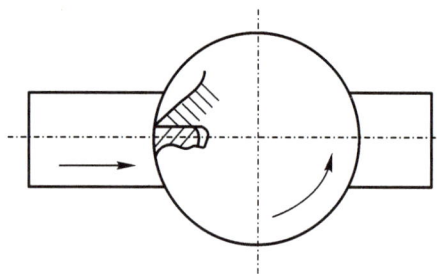

图9-76 端铣对称顺铣

(3)非对称铣削。端铣时,工件中心没有处于铣刀的中心位置,而是偏在一侧,这种铣削方式称为非对称铣削,如图9-77所示。非对称铣削的顺铣部分占的比例较大,端铣时一般不采用此法;在铣削塑性和韧性好、加工硬化严重的材料,如不锈钢、耐热合金钢等时,采用该法;非对称铣削的逆铣部分占的比例较大,端铣时一般采用该法。

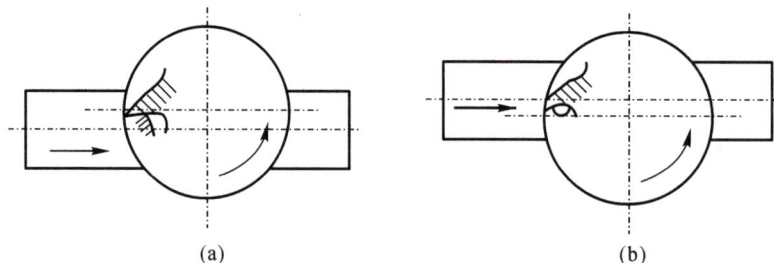

(a)   (b)

图9-77 端铣非对称铣削

(a)非对称顺铣;(b)非对称逆铣

(4)高速铣削对工件的装夹要求。高速铣削时由于切削力大,铣刀和工件间的冲击力大,这就要求工件装夹牢固、定位可靠,夹紧力的大小能足以承受铣削力。当采用平口钳装夹工件时,工件加工表面伸出钳口的高度应尽量减少,切削力应朝向平口钳的固定钳口。使用夹具装夹工件时,切削力应朝向夹具的固定支承部位,以增加切削刚性,减少振动。

四、实验任务

铣削如图 9-78 所示平面工件。

其余 $\sqrt{}$

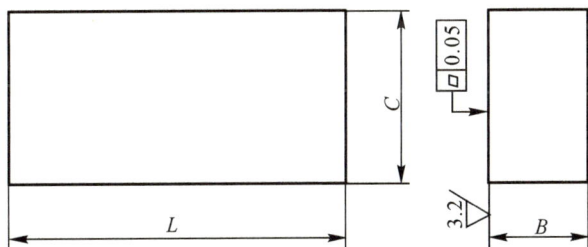

图 9-78 铣削平面(单位:mm)

(1)选用 ϕ100 mm 普通机械夹固式面铣刀盘,采用直径为 32 mm 短刀杆将其安装到铣床主轴上,使凸键与键槽相配合。

(2)选用 YT15 牌号的硬质合金焊接刀头,并刃磨硬质合金铣刀头。

(3)安装平口钳,校正固定钳口与工作台纵向进给方向平行。

(4)将所要加工面向上装夹工件。

(5)调整切削用量:$n=475$ r/min、$f=118$ mm/min。

(6)采用切痕调刀法,安装铣刀头。

(7)粗加工平面,安装铣刀头完毕,降下工作台,调整机床横向工作台,要求工作台从左往右进给时采用逆铣。开动机床,调整到原来的背吃刀量后铣完第一刀,铣削中注意观察刀具的工作情况。

(8)精加工平面,降下工作台半圈左右,快速往左返回,调整背吃刀量 $a_p=0.2\sim0.5$ mm 后加工第二。要求平面度达到 0.05 mm、表面粗糙度达 Ra 为 3.2 μm。

(9)检查质量合格后取下工件。

4.考核标准

平面铣削考核标准见表 9-9。

表 9-9 平面铣削考核标准

序号	检测项目与技术要求	配分	评分标准	得分
1	平面度误差不超过 0.05 mm	50	不合格不得分	
2	检测表面粗糙度 Ra 为 3.2μm	50	不合格不得分	

序号	检测项目与技术要求	配分	评分标准	得分
3	安全文明生产		违反规定酌情扣分	
	实验成绩			

◆ 实验 9.4　铣 T 形槽

一、实验目的

(1)掌握 T 形槽的加工方法和步骤。

(2)掌握 T 形槽的检测方法。

二、实验设备及材料

(1)工、量具:立式升降台铣床、平口钳、表面粗糙度样板、塞规、游标卡尺、游标万能角度尺等。

(2)毛坯材料 45 钢,铣 V 形槽工件,尺寸为 100 mm×60 mm×35 mm。

三、T 形槽的铣削方法与检测

T 形槽的加工如图 9-79 所示。T 形槽的铣削,一般先用三面刃铣刀或立铣刀铣出直槽,槽底留 1 mm 左右的余量,然后在立式铣床上用 T 形槽铣刀铣底槽至深度,最后用角度铣刀在槽口倒角;T 形槽铣刀应按直槽宽度尺寸选择。铣刀的直径尺寸即为 T 形槽的基本尺寸;两端不穿通的 T 形槽,铣削前应先在槽的一端钻落刀孔,如图 9-80 所示,落刀孔的直径应大于 T 形槽铣刀切削部分的直径,深度应大于 T 形槽底槽的深度;铣完直槽后,在落刀孔处对中,用 T 形槽铣刀铣出底槽。

T 形槽可用游标卡尺、杠杆百分表检测。

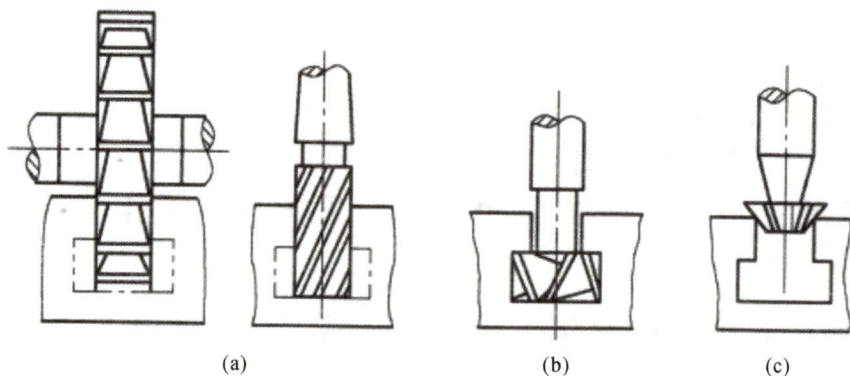

图 9-79　T 形槽的加工

(a)铣直槽;(b)铣底槽;(c)槽口倒角

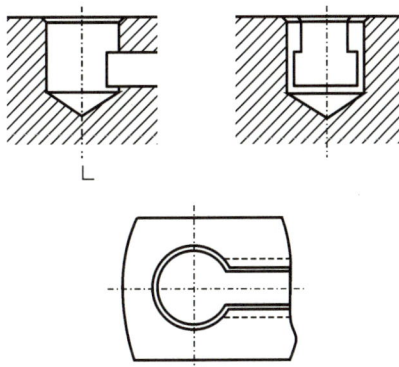

图 9-80　不穿通 T 形槽的落刀孔

四、实验任务

在如图 9-81 所示工件上铣 T 形槽。

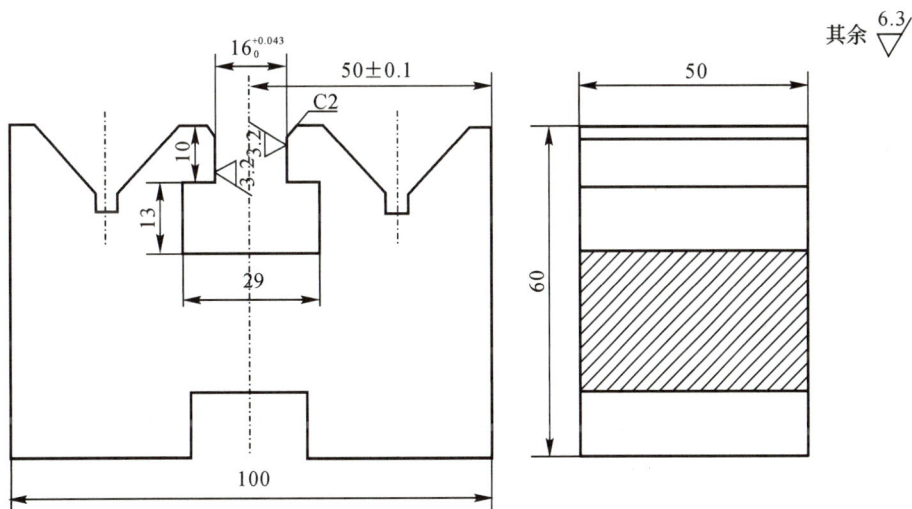

图 9-81　铣 T 形槽(单位:mm)

(1)分析图样,检查工件尺寸。

(2)在立式铣床上安装调整平口钳,校正固定钳口与纵向工作台进给方向平行。

(3)选择 $\phi14$ mm 锥柄立铣刀并安装。

(4)在工件上划出槽的尺寸、位置线。

(5)安装并校正工件,确保槽尺寸、位置线高于钳口上平面。

(6)按铣通槽的方法铣直槽至尺寸槽宽 $16_0^{+0.043}$ mm,槽深至 22 mm,槽侧表面粗糙度达 $Ra3.2$ μm。

(7)换装 $\phi16$ mm 的 T 形槽铣刀。

(8)调整工作台,使 T 形槽铣刀同时接触直槽两棱边,锁紧纵向工作台。

(9)调整背吃刀量,通过测量,分数次进给加工出 T 形槽,底槽口宽度至 29 mm,槽深至

23 mm。

(10)换装角度铣刀倒角。

(11)检查质量合格后取下工件。

五、考核标准

铣 T 形槽工件考核标准见表 9 - 10。

表 9 - 10　铣 T 形槽工件考核标准

序号	检测项目与技术要求	配分	评分标准	得分
1	检测宽度尺寸 $16^{+0.043}_{0}$ mm	25	每超差 0.01 mm 扣 10 分	
2	检测宽度尺寸 29 mm	10	不合格不得分	
3	检测长度尺寸(50±0.1) mm	15	每超差 0.01 mm 扣 5 分	
4	检测深度尺寸 23 mm	10	不合格不得分	
5	检测深度尺寸 10 mm	10	不合格不得分	
6	检测表面粗糙度 Ra 为 3.2 μm(2 处)	10	一处不合格扣 5 分	
7	检测表面粗糙度 Ra 为 6.3 μm(5 处)	10	一处不合格扣 2 分	
8	槽口倒角 C2(2 处)	10	一侧不合格扣 5 分	
9	安全文明生产		违反规定酌情扣分	
	实验成绩			

◆ 本 章 小 结

切削加工是使用工具从工件上去除材料的加工方法,是工件处于再结晶温度下进行的加工,因此属于冷加工,是机械制造业最重要的加工手段。

切削加工方法很多,常用的有车削、铣削、刨削、磨削、钻削等,不同的加工方法使用不同的设备、不同的夹具和不同的刀具,具有不同的特点和应用。

零件结构的切削加工工艺性好与坏的判别标准是其是否满足便于装夹、便于加工、便于测量。而较好的零件结构切削加工工艺性不但要满足以上三个要求,还应满足便于装配和拆卸。

◆ 课后思考与练习九

1. 什么叫主运动?什么叫进给运动?

2. 外圆车刀由哪几部分组成?刀具切削部分的几何角度有哪些?

3. 车削加工的特点是什么?

4. 车削加工的工作内容有哪些?

5. 车削加工常用哪些装夹方法？

6. 普通车床上车圆锥面有哪几种方法？

7. 车螺纹的要点有哪些？

8. 刨削加工的工作内容有哪些？

9. 刨削加工的特点是什么？

10. 简述刨斜面的步骤。

11. 铣削加工的工作内容有哪些？

12. 铣削要素有哪些？铣削的进给量分哪几种？

13. 什么叫周铣和端铣？各有何特点？

14. 什么叫逆铣和顺铣？如何选择？

15. 铣床上分度的方法有哪些？试简述简单分度法。

16. 什么叫磨削？磨削加工的特点是什么？

17. 说明万能外圆磨床的主要组成部分及功用。

18. 纵磨法和横磨法磨外圆各有何特点？

19. 周磨法和端磨法磨平面的优缺点及适用范围如何？

20. 内圆磨削与外圆磨削相比有哪些特点？

21. 钻孔的特点是什么？

22. 麻花钻由哪几部分组成？各有何作用？

23. 铰孔的特点有哪些？

24. 什么是零件的结构工艺性？它在生产中有何重要意义？

25. 切削加工对零件结构工艺性的要求有哪些方面？

26. 轴类零件一般机械加工工艺过程如何制订？

◆【工匠精神·榜样的力量】

孟维，徐州重型机械有限公司数控专业的带头人，凭借一股韧劲和百折不挠的毅力，破解了高强钢加工工艺、起重机核心零部件中心回转体加工等诸多难题，发明了"孟维滑轮操作法""G1 代起重机中心回转体套筒加工法"等 177 项先进的数控加工方法，9 次荣获全国 QC 成果一等奖，在数控加工、刀具应用、数控机床维修、工装夹具设计等领域，形成了具有自主知识产权的核心技术优势（见图 9-82）。

2022 年 11 月 14 日，徐工 2 600 吨起重机首次完成陆上最大风力发电机组的安装，臂长延伸到 160 米，成功吊起了 173 吨的风机。160 米的吊装高度，和 50 层楼一样高，2 600 吨的吊重，相当于 1 500 多辆家用小汽车的总重，令人惊叹！然而，让人意想不到的是，吊装的巨大拉力，关键点却在一个螺纹上。这是擎天巨兽和小螺纹之间的较量。

超级移动式起重机，被誉为世界工程机械技术的"珠峰之巅"。从 1 200 吨、1 600 吨，到 2 000 吨、2 600 吨，多年来，徐工集团不断刷新"全球第一吊"的纪录。进入 2 600 吨级，即便上千名工人协同努力，问题仍然层出不穷。第一批样机就在实验中屡次断裂，断裂处，在承重部件上的一条异形螺纹上。庞然大物的研发制造,卡在了一条螺纹上。两周之内要给出解决方案,孟维临危受命。由他牵头的三人攻坚小组,几乎十天没合眼,他们推翻了 20 多种方案,在厂里不眠不休地实验,反复优化论证,最终不负重托,研制出了一套精确到微米的专用刀具。2022 年 9 月 2 日,2 600 吨级"全球第一吊"惊艳亮相。实现 3 天一台风机的高效安装,可覆盖我国 90% 以上的陆上风机安装,将超大型陆上风机安装效率提高了 30%到 50%。

图 9-82　孟维在选择刀具

"如切如磋,如琢如磨",孟维不断进行刀具的制作和工艺方法革新,一个个精确至微米的零部件印证了他技艺的炉火纯青。在 2 600 吨起重机的研发过程中,原有超起转接结构承载能力在 2 000 吨级起重机已经达到极限。为此,孟维前前后后做了左、右单向成形刀等18 种非标刀具,一点一点拼出了新的转接结构。经测试,孟维加工的转接结构完全符合 2 600 吨需求。如今,由孟维加工出来的超起转接结构,已经广泛应用于徐工千吨级超大吨位起重机上,更成为"全球第一吊"完美运转的关键性保障。此项技术的突破,使得"全球第一吊"获得国家科技进步奖二等奖。

孟维坚信:再复杂的大国重器,也要从打好每一颗螺丝钉开始,只要钻研得够深、琢磨得够细,也能走技能报国的路。

第 10 章 精密与特种加工

▶ **知识目标**

(1)了解常见的精密与特种加工工艺方法。

(2)掌握常见的精密与特种加工工艺特点、应用等。

(3)掌握不同精密与特种加工方法的区别与联系。

▶ **能力目标**

(1)能根据生产需要合理选用精密与特种加工方法。

(2)能采用精密与特种加工工艺生产出符合技术要求且合格的产品。

▶ **素质目标**

(1)通过精密与特种加工工艺的学习,培养学生精益求精的大国工匠精神。

(2)引导学生自主探索,培养学生勇于探究、勇于创新的精神。

精密与特种加工是先进制造技术的重要组成部分,不仅直接影响着尖端技术和国防工业的发展,而且还影响到机械产品的加工精度和加工表面质量,影响产品的国际竞争能力。目前,世界各国都非常重视精密和特种加工技术,将其作为发展先进制造技术中的优先发展内容。近年来,微电子技术、计算机技术、自动控制技术等发展迅速,精密与特种加工技术也产生了飞跃式的发展,已经成为机械制造业水平的重要标志。

10.1 精密与超精密切削加工技术

10.1.1 精密与超精密切削

1.精密与超精密切削简介

采用精密机床、微量进给机构、金刚石刀具,并且切削深度控制在几个微米的切削,使切削后的工件尺寸精度达到几个微米以下,表面粗糙度在 Ra 为 $0.1\ \mu m$ 以下,这种切削称为精密切削。现代精密切削,已发展到超精密切削,其切削深度可控制在 $1\ \mu m$ 左右,表面粗糙度可达 Ra 为 $0.012\ \mu m$,可代替镜面磨削。

精密切削适用的领域有航天、航空、汽车、电子、光学等。例如:加工激光扫描器和高速摄影机的扫描棱镜;加工特形光学零件;加工电视录像机零件;加工陀螺仪表的零件;加工计算机磁盘;加工高精度轴承零件;加工 X 射线设备上的内外抛物镜面;加工高精度阀孔;加工微波放大器的波导管及红外线探测器等元件。

2.精密与超精密切削机床应具备的条件

工件的加工精度和已加工表面粗糙度,是由机床、夹具、刀具的精度和它们之间相互运动的位置精度所决定。即工件的加工精度和已加工表面粗糙度,是加工机床主轴的回转精度和进给方向的进给精度在工件上的复映。

(1)要求机床主轴回转精度高,达到轴向和径向跳动小于 $0.05\ \mu m$,并且有足够的刚度,在运转和工作过程中无振动。主轴能高速旋转,其转速在 1 000 r/min 以上,可达 16 000 r/min。

(2)直线导轨应具备高精度加工相应的直线进给精度,在微量进给时,无爬行。

(3)机床的进给机构必须满足工件加工精度和表面粗糙度的要求,达到进给平稳、均匀、没有振动。切削深度精度达到 1 μm 以下。

(4)机床整体刚性好,机床工作运转时稳定,无振动。

3.精密与超精密切削对刀具的要求

(1)刀具刃口必须锋利。衡量刀具锋利的重要尺度是刀具切削刃的刃口圆弧半径。刀具刃口圆弧半径越小,刀具刃口就越锋利,对被切削表面的挤压作用就越小,弹性恢复也就越小,使加工表面的变质层就小。为了刀具在切削深度 1 个~几个微米的微量切削条件下切下切削层,就必须要使刀具刃口锋利。一般普通切削刀具刃口圆弧半径为 $5\sim50\ \mu m$,而进行精密切削的金刚石刀具刃口圆弧半径可达到 $0.008\sim0.005\ \mu m$。

(2)刀具切削刃表面粗糙度要低。在精密切削时,机床在理想的要求状态下,刀具刃口轮廓与刃口粗糙度在被切表面上得到正确的复映。由于刀具的前刀面和后刀面及刃口的粗糙度越低,积屑瘤产生的可能就越小,所得到的切削表面和已加工表面的粗糙度也就越低,所以精密切削的刀具刀面和切削刃的表面粗糙度要求在 Ra 为 $0.01\sim0.005\ \mu m$,比普通刀具减小了 1/20~1/10。

(3)刀具材料与被切的工件材料亲和性小。刀具材料和工件材料组成的化学元素相同或元素性质相近时,在切削过程中的力和热与摩擦的作用下,将产生亲和作用,切屑与刀刃发生黏结,破坏刀面和刀刃的原始形状,不仅使刀具磨损,而且将会使已加工表面粗糙度增大。由于金刚石是非金属,它的硬度高而且它的刀刃和刀面粗糙度很低,与金属不易产生亲和作用,因而适于精密切削。

(4)刀具的刀刃强度高,耐磨损。用于精密切削的金刚石刀具,它的硬度极高,刀具在切削过程中的耐用度也比硬质合金高几百倍。但它的抗弯强度是刀具材料中最低的,耐冲击性差。为了保证刀刃强度,一般采用零度前角,以增大刀具的楔角,来提高刃口的强度,保证精密切削工件的加工精度和表面质量。

10.1.2 金刚石刀具

1.金刚石刀具的特点

(1)具有极高的硬度和耐磨性。金刚石的硬度为 10 000 HV,比硬质合金的硬度(120~1 800 HV)和陶瓷刀具材料的硬度(1 800~2 100 HV)高 5~8 倍。刀具的耐磨性为硬质合金的 80~120 倍,而人造金刚石的耐磨性,为硬质合金的 60~80 倍。PCD 金刚石的硬度一般为 6 000~9 000 HV,而 CVD 金刚石的硬度为 10 000 HV。

(2)有较低的摩擦因数。普通硬质合金对金属的摩擦因数为 0.3~0.5,金刚石对有色金属的摩擦因数为 0.1~0.3。低的摩擦因数在铣削加工中能降低切削力和切削热,减少刀具的磨损。

(3)切削刃十分锋利。金刚石刀具硬度极高,又经过精心的刃磨与研磨,不仅让刀具的表面粗糙度很低,而且刀刃的钝面半径可达 0.1~0.5 μm,甚至达到 0.008~0.005 μm,为一般刀具的钝圆半径(5~50 μm)的 1/1 000~1/6 000。因此,切削刃特别锋利,可以从工件上切下极薄的一层金属,可用来进行精密切削。

(4)很高的导热率。金刚石的导热率 K 为 2 000 W/(m·K),为硬质合金导热率 20.93~83.74 W/(m·K)的 24~95 倍。导热率高,更容易把切削热带走,降低切削区温度,同时允许较高的切削速度铣削。

(5)较低的热膨胀系数。金刚石的热膨胀系分别为高速钢的 1/9~1/12,为硬质合金的 1/5~1/7。因此,不会因切削热引起刀具尺寸发生变化,非常适用于对有色金属进行高速精密切削。

2.金刚石刀具的应用范围

(1)难加工有色金属材料的加工。加工铜、锌、铝等有色金属及其合金时,材料易黏附刀具,加工困难。利用金刚石摩擦因数低、与有色金属亲和力小的特点,金刚石刀具可有效防止金属与刀具发生黏结。此外,由于金刚石弹性模量大,切削时刃部变形小,对所切削的有色金属挤压变形小,可使切削过程在小变形下完成,从而可以提高加工表面质量。

(2)难加工非金属材料的加工。加工含有大量高硬度质点的难加工非金属材料,如玻璃纤维增强塑料、填硅材料、硬质碳纤维/环氧树脂复合材料时,材料的硬质点使刀具磨损严重,用硬质合金刀具难以加工,而金刚石刀具硬度高、耐磨性好,因此加工效率高。

(3)超精密加工。随着现代集成技术的问世,机加工向高精度方向发展,对刀具性能提出了相当高的要求。由于金刚石摩擦因数小、热膨胀系数低、导热率高,能切下极薄的切屑,切屑容易流出,与其他物质的亲和力小,不易产生积屑瘤,发热量小,导热率高,可以避免热量对刀刃和工件的影响,所以刀刃不易钝化,切削变形小,可以获得较高质量的表面。

3.金刚石刀具分类

目前金刚石刀具按照加工方法主要包括:薄膜涂层刀具、厚膜金刚石厚膜焊接刀具、金刚石烧结体刀具和单晶金刚石刀具。

(1)薄膜涂层刀具。薄膜涂层刀具是在刚性及高温特性好的集体材料上通过化学气相沉积法(CVD)沉积金刚石薄膜制成的刀具。

(2)金刚石厚膜焊接刀具。金刚石厚膜焊接刀具的制作过程一般包括:大面积的金刚石膜的制备;将金刚石膜切成刀具需要的形状尺寸;金刚石厚膜与刀具基体材料的焊接;金刚石厚膜刀具切削刃的研磨与抛光。

(3)金刚石烧结体刀具。将金刚石厚膜用滚压研磨破坏的方法加工成平均粒度为 32~37 μm 的金刚石晶粒或直接利用高温高压法制得金刚石晶粒,把晶粒粉末堆放到 WC—

16％Co 合金上,然后用 Ta 箔将其隔离,在 5.5 GPa、1 500 ℃条件下烧结 60 min,制成金刚石烧结体,用此烧结体制成的车刀具有很高的耐磨性。

(4)单晶金刚石刀具。单晶金刚石刀具通常是将金刚石单晶固定在小刀头上,小刀头用螺钉或压板固定在车刀刀杆上。金刚石在小刀头上的固定方法主要有:机械加固法(将金刚石底面和加压面磨平,用压板加压固定在小刀头上);粉末冶金法(将金刚石放在合金粉末中,经加压在真空中烧结,使金刚石固定在小刀头上);黏结法(使用无机黏结剂或其他黏结剂固定金刚石)钎焊法;由于金刚石与基体的热膨胀系数相差悬殊,所以金刚石易松动,脱落。

10.1.3 精密与超精密切削加工的关键技术

1. 精密加工机床

精密加工机床是实现精密加工的首要条件,各国投入了大量的资金对它进行研究。目前主要研究方向是提高机床主轴的回转精度,工作台的直线运动精度以及刀具的微量进给精度。机床主轴轴承要求具有很高的回转精度,转动平衡,无振动,其关键技术在于主轴轴承。早期的精密主轴采用超精密级的滚动轴承,而目前使用的精密主轴轴承是静、动态性能更加优异的液体静压轴承和空气静压轴承。工作台的直线运动精度是由导轨决定的。精密机床使用的导轨有滚动导轨、液体静压导轨、气浮导轨和空气静压导轨。为了提高刀具的进给精度,必须使用微量进给装置。微量进给装置有多种结构形式,多种工作原理,目前只有弹性变形式和电致伸缩式微量进给机构比较实用,尤其是电致伸缩微量进给装置,可以进行自动化控制,有较好的动态特性,在精密机床进给系统中得到广泛的应用。

精密切削研究是从金刚石车削开始的,应用天然单晶金刚石车刀对铝、铜和其他软金属及其合金进行切削加工,可以得到较高的加工精度和极低的表面粗糙度,从而产生了金刚石精密车削加工方法。

2. 精密测量技术和误差补偿

精密加工技术离不开精密测量技术,精密加工要求测量精度比加工精度高一个数量级,它应包括机床超精密部件运动精度的检测和加工精度的直接检测。要提高机床的运动精度,首先要能检测出运动误差。

目前,精密加工中所使用的测量仪器多以干涉法和高灵敏度电动测微技术为基础,如激光干涉仪、多次光波干涉显微镜及重复反射干涉仪等。国外广泛发展非接触式测量方法并研究原子级精度的测量技术。Johaness 公司生产的多次光波干涉显微镜的分辨率为 0.52 mm ,最近出现的扫描隧道显微镜的分辨率为 0.01 nm ,是目前世界上精度最高的测量仪之一。最新的研究证实,在隧道扫描显微镜下可移动原子,实现原子级精密加工。

在加工精度高于一定程度后,若仍然采用提高机床的制造精度,保证加工环境的稳定性等误差预防措施提高加工精度,这将会使所花费的成本大幅度增加。这时应采取另一种所谓的误差补偿措施,即通过消除或抵消误差本身的影响,达到提高加工精度的目的。误差补偿可利用误差补偿装置对误差值进行动静态补偿,以消除误差本身的影响。使用在线检测和误差补偿可以突破超精密加工系统的固有加工精度。

◆ 10.2　精密与超精密磨削加工技术

10.2.1　精密与超精密磨削加工

1. 精密磨削加工

精密磨削是指加工精度为 $1\sim0.1\ \mu m$、表面粗糙度 Ra 为 $0.2\sim0.025\ \mu m$ 的磨削方法，一般用于机床主轴、轴承、液压滑阀、滚动导轨、量规等的精密加工。

精密磨削主要是靠砂轮的具有微刃性和等高性的磨粒实现的。精密磨削机理如下：

(1) 微刃的微切削作用。应用较小的修整导程（纵向进给量）和修整深度（横向进给量）对砂轮实施精细修整，得到微刃，其效果等效于砂轮磨粒的粒度变细。微刃的微切削作用形成了小粗糙度值的表面。

(2) 微刃的等高切削作用。由于微刃是在砂轮精细修整的基础上形成的，所以分布在砂轮表层的同一深度上的微刃数量多、等高性好，从而使加工表面的残留高度极小。

(3) 微刃的滑挤、摩擦、抛光作用。修整得到的砂轮微刃比较锐利。随着磨削时间的增加而逐渐钝化，但等高性逐渐得到改善，因而切削作用减弱，滑挤、摩擦、抛光作用加强。同时磨削区的高温使金属软化，钝化微刃的滑擦和挤压将工件表面凸峰碾平，降低了表面粗糙度值。

2. 超精密磨削加工

超精密磨削是一种亚微米级的加工方法，并正向纳米级发展。它是指加工精度达到或高于 $0.1\ \mu m$、表面粗糙度 Ra 低于 $0.025\ \mu m$ 的砂轮磨削方法，适宜于对钢、铁材料及陶瓷、玻璃等硬脆材料的加工。

通常所说的镜面磨削是属于精密磨削和超精密磨削范畴的加工。镜面磨削是指加工表面粗糙度 Ra 达到 $0.02\sim0.01\ \mu m$、表面光泽如镜的磨削方法，其加工精度的含义并不明确，更强调表面粗糙度的要求。

超精密磨削同样是一个系统工程，其加工精度受到许多因素的影响，如超精密磨削机理、被加工材料、砂轮及其修整、超精密磨床、工件的定位夹紧、检测及误差补偿、工作环境、操作水平等。各因素之间又相互关联。超精密磨削需要一个高稳定性的工艺系统，对力、热、振动、材料组织、工作环境的温度和净化等都有稳定性的要求，并有较强的抗击来自系统内外的各种干扰能力。

超精密磨削中，微切削作用、塑性流动、弹性破坏作用和滑擦作用依切削条件的变化而顺序出现。当刀刃锋利，有一定磨削深度时，微切削作用较强；如果刀刃不够锋利，或磨削深度太浅，磨粒切削刃不能切入工件，则产生塑性流动、弹性破坏和滑擦。

磨削状态与磨削系统的刚度密切相关。工件作连续转动，砂轮作持续切入过程中，首先是磨削系统整个部分都产生弹性变形，磨削切入量（磨削深度）与理论磨削量之间产生误差，该误差即为弹性让刀量；之后磨削切入量逐渐变得与理论磨削量相等，磨削系统处于稳定状态，即磨削切入量到达给定值；最后磨削系统弹性变形逐渐恢复，处于无切深磨削状态（无火花磨削状态）。

超精密磨削的磨削用量见表 10-1。

表 10-1　超精密磨削的磨削用量

砂轮 线速度	工件 线速度	工作台纵 进给速度	磨削 深度	磨削横进 给次数	无火花磨 削次数	磨削 余量
1 860 m/min	4~10 m/min	50~100 mm/min	0.5~1 μm	2~4 次	3~5 次	2~5 μm

超精密磨削用量不仅与所用机床、被加工材料,砂轮的磨粒和结合剂材料、结构、修整、平衡,工件欲达精度和表面粗糙度等有关,而且与操作工人的技术水平有关。

10.2.2　精密研磨与抛光加工

1. 精密研磨

精密研磨属于游离磨粒切削加工,是在刚性研具(如铸铁、锡、铝等软金属或硬木、塑料等)上注入磨料,在一定压力下,通过研具与工件的相对运动,借助磨粒的微切削作用,除去微量的工件材料,以达到高级几何精度和优良表面粗糙度的加工方法。

(1)硬脆材料的研磨。硬脆材料研磨的加工模型如图 10-1 所示。磨粒作用面上,随着研磨加工的进行,一部分磨粒在研磨压力的作用下压入研磨盘中,用露出的尖端刻划工件表面进行微切削加工;另一部分磨粒则在工件与研磨盘之间发生滚动,产生滚轧效果,使工件表面产生微裂纹,裂纹扩展后工件表面产生脆性崩碎形成切屑。研磨磨粒为 1 μm 的氧化铝和碳化硅等。

硬脆材料研磨时切屑生成和表面形成的基本过程为:在对磨粒加压时,拉伸应力最大部位产生呈圆锥状和八字状等形状的微裂纹;当压力解除时,最初产生的裂纹中的残余应变复原,结果新产生的拉伸应力大的部分将破裂而成碎片,即形成磨屑。这一过程的形成原因在于硬脆材料的抗拉强度比抗压强度小。

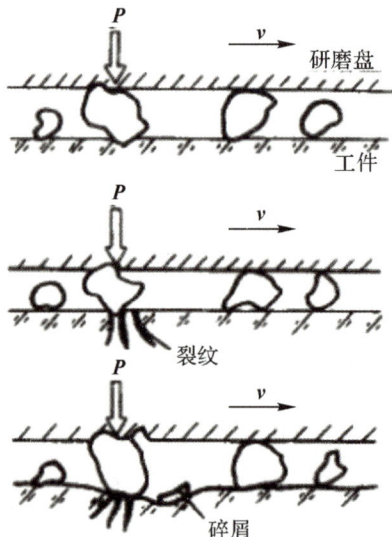

图 10-1　研磨加工模型

(2)金属材料的研磨。金属材料的研磨在加工机理上和脆性材料的研磨有很大区别。研磨时,磨粒的研磨作用相当于普通切削和磨削的切削深度极小时的状态,没有裂纹的产生。但是,由于磨粒处于游离状态,所以难以形成连续的切削。通过转动和加压,磨粒与工件间仅是断续的研磨动作,从而形成磨屑。

2.抛光加工

抛光是指用低速旋转的软质弹性或黏弹性材料(塑料、沥青、石蜡、锡等)抛光盘,或高速旋转的低弹性材料(棉布、毛毡、人造革等)抛光盘,加抛光剂,具有一定研磨性质地获得光滑表面的加工方法。抛光一般不能提高工件形状精度和尺寸精度。抛光加工使用的磨粒是 1 μm 以下的微细磨粒。

抛光加工模型如图 10-2 所示。微小的磨粒被抛光器弹性地夹持研磨工件,因而磨粒对工件的作用力很小,即使抛光脆性材料也不会发生裂纹。

抛光加工以磨粒的微小塑性切削生成切屑为主体,磨粒和抛光器与工件的流动摩擦使工件表面的凹凸变平,同时加工液对工件有化学性溶析作用,而工件和磨粒之间受局部高温高压作用有直接的化学反应,有助于抛光的进行。

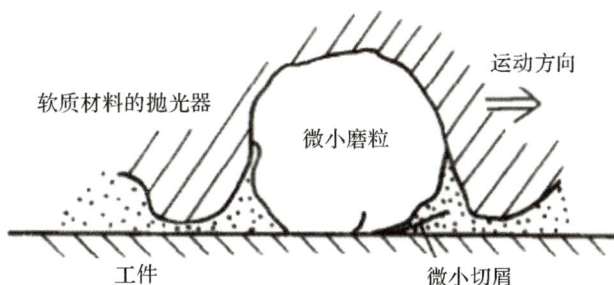

图 10-2 抛光加工模型

不同的工件、磨粒、抛光器和加工液组合,抛光效果也不相同的。例如,以化学活性溶液为加工液的机械-化学抛光,是提高加工质量的一种有效的抛光方法。

10.2.3 光整加工

1.光整加工技术的主要功能

光整加工的目的,主要是提高零件的表面质量。各种光整加工技术的主要功能为:

(1)降低零件表面粗糙度值,去除划痕、微观裂纹等表面缺陷,提高和改善零件表面质量。

(2)提高零件表面物理力学性能,改善零件表面应力状态。

(3)去除棱边毛刺,倒圆倒角,保证表面之间光滑过渡,提高零件的装配工艺性。

(4)改善零件表面的光泽度和光亮程度,提高零件清洁度等。

2.光整加工技术主要特点

无论是传统的光整加工方法,还是近年来出现的新工艺、新技术,都具有以下主要特点:

（1）光整加工的加工余量小，原则上只是前道工序公差带宽度的几分之一。一般情况下，只能改善表面质量，不影响加工精度。如果余量太大，不仅生产效率低，有时还可能导致工件的原有精度下降。

（2）光整加工所用设备不需要很精确的成形运动，但磨具与工件之间的相对运动应尽量复杂。因为光整加工是用细粒度的磨料对工件表面进行滚压和滑擦刻划的微量磨削过程，只要保证磨具与工件加工表面能具有较大的随机性接触，就能使表面误差逐步均化到最终消除，从而获得很高的表面质量。

（3）光整加工时，磨具相对于工件的定位基准没有确定的位置，一般不能修正加工表面的形状和位置误差，其精度要靠先行工序保证。

3.光整加工技术分类

目前光整加工技术的工艺方法很多，有不同的分类方法。

(1)按光整加工的主要功能分类。

1)以降低零件表面粗糙度值为主要目的的光整加工，如光整磨削、研磨、珩磨和抛光等。

2)以改善零件表面物理力学性能为主要目的的光整加工，如滚压、喷丸强化、金刚石压光和挤孔等。

3)以去除毛刺飞边、棱边倒圆等为主要目的的光整加工，如喷砂、高温爆炸、滚磨、动力刷加工等。

(2)按光整加工的机理分类。

1)磨粒在一定压力作用和相对速度下对工件表面进行滚压和滑擦、刻划的光整加工，如光整磨削、研磨、珩磨、滚磨、磁性磨粒光整加工、液体磁性磨具光整加工、喷射加工等。

2)在化学反应作用下，工件表面的毛刺或飞边迅速溶解的光整加工，如化学抛光、电化学抛光等。

3)高温所产生的热量使工件材料局部熔化、汽化、甚至蒸发的光整加工，如高温去毛刺、离子束去毛刺、激光去毛刺等。

(3)按加工时所需能量提供方法分类。它可分为机械法、化学和电化学法、热能法等。对于机械法，若按磨料或磨具在加工过程中所处的状态又可分为自由磨具光整加工和非自由磨具光整加工两大类，此外还出现了多种加工方法优势互补的复合加工，约 30 多种。

◆ 10.3 特 种 加 工

10.3.1 电火花加工

电火花加工是一种电、热能加工方法，又称放电加工。它是利用工具和工件两极间脉冲放电时局部瞬时产生的高温把金属熔化、汽化去除来对工件进行加工的一种方法。当用脉冲电流作用在工件表面上时，工件表面上导电部位即立即熔化，若电脉冲能量足够大，则金属将直接汽化，熔化的金属强烈飞溅而抛离电极表面，使材料表面形成电腐蚀的坑穴。如适当控制这一过程，就能准确地加工出所需的工件形状。在这一加工过程中，可看到放电过程中伴有火花,因此将这一加工方法称为电火花加工。

目前,电火花加工技术已广泛应用于加工淬火钢、不锈钢、模具钢、硬质合金等难加工材料以及加工模具等具有复杂表面和特殊要求的零部件,在民用和国防工业中获得越来越多的应用。

1.电火花加工的特点

(1)适用的材料范围广。可以加工任何硬、软、韧、脆、高熔点的材料。由于电火花加工是靠脉冲放电的热能去除材料,材料的可加工性主要取决于材料的热学特性,如熔点、沸点、比热容、导热系数等,而几乎与其力学性能(硬度、强度等)无关,这样就能以柔克刚,可以实现用软的工具加工硬韧的工件。

(2)适于加工特殊及复杂形状的零件。由于加工中工具电极和工件不直接接触,没有机械加工的切削力,所以适宜加工低刚度工件及微细加工。由于可以简单地将工具电极的形状复制到工件上,所以特别适用于复杂几何形状工件的加工,如复杂型腔模具加工等。最小内凹圆角半径可达到电火花加工能得到的最小放电间隙(通常为 0.02～0.3 mm)。

(3)脉冲参数可以在一个较大的范围内调节,可以在同一台机床上连续进行粗、半精及精加工。精加工时精度一般为 0.01 mm,表面粗糙度 Ra 为 0.63～1.25 μm;微细加工时精度可达 0.002～0.004 mm,表面粗糙度 Ra 为 0.04～0.16 μm。

(4)直接利用电能进行加工,便于实现自动化。

2.电火花加工工艺方法分类

电火花加工按工具电极的形状和工件相对运动的方式和用途的不同,大致可分为电火花穿孔成形加工、电火花线切割加工、电火花磨削和镗磨、电火花同步共轭回转加工、电火花高速小孔加工、电火花表面强化与刻字等六大类。前五类属电火花成形、尺寸加工,是用于改变零件形状或尺寸的加工方法;最后一类则属表面加工方法,用于改善或改变零件表面性质。以上六种类型中,电火花穿孔成形加工和电火花线切割加工应用最为广泛。

表 10-2 所示为电火花加工总的分类情况及各类加工方法的主要特点和用途。

表 10-2　电火花加工工艺方法分类

类　别	工艺方法	特　点	用　途
Ⅰ	电火花穿孔成形加工	1.工具和工件间主要只有一个相对的伺服进给运动; 2.工具为成形电极,与被加工表面有相同的截面或相反的形状	1.型腔加工:加工各类型腔模及各种复杂的型腔零件; 2.穿孔加工:加工各种冲模、挤压模、粉末冶金模,各种异形孔及微孔等
Ⅱ	电火花线切割加工	1.工具电极为顺电极丝轴线移动着的线状电极; 2.工具与工件在两个水平方向同时有相对伺服进给运动	1.切割各种冲模和具有直纹面的零件; 2.下料、截割和窄缝加工

续表

类　别	工艺方法	特　点	用　途
Ⅲ	电火花磨削和镗磨	1.工具与工件有相对的旋转运动； 2.工具与工件间有径向和轴向的进给运动	1.加工高精度、良好表面精度的小孔，如拉丝模、挤压模、微型轴承内环、钻套等； 2.加工外圆、小模数滚刀等
Ⅳ	电火花同步共轭回转加工	1.成形工具与工件均作旋转运动，但二者角速度相等或成整倍数，相对应接近的放电点可有切向相对运动速度； 2.工具相对工件可作纵、横向进给运动	以同步回转、展成回转、倍角速度回转等不同方式，加工各种复杂型面的零件，如高精度的异形齿轮，精密螺纹环规，高精度、高对称度、良好表面精度的内、外回转体表面等
Ⅴ	电火花高速小孔加工	1.采用细管（$> \phi 0.3$ mm）电极，管内冲入高压水工作液； 2.细管电极旋转； 3.穿孔速度极高（60 mm/min）	1.线切割穿丝孔； 2.深径比很大的小孔，如喷嘴等
Ⅵ	电火花表面强化与刻字	1.工具在工件表面上振动； 2.工具相对工件移动	1.模具刃口，刀、量具刃口表面强化和镀覆； 2.电火花刻字、打印记

10.3.2　电火花线切割加工

电火花线切割加工是在电火花加工基础上发展起来的一种新的工艺形式，是用线状电极（钼丝或铜丝等）靠火花放电对工件进行切割加工，故称为电火花线切割。

1.电火花线切割加工的基本原理

电火花线切割加工与电火花成形加工的基本原理一样，都是基于电极间脉冲放电时的电火花腐蚀原理，实现零部件的加工。所不同的是，电火花线切割加工不需要制造复杂的成形电极，而是利用移动的细金属丝（钼丝或铜丝）作为工具电极，工件按照预定的轨迹运动，"切割"出所需的各种尺寸和形状。图 10-3 所示为电火花线切割加工示意图。

为了确保每来一个电脉冲时，在电极丝和工件之间产生的是火花放电而不是电弧放电，首先必须使两个电脉冲之间有足够的时间间隔，满足放电间隙中的介质消电离，即使放电通道中的带电粒子复合为中性粒子，恢复本次放电通道处介质的绝缘强度，以免总是在同一处发生放电而导致电弧放电。一般情况下，脉冲间隔应为脉冲宽度的四倍以上。

2.电火花线切割加工的特点

与电火花成形加工相比，电火花线切割加工有如下主要特点：

（1）不需要制造复杂的成形电极。

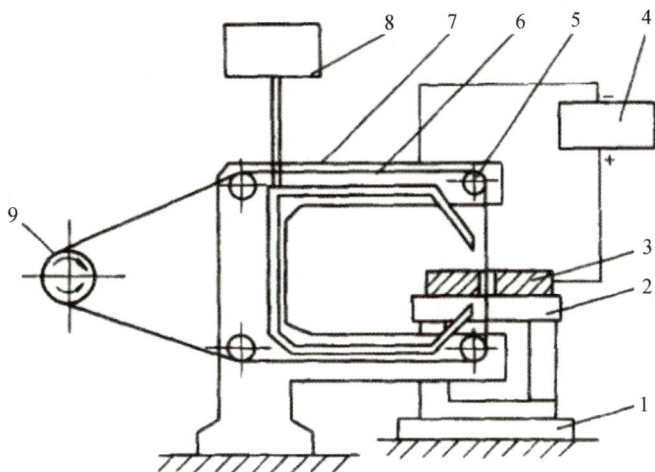

图 10-3　电火花线切割加工示意图

1—坐标工作台；2—夹具；3—工件；4—脉冲电源；5—导轮；6—电极丝；7—丝架；8—工作液箱；9—贮丝筒

(2)能够方便快捷地加工薄壁、窄槽、异形孔等复杂结构零件。

(3)一般采用精规准一次加工成形,在加工过程中大都不需要转换加工规准。

(4)由于采用移动的长电极丝进行加工,单位长度电极丝的损耗较少,从而对加工精度的影响比较小,特别是在低速走丝线切割加工时,电极丝一次性使用,电极丝的损耗对加工精度的影响更小。

(5)工作液多采用水基乳化液,很少使用煤油,不易引燃起火,容易实现安全无人操作运行。

(6)没有稳定的拉弧放电状态。

(7)脉冲电源的加工电流较小,脉冲宽度较窄,属于中、精加工范畴,采用正极性加工方式。

3. 电火花线切割加工的主要工艺指标

评价电火花线切割加工工艺效果的好坏,一般都用切割速度、加工精度和加工表面粗糙度来衡量。影响线切割加工工艺效果的因素很多,并且相互制约。

(1)切割速度。在一定的切割条件下,单位时间内电极丝中心线在工件上切过的面积总和称为切割速度,单位为 mm^2/min,通常高速走丝线切割速度为 $40\sim120\ mm^2/min$。

(2)加工表面粗糙度。我国常采用轮廓算术平均偏差 $Ra(\mu m)$ 来表示。高速走丝线切割加工的表面粗糙度 Ra 一般为 $6.3\sim2.5\ \mu m$,最佳 Ra 也只有 $1\ \mu m$ 左右。低速走丝线切割加工的表面粗糙度 Ra 一般为 $1.25\ \mu m$,最佳 Ra 可达 $0.2\ \mu m$。

(3)加工精度。加工精度是指加工后工件的尺寸精度、几何形状精度(如直线度、平面度、圆度等)和相互位置精度(如平行度、垂直度、倾斜度等)的总称。高速走丝线切割加工的可控加工精度在 $0.01\sim0.025\ mm$,低速走丝线切割加工可达 $0.005\sim0.002\ mm$。

电参数对线切割加工工艺指标的影响最为主要。放电脉冲宽度增加、脉冲间隔减小、脉冲电压幅值增大(电源电压升高)、峰值电流增大(功放管增多)都会提高切割加工速度,但加工的表面粗糙度和精度则会下降。反之,则可改善加工表面粗糙度和提高加工精度。

此外,机床精度、电极丝直径及其移动速度、电极丝的振动、工件的材质及其厚度、工作液种类等都对加工工艺指标有不同程度的影响。

4.电火花线切割加工工艺参数的选择

脉冲电源的波形与参数对线切割加工过程影响很大,决定着放电痕(表面粗糙度)、蚀除率、切缝宽度的大小和电极丝的损耗率,进而影响加工的工艺指标。

一般情况下,电火花线切割加工脉冲电源的单个脉冲放电能量较小,除了受到工件加工表面粗糙度要求的限制外,还受到电极丝允许承载电流的限制。欲获得较小的加工表面粗糙度值,单个脉冲放电的能量不能太大。表面粗糙度要求不高时,单个脉冲放电能量可以取大些,以便获得较高的切割速度。

(1)脉冲宽度。通常情况下,放电脉冲宽度加大时,切割速度提高,加工表面粗糙度变差。一般取脉冲宽度为 $2\sim60\ \mu s$。

(2)脉冲间隔。放电脉冲间隔减小时,平均电流增大,切割速度加快。但脉冲间隔过小会引起电弧放电和断丝。一般情况下,取脉冲间隔为 $10\sim250\ \mu s$。在切割大厚度工件时,应取较大值,以保持加工过程的稳定性。

(3)开路电压。开路电压峰值提高,加工电流和放电间隙增大,可以提高切割速度和加工过程的稳定性,但加工表面质量和加工精度略有降低。采用乳化液介质和高速走丝方式时,开路电压峰值一般设定在 $60\sim150\ V$ 的范围内。

(4)放电峰值电流。峰值电流增大,切割加工速度提高,表面粗糙度值增大,电极丝的损耗比加大。一般取峰值电流小于 $40\ A$,平均电流小于 $5\ A$。

5.线切割加工的应用

(1)适用于各种形式的冲裁模及挤压模、粉末冶金模、塑压模等通常带锥度的模具加工。
(2)高硬度材料零件的加工。
(3)特殊形状零件的加工。
(4)加工电火花成形加工用的铜、铜钨、银钨合金等材料电极。

10.3.3 激光加工

激光加工技术是利用激光束与物质相互作用的特性,对材料(包括金属与非金属)进行切割、焊接、表面处理、打孔及微加工等的一门加工技术。

激光加工作为先进制造技术已广泛应用于汽车、电子、电器、航空、冶金、机械制造等国民经济重要部门,对提高产品质量、劳动生产率、自动化、无污染、减少材料消耗等起到愈来愈重要的作用。

激光加工技术

1.激光加工的原理

激光加工是以聚焦的激光束作为热源轰击工件,对金属或非金属工件进行熔化形成小孔、切口、连接、熔覆等的加工方法。激光加工实质上是激光与非透明物质相互作用的过程,微观上是一个量子过程,宏观上则表现为反射、吸收、加热、熔化、汽化等现象。

在不同功率密度的激光束的照射下,材料表面区域发生各种不同的变化,这些变化包括表面温度升高、熔化、汽化、形成小孔以及产生光致等离子体等。图 10-4 所示为不同功率密度激光辐射作用下金属材料表面产生的几种物态变化。

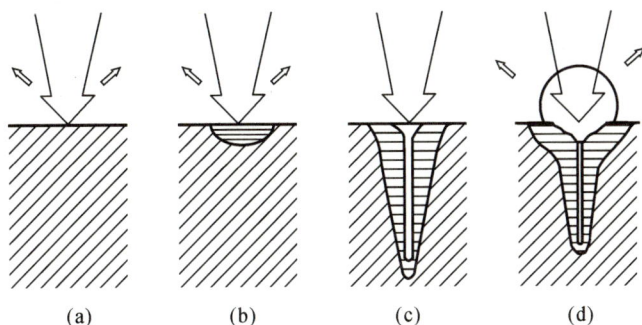

图 10-4　金属材料表面在激光作用下几种物态的变化
(a)固态加热;(b)表面熔化;(c)小孔效应;(d)等离子体屏蔽

2.激光加工的特点

激光加工技术与传统加工技术相比具有很多优点,因此得到如此广泛的应用。尤其适合新产品的开发:一旦产品图纸形成后,马上可以进行激光加工,可以在最短的时间内得到新产品的实物。

激光加工的主要特点如下:

(1)光点小,能量集中,热影响区小;激光束易于聚焦、导向,便于自动化控制。

(2)不接触加工工件,对工件无污染;不受电磁干扰,与电子束加工相比应用更方便。

(3)加工范围广泛,几乎可对任何材料进行雕刻切割。可根据计算机输出的图样进行高速雕刻和切割,且激光切割的速度与线切割的速度相比要快很多。

(4)安全可靠:采用非接触式加工,不会对材料造成机械挤压或机械应力。精确细致:加工精度可达 0.1 mm。效果一致:保证同一批次工件的加工效果几乎完全一致。

(5)切割缝细小:激光切割的割缝一般在 0.1~0.2 mm。切割面光滑:激光切割的切割面无毛刺。热变形小:激光加工的激光割缝细、速度快、能量集中,因此传到被切割材料上的热量小,引起材料的变形也非常小。

(6)适合大件产品的加工:大件产品的模具制造费用很高,激光加工不需任何模具,而且激光加工可完全避免材料冲剪时形成的塌边,可以降低企业的生产成本,提高产品的档次。

(7)成本低廉:不受加工数量的限制,对于小批量加工服务,激光加工更加适宜。

(8)节省材料:激光加工采用计算机编程,可将不同形状的产品进行材料的套裁,最大限度地提高材料的利用率,大大降低了材料成本。

3.激光加工的工艺

激光技术是涉及光、机、电、材料及检测等多门学科的综合技术。传统上看,激光加工工艺包括切割、焊接、表面处理、熔覆、打孔(标)、划线等各种加工工艺。

(1)激光焊接技术。激光焊接技术是激光加工技术应用的重要方面之一。激光辐射加热工件表面,表面热量通过热传导向内部扩散,控制激光脉冲的宽度、能量、功率密度和重复频率等参数,使工件熔化,形成特定的熔池。由于其独特的优点,已成功地应用于微小型零件焊接中。大功率 CO_2 激光器及大功率 YAG 激光器的出现,开辟了激光焊接的新领域。获得了以小孔效应为基础的深熔焊,在机械、汽车、钢铁等工业部门获得了日益广泛的应用。

(2)激光切割技术。激光切割是应用激光聚焦后产生的高功率密度能量来实现的。激光切割技术广泛应用于金属和非金属材料的加工中,可大大减少加工时间,降低加工成本,提高工件质量。

激光切割可应用于汽车制造、计算机、机电、金属零件和特殊材料、圆形锯片、弹簧垫片、电子机件用铜板、金属网板、钢管、电木板、铝合金薄板、石英玻璃、硅橡胶、氧化铝陶瓷片、钛合金等。

(3)激光熔覆技术。激光熔覆技术是指以不同的填料方式在被涂覆基体表面上放置选择的涂层材料,经激光辐照使之和基体表面一薄层同时熔化,快速凝固后形成稀释度极低并与基体材料成冶金结合的表面涂层,从而显著改善基体材料表面的耐磨、耐蚀、耐热、抗氧化及电器特性等的工艺方法。

激光熔覆技术具有很大的技术经济效益,广泛应用于机械制造与维修、汽车制造、纺织机械、航海与航天和石油化工等领域。

(4)激光热处理(激光相变硬化、激光淬火、激光退火)。利用高功率密度的激光束加热金属工件表面,实现表面改性(即提高工件表面硬度、耐磨性和耐腐蚀性等)热处理。激光束可根据要求进行局部选择性硬化处理,工件应力和变形小。

激光热处理可以对金属表面实现相变硬化(或称表面淬火、表面非晶化、表面重熔淬火)、表面合金化等表面改性处理,产生大表面淬火达不到的表面成分和组织性能。激光相变硬化是激光热处理中研究最早、最多,应用最广的工艺,适用于大多数材料和不同形状零件的不同部位,可提高零件的耐磨性和疲劳强度。经激光热处理后,铸铁表面硬度可以达到60HRC 以上,中碳钢及高碳钢表面硬度可达 70HRC 以上,提高了材料的耐磨性、耐蚀性、抗氧化性等,延长了工件的使用寿命。

激光退火技术是半导体加工的一种工艺,效果比常规热处理退火好得多。激光退火后,杂质的替位率可达到 98%～99%,可使多晶硅的电阻率降低 40%～50%,可大大提高集成电路的集成度,使电路元件间的间隔减小到 $0.5\ \mu m$。

(5)激光快速成形技术。激光快速成形技术是将激光加工技术和计算机数控技术及柔性制造技术相结合而形成的,多用于模具和模型行业。目前使用的激光器以 YAG 激光器、CO_2 激光器和光纤激光器为主。激光快速成形技术集成了激光技术、CAD/CAM 技术、控制技术和材料技术的最新成果,根据零件的 CAD 模型,用激光束将光敏聚合材料逐层固化,精确堆积成样件,不需要模具和刀具即可快速精确地制造形状复杂的零件。该技术已在航空航天、电子、运载车辆等工业领域得到了广泛应用。

(6)激光打孔技术。激光打孔技术具有精度高、通用性强、效率高、成本低和综合技术经济效益显著等优点,已成为现代制造领域的关键技术之一。在激光出现之前,只能用硬度较大的物质在硬度较小的物质上打孔。这样要在硬度最大的金刚石上打孔,就成了极其困难的事。激光出现后,这一类的操作既快又安全。但是,激光钻出的孔是圆锥形的,而不是机械钻孔的圆柱形,这在有些地方是很不方便的。

(7)激光打标技术。激光打标是利用高能量密度的激光束对工件进行局部照射,使表层材料汽化或发生颜色变化的化学反应,从而留下永久性标记的一种打标方法。激光打标可以打出各种文字、符号和图案等,字符大小可以从毫米量级到微米量级,这对产品的防伪有特殊的意义。聚焦后极细的激光束如同刀具,可将物体表面材料逐点去除。激光打标技术的先进性在于标记过程为非接触性加工,不产生机械挤压或机械应力,不会损坏被加工物品。激光束聚焦后的尺寸很小,热影响区小,加工精细,可以完成常规方法无法实现的工艺。

(8)激光表面强化及合金化。激光表面强化是用高功率密度的激光束加热,使工件表面薄层发生熔凝和相变,然后自激快冷形成微晶或非晶组织的一种技术。激光表面合金化用激光加热涂覆在工件表面的金属、合金或化合物,使之与基体金属快速发生熔凝,在工件表面形成一层新的合金层或化合物层,达到材料表面改性的目的。还可以用激光束加热基体金属及通过的气体,使之发生化学冶金反应(如表面气相沉积),在金属表面形成所需要物相结构的薄膜,以改变工件的表面性质。激光表面强化及合金化适用于航空航天、兵器、核工业、汽车制造业中需要改善耐磨、耐腐蚀、耐高温等性能的零部件。

(9)其他。除了上述激光加工技术外,已成熟的激光加工技术还包括激光蚀刻技术、激光微调技术、激光存储技术、激光划线技术、激光清洗技术、激光强化电锁技术、激光上釉技术等。

4.激光加工的发展趋势

激光是 20 世纪的重大发明之一,具有巨大的技术潜力。激光因具有单色性、相干性和平行性三大特点,特别适用于材料加工。激光加工是激光应用很有发展前途的领域,国外已开发出 20 多种激光加工技术。

激光再制造技术作为绿色再制造的核心技术之一,符合国家可持续发展战略。激光加工技术的发展趋势主要体现在以下几个方面。

(1)在材料研发方面,针对激光焊接、激光熔覆的材料种类,分别研制不同材料的激光焊接和熔覆材料。

(2)在工艺控制方面,对于激光焊接、熔覆工艺而言,其发展趋势是开发基于激光焊接、熔覆的在线监控系统,对激光焊接、熔覆过程进行实时监控。研发与激光焊接、熔覆相配套的复合工艺(如激光-电弧复合等),提高激光焊接、熔覆的效率。

(3)在加工系统智能化与机械人化方面,系统集成不仅是加工本身,而且还带有实时检测、反馈处理,随着专家系统的建立,加工系统智能化已成为必然的发展趋势。为了提高激光焊接、切割、熔覆的工作效率,人们开始研发低成本智能化机器人并使其逐步得到推广应用。

(4)新一代工业激光器研究,目前正处在技术上的更新时期,其标志是二极管泵浦全固态激光器的发展及应用。

10.3.4　电子束加工

电子束加工(Electron Beam Machining,EBM)是近年来得到较大发展的新兴特种加工方式。在精密微细加工方面,尤其是在微电子学领域中得到较多的应用。电子束加工主要用于打孔、切割、焊接等和电子束光刻化学加工。

1. 电子束加工的原理

如图 10-5 所示，电子束加工是在真空条件下，使聚焦后能量密度极高（$10^6 \sim 10^9$ W/cm²）的电子束，以极高的速度冲击到工件表面极小的面积上，在极短的时间（几分之一微秒）内，其能量的大部分转化为热能，使被冲击部分的工件材料达到几千摄氏度以上的高温，从而引起材料的局部熔化和汽化，被真空系统抽走。

控制电子束能量密度的大小和能量注入时间，就可以达到不同的加工目的。如只使材料局部加热就可进行电子束热处理；使材料局部熔化就可进行电子束焊接；提高电子束的能量密度，使材料熔化和汽化，就可进行打孔、切割等加工；利用较低能量密度的电子束轰击高分子材料时产生化学变化的原理，即可进行电子束光刻加工；等等。

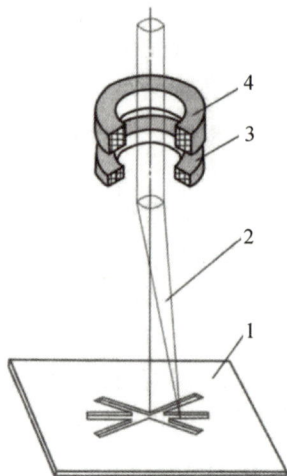

图 10-5　电子束加工原理
1—工件；2—电子束；
3—偏转线圈；4—电磁透镜

2. 电子束加工的特点

（1）由于电子束能够极其微细地聚焦，甚至能聚焦到 0.1 μm，所以加工面积可以很小，是一种精密微细的加工方法。

（2）电子束的能量密度很高，可以使照射部分的温度超过材料的熔化和汽化温度，去除材料主要靠瞬时蒸发，是一种非接触式加工，工件不受机械力作用，不产生宏观应力和变形。被加工材料范围很广，对脆性、韧性、导体、非导体及半导体材料都可进行加工。

（3）电子束的能量密度高，因而加工生产率很高，例如，每秒钟可以在 2.5 mm 厚的钢板上钻 50 个直径为 0.4 mm 的孔。

（4）可以通过磁场或电场对电子束的强度、位置、聚焦等进行直接控制，所以整个加工过程便于实现自动化。特别是在电子束曝光中，从加工位置找准到加工图形的扫描，都可实现自动化。在电子束打孔和切割时，可以通过电气控制加工异形孔、实现曲面弧形切割等。

（5）由于电子束加工是在真空中进行的，因而污染少，加工表面不会氧化，特别适用于加工易氧化的金属及合金材料，以及纯度要求极高的半导体材料。

（6）电子束加工需要一整套专用设备和真空系统，价格较贵，生产应用有一定的局限性。

3. 电子束加工的应用

电子束加工按功率密度和能量注入时间的不同，可用于打孔、切割、蚀刻、焊接、热处理和光刻加工等。

（1）高速打孔。电子束打孔已在生产中实际应用，目前最小直径可达 0.003 mm 左右。例如喷气发动机套上的冷却孔，机翼吸附屏的孔，不仅孔的排布密度可以连续变化，孔数达数百万个，而且有时还可改变孔径。最宜用电子束高速打孔，高速打孔可在工件运动中进行，例如在 0.1 mm 厚的不锈钢上加工直径为 0.2 mm 的孔，速度为每秒 3 000 孔。

电子束打孔还能加工小深孔,如在叶片上打深度 5 mm、直径 0.4 mm 的孔,孔的深径比大于 10:1。

用电子束加工玻璃、陶瓷、宝石等脆性材料时,由于在加工部位附近有很大的温差,容易引起变形甚至破裂,所以在加工前或加工时,需用电阻炉或电子束进行预热。

电子束不仅可以加工各种直的型孔和型面,也可以加工弯孔和曲面。利用电子束在磁场中偏转的原理,可使电子束在工件内部偏转。控制电子速度和磁场强度,即可控制曲率半径,加工出弯曲的孔。如果同时改变电子束和工件的相对喷丝头异形孔截面位置,就可进行切割和开槽。

(3)刻蚀。在微电子器件生产中,为了制造多层固体组件,可利用电子束将陶瓷或半导体材料刻出许多微细的沟槽和孔来,如在硅片上刻出宽 2.5 μm、深 0.25 μm 的细槽,在混合电路电阻的金属镀层上刻出 40 μm 宽的线条;还可在加工过程中对电阻值进行测量校准。这些都可用计算机自动控制完成。

电子束刻蚀还可用于制版,在铜制印刷滚筒上按色调深浅刻出许多大小与深浅不一的沟槽或凹坑,其直径为 70～120 μm,深度为 5～40 μm,小坑代表浅色,大坑代表深色。

(4)焊接。电子束焊接是利用电子束作为热源的一种焊接工艺。当高能量密度的电子束轰击焊件表面时,焊件接头处的金属熔融,在电子束连续不断地轰击下,形成一个被熔融金属环绕着的毛细管状的熔池,如果焊件按一定速度沿着焊件接缝与电子束作相对移动,则接缝上的熔池会由于电子束的离开而重新凝固,使焊件的整个接缝形成一条焊缝。

由于电子束的能量密度高,焊接速度快,所以电子束焊接的焊缝深而窄,焊件热影响区小,变形小。电子束焊接不用焊条,焊接过程一般在 10^{-3} Pa 高真空中进行,因此焊缝化学成分纯净,焊接接头的强度往往高于母材。

电子束焊接可以焊接难熔金属如钽、铌、钼等,也可焊接钛、锆、铀等化学性能活泼的金属,普通碳素钢、不锈钢、合金钢、铜、铝等各种金属也能用电子束焊接。它可焊接很薄的工件,也可焊接几百毫米厚的工件,并且焊缝深度和宽度之比可达 20 以上。

电子束焊接还能完成一般焊接方法难以实现的异种金属焊接,如铜和不锈钢的焊接,钢和硬质合金的焊接,铬、镍和钼的焊接等。以电子束焊接形成的穿透式焊缝接头有着广泛的应用领域,可用于其他方法不能焊接的工件。

由于电子束焊接对焊件的热影响小、变形小,所以可以在工件精加工后进行焊接。又由于它能够实现异种金属焊接,所以就有可能将复杂的工件分成几个零件,这些零件可以单独地使用最合适的材料,采用合适的方法来加工制造,最后利用电子束焊接成一个完整的零部件,从而可以获得理想的技术性能和显著的经济效益。

(5)热处理。电子束热处理也是把电子束作为热源,但要适当降低其功率密度,使金属表面加热而不熔化,以达到热处理的目的。电子束热处理的加热速度和冷却速度都很高,在相变过程中,奥氏体化时间很短,只有几分之一秒乃至千分之一秒,奥氏体晶粒来不及长大,从而能获得一种超细晶粒组织,可使工件获得用常规热处理不能达到的硬度,硬化深度可达 0.3～0.8 mm。

电子束热处理与激光热处理类似,但电子束的电热转换效率高,可达 90%,而激光的转换效率只有 7%～10%。电子束热处理在真空中进行,可以防止材料氧化,电子束设备的功率可以做得比激光的大,因此电子束热处理工艺很有发展前途。

如果用电子束加热金属达到表面熔化,则可在熔化区加入其他元素,使金属表面改性,形成一层很薄的新的合金层,从而获得更好的物理、力学性能。铸铁的熔化处理可以产生非常细的莱氏体结构,其优点是能够抗滑动磨损。铝、钛、镍的各种合金几乎全可进行添加元素处理,从而得到很好的耐磨性能。

(6)电子束光刻。电子束光刻是先利用低功率密度的电子束照射称为电子抗蚀剂的高分子材料,入射电子与高分子碰撞,使分子的链被切断或重新聚合而引起相对分子质量的变化,这一步骤称为电子束曝光,如图 10-6(a)所示。如果按规定图形进行电子束曝光,就会在电子抗蚀剂中留下潜像。然后将它浸入适当的溶剂中,则由于相对分子质量不同而溶解度不一样,就会使潜像显影出来,如图 10-6(b)所示。将电子束光刻与蒸镀或离子束刻蚀工艺结合,如图 10-6(c)(d)所示,就能在金属掩膜或材料表面上制出图形来,如图 10-6(e)(f)所示。

因可见光的波长大于 $0.4~\mu m$,故曝光的分辨率较难小于 $1~\mu m$,用电子束光刻曝光最佳可达到 $0.25~\mu m$ 的线条宽度的图形分辨率。

电子束曝光可以用电子束扫描,即将聚焦到小于 $1~\mu m$ 的电子束斑在 $0.5 \sim 5~mm$ 的范围内按程序扫描,可曝光出任意图形。另一种面曝光的方法是使电子束先通过原版,这种原版是用别的方法制成的比加工目标的图形大几倍的模板作为电子束面曝光时的掩膜,再以 $1/5 \sim 1/10$ 的比例缩小投影到电子抗蚀剂上进行大规模集成电路图形的曝光。它可以在几毫米见方的硅片上安排 10 万个晶体管或类似的元件。电子束光刻法对生产光掩膜版的意义重大,可以制造纳米级尺寸的任意图形。

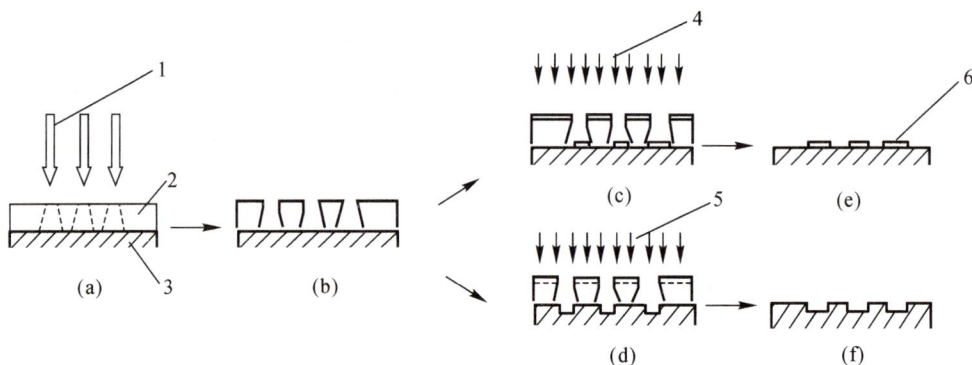

图 10-6　电子束曝光加工过程

(a)电子束曝光;(b)显影;(c)蒸镀;(d)离子束刻蚀;(e)(f)去掉抗蚀剂,留下图形
1—电子束;2—电子抗蚀剂;3—基板;4—金属蒸气;5—离子束;6—金属

10.3.5　电化学加工

电化学加工(Electro-Chemeical Machining,ECM)是利用电化学反应(或称电化学腐蚀)对金属材料进行加工的方法。它包括从工件上去除金属的电解加工和向工件上沉积金属的电镀、涂覆加工两大类。目前,电化学加工已经成为我国民用、国防工业中的一个不可

或缺的加工手段。

1.电化学加工过程

两金属片接上电源并插入任何导电的溶液中(例如水中加入少许 NaCl),如图 10 - 7 所示,即形成通路,导线和溶液中均有电流流过。

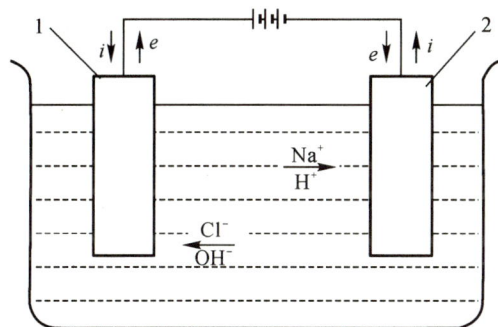

图 10 - 7　两类导体的导电过程
1—阳极;2—阴极

金属导线和溶液是两类性质不同的导体。

金属导电体是靠自由电子在外电场作用下按一定方向移动而导电的,是电子导体,或称第一类导体。

导电溶液(即电解质溶液)是靠溶液中的正负离子移动而导电的,是离子导体,或称第二类导体。例如,图 10 - 7 中的 NaCl 溶液即为离子导体,溶液中含有正离子 Na^+ 和负离子 Cl^-,还有少量的 H^+ 和 $(OH)^-$。

当两类导体构成通路时,在金属片(电极)和溶液的界面上,必定有交换电子的反应,即电化学反应。如果所接的是直流电源,则溶液中的离子将作定向移动。正离子移向阴极,在阴极上得到电子而进行还原反应。负离子移向阳极,在阳极表面失掉电子而进行氧化反应(也可能是阳极金属原子失掉电子而成为正离子,从而进入溶液)。溶液中正、负离子的定向移动称为电荷迁移,在阳、阴电极表面发生得失电子的化学反应称为电化学反应,以这种电化学作用为基础对金属进行加工(包括电解和锁覆)的方法即电化学加工。与这一反应过程密切相关的有电解质溶液,电极电位,电极的极化、钝化、活化,阳极和阴极的电极反应等。

2.电化学加工的分类

电化学加工有三种不同的类型。

(1)利用电化学反应过程中的阳极溶解来进行加工,主要有电解加工和电化学抛光等;

(2)利用电化学反应过程中的阴极沉积来进行加工,主要有电镀、电铸等;

(3)利用电化学加工与其他加工方法相结合的电化学复合加工工艺进行加工,目前主要有电解磨削、电化学阳极机械加工(其中还含有电火花放电作用)。

电化学加工的类别见表 10 - 3。

表 10-3 电化学加工分类

类别	加工原理	加工方法	应用范围
I	阳极溶解	1.电解加工	用于形状、尺寸加工,如涡轮发动机叶片、三维锻模加工等
		2.电解抛光	用于表面光整加工、去毛刺等
II	阴极沉积	1.电镀	用于表面加工、装饰及保护
		2.电刷镀	用于表面局部快速修复及强化
		3.复合电镀	用于表面强化、磨具制造
		4.电铸	用于复杂形状电极及精密花纹模制造
III	复合加工	1.电解磨削	用于形状、尺寸加工及超精、光整、镜面加工等
		2.电解电火花复合加工	用于形状、尺寸加工
		3.电解电火花研磨加工	用于形状、尺寸加工及难加工材料加工
		4.超声电解加工等	用于难加工材料的深小孔及表面光整加工

3.电化学加工的特点

(1)可对任何金属材料进行形状、尺寸和表面的加工。加工高温合金、钛合金、淬硬钢、硬质合金等难加工金属材料时,优点更加突出。

(2)加工中无机械切削力和切削热的作用,故加工后表面无冷硬层、残余应力,加工后也无毛刺或棱角。

(3)加工可以在大面积上同时进行,也无需划分粗、精加工,故一般都具有较高的生产率。

(4)电化学作用的产物(气体或废液)对环境有污染,对设备也有腐蚀作用,而且"三废"处理比较困难。

10.3.6 超声波加工

超声波加工是利用超声振动的工具在有磨料的液体介质中或干磨料中产生磨料的冲击、抛磨、液压冲击及由此产生的气蚀作用来去除材料,或给工具或工件沿一定方向施加超声频振动进行振动加工,或利用超声振动使工件相互结合的加工方法。

1.超声波加工的原理

超声波加工的原理如图10-8所示,超声波发生器7产生的超声频电振荡通过换能器6产生20 000 Hz以上的超声频纵向振动,并借助于变幅杆4把振幅放大到0.05~0.1,从而使工具1的端面作超声频振动。在工具1和工件2之间注入磨料悬浮液3,当工具端面迫使磨料悬浮液中的磨粒以很大的速度和加速度不断的撞击、抛磨被加工表面时,把被加工表面的材料粉碎成很细的微粒,从工件上剥落下来。虽然每次剥落下来的材料很少,但由于每秒钟撞击的次数多达20 000次以上,所以仍有一定的加工速度。与此同时,当工具端面以很大的加速度离开工件表面时,加工间隙内形成负压和局部真空,在工件液体内形成很多微空腔;当工具端面又以很大的加速度接近工件表面时,空泡闭合,引起极强的液压冲击波,从而强化加工过程。此外正负交变的液压冲击也使悬浮磨料的工作液在加工间隙中强迫循环,使变钝的磨粒及时得到更新。

由此可见,超声波加工是磨粒在超声振动作用下的机械撞击和抛磨作用以及超声波空化作用的综合结果,其中磨粒的撞击作用是主要的。

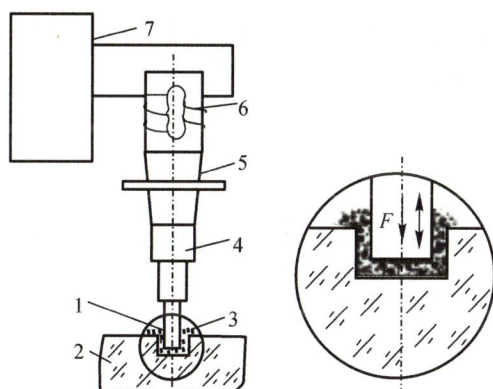

图 10-8　超声加工的原理图
1—工具;2—工件;3—磨料悬浮液;4,5—变幅杆;6—换能器;7—超声波发生器

2. 超声波加工的特点

(1)适合于加工各种硬脆材料。既然超声波加工是基于微观局部撞击作用,那么材料越是脆硬,受撞击作用所遭受的破坏越大,愈适应超声波加工。例如玻璃、陶瓷、石英、石墨、玛瑙、宝石等材料,比较适合超声波加工。相反,脆性和硬度不大却具有韧性的材料,由于具有缓冲作用而难以采用超声波加工。所以,选择工具材料时,应选择既能撞击磨粒,又不使自身受到很大破坏的材料,例如不淬火的 45 钢等。

(2)由于工具材料较软,易制成复杂的形状,工具和工件又无需做复杂的相对运动,所以普通的超声波加工设备机构简单。但若需要加工较大而复杂精密的三维机构,可以预见,仍需设计和制造三坐标数控超声波加工机床。

(3)由于去除加工材料是靠极小磨粒瞬时局部的撞击作用,所以工件表面的宏观切削力很小,切削应力、切削热很小,不会引起变形及烧伤,表面粗糙度 Ra 可达 $1.0 \sim 0.1$ μm,加工精度可达 $0.01 \sim 0.02$ mm,并可加工细小结构和低刚度的工件。

3. 超声波加工精度及其影响因素

超声波加工的精度,除受机床、夹具精度影响之外,主要与磨料粒度、工具精度及其磨损度、工具在横向振动的大小、加工深度、被加工材料性质等因素有关。加工孔的尺寸精度一般为 $\pm 0.02 \sim 0.05$ mm。

(1)孔的加工范围。采用通常的加工速度,超声波加工最大孔直径和所需功率的关系见表 10-4。一般超声波加工的孔径范围为 $0.1 \sim 90$ mm,深径比可达 $10 \sim 20$。

表 10-4　超声波加工功率和最大加工孔径的关系

超声波电源输出功率/W	50~100	200~300	500~700	1 000~1 500	2 000~2 500	4 000
最大加工盲孔直径/mm	5~10	15~20	25~30	30~40	40~50	>60
用中空工具加工 最大通孔直径/mm	15	20~30	40~50	60~80	80~90	>90

(2)加工孔的尺寸精度。当工具尺寸一定时,加工出的孔径比工具尺寸有所扩大,扩大量约为磨料磨粒直径的两倍,即孔的最小直径 D_{min} 约等于工具直径 D_1 加磨料直径 d 的两倍,即

$$D_{min} = D_1 + 2d$$

表 10-5 是几种磨料粒度及其基本磨粒尺寸范围。

表 10-5　磨料粒度及其基本磨粒尺寸范围

磨料粒度	120#	150#	180#	240#	280#	W40	W28	W20	W14	W10	W7
基本磨粒尺寸范围/μm	125~100	100~80	80~63	63~50	50~40	40~28	28~20	20~14	14~10	10~7	7~5

超声波加工孔的精度,采用 240#~280# 磨粒时,一般可达±0.05 mm;采用 W28~W7 时,可达±0.02 mm 或更高。

另外,加工圆孔还可能出现椭圆和锥度。出现椭圆与工具横向振动和工具沿圆周磨损不均匀有关。出现锥度与工具磨损有关。采用工具或工件旋转的方法,可以提高孔的圆度和生产率。

4.超声波加工表面质量及其影响因素

超声波加工具有较好的表面质量,不会产生表面烧伤和表面变质层。超声波加工的表面粗糙度值也较小,Ra 一般可达 1~0.1 μm。超声波加工的表面粗糙度取决于每颗粒每次撞击工件表面后留下的凹痕大小,它与磨粒的直径、被加工材料的性质、超声波振动的振幅以及磨料悬浮工作液的成分等有关。

当磨粒尺寸较小、工件材料较硬、超声波振幅较小时,加工表面粗糙度 Ra 值较小,但生产率也随之降低。

磨料悬浮工作液体的性质对表面粗糙度的影响比较复杂。实践表明,用煤油或润滑油代替水可使表面粗糙度有所改善。

5.超声波加工的应用

超声波加工生产率虽比电火花、电解加工低,但其加工精度和表面粗糙度却更好,而且能加工非导体、半导体等脆硬材料,如玻璃、石英、宝石、锗甚至金刚石等。即使是电火花加工后的一些淬火钢、硬质合金冲模、拉丝模、塑料模具,还常采用超声波抛磨法进行光整加工。

（1）型孔、型腔加工。超声波加工目前在工业部门中主要用于对脆硬材料加工圆孔、型孔、型腔、套料和细微孔等。

（2）切割加工。对于难以用普通加工方法切割的脆硬材料如陶瓷、石英、硅、宝石等用超声波加工具有切片薄、切口窄、精度高、生产率高、经济性好等优点。

（3）超声波焊接。超声波焊接是利用超声频振动作用去除工件表面的氧化膜，暴露出新的本体表面，通过两个工件表面在一定压力下相互剧烈摩擦、发热而亲和黏接在一起。它不仅可以焊接尼龙、塑料以及表面易生成氧化膜的铝制品等，还可以在陶瓷等非金属表面挂锡、挂银、涂覆熔化的金属薄层等。

（4）超声波清洗。超声清洗主要是利用超声频振动在液体中产生的交变冲击液和空化作用。超声波在清洗液（汽油、煤油、酒精、丙醇或水）中传播时，液体分子往复高频振动形成正负交变的冲击波。当声强达到一定数值时，液体中产生微小空化气泡并瞬时强烈闭合，造成的微冲击波使被清洗物表面的污物脱落下来。由于超声波无孔不入，即使污物在被清洗物上的窄缝、细小深孔、弯孔中，也容易被清洗干净。虽然每个微气泡的作用并不大，但每秒钟有上亿个空化气泡作用，仍可获得很好的清洗效果。

此方法主要用于几何形状复杂、清洗质量要求高而用其他方法清洗效果差的中小精密零件，特别是工件上的深小孔、微孔、弯孔、盲孔、沟槽、窄缝等 部位的精清洗，生产率和净化率都很高，目前在半导体和集成电路元件、仪器仪表零件、电真空器件、光学零件、医疗器械等的清洗中应用。

（5）复合加工。在超声波加工硬质合金、耐热合金等硬质金属材料时加工速度低，工具损耗大，为了提高加工速度和降低工具损耗，采用超声波、电解加工或电火花加工相结合来加工喷油嘴、喷丝板上的孔或窄缝，这样可大大提高生产率和质量。

在切削加工中引入超声波振动即超声振动切削（例如对耐热钢、不锈钢等硬韧材料进行车削、钻孔、攻螺纹时），经过几十年的发展，已经日趋成熟，作为一种精密加工和难切削材料加工中的新技术，可以降低切削力，降低表面粗糙度值，延长刀具使用寿命及提高生产率等。

目前，在国内应用较多的主要有超声振动车削，超声振动磨削、超声振动加工深孔、小孔和攻丝、铰孔等。

10.3.7　离子束加工

1. 离子束加工的原理

离子束加工技术是利用离子束对材料进行成形或改性的加工方法，其加工原理和电子束加工类似，也是在真空条件下进行，把先由电子枪产生电子束，再引入已抽成真空且充满惰性气体之电离室中，使低压惰性气体离子化。由负极引出阳离子又经加速、集束等步骤，最后射入工件表面，以达到加工处理的目的，如图 10-9 所示。

与电子束加工不同的是离子带正电荷，其质量比电子的质量大千万倍。因离子质量较大，故在同样的电场中加速较慢，速度较低，然而一旦加速到较高速度，用离子束加速轰击工件表面，将比电子束具有更大的能量。电子束加工主要通过热效应来蚀除材料，而离子束加工，由于离子本身质量较大，撞击工件材料时，能引起材料的变形、分离、破坏等机械作用，从而达到去除材料的目的。

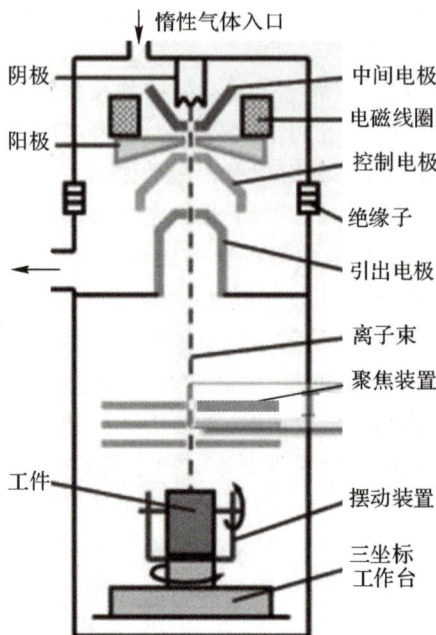

图 10-9　离子束加工原理

2. 离子束加工的特点

(1)离子束加工是一种精密微细的加工方法。

(2)非接触式加工,不会产生应力和变形。

(3)加工速度很快,能量使用率可高达 90%。

(4)加工过程可自动化。

(5)在真空腔中进行,污染少,材料加工表面不氧化。

(6)离子束加工需要一整套专用设备和真空系统,价格较贵。

(7)由于离子束流密度及离子的能量可以精确控制,所以能控制加工效果。

(8)加工应力小,变形微小,对材料适应性强。

(9)因加工在较高真空度中进行,故产生污染少,特别适于加工易氧化的材料。

3. 离子束加工分类

离子束加工按照其所利用的物理效应和达到的目的不同,可以分为四类,即利用离子撞击和溅射效应的离子蚀刻、离子溅射沉积和离子镀,以及利用离子注入效应的离子注入。

(1)离子蚀刻。离子蚀刻使用能量为 0.5~5 keV 的氩离子倾斜轰击工件,将工件表面的原子逐个剥离。其实质是一种原子尺度的切削加工,因此又称离子铣削。

(2)离子溅射沉积。离子溅射沉积也是利用能量为 0.5~5 keV 的氩离子,倾斜轰击某种材料制成的靶,离子将靶材原子击出,垂直沉积在靶材附近的工件上,使工件表面镀上一层薄膜。因此溅射沉积是一种镀膜工艺。

(3)离子镀。离子镀也称离子溅射辅助沉积,也是利用能量为 0.5~5 keV 的氩离子,不同的是镀膜是离子束同时轰击靶材和工件表面。目的是增强膜材与工件基材之间的结合力。也可将靶材高温蒸发,同时进行离子撞击镀膜。

(4)离子注入。离子注入 5～500 V 较高能量的离子束,直接垂直轰击被加工材料,由于离子能量巨大,离子就钻进被加工材料的表面层。工件表面层含有注入离子后,化学成分就发生改变,从而改变了工件表面层的物理、化学和力学性能。

10.3.8　增材制造技术

增材制造(Additive Manufacturing,AM)属于一种制造技术。它依据三维 CAD 设计数据,采用离散材料(液体、粉末、丝等)逐层累加制造实体零件。相对于传统切削的材料去除和模具成形的材料变形,增材制造是一种"自下而上"材料累加的制造过程。

1.增材制造技术特点

增材制造是利用液体、粉末、丝等离散材料,通过某种方式逐层累积制造复杂结构零件或产品的方法,具有一系列的特点。

(1)适合复杂结构的快速制造。与传统机加工和模具成形等工艺相比,增材制造将三维实体加工变为若干二维平面加工,大大降低了制造的复杂度。从原理而言,只要在计算机上设计出结构模型,就可以应用该技术在无须刀具、模具及复杂工艺条件下快速地将"设计"变为"现实"。制造过程几乎与零件的结构复杂度无关,可实现"自由制造",这是传统加工无法比拟的。应用增材制造可制造出传统方法难加工(如自由曲面叶片、复杂内流道等)甚至是无法加工(如内部镂空结构)的非规则结构;可实现零件结构的复杂化、整体化和轻量化制造,尤其是在航空航天、生物医疗及模具制造等领域具有广阔的应用前景。

(2)适合个性化定制。同传统大规模批量生产需要大批工艺技术准备和工装、设备等制造资源相比,增材制造在快速生产和灵活性方面极具优势。从设计到制造,中间环节少、工艺流程短,特别适合于珠宝、人体器官、文化创意等个性化定制、小批量生产以及产品定型之前的验证性制造,可极大降低加工成本和周期。

(3)适合于高附加值产品的制造。增材制造相比于传统制造技术非常年轻和不成熟。现有大多数增材制造工艺的加工速率较低(主要指单位时间内制造的体积或重量)、零件加工尺寸受限、材料种类有限;主要应用于成形单件、小批量和常规尺寸制造,在大规模生产、大尺寸和微纳尺度制造等方面不具备优势。因此,增材制造技术适合应用于航空航天、生物医疗以及珠宝等高附加值产品的制造,且主要用于大规模生产前的研发与设计验证以及个性化制造。

(4)面临技术成熟度低、材料种类有限和应用范围小等局限。增材制造是一项以三维 CAD 模型为加工数据并由计算机控制,集数字化设计和数字化制造于一体的先进制造技术。但截至目前,增材制造比传统机加工、铸、锻、焊以及模具工艺的技术成熟度低,与大范围应用尚有一定差距。材料的适用范围比较少,制件的精度相对较低。目前来看,短时间内增材制造难以替代传统制造工艺,而是传统技术的一个发展和补充。增材制造的应用还面临着稳定性差、成本高等问题,而这些问题会随着研究和工程应用的深入而不断解决。

2.增材制造的工艺种类

增材制造综合了材料、机械、计算机等多学科知识,属于一种多学科交叉的先进制造技术。美国实验与材料协会(American Society for Testing and Materials,ASTM)F42 增材制造技术委员会按照材料堆积方式,将增材制造技术分为表 10-6 所示的 6 大类。每种工艺技术都有特定的应用范围,大多数工艺可用于模型制造,部分工艺可用于高性能塑料、金属零部件的直接制造以及受损部位的修复。

表 10-6 增材制造的工艺类型及特点

工艺方法	工艺方法代表性公司	工艺方法材料	工艺方法用途
SLA	SD Systems(美国)	光敏聚合物	模型制造、零部件直接制造
三维喷印	Objet(以色列) 3D Systems(美国)	聚合物 聚合物、砂、陶瓷、金属	模型制造、零部件直接制造 模型制造
SLS/SLM/EBM	EOS(德国) 3D Systems(美国) Arcan(瑞典)	聚合物、砂、陶瓷、金属	模型制造、零部件直接制造
LOM	Fabnsonic(美国)	纸、金属、陶瓷	模型制造、零部件直接制造
LENS	Optomee(美国)	金属	修复、零部件直接制造

3.增材制造技术的发展趋势

增材制造具有典型的数字化特征,代表了先进制造技术的发展趋势。增材制造可促进产品从大规模制造向定制化制造方向发展,以满足逐渐强烈的社会多样化需求。随着增材制造技术的不断发展以及应用的不断深入和拓展,其发展潜力和进步空间不可估量。增材制造为许多新产业和新技术的发展提供了快速响应的制造手段。例如,为人工定制化和个性化假体制造、三维组织支架制造提供了有效手段。用于汽车车型快速开发和飞机外形设计定型,可有效加快新产品的开发进度。国外增材制造技术在航空航天领域的应用量超过了 12%,而我国当前的应用量还非常低。增材制造尤其适合航空航天零件的单件小批量制造,具有成本低和效率高的突出优点,在航空发动机空心涡轮叶片、风洞模型和复杂精密制件制造方面具有巨大的应用潜力。鉴于增材制造在国内外的发展现状,增材制造技术的发展趋势为以下几点。

(1)快速原型向功能零件制造发展。随着工艺、材料和设备的日益成熟,增材制造的应用范围由模型和原型制造进入终端零部件的直接制造阶段。早期增材制造受限于材料种类及工艺水平的限制,主要应用于模型和原型制造,如制造新型手机外壳模型等。如今,FDM和 SLA 技术可成形与塑料性能相当的功能零部件,SLS 技术则可直接成形尼龙、ABS、PP等塑料零件。

(2)常规尺度制造向微纳和大型化等多尺度制造拓展。随着各行各业技术的不断进步,对零件尺寸、精度和制造效率的极端化需求越来越显著。增材制造属于先进制造技术,因而也沿着这种极端化的趋势不断拓展。微纳制造在机械、生物和电子等领域的应用需求十分巨大,增材制造可实现微纳尺度复杂结构的快速制造。

(3)工业应用型向日常消费型发展。增材制造最大的技术优势在于其结构和性能的个性化定制,因此特别适合衣、食、住、行等个性化日常消费型应用。低成本的增材制造设备本身还可作为玩具。个人的创意设计或从其他渠道获得的新颖结构可利用该技术快速地变为实物。

◆ 实验 10.1 电火花线加工实验

一、实验目的

(1)建立对电火花加工电极损耗的感性和理性认识。

(2)观察电火花加工中材料相同、极性不同时的极性效应现象。

(3)计算正、负极的电蚀量,了解电极损耗规律。

二、实验器材和步骤

(1)直径为 5 ～ 10 mm(取某一种尺寸)的黄铜杆、纯铜杆或铁杆,作为正负电极。

(2)游标卡尺、放大镜。

(3)任何型号的电火花加工机床。

三、实验内容和步骤

(1)先观察极性效应:

1)将相同直径的黄铜杆分别装夹在主轴中和工作台上,作为工具及工件,找正垂直后故意使上、下两端面偏离 2 mm,如图 10 - 10(a)所示。使工件接正极,为正极性加工。取生产率较高的规准:脉宽 50 μs,脉间 20 μs,峰值电流 5 A,加工 10 min 后回退主轴,用游标卡尺测量正、负极上电蚀损耗(即缺口)的长度并记录,如图 10 - 10(b)所示。

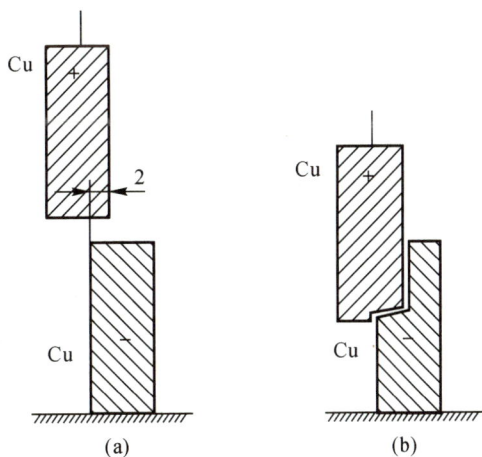

图 10 - 10 电火花加工前、后的电极对位置示意图

2)其他都不变,用电极损耗较小的规准再加工 10 min,脉宽 150 μs,脉间 50 μs。测量电蚀损耗长度并记录,与以前数据作比较。

3)改用纯铜作为工具和工件,其他都不变,分别测量、记录并比较高生产率和低电极损耗时加工 10 min 后的电极损耗量。

4)改用铁杆作为工具、工件,重复进行上述实验,记录电极损耗量,并进行比较。

(2)再实验观察比较在不同电极对材料时的极性效应和电极损耗规律。

改用上下不同的电极材料,例如上黄铜,下铁;上黄铜,下纯铜;上纯铜,下铁等不同的排列组合,进行不同极性、不同规准的加工,测量并比较其电极损耗,总结电极损耗规律。

为节约电极,每次加工后可转过一定角度,用未损耗的端面进行加工,或切掉损耗的端部,磨平端面后再加工。

指导教师可以改变、另行指定以上加工用量。

四、思考题和讨论题

1.电火花加工时,即使电极材料相同,为什么会产生极性效应?

2.什么是极性效应?当电极材料不同时,是否还有极性效应?

3.电火花加工时有极性效应是好事,还是坏事?具体分析之。

4.能否把上述的实验数据做成有指导意义的曲线或表格?

5.电火花加工时,在什么时候希望极性效应越强越好?又在什么时候希望极性效应越弱越好?试举出实例。

6.在本次实验中,不同的粗、中、精加工规准时,哪两种材料电极对的损耗(率)差别最大?

◆ 实验 10.2 激光加工小孔实验

一、实验目的

(1)加深对激光加工原理及其装置的了解。

(2)熟悉激光加工小孔过程和主要工艺规律。

二、实验器材和设备

(1)JGM-1型小型固体激光器或任意其他型号的小功率激光加工设备。

(2)放大镜或显微镜。

(3)钢卷尺。

(4)工件:刮脸刀片、断锯条等。

三、实验内容和步骤

(1)熟悉实验用的小功率激光加工装置:对照实物和参阅电路图了解各组成部分的用途和工作原理以及操作要点。

(2)由指导教师示范操作表演一次在薄片上加工小孔。

(3)装夹工件(刮脸刀片),调节好焦距。

(4)分别将激光电源的充电电压调到 5 000 V、7 000 V、9 000 V 各加工一小孔,用放大镜观察孔形,在读数显微镜下测量其孔径大小。

(5)用断锯条作为工件加工小孔,并用打火机火焰的烟将工件表面薰黑,观察白色表面和黑色表面加工后的效果。

(6)故意调偏焦距,观察加工后的效果(孔径大小、锥度和孔的深度等)。

四、思考题和讨论题

1.能在 0.5~1 mm 的薄金属材料上打出 $\phi0.5$ mm 小孔的激光器,需用多大的能量和功率?〔提示:最大脉冲能量大于 30 J,最大平均功率应大于 100 W,最大峰值功率应大千 1 kW。〕

2.激光加工出小孔的深度、圆度、孔壁尺寸精度和表面粗糙度等与激光的哪些参数有关?

课后思考与练习十

1.精密与超精密切削对刀具有何要求?

2.简述精密磨削加工与超精密磨削加工的区别。

3.光整加工技术如何分类?简述光整加工技术主要特点。

4.电火花线切割加工有何特点?并说明其主要工艺指标。

5.简述激光加工的原理,并列举激光加工常见的工艺。

6.电化学加工如何分类?

7.简述超声波加工精度及其影响因素。

8.常见的离子束加工技术有哪些?

9.什么是增材制造技术?有何特点?

【工匠精神·榜样的力量】

荣彦明,男,汉族,出生于 1987 年 1 月,中共党员,大学本科学历,首钢京唐钢铁联合有限责任公司钢轧作业部 MCCR 作业区精轧操作工,高级技师。曾先后荣获全国劳动模范、北京市劳动模范、"国企楷模·北京榜样"十大人物、首都市民学习之星、全国五一劳动奖章、全国钢铁行业技术能手、全国技术能手、全国机冶建材行业工匠等多项荣誉。

图 10-11　荣彦明

荣彦明参加工作后,参与了世界一流的 2 250 mm 热轧板带生产线投产和达产达效。热轧生产线包括十几道工序,由板坯轧制成长度 1 000 多米的板卷仅需 2 分钟,必须每秒必争,否则就会轧废。他攻克英文界面障碍,熟记 2 000 多个专业单词,操控 70 个按钮如同弹钢琴,练就了"眼、脑、手"合一,"稳、准、快"兼顾的轧钢操作基本功,一般需三年才能独立操作,他仅用一年就成为一名优秀轧钢工。

在开发低合金高强汽车用钢时,由于此钢种强度高,宽厚比大,被技术人员认定为热轧作业部投产以来轧制难度最大的高强钢,此时,大家把目光投向了荣彦明。可刚刚持续轧钢 3 个小时的他显得非常疲惫,他快速到车间外面活动了一下筋骨,呼吸了会新鲜空气,全力以赴,最终试轧一次成功,自此以后,"别人轧不了的钢找荣彦明"已成为所有人的共识。轧钢行业一直没有轧钢操作书籍供参考,仅靠师徒口口相授。经过 8 年的轧钢操作实践,

荣彦明逐步摸索出一套成熟、科学的轧钢操作法,填补了国内行业没有固定轧钢操作方法的空白,并在热轧作业部 2 条产线进行了推广,每年创效 159 万元。在 MCCR 产线无头生产时,各架轧机之间在张力作用下操作工不易发现带钢跑偏,但是一旦出现跑偏现象时就处于一种事故临界状态。荣彦明通过总结归纳了 7 项关键数据,提前发现带钢跑偏趋势,提高了无头轧制过程中的轧制稳定性,每年创效 500 多万元,再次填补了国内行业空白。

凭借精湛技能和精准操作,轧制过程零失误,荣彦明创造了轧钢界的一段佳话。

第11章　机械加工质量及其检测与控制

▶ 知识目标

(1)了解机械加工精度及机械加工表面质量。

(2)掌握机械加工质量检测的常用方法。

(3)掌握机械加工质量控制的要点。

▶ 能力目标

(1)能根据生产需要恰当选择机械加工质量检测方法。

(2)具有进行机械加工质量控制的能力。

▶ 素质目标

(1)通过机械加工质量及其检测与控制的学习,培养学生吃苦耐劳、精益求精的精神。

(2)培养学生质量控制意识以及工程思维。

机械加工质量一般是指零件的机械加工精度和表面质量。零件的加工质量将直接影响机器(机械产品)的装配质量、工作性能、效率、寿命和可靠性等。

◆ 11.1　加工精度的概念

11.1.1　加工精度与加工误差

加工精度是零件加工后的实际几何参数(尺寸、形状和位置)与理想几何参数的符合程度。实际几何参数越符合理想几何参数,加工精度就越高。所谓理想零件,对尺寸而言,就是零件图样规定尺寸的平均值(公差带中心);对表面形状而言,就是具有绝对准确的圆柱面、平面、圆锥面等形状;对表面位置而言,就是表面间具有绝对正确的平行、垂直等。

生产表明,任何一种加工方法都不可能把零件做得与理想零件完全一致,总会产生一定的偏差。从保证产品的使用性能和降低生产成本考虑,也没有必要把每个零件都加工得绝对准确,而只要求它在某一规定的范围内变动,这个允许变动的范围,就是公差。

加工误差是零件加工后的实际几何参数(尺寸、形状和位置)对理想几何参数的偏离程度。

加工精度是由零件图样或工序图上以公差给定的,而加工误差则是零件加工后实际测得的偏离值。保证和提高加工精度实际上就是控制和减少加工误差。

零件的几何参数主要包括几何尺寸、形状和表面间的位置三个方面,因此加工精度包括尺寸精度、形状精度和位置精度三个方面的内容,同样加工误差也包括尺寸误差、形状误差和位置精度误差三个方面的内容。

零件的尺寸精度、形状精度和位置精度三者之间既有区别又有联系。没有一定的形状精度,也就谈不上尺寸精度和位置精度。一般说来,形状精度高于位置精度,而位置精度高于尺寸精度。通常,尺寸精度要求高时,相应的位置精度和形状精度也要求高,但生产中也有形状精度、位置精度要求极高而尺寸精度要求不是很高的零件表面,如机床床身的导轨表面。

11.1.2 加工经济精度

加工过程中有很多因素影响零件的加工精度,同一种加工方法在不同的工作条件下所能达到的加工精度也可能不相同。例如,采用较高精度的设备、适当降低切削用量、精心完成加工过程中的每个操作等办法,就会得到较高的加工精度,但这会降低生产效率,增加加工成本。

对于同一种加工方法,加工误差 Δ 和加工成本 C 有如图 11-1 所示的关系,即加工精度越高,加工成本也越高。

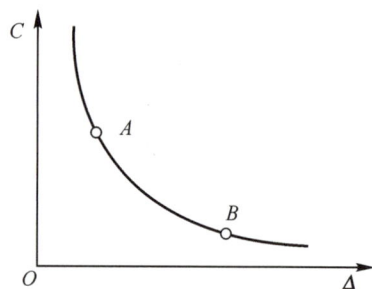

图 11-1　加工误差与成本的关系

加工经济精度是在正常加工条件下(采用符合质量标准的设备、工艺装备和标准技术等级的工人,不延长加工时间)所能保证的加工精度。

每一种加工方法的加工经济精度并不是固定不变的,它将随着工艺技术的发展、设备及工艺装备的改进以及生产管理水平的不断提高而逐渐提高。

11.1.3 影响尺寸精度的因素及改善措施

影响尺寸精度的主要因素如图 11-2 所示。

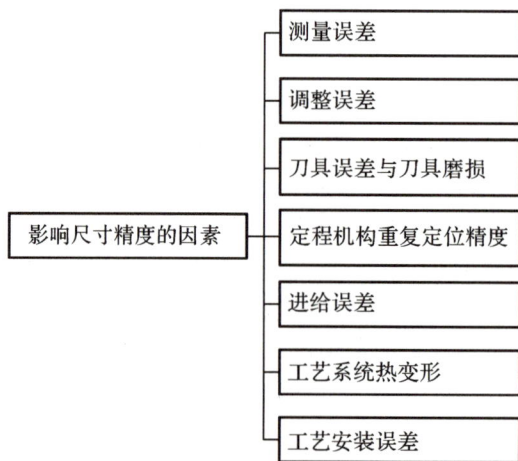

图 11-2 影响尺寸精度的主要因素

(1)测量误差改善措施：① 根据精度要求,合理选用测量方法及量具量仪；② 控制测量条件(正确使用量具,控制环境温度)。

(2)调整误差改善措施：试切一组工件,并以其尺寸分布的平均位置为依据,调整刀具位置。试切工件的数量由所要求的尺寸公差及实际加工尺寸的分散范围而定。

(3)刀具误差与刀具磨损改善措施：①控制刀具尺寸；②及时调整机床；③保证刀具安装精度；④掌握刀具磨损规律,进行补偿。

(4)定程机构重复定位精度改善措施：提高定程机构的刚性、精度及操纵机构的灵敏性。

(5)进给误差改善措施：① 提高进给机构精度；② 用千分表等直接测量进给量；③ 采用闭环控制系统。

(6)工艺系统热变形改善措施：① 精、粗加工分开；② 进行充分、有效的冷却；③ 合理确定调整尺寸；④ 根据工件热变形规律,测量时适当补偿,或在冷态(室温)下测量；⑤ 机床热平衡后再加工；⑥ 控制环境温度。

(7)工件安装误差改善措施：① 正确选择定位基准；② 提高夹具制造精度；③ 合理确定夹紧方法和夹紧力大小；④ 仔细找正及装夹。

11.1.4　影响形状精度的因素及改善措施

影响尺寸精度的主要因素如图 11-3 所示。

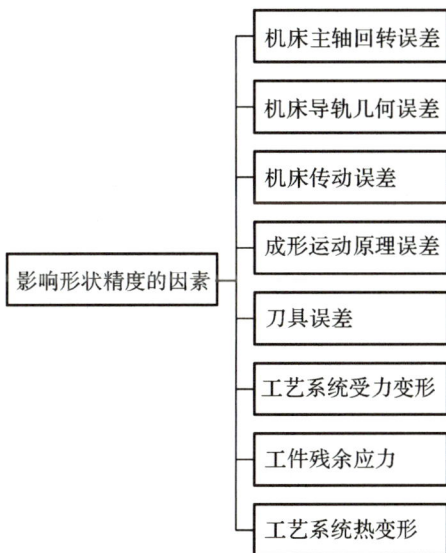

图 11-3　影响形状精度的主要因素

(1)机床主轴回转误差改善措施：① 采用高精度的滚动轴承或动、静压轴承,提高主轴、箱体及有关零件的加工与装配质量；② 轴承预加载荷以消除间隙；③ 工件采用死顶尖支承,镗杆与主轴采用浮动连接,使工件或刀具回转运动精度不依赖于主轴回转精度。

(2)机床导轨几何误差改善措施：① 提高导轨精度和耐磨性；② 正确安装,定期检查、及时调整。

(3)机床传动误差改善措施:① 尽量缩短传动链;② 增大末端传动副的降速比,提高末端传动元件的制造与安装精度;③ 采用校正机构。

(4)成形运动原理误差改善措施:计算其误差,满足工件精度要求时才能采用。

(5)刀具误差改善措施:① 提高成形刀具刀刃的制造精度;② 提高刀具安装精度;③ 改进刀具材料;④ 选用合理切削用量;⑤ 自动补偿刀具磨损。

(6)工艺系统受力变形改善措施:① 提高工艺系统静刚度,特别是薄弱环节的刚度;② 采用辅助支承或跟刀架等,以增强系统刚度并减小系统刚度变化;③ 改进刀具几何角度以减小切削抗力;④ 安排预加工工序;⑤ 采用双销传动,进行平衡处理,合理选择夹紧方法和夹紧力大小。

(7)工件残余应力改善措施:① 改善零件结构,以减小主件残余应力;② 粗、精加工分开;③ 进行时效处理;④ 尽量不采用校直方法,或用热校直代替冷校直。

(8)工艺系统热变形改善措施:① 寻找热源,减少发热,移出、隔离、冷却热源;② 用补偿法均衡温度场,使机床各部分均匀受热;③ 空运转机床至接近热平衡再加工;④ 控制环境温度。

11.1.5 影响位置精度的因素及改善措施

影响位置精度的主要因素如图 11-4 所示。

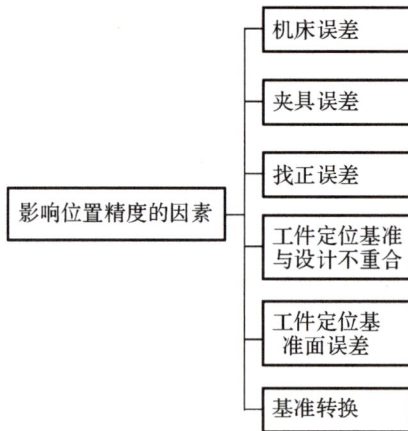

图 11-4 影响位置精度的主要因素

(1)机床误差改善措施:① 提高机床几何精度;② 减小或补偿机床热变形;③ 减小或补偿机床受力。

(2)夹具误差改善措施:① 提高夹具制造精度;② 提高夹具安装精度。

(3)找正误差改善措施:① 提高找正基准面的精度;② 提高找正操作技术水平;③ 采用与加工精度要求相适应的找正方法和找正工具。

(4)工件定位基准与设计基准不重合改善措施:① 以设计基准为定位基准;② 提高设计基准与定位基准之间的位置精度。

(5)工件定位基准面误差改善措施:① 提高定位基准面精度;② 采用可胀心轴或定位

时在固定方向上施加外力以保证固定边接触等办法,减小该项误差影响。

(6)基准转换改善措施:① 尽量采用统一精基准,以避免基准转换;② 尽量采用工序集中原则;③ 提高定位基准面本身的精度和定位基准面之间的位置精度。

◆ 11.2　机械加工表面质量

机器零件的破坏,如磨损、疲劳断裂等,一般都是从表面层开始的,这说明零件的表面质量对机器使用性能、使用寿命和产品质量有很大的影响,了解和掌握在机械加工中各种工艺因素对表面质量影响的规律,应用这些规律控制加工过程,达到保证和提高零件的表面加工质量。

11.2.1　表面加工质量的概念

零件的机械加工表面质量包括加工表面的微观几何形状误差和表面层材料性能两个方面的质量。

1.加工表面的几何形状误差

加工表面的微观几何形状误差包括表面粗糙度、波度、纹理方向和伤痕。

(1)表面粗糙度。表面粗糙度是加工表面的微观几何形状误差。其波长与波高的比值一般小于 50。表面粗糙度高度参数按我国现行标准采用轮廓算术平均偏差 Ra(μm)和微观不平度高度 Rz(μm)评定。

(2)波度。波度是介于加工精度(宏观几何形状误差)和表面粗糙度(微观几何形状误差)之间的周期性几何形状误差,包括波长与波高两个主要参数。

波长与波高的比值在 50~1 000 范围内的几何形状误差称为波度。它主要是加工过程中工艺系统的振动引起的。当波长与波高的比值大于 1 000 时,称为宏观几何形状误差。例如,平面度误差、圆度误差、圆柱度误差等,它属于加工精度范畴。

(3)纹理方向。纹理方向是指表面刀纹的方向。它取决于表面形成过程所采用的机械加工方法。

(4)伤痕。伤痕是在加工表面的某些位置上出现的缺陷,例如砂眼、气孔、划痕、裂纹等。

2.表面层金属材料性能方面的质量

表面层金属材料性能方面的质量,指机械加工后,零件一定深度表面层的物理力学性能等方面的质量与基体相比发生了变化,故又称加工变质层。它包括表面层金属的加工硬化、残余应力以及金相组织的变化。

(1)表面层金属的加工硬化。机械加工过程中表面层金属产生强烈的塑性变形,使晶格扭曲、畸变,晶粒间产生剪切滑移,晶粒被拉长,这些都会使工件已加工表面表层金属的硬度高于基体材料的硬度,这种现象称为加工硬化。加工硬化通常以表面层金属硬度 H(GPa)、硬化层深度 h 及硬化程度 N 表示。

一般机械加工中,硬化层深度可达 0.05~0.20 mm。若采用滚压加工,硬化层可达几毫米。

(2)表面层金属的残余应力。机械加工过程中由于切削力、切削热等因素的作用,在工件表面层材料中产生的内应力称为表面层残余应力。在铸、锻、焊、热处理等加工过程产生的内应力与这里介绍的表面残余应力的区别在于前者是在这个工件上平衡的应力,它的重新分布会引起工件变形;后者则是在加工表面材料中平衡的应力,它的重新分布不会引起工件变形,但它对机器零件表面质量有重要影响。

(3)表面层金相组织变化。机械加工过程中,在工件的加工区域温度会急剧升高,当温度升高到超过工件材料金相变化的临界点时就会发生金相组织变化。例如磨削淬火钢件时,常会出现回火烧伤、退火烧伤等金相组织的变化,将严重影响零件的使用性能。

11.2.2 影响机械加工表面粗糙度的因素

1. 影响切削加工表面粗糙度的因素

影响切削加工表面粗糙度的因素主要有以下几个。

(1)残留面积高度。理论残留面积高度是由刀具相对于工件表面的运动轨迹所形成,它是影响表面粗糙度的基本因素。其高度可根据刀具的主偏角、副偏角、刀尖圆弧半径和进给量的几何关系计算出来。实际表面粗糙度最大值大于残留面积高度。

(2)鳞刺。在较低及中等速度下,用高速钢、硬质合金或陶瓷刀片切削塑性材料(低、中碳钢,铬钢,不锈钢,铝合金及紫铜等)时,在已加工表面常出现鳞片状毛刺,使表面粗糙度数值增大。

(3)积屑瘤。积屑瘤代替刀刃进行切削时,会引起过切,并因积屑瘤的形状不规则,从而在工件表面上刻划出沟纹;当积屑瘤分裂时,可能有一部分留在工件表面上形成鳞片状毛刺,同时引起振动,使加工表面恶化。

(4)切削过程中的变形。由于切削过程中的变形,在挤裂或单元切屑的形成过程中,在加工表面上留下波浪形挤裂痕迹;在崩碎切屑的形成过程中,造成加工表面的凸凹不平;在刀刃两端的已加工表面及待加工表面处,工件材料被挤压而产生隆起。这些均使加工表面粗糙度数值进一步增大。

(5)副后刀面磨损。刀具在副后刀面上因磨损而产生的沟槽,会在已加工表面上形成锯齿状的凸出部分,使加工表面粗糙度数值增大。

(6)刀刃与工件相对位置变动。机床主轴回转精度不高,各滑动导轨面的形状误差与润滑状况不良,材料性能的不均匀性,切屑的不连续性等,使刀具与工件间已调好的相对位置发生附加的微量变化,引起切削厚度、切削宽度或切削力发生变化,甚至诱发自激振动,从而使表面粗糙度数值增大。

2. 改善表面粗糙度的措施

(1)刀具方面:① 在工艺系统刚度足够时,采用较大的刀尖圆弧半径,较小的副偏角;② 使用长度比进给量稍大一些的修光刃;③ 采用较大的前角加工塑性大的材料;④ 提高刀具刃磨质量,减小刀具前、后刀面的粗糙度数值,使其不大于 $1.25~\mu m$;⑤ 选用与工件亲合力小的刀具材料,如用陶瓷或碳化钛基硬质合金切削碳素工具钢,用金刚石或矿物陶瓷刀加工有色金属等;⑥ 对刀具进行氧氮化处理(如对加工 20CrMo 与 45 钢齿轮的高速钢插齿刀);⑦ 限制副刀刃上的磨损量;⑧ 选用细颗粒的硬质合金作刀具;等等。

(2)工件方面:① 应有适宜的金相组织(低碳钢、低合金钢中应有铁素体加低碳马氏体、索氏体或片状珠光体,高碳钢、高合金钢中应有粒状珠光体)。② 加工中碳钢及中碳合金钢时,若采用较高切削速度,应为粒状珠光体;若用较低切削速度,应为片状珠光体组织。合金元素中碳化物的分布要细而匀。③ 易切钢中应含有硫 、铅等元素。④ 对工件进行调质处理,提高硬度,降低塑性;减小铸铁中石墨的颗粒尺寸;等等。

(3)切削条件方面:① 以较高的切削速度切削塑性材料(用 YT15 切削 35 钢,临界切削速度 $v > 100$ m/min);② 减小进给量;③ 采用高效切削液(极压切削液、10%～12%极压乳化液和离子型切削液);④ 提高机床的运动精度,增强工艺系统刚度;⑤ 采用超声振动切削加工;等等。

11.2.3　加工硬化

1.常用加工方法的冷硬程度及硬化层深度

常用加工方法的冷硬程度及硬化层深度见表 11-1。

表 11-1　常用加工方法的冷硬程度及硬化层深度

加工方法	冷硬程度 N/%		硬化层深度 h_c/μm	
	平均值	最大值	平均值	最大值
普通车和高速车	120～150	200	30～50	200
精密车	140～180	220	20～60	
端铣	140～160	200	40～100	200
圆周铣	120～140	180	40～80	110
钻和扩	160～170	—	180～200	250
铰	—		300	
拉	150～200	—	20～75	
滚齿和插齿	160～200		120～150	
剃齿	—		<100	
圆磨非淬火钢	140～160	200	30～60	
圆磨低碳钢	160～200	250	30～60	
圆磨淬火钢[①]	125～130		—	20～40
平磨	150	—	16～35	
研磨(用研磨膏)	112～117		3～7	

①磨削用量大、冷却条件不好时,会发生淬火钢的回火转化,表层金属的显微硬度要降低,回火层的深度有时可达 200 μm。

2.影响加工表面硬化的因素

(1)影响切削加工表面硬化的因素主要有刀具、工件、切削条件。

1)刀具。刀具的前角越大,切削层金属的塑性变形越小,故硬化层深越小。当前角从-60°增大到0°时,表层金属的显微硬度从730 HV减至450 HV,硬化层深度从200 μm减少到50 μm。

刀刃钝圆半径越大,已加工表面在形成过程中受挤压的程度越大,故加工硬化也越大。

随着刀具后刀面磨损量的增加,后刀面与已加工表面的摩擦随之增大,从而加工硬化层深度也增大。刀具后刀面磨损宽度从0增大到0.2 mm,表层金属的显微硬度由220 HV增大到340 HV。但磨损宽度继续增大,摩擦热急剧增大,弱化趋势明显增加,表层金属的显微硬度HV逐渐下降,直至稳定在某一水平上。

2)工件。工件材料的塑性越大,强化指数越大,则硬化越严重。对于一般碳素结构钢,碳含量越少,塑性越大,硬化越严重。高猛钢Mn12的强化指数很大,切削后已加工表面的硬度增高2倍以上。有色合金金属的熔点低,容易弱化,加工硬化比结构钢轻得多,铜件比钢件小30%,铝件比钢件小75%左右。

3)切削条件。当进给量比较大时,加大进给量,切削力增大,表面层金属的塑性变形加剧,冷硬程度增加。对于切削厚度比较小的情况,表面层的金属冷硬程度不仅不会减小,相反还会增大。这是由于切削厚度减小,切削比压要增大。

切削速度增加时,塑性变形减小,塑性变形区也缩小,因此,硬化层深度减小。另外,切削速度增加时,切削温度升高,弱化过程加快。但切削速度增加,又会使导热时间缩短,因而弱化来不及进行。当切削温度超过 A_{c_3} 时,表面层组织将产生相变,形成淬火组织。因此,硬化层深度及硬化程度又将增加。硬化层深度先是随切削速度的增加而减小,然后又随切削速度的增加而增大。

采用有效的冷却润滑措施,可使加工硬化层深度减小。

(2)影响磨削加工表面硬化的因素主要有工件材料、磨削用量、砂轮粒度、冷却条件。

1)工件材料。材料的塑性好,导热性好,硬化倾向大。纯铁与高速工具钢相比,塑性好,磨削时塑性变形大,强化倾向大;纯铁的导热性比高碳钢高,热量不易集中于表面层,弱化的倾向小。

2)磨削用量。加大磨削深度,磨削力随之增大,磨削过程的塑性变形加剧,表面冷硬趋向增大。

加大纵向进给速度,每个磨粒的切削厚度增大,磨削力增大,晶格畸变,晶粒间应力加大,冷硬增大。但提高纵向进给速度,有时会使磨削区产生较大的热量而使冷硬减弱。加工表面的冷硬状况要综合上述两种因素的作用。

在工件纵向进给速度不变的情况下,提高工件的回转速度,就会缩短砂轮对工件的热作用时间,使弱化倾向减弱,表面冷硬增大。

在其他条件不变的情况下,提高磨削速度的影响有:可使每颗磨粒切除的切削厚度变小,减弱塑性变形程度,表面冷硬减小;磨削区的温度增高,弱化倾向增大,冷硬减小;由于塑性变形速度的原因,钢的蓝脆性范围向高温区转移,工件材料的塑性降低,强化倾向降低,冷硬减弱。

3)砂轮粒度。砂轮粒度越大,每颗磨粒的载荷越小,冷硬也越小。

4)冷却条件。在正常磨削条件下,若磨削液充分而磨削深度又不大,则强化作用占主导地位。如果砂轮钝化或修整不良,磨削液不充分,磨削过程中热因素的作用就占主导地位,弱化恢复作用逐步加强,金相显微组织发生相变,以致在磨削表面层一定深度内出现回火软化区。

11.2.4　残余应力

残余应力是指在没有外力作用的情况下,在物体内部保持平衡而存留的应力。残余应力有残余压应力和残余拉应力之分。

影响残余应力的因素主要有前角、刀具磨损、进给量。

(1)前角。前角对残余应力的深度影响较大,负前角时比正前角的深度增大一倍。

(2)刀具磨损。磨损增大,则离表层较深处的压应力值也增大。

(3)进给量。进给量增大,表层拉应力增大,最大压应力移向工件内部。

减少残余应力的措施主要包括:

(1)选择合适的切削用量以保证较好的刀具使用寿命与降低表面粗糙度,必须用尖锐的刀刃,无细小锯齿状缺口,后面磨损应控制在 0.2 mm 左右。

(2)机床的刚性要好,避免产生振动。钻孔时,最好有导向套,尽可能增大钻头的刚度,钻出的孔边缘应进行倒角。

(3)用挤压方法和喷丸处理增大表层的残余压应力,可提高疲劳强度。例如,精挤齿轮与剃齿相比较,齿面的残余压应力增大、硬度提高;电火花加工、电解加工与电解抛光后用喷丸处理可显著提高高温合金的疲劳强度。

11.2.5　表面层材料的金相组织变化

加工表面温度超过相变温度时,表层金属的金相组织将会发生相变。切削加工时,切削热大部分被切屑带走,因此影响较小,多数情况下,表层金属的金相组织没有质的变化。磨削加工时,切除单位体积材料所需消耗的能量远大于切削加工。磨削加工所消耗的能量绝大部分要转化为热,磨削热传给工件,使加工表面层金属金相组织发生变化。

磨削淬火钢时,会产生三种不同类型的烧伤:

(1)回火烧伤。如果磨削区温度超过马氏体转变温度而未超过相变临界温度(碳钢的相变温度为 723 ℃),这时工件表层金属的金相组织就由原来的马氏体转变为硬度较低的回火组织(索氏体和托氏体),这种烧伤称为回火烧伤。

(2)淬火烧伤。如果磨削区温度超过了相变温度,在切削液急冷作用下,表层金属发生二次淬火,硬度高于原来的回火马氏体,里层金属则由于冷却速度慢,出现了硬度比原先回火马氏体低的回火组织,这种烧伤称为淬火烧伤。

(3)退火烧伤。若工件表层温度超过相变温度,而磨削区又没有冷却液进入,则表层金属产生退火组织,硬度急剧下降,称为退火烧伤。

磨削烧伤严重影响零件的使用性能,必须采取措施加以控制。控制磨削烧伤有两个途径:一是尽可能减少磨削热的产生;二是改善冷却条件,尽量减少传入工件的热量。采用硬度稍软的砂轮,适当减小磨削深度和磨削速度,适当增加工件的回转速度和轴向进给量,采用高速冷却方式(如高压大流量冷却、喷雾冷却、内冷却)等措施,都可以降低磨削区温度,防止磨削烧伤。

◆ 11.3 机械加工质量检测

11.3.1 常用测量术语和测量方法

1.常用测量术语

(1)测量。测量是把一个被测量值与单位量值进行比较的过程。

(2)量具。量具是能直接表示出长度的单位、界限的计量用具。

(3)刻线间距。刻线间距是刻度尺上相邻两刻线间的距离。

(4)刻度值。刻度值是刻度尺上每个刻度间距所代表的长度单位数值。

(5)示值范围。示值范围是量具刻度尺上指示的最大范围。

(6)测量范围。测量范围是量具能测量的尺寸范围。

(7)读数精度。读数精度是指在量具上读数时所能达到的精确度。

(8)示值误差。示值误差是指量具的示值与被测尺寸实际数值的差值。

(9)测量力。测量力是指量具的测量面与被测件接触时所产生的力。

2.常用测量方法

常用测量方法的分类见表 11-2。

表 11-2 常用测量方法

测量方法	意 义	测量方法	意 义
直接测量	被测量值直接由量仪指示数值获得	综合测量	被测件相关的各个参数合成一个综合参数来进行测量
间接测量	测出与被测尺寸有关的一些尺寸后,通过计算获得被测量值	单项测量	被测件各个参数分别单独测量
绝对测量	被测量值直接由仪器刻度尺上读数表示	主动测量	加工过程中进行测量,测量结果直接用来控制工件的加工精度
相对测量	由仪器读出的为被测的量相对于标准量值的差值	被动测量	加工完毕后进行测量,以确定工件的有关参数值
接触测量	量具或量仪的测量头与被测表面直接接触	静态测量	测量时,被测件静止不动
非接触测量	量具或量仪的测量头不与被测表面接触	动态测量	测量时,被测件不停地运动,测量头与被测对象有相对运动

11.3.2　常用计量器具

1.卡尺类量具

(1)卡尺。游标卡尺、带表卡尺和数显卡尺简称为卡尺。

(2)深度卡尺。游标深度卡尺、带表深度卡尺和数显深度卡尺简称为深度卡尺,包括Ⅰ型深度卡尺、Ⅱ型深度卡尺(单钩型,测量爪和尺身可做成一体式、拆卸式和可旋转式)、Ⅲ型深度卡尺(双钩型)。

(3)高度卡尺。游标高度卡尺、带表高度卡尺和数显高度卡尺简称为高度卡尺。

2.螺旋副测微量具

(1)外径千分尺。外径千分尺也叫螺旋测微器,常简称为千分尺。它是比游标卡尺更精密的长度测量仪器,精度有 0.01 mm、0.02 mm,0.05 mm 几种,加上估读的 1 位,可读取到小数点后第 3 位(千分位),故称千分尺。

千分尺常用规格有 0~25 mm、25~50 mm、50~75 mm、75~100 mm、100~125 mm等若干种。外径千分尺如图 11-5 所示。

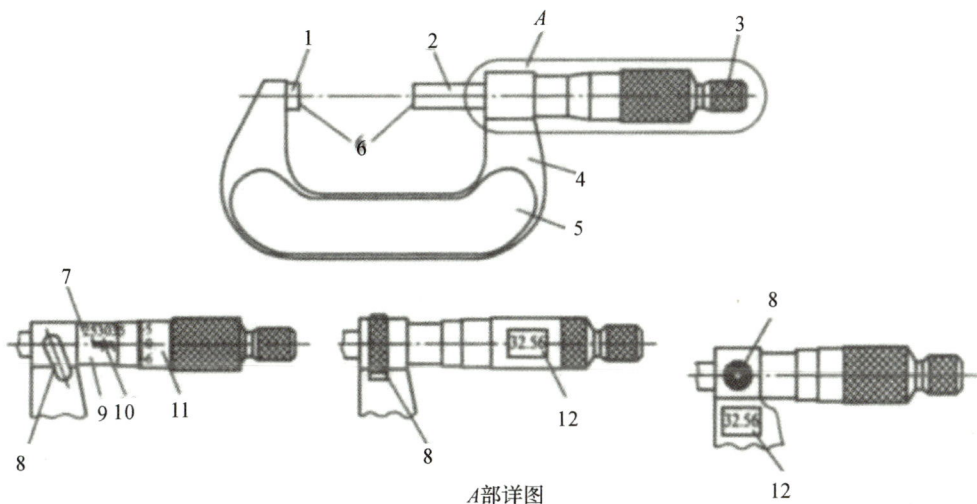

图 11-5　外径千分尺

(2)两点内径千分尺。两点内径千分尺是带有两个用于测量内尺寸测砧,并以螺旋副作为中间实物量具的内尺寸测量器具。测微螺杆和测砧应选择合金工具钢或其他类似性能的材料制造,其测量面宜镶硬质合金或其他耐磨材料。两点内径千分尺如图 11-6 所示。

(3)深度千分尺。深度千分尺是应用螺旋副转动原理将回转运动变为直线运动的一种量具。深度千分尺用于机械加工中的深度、台阶等尺寸的测量。深度千分尺如图 11-7所示。

3.指示表类量具

(1)指示表。百分表和千分表统称为指示表,见表 11-3。

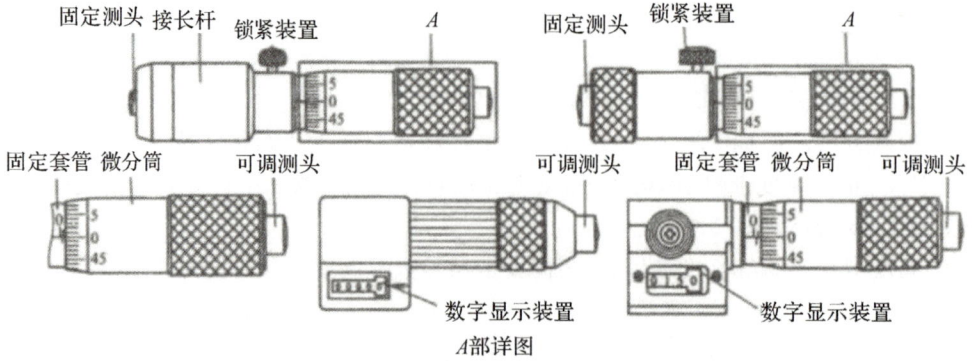

固定测头　接长杆　锁紧装置　　　A
固定套管　微分筒　可调测头
数字显示装置
A部详图
固定测头　锁紧装置　　　A
可调测头　固定套管　微分筒　可调测头
数字显示装置

图 11-6　两点内径千分尺

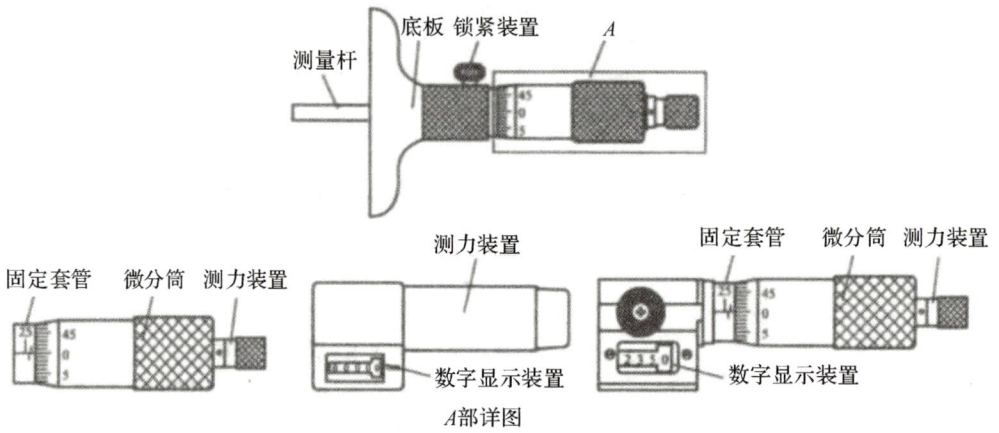

测量杆　底板　锁紧装置　　　A
固定套管　微分筒　测力装置
测力装置　固定套管　微分筒　测力装置
数字显示装置
A部详图
数字显示装置

图 11-7　深度千分尺

表 11-3　指示表　　　　　　　　　　　　单位:mm

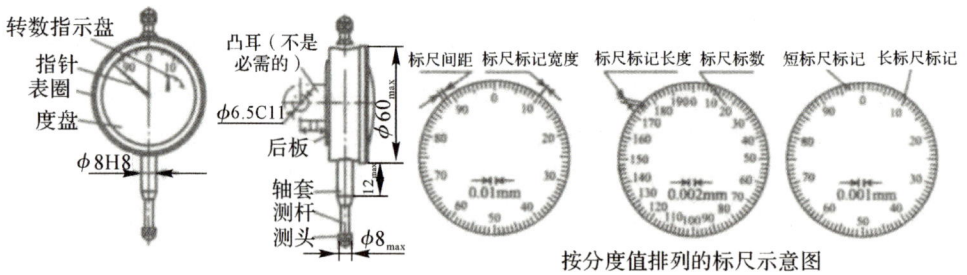

转数指示盘
指针
表圈
度盘
φ8H8
凸耳(不是必需的)
φ6.5C11
后板
轴套
测杆
测头　φ8max
φ60max
12max

标尺间距　标尺标记宽度　标尺标记长度　标尺标数　短标尺标记　长标尺标记
0.01mm
0.002mm
0.001mm
按分度值排列的标尺示意图

测量范围	分度值	示值总误表	示值变动性
0～3	0.01 (0.002)	0.014	0.003
0～5		0.016	
0～10		0.018	
0～1	0.04	0.004	

(2)杠杆指示表,见表 11-4。

表 11-4　杠杆指示表　　　　　　　　单位:mm

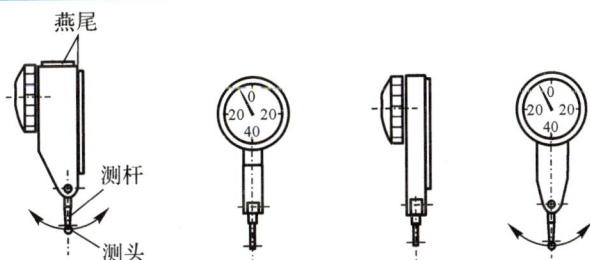

测量范围	分度值	示值总误差	示值变动性
0～0.8	0.01	0.013	0.003
0～0.2	0.002	0.004	0.005

(3)内径指示表,见表 11-5。

表 11-5　内径指示表　　　　　　　　单位:mm

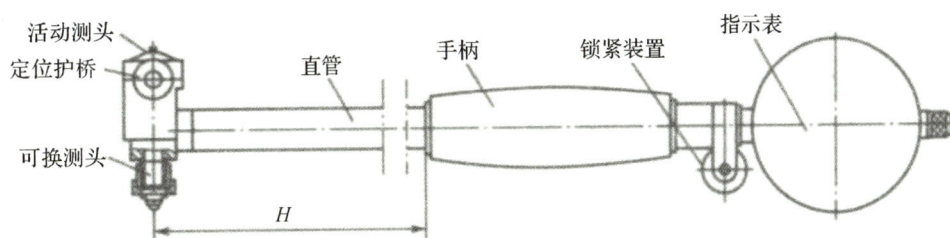

分度值	测量范围	活动测量头的工作行程	最大允许误差
0.01	6～10	≥0.6	±0.012
	10～18	≥0.8	
	18～35	≥1.0	±0.015
	35～50	≥1.2	

续表

0.01	50～100	≥1.6	±0.018
	100～160		
	160～250		
	250～450		

4.直尺、角度尺、直角尺

(1)刀口形直尺。刀口形直尺是一类测量面呈刃口状的直尺,用于测量工件平面形状误差的测量器具。

(2)万能角度尺。万能角度尺又被称为角度规、游标角度尺和万能量角器,是利用游标读数原理来直接测量工件角或进行划线的一种角度量具。万能角度尺适用于机械加工中的内、外角度测量,可测 0°～320°外角及 40°～130°内角。

万能角度尺的读数机构是根据游标原理制成的。主尺刻线每格为 1°。游标的刻线是取主尺的 29°等分为 30 格,因此游标刻线角格为 29°/30,即主尺与游标一格的差值为 2′,也就是说万能角度尺读数准确度为 2′。除此之外还有 5′和 10′两种精度。其读数方法与游标卡尺完全相同。

(3)直角尺。直角尺是检验和划线工作中常用的量具,用于检测工件的垂直度及工件相对位置的垂直度,是一种专业量具,适用于机床、机械设备及零部件的垂直度检验、安装加工定位、划线等,是机械行业中的重要测量工具。

直角尺简称为角尺,在有些场合还被称为靠尺。直角尺通常用钢、铸铁或花岗岩制成,按材质它可分为铸铁直角尺、镁铝直角尺和花岗石直角尺。

5.量规

(1)塞尺。塞尺(Feeler Gauge),是一种测量工具,主要用于间隙间距的测量,是由一组具有不同厚度级差的薄钢片组成的量规。除了公制以外,也有英制的塞尺。

在检验被测尺寸是否合格时,由检验者根据塞尺与被测表面配合的松紧程度来判断。塞尺一般用不锈钢制造。

(2)半径样板。半径样板是带有一组准确内、外圆弧半径尺寸的薄板,用于检验圆弧半径的测量器具。

半径样板的表面不应有影响使用性能的缺陷。

半径样板与保护板的联结应保证能方便地更换样板,应能使样板平滑地绕螺钉或铆钉轴转动,不应有卡滞或松动现象。

成组半径样板应按半径尺寸系列由小到大的顺序排列。

(3)螺纹样板。螺纹样板是带有确定的螺距及牙形,且满足一定的准确度要求,用作螺纹标准对类同的螺纹进行测量的标准件。

测量螺纹螺距时,将螺纹样板组中齿形钢片作为样板,卡在被测螺纹工件上,如果不密合,就另换一片,直到密合为止,这时该螺纹样板上标记的尺寸即为被测螺纹工件的螺距。但是,须注意把螺纹样板卡在螺纹牙廓上时,应尽可能利用螺纹工作部分长度,使测量结果较为正确。

6．其他测量仪

（1）水平仪。水平仪是一种测量小角度的常用量具，在机械行业和仪表制造中，用于测量相对于水平位置的倾斜角、机床类设备导轨的平面度和直线度、设备安装的水平位置和垂直位置等。

常用的水平仪有条式水平仪、框式水平仪、合像水平仪、电子水平仪（指针式和数显式）和电感水平仪几种。

（2）圆度仪。圆度仪是一种利用回转轴法测量工件圆度误差的测量工具。圆度仪分为传感器回转式和工作台回转式两种型式。测量时，被测件与精密轴系同心安装，精密轴系带着电感式长度传感器或工作台作精确的圆周运动。

圆度仪通常有两种类型：①小型台式，把工件装在回转的工作台上，测量头装在固定的立柱上；②大型落地式，把工件装在固定的工作台上，测量头安装在回转的主轴上。测量时，测量头与工件表面接触，仪器的回转部分（工作台或主轴）旋转一周。因回转部分的支承轴承精度极高，故回转时测量头对被测表面将产生一高精度的圆轨迹。被测表面的不圆度使测量头发生偏移，转变为电（或气）信号，再经放大，可自动记录在圆形记录纸上，直接读出各部分的不圆度，供评定精度与工艺分析之用。其广泛用于精密轴承、机床及仪器制造工业中。

（3）表面粗糙度仪。表面粗糙度仪又叫粗糙度仪、表面光洁度仪、表面粗糙度检测仪、粗糙度测量仪、粗糙度计、粗糙度测试仪等多种名称。它具有测量精度高、测量范围宽、操作简便、便于携带、工作稳定等特点，广泛应用于各种金属与非金属的加工表面的检测。该仪器是传感器主机一体化的袖珍式仪器，具有手持式特点，更适宜在生产现场使用。

11.3.3　几何误差检测

1．形位误差的检测

形位误差的检测要遵守以下几个原则。

（1）与理想要素比较原则。理想要素用模拟方法获得。如用细直光束、刀口尺、平尺等模拟理想直线；用精密平板、光扫描平面模拟理想平面；用精密心轴、V形块等模拟理想轴线；等等。模拟要素的误差直接影响被测结果，故一定要保证模拟要素具有足够的精度。此原则在生产中用得最多。

（2）测量坐标值原则。测量被测实际要素的坐标值（如直角坐标值、极坐标值、圆柱面坐标值），并经过数据处理获得形位误差值。

（3）测量特征参数原则。测量被测实际要素上具有代表性的参数（即特征参数）来表示形位误差值。如用两点法、三点法来测量圆度误差。应用这一原则的测量结果是近似的，特别要注意能否满足测量精度要求。

（4）测量跳动原则。被测实际要素绕基准轴线回转过程中，沿给定方向测量其对某参考点或线的变动量。一般测量都是用各种指示表读数，变动量就是指指示表最大与最小读数之差。这是根据跳动定义提出的一个检测原则，主要用于跳动的测量。

(5)控制实效边界原则。检测被测实际要素是否超过实效边界,以判断合格与否。这个原则适用于采用了最大实体原则的情况。实用中一般都是用量规综合检验。量规的尺寸公差(包括磨损公差)应比实测要素的相应尺寸公差高2~4个公差等级,其形位公差按被测要素相应形位公差的1/10~1/5选取。

2. 直线度误差的检测

(1)间隙法。用刀口尺或样板平尺作理想要素,使其与被测线贴合,观测光隙大小,可直接得出直线度误差。它适用于被测长度不大于300 mm的检测。

(2)平板测微仪法。用测量平板或平尺作理想要素,用测微仪测量被测线上各点相对测量平板的变动量。它适用于中、小型零件的检测。

(3)分段测量法。用水平仪或准直仪,按节距沿被测素线移动分段测量,由各段测量值中,求出全长的直线度误差。它适用于中、长导轨水平方向直线度测量。

3. 平面度误差的检测

(1)平板测微仪法。以测量平板工作表面作测量基面,用带架测微仪测出各点对测量基面的偏离量。它适用于中、小型平面的检测。

(2)平晶干涉法。以光学平晶工作面作测量基面,利用光波干涉原理测得平面度误差。它适用于精研小平面的检测。

(3)水平仪测量法。以水平面作测量基准,按一定布线测得相邻点高度差,再换算出各点对同一水平面的高度差值。

4. 圆度误差的检测

(1)投影比较法。将被测要素的投影与极限同心圆比较。它适用于薄型或刃口形边缘的小零件的检测。

(2)圆度仪法。用精密回转轴系上的一个动点(测头)所产生的理想圆与被测实际轮廓比较,测得半径变动量(也可工件转动,测头不动)。它适用于精度要求较高的零件(在缺少圆度仪时,也可用光学分度头、分度台作回转分度机构)的检测。

(3)两点三点法。按测量特征参数的原则,在被测圆周上通过对径上两点或两固定支承和一测头共三点进行测量,确定圆度误差。

两点测量法用来测量被测轮廓为偶数棱的圆柱误差。三点测量法用来测奇数棱的圆柱误差。两者组合用于测量不知具体棱数的轮廓。

5. 轮廓度误差的检测

(1)轮廓样板法。用轮廓样板与被测零件实际轮廓曲线进行比较,根据光隙法原理,取最大间隙作为该零件的线轮廓度误差。

(2)投影放大比较法。在投影仪上,将被测零件的轮廓曲线投影到屏幕上,与已放大的理论轮廓曲线进行比较,根据比较结果是否在公差带内来判断被测零件轮廓是否合格。

它适用于对较小、较薄零件的线轮廓误差的测量。

(3)坐标法。利用工具显微镜、三坐标测量机、光学分度头加辅助设备均可测量被测轮廓上各点的坐标值,按测得的坐标值与理想轮廓的坐标值进行比较,即可求出被测件的轮廓度误差值。

6.定位误差的检测

定位误差的常用检测方法见表 11 - 6。

表 11 - 6　定位误差的常用检测方法

方　　法	测量项目
用测量径向变动的方法	同轴度误差测量
在平板上测量	同轴度误差测量、对公共基准轴线的同轴度误差测量
用同轴度量规测量	同轴度误差测量
在平板上用打表测量	面对面的对称度误差测量、面对线的对称度误差测量
用测量壁厚的方法	对称度误差的测量
用位置量规测量	对称度误差的测量

11.3.4　表面粗糙度的检测

表面粗糙度的检测方法、特点及应用见表 11 - 7。

表 11 - 7　表面粗糙度的检测方法、特点及应用

检测方法	特点及应用	测量范围 $Ra/\mu m$
目测法	将被测表面与标准样块进行比较。在车间应用于外表面检测	3.2～50
干涉法	用光波干涉原理对被测表面的微观不平度和光波波长进行比较,检测表面粗糙度,常用量仪为干涉显微镜。适用于在实验室对平面、外圆表面检测	0.008～0.2
触觉法	用手指或指甲抚摸被测表面与标准样块进行比较。在车间应用于内、外表面检测	0.8～6.3
电容法	电容极板(极板应与被测面形状相同)靠三个支承点与被测表面接触,按电容量大小评定。适用于外表面检测,用于大批量100％检验粗糙度的场合	0.2～6.3
针描法	用触针直接在被测表面上轻轻划过,由指示表读出数值,方法简单。常用量仪有电感轮廓仪(电感法)、压电轮廓仪(压电法)。适用于内、外表面检测,但不能用于检测柔软和易划伤表面。电感法用于实验室,压电法用于实验室和车间	电感法 0.008～6.3 压电法 0.05～25
光切法	用光切原理测量表面粗糙度,常用量仪为光切显微镜。适用于平面、外圆表面检测,在车间、实验室均可应用	0.4～25
印模法	用塑性材料黏合在被测表面上,将被检表面轮廓复制成印模,然后测量印模。适用于对深孔、盲孔、凹槽、内螺纹、大工件及其难测部位检测	0.1～100

◆ 11.4 机械加工质量控制

机械加工质量的控制就是对加工精度和表面质量的控制。

11.4.1 尺寸精度控制

以车削加工为例,尺寸精度的质量问题分析与控制措施参见表 11 - 8。

表 11 - 8 尺寸精度控制措施

项 目	质量不合格原因	控制措施
径向尺寸精度	看错图样、刻度盘使用不当、进刀量不准确等	看清图纸要求,正确使用刻度盘,消除中拖板丝杆间隙,在接近图纸尺寸时,采用公差带宽度切深法进刀(即每次进刀量为直径公差带宽度)等
	没有进行试切	正确计算被吃刀量,进行反复试切
	量具有误差或测量不正确	检查或调整量具,掌握正确的测量方法
	由于切削分力过大,刀架产生位移	减少切削热的产生,降低切削区温度,使用冷却效果好的切削液,掌握温度与尺寸变化规律
	径向切削分力过大,使刀架产生位移	加大车刀主偏角,减小刀尖圆弧半径,尽量使用零度刃倾角的车刀,减小背吃刀量,减小中拖板燕尾槽间隙,及时换刀,磨削时及时修整砂轮
径向尺寸精度	因积屑瘤产生过切量	抑制积屑瘤产生:避免中速切削、加强润滑,使用较大前角的车刀,降低刀具前刀面表面粗糙度等
	由于切屑缠绕产生让刀	注意断屑和排屑
	钻孔时钻头主切削刃刃磨不对称造成孔径偏大	修磨钻头
	铰孔时铰刀尺寸偏大、尾座偏移	检测铰刀尺寸,研磨铰刀后进行试切,调整尾座,采用浮动套筒连接铰刀等
轴向尺寸精度	刀具磨损严重	减少刀具磨损,及时换刀,调整切削用量等
	机床纵向移动刻度精度低、刻度盘间隙大	刻度盘数字只作参考,采用试切或改用死挡铁确定刀架的轴向位置
	车床小刀架拖板松动,使车刀位移	减小小刀架拖板燕尾槽间隙
	死挡铁接触处有异物	清除死挡铁处异物,并使之保持清洁

项　目	质量不合格原因	控制措施
轴向尺寸精度	轴类零件台阶处不平整或不垂直	车削时车刀主切削刃应平直,安装要正确,台阶较大时应进行横向进给,退刀不应太快等
	测量不便或测量方法不正确	改进测量方法、选用适合的测量工具

11.4.2　形状精度控制

形状精度的质量问题分析与控制措施参见表 11-9。

表 11-9　形状精度控制措施

项　目	质量不合格原因	控制措施
圆度	机床主轴间隙过大	加工前检查主轴间隙并予以调整,根据机床使用年限确定是否更换主轴轴承等
	毛坯余量不均匀产生的复映误差	粗精加工分开,控制好精加工时的加工余量
	中心孔质量不高或接触不良,顶尖孔圆度超差,顶尖工作表面质量差	使顶尖松紧得当,检查顶尖工作表面质量,进行重磨、重车或更换,重打或研磨中心孔,提高中心孔质量,精度要求较高时尽量使用死顶尖
	薄壁工件装夹时产生变形	夹紧力大小应适当,避免工件径向受力、增大夹紧元件工作面与工件接触面积、精加工时适当松开夹紧机构
圆柱度	用两顶尖或一顶一夹装夹工件时,后顶尖轴线不在主轴轴线上	车床移动尾座、磨床转动工作台用试切法找正锥度,合格后锁定尾座和工作台,在加工同批工件时,机床尾座不宜移动
	用车床小刀架滑板加工外圆时产生锥度	严格使车床小刀架滑板"对零"并进行试切
	用卡盘装夹工件时产生锥度	调整主轴箱,使主轴箱轴线与床身导轨平行,或修磨严重磨损的床身
直线度	细长圆柱体工件受切削力、自重和旋转时离心力的作用产生弯曲和鼓形	降低工件转速、减少背吃刀量,使用较大主偏角的车刀、减小刀尖圆弧半径、不使用负刃倾角的刀具,使用中心架或跟刀架,改变进刀方向使刀杆或工件从受压状态变为受拉,避免失稳
	机床导轨磨损直线度超差,使刀具轨迹不是一条直线	修复不合格导轨

续表

项　目	质量不合格原因	控制措施
直线度	温度过高或过低或受外力,引起机床导轨变形,使机床导轨在水平或垂直方向产生局部位移	减少切削热的产生、加快切削热的传导、降低机床主轴箱和液压系统的温升、定期更换润滑油和液压油、控制环境温度、定期调整机床导轨和主轴轴承间隙,大型机床在重要加工前应先检查或调整机床导轨
平面度	周铣时铣刀圆柱度超差	重磨或更换铣刀
	端铣时铣床主轴轴线与进给运动方向不垂直	重新安装刀盘或调整铣床主轴轴线与进给运动方向的垂直度
	铣刀宽度或直径不够大,产生接刀刀痕	选择尺寸足够大的铣刀,避免接刀,或使接刀痕迹均匀,精加工时应尽量避免接刀
	因切削力、夹紧力大小不当产生夹紧变形	尽量减小切削力,夹紧力要适当,夹紧力作用点要选择合理;施加夹紧力先后顺序要正确;精加工前适当松开工件,使变形得以恢复;粗精加工分开;改善夹具结构,增设辅助支承等

11.4.3　位置精度控制

位置精度的质量问题分析与控制措施参见表 11 - 10。

表 11 - 10　位置精度控制措施

项目	质量不合格原因	控制措施
平行度	工件定位时定位基面有毛刺或损伤、定位副间有异物	仔细检查定位副、清理工件毛刺
	定位元件磨损不均匀	更换定位元件或改进夹具结构
	机用虎钳固定钳口工作面与机床工作台不垂直	修磨调整固定钳口工作面或钳口安装面
	按划线找正时,划线和找正精度不高造成平行度超差	提高划线和找正精度
垂直度	机用虎钳固定钳口与机床工作台不垂直	修磨固定钳口或钳口安装面
	工件定位时定位基面有毛刺或损伤、定位副间有异物	仔细检查定位副、清理毛刺
	周铣时铣刀外圆有锥度	重磨或更换铣刀、改用端铣

项目	质量不合格原因	控制措施
对称度	铣沟槽时对刀不准确	准确对刀或使用专用对刀工具、试切获得准确尺寸
	铣沟槽时走刀方向与测量基准不平行	校正测量基准使其与走刀方向平行,或用测量基准做定位基准
	加工过程中产生让刀	重磨或更换刀具、改善刀具几何参数、减小切削用量
位置度	钻头刃磨质量差:横刃过长、两主切削刃不对称	修磨钻头主切削刃和横刃
	镗孔时镗杆挠度过大	减小切削用量、增大镗刀主偏角、减少镗杆悬伸或缩短镗杆支承距离
	划线钻孔时划线和找正精度低	提高划线和找正精度
	浮动镗时,前道工序的位置度超差	提高上一道工序的位置精度
跳动	顶尖跳动超差	修磨顶尖或使用死顶尖
	机床主轴轴线窜动	调整或更换止推轴承
	端面与内外圆柱表面未能一次装夹加工	尽量一次装夹加工,如采用镗孔车端面一次完成,减少装夹次数

11.4.4　表面质量控制

表面质量控制包含表面粗糙度控制与积屑瘤、鳞刺、表面硬化及应力状态控制等内容。

表面粗糙度不合格原因及质量控制措施参见表 11-11;积屑瘤、鳞刺、表面硬化及应力状态等不合格原因及质量控制措施参见表 11-12。

表 11-11　表面粗糙度控制

项目	质量不合格原因	控制措施
刀具	主副偏角过大	减小主副偏角
	刀尖圆弧半径过小	加大刀尖圆弧半径
	修光刃不平直	重磨修光刃
	刀具切削部分表面粗糙度数值偏高	提高刀具刃磨质量
	刀具磨损严重	重磨或更换刀具

项　目	质量不合格原因	控制措施
切削用量	进给量过大或刀具参数不匹配	减小进给量或改进刀具几何参数
	背吃刀量过大或与刀具参数不匹配	减小背吃刀量或改进刀具几何参数
	切削速度与背吃刀量、进给量不匹配	调整切削用量的配搭关系
	产生了积屑瘤	避免使用中等切削速度、加强润滑消除积屑瘤
机床	机床刚性差，引起振动	调整、清洗机床刀架及拖板，增大机床刚性
	两顶尖装夹工件时，顶尖或尾架主轴伸出过长，产生振动	减少顶尖和尾架伸出量
	加工刚性差的工件产生振动	增加工艺系统刚性，使用中心架或跟刀架
	回转部件不平衡造成振动	降低转速、校正平衡
工件	工件材质过硬或过软	在许可的情况下改善工件材料的物理机械性能
	工件韧性过大不易断屑，致使切屑划伤工件已加工表面	在许可的情况下改善工件材料的物理机械性能、增强刀具的断屑能力
	工件材质不均或有铸造缺陷	选用符合质量标准的材料
	磨削有色金属砂轮堵塞	有色金属宜采用高速细车或高速细铣，不宜磨削
其他	加工时润滑不良	选用润滑性能较好的切削液
	夹具缺少辅助支承产生振动	增加辅助支承
	使用夹具时定位副接触面积过小产生振动	增大定位副接触面积以增大接触刚度

表 11-12　积屑瘤、鳞刺、表面硬化及应力状态控制

项　目	质量不合格原因	控制措施
刀具	刀具前后角偏小，挤压严重	加大刀具前后角，使刀具锋利
	刀具负倒棱过大，切削阻力大	减小负倒棱，使切削轻快
	刀具前刀面粗糙度过高，摩擦阻力增大	降低刀具前刀面表面粗糙度数值
	选择刀具材料有误	正确选择刀具材料
切削用量	切削碳钢时，中等切削速度（80 m/min 左右）最易产生积屑瘤	避开中等切削速度

项　目	质量不合格原因	控制措施
切削用量	过低的切削速度导致切削变形加剧,功率消耗增多,切削温度上升,从而产生较大残余应力	适当提高切削速度,加大进给速度可以缓解切削变形
	过小的背吃刀量会使刀具瞬时离开工件加工表面使表面粗糙度上升	确定合理的背吃刀量,选用振动较小的机床
	磨削加工中过小的进给速度会导致工件与砂轮的摩擦加剧,导致表面烧伤和残余应力	适当加大进给速度,并使用较软的和树脂结合剂的砂轮
工件	塑性较好的材料易生成积屑瘤和鳞刺	在许可的情况下改变材料的物理机械性能(如正火处理等)
	有些合金材料加工硬化特别严重	减少走刀次数,避免多次走刀
其他	切削过程中切削液使用不当	根据要解决的主要矛盾合理选用切削液
	粗精加工未能分开	粗精加工分开,使应力得以恢复,或增加恰当的热处理工序

◆ 实验 11.1　直线度误差的测量

一、实验目的

(1)掌握用水平仪测量直线度误差的方法及数据处理。

(2)加深对直线度误差含义的理解。

(3)掌握直线度误差的评定方法。

二、实验内容

用合象或框式水平仪按节距法测量导轨在给定平面内的直线度误差,并判断其合格性。

三、实验器具

(1)合象水平仪或框式水平仪。

(2)桥板。

四、实验步骤

(1)量出零件被测表面总长,将总长分为若干等分段(一般为 6～12 段),确定每一段的长度(跨距)L,并按 L 调整可调桥板两圆柱的中心距。

(2)将水平仪放于桥板上,然后将桥板从首点依次放在各等分点位置上进行测量。到终点后,自终点再进行一次回测,回测时桥板不能调头,同一测点两次读过的平均值为该点的测量数据。如某测点两次读数相差较大,说明测量情况不正常,应查明原因并加以消除后重测。

测量时要注意每次移动桥板都要将后支点放在原来前支点处(桥板首尾衔接),测量过程中不允许移动水平仪与桥板之间的相对位置。

(3)从合象水平仪读数时,先从合像水平仪的侧面视窗处读得百位数,再从其上端读数鼓轮处读得十位和个位数。

从框式水平仪读数时,待气泡稳定后,从气泡边缘所在刻线读出气泡偏离的格数。

(4)把测得的值依次填入实验报告中,并用计算法按最小条件进行数据处理,求出被测表面的直线度误差。

五、思考题和讨论题

1.目前部分工厂用作图法求解直线度误差时,仍沿用以往的两端点连线法,即把误差折线的首点(零点)和终点连成一直线作为评定标准,然后再作平行于评定标准的两条包容直线,从平行于纵坐标来计量两条包容直线之间的距离作为直线度误差值。

(1)试比较按两端点连线和按最小条件评定的误差值,何者合理?为什么?

(2)假若误差折线只偏向两端点连线的一侧(单凸、单凹),上述两种评定误差值的方法的情况如何?

2.用作图法求解直线度误差值时,如前所述,总是按平行于纵坐标计量,而不是垂直于两条平行包容直线之间距离,原因何在?

◆ 实验 11.2　平行度误差的测量

一、实验目的

(1)掌握平行度误差的测量方法。
(2)加深对平行度误差和公差概念的理解。
(3)加深理解形位误差测量中基准的体现方法。

二、实验内容

用指示表测量孔的轴线对基准平面的平行度误差。

三、实验器具与测量原理

实验器具:平板、百分表、表座。
测量原理如图 11-8 所示,用指示表测量轴线对基准平面平行度误差的方法。其中,图

（a）为被测工件的简图，ϕD 孔轴线对基准面 A 的平行度公差为 t。图（b）为测量该工件平行度误差的示意图。测量时用平板 1 模拟基准平面 A，用心轴 3 模拟被测孔的轴线。测量心轴 3 的素线上两点相对于平板 1 的高度差作为孔相对于底面的平行度误差。

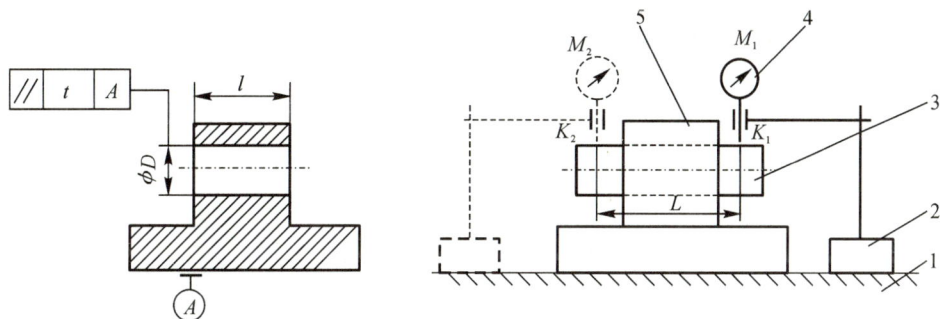

图 11-8　测量原理
1—平板；2—测量架；3—心轴；4—指示表；5—被测工件

四、测量步骤

（1）如图 11-8 所示，将工件 5 放在平板 1 上，将心轴 3 装入 ϕD 孔中，将百分表 4 装在测量架 2 上。

（2）在平板上移动测量架 2，指示表 4 在心轴素线 $K_2 K_1$ 的 K_1 处的读数值为 M_1，指示表在 K_2 处的读数为 M_2。测出尺寸 L。

（3）按下面公式求出孔 ϕD 对基准面 A 的平行度误差

$$f_{/\!/} = |M_1 - M_2| \times \frac{l}{L}$$

判断工件的合格性，当 $f_{/\!/} \leqslant t_{/\!/}$ 时，工件合格。

五、思考题和讨论题

1. 什么是基准？根据什么原则由基准实际要素建立基准？体现基准的方法有哪几种？
2. 本实验中体现基准的方法是什么？

◆ 课后思考与练习十一

1. 简述加工精度、加工误差的定义。
2. 简述影响尺寸精度、形状精度的因素及改善措施。
3. 解释表面加工质量，并说明其影响因素。
4. 影响机械加工表面粗糙度的因素主要有哪些？简要说明表面粗糙度的检测方法。
5. 机械加工质量检测的常用量具、方法有哪些？
6. 实际生产中如何对机械加工质量进行控制？

◆【工匠精神·探手轻柔 精益求精】

李峰是中国航天科技集团公司九院 13 所的一名铣工,26 年来他立足本职岗位,献身航天事业,攻克了以载人航天工程、国家重点型号等为代表的产品零组件加工难题,先后荣获"航天技能大奖""中央企业技术能手""全国技术能手""大国工匠"等荣誉称号(见图 11-9)。

图 11-9 李峰

从技校毕业至今的 26 年里,中国航天科技集团公司九院 13 所的李峰就干了铣工这一个工种,完成了从一名技校毕业生,到"全国技术能手""大国工匠"的完美蜕变。

每减少 1 微米变形,就能缩小火箭几公里的轨道误差。

惯性器件就像火箭的"眼睛",承担着在茫茫太空中测量火箭的飞行方向、速度和所在位置的重要功能,其目的就是要让火箭飞得更准更平稳,对提高入轨精度和可靠性起着非常重要的作用。目前,我国运载火箭用的惯性器件多采用惯性测量组合,简称"惯组"。

李峰负责加工的部件,是"惯组"中的加速度计。如果说"惯组"是火箭的"眼睛",那么其中的加速度计的精密复杂程度和脆弱性就像眼睛中的晶状体,整个加工过程容不得有丝毫闪失。

在加工中每减少工件 1 微米的变形,就能缩小火箭在太空中几公里的轨道误差。1 微米是个什么概念?大约是头发丝直径的七十分之一,这是目前人类机械加工技术都难以靠近的精度。

一个零件从毛坯到成形,需要经历车、钳、铣、研磨等 17 道工序。零件粗加工以后,既要放到 100°的保温炉中烘烤,也要在零下 70°的液氮中经受低温的考验。经过"冰火两重天"的极限考验以后,零件的性能基本稳定,才能开始精加工。李峰的工作是精铣,零件加工的第 11 道工序。因此,李峰稍有不慎,前面的 10 道工序就将前功尽弃。

加工中李峰经常要面临的挑战是,铣床的加工精度是 4 微米,但有的零件精度要求达到 2 微米。由于加工精度高,刀具需要操作者凭借自己多年积累的工作经验精心打磨,李峰日常用的刀具,都是他在 200 倍显微镜下细心打磨而成。

从 1990 年进厂至今,26 年来李峰只干过一个工种——铣工。他加工的很多零件都是奇形怪状的异形零件,可以说每次都在攻坚克难,对此他始终做到精益求精。他说:"加也是误差,减也是误差,只有零位是最好的地方。我达不到零对零,但一定要奔着那个方向做调整。"

在高倍显微镜下手工精磨刀具是李峰的绝活。李峰磨制刀具时心细如发,探手轻柔,这时他所有的功力都汇聚在手上。看李峰借助 200 倍的放大镜手工磨刀才会让人明白,为什么在中文里工匠的技能被称为"手艺"(见图 11 - 10)。

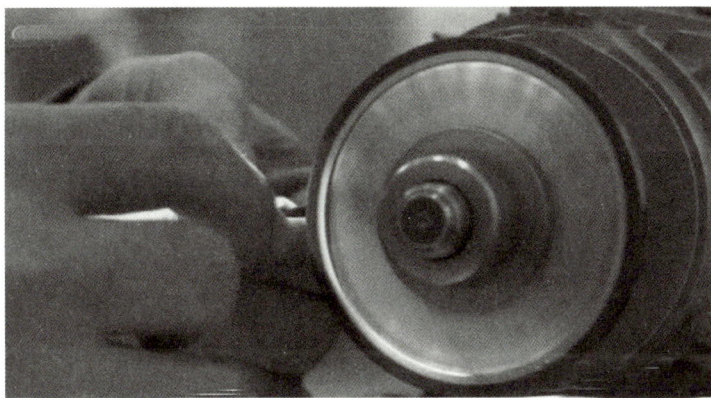

图 11 - 10　精磨刀具

磨刀具的李峰,就用他那一双看似慢条斯理却又精巧灵动的手,一面拨轮,一面按刀,以无穷的耐心磨下去。与金刚石同等硬度的刀具逐渐呈现出李峰所需要的锐度和角度,这是真正的以柔克刚。

工匠们的手上积淀着他们的技艺磨砺,心智淬炼和人生阅历,如同参天大树的年轮记载着大树所承接的日月风霜。

附　　录

附录 1　钢的硬度、强度与热处理常用表

附表 1.1　钢的硬度与强度换算表

洛氏硬度		表面洛氏硬度	布氏硬度		维氏硬度	抗拉强度/(N·mm⁻²)					抗拉强度(适用于换算精度要求不高的一般钢种)
HRC	HRA	HR15N	压痕直径 d_{10}/mm	HB	HV	碳钢	铬镍钢	铬镍钼钢	铬锰硅钢	超高强度钢	
70.0	86.6				1 037						
69.0	86.1				997						
68.0	85.5				959						
67.0	85.0				923						
66.0	84.4				889						
65.0	83.9	92.2			856						
64.0	83.3	91.9			825						
63.0	82.8	91.7			795						
62.0	82.2	91.4			766						
61.0	81.7	91.0			739						
60.0	81.2	90.6			713					2 639.1	2 556.7
59.0	80.6	90.2			688					2 508.6	2 447.8
58.0	80.1	89.8			664					2 390.9	2 344.9
57.0	79.5	89.4			642					2 281.1	2 248.7
56.0	79.0	88.9			620					2 181.1	2 158.5
55.0	78.5	88.4			599		2 057.5		2 045.7	2 089.9	2 074.2
54.0	77.9	87.9			579		1 985.9		1 971.2	2 005.5	1 994.7
53.0	77.4	87.4			561		1 917.3	1 946.7	1 900.6	1 929.0	1919.2
52.0	76.9	86.8			543		1 850.6	1 881.0	1 833.9	1 857.4	1 848.6
51.0	76.3	86.3	2.730	501	525		1 785.9	1 818.2	1 769.2	1 791.7	1 781.9
50.0	75.8	85.7	2.770	488	509	1 710.3	1 724.1	1 758.4	1 708.4	1 730.9	1 719.2
49.0	75.3	85.2	2.810	474	493	1 653.4	1 665.2	1 699.6	1650.5	1 674.1	1 659.3
48.0	74.7	84.6	2.850	461	478	1 699.5	1 608.3	1 643.7	1 595.6	1 620.1	1 603.4
47.0	74.2	84.0	2.886	449	463	1 550.4	1 553.4	1 588.7	1542.6	1 569.1	1 550.5

洛氏硬度		表面洛氏硬度	布氏硬度		维氏硬度 HV	抗拉强度/(N·mm⁻²)					抗拉强度（适用于换算精度要求不高的一般钢种）
HRC	HRA	HR15N	压痕直径 d_{10}/mm	HB		碳钢	铬镍钢	铬镍钼钢	铬锰硅钢	超高强度钢	
46.0	73.7	83.5	2.927	436	449	1 503.4	1 501.5	1 576.8	1 492.6	1 520.1	1 499.5
45.0	73.2	82.9	2.967	424	436	1 459.3	1 451.4	1 486.7	1 445.6	1 473.0	1 451.4
44.0	72.6	82.3	3.006	413	423	1 417.1	1 403.4	1 438.7	1 399.5	1 426.9	1 406.3
43.0	72.1	81.7	3.049	401	411	1 377.9	1 358.3	1 392.6	1 357.3	1 381.8	1 362.2
42.0	71.6	81.1	3.087	391	399	1 340.6	1 314.1	1 348.5	1 316.1	1 335.7	1 321.0
41.0	71.1	80.5	3.130	380	388	1 305.3	1 272.9	1 305.3	1 276.9	1 289.6	1 281.8
40.0	70.5	79.9	3.171	370	377	1 271.0	1 232.7	1 265.1	1 239.6	1 242.5	1 243.5
39.0	70.0	79.3	3.241	360	367	1 238.6	1 195.5	1 225.9	1204.3	1 194.5	1 208.2
38.0	69.5	78.7	3.258	350	357	1 207.2	1 159.2	1 188.6	1171.0	1 144.5	1 173.9
37.0	69.0	78.1	3.299	341	347	1 176.8	1 125.8	1 153.3	1 138.6	1 092.5	1 140.6
36.0	68.4	77.5	3.343	332	338	1 147.4	1 093.5	1 119.0	1 108.2	1 038.6	1 109.2
35.0	67.9	77.0	3.388	323	329	1 119.0	1 063.1	1 086.6	1 079.8	980.7	1 078.8
34.0	67.4	76.4	3.434	314	320	1 091.5	1 033.7	1 056.2	1 052.3		1 049.3
33.0	66.9	75.8	3.477	306	312	1 065.0	1 007.2	1 026.8	1 052.8		1 021.9
32.0	66.4	75.2	3.522	298	304	1039.5	981.7	998.4	1000.3		995.4
31.0	65.8	74.7	3.563	291	296	1 014.0	957.2	971.9	976.4		969.9
30.0	65.3	74.1	3.611	283	289	989.5	934.6	947.4	954.2		945.4
29.0	64.8	73.5	3.655	276	281	965.0	912.1	922.8	932.6		921.0
28.0	63.8	73.0	3.701	269	274	942.5	894.4	900.3	912.1		899.7
27.0	63.3	72.4	3.741	263	268	918.9	875.8	879.7	892.4		877.7
26.0	63.3	71.9	3.783	257	261	896.4	859.1	859.1	874.8		857.1
25.0	62.8	71.4	3.826	251	255	874.8	843.4		857.1		837.5
24.0	62.2	70.8	3.871	245	249	853.2	828.7		839.5		818.9
23.0	61.7	70.3	3.909	240	243	832.6	815.0		823.8		800.3
22.0	61.2	69.8	3.957	234	237	813.0	803.2		809.1		783.6
21.0	60.7	69.3	3.998	229	231	793.4	791.4		794.4		766.9
20.0	60.2	68.8	4.032	225	226	774.8	781.6		780.6		752.2
19.0	59.7	68.3	4.075	220	221	756.1	772.8		766.9		737.5
18.0	59.2	67.8	4.111	216	216	738.5	764.0		754.1		722.8
17.0	58.6	67.3	4.157	211	211	721.8	757.1		742.4		710.0
16.0	58.1	66.8	4.190	208		706.1	750.2		730.6		697.3
15.0	57.6	66.4	4.210	205		690.4	744.4		719.8		685.5
	57.1	65.9	4.250	201							674.7
	56.6	65.5	4.280	198							663.9
	56.1	65.0	4.320	195							654.1

附表 1.2　常用钢回火温度与硬度对照表

钢种	淬火规范			回火温度/℃											
	加热温度/℃	冷却剂	硬度/HRC	180±10	240±10	280±10	320±10	360±10	380±10	420±10	480±10	540±10	580±10	620±10	650±10
35	860±10	水	≥50	51±2	47±2	45±2	43±2	40±2	38±2	35±2	33±2	28±2			
45	830±10	水	≥55	56±2	53±2	51±2	48±2	45±2	43±2	38±2	34±2	30±2	250±20	220±20	
40Cr	850±10	油	≥55	54±2	53±2	52±2	50±2	49±2	47±2	44±2	41±2	36±2	31±2	HB260	
T8	780±10	水－油	≥62	62±2	58±2	56±2	54±2	51±2	49±2	45±2	39±2	34±2	29±2	26±2	
T10	780±10	水－油	≥62	63±2	59±2	57±2	55±2	52±2	50±2	46±2	41±2	36±2	30±2	26±2	
65Mn	820±10	油	58±2	56±2	54±2	52±2	50±2	47±2	44±2	40±2	34±2	32±2	28±2		
50CrV	850±10	油	≥55	58±2	56±2	54±2	53±2	51±2	49±2	47±2	43±2	40±2	36±2	31±2	
60Si2Mn	870±10	油	≥60	60±2	58±2	56±2	55±2	54±2	52±2	50±2	44±2	35±2	30±2		
5CrMnMo	840±10	油	≥52	55±2	53±2	52±2	48±2	45±2	44±2	44±2	43±2	38±2	36±2	34±2	32±2
30CrMnSi	860±10	油	≥48	48±2	48±2	47±2	43±2	42±2		36±2	30±2	26±2			
GCr15	850±10	油	≥62	61±2	59±2	58±2	55±2	53±2	52±2	50±2	41±2	30±2			
9SiCr	850±10	油	≥62	62±2	60±2	58±2	57±2	56±2	55±2	52±2	51±2	45±2			
CrWMn	830±10	油	≥62	61±2	58±2	57±2	55±2	54±2	52±2	50±2	46±2	44±2	30±2		
9Mn2V	800±10	油	≥62	60±2	58±2	56±2	54±2	51±2	49±2	41±2					

经验公式：回火温度＝$200＋K$（$60－$要求硬度 HRC）。K 为经验系数：对于 45 钢，要求硬度大于 30HRC 时，$K＝11$，若小于 30HRC 时，$K＝12$。含碳量每增加 0.05%，回火温度应按该公式计算后还应相应增减 10～15 ℃。

附录2 金属热处理工艺分类及代号

[来源:《金属热处理工艺分类及代号》(GB/T 12603—2005)]

1 范围

本标准规定了金属热处理工艺的分类方法及工艺代号的表示方法。

本标准适用于机械制造行业中计算机辅助工艺管理和工艺设计。

本标准规定的代码不适用于在图样上标注。

2 规范性引用文件

下列文件中的条款通过本标准的引用而成为本标准的条款。凡是注日期的引用文件,其随后所有的修改单(不包括勘误的内容)或修订版均不适用于本标准,然而,鼓励根据本标准达成协议的各方研究是否可使用这些文件的最新版本。凡是不注日期的引用文件,其最新版本适用于本标准。

GB/T 7232 金属热处理工艺术语

GB/T 8121 热处理工艺材料术语

JB/T 5992.7 机械制造工艺方法分类与代码热处理

3 分类原则

金属热处理工艺分类按基础分类和附加分类两个主层次进行划分,每个主层次中还可以进一步细分。

3.1 基础分类

根据工艺总称、工艺类型和工艺名称(按获得的组织状态或渗入元素进行分类),将热处理工艺按3个层次进行分类,见表1。

表1 热处理工艺分类及代号

工艺名称	代号	工艺名称	代号	工艺名称	代号
热处理	5	整体热处理	1	退火	1
				正火	2
				淬火	3
				淬火和回火	4
				调质	5
				稳定化处理	6
				固溶处理:水韧处理	7
				固溶处理＋时效	8

续表

工艺名称	代号	工艺名称	代号	工艺名称	代号
热处理	5	表面热处理	2	表面淬火和回火	1
				物理气相沉积	2
				化学气相沉积	3
				等离子体增强化学气相沉积	4
				离子注入	5
		化学热处理	3	渗碳	1
				碳氮共渗	2
				渗氮	3
				碳氮共渗	4
				渗其他非金属	5
				渗金属	6
				多元共渗	7

3.2 附加分类

对基础分类中某些工艺的具体条件更细化的分类。包括实现工艺的加热方式及代号（见表2）；退火工艺及代号（见表3）；淬火冷却介质和冷却方法及代号（见表4）和化学热处理中渗非金属、渗金属、多元共渗工艺按渗入元素的分类。

表2 加热方式及代号

加热方式	可控气氛（气体）	真空	盐浴（液体）	感应	火焰	激光	电子束	等离子体	固体装箱	流态床	电接触
代号	01	02	03	04	05	06	07	08	09	10	11

表3 退火工艺及代号

退火工艺	去应力退火	均匀化退火	再结晶退火	石墨化退火	脱氢处理	球化退火	等温退火	完全退火	不完全退火
代号	St	H	R	G	D	Sp	I	F	P

表4 淬火冷却介质和冷却方法及代号

冷却介质和方法	空气	油	水	盐水	有机聚合物水溶液	热浴	加压淬火	双介质淬火	分级淬火	等温淬火	形变淬火	气冷淬火	冷处理
代号	A	O	W	B	Po	H	Pr	I	M	At	Af	G	C

4 代号

4.1 热处理工艺代号

基础分类代号采用了 3 位数字系统。附加分类代号与基础分类代号之间用半字线连接,采用两位数和英文字头做后缀的方法。热处理工艺代号标记规定如下:

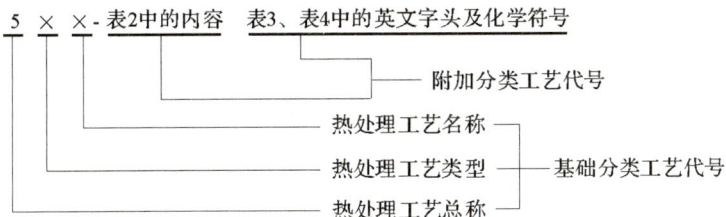

$5 \times \times$ - 表2中的内容 表3、表4中的英文字头及化学符号

附加分类工艺代号
热处理工艺名称
热处理工艺类型 — 基础分类工艺代号
热处理工艺总称

4.2 基础分类工艺代号

基础分类工艺代号由 3 位数字组成,3 位数字均为 JB/T5992.7 中表示热处理的工艺代号。第一位数字"5"为机械制造工艺分类与代号中热处理的工艺代号;第 2、3 位数字分别代表基础分类中的第二、三层次中的分类代号。

4.3 附加分类工艺代号

4.3.1 当对基础工艺中的某些具体实施条件有明确要求时,使用附加分类工艺代号。

附加分类工艺代号接在基础分类工艺代号后面。其中加热方式采用两位数字,退火工艺和淬火冷却介质和冷却方法则采用英文字头。具体的代号见表 2~表 4。

4.3.2 附加分类工艺代号,按表 2 到表 4 顺序标注。当工艺在某个层次不需进行分类时,该层次用阿拉伯数字"0"代替。

4.3.3 当对冷却介质及冷却方法需要用表 4 中两个以上字母表示时,用加号将两个或几个字母连结起来,如 H+M 代表盐浴分级淬火。

4.3.4 化学热处理中,没有表明渗入元素的各种工艺,如多共元渗、渗金属、渗其他非金属,可以在其代号后用括号表示出渗入元素的化学符号表示。

4.4 多工序热处理工艺代号

多工序热处理工艺代号用破折号将各工艺代号连接组成,但除第一个工艺外,后面的工艺均省略第一位数字"5",如 515－33－01 表示调质和气体渗氮。

附录 A

（资料性附录）

常用热处理工艺代号

A.1 常用热处理工艺代号（表 A.1）

表 A.1 常用热处理工艺代号

工艺	代号	工艺	代号	工艺	代号
热处理	500	形变淬火	513 – Af	离子渗碳	531 – 08
整体热处理	510	气冷淬火	513 – G	碳氮共渗	532
可控气氛热处理	500 – 01	淬火及冷处理	S13 – C	渗氮	533
真空热处理	500 – 02	可控气氛加热淬火	513 – 01	气体渗氮	533 – 01
盐溶热处理	500 – 03	真空加热淬火	513 – 02	液体渗氮	533 – 03
感应热处理	500 – 04	盐浴加热淬火	513 – 03	离子渗氮	533 – 08
火焰热处理	500 – 05	感应加热淬火	513 – 04	流态床渗氮	533 – 10
激光热处理	500 – 06	流态床加热淬火	513 – 10	氢碳共渗	534
电子束热处理	500 – 07	盐浴加热分级淬火	513 – 10M	渗其他非金属	535
离子轰击热处理	500 – 08	盐浴加热盐浴分级淬火	513 – 10H＋M	渗硼	535(B)
流态床热处理	500 – 10	淬火和回火	514	气体渗硼	535 – 01(B)
退火	511	调质	515	液体渗硼	535 – 03(B)
去应力退火	511 – Si	稳定化处理	516	离子渗硼	535 – 08(B)
均匀化退火	511 – H	固溶处理、水韧化处理	517	固体渗硼	535 – 09(B)
再结晶退火	511 – R	固溶处理＋时效	518	渗硅	535(Si)
石墨化退火	511 – G	表面热处理	520	渗硫	535(S)
脱氢处理	511 – D	表面淬火和回火	521	渗金属	536
球化退火	511 – Sp	感应淬火和回火	521 – 04	渗铝	536(Al)
等温退火	511 – 1	火焰淬火和回火	521 – 05	渗铬	536(Cr)
完全退火	511 – F	激光淬火和回火	521 – 06	渗锌	536(Zn)
不完全退火	511 – P	电子束淬火和回火	521 – 07	渗钒	536（V）
正火	512	电接触淬火和回火	521 – 11	多元共渗	537
淬火	513	物理气相沉积	522	硫氮共渗	537(S – N)
空冷淬火	513 – A	化学气相沉积	523	氧氮共渗	537(O – N)
油冷淬火	513 – O	等离子体增强化学气相沉积	524	铬硼共渗	537(Cr B)
水冷淬火	513 – W	离子注入	525	钒硼共渗	537(V – B)
盐水淬火	513 – B	化学热处理	530	铬硅共渗	537（Cr – Si）
有机水溶液淬火	513 – Po	渗碳	531	铬铝共渗	537(Cr – Al)
盐浴淬火	513 – H	可控气氛渗碳	531 – 01	硫氮碳共渗	537(SN – C)
加压淬火	513 – Pr	真空渗碳	531 – 02	氧氮碳共渗	537(O – N – C)
双介质淬火	513 – 1	盐浴渗碳	531 – 03	铬铝硅共渗	537(Cr – Al – Si)
分级淬火	513 – M	固体渗碳	531 – 09		
等温淬火	513 – At	流态床渗碳	531 – 10		

参 考 文 献

[1] 陈云,彭兆.金属工艺学[M].北京:机械工业出版社,2022.

[2] 王英杰.金属工艺学[M].北京:机械工业出版社,2021.

[3] 常万顺,李继高,柯鑫,等.金属工艺学[M].北京:清华大学出版社,2015.

[4] 谢敬佩,李卫,宋延沛,等.耐磨铸钢及熔炼[M].北京:机械工业出版社,2003.

[5] 刘会霞.金属工艺学[M].北京:机械工业出版社,2011.

[6] 全国热处理标准化技术委员会.金属热处理标准应用手册[M].北京:机械工业出版社,2005.

[7] 全国热处理标准化技术委员会.金属热处理标准应用手册[M].北京:机械工业出版社,2016.

[8] 夏立芳.金属热处理工艺[M].5版.哈尔滨:哈尔滨工业大学出版社,2012.

[9] 崔忠圻.金属学与热处理原理[M].3版.哈尔滨:哈尔滨工业大学出版社,2018.

[10] 易丹青,许晓嫦.金属材料热处理[M].北京:清华大学出版社,2020.

[11] 金荣植.金属热处理工艺方法700种[M].北京:机械工业出版社,2019.

[12] 孔磊磊.工程材料[M].北京:化学工业出版社,2023.

[13] 杨晓洁,杨军.金属材料失效分析[M].北京:化学工业出版社,2019.

[14] 王英杰,金升编.金属材料及热处理[M].北京:机械工业出版社,2021.

[15] 祝燮权.实用金属材料手册[M].3版.上海:上海科学技术出版社,2021.

[16] 靳京民,杜勤,梁波.金属材料力学性能检测[M].北京:机械工业出版社,2021.

[17] 郑舒丹,郭强,王军,等.中外金属材料手册[M].2版.北京:化学工业出版社,2022.

[18] 于文强,陈宗民.金属材料及工艺[M].3版.北京:北京大学出版社,2020.